600MW 火力发电机组培训教材(第二版)

热工自动化

华东六省一市电机工程（电力）学会　编

中国电力出版社
www.cepp.com.cn

内容提要

　　2000 年由华东六省一市电机工程（电力）学会组编的《600MW 火力发电机组培训教材》（一套 5 册）出版以来，已深受了 600MW 级火力发电机组的生产人员、工人、技术人员和管理干部等上岗培训、在岗培训、转岗培训、技能鉴定和继续教育等的欢迎，为此在目前全国电力系统中 600MW 发电机组已成为人们认为最佳的主力机组和至今已有 100 多台投入了电网运行的情况下，决定对本套教材进行全面修订，以适应电力生产人员、工人、技术人员和管理干部认真学习和熟练掌握亚临界、超临界、超超临界压力的 600MW 级火力发电机组的运行技术和性能特点，更好地满足各类电力生产人员的培训需要。

　　本书是《600MW 火力发电机组培训教材（第二版）》（热工自动化）分册，共分三篇 26 章和 9 个附录，主要内容有：第一篇现代大型火力发电机组自动化，介绍现代大型火电机组自动化功能概述、炉、机、电单元集控，单元机组协调控制系统，锅炉炉膛安全监控系统，顺序控制系统，数据采集系统，汽轮机数字电液控制系统和给水泵汽轮机电液控制系统，汽轮机自启动系统和旁路控制系统，汽轮机监测仪表和汽轮机紧急跳闸系统，辅助生产系统及其控制，全厂闭路工业电视系统设置和应用，厂级实时监控信息系统（SIS）规划和配置；第二篇在国内 600MW 机组上应用的主要分散控制系统，介绍分散控制系统，Industrial IT Symphony 分散控制系统，OVATION 分散控制系统，I/A Series 分散控制系统，TELEPERM-XP 分散控制系统，HIACS-5000M 分散控制系统，XDPS-400 分散控制系统；第三篇 600MW 机组热控应用技术特点，介绍石洞口第二电厂 600MW 机组热控系统及其技术特点，沁北电厂 600MW 机组热控系统及其技术特点，扬州二厂一期 600MW 机组热控系统及其技术特点，北仑电厂一期 600MW 机组热控改造后及其技术特点，托克托电厂 600MW 机组 DEH 控制系统及其技术特点，镇江电厂 600MW 机组热控系统及其技术特点，常熟二厂 600MW 机组和外高桥电厂 900MW 机组热控系统及其技术特点。全书每章后均附上复习思考题。

　　本书可作为从事亚临界、超临界、超超临界压力的 600MW 级火力发电机组热工自动与控制的安装调试、运行维护和检修技术等岗位生产人员、工人、技术人员和管理干部的上岗培训、在岗培训、转岗培训、技能鉴定和继续教育等的理想培训教材，也可作为从事 300～900MW 火力发电机组工作的热工自动与控制生产人员、工人、技术人员、管理干部和大专院校有关师生的参考教材。

图书在版编目（CIP）数据

热工自动化/华东六省一市电机工程（电力）学会编. 2 版. —北京：中国电力出版社，2006.9（2018.11 重印）

600MW 火力发电机组培训教材

ISBN 978-7-5083-4433-1

Ⅰ. 热…　Ⅱ. 华…　Ⅲ. 火电厂-热力工程-自动化系统-技术培训-教材　Ⅳ. TM621.4

中国版本图书馆 CIP 数据核字(2006)第 056867 号

中国电力出版社出版、发行

（北京市东城区北京站西街 19 号　100005　http://www.cepp.com.cn）

航远印刷有限公司印刷

各地新华书店经售

*

2000 年 3 月第一版

2006 年 9 月第二版　　2018 年 11 月北京第十次印刷

787 毫米×1092 毫米　16 开本　28.75 印张　770 千字

印数 25501—26500 册　　定价 98.00 元

《600MW火力发电机组培训教材》(第二版)

编　委　会

组编单位: 山东省电机工程学会

　　　　　　安徽省电机工程学会

　　　　　　江西省电机工程学会

　　　　　　浙江省电力学会

　　　　　　福建省电机工程学会

　　　　　　上海市电机工程学会

　　　　　　江苏省电机工程学会

联合编委会成员:

主任委员: 叶惟辛　　江苏省电机工程学会

副主任委员: 林淦秋　　上海市电机工程学会

　　　　　　严行健　　江苏省电机工程学会

委　　员: 史向东　　山东省电机工程学会

　　　　　　赵家生　　安徽省电机工程学会

　　　　　　张　虹　　浙江省电力学会

　　　　　　贾观宝　　江苏省电机工程学会

　　　　　　吕　云　　福建省电机工程学会

　　　　　　陈家湄　　江西省电机工程学会

《热工自动化》
(第二版)

第一版主编: 陈厚肇

第二版修编: 李麟章　霍耀光

主　　审: 刘　今　王　健　何育生

前　言

近10多年来，大容量、高参数、高效率的大型发电机组在我国日益普及，由于600MW火力发电机组具有容量大、参数高、能耗低、可靠性高、环境污染小等特点，在我国《1994～2000～2010～2020年电力工业科学技术发展规划》、《电力工业技术政策》及《电力工业装备政策》中都把600MW机组的开发研究和推广应用作为一项重要内容。自1985年以来，全国已有100多台的600MW机组陆续地投入了电网运行，它们即将成为我国电力系统的主力机组。为了确保600MW机组的安全、稳定、经济运行，600MW机组岗位运行、技能鉴定和继续教育等培训工作就显着十分重要了。

为适应这一形势发展的需要，使广大生产岗位工人、技术人员和管理干部熟悉、了解和掌握600MW火力发电机组的技术性能和特点，经2004年7月华东地区六省一市电机工程（电力）学会联合编辑工作委员会联席会议认真讨论研究，决定组织修订《600MW火力发电机组培训教材》（共5册），联合编委会根据联席会议精神，在中国电力出版社的积极支持和指导下，启动《600MW火力发电机组培训教材》（第一版）的修订工作，选择修编专家和审稿专家，着手搜集资料，制订和审查编撰大纲等。2005年10月各分册书稿陆续编写完毕，各负责单位分别对初稿组织专家进行了审查，随即送中国电力出版社编辑加工、出版和整个教材的编审工作，前后共花去了两年多的时间。

本套教材（第二版）共分五个分册，即《锅炉设备及其系统》、《汽轮机设备及其系统》、《电气设备及其系统》、《热工自动化》、《电厂化学与环境保护》，全套教材共约350万字。

本套教材（第二版）是以亚临界、超临界压力的600MW火力发电机组为介绍对象，并适当增加超超临界压力机组的内容。本套教材（第二版）是在对600MW机组各子系统的结构、原理、功能、性能和特点进行详细介绍的基础上，重点突出600MW火力发电机组的岗位运行和技能操作特点；在理论阐述和技能深度方面，以岗位运行知识为基础，提高技能操作能力为目的；在语言描述和整体内容方面，力求通俗易懂，深入浅出，并配备操作实例。本教材（第二版）属于600MW火力发电机组岗位运行、技能操作和继续教育的培训教材，适用于对具有大中专及以上文化程度的600MW火力发电机组生产岗位和技术管理人员培训之用，也可借用于高等院校热能动力和电力等专业的相关师生参考。

在本套教材的第二版修编过程中，华东地区六省一市电力公司、相关大专院校、发电厂以及有关专家学者和科技人员给予了热情的支持和帮助，我们在此一并表示感谢。我们还要感谢中国电力出版社，在历次联合编委会会议上都派出编辑参加和指导，经常关心编撰工作进度，协助解决疑难问题，对我们的工作给予了全方位的支持和鼓励。

限于编审人员的水平，本套教材第二版的疏漏之处一定不少，恳请广大读者提出宝贵意见，以便今后修订，提高质量，使之能更好地为我国电力工业的建设和发展服务。

华东地区六省一市电机工程（电力）学会

2006年5月

编者的话

华东六省一市电机工程（电力）学会曾于1998年组织编写并出版了一套《600MW 火力发电机组培训教材》（共5册），本次是《600MW 火力发电机组培训教材（第一版）》（热工自动化）分册的修编版，也是《600MW 火力发电机组培训教材（第二版）》分册之一。

本次修编基本上保持了原书第一版的分篇格式，但对内容做了较大的增删和更新，改编后的内容力求反映近10多年来我国600MW 大型火力发电机组，包括亚临界、超临界和超超临界压力机组的大量建设所带来的热工控制系统、监控方式和内容、控制策略及控制设备的最新技术。其主要修编内容有以下几方面：

（1）增加对超临界压力直流锅炉原理、启动特点及控制要求的描述；

（2）增加大型电厂辅助生产系统中超滤和反渗透、凝结水精处理、全厂火灾探测报警及消防联动、集中空调、烟气脱硫等控制系统，辅助生产车间网络化集中控制的描述；

（3）增加了全厂闭路工业电视系统和厂级监控信息系统 SIS 两章；

（4）根据近年来分散控制系统的技术发展情况全面更新了对其综述的内容；

（5）根据近年来各设备制造厂商推出的新技术、新系统及其在国内600MW 机组上的应用情况，更新了对有关 DCS 系统和在近期600MW 机组工程应用实绩的介绍；

（6）牵涉到有关规程、规范的内容，均根据最新版本要求作了相应修改；

（7）本书后增列了9个附录，可供读者进一步查阅；

（8）本书每章最后均补充了该章的复习思考题。

本书在修编过程中，参考了有关电力设计、试验研究单位、有关发电厂、控制系统及装置生产供货厂商的600MW 机组热工自动化技术资料，也参阅并借鉴了引用相关刊物的技术文献。在修编中还一直得到江苏省电机工程学会的关心和支持，在此谨向所有对本书的修编给予帮助和支持的单位和个人表示衷心的感谢！

本书第一版由江苏省电力试验研究院陈厚肇教授级高级工程师主编，第二版由江苏省电力设计院李麟章教授级高级工程师和江苏省电力公司霍耀光教授级高级工程师共同修编，并经江苏省电机工程学会组织专家对全书进行了审阅，具体审稿人有江苏省电力公司刘今高级工程师、江苏省电力设计院王健高级工程师和江苏省电力试验研究院何育生高级工程师。

本书可供电力管理、生产、科研、设计、安装等部门的工程技术人员使用，亦可供相关专业的大专院校师生参考。

限于编审人员的水平及资料的限制，书中一定有不少疏误之处，敬请广大读者提出批评指正。

编　者

2006 年 5 月

目录

第三篇　600MW 机组热控应用技术特点

第一章

现代大型火电机组自动化功能概述

火力发电厂"热工自动化"简称"热控"，它是指采用检测与控制系统对火电厂的热力生产过程进行生产作业，以代替人工直接操作的措施，在欧美及日本等地区和国家中也称为"仪表与控制"（I&C，Instrument & Control）。

热工自动化系统是指与所控制对象的条件和要求相适应的一整套具有热工参数检测（monitor）、报警（alarm）、控制（control）和连锁保护（protection）功能的自动化装置的集成，即对锅炉、汽轮发电机组和热力系统、燃烧及煤粉制备系统、除尘、脱硫、除灰、除渣、供水、水处理、燃油供应、火警检测及消防联动、环境监测等所需的仪表和控制设备作统一的系统配置和布置安装、连接接线。

根据我国现行火力发电厂有关规程、规范的要求，大型火力发电厂的热工自动化系统的设计，是必须按照"安全可靠、经济适用、符合国情"的原则，并针对机组特点而进行的，这样才能满足机组安全、稳定、经济运行和启停的要求，因此应选用技术先进、质量可靠的设备和元件。

热工自动化专业是火力发电厂各专业中技术发展最快的专业之一，它随着计算机技术（computer）、控制技术（control）、通信技术（communication）和屏幕显示技术（CRT）（统称4C技术）的迅速发展，不断地促使了火力发电厂自动化控制水平和运行管理水平的提高。目前，在已基本实现计算机数字化控制的单元机组和辅助车间控制的实时控制系统之上正在构筑厂级实时信息系统（SIS），并且和厂级信息管理系统（MIS）一起构成完整的全厂数字式管理网络，装有大型火电机组的电厂正向着数字化电厂的目标迈进。

当前，我国电力行业已逐步形成大电网、大机组、高参数、高自动化的发展格局。尤其是近两年多来，国产引进型600MW的装机数量日益增多。据不完全统计，仅华东地区，包括进口、国产引进型的600MW及以上的已投产或在建的火电机组就有27个项目、66台机组，如表1-1所示。它在华东电网中已经占据重要比例。

表 1-1 　　　　　　　 华东地区 600MW 及以上火电项目

序号	电 厂 名 称	机组规模（MW）	机组类型	投 产 情 况
1	上海石洞口二厂	2×600	超临界压力	已投产
2	上海吴泾电厂6期工程	2×600	亚临界压力	已投产
3	上海外高桥电厂	2×900	超临界压力	已投产
4	浙江嘉兴电厂二期工程	4×600	亚临界压力	已投产
5	浙江玉环电厂	4×1000	超超临界压力	计划2006年底投产
6	浙江临海电厂	2×1000	超超临界压力	计划2007年底投产
7	浙江北仑电厂一、二期工程	5×600	亚临界压力	已投产
8	浙江兰溪电厂	2×600	超临界压力	计划2007年投产
9	浙江乐清电厂	2×600	超临界压力	计划2007年投产
10	安徽平圩电厂	2×600	亚临界压力	已投产

序号	电厂名称	机组规模 (MW)	机组类型	投产情况
11	安徽平圩电厂二期工程	2×600	超临界压力	计划 2007 年投产
12	安徽宿州电厂	2×600	超临界压力	计划 2007 年投产
13	安徽阜阳电厂	2×600	超临界压力	计划 2007 年投产
14	安徽铜陵电厂	2×600	超临界压力	计划 2007 年投产
15	安徽淮南田集电厂	2×600	超临界压力	计划 2007 年投产
16	江苏太仓环保电厂四期工程	2×600	超临界压力	已投产
17	苏州华能电厂二期工程	2×600	超临界压力	计划 2006 年底投产
18	江苏利港电厂三期工程	2×600	超临界压力	计划 2006 年底投产
19	江苏沙洲电厂	2×600	超临界压力	已投产
20	江苏常州电厂	2×600	超临界压力	已投产
21	江苏扬州二电厂一期工程	2×600	亚临界压力	已投产
22	江苏扬州二电厂二期工程	2×600	超临界压力	计划 2006 年底投产
23	江苏常熟二电厂	3×600	超临界压力	已全部投产
24	江苏镇江电厂三期工程	2×600	超临界压力	已投产
25	江苏泰州电厂	2×1000	超超临界压力	计划 2007 年底投产
26	福建后石电厂	6×660	亚临界压力	已投产
27	福建宁德电厂	2×600	超临界压力	已投产

大机组的特点之一是监视点多，目前一台 600MW 单元机组的 I/O 量往往已超过 7000 点，参数变化速度快和控制对象数量大，各个控制对象之间又相互关联，所以传统的炉、机、电分别监控方式已不能适应 600MW 这样大型单元机组运行要求，必须采用高度自动化的单元值班长的运行模式。大量事实证明，大型火电机组离开了高度自动化就不可能做到安全经济运行。

(1) 在机组正常运行过程中，自动化系统能根据机组运行要求，自动地将运行参数维持在要求值内，以期取得较高的效率（如热效率）和较低的消耗（如煤耗、厂用电率等）。例如，在 1992 年当时的电力工业部曾组织对望亭发电厂 14 号机组（300MW）使用美国西屋公司的 WDPF 微机分散控制系统的运行经济效果进行过评审，经评审分析表明，仅 WDPF 分散控制系统的自动控制和在线效率监控功能的投用，就分别降低机组供电煤耗 3.6g/kWh 和 0.85g/kWh，综合降低的机组供电煤耗可达 4.45g/kWh。以该机组年发电量 18 亿 kWh 计算，每年可节约标准煤 8010t，可见其经济效益是很显著的。

(2) 在机组运行工况出现异常，如参数越限、辅机跳闸时，自动化设备除及时报警外，还能迅速、及时地按预定的规律进行处理。这样，既能保证机组设备的安全，又能保证机组尽快恢复正常运行，减少机组的停运次数。例如，自动快速减负荷（RUN BACK）、强增负荷（RUN UP）、强减负荷（RUNDOWN）、负荷快速切回或称快速甩负荷（FCB, fast cut back）等功能。

(3) 当机组从运行异常发展到可能危及设备安全或人身安全时，自动化设备能适时采取果断措施进行处理，以保证设备及人身的安全。例如，锅炉主燃料跳闸（MFT, master fuel trip）、汽轮机监测系统（TSI）和汽轮机紧急跳闸系统（ETS）等。

(4) 在机组启停过程中，自动化设备又能根据机组启动时的热状态进行相应的控制，以避免机组产生不允许的热应力而影响机组的运行寿命，即延长机组的服役期。例如，汽轮机的应力估算和寿命管理系统一般都包含在汽轮机自启停系统（ATC）中。

(5) 随着电网的发展，对自动发电控制（AGC, automatic generation control）的要求日趋严格。AGC 是现代电网控制中心的一项基本和重要的功能，是电网现代化管理的需要，也是电网商业化运营的需要。而要实现 AGC，单元机组必须有较高的自动化水平，单元机组协调控制系统必须能投入稳定运行。

建国 50 多年来，随着机组容量的增大、参数的提高，对于机组安全、稳定、经济运行的要求不断提高，火电厂的自动化水平也不断得到提高，从传统的机、炉、电分别人工监控发展到今天的单元机组集控，自动化系统的功能也已从单台辅机和局部热力系统发展到整个单元机组的检测与控制。而随整个单元机组自动化的不断完善以及电网发展的需要，火电厂热工自动化的功能必然会与调度自动化系统（ADS，automatic dispatching system）相协调而实现电网的自动发电控制（AGC）。但必须指出的是，自动化系统毕竟只能按照人们预先制定的规律进行工作，而机组运行过程中的情况却是复杂的、随机的。因此，自动化系统在一般情况下虽不需要人的更高层次的干预，但在特定情况下却要求人工给以提示或协调。无人值班的火电厂或火电机组虽曾尝试，却迄今未获成功，也就是说高度自动化的火电机组并非不需要人的干预，而是需要人的更高层次的干预。由此可见，自动化水平高的机组，要求运行人员也具有更高的技术和文化水平。

大型火电机组由于具有大容量、高参数的特点，因此要有相应先进的自动化功能与之相适应，特别是近年 600MW 超临界压力机组装机很多，不久将成为我国电力系统的主力机组。超临界压力机组由于其直流锅炉的启动特性、大范围的变压运行，更需要与之相适应的控制策略来进行控制。概括地说，大型机组的自动化功能大致包含以下内容：

（1）单元机组协调控制系统（CCS，coordination control system）；

（2）锅炉炉膛安全监控系统（FSSS，furnace safeguard supervisory system）或称燃烧器管理系统（BMS，burner management system）；

（3）顺序控制系统（SCS，sepuence control system），包括机组辅机顺序控制系统和发电机—变压器组及厂用电源顺序控制系统；

（4）数据采集系统（DAS，data acquisition system）；

（5）汽轮机数字电液控制系统（DEH，digital electric hydraulic system）和汽动给水泵汽轮机电液控制系统（MEH，micro-electro-hydraulic control system）；

（6）旁路控制系统（BPS，bypass control system）；

（7）汽轮机自启停系统（ATC，automatic turbine startup or shutdown control system）；

（8）汽轮机监视仪表（TSI，turbinc supervisory instrament）和汽轮机紧急跳闸系统（ETS，emergency trip system）；

（9）全厂闭路工业电视系统；

（10）辅助生产系统网络化集中监控系统。

上述大型火电机组的自动化功能在当前的 600MW 机组上都有体现，它们集中反映了机组的自动化水平。

复 习 思 考 题

1. 为什么说大型火电机组离开了高度的自动化就不能做到安全、稳定、经济运行？
2. 大型火力发电机组的自动化功能包括哪些内容？

第二章

炉、机、电单元集控

第一节 单元控制室

大型单元机组通常两台机组合建一个集中控制楼并布置在两炉之间，有时还伸入除氧煤仓间内，单元控制室设置在集中控制楼的运转层。当有特殊要求时，经过论证，也可多台机组合用一个集中控制楼，单元控制室布置在独立的集中控制楼内；此外，单元控制室也可布置在除氧间或煤仓间的运转层或其他合适的位置。邻近单元控制室还需要布置工程师工作间、热控电子设备间、热控电源设备间、电气继电器室以及交接班室等房间。单元控制室两侧应有通往锅炉房和汽机房的通道，出入口不少于两个。单元控制室、工程师工作间、电子设备间、电气继电器室等房间内应有良好的空调、照明、隔热、防尘、防火（室内装饰应采用不燃烧材料）、防水、防振和防噪声等措施。

单元控制室、电子设备间、工程师工作间及其电缆夹层内，应设置火灾自动报警和气体灭火，并严禁汽水及油路管道穿越。

单元控制室内的布置和运行监控方式是随着机组容量的增大、自动化程度的提高和成熟反而是日益简化的。我国最早的安徽平圩电厂 600MW 机组，还设有大量的常规操作开关和监视仪表，计算机数据采集系统（DAS）只替代了部分监视仪表，运行是按炉、机、电分别监控的；上海石洞口二厂是我国首台 600MW 超临界机组，20 世纪 90 年代初引进时便以较高的要求实现以DCS 系统 CRT 和键盘为中心单元值班长运行模式，但是它在控制盘上仍保留着较多的调节回路的数字操作站和其他硬操设备；随着控制技术的发展，近年来设计的 600MW 机组控制，已取消了绝大部分的后备操作设备和显示仪表，仅在操作台上配有少量必须的供紧急停机的操作设备。例如，最近投产的江苏常熟二厂超临界 600MW 机组，它的单元机组控制在操作台前面的立屏上，只设置了两块大屏幕显示器，非常简洁。

第二节 单元机组炉、机、电集控的几个问题

一、后备监控设备配置

后备监控设备的配置原则是当分散控制系统 DCS 发生全局性或重大故障（如分散控制系统电源消失、通信中断、全部操作员站失去功能，重要控制站失去控制和保护功能等）时，为确保机组紧急安全停机，应在操作员台上设置以下独立于 DCS 的后备操作手段：

(1) 锅炉总燃料跳闸（MFT）；

(2) 汽轮机跳闸（ETS）；

(3) 发电机—变压器组跳闸；

(4) 锅炉安全门（机械式除外）；

（5）汽包事故放水门；

（6）汽轮机真空破坏门；

（7）直流润滑油泵；

（8）交流润滑油泵；

（9）发电机灭磁开关；

（10）柴油发电机启动。

顺序控制系统（SCS）和模拟量控制系统（MCS）不配置后备操作器。

控制屏上不宜再配置常规光字牌报警装置，当一定要求时则可按每单元机组设置不超过 20 个光字牌报警窗口，其报警内容如下：

（1）最主要参数偏离正常值；

（2）单元机组主要保护跳闸；

（3）重要控制装置如 DCS、ETS 等系统故障或电源故障。

二、采用大屏幕显示器

目前，每台单元机组的控制台上虽然都设置了多台显示屏幕（一般为 21inCRT 或 LCD），解决了单元机组监控在安全性和可靠性等方面的问题，但在人机界面上仍是不够理想的，由于 CRT 显示幅面小，运行人员长时间监视这些屏幕容易造成视觉上的疲劳。采用大屏幕显示器可以改善 CRT 显示的不足，大屏幕显示器和 CRT 配合使用可以缓解运行人员长时间监视 CRT 造成的视觉上的疲劳。大屏幕显示器对 DCS 系统而言，它和 CRT 一样都是 DCS 的操作员终端，因此它能完成 CRT 上所有的显示和操作功能；随着多媒体技术的发展，在大屏幕显示器上还可实现工业电视的显示功能，如将炉膛火焰和汽包水位工业电视甚至全厂闭路工业电视纳入 DCS，在大屏幕显示器上显示；也可将声光报警系统纳入 DCS，在大屏幕显示器上实现声光报警，且可兼有语音效果。

大屏幕的应用前景是很好的，但是目前实际应用情况还不太理想，主要的问题有以下几点：

（1）价格较昂贵，一套大屏幕装置一般都需要数十万元。

（2）质量不稳定，维护费用高。有的大屏面亮度不均匀或亮度低看不清楚，灯泡寿命短，在额定亮度下运行，一般每年需更换一次。

（3）运行实用性还不高，运行人员基本以普通 CRT 监控为主，大屏只显示一些趋势图或几幅主模拟图，大多不作为运行员站使用。

近期建设的 600MW 机组大多配备了大屏幕，因此需改善和提高它的应用效果。

三、全厂闭路工业电视监视器

近年来建设的 600MW 机组都配置有全厂闭路工业电视系统，除相对集中的辅助车间值班点设监视屏外，要求在单元控制室集中监视。监视方式有的是分散在各个单元机组大屏幕上；有的则设置集中的监视屏放在控制室的中间位置，采用单独的大屏幕或等离子电视墙。当采用全厂集中监视方式时，除可以监视各单元机组监视点外，还可以监视全厂范围内的有关辅助车间及厂区的场景。输煤系统的工业电视一般只在输煤集控室内监视。

四、电气网控

新建机组的电气网控一般设在单元控制室内，其网控运行员站或屏放置在控制室中间或放置在值长台上。扩建工程则视具体情况，有的是设在单元控制室内，有的就设在老厂电气主控室内。

五、值长台

值长是运行值班的组织者和管理者，在单元控制室内都设置有值长值班台，值长台上一般配置有 DCS 的值长终端站、SIS 终端站及调度通信设备。

六、运行人员配置

实现单元机组一体化控制、全能值班，即不设司机、司炉和电气值班员，而是一台机组配备一名主值班员（机组长）、两名副值班员负责对整台机组实施全面监控。主、副值班员都要求有较高的文化技术水平。

第三节 600MW 机组单元控制室布置实例

一、石洞口二厂 600MW 进口机组

上海石洞口二厂两台 600MW 进口机组控制盘台布置在一个主控制室内，两台机组的控制盘台按中心旋转 180° 对称布置。每台机组的控制盘台由一个高 2.5m、长 11m 的马赛克模拟控制盘和一个机组操作员控制台组成。马赛克模拟控制盘的每一块马赛克的面积为 $24 \times 24mm^2$。在马赛克模拟控制盘的最高层布置 10 个报警区，每个报警区有 16 个报警窗，每个报警窗最多可有 4 个报警光示牌。按报警等级的不同可采用不同的全窗口、1/2 或 1/4 窗口方式报警。在报警区中间装有发电机功率、频率和时、分、秒计时的数字显示仪表。在模拟控制盘上，按照锅炉、汽轮机、发电机的生产工艺流程配置了：68 只热工仪表，14 只电气仪表，15 只 3 点或 6 点记录仪表，6 只 3 点趋势记录仪表；约 80 只重要辅机、阀门的起停控制按钮和开关；46 只数控手动/自动站和 5 台模拟式插入控制面板；1 台炉膛监视工业电视和 1 只吹灰监视工业电视；吹灰器顺控插入面板和炉管泄漏检测装置插入控制面板。

机组的操作员控制台由 2 套 N-90 的管理命令系统（MCS）组成，互为冗余。每套 MCS 配有 3 台冗余的操作员 CRT/键盘，2 台打印机和 1 台彩色硬拷贝。在控制台上布置有 6 台操作员 CRT/键盘和 22 只手操开关，如紧急停机开关、报警确认开关等。DEH 系统与 N-90 微机分散控制系统之间用硬接线连接，因此在主控室内的 N-90 的 CRT 上能完成 DEH 系统的监视。在模拟盘上配置一些常规仪表和硬手操设备，当 N-90 微机分散控制系统发生某些局部故障时，能用于维持原负荷运行或安全停机的操作。

上海石洞口二厂 2×600MW 机组主控制室布置示意图见图 2-1。

二、北仑电厂一期 600MW 进口机组

浙江北仑电厂 600MW 机组采用一台机组一个控制室的布置，其主控制室布置示意如图 2-2 所示。

浙江北仑电厂一期工程建设较早，但是当时的控制方式已取消了常规的 BTG 盘和过程模拟屏，只设有 2 组操作员台，由 6 台 CRT 完成

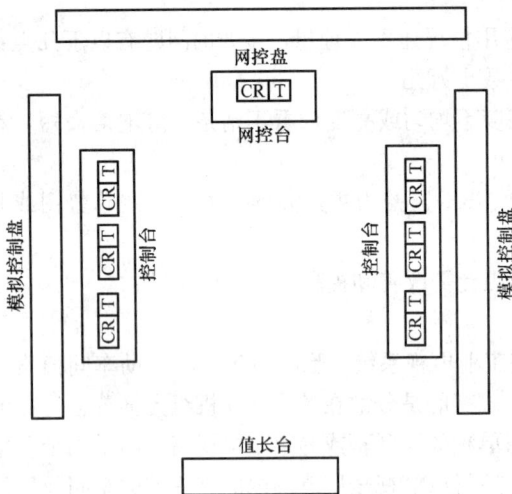

图 2-1 上海石洞口二厂 2×600MW 机组
主控制室布置示意图

全部的监视和操作任务。2 个操作员台之间设有一个备用控制台，除了布置其他控制系统的部分插件板外，主要还是为了布置一些常规后备显示仪表和操作设备，相对于今天来看是太多了些，此处仅对一机一控的控制室设置实例作一介绍。

浙江北仑电厂一期 600MW 机组的控制系统及控制室近期已作了改造，更换了 DCS 系统，并

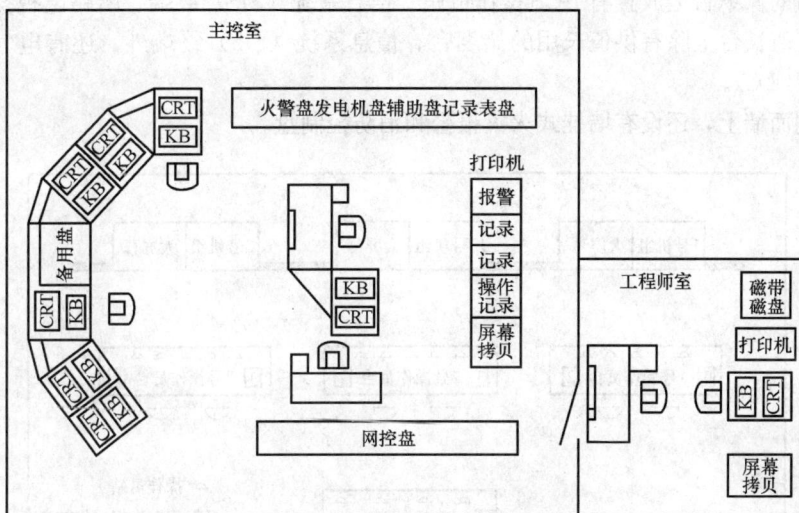

图 2-2　浙江北仑电厂主控制室布置示意图

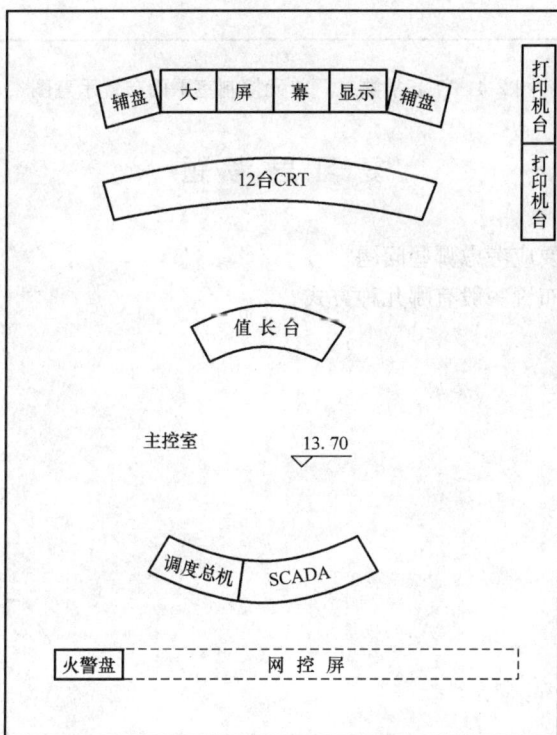

图 2-3　浙江北仑电厂一期工程改造后的集中控制室布置示意图

实现两台机组在一个控制室内集中控制，其改造后的集中控制室布置如图 2-3 所示。

三、常熟二厂 600MW 国产机组

江苏常熟二厂 3 台 600MW 国产超临界机组采用一个集中控制室，设置在 1 号和 2 号炉之间。控制室内每台机组 1 组运行员台和 2 块 100in 大屏幕显示器，3 台机组的运行员台和大屏幕一字形布置，如图 2-4 所示。

每台机组的操纵台上放置有 DCS 操作员站、信息系统（SIS）终端、闭路电视操作键盘和后备硬手操板；值长台上除有供值长用的调度台、信息系统（SIS）终端外，还有电气网控计算机和操作员站（EDS）。

控制室侧面墙上，还设有墙挂式火灾报警和消防控制盘。

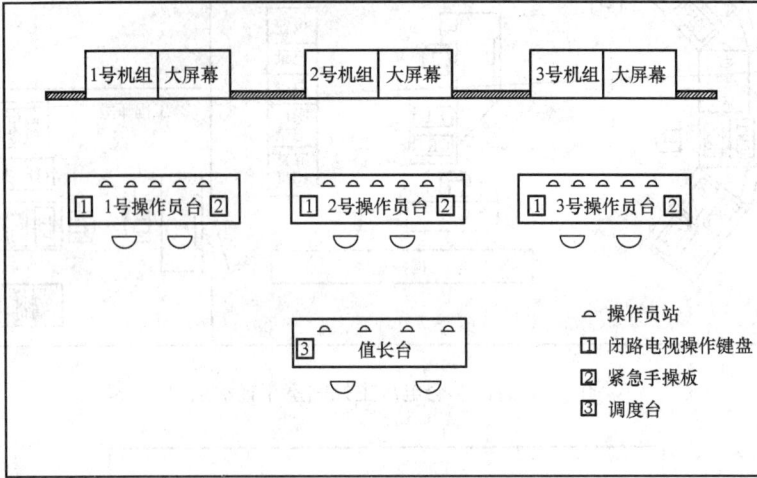

图 2-4　江苏常熟二厂单元控制室平面布置示意图

复 习 思 考 题

1. 单元机组集控主要应考虑哪些问题？
2. 单元机组集控室布置一般有哪几种方式？

第三章

单元机组协调控制系统

第一节 协调控制系统概述

一、概况

常规的自动调节系统是对汽轮机和锅炉分别进行控制。汽轮机调节机组负荷和转速，机组负荷的变化必然会反映到机前主蒸汽压力的变化，即机前主蒸汽压力反映了机炉之间的能量平衡。主蒸汽压力的控制由锅炉燃烧调节系统来完成，燃烧调节系统一般又划分为主蒸汽压力（或燃料）调节系统、送风和氧量调节系统、炉膛负压调节系统等子系统。随着单元机组容量的不断增大、电网容量的增加和电网调频、调峰要求的提高以及机组自身稳定（参数）运行要求的提高，常规的自动调节系统已很难满足单元机组既参加电网调频、调峰又稳定机组自身运行参数这两个方面的要求，因此必须将汽轮机和锅炉视为一个统一的控制对象进行协调控制。所谓协调控制，是指通过控制回路协调汽轮机和锅炉的工作状态，同时给锅炉自动控制系统和汽轮机自动控制系统发出指令，以达到快速响应负荷变化的目的，尽最大可能发挥机组的调频、调峰能力，稳定运行参数。现代大型单元机组，特别是 600MW 及以上容量的机组已无一例外地都设计了机炉协调控制系统。

协调控制系统（CCS）通常指机、炉闭环控制系统的总体，包括各子系统。原电力工业部热工自动化标委会推荐采用模拟量控制系统（MCS, modulating control system）来代替闭环控制系统、协调控制系统、自动调节系统等名称，但习惯上仍沿用协调控制系统（CCS）。本节主要讨论单元机组协调控制系统的协调主控。

二、协调控制系统的运行方式

单元机组协调控制系统的运行方式是指协调主控的运行方式。单元机组协调控制系统通常有以下四种基本的运行方式：

（1）汽轮机为基础，锅炉跟随的负荷控制方式，简称炉跟机方式；

（2）锅炉为基础，汽轮机跟随的负荷控制方式，简称机跟炉方式；

（3）汽轮机—锅炉综合功率控制方式，简称协调方式；

（4）汽轮机、锅炉手动控制，简称手动方式。

根据单元机组不同的工况和运行要求，以及锅炉主控（BM）和汽轮机主控（TM）所具备的不同的控制方式及组态，可构成多种不同的单元机组协调控制系统的运行方式。例如，锅炉主控手动控制功率，汽轮机主控控制主汽压力的运行方式，为汽轮机跟随运行方式的一种变形；汽轮机主控手动控制功率，锅炉主控控制主汽压力的运行方式，为锅炉跟随运行方式的一种变形；带功率修正的以机跟踪为基础的协调控制运行方式；带功率修正的以炉跟踪为基础的协调控制运行方式等。此外，协调控制系统的主控还要满足单元机组滑压运行方式的要求。为进一步说明单元机组协调控制系统的原理，特提供机组协调控制系统的原则性功能框图（见图 3-1、图 3-2）。

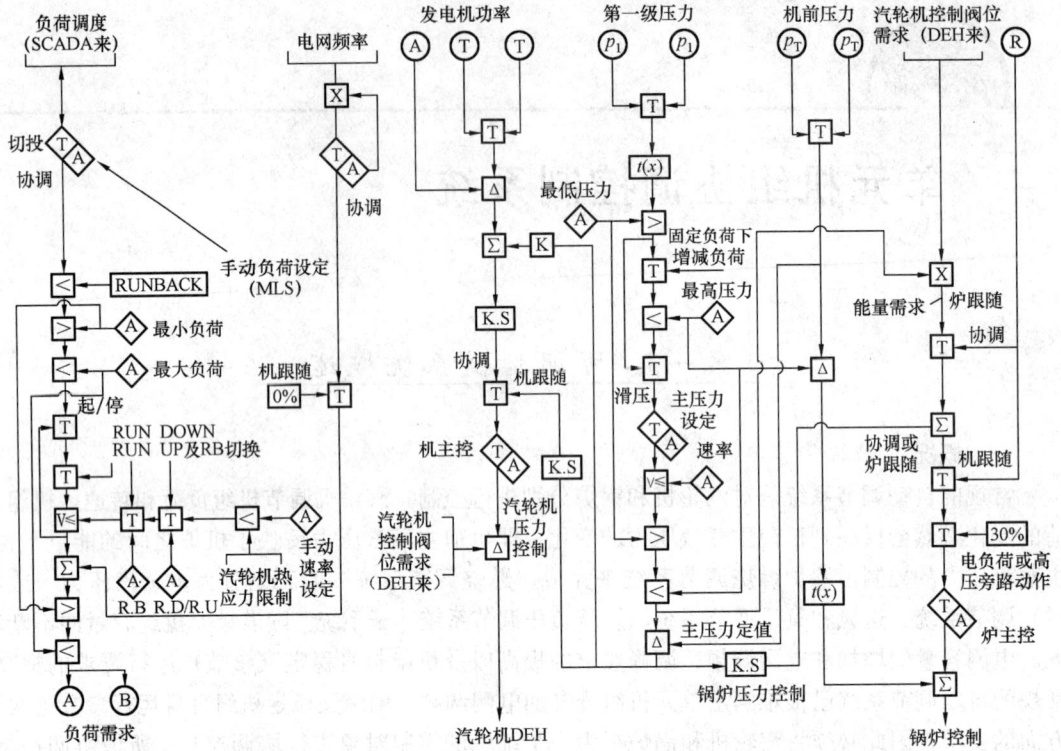

图 3-1 协调控制系统原则性功能框图（Ⅰ）

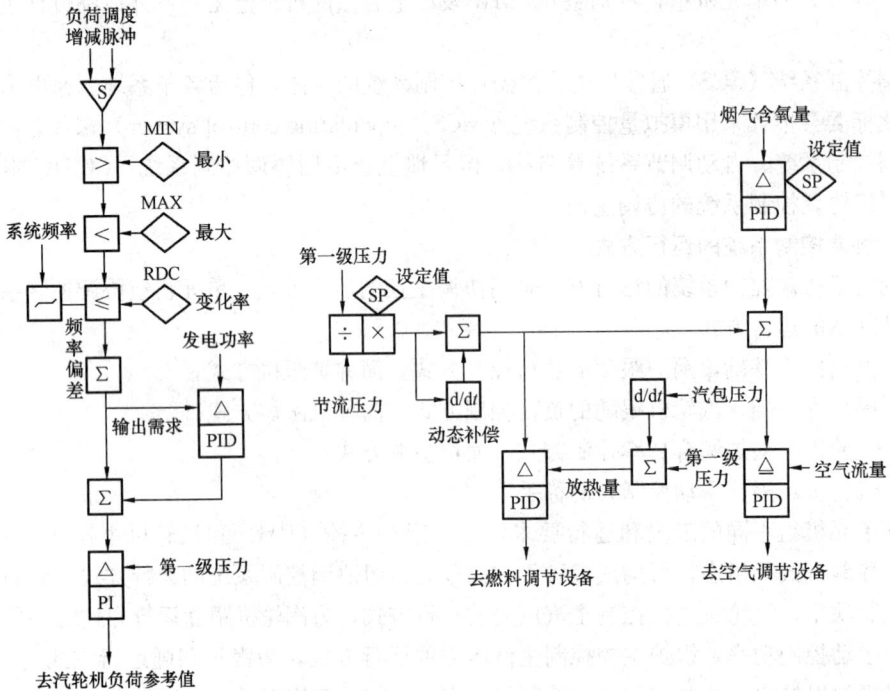

图 3-2 协调控制系统原则性框图（Ⅱ）

在单元机组协调控制系统协调主控的四种基本运行方式中，前三种运行方式的根本区别在于对功率和主汽压力的控制处理。在单元机组中，汽轮机进汽压力是反映机、炉能量平衡和机组运行稳定的重要指标。炉跟机方式：机接受负荷指令，负责调节功率，具有较好的负荷响应能力；炉负责调节汽压，维持汽压的稳定，由于锅炉动态响应慢，动态过程中汽压波动大；因机炉间的相互影响，燃料扰动（如增加）时压力、功率都有变动（上升），而为保持原有功率，汽轮机调节汽门要动作（关小），更使压力有所波动（增加）。机跟炉方式：炉接受负荷指令，负责调节功率，负荷响应能力差，不仅不能利用锅炉蓄能，负荷增加时，还要先向锅炉附加蓄能，要先提高汽包压力；因机炉间的相互影响，燃料扰动时，机组功率波动也大，如燃料增加时，功率、汽压都上升，要保持原有汽压，汽轮机调节汽门开大，会使功率更为增加，对燃煤机组来说这个缺点比较突出。单纯的汽轮机跟踪运行方式对电网干扰较大，不利于电网周波的稳定；但因汽轮机调压的动态响应比锅炉调压快，不论负荷变化或燃料扰动，汽压波动都小，有利于机组本身运行参数的稳定。由于锅炉跟踪方式和汽轮机跟踪方式各有利弊，协调控制方式就是一种较好地解决机组的负荷适应性与运行稳定性这一对矛盾的运行方式。协调控制系统的一个重要设计思想，就在于蓄能的合理利用和补偿：

（1）充分利用锅炉的蓄能，又要相应限制这种利用；

（2）补偿蓄能，动态超调锅炉的能量输入。

协调控制系统的一个关键控制策略，在于尽可能减少和消除锅炉、汽轮机动作间的相互影响，采用扰动补偿、自治或解耦的控制原则。扰动应由扰动侧的控制回路自行快速消除，而非扰动侧的控制回路应少动或不动，以利于动态过程的稳定。为了提高负荷响应能力，世界上越来越多的 CCS 设计采用前馈控制技术，使锅炉输入能被控制得很接近于届时要求的量，而不完全依赖于反馈控制的缓慢且往往会引起不稳定的积分过程。协调控制系统和协调控制方式，不同厂商的设计有不同的控制策略，图 3-1 所示的协调控制系统的设计意图，可以从内扰和外扰两个方面分析：

（1）内扰时的扰动单向补偿。燃料扰动（增加）时，压力信号（增加）通过交叉环节 K 抵消（要求汽轮机控制回路开大调节汽门方向）了功率信号增加要求关小调节汽门的动作；这样，扰动由锅炉侧自行快速消除，汽轮机侧控制系统能尽量少动或不动，减少炉对机动作的相互影响，提高了系统稳定性。

（2）外扰时限制负荷变化幅度与速度。压差信号通过交叉环节 K 引入汽轮机侧，功差与压差信号综合为

$$[\text{ULD} - K(p_s - p_T)] - P$$

式中　ULD——机组负荷指令；

p_T——主蒸汽压力（机前压力）；

p_s——主蒸汽压力设定值；

P——机组实发功率；

K——系数。

由此式可见，当负荷增加时，由于压力动态降低，暂时减少了功率定值增量，即系统在充分利用锅炉蓄能的基础上，兼顾压力稳定的要求，又限制了负荷变化的速度与幅度。

三、直接能量平衡协调控制系统

图 3-2 为美国 Max 控制系统公司（原利诺公司）采用 MAX—1000 分散控制系统的第四代直接能量平衡（DEB, direct energy balance）协调控制系统，称为 DEB—400，该系统的特点如下：

（1）机组功率由汽轮机侧调节，负荷响应快。机侧采用串级控制，副环 PI 以第一级压力作

反馈。

(2) 以能量平衡信号 $p_s \times \dfrac{p_1}{p_T}$ 作为锅炉侧的负荷前馈指令，以热量信号 $p_1 + \dfrac{\mathrm{d}p_d}{\mathrm{d}t}$ 作反馈，直接按汽轮机的能量需求来控制锅炉的能量输入。系统无需机前压力的反馈控制，取消了世界上其他公司 CCS 系统都必须具有的机前压力闭环校正。上两式中，p_1 为汽轮机第一级压力；p_d 为汽包压力。

1. DEB 协调控制原理

(1) 能量平衡信号。

$\left(p_s \times \dfrac{p_1}{p_T}\right)$ 称为能量平衡信号（energy balance signal）或能量指令信号，其中压力比 $\dfrac{p_1}{p_T}$ 线性地代表了汽轮机的有效阀位，可精确测量实际调节阀门开度。DEH 系统取 $p_s \times \dfrac{p_1}{p_T}$ 为适用于任何定压或滑压运行的能量平衡信号，以该信号响应汽轮机能量需求来调节锅炉的输入指令如燃料、送风等。能量平衡信号的特点如下：

1) $\left(p_s \times \dfrac{p_1}{p_T}\right)$ 正确反映汽轮机对锅炉的能量需求，且只反映外扰（汽轮机调节汽门开度变化），而不受锅炉侧内扰（燃料扰动）的影响。

2) $\left(p_s \times \dfrac{p_1}{p_T}\right)$ 代表汽轮机对锅炉的能量需求，协调机炉间的能量平衡，能适用于所有运行工况：定压运行或滑压运行、汽轮机控制是液压调节或是 DEH 控制，都能使锅炉输入匹配汽轮机的需求。

3) $\dfrac{p_1}{p_T}$ 压力比代表的是汽轮机实际调节汽门开度，而非要求的开度。

(2) 热量信号。

汽包锅炉的 DEB 控制系统，不论是中间储仓式制粉系统，或是直吹式制粉系统，其锅炉的输入能量信号都采用热量信号（heat release）进行测量。热量信号的特点是：

1) 热量信号度量了锅炉总的能量输入，计及全部燃用燃料（煤、油……）总的炉内放热。

2) 热量信号能识别燃料热值、水分、灰分等煤质以及燃烧工况变化的影响，任何燃料输入扰动，无须待燃烧率指令受影响发生变化，系统即可予以迅速消除。

3) 热量信号测量锅炉的能量输入，考虑到了锅炉的蓄能，因而既适用于静态，也适用于动态，具有实时性。

4) 用作燃料控制系统的反馈，热量信号只反映锅炉的内扰（燃料变化），而不反映外扰。

(3) 机炉间能量平衡。

机炉间能量平衡，以机前压力 p_T 稳定为标志。DEB−400 CCS 系统的锅炉侧燃料调节系统，其 PI 调节器输入信号为

$$前馈（指令）＝能量平衡信号 ＝ p_s \times \frac{p_1}{p_T}$$

$$反馈 ＝热量信号（HR）＝ p_1 + \frac{\mathrm{d}p_d}{\mathrm{d}t}$$

$$燃料偏差\, e_f ＝ \left(p_s \times \frac{p_1}{p_T}\right) - \left(p_1 + \frac{\mathrm{d}p_d}{\mathrm{d}t}\right)$$

$$＝ p_1 \times \frac{p_s - p_T}{p_T} - \frac{\mathrm{d}p_d}{\mathrm{d}t}$$

$$= e_\text{p} \times \frac{p_1}{p_\text{T}} - \frac{\mathrm{d}p_\text{d}}{\mathrm{d}t}$$

式中 $e_\text{p} = p_\text{s} - p_\text{T}$ 为机前压力偏差。

对静态工况，有 $\frac{\mathrm{d}p_\text{d}}{\mathrm{d}t} = 0$，$e_\text{f} = 0$，则 $e_\text{f} = e_\text{p} \times \frac{p_1}{p_\text{T}} = 0$。

由于 $\frac{p_1}{p_\text{T}}$ 为汽轮机调节汽门开度，$\frac{p_1}{p_\text{T}}$ 不可能为零，则必然是 $e_\text{p} = 0$，即 $p_\text{T} = p_\text{s}$。所以。DEB 系统的锅炉燃料调节器，具有保持机前压力等于其给定值的能力，无需另外再加压力的积分校正，从而也就消除了带压力校正的串级控制所引起的问题，系统也最简单。

2. 对 DEB 协调控制系统的认识

DEB 协调控制系统实际上也是一种利用物理规律巧妙构思的单向解耦系统，即按输出要求（能量增量与蓄能补偿）控制输入的机炉直接能量平衡原理。静态工况，机前压力总是等于压力定值，无需机前压力的闭环校正。这样，机前压力 p_T 可以看成是 DEB 系统内部取决于定值 p_s 的一个平衡参数，汽轮机侧功率指令 ULD 改变或调节汽门开度 μ_T 扰动，对机前压力静态没有影响，μ_T 与 p_T 静态无关，所以 DEB 系统可以视作一个单向解耦系统，汽轮机侧扰动不影响机前压力。由于单向解耦 DEB 协调控制实际上已经由机炉相互影响的 p_T、MW 多变量控制系统转化为一个单变量 MW 控制系统，因而在快速响应负荷的基础上，又大大提高了系统的稳定性和调节品质。

四、协调控制系统各部分功能介绍

协调控制系统包括机组主控、锅炉主控和汽轮机主控等部分，参见图 3-1。

1. 机组主控

(1) 负荷信号。

1) 在协调和汽轮机跟随（锅炉主控在自动）运行方式时，负荷信号由运行人员在"手动负荷设定器"（MLS）上人工设置。当机组切换到自动发电控制（AGC）时，机组接受电网的自动调度信号。机组的上述负荷需求信号要受到负荷限值（最大/最小负荷限值及发生 RUN BACK、RUN UP/RUN DOWN 等）对负荷需求设定值的限制；负荷指令的变化速率亦要受到人工设定速率或汽轮机热应力的限制。当机组参加电网一次调频（协调控制方式下），还要叠加上频差部分的负荷指令，这时机组主控的输出为机组负荷需求指令，同时送往锅炉主控和汽轮机主控。

2) 在炉跟随方式时，机组负荷指令由汽轮机主控器设置。

(2) 负荷定值限制。

当机组能力和负荷需求不相适应时，应根据机组实际能力对负荷定值作一定的限制。

1) 与机组负荷有关的主要运行参数越限而引起的强迫增（RUN UP）、强迫减（RUN DOWN）；机组负荷超出了主、辅机的运行极限范围所引起的增、减负荷作用。当负荷指令或与辅机有关的调节指令有矛盾时，如给水、燃料、送风、引风等超过各自运行上限值时，则必须将负荷降至和该上限值相适应才能保证主、辅机的安全运行，这种迫降负荷即称 RUN DOWN；当上述各值超出各自运行下限值时，则要发生迫升负荷，即 RUN UP。

2) 辅机故障减负荷 RUN BACK 是指机组主要辅机部分故障时，自动将负荷减到和主要辅机负荷能力相适应的负荷水平。主要辅机故障指：部分风机（送风机、引风机、一次风机）故障、给水泵故障、磨煤机故障、锅水循环泵故障等。发生主油断路器跳闸所引起的大幅度甩负荷，为维持汽轮机带厂用电或空载运行而导致的 RUN BACK 称 FCB。

(3) 机组主控进行操作的内容。

1) 选择机组运行方式；

2）设置机组需求负荷；

3）设置负荷变动率；

4）设置机组负荷最大/最小限值；

5）电网调度信号的切投；

6）电网频率信号的切投。

2．锅炉主控

锅炉定值通过锅炉主控器设定，锅炉主控器根据不同的运行方式可以自动或手动。

1）当所有依赖锅炉主控器的控制回路都在自动时，它可以手动；反之，当锅炉控制都在手动方式时，它不能手操，而只跟踪燃料量。

2）在汽轮机跟随方式时，锅炉主控器可以手操也可以自动，由运行员选择。当在自动时，运行员通过手动负荷设定器改变负荷定值。

3）锅炉跟随方式，锅炉主控器只能自动运行，它的输入信号是压力定值与汽轮机阀位开度的乘积所代表的直接能量平衡信号。

4）在协调控制方式运行时，锅炉主控器也只能自动运行，它的输出就是燃料量和风量调节的定值。

3．汽轮机入口压力定值

根据机组负荷情况，可选择定压或滑压运行，汽轮机入口压力（或主汽压力）的定值一般是负荷的函数。浙江北仑电厂600MW机组的主汽压力定值与负荷指令的函数关系曲线如图3-3所示。

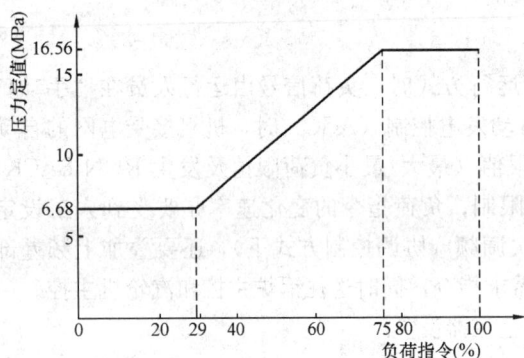

图3-3　主汽压力定值与负荷指令的函数关系曲线

4．汽轮机主控

当DEH装置在远方控制方式时，汽轮机主控才能通过DEH起调节作用。

（1）当选择协调运行方式时，电功率（需求负荷）为设定值，实测电功率和需求负荷相比较，其偏差经汽压偏差修正，然后经PI处理去改变汽轮机调节汽门开度，达到消除功率偏差的目的。

（2）当选择了汽轮机跟随方式，汽轮机进汽压力在设定值，实测进汽压力与定值相比较，其偏差经汽轮机压力控制器去改变汽轮机调节汽门开度，达到消除压力偏差的目的。

（3）当选择了锅炉跟随和手动方式时，运行员直接在汽轮机主控器上操作来增减负荷，得到所需要的电功率。汽轮机调节汽门需求位置与实际开度的偏差送到DEH系统去修正阀位，最后达到平衡。

5．协调控制系统运行方式的选择和切换

除手动方式外，向任何控制方式切换都需要事先选择相应数量的控制回路投入自动。每种运行方式在经过平衡阶段后才起作用，也即将各种变量定值调整到与实际的过程变量相同，才能做到无扰。

（1）手动。手动方式不需要经过平衡阶段，只有锅炉主控器可供运行员手动，但此时燃料控制、风量控制及给水控制需在自动。当发生下列情况时，系统将自动切换到手动方式：

1）燃料量、风量、负荷定值、实际阀位的设定值与实际变量之间偏差太大，且超过规定的时间间隔；

2）甩负荷；

3）汽轮机阀位、第一级压力测量不正常。

（2）汽轮机跟随。系统只保持进汽压力在设定值。选择汽轮机跟随的条件如下：

1）汽轮机控制（汽轮机主控器）在自动；

2）汽包水位控制在自动。

在下列条件下系统自动切换到汽轮机跟随方式：

1）进汽压力偏差大（如大于±1MPa，且延续时间长，0～50s可调）；

2）发生 RUN BACK。

（3）锅炉跟随。该方式自动运行可使运行员直接通过"汽轮机主控"或"就地控制"快速改变负荷，而不顾汽压的变化，进汽压力通过压力控制器调节到定值。投入锅炉跟随运行方式的条件如下：

1）空气流量在自动；

2）燃料量调节在自动（至少一台磨煤机组）；

3）给水调节在自动。

（4）协调控制方式的条件如下：

1）锅炉运行在自动（风和燃料）；

2）给水自动；

3）汽轮机主控在自动。

鉴于机组协调控制系统的功能的重要性，对其系统的可靠性有很高的要求。大机组协调控制系统通常均由分散控制系统（DCS）构成，对分散控制系统的功能模件，如分散处理单元（DPU）或过程控制单元（PCU），应采用冗余配置。主要信号如机前压力（主蒸汽压力）、汽轮机第一级压力、机组实发功率等亦应冗余。对 600MW 级机组，协调控制系统的主要信号应采用三取中的冗余方案。

五、自动发电控制（AGC）

现代电力系统的频率和功率的调整一般是按负荷变动周期的长短和幅度的大小分别进行调整。对于幅度较小、变动周期短的微小分量，主要是靠汽轮发电机组调速系统来自动调整完成的，即所谓一次调频。一次调频的特点是由汽轮发电机组本身的调节系统直接调节，因此响应速度最快。但由于调速器为有差调节，因此对于变化幅度较大、周期较长的变动负荷分量，需要通过改变汽轮发电机组的同步器来实现，即通过平移调速系统的调节静态特性，从而改变汽轮发电机组的出力来达到调频的目的，称为二次调整。当二次调整由电厂运行人员就地设定时称就地手动控制；由电网调度中心的能量管理系统来实现遥控自动控制时，则称为自动发电控制（AGC）。自动发电控制系统示意图如图 3-4 所示。

自动发电控制系统主要由三部分组成：电网调度中心的能量管理系统（EMS）、电厂端的远方终端（RTU）和分散控制系统的协调控制系统、微波通道。实现自动发电控制系统闭环自动控制必须满足以下基本要求：

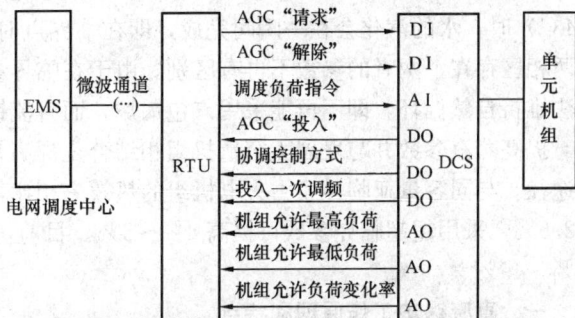

图 3-4　自动发电控制系统示意图

1）电厂机组的热工自动控制系统必须在自动方式运行，且协调控制系统必须在"协调控制"方式。

2）电网调度中心的能量管理系统、微波通道、电厂端的远方终端 RTU 必须都在正常工作状态，并能从电网调度中心的能量管理系统的终端 CRT 上直接改变机炉协调控制系统中的调度负荷指令。机炉协调控制系统能直接接收到从能量管理系统下发的要求执行自动发电控制的"请求"和"解除"信号、"调度负荷指令"的模拟量信号（标准接口为 4～20mA）。能量管理系统能接收到机组协调控制系统的反馈信号：协调控制方式信号和 AGC 已投入信号。

3）能量管理系统下达的"调度负荷指令"信号与电厂机组实际出力的绝对偏差必须控制在允许范围以内。

4）机组在协调控制方式下运行，负荷由运行人员设定称就地控制；接受调度负荷指令，直接由电网调度中心控制称远方控制。就地控制和远方控制之间相互切换是双向无扰的。在就地控制时，调度负荷指令自动跟踪机组实发功率；在远方控制时，协调控制系统的手动负荷设定器的输出负荷指令自动跟踪调度负荷指令。

当前的自动发电控制（AGC）基本上都是电网调度针对每台单元机组直接目标负荷的控制。当电厂中有多台单元机组时，每台机组都需要按上述方式用硬接线将信号与 RTU 相连。单元机组接受 AGC 负荷调度指令的幅度是受其本身运行状态限制的，锅炉允许最低不投油稳燃负荷决定了机组可承受变动负荷的范围；运行中主要辅机投用情况及主要运行参数的状况决定了当时该机组允许承担最大负荷的能力。当辅机故障或主热力参数偏离正常范围达一定程度后，机组可能无法运行在 AGC 方式下。目前的 AGC 方式和机组运行的经济性也无多大联系。

今后，在厂网分开、竞价上网新营运模式下，电网调度 AGC 指令将可以是对一个独立发电公司的实时负荷指令，此时 AGC 需要经过电厂经济负荷分配再落实到每台机组，AGC 是与机组经济运行相联系的，这就体现了整个电网营运的经济性。

第二节　超临界压力机组特点及其协调控制

自然循环锅炉的蒸发受热面中，工质的流动是依靠下降管与上升管之间工质的密度差来进行的。随着锅炉容量的增大，特别是压力的提高，大大增加了自然循环和汽水分离的困难。因为根据水蒸气性质，压力愈高，汽水密度差愈小，所以自然循环形成就愈困难和愈不可靠，特别当压力达到甚至超过临界压力时，自然循环无法形成。在此情况下，锅炉蒸发受热面中工质的流动只有依靠外来能量（水泵）来进行，超临界压力机组锅炉就是这种依靠外来能量建立强迫流动的锅炉。

超临界压力机组是指过热器出口主蒸汽压力超过 22.129MPa（目前运行的超临界压力机组运行压力为 24～25MPa）。理论上认为，在水的状态参数达到临界点（压力 22.129MPa、温度 374℃）时，水的汽化会在一瞬间完成，即在临界点时饱和水与饱和蒸汽之间不再有汽、水共存的两相区存在，两者的参数不再有区别。由于在临界参数下汽水密度相等，因此在超临界压力下无法维持自然循环，即不再能采用汽包锅炉，而直流锅炉成为唯一型式。

提高蒸汽参数并与发展大容量机组相结合是提高常规火电厂效率及降低单位容量造价的最有效途径。与同容量亚临界压力火电机组的热效率相比，采用超临界参数可在理论上提高效率 2%～2.5%，采用超超临界参数可提高 4%～5%。目前，世界上先进的超临界压力机组效率已达到 47%～49%。

一、直流锅炉工作原理和特点

直流锅炉工作原理如图 3-5 所示，人们把水在沸腾之前的受热面称为加热段；水开始沸腾

（$x=0$）至全部变为于饱和蒸汽（$x=1.0$）的区段为蒸发段，蒸汽开始过热至额定的过热温度称为过热段。直流锅炉蒸发受热面中工质的流动全部依靠给水泵的压头来实现。给水在给水泵的压力作用下，顺次连续流过加热、蒸发、过热各区段受热面，一次将给水全部加热成过热蒸汽，故直流锅炉在稳定流动时给水量应等于蒸发量。直流锅炉的结构与自然循环锅炉不同，它没有汽包，所以加热、蒸发和过热各区段之间就不像汽包锅炉那样有固定分界点。图 3-5 中的曲线表示沿管子长度工质的状态和参数大致的变化情况：在加热段，水的焓和温度逐渐增高，比体积略有加大，压力则由于流动阻力而有所降低；在蒸发段，由于水的蒸发而使汽水混合物的焓继续提高，比体积急剧增加，压力降低较快，相应的饱和温度随压力的降低而降低；在过热段，蒸汽的焓、温度和比容均在增大，压力则由于流动阻力较大而降低。在锅炉运行中，无论何种原因引起工况变动，都可能影响汽水管道内各点的工质参数，从而改变了加热、蒸发和过热三区段的长度。这一情况便决定了直流锅炉一系列主

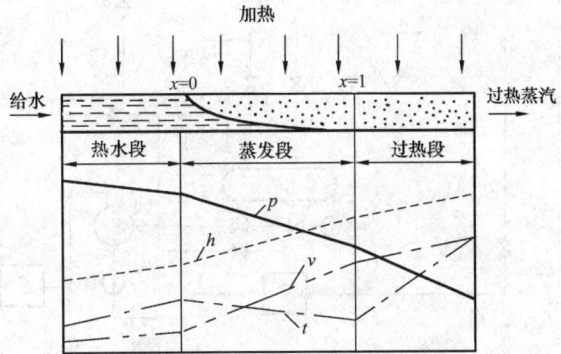

图 3-5　直流锅炉工作原理图
p—压力；h—焓；v—比体积；t—温度

要的工作特性。其中，直流锅炉的启动系统及其蒸汽参数调节的特殊性对机组的控制系统有比亚临界压力汽包锅炉的控制系统更复杂的要求。

二、超临界压力锅炉类型

超临界压力锅炉的类型从水冷壁的结构型式分有许多类型。但这里只从与热工控制有关的启动系统型式来分类，即按分离器在正常运行时是参与系统工作，还是解列于系统之外，分为内置式分离器启动系统和外置式分离器启动系统两大类型。外置式汽水分离器只是在启动初期投入运行，经一定时间后就从系统中切除，因而又称启动分离器。而内置式汽水分离器不同，运行期间全程投用。

1. 外置式分离器启动系统

图 3-6 为 UP 型直流锅炉外置式分离器启动系统，其中过热器旁路为外置式启动分离器系统，汽轮机为两级旁路系统。低温过热器与高温过热器之间串隔离阀 200 及其旁路调节阀门 201。低温过热器进口和出口各有一管路通至启动分离器。低温过热器进口至启动分离器管路上装有

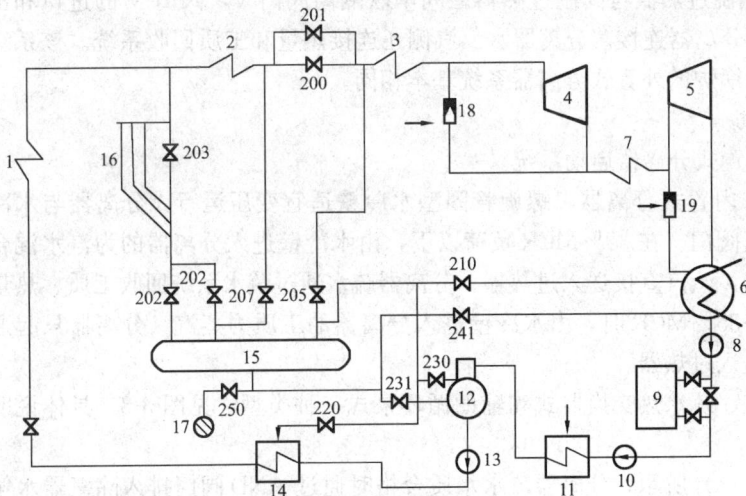

图 3-6　UP 型直流锅炉启动系统
1—省煤器、水冷壁；2—低温过热器；3—高温过热器；4—汽轮机高压缸；5—汽轮机中低压缸；6—凝汽器；7—再热器；8—凝结水泵；9—凝结水除盐装置；10—凝结水升压泵；11—低压加热器；12—除氧器及水箱；13—给水泵；14—高压加热器；15—启动分离器；16—节流管束；17—地沟；18—高压旁路；19—低压旁路

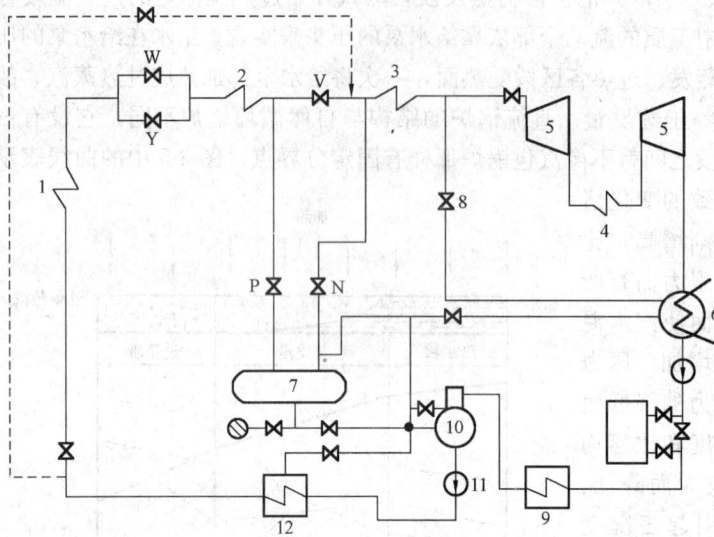

图 3-7　FW 直流锅炉外置式启动分离器两级压力启动系统

1—省煤器；2—低温过热器；3—高温过热器；4—再热器；5—汽轮机；
6—凝汽器；7—分离器；8—汽轮机旁路；9—低压加热器；10—除氧器；
11—给水泵；12—高压加热器

节流管束 16、隔离阀门 203 和节流调节阀门 202；低温过热器出口至启动分离器管路上装有调节阀门 207。高温过热器进口、200 阀门之后有一管路与启动分离器汽侧连接，在管路上装有隔离阀门 205。在启动分离器上，还接有汽水工质热量回收系统，汽侧至除氧器调节阀门 230，至凝汽器调节阀门 240，至高压加热器调节阀门 220；水侧至除氧器调节门 231，至凝汽器调节阀门 241，至地沟调节阀门 250。

外置式分离器启动系统解决了锅炉汽轮机启动工况不同要求的矛盾，它即能保证锅炉的启动压力和启动流量，又能送给汽轮机需要的一定流量、压力与温度的蒸汽，还能回收启动中排放的工质和热量。外置式分离器只是在启动初期投入运行（阀门 200 关闭，205 开启，202、207 调节），待锅炉启动到一定阶段就要从系统中切除（开 200 阀门，关 205、202、207 阀门），故又称为"启动分离器"。

图 3-7 为 FW 型直流锅炉两级压力的外置式分离器启动系统。它在水冷壁出口和低温过热器之间串联 W、Y 减压阀门，低温过热器与高温过热器之间串联隔离阀门 V，阀门 V 的进口和出口通过 P、N 阀门与立式启动分离器连接。分离器水、汽侧还连接热量和工质回收系统。该系统的启动特点与上述 UP 型直流锅炉的外置式分离器系统基本相同。

2. 内置式分离器启动系统

（1）螺旋管圈直流锅炉内置式分离器启动系统。

螺旋管圈直流锅炉都设有内置式分离器，螺旋管圈型水冷壁适宜变压运行，分离器与水冷壁、过热器之间的连接无任何阀门。在 35％MCR 负荷以下，由水冷壁进入分离器的为汽水混合物，在分离器中进行汽水分离，蒸汽直接送入过热器，分离器疏水通过疏水系统回收工质、热量或排放大气、地沟。当负荷＞35％MCR 时，由水冷壁进入分离器的工质为蒸汽，分离器只起通道的作用，蒸汽通过分离器进入过热器。

分离器疏水系统有扩容式、疏水热交换器式和辅助循环泵式三种类型，见图 3-8，具体说明如下：

扩容式疏水系统如图 3-8（a）所示，分离器疏水水质合格时通过 AND 阀门排入除氧器水箱回收工质和热量；当分离器大流量疏水（如工质膨胀峰值）或水质不合格时疏水通过 AA 阀门排入大气式扩容器 4，扩容器的疏水可回收入凝汽器或排放地沟。

疏水热交换器式系统如图 3-8（b）所示，分离器疏水通过热交换器加热给水回收热量，通过热交换器后的合格疏水可由 AND 阀门排入除氧器。除氧器热量饱和时由 AA 阀门排入凝汽器，水质不合格时也通过 AA 阀门排入凝汽器；为了适应工质膨胀峰值大流量疏水的需要，设置

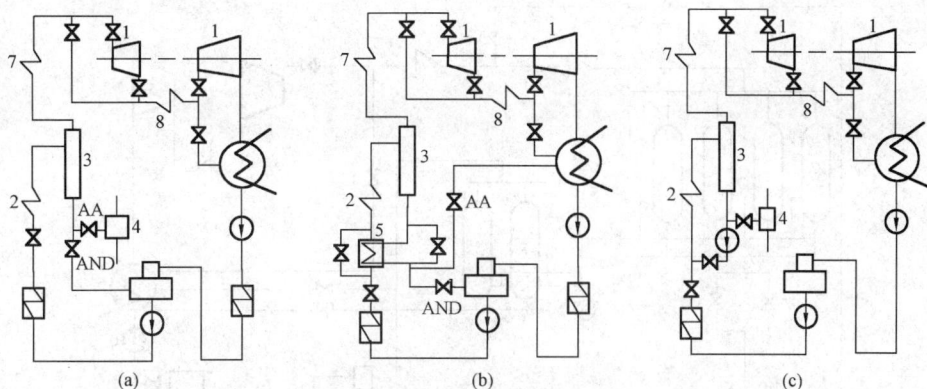

图 3-8 螺旋管圈型直流锅炉内置式分离器系统

(a) 扩容式；(b) 疏水热交换器式；(c) 辅助循环泵式

1—汽轮机；2—水冷壁；3—分离器；4—扩容器；5—热交换器；6—再循环泵；7—过热器；8—再热器

一热交换器旁路，以减小排放阻力。

辅助循环泵式系统如图 3-8（c）所示。分离器疏水质量合格时通过辅助循环泵打入给水系统，维持水冷壁最低质量流速，减少给水流量；当疏水不合格时可通过扩容器排放或送入凝汽器。

上海石洞口二厂为我国第一台 600MW 超临界压力螺旋管圈型直流锅炉配置的，它就是内置式分离器扩容式启动系统，100％MCR 高压旁路和 65％MCR 低压旁路，过热器出口不装安全阀门，再热器进出口装 100％MCR 安全阀门，其系统如图 3-9 所示。

系统中 AA、AN 及 ANB 阀门用以排放分离器疏水，三阀门的功能有所不同，AA 阀门可把大量疏水排入疏水扩容器，保证膨胀峰值流量排放；AN 阀门可辅助 AA 阀门排放疏水，当 AA 关闭时，AN 与 ANB 共同控制分离器水位；ANB 阀门把疏水排入除氧器，回收工质和热量。

（2）FW 型直流锅炉内置式分离器启动系统。

为了适应机组带中间负荷频繁启动的要求，FW 型直流锅炉也有其自己特点的内置式分离器启动系统，如图 3-10 所示。

该系统与图 3-6 一样，仍有减压阀门 W、Y，但取消了隔绝阀门 V。在减压阀门出口设置一组内置式分离器 7，其蒸汽送往过热器 2 和 3、疏水送入扩容器 8，汽水工质与热量回收系统连接于扩容器。该系统同样在正常运行时分离器不切除而成为通道，该系统阀门少，启动操作简单，并容易实现自动化。

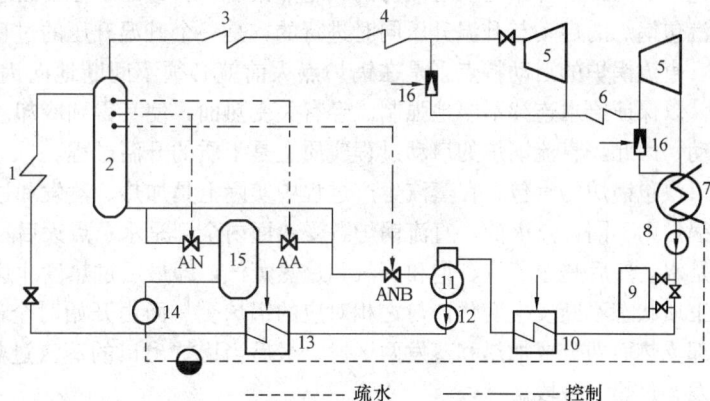

图 3-9 600MW 超临界压力螺旋管圈型直流锅炉启动系统

1—水冷壁；2—汽水分离器；3—低温过热器；4—高温过热器；5—汽轮机；6—再热器；7—凝汽器；8—凝结水泵；9—凝结水除盐装置；10—低压加热器；11—除氧器及给水箱；12—给水泵；13—高压加热器；14—疏水箱；15—疏水扩容器；16—汽轮机旁路减温减压器，高压旁路 100％MCR，低压旁路 65％MCR

三、超临界压力锅炉启动

1. 设置专门的启动旁路系统

直流锅炉在启动、停用或

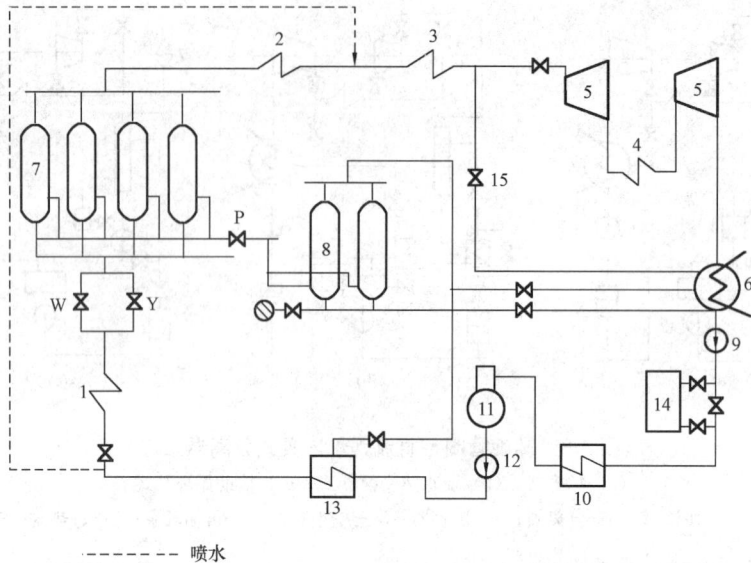

图 3-10 FW 型直流锅炉内置式分离器启动系统

1—省煤器与水冷壁；2—低温过热器；3—高温过热器；4—再热器；5—汽轮机；
6—凝汽器；7—内置式分离器；8—扩容器；9—凝结水泵；10—低压加热器；11—除
氧器及水箱；12—给水泵；13—高压加热器；14—凝结水除盐装置；15—汽轮机旁路

事故情况下，都必须使用启动旁路系统。其目的在于冷却锅炉受热面、排走不合格的工质、回收工质和热量、保护再热器等，它对直流锅炉的启、停将起到安全和经济的保证作用。

汽包锅炉在启动前，汽包水位保持在点火水位，在相当长的升火时间内不需要向锅炉补充给水。水冷壁可依靠工质的自然循环来冷却；省煤器处在低温烟道内，不一定需要冷却，如需要冷却时，可以开启省煤器再循环管上的再循环门来保护省煤器；过热器可以用锅炉产生的蒸汽"排汽冷却"。由于汽包的水容积大，可允许有较长时间的排汽而不至使水位太低。在冷态启动时，汽包锅炉的工质开始是没有压力的，随点火后燃料量的增多，给水开始蒸发，压力逐渐升高，所以汽包锅炉的启动与升温升压同时进行的，是一个升温升压的过程。

直流锅炉的启动特点则是在锅炉点火前就必须不间断地向锅炉进水，建立起足够的启动流量，以保证给水连续不断地强制流经有关受热面，使其得到冷却。有的直流锅炉甚至还采用全压启动。因此，直流锅炉的启动过程实质上是工质的升温过程。

汽包锅炉的汽包，在蒸汽生产过程中实际上是加热、蒸发和过热三阶段的大致分界点。而直流锅炉则不同，点火前，直流锅炉各受热面内全部是水；点火后，随着燃料量的增加，开始送出的是水，然后是湿蒸汽、饱和蒸汽和过热蒸汽，即最后过热度才达到设计值。启动过程中，送出的工质状态不断发生变化，与之相对应的锅炉受热面由开始时全部作为加热段，当产生蒸汽后，全部受热面即分成加热和蒸发两区段，最后当锅炉出口的蒸汽过热后，全部受热面才分成加热、蒸发、过热三区段。

一般高参数大容量的直流锅炉都采用单元制系统。在单元制系统启动中，汽轮机要求暖机、冲转的蒸汽在相应的进汽压力下具有 50℃ 以上的过热度，其目的是防止低温蒸汽送入汽轮机后凝结，造成汽轮机的水击。因此，直流锅炉启动过程中最初排出的热水、汽水混合物、饱和蒸汽和过热度不足的过热蒸汽都不能进汽轮机，所以直流锅炉就需要设置专门的启动旁路系统来排除这些不合格的工质。

另外，启动时的热量损失和凝结水耗量很大，设置启动旁路系统也是为了回收这部分热量和工质，同时在启动初期还可以通汽冷却再热器，使再热器得到保护。

2. 配置汽水分离器和疏水回收系统

超临界锅炉运行在正常范围时，正如其名称所述，是运行在"纯直流"状态。锅炉给水靠给水泵压头直接流过省煤器、水冷壁和过热器。直流运行状态的负荷从锅炉满负荷到直流最小负荷，直流最小负荷一般为25%～45%。

低于该直流最小负荷，给水流量要保持恒定。例如，在20%负荷时，35%最小流量意味着在水冷壁出口有20%的饱和蒸汽和15%的饱和水，这种汽水混合物必须在水冷壁出口处分离，而干饱和蒸汽被送入过热器。因而，在低负荷时超临界锅炉需要汽水分离器和疏水回收系统。

图3-11所示为SULZER公司的汽水分离器，它是由一个或多个垂直容器组成的，当运行在低负荷定流量范围内时，汽水分离器由于分离饱和蒸汽及饱和水，且要维持有一定的液位而工作在"湿态"；运行在直流工作范围时，汽水分离器在"干烧"而工作在"干态"。

疏水回收系统是超临界锅炉在低负荷工作时必需的另一个部件，它的作用是使锅炉安全可靠地启动和热损失最小并可显著地延长分离器疏水阀的寿命。一般有带低负荷循环泵和带热交换器两类疏水回收系统，其疏水合格时可送入除氧器回收工质和热量。

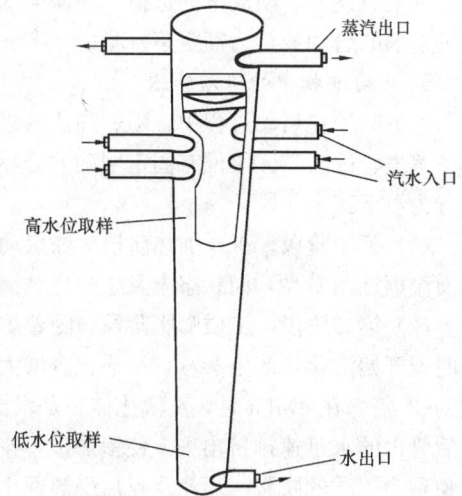

图3-11 SULZER公司汽水分离器图

3. 启动过程中汽、水受热面要进行冷、热态清洗

汽包锅炉受热面在启动过程中一般不需要进行清洗，锅水中的杂质在运行中可以用排污的方法去除，从而保证汽水品质；而直流锅炉在运行中是不能排污的，进入直流锅炉的给水一次被蒸发成蒸汽，给水中的杂质一部分直接溶解于过热蒸汽中带往汽轮机，其余部分都沉积在锅炉受热面内壁，这对锅炉和汽轮机的安全和经济运行是很不利的。因此，在锅炉点火前和启动过程中，直流锅炉的汽水受热面都必须在一定流量下进行清洗，以保证合格的汽水品质。清洗包括启动点火前的冷态清洗和启动过程中的热态清洗两种。

4. 启动前锅炉要建立启动压力和启动流量

启动压力是指直流锅炉在启动过程中水冷壁中工质具有的压力。启动压力升高，汽水比容差减小，锅炉水动力特性稳定，工质膨胀量小，并且易于控制膨胀过程；但启动压力愈高，对屏式过热器和再热器的保护不利。

启动流量是指直流锅炉在启动过程锅炉的给水量，启动流量主要与以下因素有关：

(1) 水冷壁管屏中工质流动的稳定性：启动流量大，工质的质量流速也大，这对防止水动力特性不稳定、停滞、倒流、膜态沸腾等不安全因素是有利的。

(2) 受热面的冷却能力：启动流量大，对受热面的冷却效果好，能够保证在高热负荷区的受热面管子不致超温损坏。

(3) 前屏过热器的壁温及主蒸汽温度的控制：启动流量大要求燃料量也相应增加，但过热器的通流量是受到汽轮机的进汽量和大旁路通流量限制的。如果燃料量增加而过热器流量无法增加时，前屏过热器管壁会因冷却不好而超温，主蒸汽温度也难于控制。

（4）启动损失：启动流量愈大，给水泵消耗的能量也愈大。启动分离器的排水量也愈多，既增加了启动分离器的负担，也增加了凝汽器的负担，同时由于排水量多，启动热损失也增大。

（5）启动分离器的切除：启动流量大，在燃料量不变的情况下，将使包覆管出口工质的焓值降低，造成包覆管出口工质和启动分离器出口的饱和蒸汽焓差增大，不利于等焓切换，在切除启动分离器的过程中，容易引起主蒸汽温度大幅度降低。

综上所述，启动流量的选择，在保证水冷壁安全的前提下，应尽量选得小一些。一般纯直流锅炉选取的启动流量为额定蒸发量的 25%～30%。

5. 启动过程中的工质膨胀

直流锅炉在启动过程中，随着加热的进行，出口工质状态发生着变化。直流锅炉受热面的加热、蒸发、过热三区段没有固定明确的分界点，各段受热面是在启动过程中逐渐形成的，整个过程分为以下三个阶段。

（1）第一阶段，工质加热阶段。在启动初期，全部受热面部都起加热水的作用。这个阶段中工质温度逐渐升高，而状态未发生变化。锅炉出口的热水量与给水量相等。

（2）第二阶段，工质膨胀阶段。随着炉膛热负荷的增大，当水冷壁内工质的温度达到饱和温度时就开始汽化，产生蒸汽，工质比容增大很多倍，如压力在 6MPa 时，蒸汽的比体积是水比体积的 25 倍；在 8MPa 时，蒸汽比体积是水比体积的 17.5 倍。因此，引起局部压力升高，将汽化点后管内的水迅速排挤出去，使锅炉出口排出的工质流量大大超过给水量（即启动流量），这种现象称为工质的膨胀。当汽化点后受热面中的水全部被汽水混合物代替后，锅炉出口流量才恢复到和给水量一致。此时，锅炉的全部受热面才分成水的加热和蒸发两个区段。

（3）第三个阶段，正常阶段。当锅炉出口工质变成过热蒸汽时，锅炉受热面就开始形成水的加热、蒸发和过热三个区段。蒸发量等于给水量，工质出口温度达到规定值。

自然循环锅炉也有工质的膨胀，但由于汽包的作用，膨胀时只引起汽包水位的升高。因此，在锅炉点火前汽包水位应维持较低一些，以防满水。

直流锅炉在启动过程中，如果对工质的膨胀过程控制不当，将会引起锅炉和启动分离器超压。

四、超临界压力锅炉启动控制

1. 外置式分离器启动系统控制

启动控制系统包括一大批用来操作这些阀门系统的数字和调整控制逻辑，以图 3-6 为例说明有如下三种运行模式。

（1）冷清洗。

这时候锅炉不点火。阀门 202 和 241 开启。所有其他的阀门均关闭。给水流量设置在大约 15%～25% 的最小流量设定点，给水通过阻尼管道进入分离器。在这种状况下，按照锅炉给水泵对给水所施加的功，给水将加热一段时间，这个操作会使分离器溢流，为了防止这些水进入蒸汽系统，连锁保持阀门 207、230、240 和 241 关闭。分离器液位高时，连锁动作关闭 205 阀门。

这个过程的目的是将水清洗到电导率小于 $0.2\mu s/cm$。通过 241 阀门将全部给水流量导入凝汽器。全部的凝结水流量都经过化学除盐装置处理。这个过程一直持续到化验表明水的纯度可满足下一过程的要求为止。

（2）热清洗。

此时锅炉可以点火并维持在一个较低燃烧率水平上。烟气的对流温度受到监控。点火后分离器中压力上升，这样可在不产生分离器溢流的情况下维持流量。分离器产生蒸汽后，分离器液位通过调整 241 阀门维持在设定点上。分离器水位降低时，205 阀门可以在连锁允许的情况下打开，允许打开 205 阀门的连锁条件是分离器压力升高至大约 2.07MPa。热清洗将持续至工质中的悬浮铁离子质量分数降至小于 1×10^{-2}。

在对流烟气温度达到 149℃时，207 阀门打开。这时候工质在阻尼管道、一级过热器和 207 阀门范围内流动。在烟气温度达到大约 204.4℃时，期待已久的 203 阀门可以打开。这时出于保持水质清洁的原因，其温度不应超过 287.8℃，在 287.7℃以下一定范围内的温度可以通过控制燃烧率达到自动控制。

在分离器压力达到 827.4kPa 时，如果需要的话，分离器就可以向除氧器供汽。当达到 2.07MPa 时，205 阀门打开，使用分离器蒸汽对二级过热器进行预热。同时，蒸汽路线经过 210 阀门。在分离器压力达到 3.448MPa 时，汽机可以使用分别流经 220 阀门和 240 阀门进入高压加热器和除氧器的余汽进行冲转。这些蒸汽是来自 202 阀门工质，到分离器的蒸汽再加上经过 207 阀门来自一级过热器出口的蒸汽。混合后的蒸汽流经 205 阀门和二级过热器到达汽轮机。

（3）在给水完成彻底清洗后，开始启动阶段。汽轮机节流阀开到足以使汽轮机得到加热并冲转升速的开度。燃烧率调整到可以维持对流温度和分离器压力。机组达到同步转速并逐渐升负荷。通过打开 201 阀门，机组的负荷可以使用流经 201 阀门和 205 阀门，并在分离器压力降低后的蒸汽维持负荷。必须注意匹配分别来自 205 阀门和 201 阀门蒸汽的焓，以便在升负荷时获得平滑的焓升。

由于 207 阀门关闭，所以 201 阀门需打开以维持所要求的蒸汽流量。通过 201 阀门的蒸汽占总量的比例和蒸汽总量均逐渐增加。避免蒸汽在二级过热器和汽轮机阀门入口处产生焓的波动（表现为温度的波动）是操作运行中较敏感的一部分。进入二级过热器的蒸汽是来自分离器和 201 阀门两股蒸汽的混合。通过使用 240 阀门，扩容器压力可升高到大约 6.895MPa 的设定点。由节流压力程序去调整来自 201 阀门的给水流量命令及设定点压力。

机组通过 201 阀门设定节流压力，随着负荷的升高，节流压力会高于分离器压力，逆止阀关闭，切断 205 阀门这条蒸汽路径。此时汽轮机的全部进汽均来自 201 阀门。同时由于 207 和 205 阀门关闭，扩容器被解列。当 201 阀门的压力设定点达到大约 6.895MPa，并高于扩容器压力时，205 阀门连锁关闭。

201 阀门继续增加进入汽轮机的流量直至全开。根据负荷信号命令，200 阀门打开。当 200 阀门打开时，201 阀门的压降会很小，所以也使通过 201 阀门的流量降至很低值，系统将过热和再热喷水阀设定在大约 50% 的开度，这样它们可以同时在两个方向上快速降温。

随着锅炉的给水流量和燃烧率的增加，以及负荷的升高，工质压力和温度也将升高至设计值。这时候要特别注意不能让蒸汽温度超过界限，从而引起汽轮机温度急剧变化。通过切换阀门组合和控制阀门位置，整个启动过程中的几个阶段的操作就会自动地完成了。

2. 内置式分离器启动系统控制

图 3-9 为上海石洞口二厂 600MW 超临界压力螺旋管圈型直流锅炉启动系统图。ABB-CE 超临界机组一般设计为滑压运行方式。在低负荷及锅炉启动时，锅炉运行在亚临界压力范围内。

虽然与蒸汽参数没有直接关系，但是内置式汽水分离器运行在湿态和干态的控制是不同的，而且随着压力的升高，湿干态转换更是内置式汽水分离器运行的一个显著特点。

（1）内置式汽水分离器湿态运行。

如前所述，锅炉负荷小于 35%MCR 时，超临界压力锅炉运行在最小水冷壁流量，所产生的蒸汽要小于最小水冷壁流量，汽水分离器湿态运行，汽水分离器中多余的饱和水通过汽水分离器液位控制系统控制排出。其控制简图见图 3-12。

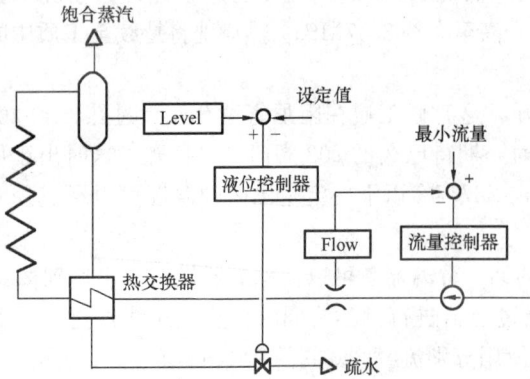

图 3-12 汽水分离器湿态液位控制简图

（2）内置式汽水分离器干态运行。

当锅炉负荷大于 35％以上时，锅炉产生的蒸汽大于最小水冷壁流量，过热蒸汽流过汽水分离器，此时汽水分离器中没有水，为干式运行。汽水分离器出口或第一级过热器出口蒸汽温度，由给水流量/蒸汽温度控制器以及锅炉负荷指令的前馈信号控制，即由汽水分离器湿态时的液位控制转为蒸汽温度控制。其控制简图见图3-13。

（3）汽水分离器"湿干态"运行转换。

如前所述，在"湿态"运行过程中锅炉的控制方式为分离器水位及维持启动给水流量；在"干态"运行过程中锅炉控制方式为温度控制和给水流量控制，在两态转换过程中可能会发生蒸汽温度的变化。因此，在分离器两态转换过程中必须保持蒸汽温度稳定。

图 3-14 表示 SULZER 公司汽水分离器由"湿"态（液位控制）到"干"态（温度控制）的转换简图。根据 SULZER 公司的控制概念，"湿干态"转换时先增加锅炉的燃烧率，然后增加给水量。在最小给水流量下燃烧率的增加将使饱和蒸汽量增加而使饱和水量减少，此时图 3-12 的液位控制器控制汽水分离器的水位。当汽水分离器入口"湿蒸汽"的焓值达到"干"饱和蒸汽焓值时，流进汽水分离器的为"干"饱和蒸汽，汽水分离器液位控制阀因没有饱和水而关闭。

随着燃烧率的进一步增加，使流经汽水分离器的蒸汽逐步成为过热蒸汽，图 3-13 中的温度控制器因蒸汽温度未达到设定点而不起作用。当蒸汽温度随着燃烧率持续增加而超过设定点时，图 3-13 中的温度控制器则起作用，同时流量控制器控制锅炉给水流量，实现了由湿态时的液位控制到干态时的温度和给水流量控制的平稳转换。

五、超临界压力锅炉模拟量控制特点

1. 超临界压力锅炉控制与亚临界压力汽包锅炉基本差别

从控制的角度来看，超临界压力锅炉和亚临界压力直流锅炉没有多大差别，因为它们的汽水流程基本相同，其区别主要在于蒸汽压力提高。

在汽包锅炉中，汽包把汽水流程分隔为加热段、蒸发段和过热段三段，这三段受热面的位置和面积是固定不变的。在给水流量变化时，仅影响汽包水位，不影响蒸汽压力和温度，而燃料量变化时，仅改变蒸汽流量和蒸汽压力，对蒸汽温度影响不大。因此，给水、燃烧、蒸汽温度控制系统是可以相对独立的，可以通过控制给水流量、燃烧率、喷水流量分别控制汽包水位、蒸汽压力和蒸汽温度。

超临界压力锅炉没有汽包，也没有炉水

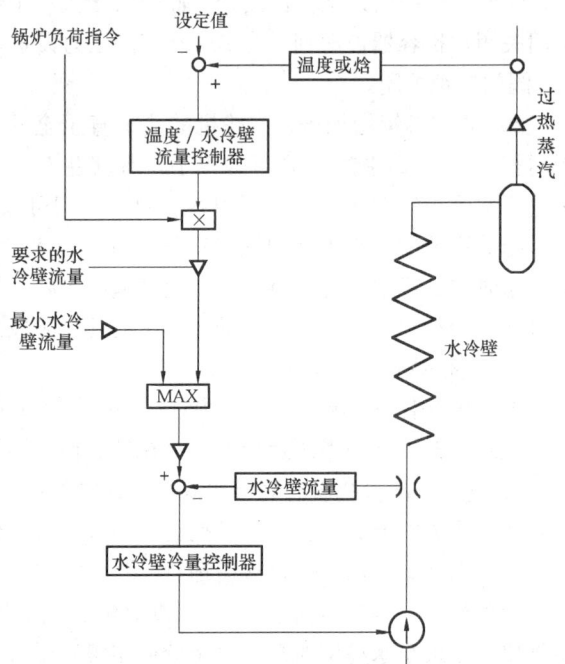

图 3-13 汽水分离器干态运行控制简图

小循环回路。给水是一次性流过加热段、蒸发段和过热段。这三段受热面没有固定分界线，当给水流量或燃料量发生变化时，这三段受热面的吸热比例将发生变化，锅炉出口汽温、蒸汽流量和压力都将发生变化。因此，给水、汽温、燃烧控制系统是密切相关，不能独立的，某一控制系统投入与否将影响另一控制系统的性能，这给控制系统的设计和整定增加了复杂性。

汽包锅炉过热蒸汽温度是通过改变蒸发受热面和过热受热面之间的吸热比例来实现的。由于受热面是固定的，喷水可作为主要控制手段，在锅炉结构确定后，过热蒸汽温度的控制范围受到喷水流量的限制。

超临界压力锅炉则不同，它没有固定的过热受热面，进入过热受热面的工质热焓也是不固定的，过热蒸汽温度主要决定于燃料量与给水流量之比率，由于只要这个比率正确，受热面吸热量比率总能自动调整到要求的状态，因此可以在很宽的负荷范围内得到要求的蒸汽温度。

图 3-14　汽水分离器由"湿"态到"干"态运行转换简图

所有锅炉都要有一个在最低燃烧率时最小的水冷壁给水流量，以防止水冷壁过热。对汽包炉，是通过汽包和水冷壁间强制或自然循环来保证的；对超临界锅炉，用起动旁路系统和少量给水再循环来实现的。因此，在超临界机组启动和低负荷运行期间，在汽轮机负荷（蒸汽流量）达到最小给水流量以前，控制系统必须把蒸汽压力和给水控制延伸到启动旁路系统阀门。

2. 超临界压力锅炉控制要点

超临界压力锅炉在稳定运行期间，必须维持某些比率为常数，在变动工况时必须使这些比率按一定规律变化，以便得到稳定的控制。而在启动和低负荷运行时，要求大幅度地改变这些比率，以得到宽范围的控制。这些比率是：

（1）给水流量/蒸汽流量：因为给水系统和蒸汽系统是直接连通的，给水流量和蒸汽流量比率的偏差过大将导致较大的汽压波动，又由于超临界锅炉存储能力较小，给水流量与蒸汽流量的比率，在锅炉负荷变动时必须限制。

（2）热量输入/给水流量（即煤水比）：在稳定运行工况，煤水比必须维持不变以保证过热器出口汽温为设计值。而在变动工况下，煤水比必须按一定规律改变，以便既充分利用锅炉蓄热能力，又按要求增减燃料，把锅炉热负荷调到与新的机组负荷相适应的水平。

（3）喷水流量/给水流量：超临界压力锅炉仅能够瞬时快速改变汽温，但不能始终起到维持汽温的作用，因为过热受热面的长度和热焓都是不固定的。为了保持通过改变喷水流量来校正汽温的能力，控制系统必须不断地把喷水流量和总给水流量之比恢复到设计的百分数比率范围内。

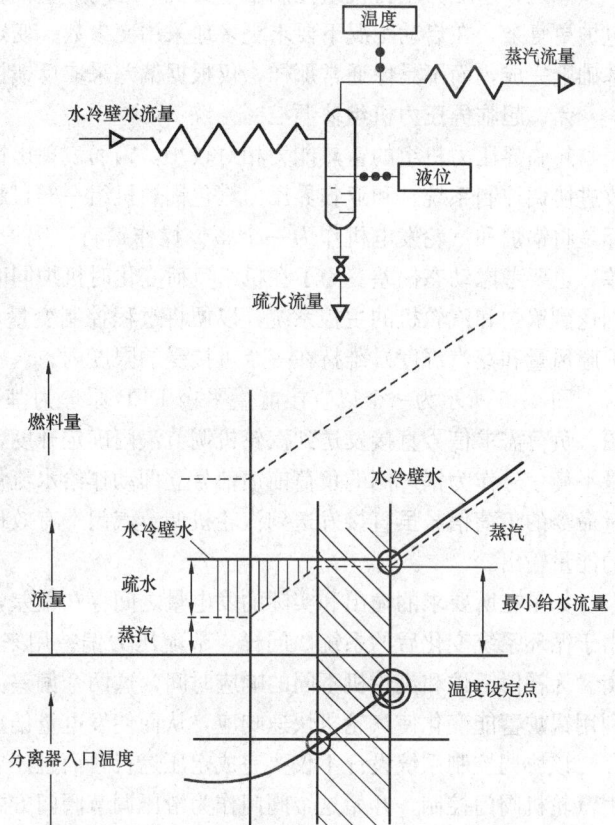

总之，超临界压力机组控制由于其机炉之间严重耦合和强烈的非线性特点系统要比亚临界汽包炉更复杂，在启动工况下要求更多地采用变参数、变定值技术，所有控制功能应在前馈技术的基础上完成，而不是像通常那样，仅根据偏差采取反馈控制策略。

六、超临界压力机组协调控制系统

超临界压力机组的蓄热能力相对较小，因而表现出锅炉跟随系统的局限性。解决这个问题需改进协调控制系统。和亚临界压力汽包锅炉机组一样，超临界压力机组的协调控制系统的基本目标是将锅炉和汽轮发电机作为一个整体操作运行。锅炉和汽轮机的控制指令，既应考虑稳态偏差，也要考虑动态偏差。为了在机组负荷变化时机炉同时响应，机组负荷指令要作为前馈信号分别送到锅炉和汽轮机的主控系统，以便将过程控制变量（机组发电量、蒸汽压力、烟气含氧量、炉膛风量和蒸汽温度）维持在一个可接受的限度内。

图 3-15 所示为一个以直接能量平衡 DEB 原理为基础的超临界压力机组的协调控制系统框图。负荷需求信号直接发送到汽轮机调节汽门确定开度，以对目标负荷快速响应，同时由直接能量平衡信号作为锅炉侧的负荷前馈信号立即动作给水流量来调整锅炉出力。也就是说，代表发电量命令的负荷信号虽直接发送到汽轮机调节汽门，有效地改变机组发电量的途径，则是改变锅炉的能量输出。

如果在所要求的输出和实际的发电量之间存在偏差，则将偏置锅炉和汽轮机命令，重新校正由于循环系统变化后的系统。同样，节流压力偏差用来校正蒸汽生成量和蒸汽使用量之间的平衡。为补偿锅炉和汽轮机不同的响应时间，这两个偏差信号作为一个过渡过程变量使用，以便于利用锅炉蓄能变化使汽轮机快速响应，从而使发电量偏差减到最小。

该协调控制系统设计不仅要完成定压运行，而且还要完成滑压运行。超临界直流锅炉的压力由汽轮机阀门控制，开始这个阀门作为滑压调节阀门方式运行。汽轮机阀门控制的唯一变量就是节流压力。对于大多数超临界机组，这个压力大约为 24.13MPa。在正常运行（大于 30%）时，这些阀门用于控制锅炉压力。阀门关小压力升高，阀门开大压力降低。

在定压运行时，机组启动后的全部负荷范围内，协调控制系统将节流压力调整到一个固定的设定点：机组负荷升高时，汽轮机调速汽门开大。在负荷产生瞬时波动时，定压运行方式使锅炉有能力在不对过多的过程变量进行调整的情况下更有效地作出反应。

在滑压运行方式下，节流压力按负荷成直线斜率变化，汽轮机调速汽门在整个直线斜率调节范围内固定在一个精细调整的开度位置（正常时为 90% 开）。10% 的裕量允许用来缓冲机组负荷的变化。汽轮机调速汽门的位置在机组负荷按照负荷需求变化率而改变时会受到暂态影响。锅炉侧的主要回路如下。

1. 锅炉负荷要求

锅炉负荷要求来自如图 3-15 所示的能量需求运算，并经 PID 控制作用以维持主蒸汽压力，能量要求信号经过修正。在锅炉基本方式下，锅炉负荷要求由运行人员手动预置，并且锅炉基本跟踪算法为负荷指令提供变化率和限制功能。当在锅炉基本方式下运行时，这个跟踪算法也为升负荷和降负荷工况时提供负荷的再平衡功能。在负荷按斜线变化时，主蒸汽压力值可以由运行人员调整。

在将锅炉负荷要求命令用于给水、燃料和空气流量控制时，要经过 RB 运算和负荷限制调节器，以确保紧急状况下能修改锅炉负荷要求。如果机组的运行负荷水平高于由 RB 运算监视的辅机的能力，系统将会发生 RB。这些辅机包括送风机、锅炉给水泵、锅炉给水前置泵和凝结水泵。给水/燃烧率命令限制控制器用来保持给水燃烧率需求之间的平衡。根据这个运算所采取的任何校正动作将通过逻辑与锅炉基本跟踪或汽轮机调速器控制策略（取决于运行方式）结合在一起，去维持给水和燃烧率需求之间的平衡。

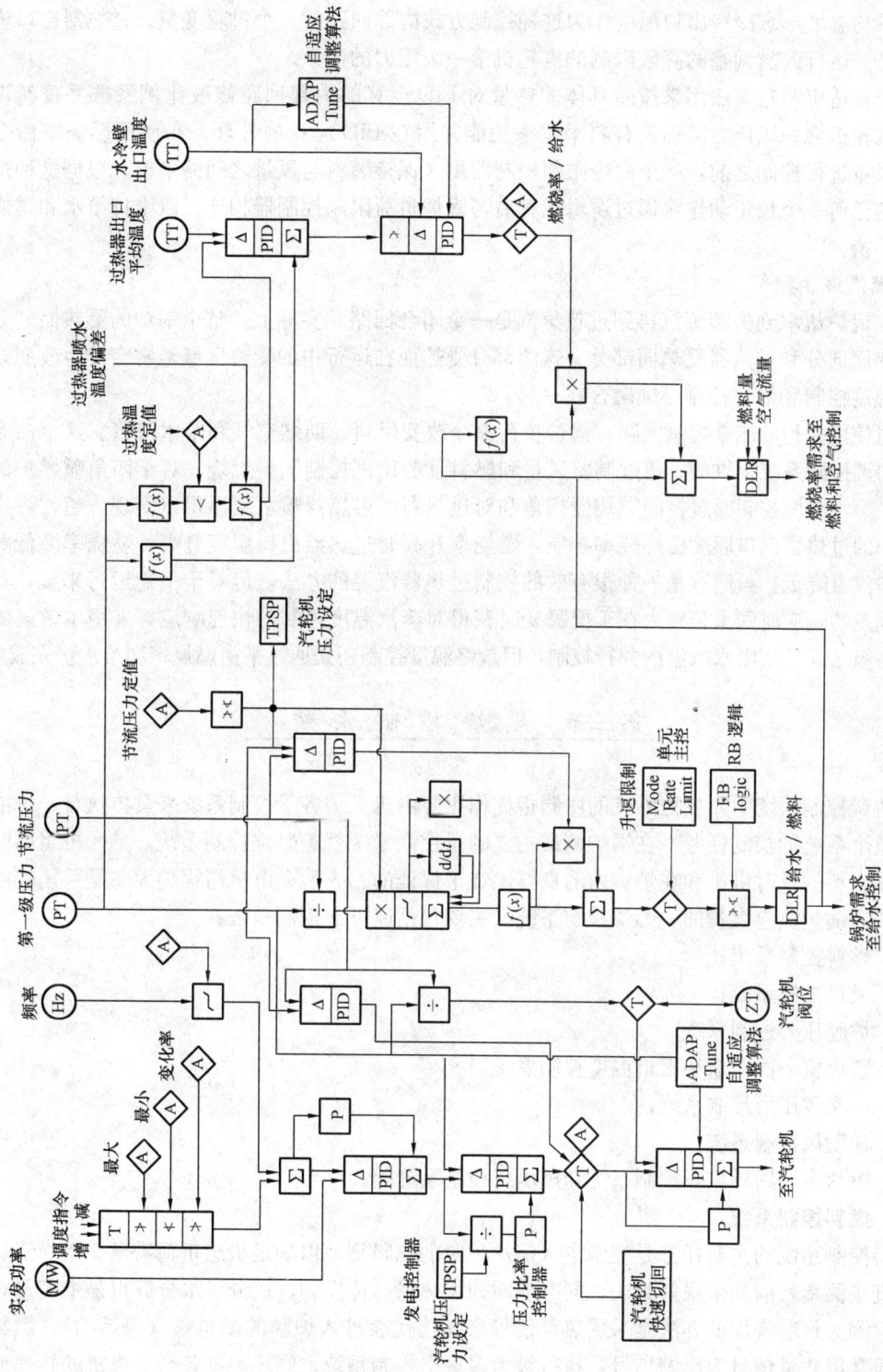

图 3-15 超临界压力机组协调控制系统框图

2. 燃烧率需求命令

如图 3-15 所示，燃烧率命令来自于锅炉负荷命令，并经一个串级控制回路修正以维持过热器出口平均温度，水冷壁出口温度作为这种控制方式内部回路的一个过程变量。过热器出口汽温设定点是受运行人员调整的高限限制的汽轮机第一级压力的函数。

一个自适应调整算法用来按照具体的热量对 PID 运算的内部回路修改比例系数并重新设置增益。汽轮机第一级压力前馈具有斜率调整功能并用在 PID 运算的外环。在使用燃烧率命令对燃料和风量进行控制之前，一个命令限制控制器用来保持燃料与风量之间的平衡；根据这种运算所采取的任何一个校正动作将通过逻辑运算后与锅炉负荷限制控制器相连，以维持给水和燃烧率之间的平衡。

3. 蒸汽温度控制

直流锅炉从水到饱和蒸汽再到过热蒸汽是一个闭合回路，实际上，整个锅炉的受热面划分为炉膛受热面部分和过热器受热面部分。这两部分受热面在运行中的受热区域经常会发生改变，所以蒸汽温度控制和锅炉控制必须融合在一起。

通过使用并行的流量控制回路，锅炉负荷命令改变燃料、助燃空气和给水流量。这个命令信号是由协调控制系统提供的。通过调整风量和燃料量的比例控制锅炉燃烧。对于四角喷燃炉的磨煤机组，蒸汽温度控制通过控制燃烧器摆角和对过热器、再热器喷水减温得以实现。超临界压力直流锅炉的过热器出口温度由燃烧率控制，燃烧率升高时过热器出口温度升高，燃烧率降低时过热器出口汽温降低。虽然这是一种很有效的控制过热器汽温的办法，但对于平稳运行来说，其校正温度偏差的响应时间太长。为在工况瞬变时获得对蒸汽温度控制的快速响应，采用了常规的在过热器各级之间使用喷水减温的并行控制，但最终温度控制还是通过平衡燃烧率和给水量完成的。

第三节 燃烧控制系统

在协调控制系统中，主控系统的协调指挥作用要由机、炉各子控制系统来具体执行，才能最终完成整个系统的控制任务。在锅炉侧最主要的子控制系统就是燃烧控制系统。单元机组的能量输入是靠燃料的及时供给和在炉膛内的良好燃烧来保证的。大型火电机组锅炉大多是采用直吹式制粉系统向锅炉供应煤粉的。燃烧控制系统又主要包括以下子控制系统：

（1）燃料控制系统；

（2）风量控制系统；

（3）炉膛压力控制系统；

（4）磨煤机一次风量和出口温度控制系统；

（5）一次风压力控制系统；

（6）辅助风控制系统；

（7）燃料风（周界风）控制系统和燃尽风控制系统等。

一、燃料控制系统

燃料控制系统的主要任务是控制进入锅炉炉膛的燃料量，以满足机组负荷需求。燃煤锅炉燃煤量的直接测量目前尚未很好解决，同时煤质如发热量、挥发物、灰分、水分等也是个变量，很难在线检测。目前常用的办法是采用热量信号来间接代表进入炉膛的燃料量（包括油）。燃料控制系统通常以热量信号为反馈信号，执行级为多输出控制系统，同步控制各台给煤机的转速或者磨煤机的负荷，以达到总给煤量与锅炉需求燃料量之间的平衡。

锅炉煤量指令由锅炉负荷指令和经温度补偿后的总风量经小选后形成，以保证安全风煤比，保证锅炉燃烧的安全性。在机组增、减负荷时保证有充足风量，保持一定的过量空气系数，即总能保证"过氧"燃烧。当增加负荷时，在原总风量未变化前，小选器输出仍为原锅炉煤量指令，只有当总风量增加后，锅炉煤量指令才随之增加，直至锅炉煤量指令既与锅炉负荷指令相一致，又达到新的煤量和风量的平衡。在减负荷时，由于小选器的作用，锅炉煤量指令立即减小，到实际煤量开始减小后，风量指令才减小。这样就达到

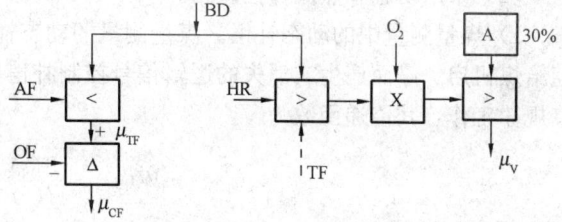

图 3-16　风煤交叉限制原理图

BD—锅炉负荷指令；μ_{TF}、μ_{CF}、μ_V—总燃料量指令、煤量指令、总风量指令；AF、OF、TF、HR—总风量、燃油流量、总燃料量、热量信号；O_2—氧量校正量

了升负荷时先加风后加煤和降负荷时先减煤后减风的目的。风煤交叉限制原理见图 3-16。

燃料控制系统中几个重要信号的处理如下。

1. 热量信号

通常采用主蒸汽流量和汽包压力微分之和作为热量信号

$$\mathrm{HR} = D + C_\mathrm{K} \frac{\mathrm{d}}{\mathrm{d}t} p_\mathrm{b}$$

式中　HR——热量；

　　　D——主蒸汽流量；

　　　p_b——汽包压力；

　　　C_K——锅炉蓄热系数。

蒸汽流量代表稳态时的机组负荷，即锅炉的稳态发热量。汽包压力的微分信号代表变动工况时锅炉蓄热的改变。当锅炉燃烧率增大时，蒸汽流量的变化有一定的惯性，但汽包压力的微分信号马上就会反映出来，两者之和正好与燃烧率的变化一致。当汽轮机调节汽门突然开大时，汽包压力降低，释放出来的锅炉蓄热正好补偿蒸汽流量的增加，故热量信号将基本不变。

2. 燃料量的测量和信号综合

直接测量锅炉的总燃煤量是困难的。对直吹式燃烧系统，锅炉总燃煤量常用测量给煤机的转速来间接测量。如 STOCK 电子重力式皮带给煤机配有数字式皮带转速测量和单位皮带长度上煤的重量测量，两者的乘积即为给煤流量信号。但是，给煤机所给出的原煤要经过研磨、输送、燃烧才能转变为锅炉输入热量，从给煤机给煤量变化到锅炉输入热量变化需要有一个过程，即有迟延；另一方面，燃煤品质、水分含量等也是随机变量，即燃煤发热量是随机变化的，因而燃料量（包括燃油量）与锅炉输入热量间不能精确对应。为解决这些问题，需采用补偿回路，有两种补偿方法：

（1）油流量由函数 $f_1(x)$ 把油流量信号转换成额定负荷的百分比；煤量由给煤机转速信号经磨煤机模型 $f(t)$ 补偿后输出

$$\mathrm{TF} = f_1(x) \cdot \mathrm{OF} + \sum_{i=1}^{n} n_\mathrm{i} f(t)$$

式中　　TF——总燃料量；

　　　　OF——燃油流量；

　　　　n_i——给煤机 i 的转速；

　　　　$f(t)$——磨煤机模型；

　　　　$f_1(x)$——油流量转换函数。

(2) 采用动态和热值补偿回路。

1) 煤量测量中的动态补偿。煤量测量的动态补偿由两个煤量变送器选择一路送入补偿回路，随给煤机启、停而产生或消失的逻辑信号控制补偿回路的工作。给煤机投入时补偿回路按惯性环节规律工作，其传递函数为

$$W(s) = \frac{F(s)}{f(s)} = \frac{1}{\delta s + 1}$$

式中　　$f(s)$——动态补偿前的煤量信号；

　　　　$F(s)$——动态补偿后的煤量信号。

合理选择整定参数可以取得满意的补偿结果。当给煤机停用时，制粉系统还有积煤继续吹进炉膛，从给煤机跳闸到系统完全无粉送入炉膛要有一个过程。与上类似也用补偿回路来模拟该过程。n 台给煤机经过动态补偿的给煤量信号经加法器总加，得到总的燃煤量信号。

2) 燃料信号的热值补偿。燃料量的热值补偿环节用积分调节器的无差调节特性来保持燃料量信号与锅炉蒸发量之间的对应关系。这里锅炉蒸发量用经过修正的汽轮机第一级后压力信号代表，它和总燃料量信号之差经积分运算后送到乘法器去对燃料信号进行修正。为防止负偏差使积分器发生阻塞，积分器的起始输出调为 50%，使对正、负偏差都能校正。经热值修正后的燃煤量信号和油流量信号相加作为锅炉总燃料量。

3) 多输出控制系统的增益（GAIN）自动补偿。燃料控制系统为多输出控制系统，燃料量控制信号同时送往各台给煤机的控制回路。由于系统有 n 台给煤机（600MW 机组一般有 6 台给煤机），只要有一台给煤机投入自动，则燃料控制系统就处于自动状态。随着投入自动的给煤机台数的变化，燃料控制系统控制器的增益也应随之改变，即称之为变增益控制器，它的增益与已投入自动的执行器（这里为给煤机）的总台数成反比。如只有一台给煤机投入自动时，增益为 1，而 n 台给煤机投入自动时增益为 $\frac{1}{n}$。

4) 操作员的手动偏置。对于多台给煤机这样的多输出控制系统，各台给煤机接受的是同一个控制指令。由于给煤机特性的差异，各台给煤机的实际出力往往也有差异。为了平衡各台给煤机的负荷或有意识地调整各台给煤机的负荷分配，系统设置了操作员的手动偏置。

二、风量控制系统

保证燃料在炉膛中充分燃烧是风量控制系统的基本任务。在单元机组锅炉的送风系统中，一、二次风各用两台风机分别供给。一次风通过制粉系统并带煤粉入炉膛。一次风的控制涉及到制粉系统和煤粉喷燃的要求，各台磨煤机的一次风量要根据各台磨煤机的工况分别控制。所以这里的风量控制主要是二次风控制。

风量控制系统一般设计为串级控制系统，主调为氧量校正，副调为风/煤比。其控制系统的设计构思是副调首先保持一定的风/煤比，再由主调的氧量校正做精确的细调。为了保证锅炉燃烧的安全性，在机组增、减负荷时，保证有充足的风量，保持一定的过量空气，在整个控制过程中始终保持"总风量大于或等于总燃料量"，系统设计了风煤交叉限制回路（见图 3-16）。在增负荷时，锅炉负荷指令同时加到燃料控制系统和风量控制系统。由于大值选择器的作用，风量随着锅炉负荷指令的增加而增加；而燃料量受实测到的风量经补偿的总风量的闭锁（小值选择器），实际燃料量和热量不会马上增大，等到实际风量上升以后，燃料量才开始增加。这样就达到了增负荷时先增风后加煤的目的。在减负荷时，只有燃料量（或热量信号）减小，风量控制系统才开始动作。当负荷低于 30% 额定负荷时，为了能保证锅炉的安全燃烧，风量保持在 30%。

1. 风量测量系统

A、B 二侧送风量（二次风量）和各台磨煤机的风量（一次风量）分别测量，总加后得到锅炉总风量。为了提高风量测量的可靠性，风量变送器要考虑冗余，至少要用双变送器二取一或三个变送器三取中。变送器的输出要经温度补偿和开方后送加法器总加。

2. 氧量校正

为保证燃烧的安全和经济，需控制一定的过量空气系数 α。控制烟气含氧量可以达到控制过量空气系数的目的。氧量校正系统采用 PI 无差控制规律，保持氧量为给定值。而氧量定值则应是锅炉负荷的函数。这里可用汽轮机第一级压力、主蒸汽流量或热量信号来代表锅炉负荷。选用适当的函数转换可保证氧量定值与负荷之间的最佳关系。由于燃料（煤量）控制系统和风量控制系统在升降负荷过程中能同步协调动作，氧量只起着细调的作用，故氧量校正应该整定得较慢。

3. 风量控制系统的保护功能

(1) 风量测量的偏差监控。风量测量一般采用两只或三只差压变送器，差值报警器监视变送器的工作，当其相互间偏差超过规定值时，说明至少有一只变送器故障，则由逻辑信号将风量控制切为手动。

(2) 炉膛压力高于一定值（如 1000Pa）或送风机将进入喘振区（失速）时，风量控制系统闭锁增；炉膛压力低于一定值（如 -1000Pa）时，风量控制系统闭锁减。

(3) 当出现下列情况之一时，氧量校正控制切换到手动：

1) 氧量控制偏差过大；

2) 代表锅炉负荷的汽轮机第一级压力（或蒸汽流量或热量信号）测量偏差超过规定值；

3) 锅炉总风量小于最小值（如小于 30% 额定风量）；

4) 风量控制在手动状态。

三、炉膛压力控制系统

平衡通风式锅炉，通常是由两台引风机保持锅炉炉膛压力略低于外界大气压力（如 -20Pa）。炉膛压力控制系统为带送风前馈的单级控制系统。为了提高炉膛压力控制系统的可靠性和提高调节品质，通常采用以下措施：

(1) 炉膛压力测量采用三个压力变送器，系统中用中值选择器从三个变送器输出中取中值作为测量值。对这些变送器的工作设有监控逻辑，当有一只压力变送器发生故障时，炉膛压力控制系统由自动切到手动。

(2) 以送风指令（送风机控制挡板位置）为前馈信号，使送、引风机协调动作。如参数调整适当，当外界负荷变动时，送风量和引风量按比例动作，基本上维持炉膛压力衡定，炉膛压力本身起细调作用。

(3) 炉膛压力低（如小于 -1000Pa）或引风机将进入喘振区（失速）时闭锁增；炉膛压力高（如大于 +1000Pa）时闭锁减。

(4) 控制器设有一个死区，当炉膛压力偏离给定值的差值不超过死区范围时，控制器输出不变，执行器不动作，这就有效地消除了因炉膛压力经常波动而使执行机构频繁动作，提高了系统的稳定性和执行机构的使用寿命。

(5) 对双速引风机，设计有高低速切换逻辑。

(6) 防内爆功能。内爆的发生是当锅炉主燃料跳闸（MFT 动作）时，由于熄火引起炉膛压力大幅度下降而引起的。为了防止这种情况的发生，用 MFT 动作信号引发一组逻辑动作，直接前馈到两台引风机的伺服机构。在 MFT 动作后，两台引风机调节挡板先自动向关的方向动作，直至两台引风机调节挡板的开度之和达到原先"记忆"的某一位置或时间已到某一定（如 6s）

时；接着两台引风机的调节挡板再自动向开的方向动作，直至两台引风机调节挡板的开度之和达到原先"记忆"的某一位置或时间已到定（如20s）时，则引风机的一组防内爆逻辑动作结束。

四、磨煤机控制系统

1. 磨煤机控制系统概述

磨煤机控制系统包括磨煤机风量控制系统和磨煤机出口温度控制系统。600MW机组一般为中速磨直吹制粉系统，它的锅炉配置有6台磨煤机，则有6套完全一样的磨煤机风量控制系统和磨煤机出口温度控制系统。由于磨煤机冷、热风门的配置不同，因而有不同的磨煤机风量和出口温度的控制策略。

（1）每台磨煤机配有冷风、热风调节风门和总风调节门。用总风调节门控制磨煤机的风量；用冷风调节风门和热风调节风门共同（用差动方式）控制磨煤机出口温度。磨煤机负荷变化，需调节风量时，开大或关小总风调节门以满足磨煤机风量的需求，而热风调节风门和冷风调节风门保持相对位置不动，即仍保持原有的冷、热风量的比例不变，则磨煤机出口温度也基本上不变。当煤种、煤质变化需调节磨煤机出口温度时，差动调节热风调节风门和冷风调节风门。当需降低磨煤机出口温度时，则按比例同时开大冷风调节风门，关小热风调节风门；反之，当需增大磨煤机出口温度时，则按比例同时关小冷风调节风门、开大热风调节风门。由于冷、热调节风门是按比例差动的，因而对整个通风管道系统来说阻力未发生变化，因而总的风量维持不变。这样的磨煤机风门配置对磨煤机风量和出口温度的控制相互之间是"解耦"的，控制系统易于调整；但对管道系统来说，增加了一个总风调节风门，不仅给管道布置带来一定的困难，还因增加了管道系统的阻力而增加了一次风机的电耗。

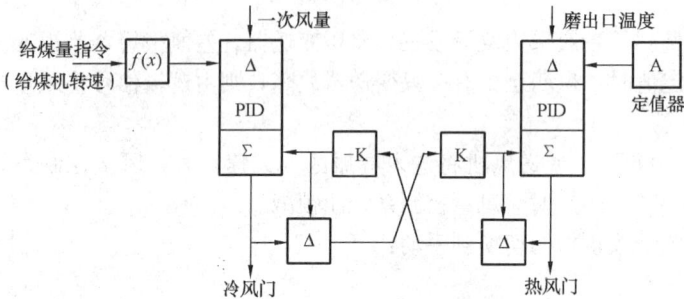

图3-17 磨煤机风量和出口温度控制原理性方框图（方案二）

（2）每台磨煤机只配置冷风调节门和热风调节门。其磨煤机风量和磨煤机出口温度控制原理性方框图如图3-17所示。

磨煤机风量和出口温度控制系统是一个2×2多变量系统，其两个输入量分别为冷、热风挡板的开度，两个输出量分别为一次风量和磨煤机出口温度，如图3-18所示。

在图3-18中：D_C、D_H为冷、热风门开度；f_1、T为一次风流量和出口温度；$W_{FC}(s)$、$W_{TC}(s)$为冷风门开度变化引起的一次风流量和出口温度变化的传递函数；$W_{FH}(s)$、$W_{TH}(s)$为热风门开度变化引起的一次风流量和出口温度变化的传递函数。

$W_{FC}(s)$、$W_{FH}(s)$为一时间常数较小的惯性环节，$W_{TC}(s)$、$W_{TH}(s)$为一时间常数较大的多容环节。风量特性和出口温度特性两者相差较大，在负荷变动时，风量变化较大，故该系统的磨煤机一次风流量和出口温度的控制较困难。为了改善调节品质，采用了解耦控制。由于$W_{FC}(s)$与$W_{FH}(s)$以及

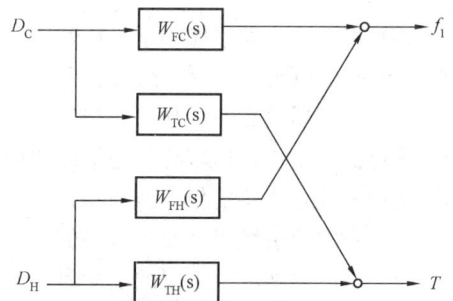

图3-18 磨煤机风量和出口温度控制对象方框图

$W_{TC}(s)$与$W_{TH}(s)$的特性较相似，故可以采用静态解耦，即在温度调节器的输出去控制热风门的同时，通过一个负的比例环节去控制冷风门，使温度调节器的动作基本上不影响一次风量；同样在风量调节器的输出控制冷风门的同时，通过一个正比例环节去控制热风门，使风量调节器动作基本上不影响温度。控制对象方框图见图3-18。

为了提高磨煤机一次风量和出口温度控制系统的可靠性，通常温度和风量的测量分别采用两只变送器，可手动/自动选择平均值、A或B。当有一只变送器故障时报警。如选中作被调量的一只变送器故障，则系统自动切为手动并报警。温度和流量测量若采用三个变送器时，则被调量采用三选中。磨煤机一次风量的测量值用磨煤机进口温度和压力进行补偿，补偿公式为

$$q_{m1} = K\sqrt{\frac{p \Delta p}{T}}$$

式中　　q_{m1}——一次风流量，t/h；

Δp——差压，Pa；

p——风压（绝对压力），kPa；

T——风温，K；

K——流量系数。

风量定值由对应于该磨煤机的给煤量指令（常用为给煤机转速）通过函数$f(x)$加一个偏置产生；出口温度定值由操作员手动给定。

2. 双进双出钢球磨煤机及其控制

（1）双进双出钢球磨煤机系统及研磨原理。

双进双出钢球磨煤机是一种较新颖的直吹制制粉装备，目前应用得愈来愈多。它的系统简图如图3-19所示。

双进双出钢球磨煤机有两个对称的研磨回路，每个回路的工作原理为：通过给煤机将煤落入混料器内，经过旁路热风预干燥后，靠螺旋输送装置使煤穿过中空轴被送进磨煤机，在筒体被研磨。

热一次风通过中空轴内的中心管进入磨煤机内，将煤干燥后，一次风按进入磨煤机的原煤的相反方向，经中心管与中空轴之间的环形通道把煤粉带出磨煤机。

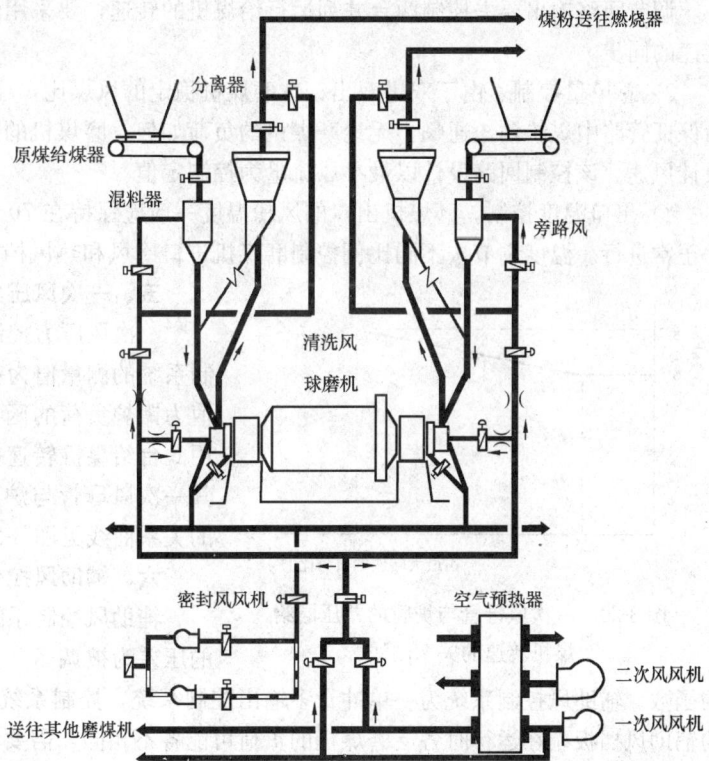

图3-19　双进双出钢球磨煤机系统简图

磨制后的风粉混合物从两侧离开磨煤机进入离心式分离器，将过粗的煤粉颗粒分离出来再返回磨煤机中重新磨制。离开分离器后的煤粉经煤粉分配器后分成若干股分别送到各个相应燃烧器，由燃烧器喷口射出的主煤粉气流进入炉膛与分级送入的二次风混合后燃烧。

（2）双进双出钢球磨煤机的控制。

1）负荷控制。双进双出钢球磨煤机的出力不是靠调整给煤机来控制，而是靠调整通过磨煤机的一次风量进行控制的。在双进双出钢球磨煤机中，不管磨煤机的负荷如何，它的风煤比始终保持恒定，在此情况下，要改变磨煤机负荷，例如想增加磨煤机出口的煤粉流量，只需加大一次风阀的开度，风的流量和带出去的煤粉流量就会同时增加，因此这种磨煤机的响应速度较快。

2）煤位控制。磨煤机内必须要保持一定的煤位以取得最佳的研磨效果，因此需要对给煤机的转速进行连续控制。煤位信号可以采用磨煤机进出口压差来表征，它是磨煤机内部粉尘浓度的反映，磨煤机内部煤越多则压差越高；磨煤机内的煤量还可以通过噪声传感器检测来表示，磨煤机内煤越多则发出的噪声越小。

磨煤机煤位控制可以用煤位信号直接控制给煤机转速的单冲量控制回路，也可以采用三冲量控制系统。采用三冲量控制系统时，三冲量分别为磨煤机煤位、磨煤机一次风量和给煤机转速反馈信号。

磨煤机煤位信号为被调量，即是调节回路的主输入信号；

给煤机转速反馈（每台磨煤机有两台给煤机，取平均转速）以微分型式进入调节器，构成控制系统的内环，稳态时该信号消失；

一次风量信号作为一个带双重微分的前馈信号，只要磨煤机的负荷一有变化趋势，该信号即迅速使给煤机转速跟随变化，以立即适应负荷的需求，稳态时该信号消失。

调节回路输出要去控制两台并列运行给煤机的转速，要采用转速平衡回路来实现两台给煤机转速的同步。

3）总风量控制。由于双进双出钢球磨煤机稳定的风煤比，在低负荷时会导致低风速。因此，为保证管路中煤粉输送通畅，无论磨煤机的负荷如何，磨煤机的附加风量（旁路风）始终应维持最佳风速。该控制回路设计以最小风流量为控制定值。

4）出口温度控制。磨煤机出口的风粉温度一般应保持在 70～90℃ 较高范围内，以使研磨过程正常进行。温度调节按不同比例控制磨煤机进口冷风和热风挡板的开度。

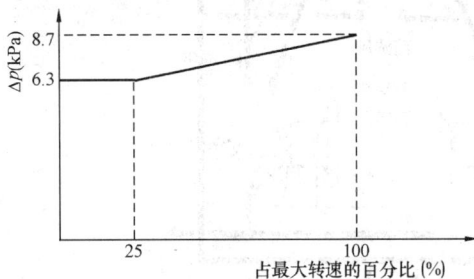

图 3-20　一次风母管与炉膛的差压同给煤机转速的关系曲线

五、一次风压力控制系统

一次风压力控制系统为一单回路调节系统，控制系统的测量值为一次风母管与炉膛的差压，设定值为锅炉负荷的函数。浙江北仑电厂 600MW 机组用 6 台给煤机转速的最大值来近似代表锅炉负荷，其一次风母管与炉膛的差压同给煤机转速（最大）的关系曲线见图 3-20。

六、辅助风控制系统

辅助风控制系统以二次风风箱压力和炉膛压力的压差为被调量，风箱/炉膛压差的定值取为负荷的函数。辅助风控制系统为一单冲量多输出控制系统，控制系统输出同时控制各层（例如 7 层）的辅助风挡板。在运行时各层磨煤机的负荷可能各不相同，需要不同的配风，因此每层辅助风门都设有一个操作员偏置站。当油枪程控点火时，相应的辅助风门自动到"油枪点火"位置。

七、燃料风（周界风）控制系统和燃尽风控制系统

燃料风（周界风）控制系统为比值控制系统，燃料风风门的开度由相应的给煤机转速决定，燃料风风门的开度为其相应的给煤机转速的函数。

燃尽风控制系统亦为比值控制系统，燃尽风风门的开度为锅炉负荷的函数。

第四节 给水控制系统

汽包锅炉和直流锅炉的给水控制系统各有其不同的任务。汽包锅炉给水控制系统的主要任务是控制汽包水位为给定值；直流锅炉给水控制系统不同的设计，可能有不同的控制任务，如用给水量来控制锅炉负荷或用给水量来调节过热器中间点的温度（上海石洞口二厂600MW机组采用此控制方案）。

一、汽包锅炉给水控制系统

600MW机组通常配置3台给水泵，1台容量为额定容量25%或30%的电动给水泵，两台容量各为额定容量50%的汽动给水泵。电动给水泵一般是作为启动泵和备用泵，正常运行时用两台汽动给水泵。汽包锅炉给水控制系统包括汽包水位控制系统和给水泵（电动和汽动给水泵）最小流量控制系统。

汽包水位控制系统一般设计为全程控制系统，锅炉负荷从0～100%均能实现汽包水位的自动控制。为适应机组的各种运行方式，汽包水位控制系统设计为高可靠性的多回路变结构控制系统。它由以下一些子回路所组成。

1. 测量系统

（1）汽包水位测量。汽包水位测量大多采用三个独立检测回路取中值的方案，在每个检测回路中，对水位变送器的输出都用汽包压力对其进行参数修正

$$H = f(\Delta p, p_b)$$

式中 Δp——差压；

   H——汽包水位；

   p_b——汽包压力。

根据汽包内部结构、测量容器结构尺寸、锅炉运行参数、变送器安装位置等具体情况来确定变送器量程、补偿框图及补偿函数，以达到精确测量水位的目的。例如，平圩电厂600MW机组的汽包水位参数修正规律为

$$h = \frac{0.958\Delta p - 0.257 f_1(p_b) + 0.161}{f_2(p_b)} - 0.167$$

式中 h——汽包水位；

      Δp——测量汽包水位的差压变送器输出；

 $f_1(p_b)$、$f_2(p_b)$——汽包压力信号经函数转换后的信号。

汽包水位的测量是一项十分重要的技术，应根据2001年国家电力公司国电发 [2001] 795号《国家电力公司电站锅炉汽包水位测量系统配置、安装和使用若干规定（试行）》的要求执行。该规定要求每个水位测量装置都应有独立的取样孔，不得在同一取样孔上并联多个水位测量装置，以避免相互影响，降低水位测量的可靠性；当采用差压式水位测量（差压变送器测量）时，其测量用平衡容器应为单室平衡容器，即为直径约100mm的球体或球头圆柱体（容积为300～800ml），容器前汽水侧取样管可有连通管；安装汽水侧取样管时，应保证管道的倾斜度不小于100：1；对于汽侧取样管应使取样孔侧低，对于水侧取样管应使取样孔侧高；禁止在连通管中段开取样孔作为差压式水位测量装置的汽水侧取样点。汽包水位测量原理如图

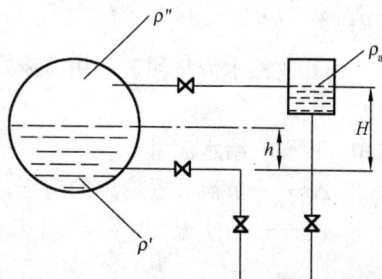

图3-21 汽包水位测量原理图

3-21 所示。

平衡容器输出的差压值

$$\Delta p = H\rho_a g - [(H-h)\rho''g + h\rho'g]$$

$$h = \frac{-\Delta p + H(\rho_a g - \rho'g)}{(\rho' - \rho'')g}$$

式中　Δp——平衡容器输出差压；

H——水位有效量程；

h——汽包内实际水位；

ρ'——饱和水密度；

ρ''——饱和蒸汽密度；

ρ_a——平衡容器内水的密度。

从图 3-21 可看出，经过平衡容器"水位-差压"转换，输出是差压（Δp）即可方便于差压变送器检测。由上面的公式还可见，汽包内真实水位 h 与差压 Δp 之间并非单值关系，真实水位 h 还与汽包压力 p_b 有关，即 $\rho' = f_1(p_b)$，$\rho'' = f_2(p_b)$；同时也和平衡容器内平均水温 t_a 有关，即 $\rho_a = f_a(p_b, t_a)$。目前常采用的各种补偿公式均假定 t_a 为一常数，因此在实测中为了补偿准确，必须使 t_a 的变化限制在小范围内。t_a 除与 p_b 有关外，还主要取决于平衡容器和水联通管的保温状况，上面提到的原国电公司的规定对此要求为：汽水侧取样管、取样阀门和连通管均应良好保温，平衡容器及容器下部形成参比水柱的管道不得保温，引到差压变送器的两根管道应平行敷设共同保温，并根据需要采取防冻措施。按照上述要求，t_a 将接近环境温度，可取环境温度的平均值，在有些资料中取 $t_a = 50℃$。

系统中变送器要进行零点迁移。当差压变送器正压室接平衡容器时，变送器采用正迁移。应用这种方法时，汽包水位下降时差压增大，变送器的输出增大，这与一般的习惯不一致；当差压变送器正压侧接汽包而负压侧接平衡容器时，变送器应采用负迁移，在这种接法中，水位高时变送器输出增加，与习惯一致，但这种方法负迁移量较大。

（2）主蒸汽流量测量。中、小机组主蒸汽流量测量通常用标准节流元件——标准喷嘴，即用差压法测量；但大型机组由于蒸汽流量大、管径大，不仅标准喷嘴体积大，制造、安装要求高，检修、检查困难，而且产生的节流损失也是相当可观的，因此常以汽轮机第一级压力经过主汽温度补偿后作为主蒸汽流量信号，即

$$D = f(p_1, T_s)$$

式中　D——主蒸汽流量；

p_1——汽轮机第一级蒸汽压力；

T_s——主蒸汽温度。

汽轮机第一级压力通常采用三个独立检测回路（三个压力变送器）取中值，再经主蒸汽温度补偿。

（3）主给水流量测量。用节流式差压装置测量主给水流量，并经开方运算及给水温度补偿

$$W = f(\Delta p, T_w)$$

式中　W——给水流量；

Δp——节流装置输出的差压；

T_w——给水温度。

总给水流量

$$W_T = W + \sum_{i=1}^{n} W_i$$

式中　W_i——各级喷水流量。

给水流量差压法测量通常采用三个独立检测回路（三个差压变送器）三取中；或采用两个独立测量回路（两个差压变送器）二取一的方案。

2. 旁路阀单冲量控制回路

机组在启动和低负荷（在 0 到某一定值 x 范围内）时，由一台电动给水泵向锅炉供水，这时给水控制系统按单冲量调节方式工作。因锅炉所需给水流量很小，电动给水泵运行在最低转速，用给水旁路阀调节给水流量，以保持一定的汽包水位，旁路阀开度运行在 0～80（90）% 之间。

3. 电动给水泵转速单冲量控制回路

当旁路阀开度达到某一定值（80%～90%）时，控制系统自动切换到电动给水泵转速控制汽包水位；当锅炉负荷达到一定值（如 25%）时，主阀自动打开，但这时仍为单冲量调节方式。

4. 给水泵转速三冲量控制回路

当锅炉负荷升高到电动给水泵额定负荷值（如 30%）时，需启动一台汽动给水泵；当锅炉负荷进一步升高到某予先整定值（如 35%）时，系统自动切换到三冲量调节方式；在正常运行时，两台汽动给水泵运行，汽包水位由汽动给水泵转速控制，为三冲量调节方式。

汽包水位全程控制系统原理性功能框图如图 3-22 所示。

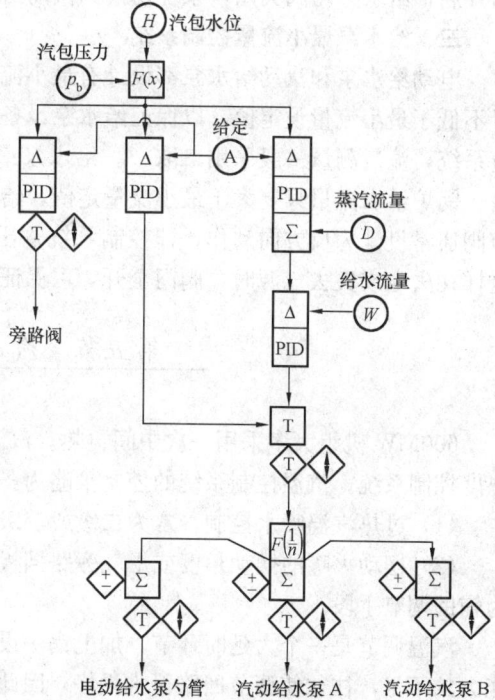

图 3-22　汽包水位全程控制系统
原理性功能框图

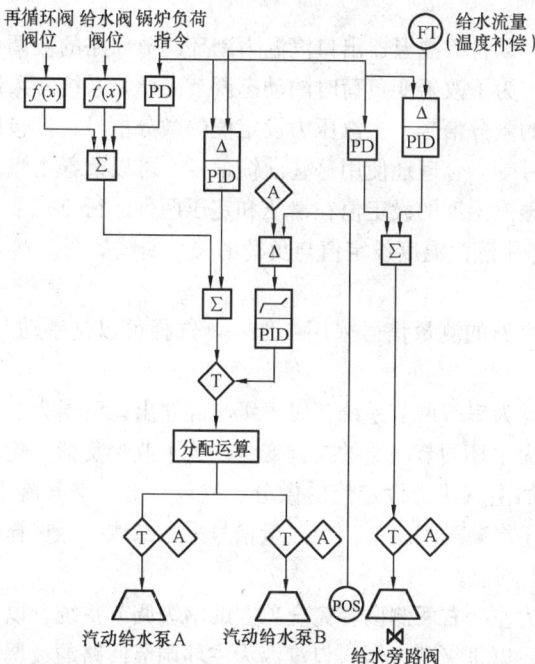

图 3-23　CE直流锅炉给水控制系统原理图

二、直流锅炉给水控制系统

直流锅炉给水控制系统不同的设计，采用不同的控制策略。上海石洞口二厂 600MW 机组苏尔寿锅炉采用给水量调节过热器中间点的温度。CE 锅炉采用控制给水流量来响应锅炉负荷的变化，图 3-23 为 CE 直流锅炉给水控制系统原理图。

由图 3-23 可见，该给水控制系统的主控部分为给水流量与锅炉负荷指令之间偏差的 PID 调节加上前馈控制，该前馈信号由三部分相加组成：锅炉负荷指令的比例、微分（PD），给水泵再循环阀门位置信号的函数，给水旁路阀门位置信号的函数，由两台汽动给水泵的转速控制来实现给水流量的控制。在启停和低负荷时，用给水旁路阀来控制给水流量，为给水流量和锅炉负荷指令之间偏差的 PID 调节加上锅炉负荷指令的前馈信号（PD）；当给水流量增加到一定值后，主给水阀开启,给水旁路阀关闭,系统切换到汽动给水泵转速控制的正常运行方式。

三、给水泵最小流量控制系统

电动给水泵和汽动给水泵都设计有最小流量控制系统,通过给水再循环,保证给水泵出口流量不低于最小流量设定值,以保证给水泵设备的安全。给水泵最小流量控制系统通常为单回路调节系统,流量测量一般采用二取一。给水泵最小流量控制系统仅工作在给水泵启动和低负荷阶段;锅炉给水流量只要大于最小流量定值,给水再循环调节阀门就关闭。最小流量给水再循环调节阀通常设计为反方向动作,即控制系统输出为 0 时,阀门全开;输出为 100% 时,阀门全关。这样在失电或失去气源时,阀门全开,可保证设备的安全。

第五节 汽温控制系统

600MW 机组大多采用一次中间再热。汽温控制系统包括过热蒸汽温度控制系统和再热蒸汽温度控制系统。汽温控制系统的控制策略为:

(1) 过热汽温喷水控制,常为二级或三级喷水减温控制。

(2) 摆动火嘴的摆动角度或烟气旁路挡板作为再热器出口汽温的正常调节手段,喷水减温作为辅助调节手段。

汽温调节是一个大延时环节,加上锅炉设计中对喷水减温器、摆动火嘴及烟道挡板配置可控能力的不足,往往使调节回路很难投好,因此在常规方法的基础上有许多人研究提出了加入史密斯预估器,或者采用人工神经网络等先进汽温控制策略来改善调节品质,收到较好效果,这在应用 DCS 中是不难做到的,宜积极推广。

一、过热汽温控制系统

过热器出口主蒸汽温度控制系统,一般分为左、右两侧两套完全独立的串级调节系统;Ⅱ级减温器入口温度控制系统,一般设计成一套串级调节系统;Ⅲ级减温器入口温度,通常分为左、右两侧两套完全独立的串级调节系统。

(1) 主蒸汽温度控制系统为串级调节系统,以Ⅲ级减温器出口汽温为副环调节回路的被调变量,以主蒸汽温度为主环调节回路的被调变量,为了改善变负荷时的动态调节品质,系统常采用前馈信号,如蒸汽流量的微分信号、燃料指令的微分信号、主汽压力设定值的微分信号、汽包压力信号、空气流量信号、摆动火嘴摆角位置信号等。合理地使用这些前馈信号,可以改善主汽温度的动态调节品质,获得最佳的调节效果。主蒸汽温度的设定值在滑压和定压两种运行方式下都设计为负荷的函数。浙江北仑电厂 600MW 机组主蒸汽温度设定值与负荷的关系曲线如图 3-24 所示。

通常两侧的主蒸汽温度、Ⅲ级减温器入口汽温的测量信号采用二取一,选择可以是手动/自动,可选择 A 或 B 或取两者的平均值。

(2) Ⅱ级减温器入口汽温控制系统通常设计为串级调节系统,以Ⅰ级减温器出口汽温为副环调节回路的被调变量,以Ⅱ级减温器入口汽温为主环调节回路的被调变量。为了改善负荷变化时的动态调节品质,系统常引入各种前馈信号,如主汽压力设定值的微分、汽包压力、空气流量、摆动火嘴摆角位置等。Ⅱ级减温器入口汽温和Ⅰ级减温器出口汽温测量信号采用二取一,选择可以是手动/自动,可选择 A 或 B 或者取两者的平均值。

(3) Ⅲ级减温器入口汽温控制系统,设计为左、右两侧两套完全独立的串级调节系统。以Ⅱ级减温器出口汽温为副环调节回路的被调变量,以Ⅲ级减温器入口汽温为主环调节回路的被调变量。为了改善变负荷工况下的调节品质,控制系统亦常引入各种前馈信号,如主汽压力设定值的

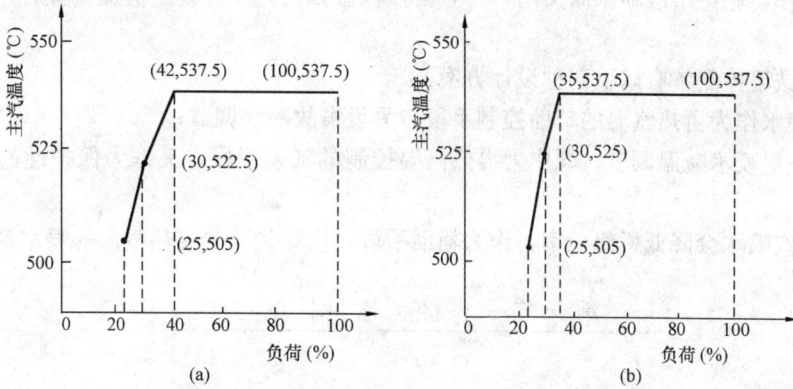

图 3-24　主蒸汽温度设定值与负荷的关系曲线图
(a) 定压运行；(b) 滑压运行

微分、汽包压力、空气流量、摆动火嘴摆角位置等。通常Ⅲ级减温器入口汽温和Ⅱ级减温器出口汽温测量信号采用二取一，选择可以是手动/自动，可选择 A 或 B 或者取两者的平均值。

二、再热汽温控制系统

600MW 机组再热汽温控制系统，大多采用摆动火嘴的摆角位置或烟气旁路挡板作为再热器出口汽温的正常调节手段；减温喷水作为辅助调节手段和事故情况的调节手段。再热蒸汽温度控制系统有如下一些特点：

（1）和上述主蒸汽温度控制系统一样，再热蒸汽温度在定压和滑压运行方式时，在不同的负荷下有不同的设定值，即再热汽温的设定值是负荷的函数。图 3-25 为浙江北仑电厂 600MW 机组再热蒸汽温度设定值与负荷的关系曲线。

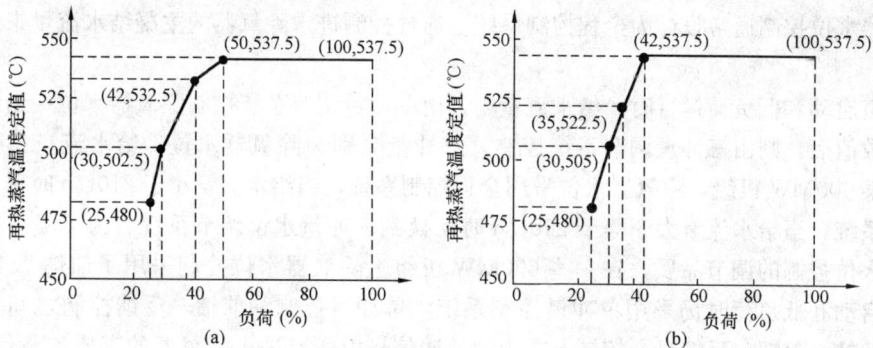

图 3-25　再热蒸汽温度设定值与负荷的关系曲线图
(a) 定压运行；(b) 滑压运行

（2）再热蒸汽温度的主要控制手段是摆动火嘴的摆角位置或烟气旁路挡板的开度，辅助控制手段为微量喷水。喷水减温和主蒸汽温度喷水减温控制一样常采用串级调节系统，以再热器出口汽温为被调量，以再热器减温器出口汽温为超前信号，分左、右两侧分别控制。

（3）为克服来自燃烧方面的扰动，再热器出口汽温控制系统引入了送风量作为前馈信号，以改善控制系统的动态品质。

（4）为防止再热蒸汽温度过高，引起再热器超温，设置了保护性的事故喷水调节，用再热汽温设定值加上一定的偏置（如 5.6℃）后作为其设定值。由于定值高于正常控制的定值，所以正常情况下不工作，保持事故喷水阀关闭，一旦再热汽温偏高，超过设定值加偏置时，喷水即自动投入。

(5) 喷水减温控制常有以下两种设计方案：

1) 微量喷水作为再热汽温的辅助控制手段，另设事故喷水调节；

2) 只设一组喷水减温调节，既作为再热汽温控制的辅助手段，又作为保护性的事故喷水调节。

对再热蒸汽喷水会降低机组效率，作为辅助手段，应尽量减少再热蒸汽的喷水量。

<h2 style="text-align:center">第六节 其他控制系统</h2>

其他控制系统包括除氧器压力控制系统、除氧器水位控制系统、凝汽器水位控制系统等。这些控制系统多为单冲量、单回路调节系统，系统结构比较简单。

一、除氧器压力控制系统

除氧器压力控制系统，根据除氧器的运行方式是定压还是滑压，有不同的设计：

(1) 除氧器定压运行。除氧器压力控制系统是以除氧器压力为被调量的定值控制的单回路调节系统；

(2) 除氧器滑压运行。机组正常运行时，除氧器内压力随抽汽压力变化而变化。

在机组启、停和低负荷运行时，需用辅助蒸汽向除氧器供汽，以维持除氧器最低允许压力。此时用辅助蒸汽供汽管道上的压力控制阀来控制除氧器压力，使其不低于最低允许压力。当抽汽压力超过此最小压力定值时，系统自动切换到抽汽。除氧器压力控制系统一般为单回路调节系统。

二、除氧器水位控制系统

除氧器水位控制通常设计为全程控制系统，通过控制进入除氧器的主凝结水流量来维持除氧器水位。

在机组启动和低负荷运行时，给水流量小，由单冲量调节系统控制除氧器水位；当给水流量超过一定数值后，则由三冲量调节系统控制。三冲量分别为除氧器水位、给水流量、凝结水流量。例如某600MW机组，除氧器水位采用全程控制系统，当给水流量小于210t/h时采用单冲量水位调节系统，当给水流量大于等于210t/h时切换到三冲量水位调节系统。为了提高正常运行时除氧器水位控制的调节品质，在一些600MW机组上除氧器水位控制采用了前馈-反馈复合控制系统，启动和低负荷时仍采用单冲量控制系统。单冲量控制和前馈—反馈控制之间为相互跟踪、无扰切换。前馈—反馈复合控制方式中的前馈信号由所有进出除氧器的工质流量信号组成，这些流量信号包括主凝结水流量 g_5、凝结水回流量 g_4、高压旁路减温水流量 g_3、过热器减温水流量 g_2、给水流量 g_1。它们中的任何一个发生变化都会影响到除氧器水位。要使除氧器水位保持稳定，应使进出除氧器的工质保持平衡。取前馈信号为 x，令 $x = g_5 - (g_1 + g_2 + g_3 + g_4)$。若 $x=0$，说明进出除氧器的工质平衡，除氧器水位基本稳定；若 $x \neq 0$，表明进出除氧器的工质不平衡，此时不等除氧器水位变化，即去改变进入除氧器的凝结水流量，提前消除扰动，克服控制对象惯性大（由于除氧器水容积大，从工质不平衡到除氧器水位变化要有一个延时过程）给除氧器水位控制带来的不利影响，提高水位调节品质。

在某600MW机组上，在主凝结水管路上设计了两只并联的调节阀门，通流量分别为30%和70%最大凝结水量。在小流量时，即当控制器输出较小时，用小阀控制；控制器输出达30%时，小阀开足；控制器输出超过30%时小阀保持全开，大阀开始开启。这样用大小两只阀分段控制，降低了调节速度，调节过程较为平稳，从而提高了系统的可靠性。为了确保除氧器水位控制系统的安全可靠运行，还对系统设计了一些保护逻辑，如除氧器水位的自动闭锁，其闭锁条件如下：

(1) 除氧器水位高高报警；

(2) 阀位不跟随指令；

(3) （气动）调节阀气源信号不正常。

三、凝汽器水位控制系统

凝汽器水位控制系统一般设计为单冲量调节系统，通过调节凝汽器补水调节阀来控制凝汽器热井水位为一定值。

凝汽器热井水位测量由于是真空容器，若采用常规单室平衡容器则需要设一根补水管，平时少量补水以维持正压头参比水柱；目前很多已改用带远传毛细管配件的膜盒式差压变送器或其他检测方法。

采用带远传毛细管配件的差压变送器可以用远传检测头直接在被测点检测，将感受到的压力通过毛细管传递到变送器膜盒内进行测量。

远传配件的选择，包括远传检测头的形式、毛细管长度及充灌液的品种等，都要根据实际应用的需要，结合制造厂可配供产品样本来进行，一般选择螺纹式或法兰式安装形式，毛细管尽可能短，以减小响应时间，变送器应安装在位于或低于下取压孔的位置，充灌液应能适应所使用最高、最低环境温度。

有的电厂采用微波（雷达）测量仪来检测，此时需配置外接测量筒，将测量仪安装在测量筒上检测，也可取得良好效果。

四、除氧器水位和凝汽器水位的协调控制

由于除氧器水位和凝汽器水位之间存在耦合，两者各自采用单回路调节时互相影响严重，很难长期稳定运行。不少工程将系统设计为两者协调控制方式，可以获得良好的控制效果。采用协调控制方式时，一般需增设缓冲水箱，即补水先进入缓冲水箱，再经缓冲水箱进入凝汽器，同时凝结水管上有一路回水回到缓冲水箱。这时，凝汽器再循环阀控制凝结水泵最小流量，用凝结水调节阀和缓冲水箱出水阀分别控制除氧器水位和凝汽器热井水位，凝结水至缓冲水箱的回水阀作保护用。当凝结水压力过高、除氧器或凝汽器水位过高时，打开回水阀。平时该阀全关，以节省凝结水泵电耗。

第七节　基地式调节系统

早期引进和国产的 600MW 机组，除纳入 DCS 控制的主要控制回路以外，主厂房内一些不重要的单冲量热力参数的控制还采用了基地式调节系统，如安徽平圩电厂一台 600MW 机组就用了 108 套，浙江北仑电厂则用了 70 套。

基地式调节系统主要由基地式调节仪和调节阀门构成，基地式调节仪有气动式和电动式之分。

一、气动基地式调节仪

气动基地式调节仪以压缩空气为能源，采用位移补偿原理，从检测、变送、显示到调节组成一个整体，还可以包括给定（气动给定和程序给定）、手动操作、报警、积算等各种功能部件，适用于现场就地检测、显示、调节。它具有结构简单、操作和维修方便等优点。其主要产品有国产 KF 系列气动基地式指示调节仪等。

二、电动基地式控制仪

电动基地式控制仪是由带有 PID 功能的智能变送控制器或电子式现场控制器构成，它的面

板显示操作功能齐全，可以现场设定、组态和控制；输入/出接口丰富，有电信号也有气信号，可满足不同对象检测控制需要；当与气动调节阀门配用时，可带内置式电气转换器，输出气信号直接控制调节阀；大多产品还带有现场总线通信接口（如 HART 协议），可以和 DCS 相连，用 DCS 或手持终端远方进行组态和诊断。该类调节器的典型产品有 MOOOR 公司的 348FIELDAPC 等。

基地式调节器由于存在信号共享性较差，设定和调整定值以及故障监视不便，调节规律单一等缺点，近几年来采用基地式调节器完成的这些单冲量调节回路基本上已被全部纳入到 DCS 中去实现。

复 习 思 考 题

1. 什么是协调控制系统？它有哪几种运行方式？各自的特点是什么？
2. 直接能量平衡协调控制系统的原理是什么？它有什么优点？
3. 实现自动发电控制 AGC 的基本要求和交换信号有哪些？
4. 超临界压力锅炉的启动系统有哪两种方式？它们的启动控制有哪些要求？
5. 超临界压力机组协调控制有哪些特点？为什么机组负荷要由给水流量来调整？
6. 燃烧控制系统主要包含哪些子系统？燃料控制系统中风、煤交叉限制的目的是什么？
7. 叙述亚临界压力汽包炉的汽包水位差压法测量的原理和注意事项？
8. 600MW 机组的主汽温度控制系统中常引入各种前馈信号的目的是什么？

第四章

锅炉炉膛安全监控系统

第一节　锅炉炉膛安全监控系统主要功能

电力工业迅速发展，进入了大电网、大机组、高参数、高度自动化的时代。大容量、高参数机组安全运行的重要性日益提高，先进的机组保护系统和装置得到了广泛采用。锅炉炉膛安全监控系统（furnace safeguard supervisory system，简称 FSSS）是大型火电机组自动保护和自动控制系统的一个重要组成部分，其主要功能是保护锅炉炉膛的安全，避免发生爆炸事故，以及保护锅炉锅内工况，如汽包锅炉的汽包水位高/低保护、直流锅炉的断水保护等。对于采用强制循环的锅炉，由于锅水循环泵的运行状况与锅炉安全关系极大，所以一般将锅水循环泵的监视与启/停也包括在 FSSS 系统内。锅炉炉膛安全监控系统还对气、油、煤燃烧器进行遥控/程控等管理，故亦称燃烧器管理系统（burner management system，简称 BMS），以下仍称 FSSS。根据 FSSS 的锅炉保护功能和燃烧器的控制功能，又常将 FSSS 分为两大部分：锅炉炉膛安全系统（furnace safeguard system，简称 FSS）和燃烧器控制系统（burner control system，简称 BCS）。

锅炉运行中，尤其是启停过程、低负荷或变动负荷运行中，常因进入炉内的燃料量与风量控制不当而发生燃烧不稳乃至锅炉突然熄火。若此时未察觉濒临灭火前的燃烧不稳，又未及时采取紧急保护措施，继续让燃料进入炉膛，燃料就有可能在不受控制的再点燃条件下瞬间爆燃，造成炉膛外爆，这就是通常所说的"锅炉灭火放炮"。严重的锅炉灭火放炮事故造成的直接和间接的经济损失是巨大的，有时还会造成人员的伤亡。为了预防灭火放炮事故的发生和将可能出现的事故损害减小到最低限度，从 20 世纪 60 年代起，国外火电机组就采用并推广了一系列火焰检测装置和炉膛安全监控系统，并制定了有关的安全规程，如美国国家燃烧保护协会（NFPA）标准。其中 NFPA—85C、NFPA—85E 标准适用于燃用煤粉的多燃烧器锅炉，为炉膛燃料燃烧系统以及有关控制设备的设计、安装和运行制定最低限额标准，以利于锅炉的安全运行，尤其是预防炉膛爆炸事故的发生。从 70 年代起，我国从国外引进的大型火电机组配套有锅炉安全运行必不可少的重要监控手段。为此原水电部在 1993 年就明文规定："今后凡新投产机组必须安装火焰检测和安全防爆装置，现有机组在条件许可情况下也必须设法加装"。1991 年电力工业部颁发了《火力发电厂煤粉锅炉燃烧室防爆规程》（DL 435—1991），1993 年 9 月电力规划设计总院颁发了《锅炉炉膛安全监控系统设计技术规定》（DLGJ 116—1993），为国内 FSSS 的设计提供了依据。近期国家发改委颁发了针对 DL 435—1991 修订后的《电站煤粉锅炉炉膛防爆规程》DL/T 435—2004，同时（DLGJ 116—1993）也在修订之中。

FSSS 的主要功能大致可归纳为以下五项。

（1）炉膛吹扫。锅炉点火前和停炉后必须对炉膛进行连续吹扫。吹扫开始和吹扫过程中必须满足一定的吹扫条件，以保证锅炉炉膛和烟道内不会积聚任何可燃物。吹扫时必须切断进入炉膛的所有燃料源，并最少有 25%～30%额定空气量的通风量，吹扫时间应不少于 5min。在有油系统泄漏检验功能时，计时是在油系统泄漏试验成功后开始的，以保证 5min 的炉膛吹扫是在不存在燃料泄漏的前提下进行的。在吹扫计时时期内，若吹扫条件中任一条件不满足，则认为吹扫失败，再次吹扫时需重新计时。

（2）油枪或油枪组程控。点火前吹扫完成后，炉膛具备了点火条件，则运行人员可在控制室内进行油枪或油枪组的程控点火或停运。

（3）炉膛火焰检测。炉膛火焰检测一般分为"火球"火焰检测和单个燃烧器（油枪或煤燃烧器）火焰检测两种。前者一般只检测火焰的强度，后者则同时检测火焰的强度和火焰的脉动频率。对于 CE 锅炉，火球监视只是用于全炉膛监视，即在满足一定条件下，如锅炉负荷大于 20％时，可以认为炉膛内的燃烧已形成火球。判断各煤层是否着火可以是否观察到火球为标准。在点火阶段仍以单个燃烧器为基础，并以火焰强度和脉动频率来综合判断。对于像 B&W 锅炉、前后墙对冲、前墙喷燃或 W 形火焰等能量互不支持型火焰的锅炉，则以单个燃烧器火焰检测为主，并以火焰强度和脉动频率来综合判断。

（4）磨煤机组程序启停和给煤机、磨煤机保护逻辑。锅炉满足投煤粉许可条件时，运行人员可在控制室内 CRT 键盘（或鼠标）上按预定程序手动启停磨煤机组各有关设备，或磨煤机组按预定程序成组自动启停。给煤机、磨煤机为锅炉的重要辅机，其自身设备的安全亦必须得到保护，因此设计有给煤机、磨煤机的启动、运行许可条件和保护逻辑。

（5）主燃料跳闸（master fuel trip，MFT）。是锅炉安全监控系统的主要组成部分，它连续地监视预先确定的各种安全运行条件是否满足，一旦出现可能危及锅炉安全运行的危险情况，就快速切断进入炉膛的燃料，以避免发生设备损坏事故，或者限制事故的进一步扩大。当机组在运行中出现某些影响正常运行的特殊工况时，如 RUN BACK（RB）工况，需要快速的将负荷降低，使锅炉从全负荷或高负荷运行迅速回到较低负荷运行。确切地讲，就是迅速跳停一定台数的磨煤机，只保留较少数磨煤机继续运行，配合 CCS 的调节功能，快速地使锅炉稳定地转移到原定的返回目标负荷，这些目标负荷可能是 25％、50％、60％或 75％等。

第二节　锅炉炉膛爆燃理论分析和防止爆燃措施

一、锅炉炉膛爆燃理论分析

爆燃是指，在锅炉的炉膛、烟道或煤粉管道中积存的可燃混合物瞬间同时被点燃，而使烟气侧压力急剧升高，造成炉膛、尾部烟道和煤粉管道结构严重破坏的现象，亦称外爆。内爆是指，由于炉膛内燃料燃烧不稳或熄火，使烟气侧压力骤然降低，产生炉膛内外压差过大，造成锅炉结构损坏的现象称为内爆。

只有同时符合以下三个条件时才有可能发生爆燃：

（1）炉膛或烟道内有燃料和助燃的空气积存；

（2）积存的燃料和空气混合物是爆炸性的；

（3）具有足够的点火能源。

燃料和空气按一定比例混合才能形成爆炸性的可燃混合物。当燃煤粉时，每立方米空气中含有 0.05kg 煤粉时，就会形成爆炸性混合物。爆燃的理论分析可以假定瞬间的爆燃为定容绝热过程，可近似地用理想气体方程式来表达，即

$$\frac{p_2}{p_1} = \frac{T_2}{T_1} = \frac{T_1 + \Delta T}{T_1} = 1 + \frac{\Delta T}{T_1} \tag{4-1}$$

式中　p_1、T_1——爆燃前炉膛介质的压力和热力学温度；

p_2、T_2——爆燃后炉膛介质的压力和热力学温度。

若瞬间爆燃放出的热量用来加热炉膛介质,则定容绝热过程中炉膛介质的温升 ΔT 为

$$\Delta T = \frac{V_r Q_r}{V c_V} \tag{4-2}$$

式中　V_r——炉膛中积存的可燃混合物的容积;

　　　Q_r——炉膛中积存的可燃混合物的容积发热量;

　　　V——炉膛容积;

　　　c_V——定容过程中炉膛介质的平均比热容。

由式(4-1)和式(4-2)可得

$$p_2 = p_1 \left(1 + \frac{V_r}{V} \frac{Q_r}{c_V T_1} \right) \tag{4-3}$$

V_r 的产生是由于未经点燃而进入炉膛的燃料量,时间越长进入炉膛的燃料量越多。由式(4-3)可见,V_r 越大,爆燃所产生的压力 p_2 也越大。因此当进入炉膛的燃料未经点燃或点燃火焰中断时,应立即切断,速度越快则进入炉膛的未燃燃料越少。Q_r 与燃料空气的浓度比有关,在理论空气量时 Q_r 最高,火焰传播速度也最快;当空气量超过理论空气量时,Q_r 降低,空气量过多,混合物为不可燃。我们正是利用这一原理来防止炉膛的爆燃。燃料与空气混合物的浓度过高,则氧气不足,也是不可燃的;但如果外界空气扩散进去,则又将成为可燃混合物。炉膛的绝对温度 T_1 越低,爆燃后的压力 p_2 越大,这是因为容积和压力一定时,T_1 越低,介质质量就越多。升炉点火期间,T_1 低,爆燃产生的破坏力就大。当炉膛温度超过可燃混合物的着火温度时,进入炉膛的燃料立即点燃,也就不会有可燃混合物的积存。矿物燃料着火温度大多不超过650℃,由于燃料和空气的混合物送入炉膛有一定的流速,要温度更高些。一般认为炉膛温度大于750℃时,就不会发生炉膛爆燃。

式(4-3)假定爆燃为定容过程,实际上烟气膨胀由炉膛出口排出起降压作用,炉膛出口和烟道的阻力系数越小,排出的烟气越多,这一阻力系数与烟气流速的二次方成正比。爆燃瞬间产生的烟气流速将使阻力增大很多,这时排烟降压作用是很有限的,起不了防爆的作用。锅炉防爆门也有类似的情况,只能对局部能量不大的爆燃起到降压作用,对能量较大的爆燃,防爆门的作用是远远不够的。在发生过大爆破的锅炉炉墙上均装有防爆门,也正说明了这一点。因此要防止爆燃的发生及其危害,大型锅炉必须采用更有效的措施。

由于环境保护指标要求的提高,大容量机组广泛采用了除尘、脱硫装置,大大增加了烟道阻力,只好通过提高引风机的抽吸压头来满足排烟的要求,从而增加了锅炉炉膛内爆的可能性,因此也有必要对炉膛内爆的机理进行分析。

假定炉膛内烟气为理想气体,理想气体方程式为

$$pV = RMT \tag{4-4}$$

式中　p——炉膛绝对压力;

　　　V——炉膛容积;

　　　R——通用气体常数;

　　　M——炉膛介质质量;

　　　T——炉膛介质绝对温度。

因炉膛容积为一常数,即 $V_1 = V_2$,则有

$$p_2 = p_1 \frac{M_2}{M_1} \frac{T_2}{T_1} \tag{4-5}$$

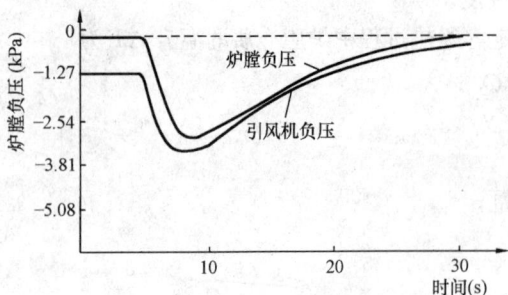

图 4-1 锅炉突然切断燃料时的炉膛
负压及引风机负压曲线图

当火焰突然中断或切断燃料，如 MFT 时，炉膛内介质温度 T_2 急剧降低，则炉膛压力 p_2 也随之急剧降低，如果这一负压超过炉墙结构设计允许强度，就有可能造成炉膛的内爆破坏。图 4-1 为某锅炉突然切断燃料时的炉膛负压及引风机负压的实测数据。

二、防止锅炉炉膛爆燃措施

炉膛内可能发生可燃性混合物积存的几种危险工况如下：

（1）燃料在停炉时积存或停炉后漏入炉膛内，未经吹扫，进行点火；

（2）重复不成功的点火，未及时吹扫，造成大量爆炸性混合物积聚；

（3）在多个燃烧器运行时，一个或几个燃烧器燃烧不良或失去火焰，从而堆积起可燃物；

（4）运行中整个炉膛熄火，可燃混合物积聚，随后再次点火或有点火源存在时，使其点燃。

由上可见，只要防止可燃物在炉膛内积存，就可以防止炉膛的爆燃。对于不同的运行工况，要采取不同的防止方法。

从原则上看，只要做到以下几点就可以防止炉膛爆燃：

（1）在燃烧器出口处有足够的点火能量，并且能稳定地点燃主燃料；

（2）当有可燃混合物积存炉膛时，应立即停炉进行清扫，使可燃混合物冲淡并吹扫出去；

（3）当有个别燃烧器突然熄火时，应立即切断该燃烧器的燃料供应，防止和减少燃料的积存；

（4）加强燃烧器管理，使燃烧设备按正常的程序启停，避免可燃物积存；

（5）加强火焰监视，以火焰信号作为判别燃烧状态的依据。

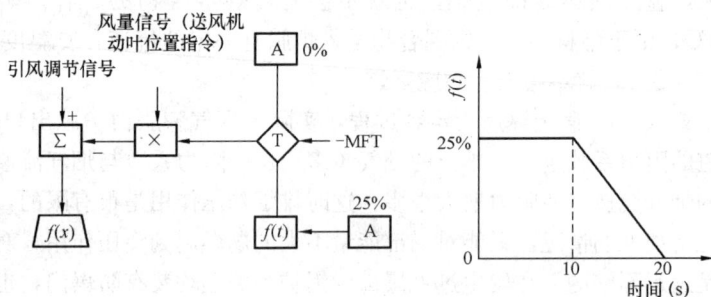

图 4-2 MFT 时引风机动叶控制前馈信号示意图

防止炉膛内爆一般采用的方法是，在 MFT 后通过函数发生器向炉膛压力控制系统发出前馈信号，使引风机在 MFT 后先关小某百分数（如 25％），保持一段时间，再恢复到控制炉膛压力在许可范围内。图 4-2 为 MFT 时引风机动叶控制前馈信号示意图。

第三节　炉　膛　吹　扫

炉膛吹扫是用送风机和引风机保持恒定的不小于 25％锅炉满负荷，也不大于 40％锅炉满负荷时的空气质量流量，对锅炉炉膛进行吹扫，其时间取决于下列两者中的大者，即不小于 5min 或使炉膛及其后部承压部件空间得到 5 次换气。

一、点火前炉膛吹扫

锅炉在点火启动前必须进行吹扫，以稀释或吹尽炉内可能存在的可燃混合物，防止点火时爆燃。吹扫开始和吹扫过程中必须满足一定的吹扫条件，吹扫条件应根据锅炉容量和制粉系统的型式来确定。《锅炉炉膛安全监控系统设计技术规定》（DLGJ116—1993）规定的锅炉炉膛吹扫条件见表 4-1。

表 4-1 锅炉炉膛吹扫条件（DLGJ116—1993）

序号	吹 扫 条 件	中间贮仓式制粉系统（t/h）		直吹式制粉系统（t/h）	
		220～670	1000～2000	220～670	1000～2000
1	主燃料跳闸条件不存在	√	√	√	√
2	锅炉炉膛安全监控系统电源正常	√	√	√	√
3	至少有一台送风机在运行，且相应送风挡板打开	√	√	√	√
4	至少有一台引风机在运行，且相应引风挡板打开	√	√	√	√
5	至少有一台回转式空气预热器在运行，且相应挡板未关	√	√	√	√
6	炉膛通风量 25%～30% 额定负荷风量范围内	△	√	△	√
7	总燃油（燃气）关断阀或快关阀关闭	√	√	√	√
8	全部油（气）枪关断阀或快关阀关闭	○	√	○	√
9	全部一次风机停运	√	√	√	√
10	全部排粉机停运	√	√		
11	全部给煤机停运	√	√		
12	汽包水位正常（达到点火规定的水位值）	√	√	√	√
13	"吹扫"手动指令启动	√	√	√	√

注 √—"应"；△—"宜"；○—"可"。

表 4-1 中 2000t/h 容量锅炉为 600MW 机组配套锅炉，即表中 1000～2000t/h 容量锅炉所列各项吹扫条件适用于 600MW 级机组的锅炉。

表 4-2 列出了平圩电厂、石洞口二厂、扬州二厂、常熟二厂 600MW 机组 FSSS 炉膛吹扫条件。

表 4-2 600MW 机组 FSSS 炉膛吹扫条件

电厂	平圩电厂	石洞口二厂	扬州二厂	常熟二厂
机组容量	600MW	600MW（超临界）	600MW	600MW（超临界）
炉膛吹扫条件	油枪三用阀全关	所有重油阀门关	至少有一台送风机运行	一台送风机运行
	两台空气预热器都在运行	所有轻油阀门关	至少有一台引风机运行	一台引风机运行
	暖炉油母管跳闸阀关	轻油快关门关	一次风机均停	一次风机均停
	两台电除尘器都停	电气除尘器均停	所有磨煤机一次风入口挡板关	无磨煤机运行
	所有磨煤机停	所有磨煤机停	点火油、暖炉油快关阀关	全部油阀关闭
	所有给煤机停	所有给煤机停	所有磨煤机出口阀关	炉膛压力正常
	无"锅炉跳闸指令"	无锅炉停炉指令	所有给煤机出口阀关	炉膛内无火焰

电厂	平圩电厂	石洞口二厂	扬州二厂	常熟二厂
机组容量	600MW	600MW（超临界）	600MW	600MW（超临界）
炉膛吹扫条件	汽包水位正常	油泄漏试验成功	所有磨煤机均停	电除尘器全停
	各层四取三火球检测均无火	各层火焰检测器 3/4 无火	所有给煤机均停	全部煤粉分离器出口挡板关闭
	全部系统电源正常		30%＜空气流量＜40%	系统电源正常
	无一次风机运行	无一次风机运行	点火油枪和暖炉油枪油阀关	火检冷却风正常
	全部辅助风挡板在调节位置	所有辅助风挡板已投入调节控制	所有的二次风控制挡板均在点火位置	系统电源正常
	炉膛风量大于 30%	风量大于 30%，且燃烧器倾角水平	没有 MFT 条件存在	无 MFT 条件存在
	全部热风门关	各层热风门均关	至少有一台空气预热器运行（风、烟道均打开），且停运的空气预热器完全隔离	
	模拟系统状态合适			

由表 4-2 可见，600MW 机组 FSSS 炉膛吹扫条件，按相同的技术规范设计，各机组内容基本相同，也与 DLGJ116—1993 中的规定基本相符。

二、锅炉跳闸后炉膛吹扫

锅炉跳闸后，通常送、引风机继续运行，辅助风挡板控制系统在 MFT 信号作用下，将调节定值自动切换到既定的吹扫位置，使吹扫风量不低于 30%（或 25%），FSSS 的功能是进行这一吹扫过程的计时。与点火前吹扫不同，计时过程是自动开始的，锅炉跳闸后的炉膛吹扫通常也是不小于 5min。当锅炉跳闸及炉膛吹扫准备信号建立后，就自动进行吹扫计时。例如，平圩电厂锅炉跳闸后的吹扫准备条件如下：

（1）全部油枪三用阀关闭；
（2）全部给煤机停；
（3）全部磨煤机停；
（4）燃油跳闸阀关闭；
（5）炉膛风量大于 30%（小于 40%）；
（6）全部火球探测器显示无火焰。

上述信号在锅炉跳闸后即可自动建立，随之开始计时。

第四节 点火器和油枪程控

一、锅炉点火先决条件

炉膛吹扫完成后，可让主燃料跳闸复位，如果满足炉膛点火先决条件，即可进行点火。例如，平圩电厂 600MW 机组锅炉点火许可条件为以下 8 个：

（1）锅炉跳闸信号解除（吹扫完成）；
（2）燃油跳闸阀打开；

（3）燃油压力正常；

（4）燃油温度正常；

（5）雾化蒸汽压力正常（蒸汽雾化时）；

（6）火焰检测器冷却风系统压力正常；

（7）燃烧器在水平位置；

（8）空气量小于40%（且大于30%）。

在"允许点火"信号发出之后，锅炉就正式进入点火状态，FSSS开始进行点火控制。下面介绍四角燃烧CE锅炉和前后墙燃烧B&W锅炉的油枪程控程序。

二、四角燃烧 CE 锅炉油枪程控程序

1. 油层控制

系统接到该油层启动指令后，按照规定的逻辑进行时间和顺序的排列，向该层所属四个油角控制系统发出控制信号，控制每个油角的控制系统分别完成油枪的推进、吹扫、喷油、点火的全部过程控制。例如，整个油层启动时间设定为85s，油层控制系统每隔15s向一个油角发出启动信号，油角的启动顺序是1号-3号-2号-4号，对角启动。停运顺序相同，但时间间隔要较点火时长，如30s，限定时间400s。

2. 油角控制

油角控制系统能自动完成油枪的推进，高能点火器的推进及退出、高能点火器通电打火，雾化介质阀打开，油枪吹扫，油阀打开，喷油并点火以及点火效果监视和处理等功能。

油角控制系统接到启动信号后，首先要对油角启动条件进行全面检查，符合油角启动条件后，开始执行油角的启动程序：

（1）油枪和高能点火器同时向炉膛推进；

（2）油枪和高能点火器到位后，吹扫介质阀打开，进行油枪吹扫；

（3）向点火器发出点火信号，高能点火器产生高压火花；

（4）油枪吹扫时间结束，关吹扫介质阀，开角油阀，开吹扫介质阀，向炉膛喷油；

（5）延时（如15s）后，高能点火器自动退出炉膛。

在油角阀打开后一定时间（如30s）内，如该角火焰检测器检测到火焰，则该油角点火成功；如在角油阀打开30s后，该角火焰检测器没有检测到火焰，则认为点火失败，立即停止喷油（关油角阀），油角跳闸。

正常停运时，系统接受油层控制系统来的停运信号后，进行油枪吹扫，吹扫完成以后，才能将油枪退出炉膛。油枪吹扫前必须有高能点火器打火或者邻层在运行，这样不会造成残油在炉膛内沉积。通常吹扫油枪的信号有三个：一是自动停油枪的吹扫；二是油枪检修前的手动吹扫，在这样场合下，也要受到安全条件的限制；三是油枪点火不成功后的自动吹扫。

三、前后墙燃烧 B&W 锅炉油枪程控程序

前后墙燃烧B&W锅炉每只（煤）燃烧器都配有一支点火器（包括油枪和高能点火器），与一台磨煤机组有关的点火器分为前后墙对应于两个燃烧器组的两个点火器组。点火必须以组为单位进行启停，如每组点火器有4支点火器，则该组4支点火器必须同步进行。启动点火器组的命令将产生以下程序：

（1）插入所有的（4支）油枪；

（2）插入所有的（4支）高能点火器；

（3）油枪插入到位后，打开雾化介质阀向油枪供给雾化介质；

（4）雾化介质阀打开到位后，打开吹扫阀，吹扫油枪；

（5）吹扫阀到位后，高能点火器通电打火；

（6）吹扫预定时间（如 10～20s）后关吹扫阀，开油枪油阀；

（7）延时（如 15s）后，将高能点火器断电并缩回。

在程序执行终了一定时间（如 15s）后，4 支油枪中只要任一支油枪未检测到火焰，则为点火失败。这时关闭 4 支油枪的油阀，并将 4 支油枪退出炉膛外。

启动点火器组的程序按上述 7 个步骤顺序进行，4 支油枪同步动作，程序每执行一步，需等其反馈信号（4 支油枪插入位置信号、雾化介质阀开信号、4 只吹扫阀开关信号、4 只油阀开关信号）确认后，方可执行下一步程序，否则等待（报警）或点火失败。

停运点火器组的命令产生以下程序：

（1）插入高能点火器并通电；

（2）关闭油枪油阀；

（3）打开吹扫阀，吹扫油枪（定时，如 1min）；

（4）关闭吹扫阀；

（5）关闭雾化介质阀；

（6）将高能点火器断电并缩回；

（7）缩回油枪。

第五节 火 焰 检 测

一、概述

1. 火焰特性

火焰有波长、燃烧频率、强度三大特性。

（1）油燃烧的火焰含有大量的紫外线、红外线、可见光，燃烧频率较高。可用可见光红外线或紫外线火焰检测器。但是，蒸汽雾化的油燃烧的火焰应使用红外线火焰检测器，因为蒸汽和灰分能吸收部分紫外线而可能导致紫外线火焰检测器不稳定。

（2）煤粉燃烧的火焰含有大量的红外线、可见光，燃烧频率较低。一般使用可见光或红外线火焰检测器。

（3）气体燃烧的火焰含有大量的紫外线，少量的红外线和可见光，燃烧频率较高。一般使用紫外线火焰检测器。

2. 火检分类和应用

火焰检测器是 FSSS 系统中的重要设备。每个燃烧器和油枪点火器均应配置相应的火焰检测器。不同的燃料选用火焰检测器的型式不一样，火焰检测器有以下几种：

（1）紫外光（UV）火焰检测器，响应紫外光谱约 290～320nm 波长，适用于检测气体和轻油燃料火焰；

（2）红外光（IR）火焰检测器，响应红外光谱约 700～1700nm 波长，适用于检测油、煤、固体燃料燃烧的火焰检测；

（3）可见光火焰检测器，适用于检测重油和煤火焰，也可用于检测轻油火焰，但由于受背景光干扰大，穿透黑龙区的能力差，目前，在电力行业中已逐步淘汰。

（4）离子棒（火焰棒）火焰检测器，利用火焰的导电性检测气体燃烧的火焰（一般为气体点火火焰）。

近期在 600MW 锅炉上配套的火焰检测器，许多都采用供货厂商新推出的复合式检测器，即在一个检测器中装有两种不同的传感器，适用于多种燃料场合。主要火焰监测器的类型和应用如表 4-3 所示。

表 4-3 火焰检测器的类型和应用

型　　　　号	检测原理	制造商	主要 600MW 应用电厂
SAFE-SCAN（FLAME）	可见光	ABB-CE	平圩、石洞口二厂等
UNIFLAME	紫外＋红外	FORNEY	常熟二厂、沁北、珠海、汕尾等
ISCAN	紫外＋红外	COEN	盘山、定州、惠莱等

二、SAFE-SCAN 可见光火焰检测器

SAFE－SCAN－Ⅰ型火焰检测器对于燃烧过程所发出的可见光的强度和脉动频率进行检测，利用光导纤维将光信号引出炉膛，防止光敏元件直接接触高温，延长其使用寿命。光纤的一端是推进到炉膛的透镜；另一端是可见光敏感元件——光电二极管。光电二极管将光信号转换成电流信号，这个电流信号既反映了火焰强度，又反映了火焰的脉动频率。电流信号经过放大以后，送到远方处理机柜的三个通道里进行处理，这三个通道电路分别对火焰的电平强度、脉动频率和故障检测进行检测。只有这三个通道电路分别在其特定的范围内都发出"有火焰"信号，检测器才能发出有火焰的信号，见图 4-3。

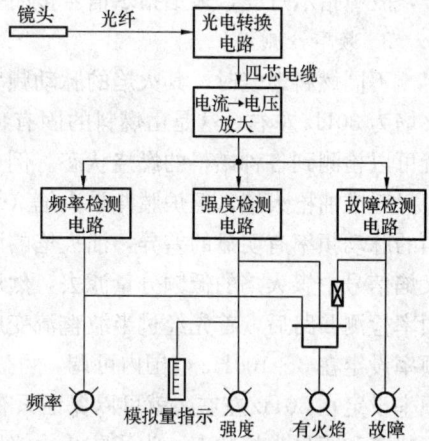

图 4-3　火焰检测原理框图

1. 光电转换原理

炉膛火焰的可见光通过镜头、光导纤维引出炉墙外（镜头倾角为 3°～5°），光纤长度在 1.5～2m 左右，送到位于锅炉墙外的光电转换器里。光纤传递的光直接照射在光电二极管上，转换成电流信号。由于光电二极管输出电流是光信号的对数函数，所以电路采用了对数放大器，将电流信号转换成与光信号成线性关系的电压信号，并防止信号饱和；由于电流信号易于传送，并且抗干扰性好，所以又通过跨导放大器将电压信号转换成电流信号，用四芯电缆输出到处理机柜中去。

光电转换部分的关键是光电二极管，SAFE-SCAN-Ⅰ型使用的光电二极管是一种很特殊的带有近红外线滤波光敏特性的光电元件，检测器的光敏特性主要取决于这种光敏元件的特性。图 4-4 所示的一组曲线就是光导纤维和光电二极管的光敏特性。紫外线的波长大约在 400nm 以下，从图 4-4 的曲线中看出，光纤和光电二极管对这个波长范围不敏感，所以这种检测器不会受紫外线的干扰。从光纤的敏感性来看，它的敏感波长区域是 400～1500nm，这个区域包括可见光区域（300～900nm）和红外区域（700～1200nm）。无近红外线过滤器光电二极管的敏感区域也基本上是这样，因此这种光敏元件的检测器容易受到近红外线的干扰，在无可见光的情况下发出"有火焰"信号。所以 SAFE-SCAN-Ⅰ型采用了带红外线滤波器的光电二极管，它的波长是 400～700nm，而这个范围正好是可见光的波长范围，这样首先从元器件上做到火焰检测的可靠。图 4-4 中斜线部分就是这种探测器的敏

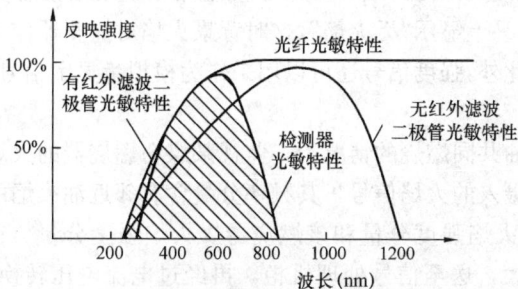

图 4-4　光导纤维和光电二极管的光敏特性

感区域 350～700nm。

2. 故障检测

从现场来的电流信号送到处理机柜后，首先经过一次放大，将电流信号转换成电压信号，然后分三路同时送到故障检测、频率检测和强度检测电路中去。我们先分析故障检测原理。火焰信号经电流电压转换后，送到故障检测回路，与事先整定的火焰信号电平设定值进行比较，电平设定值分上限设定值和下限设定值。当光电转换回路工作正常时，火焰信号电平在上、下限之间的正常范围内，检测电路输出低电平信号，经反相后，表示无故障，故障指示灯不亮。当光电转换电路出现故障时，如断路等，那么信号电平就会超过上下限设定值，检测器输出高电平报警信号，故障指示灯亮，火焰指示信号被闭锁。

3. 频率检测

不同燃料燃烧时，其火焰的脉动频率是不同的，如煤粉火焰脉动频率大约为 10Hz 左右，油火焰为 30Hz 左右，这是由燃料的固有特性所决定的。由于这种特性，在多种燃料同时燃烧时，就可以检测到各种燃料的燃烧状态。例如，煤粉和油同时燃烧，要鉴别油枪火焰，尽管检测器探头只对准油枪火焰，但炉膛背景火焰（煤粉燃烧形成的火球）不可避免地被摄取，但是这两种火焰的脉动频率有明显的差异，油火焰的脉动频率大于煤火焰的脉动频率，采用高通滤波器就可将火焰信号中煤火焰的低频分量滤去，然后得到的信号就完全是油火焰的信号。交流电压信号进入频率检测回路后，首先经过半波整流变成"零基"方波信号，送入高通滤波器去。高通滤波器的频率设定在 3～100Hz 范围内可调，可以在现场进行试验来确定频率设定值。对于上例，只要将频率设定在 30Hz 左右，就可以保证只有油火焰电平信号频率分量通过，这样就可以区别油枪火焰状态和背景火焰状态。为了防止火焰脉动频率瞬时波动的影响，设置了延时电路，通常取延时时间为 2s。

4. 强度检测

强度检测是对火焰的直流分量进行检测，直流分量反映的是火焰强度（亮度），火焰强度越高，信号的直流分量就越大。人们就是通过强度检测电路来对火焰的直流分量进行检测的。强度检测电路的信号强度设定值也分上限设定和下限设定，即"置出"和"置入"，这两个设定值确定了信号设定范围。结合上例进行分析，把检测器的探头对准燃烧器，"置入"设定值略低于燃烧器燃烧时的火焰强度，那么只要燃烧器没有火，虽然有背景火焰的强度分量摄入，但"置入"设定值大于置入信号强度分量，所以电路也不会有强度信号输出；如果燃烧器点燃，火焰中的强度分量会变得大于"置入"值，这个电路就会输出强度信号，显示"有火焰"，说明燃烧器已点着。"置出"定值的设定根据检测器使用目的而定。如果检测器不仅用于单个燃烧器监视，而且还用于全炉膛火焰监视，那么"置出"值就要设定得略低于火球强度设定值，就是说，所监视的燃烧器熄火，但炉膛仍有火焰时，强度信号虽然低于"置入"值，但不低于"置出"值，仍然要显示"有火焰"，直到炉膛熄火，强度信号消失，这时才显示"无火焰"；如果单纯地用来监视燃烧器火焰，"置出"值就要接近"置入"值，只要燃烧器熄火，马上显示"无火焰"，这时背景火焰对探测器应无影响。当然这些设定值要通过现场试验来确定。此外，强度信号还可以用来作为模拟量显示信号，送到火焰强度指示表去。

单个火焰检测器的工作原理概括为：在煤、油共同燃烧的情况下，监视某煤粉燃烧器的火焰状态。检测器探头对准燃烧器的火焰，那么探头摄入的火焰信号，其频率分量含有邻近油火焰的频率和本身的煤火焰频率，强度分量含有邻近油火焰强度分量和该燃烧器煤火焰强度分量。首先，这个信号经过光电转换、对数放大、跨导放大，送至信号处理机柜，再经过电流电压转换，分别送到三个检测回路去。如果光电部分转换正常的话，故障检测回路输出"无故障"信号，将频率检测回路的频率设定值设为煤火焰脉动频率值，那么这个检测回路就成了低通滤波回路，油火焰的高频分量就被滤去，电路输出"频率信号"，强度检测回路"置入"值设定为燃烧器火焰强度值，只要燃烧器点燃就会有"强度信号"输出，"置出"值接近"置入"值，燃烧器熄火，"强度信号"就消失，最后这三方面信号经过"与"运算，输出该燃烧器"有火焰"信号。

5. 层火焰监视原理

对于四角布置、切圆燃烧的锅炉来讲，检测器也是四角布置，一个角布置一只。一般来讲，炉膛火焰监视都是以层为单位的，"层火焰"的概念通常设计为：

（1）层火焰显示。接受四个检测器的火焰信号，进行四取二逻辑判断，当四个检测器中有两个显示有火焰时，则输出"本层有火焰"信号。

（2）层故障报警。四个检测器中有任何一个出现故障，则发出"本层火焰检测器故障"信号，进行声光报警，并将层火焰信号闭锁。

6. SAFE-SCAN-Ⅰ型火焰检测器的使用范围

SAFE-SCAN-Ⅰ型火焰检测器可以在以下范围内使用：

（1）燃煤锅炉炉膛火球监视；

（2）带负荷油枪火焰监视；

（3）暖炉油枪火焰监视；

（4）燃焦类锅炉火焰监视；

（5）燃天然气锅炉火球监视。

7. SAFE FLAME DFS 数字式火焰检测器

SAFE FLAME DFS 数字式火焰检测器是 ABB-CE 提供的新一代数字式产品，也采用了可见光原理。它使用了一种多燃料的检测探头，即一个探头可同时检测煤、油、天然气等不同燃料。它采用了计算机技术，每个信道都配有独立的微处理器，其灵敏度和可靠性都有进一步提高，并且具有相互独立的检测，判断输出，带有多种接口的输出方式。

DFS（Digital Flame Scanner）数字型火焰检测器的组态结构也是由火焰探头和信号处理机柜组成，但机柜和探头最远可相距 2000m，每一个信号处理机架有四块独立的信号处理卡、一块信号故障输出卡和一块电源卡。集成电路输出电压的特性曲线和输入电流特性曲线成对数关系。探头电流信号通过信号处理卡对信号进行放大，数据采集和 A/D 转换，经微处理器处理后，对火焰信号进行判别，SAFE FLAME DFS 火焰检测卡将 DFS 火焰检测信号和背景特征参数相比较，进行不断判别，同时进行计算，得出一个综合输出，对特征参数（频率、强度）进行显示。

DFS 检测器除具有以上功能外，还有火焰品质参数计算功能，火焰品质是对火焰检测效果的综合反映，是通过当前频率、强度和低频率、强度值，用以下公式计算出来的，即

$$品质(Quality) = (I - I_s) \times (F - F_s) \times 100/(I_n \times F_n)\%$$

式中　I——当前强度值；

　　　I_s——最低强度阀值；

　　　F——当前频率值；

　　　F_s——火焰频率跳闸值；

　　　I_n——强度正常值；

　　　F_n——频率正常值。

通过对火焰检测计算出火焰频率、强度及火焰品质，可以方便地对火焰设备进行调整设定及维护。

DFS 数字火焰检测系统对所有特性参数都是通过功能键进行输入，火焰检测系统的故障也

是以错误码进行显示,功能码有 F1~F15,每个功能码代表不同的含义。故障错误码为 E1~E10,在在线自动诊断系统中,利用其每秒钟 10 次的故障诊断和扫描的功能,再根据每个故障的错误码表,可方便地在火焰出故障时进行诊断和处理,给生产维护带来方便。

三、UNIFLAME 火焰检测器

1. UNIFLAME 火焰检测器原理

FORNEY 公司 UNIFLAME 系列火焰检测器是利用火焰的三大特性于近期推出的智能一体化火焰检测器。UNIFLAME 95IR、95UV 和 95DS 型火焰探头是基于微处理器的火焰探头,采用了固态红外、紫外和双通道传感器。

UNIFLAME 95 型火焰探头内部带有火焰继电器,可调整 ON/OFF(有火/无火)门槛值,因此不需要远程火焰放大器。UNIFLAME 探头检测目标火焰产生振动的振幅(火焰闪烁频率)。在探头启动过程中,能捕捉到振动频率火焰最好的 ON/OFF 分辨率。相关的频率和探头增益可以手动选择(S1 型)或忽略手动功能进行自动调节(S2 型)。

UNIFLAME 探头带有四个按键用于就地操作,液晶显示屏显示各种火检信息。其内部有状态菜单、自动调节菜单、编辑菜单三个菜单。现场所有功能均可通过远程 PC 机火检联网来实现显示和调节。

状态菜单显示火检的火焰品质、有/无火输出状态、火焰强度、运行文件、探头温度以及曾经经过的最大温度、软件版本等,在运行时便于管理人员查看火检运行信息。

自动调节菜单可对火焰进行瞄准设定,对目标火焰进行"有火学习",对背景火焰进行"无火学习",自动设定最佳火焰频率、增益、有/无火门阀值,从而大大简化调试过程。

编辑菜单用于查看火检运行参数和设定火检参数。可设定火焰频率、增益、有/无火门阀值、有/无火判断时间等。

燃烧器产生火焰的光信号通过光纤装置(或观察管)传递到 UNIFLAME 探头的光电传感器上进行光/电转换,电信号经过放大处理后,进行信号预处理,然后将有一定特征(代表火焰的波长、频率、强度)的信号转化为脉冲信号,完成火检信号的预处理过程。

在微处理器中储存着 4 个可选的火焰运行文件(A、B、C、D),不同工况的火检文件可分别储存在不同的文件,在运行时,可通过远程通信、就地操作、远程控制来手动或自动地选择火检运行文件。

UNIFLAME 探头可就地控制或远程调试。就地控制可输入密码后进入编辑菜单直接对火焰探头进行调试,特别适用于单个燃烧器故障现场解决和现场调试的情况;远程调试可在远程 PC 机上通过专用火检软件进行调试,在燃烧器点火和运行调试中可同时对多个火检进行参数设定和监视,可通过软件对燃烧工况进行分析。因此,UNIFLAME 探头的就地控制或远程调试功能适用于火检数量多和工况复杂的 600MW 等大型机组应用。

UNIFLAME 火检含有自检系统,以确保不会提供一个虚假的"有火焰"信号,每只火检探头的火焰强度信号输出有 4~20mA 标准模拟量信号输出,以及"有火/无火"开关量触点输出和火检故障报警输出,并伴有信号隔离措施,便于与 DCS 系统连接。

2. 火检系统组成

一套完整的 UNIFLAME 火焰检测系统包括以下几方面:

(1)外导管组件、内导管组件(含光纤)和安装管组件;

(2)UNIFLAME 探头;

(3)电缆组件及接线箱;

(4)火检电源箱;

（5）PC、通信软件及附件；

（6）火检冷却风系统。

以上配置为 600MW 机组火检系统的基本配置，根据炉型不同，其配置也会不同。一般四角切圆的锅炉由于燃烧器要摆动，要求配桡性的内、外导管；对冲炉煤火检一般含内、外导管，而油火检可根据具体情况可选用带光纤型或非带光纤型，也可选择紫外线或红外线探头。

锅炉燃烧器火焰光信号从光纤或观察管传递到 UNIFLAME 探头，探头通过带航空插头的 12 芯电缆组件将火检信号送到就地接线箱或 FSSS 系统。

火检电源箱一般为两路互为冗余的电源，既可放置在现场，也可放置在电子间，电源箱内有含对所有探头的控制开关和过负荷保护，同时有对输入电源的监视信号。

所有探头电缆有两根双绞线为通信线，并且通过菊花链的方式连接到 RS485/232 转换器上，然后接到 PC 机上，FS950 专用火检软件安装在 PC 机上后，就可对最多 128 个火检进行调试、分析。

两台互为冗余的风机为所有火检探头起到冷却和清洁的作用。

3. 火检安装

火检导管或观察管的安装正确与否将直接影响火检的运行稳定性和可靠性。600MW 机组多为四角切圆燃烧和对冲燃烧锅炉。

四角切圆燃烧的火检基本上要求带光纤装置。光纤装置一般安装在二次风箱内，安装时要考虑到纵向和切圆方向的角度。如图 4-5 所示，火检探头应向燃烧器中心线和切圆方向设定一个角度，使光纤装置对准目标火焰的主燃烧区。

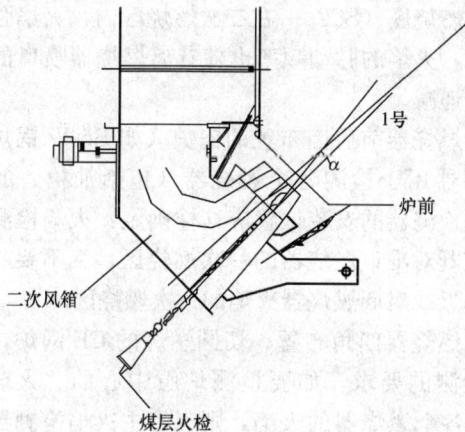

图 4-5　四角切圆锅炉角火检的安装　　　　图 4-6　对冲燃烧锅炉火检的安装

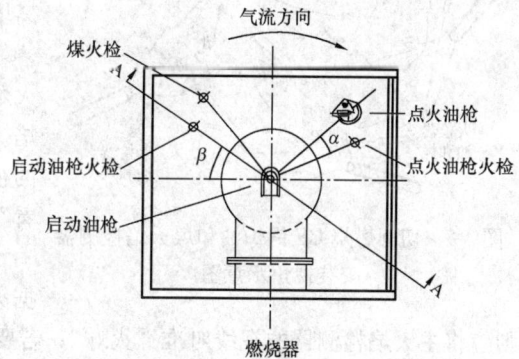

对冲燃烧锅炉火检煤火检基本上要求带光纤装置，而点火油枪和启动油枪则可选带光纤装置和观察管装置。在安装时要考虑与燃烧器方向的角度和二次风的转向。如图 4-6 所示，煤火检、启动油枪火检带光纤装置，点火油枪为通过安装观察管组件看火。

4. 火检调试

UNIFLAME 火检的调试可在远程 PC 机上实现，在大型机组中有以下优点。

可打开多窗口同时对火检进行调试，如在对冲炉的火检调试中，锅炉运行人员往往同时点 4 只油枪或同时投 4 个煤燃烧器（一次风），这样调试人员可在 PC 机前一次性同时对火焰进行学习和调试，大大减少了调试的工作量，也避免了多次启停燃烧器。

四、ISCAN 火焰检测器

Coen 公司的 Iscan 火检也是为监测燃烧器火焰而设计的复合型检测器，它既能探测紫外火焰，又能探测红外火焰，这就使得用 Iscan 能够检测油，气及煤等各种燃料的火焰。Iscan 从光信号到电信号，直至数字信号的处理全部在火检探头里完成，所以也是一体式火检，不需要单独的放大器。

Iscan 的工作原理是基于检测火焰的闪烁频率，找到最大背景辐射强度为零时的闪烁频率点，忽略低于该频率的所有信号，而只检测闪烁频率高于该点的火焰，即所谓单点检测原理。

对于相邻火焰，由于火焰监测器视线穿过其目标火焰的高频区射向相邻火焰的低频区，通过单点检测原理，Iscan 能够对相邻火焰视而不见，只对目标火焰响应。

对于对冲火焰，虽然火焰监测器视线既穿过目标火焰的高频区又穿过对冲火焰的高频区，但对冲火焰高频区距离较远，火焰强度较弱，通过调节有火/无火阈值，将强度较弱的对冲火焰调至阈值以下，从而使火焰监测器对对冲火焰也可视而不见，只对目标火焰响应。

Iscan 火检配有 Dsfccomm 软件，它利用火焰的单点闪烁频率信号，自动/手动增益控制，阈值及带宽的原理，在计算机上进行有火/无火"自学"以及目标火焰与背景火焰的自动区分。

五、火焰检测器安装原则

在锅炉任何运行工况下，很好地检测炉膛内火焰常常是件困难的事情。要很好地检测炉膛内火焰，必须正确地安装火焰检测器。燃烧器或油枪喷出燃料燃烧所生成的火焰，通常可分为两个区域：火焰在其燃烧的第一阶段，即靠近火焰根部区域，称之为一次燃烧区（PCZ）。在一次燃烧区内，火焰强度最大，火焰的脉动频率也最高，是检测火焰"有"或"无"最敏感的区域。火焰离开一次燃烧区继续燃烧，这个火焰的前端区域称之为二次燃烧区（SCZ）。在二次燃烧区内，火焰强度明显减弱，火焰的脉动频率也随着离燃烧器喷口的距离增加而递减。

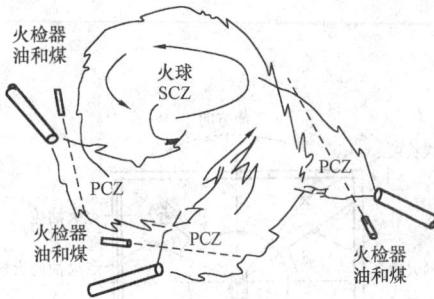

图 4-7　切圆燃烧 CE 锅炉油和煤火焰检测器安装视角示意图

对于燃烧器前后墙布置的锅炉（如 B&W 锅炉），火焰检测器用于检测各个燃烧器（包括油枪）的火焰。火焰检测器的安装位置应这样确定：火焰检测器的视线应既对准该燃烧器的一次燃烧区，又不要"偷看"到邻近或对墙燃烧器火焰的一次燃烧区。

对于燃烧器四角布置、切圆燃烧的 CE 锅炉，根据火焰检测的要求，如要检测炉膛中心的"火球"，则应将主火焰检测器的视线对准"火球"；若要鉴别各个燃烧器的火焰，则应将主火焰检测器的视线对准该燃烧器火焰的一次燃烧区，火焰检测器应安装于切圆旋转方向的上游侧，如图 4-7 所示。对于点火器（油枪）则必须是单个火焰检测。

第六节　磨煤机组程序启停和磨煤机及给煤机保护逻辑

一、磨煤机组启动程序

600MW 机组锅炉大多采用直吹式制粉系统，本文主要介绍采用中速磨（如 HP 型碗式中速磨煤机、MPS 型中速辊环式磨煤机）的直吹式制粉系统磨煤机组的程序启动。磨煤机组包括磨煤机、给煤机、磨出口阀门、有关风门挡板、磨油系统、磨密封空气系统等。磨煤机组启动通常设计有单台磨手动启动、单台磨自动启动和磨煤机组成组顺序启动三种方式。磨煤机组的启动方式虽有不同，但磨煤机组启动的顺序和许可条件都是一样的，即都是按照固定的程序使磨煤机组启动。

1. CE锅炉磨煤机组的启动程序

CE锅炉采用HP碗式中速磨煤机配斯托克（STOCK）重力计量式给煤机的直吹式制粉系统，磨煤机组的启动程序如下。

（1）单台磨煤机组手动启动方式。

下列条件都满足时，"磨煤机准备"建立：

1）无MFT指令存在；

2）燃烧器摆角在水平位置；

3）磨煤机出口阀开；

4）二次风量在30％～40％之间；

5）磨煤机出口温度小于93℃；

6）磨润滑油系统和马达润滑油系统均发出启动许可信号；

7）给煤机就地开关在"遥控"位置；

8）磨冷风门开；

9）一次风许可；

10）杂物排放门已开；

11）不存在下列磨组跳闸信号：MFT；磨出口阀未开；给煤机投运3min内，层点火许可条件失去；磨投运情况下，磨密封母管与磨碗差压不满足时间超过1min。

运行人员通过手动逐项操作，使上述11项条件得到满足，其操作顺序参见下面单台磨煤机组自动启动方式下自动执行步序。

当下列条件满足时，允许打开密封空气阀：

1）磨煤机准备好；

2）磨煤机点火许可：相邻点火油层投运；或锅炉负荷大于30％且相邻煤层的给煤机转速大于50％；或相邻煤层给煤机转速大于50％，且这层煤的相邻油层已投运（本条件仅适用于B、C、D、E层）；

3）无磨煤机跳闸指令存在。

从CRT键盘上发出启动命令开密封空气阀。

在上述信号建立，并满足下列条件时：

1）密封母管与磨碗差压满足；

2）该台磨煤机确已停止运转；

3）无"磨跳闸"或"停磨"命令；

4）所选层磨煤机"点火许可"条件存在（见前面2）项）。

运行人员从CRT键盘上发出命令启动磨煤机。

当下列条件满足时，允许启动给煤机：

1）磨已启动；

2）无MFT；

3）磨煤机点火许可；

4）磨煤机启动条件满足，且给煤机转速指令置最小（如25％）；

5）给煤机皮带上有煤或磨煤机功率大于下限值（在给煤机启动5s后该信号才起作用）；

6）停给煤机命令消失3s后。

运行人员从 CRT 键盘上发出命令，启动给煤机。给煤机启动并运行满 50s 后，如果不存在下列情况之一，给煤机转速控制将允许投入自动：

1）磨煤机功率高；

2）磨碗差压高；

3）从煤层自动顺序停程序来"置给煤转速最小"信号。

（2）单台磨煤机组自动启动方式。

运行人员从 CRT 键盘上发出单台磨煤机组自动启动命令，则自动执行下列步骤：

1）先启动一台一次风机，如有三台磨在运行，则发出指令，启动另一台一次风机。

2）启动润滑油泵。

3）启动密封风机。

4）密封风机 A 或 B 至少有一台启动后，则发出指令，开启磨煤机出口阀。

5）开启磨冷风门。

6）若点火条件不满足，则启动相应的暖炉油层。

7）打开密封空气门。

8）启动磨煤机。

9）磨煤机启动所有条件满足，则磨煤机投入运行。

10）打开热风门。

11）若不存在磨煤机停止信号，则 60s 后发出 5s 脉冲启动给煤机；如果给煤机启动条件满足，则给煤机投入运行。

（3）磨煤机组成组顺序启停方式。

运行人员从 CRT 键盘上按下磨煤机组成组顺序启动按钮，首先发出启动一组一次风指令，然后按（2）中所述顺序，按 A、B、C、D、E、F 顺序启动各煤层，直至所有煤层全部启动为止。

2. B&W 锅炉磨煤机组的启动程序

B&W 锅炉采用 MPS 中速辊环式磨煤机配斯托克重力计量式给煤机的直吹式制粉系统，磨煤机组的启动程序：

（1）建立二次风间隔空气流量（大于 30%）。

（2）启动该磨煤机组对应的两组点火器（油枪）。

（3）启动一次空气流量：启动一次风机，打开一次风隔离门、给煤机出口门，启动密封风机，打开密封空气门，释放闭环控制系统，以慢慢地打开调节风门。

（4）打开燃烧器管道的摆阀（即出口阀），以建立通过燃烧器管道的一次空气流量。

（5）继续让一次空气流过，使其流量大于 70%。

（6）磨煤机启动条件（两组燃烧器组的所有摆阀都打开，磨煤机润滑油泵在运转，磨煤机润滑油压大于最小值，磨煤机轴承温度不高，磨煤机电动机定子温度不高，磨煤机电动机轴承温度不高，磨煤机电动机 MCC 启动器工作有效）满足，则启动磨煤机。

（7）给煤机启动条件（给煤机入口和出口门打开，所有的摆阀都打开，炉膛点火先决条件都满足，给煤机入口检测到煤，给煤机出口没有被堵塞）满足，在磨煤机启动后 3min 内启动给煤机。

（8）将磨煤机出口的燃料-空气温度释放到自动控制状态。

（9）将二次风间隔空气流量释放到自动控制状态。

（10）将磨煤机负荷控制释放到自动控制状态。

（11）保持上述状态，完成最终火焰稳定期（约 5min）。

（12）达到稳定燃烧及二次空气温度高于 204℃之后，可停止点火器的运行。

从 CE 锅炉直吹式制粉系统和 B&W 锅炉直吹式制粉系统的磨煤机组启动程序和条件看，两者基本上相同，但有一点比较大的区别：CE 锅炉磨煤机点火许可条件，既有"相邻点火油层投运"，又有"锅炉负荷大于 30％，且相邻煤层的给煤机转速大于 50％"或"相邻煤层给煤机转速大于 50％，且这层煤相邻的油层已投运"。简言之，即允许用相邻煤层的火焰点燃本层磨煤机的煤粉（当然是有条件的）。而 B&W 锅炉只允许用相应的点火器组（油枪）来点燃该层磨煤机的煤粉。

二、磨煤机组停运程序

磨煤机组有磨煤机组成组顺序停运、单台磨煤机组顺控停止和运行人员手动停止三种正常停运方式。

1. CE 锅炉 HP 碗式中速磨煤机制粉系统的正常停运程序

（1）磨煤机组成组顺控停运方式。

运行人员按下 CRT 键盘上停止按钮，则自上而下逐组按 F→E→D→C→B→A 顺序，发出停各层磨煤机组的指令。

（2）单台磨顺控停运方式。

煤层接到自动停信号，则执行下列停运程序：

1）若磨点火条件未满足，则发出指令启动相应暖炉油层；

2）发出指令将给煤机转速置最小，关热风门；

3）当磨出口温度小于 54℃时，发出指令停给煤机；

4）停给煤机 3min 后，发出指令停磨煤机；

5）磨煤机停后，发出指令关密封空气挡板。

（3）单台磨煤机组手动停止方式。

按（2）中顺序，运行人员手动按步序停止该台磨煤机组。

（4）磨煤机跳闸。

出现下列情况之一，磨煤机将跳闸：

1）磨出口阀未开；

2）MFT；

3）失去一次风：任意一台磨煤机运行情况下，无一次风机运行或一次风管与炉膛差压 $\Delta p <$ 6.22kPa 时间超过 5s，或一次风管与炉膛差压 $\Delta p < 5.0$kPa；

4）多于三层煤在运行时，两台一次风机中有一台跳闸，则跳 F、E、D 层磨，保证三层煤层在运行；

5）磨煤机润滑油系统或马达润滑油系统引起的跳闸（如失去润滑油泵、润滑油压低、轴承温度高等）；

6）备用盘上手动停磨；

7）磨运行 60s 后，密封空气压力低；

8）层电源失去超过 2s；

9）冷风门未开；

10）给煤机停 3min 后，磨煤机跳闸。

2. B&W 锅炉 MPS 辊式中速磨煤机制粉系统的停止程序

单台磨煤机组自动或手动正常停运，均按下列步骤顺序进行：

(1) 启动对应的点火器（油枪）组；

(2) 将给煤机转速减至最小（即将磨煤机负荷减到最小值）；

(3) 关热风门，开冷风门，使一次空气温度降低至最低值；

(4) 保持上述状态，使磨煤机冷却（约5s）；

(5) 停给煤机；

(6) 建立点火状态二次风间隔空气流量；

(7) 保持上述状态，磨煤机清洗约10min；

(8) 停止运转磨煤机；

(9) 保持上述状态，让磨煤机冷却，直到磨煤机出口温度低于60℃为止（至少1min）；

(10) 关闭摆阀，切断一次空气流；

(11) 停止点火器运行；

(12) 释放二次风间隔气流，以达到燃烧器冷却值。

三、磨煤机跳闸保护

出现下列情况之一，磨煤机跳闸：

(1) 所有摆阀关闭和磨煤机已有启动指令。

(2) 磨煤机正常运行时，得到停止指令（延时20s）：

1）磨煤机已跳闸；

2）锅炉已跳闸；

3）一次风启动流量中断；

4）一次风挡板关；

5）磨煤机组紧急跳闸；

6）运行人员手动停；

7）给煤机启动故障。

(3) 磨煤机润滑油压力低（小于0.21MPa），延时20s。

(4) 磨煤机润滑油泵停，延时20s。

(5) 磨煤机马达任一轴承温度高，延时20s。

四、给煤机跳闸保护

出现下列情况之一时，给煤机跳闸：

(1) 给煤机出口煤闸门关。

(2) 给煤机入口检测不到煤或给煤机入口煤闸门没有开。

(3) 给煤机就地控制盘中微处理器跳闸信号K1，由下列条件之一激励：

1）失去转速反馈信号；

2）给煤机出口堵塞；

3）给煤机的马达启动器故障；

4）速度偏差太大；

5）当给煤机处于就地控制或校验状态下皮带上有煤。

(4) 磨煤机跳闸。

五、磨煤机CO检测和报警

近期建设的600MW机组不少都配备了磨煤机CO检测及报警装置，实现制粉系统的防爆安全监控，这为制粉系统的安全运行提供了保障。下面以扬州二厂采用的厦门华电环保公司提供的FGAS-04型CO连续监测系统为例，简要说明其工作原理及应用。

FGAS-04 的监测原理为：通过采样泵把磨煤机中的样气抽出，然后经过冷凝、过滤、调压和稳流，最后进入气体分析（非色散红外吸收法）进行分析。每套 CO 监测系统配备两套取样探头，一套探头工作，另一套进行仪表空气吹扫后待命，一定时候后两套探头工作状态自动切换，保证能连续抽取样气进行分析。系统能

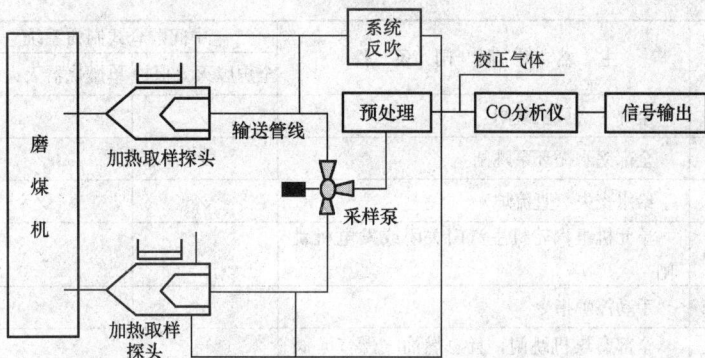

图 4-8　CO 连续监测系统配置图

输出 CO 浓度的 4～20mADC 信号，同时可设置两个报警点，每个报警点有两组无源开关量输出（触点容量 220VAC，5A），其系统配置如图 4-8 所示。

对于中速磨，两支探头是交替监测同一点，保证连续输出 CO 信号。而对于双进双出钢球磨则是把两支探头安装在两个出口，交替监测两个出口。

系统中的分析仪采用非分散红外吸收（NDIR）测量原理，即基于多原子化合物气体在红外光谱区对辐射的吸收，即不同气体对 $\lambda=$ 2.5～8mm 范围内的不同波长的非分散红外线具有本征吸收。由红外光源发射的红外光经切光轮调制成一定频率的光束，通过气室进入接受器。接受器是一种充气的微音薄膜电容器，它能吸收特定波长的红外光而造成压力差，使电容器薄膜产生位移而产生电信号输出。

每套 CO 监测系统有两个报警点，每个报警点的两组无源开关量输出都可送到磨煤机控制系统参与系统报警或保护。

第七节　主　燃　料　跳　闸

一、主燃料跳闸条件

主燃料跳闸（MFT）是锅炉安全监控系统 FSSS 的主要组成部分，它连续地监视预先确定的各种安全运行条件，一旦出现可能危及炉膛安全的危险状况，立即快速切断进入炉膛的全部燃料，防止炉膛熄火后爆燃，避免设备损坏和人身伤亡。设计规定 DLGJ116—1993 中规定的 MFT 条件如表 4-4 所示。表 4-5 另列出了华东地区几台 600MW 机组触发 MFT 的条件。

表 4-4　　　　　　　　　　　　主燃料跳闸条件（DLGJ116—1993）

序号	主 燃 料 跳 闸 条 件	中间贮仓式制粉系统		直吹式制粉系统	
		全炉膛灭火保护	单燃烧器灭火保护	全炉膛灭火保护	单燃烧器灭火保护
1	全炉膛火焰丧失	✓	✓	✓	✓
2	炉膛压力过高	✓	✓	✓	✓
3	炉膛压力过低	✓	✓	✓	✓
4	汽包水位过高	✓	✓	✓	✓
5	汽包水位过低	✓	✓	✓	✓
6	全部送风机跳闸	✓	✓	✓	✓
7	全部引风机跳闸	✓	✓	✓	✓

序号	主 燃 料 跳 闸 条 件	中间贮仓式制粉系统		直吹式制粉系统	
		全炉膛灭火保护	单燃烧器灭火保护	全炉膛灭火保护	单燃烧器灭火保护
8	全部一次风机跳闸	√	√	√	√
9	全部锅水循环泵跳闸	√	√	√	√
10	给水丧失（直流炉）	√	√	√	√
11	单元机组汽轮机主汽门关闭或发电机跳闸	√	√	√	√
12	手动停炉指令	√	√	√	√
13	全部磨煤机跳闸，且总燃油（燃气）阀或全部燃油（燃气）支阀关闭	√	√	√	√
14	全部给煤机跳闸，且总燃油（燃气）阀或全部燃油（燃气）支阀关闭			√	√
15	全部给粉机跳闸，且总燃油（燃气）阀或全部燃油（燃气）支阀关闭		√		
16	全部排粉机跳闸，且总燃油（燃气）阀或全部燃油（燃气）支阀关闭				
17	再热器超温	○	○	○	○
18	风量小于额定负荷风量的 25%~30%		△		△
19	角火焰丧失	○			○

注　√—"应"；△—"宜"；○—"可"。

表 4-5　　　　华东地区 600MW 机组触发 MFT 条件

电厂	平圩电厂	北仑电厂	石洞口二厂	扬州二厂	常熟二厂
MFT 条件	两台送风机全停	两台送风机全停	两台送风机全停	汽包水位高（三取二，20s）	两台送风机全停
	两台吸风机全停	两台吸风机全停	两台吸风机全停	汽包水位低（三取二，20s）	两台吸风机全停
	锅炉水冷壁循环不正常（即无循环水泵运行大于5s）	水冷壁循环不良	过热器出口压力高	炉膛压力低于 −2.5kPa（2s）	空气流量小于 20%BMCR 风量
	汽轮机跳闸	汽轮机跳闸	汽轮机跳闸和汽轮机旁路系统任何 SF＜FR	炉膛压力大于1.7kPa（5s）	全炉膛火焰丧失
	汽包水位低	汽包水位低（5s）	仪用空气压力低	炉膛压力大于3.7kPa（2s）	失去所有燃料
	运行人员手动跳闸	运行人员手动跳闸	水冷壁出口温度高	二次风箱压力大于2.2kPa（2s）	炉膛压力高（三取二）
	协调控制系统失电	协调控制系统失电	运行人员手动跳闸	锅炉空气量低于炉膛吹扫空气量的5%以上（2s）	炉膛压力低（三取二）
	炉膛压力高于3.3kPa	空气流量小于25%	工厂保护系统来的MFT	两台送风机全停	给水流量低（三取二）
	炉膛压力低于−2.54kPa	炉膛压力低（三取二）	空气流量小于25%	两台吸风机全停	火检冷却风压力低（三取二）
	FSSS 直流电源消失	炉膛压力高（三取二）	炉膛压力高，大于1.5kPa	失去所有燃料	仪用空气压力低（三取二）
	FSSS 逻辑电源消失	失去115VDC电源（2s）	炉膛压力低，小于−1.7kPa	运行人员手动跳闸	FSSS 电源丧失

电厂	平圩电厂	北仑电厂	石洞口二厂	扬州二厂	常熟二厂
MFT条件	全炉膛火焰熄火	锅炉熄火	失去燃料		运行人员手动跳闸
	燃料中断	失去燃料	全火焰丧失		汽机/发电机跳闸
	炉膛风量小于30%	锅炉电源失去			
	模拟盘状态不对				

由表 4-5 可见，各电厂 600MW 机组的 MFT 的触发条件大致相同，且与 DLGJ116—1993 规定的 MFT 触发条件基本吻合。石洞口二厂和常熟二厂 600MW 机组为超临界直流锅炉没有汽包，因此无汽包水位高/低的 MFT 跳闸条件。

二、主燃料跳闸条件组成

主燃料跳闸条件一旦形成，就会触发 MFT 而紧急停炉，MFT 虽能保障锅炉设备的安全，避免重大设备损坏事故，如锅炉爆燃事故，但 MFT 后的紧急停炉，必然是停止了机组的发电，给电厂造成了电量的损失，也给电网供电带来一定的负面影响，锅炉的再次点火启动必然增加了燃油的消耗。为了保证 MFT 触发条件的准确、可靠，应对主燃料诸跳闸条件的组成作出分析、评估。在触发 MFT 诸条件中大致可分为两类：一类为单一条件，一类为复合条件。例如，两台送风机全停、两台吸风机全停、炉膛压力高/低、汽包水位高/低等属于单一条件类；全炉膛灭火，失去全部燃料等属于复合条件类。

（1）两台送风机全停、两台吸风机全停。

两台送风机或两台吸风机的停运信号要求直接来自风机电动机开关的辅助接点，即来自马达控制中心（MCC），俗称 6kV 开关室；不可用中间继电器的扩充接点，以提高可靠性。

（2）汽包水位高/低。

汽包水位高/低跳闸信号应采用三取二逻辑，汽包水位信号应有三个独立的通道，设置三个相互独立的水位变送器。变送器的模拟量信号在 DCS 的 FSSS 功能控制器中各自经汽包压力补偿后再与设定值比较，形成数字量，经三取二逻辑运算形成汽包水位高/低的 MFT 触发条件。为了避免汽包水位瞬间波动引起 MFT 触发，通常在逻辑条件中加上延时环节，延时时间一般在 5～20s 左右。

（3）炉膛压力高/低。

炉膛压力高/低信号的检测，一般是采用压力开关，通常是炉膛正/负压力开关各取三个采用三取二逻辑构成 MFT 条件。为了避免炉膛压力瞬间波动而产生炉膛压力触发 MFT，通常在逻辑条件中加上延时条件，延时时间一般在 2～5s 左右。

（4）失去重要电源。

不论是 CCS 电源或 FSSS 电源，失去电源均指失去整个系统的电源，通常是由失去系统的 220VAC 电源引起的。通常 CCS、FSSS 的交流电源均采用不停电电源系统（UPS），并设置有备用/旁路 220VAC 电源。为了保证微机分散控制系统（包括 CCS、FSSS）的正常工作，备用/旁路 220VAC 电源的切换时间要求小于 5ms。

（5）锅炉空气流量小于最小设定值（如小于 25%）。

600MW 机组锅炉一般采用中速磨直吹式制粉系统，进入锅炉的空气量应是一次风量和二次风量的总和。一次风量又是各台磨煤机一次风量的总和；二次风量通常在锅炉左右侧风道分别测

得，再累加。一次风量和二次风量通常采用差压法测量，并经温度补偿。进入锅炉炉膛的空气量 Q 可用下式表示

$$Q = \sum_{i=1}^{n} Q_{1i} + \sum_{j=1}^{m} Q_{2j}$$

式中　Q_{1i}——各台磨煤机的一次风量；

　　　Q_{2j}——各侧二次风量，$j=1,\cdots,m$，一般 $m=2$。

（6）失去燃料。

这里指失去全部燃料。该跳闸信号是这样构成的：所有给煤机停，且燃油母管跳闸阀（快关阀）关或所有油枪油阀关（任一油枪油阀曾开）。

（7）全炉膛熄火。

对四角喷燃的 CE 锅炉来说，一般层火焰检测至少有三个以上火检未检测到火焰为该层"无火"，各层（包括油层和煤层）均发出"层火焰失去"信号，为全炉膛熄火。为了区别锅炉是正常停运还是事故（熄火）停炉，采用给煤机运行和油枪油阀状态等作为锅炉无火焰、失去火焰和有火焰的分辨依据，确保逻辑程序达到保护的目的。以下为"全炉膛熄火"逻辑的实例。

例如：

1）层火焰失去，由以下三个条件之一判断：①相邻两层给煤机停运 2s 以上；②层火焰检测至少有三只以上火检无火，且有两个油角阀未投运；③该油层至少有一个油角阀未关闭，且有两个油枪未投运。

2）全炉膛熄火。任一台给煤机运行时间超过 50s，且所有层均发出"层火焰失去"信号。

再如，油和煤分别检测。

所有层均发出"层火焰失去"信号，且至少有一台给煤机或一层油在运行，则发出全炉膛熄火信号。

三、主燃料跳闸首出原因显示和记忆

在 MFT 发生以后，为了很快地找到引起 MFT 的原因，系统应设置 MFT 首出原因的显示和记忆。在 MFT 发生以前，诸多的触发条件不可能绝对地同时成立，这样只要系统采用高分辨率的逻辑判别程序，即可将最先触发 MFT 的条件记忆下来，并发出光显示信号，表示该条件触发了 MFT。由于逻辑闭锁作用，该条件就成为一个唯一的首出原因而被显示和记忆下来。

600MW 机组 FSSS 系统由 DCS 组成，首先触发 MFT 的条件可在 CRT 上显示，诸触发 MFT 的条件及一些重要信号送至 SOE 并打印出动作时间，分辨率可达 1ms。如果 DCS 自身的分辨率达到 1～2ms，则可不用 SOE，而由 FSSS 本身完成 MFT 首出原因的记忆和显示。MFT 首出原因保存到下次锅炉启动前 MFT 复位后。

四、主燃料跳闸后锅炉连锁

在 MFT 信号生成以后，即送往各个执行机构，实现锅炉和机组的全面跳闸，归纳起来如下：

（1）MFT 信号送往制粉系统。①跳闸全部给煤机；②跳闸磨煤机及其辅助系统；③跳闸两台一次风机；④跳闸密封风机；⑤关全部一次风关断门，关热风挡板和冷风挡板（冷风挡板关闭一定时间后，如 5min，再开启）。

（2）MFT 信号送往燃油系统。①关轻油/重油进油和回油跳闸阀；②关全部油枪的油阀。

（3）MFT 信号送往二次风系统。①全部燃料风挡板开至最大（维持 30～60s）；②全部辅助风挡板开至最大（维持 60s 左右），并将辅助风挡板控制切换到手动方式。

（4）MFT 信号送往其他系统。①跳闸两台电气除尘器；②跳闸两台汽动给水泵；③跳闸全

部锅炉吹灰器；④汽轮机跳闸；⑤送往 CCS 系统；⑥送往 DAS 系统；⑦送往辅助蒸汽控制系统。

（5）MFT 与引风控制。为了防止内爆，在 MFT 发生同时，送一个超前信号给引风机的控制系统，使炉膛熄火后，炉膛压力不致于变得太低。引风机控制系统接到这个 MFT 动作的超前信号后，立即将引风机控制挡板关小到一给定开度，并保持数十秒钟后再释放到自动控制状态。

第八节　主燃料跳闸可靠性分析

一、概述

大机组的保护系统十分复杂，锅炉本体的保护主要由 MFT 功能来实现，MFT 功能是机组两个最重要的保护之一（机组另一项重要保护是汽轮机的本机保护 ETS）。所有的重要辅机也都有严密的保护，这些辅机保护的动作，由于控制或人工操作的不当，也往往会扩大为 MFT。大机组的热控保护功能是贯穿在整个热控系统之中，所以要鉴别热控系统引起 MFT 的原因，必须对热控系统进行全面分析。

在保护动作后，由于处于不同的角度，对保护动作的正确性看法可能会不一致，这里我们仅从技术上来定义保护的误动、拒动和正确动作。非危及设备的保护原因引起的保护动作称为误动；出现了危及设备安全的保护原因，而保护没有动作称为拒动；由危及设备安全的保护原因引起的保护动作称为正确动作。从已运行 600MW 机组保护投用的实际情况来看，保护拒动较少但保护误动却频繁。特别在 1990～1995 年期间，300MW 和 600MW 机组投产后 MFT 动作跳闸次数过多，过于频繁，年动作次数一般都在几十次，最多竟达上百次。当然，经过至今 10 多年的努力，保护投用的可靠性已大为提高。但是以往的经验教训仍可供借鉴。

保护系统一般由保护信号输入回路、保护逻辑运算回路和保护输出动作回路三部分组成。保护信号输入回路一般由信号源（如温度开关、压力开关、行程开关、继电器触点、其他系统输出等）、输入模件和连接电缆组成；逻辑运算回路由控制器完成，人机组 FSSS 的保护逻辑通常由 DCS 的分散处理单元（DPU、PCU）或专用 PLC 来完成；保护输出回路一般由输出模件通过中间继电器跳闸被保护的设备，或关断/打开相应的阀门和挡板。MFT 后，实现锅炉和机组的全面跳闸，具体连锁功能见本章第七节。

从华东电网 20 世纪 90 年代投运的几台引进型 600MW 机组，即平圩电厂、北仑电厂、石洞口二厂和扬州二厂当时调试投运阶段发生的 MFT 动作统计数据分析，由热控系统造成 MFT 误动的原因大致有以下几方面。

1. 基建安装调试质量问题

在机组基建阶段，热控设备的安装一般要在主、辅机设备安装基本结束后才能进行，留给热控安装的时间少，因抢进度而往往影响安装质量，常常会出现接线松动、接线错误、短路和接插件接触不良等现象而造成保护的误动。热控调试的时间更紧，很难做到精确、细致的调整。一些综合性的自动化功能，如 RUN BACK 功能，往往在机组移交试生产时，还未经热态试验调整，热控系统的自动水平还较低，这也是热控系统在机组投运初期造成 MFT 误动的原因之一。从 MFT 动作统计来看，机组在投产（由基建移交试生产）初期，MFT 动作的频度较高，而且由各种原因引起的误动超过 50%。在机组最初试生产的半年内，热控进行了消缺，热控系统的热态调整和对系统的不断完善使得由热控引起的保护误动明显减少，MFT 动作次数也显著下降。

2. 系统设计问题

大机组的保护系统在设计时往往偏重防止保护的拒动；各主要辅机的制造厂商也往往偏重于

防止本身设备的损坏事故，即防止保护的拒动。由于热控设备故障可能会造成保护拒动，所以有时把一些并不十分重要的热控设备故障也设计为跳闸。例如，上海石洞口二厂采用N-90DCS系统，因瞬间通信故障，引起10多次几台磨煤机同时跳闸，造成MFT动作，其实这种瞬间通信故障造成保护拒动的概率是很小的。这种设计思想虽能有效地防止保护拒动，但也大大地增加了保护误动作的概率。

3. 热控设备问题

热控保护系统是用来保护机组的主、辅设备的，热控设备本身的可靠是机组安全运行的前提。在投产初期热控设备运行还不稳定，再加上外部环境较差，卡件的故障率较高，由热控外围设备接地等原因造成的控制卡件烧坏的现象时有发生。如北仑电厂由于FSS、PPS卡件损坏引起的MFT动作就不下5次，其他几台600MW机组因这一原因引起的MFT动作也不少。另外，系统间的通信故障较高，不同类型系统间的接口问题更多，如石洞口二厂由通信故障引起的MFT动作就有十几次，北仑电厂PLC处理器gateway切换失败引起MFT动作有两次。热控设备，如行程开关、压力开关、温度开关以及阀门、挡板的驱动装置等外围设备故障引起的MFT也不少。有些故障是热控设备本身的质量问题，但大部分故障是由于对外部不利因素的防护欠缺造成的。造成这些设备故障的原因有：雨、水或蒸汽等漏入，造成电气设备短路或接地；环境温度过高造成卡件损坏或逻辑功能失常；粉尘等造成接触不良；气源内进水和垃圾造成气动执行机构故障等。平圩电厂就多次发生过热控设备进水短路引发"装置电源消失"，从而造成MFT动作的事件。

4. 自动控制系统问题

总的来讲，这几台600MW机组自动控制系统的投入率是比较高的（可投率超过80%），但还不能满足大机组运行的要求，尤其是机炉协调控制系统一般还不能正常投用，经不起较大扰动（如某台重要辅机跳闸）的冲击，常因此而造成MFT。根据统计，大部分MFT动作是由某一台给水泵、风机或磨煤机等辅机跳闸引起的。600MW机组都设计了RUN BACK功能，某一台辅机跳闸时，如果RUN BACK动作成功，使机组的负荷按一定的速率降到合适的数值稳定运行，则辅机的跳闸并不会造成MFT，这样将大大降低MFT的动作频率和停炉的次数。但由于RUN BACK功能还未能正常投运，在有重要辅机跳闸时大多会导致MFT动作。

5. 火焰检测问题

这几台600MW机组锅炉的火检装置都是和锅炉配套提供的，所选用的火检比较适合锅炉的燃烧工况，火检的安装位置也比较合理，应该说这些火检是能正常投运的。但火焰检测的正确性受煤种、燃烧器配风、锅炉负荷等因素的影响较大，所以火检的调整比较困难。机组因锅炉熄火跳闸的次数不少，尤其是机组在低负荷时更易发生，其中有些是火检误发信号而引起的MFT，如北仑电厂因火检误发信号引起的MFT动作就有5次；平圩电厂在三层油、一层或二层煤的运行工况下及A、B、C三层煤需投油枪助燃，不成功时，多次发生全炉膛熄火保护动作。造成全炉膛熄火保护动作较多的原因是火检未调整好，煤、油燃烧器的启、停逻辑不尽合理。

6. 热控系统的电源问题

热控系统的电源通常由UPS不停电电源提供，电源问题引起保护误动的原因，一是UPS切换时，有时会造成瞬间失电（切换时间过长）或过载，引起保护动作。平圩电厂和石洞口二厂曾多次发生过这种情况；二是热控系统的电源设计不够合理，有的系统整个机柜通过一路保险给所有的输入信号供电。如北仑电厂的程控用一路220VAC（5A熔丝）电源给300多个现场输入信号供电，发生一路信号接地就会烧断熔丝，使所有输入信号全部出错，造成30几台重要辅机同时跳闸；平圩电厂的FSSS的电源也有类似的问题。现在这两个电厂都增加了多路熔断器，有效地防止了此类事故。

二、平圩电厂 600MW 机组 MFT 的统计与分析

表 4-6 所示为自试生产开始到 1994 年上半年止，历次 MFT 动作次数和原因的汇总。

在共计 150 次 MFT 中，因临修、设备问题手动 MFT 45 次；汽轮机跳闸联动 MFT 或电气跳闸联动汽轮机跳闸再联动 MFT 52 次；油泵跳闸或给煤机跳闸造成燃料失去 MFT 3 次；给水泵跳闸造成汽包水位低 MFT 4 次；送风机全跳 MFT 1 次；UPS 故障造成 FSSS 失电 MFT 6 次；风机跳闸、风门挡板误关造成炉膛压力超限 MFT 4 次；辅机跳闸紧急降出力或低负荷时炉膛失去火焰 MFT 20 次；FSSS 外回路接地造成装置失电 MFT 7 次；FSSS 装置本身问题或稳定工况时无故 MFT 8 次。

下面对几类比较频发的 MFT 的原因进行分析，并提出改进方法。

(1) 给水泵跳闸造成汽包水位低 MFT。

4 次汽包水位低 MFT 除一次是因为投凝结水除盐装置时，阀门操作错误造成锅炉给水中断外，其余 3 次均因锅炉给水泵跳闸所致。此外还有 6 次因给水泵跳闸而手动紧急跳闸（MFT）。给水泵跳闸的主要原因有三个：一是除氧器水位低至跳泵值；二是给水泵测温元件问题造成温度保护误动；三是给水泵小汽轮机的润滑油系统问题，一台油泵跳闸后即使另一台油泵自启动成功，但仍因供油不及时，从而使给水泵跳闸。给水泵跳闸的改进方法是：给水泵温度保护回路增加测温元件断线保护功能，有效地避免了热电阻元件断线引起的误跳泵；除氧器水位低跳给水泵保护回路增加了延时，并根据除氧器水箱容量，将除氧器水位低同时跳两台给水泵改为延时 30s 跳第一台泵，延时 60s 跳第二台泵。

(2) 锅炉风机跳闸造成炉膛压力超限 MFT。

4 次炉膛压力超限 MFT，有 3 次是由于送风机或一次风机跳闸所致，另外还发生过多次送风机、一次风机跳闸（有些未导致 MFT）。跳闸的主要原因是风机喘振，均发生在双列风机运行、两台风机动叶开度不一致、出力不平衡的时候。为了避免风机喘振保护动作，当一台风机高出力运行，且要并列另一台风机时，先将第一台风机降低出力或两台风机的喘振保护暂时解除，待风机并列以后再投。

(3) UPS 电源故障造成 MFT。

UPS 电源装置故障造成 MFT 共 8 次。机组采用双 UPS 电源后，基本上解决了这一问题。

(4) 发电机定子冷却水中断。

发电机定子冷却水中断，跳发电机、连锁跳汽轮机、再连锁 MFT 跳锅炉，共发生 4 次，均为定子冷却水泵故障跳闸所致，断水保护动作是正常的。

(5) 振动保护动作跳机，连锁 MFT 跳炉。

振动保护动作跳机，连锁 MFT 跳炉共发生 10 次，其中 7 次是由于振动元件故障误动跳机，2 次是因元件安装处轴封漏汽或保温不合格，环境温度太高，元件烧坏造成振动保护误动。振动保护动作跳机，连锁 MFT 跳炉的改进方法：一是更换新型号、耐高温的测振探头；二是改变测振探头的安装角度，从原来 45° 安装改为 90° 安装。

(6) FSSS 装置外回路接地，MFT 动作。

FSSS 装置外回路接地造成 MFT 动作有 7 次。与 FSSS 装置主控制器有关联的外回路接地时，就会引起主控器电源失去或波动，使保护逻辑产生紊乱，导致 MFT 动作。供 FSSS 主控器的 120VAC 扫描电源负载着 35 个压力开关和 5 个限位开关，这些开关分布在磨煤机等处，环境条件恶劣，开关信号线常会接地，使 FSSS 主控器电源失去或波动，造成 MFT 动作。改进方法是：新增一路电源专供就地开关，并使其与 FSSS 主控器电源分开。

表 4-6　　　　　　平圩电厂 600MW 机组 MFT 动作次数和原因汇总

时间 \ MFT原因	手动	机跳炉	燃料中断	汽包水位低	炉膛压力超限	送风机全跳闸	UPS故障造成FSSS失电	紧急降出力或低负荷时火焰失去	FSSS装置本身失灵	FSSS外回路接地造成失电	每台年累计
1989 年 1 号机组	4	6	3					1			14
1990 年 1 号机组	5	8		1			1	5	3		23
1991 年 1 号机组	3	7		2	1		3	2			21
1992 年 1 号机组	6	9		1				6		3	25
1993 年 1 号机组	7	7						2			16
1993 年 2 号机组	12	10			2		1	4	3	1	34
1994 年上半年 1 号机组	4	2			1		1		1		9
1994 年上半年 2 号机组	4	3							1		8
历年累计	45	52	3	4	4		6	20	8	7	150

（7）紧急降出力或低负荷时，"火焰失去" MFT。

紧急降出力或低负荷时，"火焰失去" MFT 共 20 次，大致分三种情况：

1）辅机跳闸后减燃料太快，有时在 1s 内紧急停两台磨煤机；

2）辅机跳闸后停磨投油层，而油系统就地设备动作不正常，投油不成功；

3）低负荷时煤、油混烧，燃烧工况恶化（这种情况 MFT 次数较少）。

在 CE 的设计中，6 个煤层只设计了 4 层火检，CD 层没有火检，这样当 C 层或 D 层煤投入时，只能通过 BC 层或 DE 层火检来检测火焰，从而降低了对炉膛火焰检测的可靠性。增加 CD 层火检探头虽然有益，但工作量很大，既要在锅炉本体上开孔，又要增加探头及其二次回路。

三、北仑电厂 1 号机组 MFT 的统计与分析

浙江北仑电厂 1 号机组自移交生产日（1991 年 10 月 30 日）至 1994 年 9 月 1 日共发生 MFT 101 次。MFT 跳闸原因大致可分为 6 类：①调试；②安装；③设计；④维护操作不当；⑤设备故障；⑥其他。MFT 跳闸原因分类统计情况列于表 4-7。

表 4-7　　　　　北仑电厂 1 号机组（600MW）MFT 跳闸原因分类统计情况

时间 \ MFT原因	调试	安装	设计	维护操作不当	设备故障	其他	合计
1991.11～1992.12	11	8	20	14	11	0	64
1993.1～1993.12	1	0	5	10	3	1	20
1994.1～1994.8	0	4	4	1	8	0	17
合　计	12	12	29	25	22	1	101

从对 101 次 MFT 的原因分析来看，其中 57 次是与热控有关的，也就是说通过热控的改进，可以将 MFT 次数下降一半以上。下面对 MFT 发生的原因、改进措施及其效果详细介绍如下：

（1）火检信号误动 MFT 7 次。主要改进措施有：①改进 BCS 伸油枪逻辑；②改进火检信号屏蔽线敷设工艺；③重新设定火检"门槛电平"，调整二次转换信号强度；④改进火检探头安装工艺；⑤更换已结焦的探头镜片，提高采光系数。从 1992 年 8 月以来，再未发生火检误动

MFT。

（2）FSS、PPS 机柜烧卡件 MFT 5 次。造成 FSS、PPS 机柜烧卡件的原因有：①PPS 所有电磁阀驱动回路均无续流保护回路，电磁阀开、断产生的反向电势耦合进机柜造成卡件的烧坏；可以通过加装压敏电阻使这一故障得以消除。②FSS 机柜中 2DC 输出卡，在驱动燃油跳闸阀直流线圈时，由于同 PPS 一样的原因烧坏了卡件；通过增设辅助继电器，加大接点容量，并在现场加设续流二极管，消除了烧卡件的隐患。③由于 UPS 输出电压调整不当（高达 240VAC），超出 FSS 组件板工作范围（220±10VAC），使组件中元器件寿命缩短；重新调整电气设备参数以后，基本上再未发生类似卡件烧坏的故障。

（3）引风机转速切换故障 MFT 两次。由于原设计中 PLC 软件逻辑编排不当，产生寄生脉冲干扰；通过重新修改软件，消除了此类故障。

（4）PLC I/O 通信故障 MFT 两次。PLC 主机与机、炉岛就地 I/O 柜的通信电缆过长，中间接头又较多，多次因为通信接头松动，造成通信中断，引起跳机；通过改进接头结构，将原接头线接触式改为面接触式，提高了通信回路的可靠性。但从 1994 年 7 月 3 日再次出现通信故障看，PLC I/O 通信系统长期运行的可靠性还有待提高。

（5）PLC 门路切换扰动 MFT 3 次。这是外方控制系统目前尚无办法解决的缺陷。两个门路不是按热备用设计的，切换过程中至少要有 3s 失去数据；目前解决办法是将 PLC 与 CCS、BCS 系统相联的重要逻辑信号通过下级 I/O 硬接线连接。具体的技改措施为：①将 PLC 与 BCS 联系信号中 6 台磨煤机热风隔离门和出口阀软信号接口改为硬接线，以防止 gateway 切换中误跳磨煤机；②将 PLC 送 CCS 信号如"电泵运行"、"小汽轮机 A、B 运行"、"电泵旁路控制"等 16 个软信号改为硬接线；③增设 1 个 I/O 机柜；④重新对 PLC、CCS、BCS 软件组态。

（6）PLC I/O 熔丝熔断造成 MFT 1 次。这次 MFT 暴露了系统设计中的若干缺陷：①PLC I/O 输入信号供电系统设计不合理，以一路 220VAC/5A 熔丝供 328 路现场输入信号电源，当其中一路现场短路时，引起该机柜所有输入信号失去。PLC 子系统有 9 个现场 I/O 机柜，均按此法设计；②重要辅机的油泵、水泵等的 32 台电动机的自保持回路用软件实现，当熔丝熔断后，自保持回路开启，这些泵都停止运行；③空气预热器入口、出口挡板控制系统设计在同一个 I/O 机柜中，且采用同一路电源供电，致使故障集中；④ABB－CE 提供的炉膛压力开关选用量程不当，设计炉膛压力高高值为＋2.7kPa，超出了所采用压力开关的正常灵敏区域。对此已采取的主要改进措施有：①PLC I/O 输入回路每块卡 16 个 I/O 信号增设一台带信号指示灯的熔断器，共有 108 块 I/O 卡增设了带指示灯的熔断器；②扩展 PLC I/O 通道、对 32 台靠软保持的控制回路改为两个通道输出（启动、停止），将自保持回路改至马达控制中心（MCC）硬接线实现；③分别配置空气预热器 A、B 两侧控制信号负载，当 A 侧失电时，保证 B 侧空气预热器挡板仍正常工作；④重新设置炉膛压力保护定值，更换压力开关；⑤加装压力开关防雨罩；⑥改进控制连接。

（7）开关调节不当造成 MFT 4 次。重新调校流量、压力、差压及位置开关，消除故障。

（8）调节装置、热控设备缺陷，MFT 4 次。更换故障设备以后故障消除。

（9）安装缺陷共造成 MFT 12 次。主要是安装过程中电缆铺设缺陷留下的隐患。这些隐蔽的缺陷在暴露之前很难发现。至此次统计时，已发现并处理被安装在蒸汽管道保温层中的电缆 39 根。另外是热控设备的防雨、防水措施。

（10）工作失误造成 MFT 12 次。这类失误的造成原因是多种多样的，有的是由于外方专家工作失误，但大多数是维护操作人员的失误。这些失误是可以避免的，通过提高热控人员的素质，严格制订安全防范措施，可以将这些能避免的事故减少到最小程度。

（11）环境对热控设备的侵害，造成 MFT 8 次。其改进措施一方面是提高热控设备抗侵蚀的能力，另一方面是减小环境对热控设备的侵害，采取的具体措施为：①配置露天热控设备防雨罩450 只；②全部露天仪表管路加装电伴热线并保温。

（12）空气预热器挡板误动造成 MFT 1 次。空气预热器挡板保护逻辑原设计是：开挡板许可条件不满足，则关闭烟气挡板。许多情况下，由于一、二次风门挡板位置开关不到位而造成关保护逻辑误动。重新修改设计并合理修改逻辑以后，不再发生误动。

（13）MDL 误动 MFT 1 次。原因是最大偏差限制（MDL）值设置不当。

（14）一次风机电动机润滑油压低误动，造成 MFT 3 次。其改进措施是：更正原接线错误；电接点压力表更换为压力开关。

（15）燃料失去误动，造成 MFT 3 次。

（16）误发汽轮机跳闸信号，连锁 MFT 3 次。启动过程中误发汽轮机跳闸信号，原因主要是机组并网信号和旁路、调门的关闭状态信号配合不当。采取措施防止误动并更换了 CCS 输出通道。

（17）一次风机喘振，引起 MFT 3 次。由于在多种试验工况下，风机并未发生过真正的喘振，这一跳闸信号暂时解除。风机喘振问题尚需专题研究，主要需解决的问题是喘振测点位置的选择和喘振定值的确定。

四、石洞口二厂 600MW 机组 MFT 的统计与分析

上海石洞口二厂 1 号机组投产的前半年（1992 年 6 月 12 日～1992 年 12 月 30 日）共发生MFT 40 次，2 号机组投产前半年（1992 年 12 月 19 日～1993 年 6 月 30 日）共发生 MFT 23 次（见表 4-6）。发生 MFT 的原因和改进措施介绍如下：

（1）主要辅机，如给水泵、送风机、引风机、一次风机、磨煤机等跳闸后 RUN BACK 不成功造成 MFT。具体分析如下：

1）给水泵跳闸后，因煤水比失调引起汽水分离器入口超温，进而触发 MFT。

2）磨煤机跳闸后，因炉膛压力高/低越限触发 MFT。

3）一次风机跳闸后，因一次风母管压力低引起全部运行的磨煤机跳闸，造成全燃料丧失，进而触发 MFT。

4）引风机跳闸后，另一台引风机切高速时开关未切上，两台引风机全停，造成MFT。改进措施：一是试验RUN BACK 功能，使其能投入实际运行，如主要辅机跳闸，若 RUN BACK 成功，则不会产生 MFT。二是解决给水泵、风机和磨煤机自身频发的跳闸问题。

（2）磨煤机跳闸多发性故障的主要原因是：密封风差压低、失去点火能量、层火焰丧失、马达油站油压低、齿轮油站油压低和通信阻塞时间超过 2s 等。

1）磨煤机密封风差压低跳磨，扩大为 MFT。磨煤机密封风差压低的原因有三个：①密封风反冲洗滤网门（旁路门）常开；②密封风滤网堵；③密封风机出力没裕度。通过改密封风滤网自动反冲洗为人工解体冲洗，有效地解决了磨煤机密封风差压低而引起跳磨的问题。

2）N－90 通信故障引起磨煤机跳闸，造成全燃料中断 MFT。引起 N－90 通信故障的原因是通信系统有模件积灰、模件松动和电缆损伤等三方面缺陷。消除并将通信故障跳磨加了 120s 的延迟，有效地防止了这一故障引起的 MFT 事件。

3）6kV 母线电压低，造成磨煤机油站 PLC 跳闸，引起磨组跳闸，机组 MFT。原因是 PLC的 UPS 电源属于非在线式。改 PLC 的 UPS 电源为在线式，就解决了这一问题。

4）改进 A、C、E 三台磨的火检信号判定回路，使 A、C、E 三台磨在 AB、CD、EF 层中单独运行时油枪操作不跳磨。这是对外方错误逻辑设计的改正。

5）改进磨煤机冷、热风门执行器的电源系统和电缆走向，解决严重的冷、热风挡板失控扩大为 MFT 的问题。

（3）给水泵跳闸原因主要是密封水差压低，前置泵入口滤网差压高，轴承温度高和给水泵振动大。

1）给水泵密封水差压控制失灵，造成给水泵跳闸，扩大为 MFT，这类 MFT 约占总数的 25%。基地式调节系统在凝结水压力波动时，调节特性跟不上要求。改由 N－90 进行闭环控制。

2）给水泵入口滤网差压高跳闸，扩大为 MFT。产生这一误信号的原因是在有给水泵启动时，另一台给水泵入口因流体扰动产生瞬时差压高信号。加延时后，基本上消除了这一误动。

3）给水泵 TSI 盘失电引起给水泵跳闸，扩大为 MFT。改用 UPS 供电，这一问题得到解决。

（4）风机跳闸原因主要是一次风机振动量大和马达油站工作不可靠。

1）风机振动量大造成风机跳闸，扩大为 MFT。原因有两个：一是风机偶尔振动量大；二是测振不准（一次风机）。跳闸加延时，可以克服风机偶尔振动高而跳风机的缺点。正确测量一次风机的振动待改进。

2）送风机抢风、喘振多次，造成机组长时间限负荷，MFT 1 次。原因是有时二次风门执行器拒动，运行人员因无位置反馈指示而没有及时发现。消缺同时加装了 60 套位置反馈装置，基本上解决了这一问题。

（5）其他触发 MFT 误动原因的分析和改进措施。

1）UPS 故障造成 MFT。原设计只有一套 UPS，当 UPS 故障切至旁路方式后，曾三次造成机组 MFT，最严重的一次是 UPS 旁路工作时因 6kV 母线失电，造成整个 N－90 系统失电，机组跳闸后，因 MCS 需 20min 的复置时间，使运行人员失去对系统的监视。好在模件恢复供电后，联动正确，因而未扩大事故。改用两套 UPS 电源后，热控设备的电源系统更加可靠。

2）高压加热器水位不稳，造成高压加热器运行情况不好，从而反复切除高压加热器，造成给水三通门损坏和 1 次机组 MFT。基地式调节装置很难将高压加热器水位控制在±38mm 以内。改用 N－90 控制高压加热器水位，使水位控制在±2mm 以内，保证了高压加热器正常投用，延长了水侧三通门的使用寿命，也克服了因高压加热器水位控制不良而造成的 MFT。

3）炉顶电缆因炉墙保温不良经常烧坏主汽温信号补偿导线和高压旁路电缆，因高压旁路电缆烧坏，造成过两次 MFT，通过改变炉顶电缆走向，解决了这一问题。

4）汽水分离器入口汽温高 MFT。原设计仅有锅炉螺旋水冷壁出口金属壁温大于或等于 480℃时 MFT，在调试过程中又增加了分离器入口汽温大于或等于 460℃时 MFT 的逻辑。在正常运行时，分离器入口汽温因热偏差，有两点已接近 426℃，当水煤比有小量失调时很容易产生四取二大于或等于 460℃ MFT。结合金属热应力变化对分离器寿命的影响和高温蠕变对分离器寿命影响两个方面，改为大于或等于 460℃延时 2min，大于或等于 480℃时立即 MFT。辅之以改善给水控制调节品质，有效地防止了这一原因的 MFT。

5）外方设计问题，给水流量低 MFT 不断发生，其原因是采用喷嘴差压直接作保护信号，当给水参数发生变化时，这一差压信号不能正确代表重量流量值。在冲管阶段给水温度较低，导致给水流量低 MFT 误动频繁。改由 CCS，使给水流量的差压信号经压力、温度补偿后作为给水流量值的跳闸信号，并采用了硬接线送至 BMS，经三取二逻辑再触发 MFT，从而大大提高了保护的可靠性。

复 习 思 考 题

1. 锅炉炉膛安全监控系统的主要功能是什么？
2. 为什么在锅炉点火之前就必须投入炉膛安全监控系统运行？
3. 防止锅炉炉膛爆燃的措施有哪些？
4. 什么是炉膛吹扫？炉膛吹扫的条件有哪些？当锅炉跳闸后为快速再启动能否将吹扫简化？
5. 火焰检测器有哪些种类？如何应用？为什么往往要既检测火焰强度又检测火焰频率？
6. 叙述 600MW 机组的主燃料跳闸的主要条件是什么？
7. 怎样提高主燃料跳闸 MFT 的可靠性防止误动？

第五章

顺 序 控 制 系 统

第一节　炉机辅机顺序控制系统功能与控制范围

一、功能

在生产过程中有两大类控制，即调节控制（modulating control）和顺序控制（sequence control）。调节控制也称闭环控制，它利用反馈方法将被控制量与给定值进行比较，然后根据比较的结果，改变控制量，使得被控制量维持在要求值。在这类控制系统中，控制器的输入/输出量均为模拟量，所以亦称模拟量控制系统。顺序控制是另外一类控制，它仅与设备的启、停、开、关有关。它根据生产过程的工况和被控设备的状态等条件，按照预先规定的顺序去启、停、开、关被控设备。在这类控制系统中，检测、运算和控制用的信息全部是"有"和"无"两种信息，这种具有两种状态的信息称为开关量信息，因此这类控制也称为开关量控制。顺序控制系统是一个比较新颖的控制系统，随着科学技术的发展，顺序控制广泛地应用于各种场合的生产工艺过程，以提高生产的自动化水平，实现生产的现代化。

大型火电单元机组炉机辅机顺序控制系统（sequence control system）一般简称 SCS（B/T），它的功能是对大型火电单元机组热力系统和辅机，包括电动机、阀门、挡板的启、停和开、关进行自动控制。随着机组容量的增大和参数的提高，辅机数量和热力系统的复杂程度大大增加，一台 600MW 机组约有辅机、电动/气动门、电动/气动执行器 300 余台套。例如上海石洞口二厂600MW 机组，顺序控制系统按工艺系统特点分成约 40 个功能组，共控制机、炉辅机约 93 台、阀门约 139 只、主要挡板约 20 台（未包括 BMS 系统中的顺序控制部分）。顺序控制系统涉及面很广，有大量的输入/输出信号和逻辑判断功能。一台 600MW 机组的顺序控制系统有 2000～3000 多个输入信号、1000 多个输出信号、800 多个操作项目。对如此众多而且相互间具有复杂联系的热力系统和辅机设备，靠运行人员进行手工操作是难以胜任的，必须采用安全可靠的自动控制装置，对热力系统和辅机实现顺序控制。热工自动控制技术的发展，特别是可编程控制器（PLC）和微机分散控制系统（DCS）的出现，为实现完善的热力系统和辅机顺序控制创造了条件。

目前，大型机组的 SCS（B/T）功能都由 DCS 实现。当 DCS 以控制功能划分时，SCS（B/T）将作为 DCS 的一个主要组成部分，和 DAS、MCS 及 FSSS 功能系统有机结合实现数据共享；而当 DCS 以热力系统划分时，SCS（B/T）则将随工艺系统被分散在 DCS 各控制器中。

SCS 采用的顺序控制策略是机组运行客观规律的要求，也是长期运行经验的结晶，它相当于把热力系统和辅机运行规程用逻辑顺序控制系统来实现。

采用顺序控制后，对于一个热力系统和辅机的启、停，操作员只须按一个按钮，则该热力系统的辅机和相关设备按安全启、停规定的顺序和时间间隔自动动作，运行人员只需监视各程序步执行的情况，从而减少了大量繁琐的操作。同时，又由于在顺序控制系统设计中，各个设备的动作都设置了严密的安全连锁条件，无论自动顺序操作，还是单台设备手动，只要设备动作条件不满足，设备将被闭锁，从而避免了操作人员的误操作，保证了设备的安全。

二、顺序控制系统控制范围

顺序控制系统的控制范围包括与机、炉、电主设备运行关系密切的所有辅机，以及阀门、挡板等。顺序控制系统按热力系统将辅机划分为若干功能组（function group），功能组就是将属于同一系统的相关联的设备组合在一起，一般是以某一台重要辅机为中心。如引风机功能组，就包括引风机及其轴承冷却风机、风机和马达的润滑油泵、引风机进/出口烟道挡板、除尘器进口烟道挡板等。对于一些相对独立的程控系统，如输煤、除灰渣、化学补给水处理、凝结水处理等系统，一般为独立的顺控系统，用可编程序控制器（PLC）来实现，不在本章的讨论范围之内。

目前单元火电机组的顺序控制系统，一般分为机组级、功能组级和设备级三级。机组级是最高一级的顺序控制，也称机组自启停系统，它能在少量人工干预下自动地完成整台机组的启停。SCS 机组级程序在接受机组启动指令后，将机组从起始状态逐步启动到带负荷，直至 100％负荷，中间只有少量断点，由操作员人工确认按下按钮，程序就继续进行下去。关于机组自启停系统将在本篇第八章中详细讨论。功能组级是操作人员发出功能组启动指令后，同一功能组的相关设备将按预先规定的操作顺序和时间间隔自动启动。有些设计将功能组按其控制范围分成子组级 SGC（subgroup control）和子回路级 SLC（subloop control）两级。其中子组级 SGC，如空气和烟气系统；子回路级 SLC，如空气预热器、引风机、送风机等。设备级是 SCS 的基础级，操作人员通过 CRT 键盘对各台设备分别进行操作，实现单台设备的启停。操作人员可以一次按键按子组级程序启动空气和烟气系统 A 侧/B 侧的烟道，依次启动空气预热器、引风机、送风机等；也可根据操作指导，逐个启动子回路程序，即空气预热器组、引风机组、送风机组等。子回路系统实现关联设备的顺序启动，如引风机子回路可一次按键实现风机润滑油泵、进/出口挡板、调节风门、除尘器进/出口挡板的顺序启动。设备级单个设备的操作则可通过键盘调出相关画面，只要条件满足即可手动启动。

浙江北仑电厂 600MW 机组的 SCS 包含有设备级控制回路 500 余条，子回路控制 72 套（其中锅炉 29 套，汽轮机 43 套）。

上海石洞口二厂 600MW 机组的 SCS 系统按照工艺系统的特点，划分成 40 个功能组，这些功能组接受启、停操作指令，完成相应的控制功能。这 40 个功能组如下：

（1）主汽轮机盘车；

（2）主汽轮机液力油；

（3）凝汽器真空泵；

（4）汽轮机轴封汽；

（5）汽轮机疏水到凝汽器扩容器；

（6）汽轮机疏水到大气扩容器；

（7）发电机冷却气密封油；

（8）发电机定子冷却水；

（9）锅炉预清洗；

（10）锅炉启动充水；

（11）过热器排汽；

（12）省煤器和水冷壁排汽；

（13）电动给水泵；

(14) 给水泵汽轮机 BFPTA 辅助油泵；

(15) BFPTA 液力泵；

(16) BFPTA 盘车；

(17) 汽动给水泵 TDBFPA 轴封汽；

(18) BFPTB 辅助油泵；

(19) BFPTB 液力泵；

(20) BFPTB 盘车；

(21) TDBFPB 轴封汽；

(22) 密封水收集箱泵；

(23) 闭式冷却水泵；

(24) 河水升压泵；

(25) 凝结水补水泵；

(26) 凝结水泵；

(27) 重油泵；

(28) 轻油泵；

(29) 一次风机 A；

(30) 一次风机 B；

(31) 开式冷却水泵；

(32) 暖风器冷凝泵；

(33) 雨水排水泵；

(34) 锅炉烟风通道；

(35) 送风机 A；

(36) 送风机 B；

(37) 引风机 A；

(38) 引风机 B；

(39) BFPTS 疏水阀；

(40) 磨煤机。

第二节 炉机辅机顺序控制系统功能组举例

前面已经介绍过，所谓功能组就是将属于同一系统的相关连的设备组合在一起，一般是以某一台重要辅机为中心组成的一个顺序控制系统。一个功能组的顺控除一台重要辅机外，还包括与之相关联的设备，逻辑条件。逻辑关系相当复杂，为了较清楚地说明顺序控制的逻辑条件和逻辑关系，必须结合某一具体的热力系统。这里我们根据石洞口二厂的热力系统，以吸风机、送风机两个功能组为例，对其逻辑条件和逻辑关系进行详细地说明。

一、吸风机 A 功能组

(1) 当有第一台吸风机自动 ON 信号，且选择吸风机 A 作为第一台；或者有第二台吸风机自动 ON 信号，且选择 A 作为第二台，即产生自动 ON 信号，经顺序控制逻辑送出功能组启动指令，产生以下动作：

1) 关吸风机 A 入口挡板；

2) 关吸风机 A 出口挡板；

3）启动吸风机 A 马达润滑油泵 A；

4）启动吸风机 A 马达润滑油泵 B；

5）当吸风机 B 停时，指令去关吸风机 B 入口挡板；

6）当吸风机 B 停时，指令去关吸风机 B 出口挡板；

7）当吸风机 A 功能组启动命令许可条件满足时，功能组指令去合吸风机 A 低速电动机断路器。

（2）吸风机 A 启动许可条件，参见图 5-1。

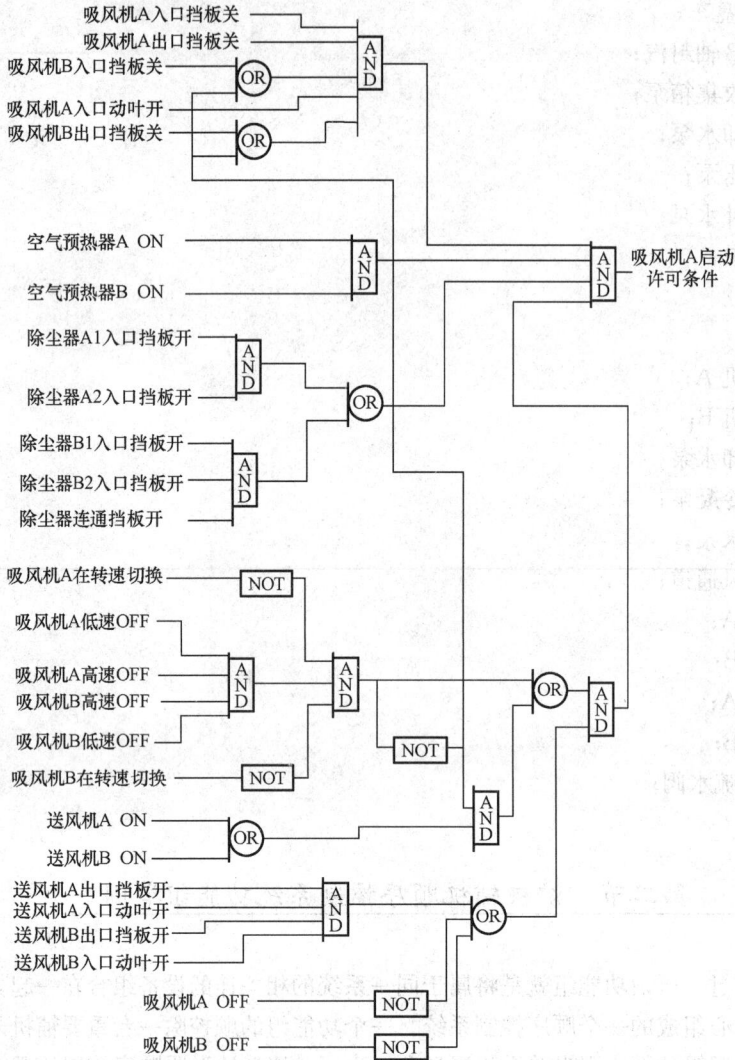

图 5-1　吸风机 A 启动许可条件

1）吸风机 A 马达润滑油压力正常；

2）吸风机 A 低速断路器 OFF；

3）没有自动停止的信号；

4）吸风机 A 入口挡板关；

5）吸风机 A 出口挡板关；

6）吸风机 B 入口挡板关，或吸风机 B 在运行；

7）吸风机 B 出口挡板关，或吸风机 B 在运行；

8）吸风机 A 入口动叶关；

9）空气预热器 A 和 B ON；

10）除尘器 A1 和 A2 入口挡板开，或除尘器 B1 和 B2 入口挡板开且除尘器联通挡板开；

11）吸风机 A 和 B 都停或吸风机 B 在运行，且送风机 A 和 B 至少有一台运行；

12）送风机 A 入口动叶开、送风机 A 出口挡板开，送风机 B 入口动叶开、送风机 B 出口挡板开，或吸风机 A 没有 OFF 或吸风机 B 没有 OFF。

当启动许可条件建立，且吸风机 A 断路器和高速断路器 OFF 时，则闭合吸风机 A 低速断路器。当吸风机 A 低速 ON 或高速 ON，延时 30s 后，产生以下动作：

1）自动开吸风机 A 出口挡板；

2）自动开吸风机 A 入口挡板；

3）解除吸风机 A 入口动叶关信号；

4）当吸风机 A 出口挡板开后，送出吸风机 A 验证信号。

（3）吸风机 A 低速运转，当下列任一条件出现，则输出自动"停"连锁（跳闸吸风机 A 低速断路器）：

1）功能组停止命令；

2）从高速断路器逻辑来的停止信号；

3）两台送风机都脱扣；

4）安全保护脱扣；

5）吸风机 A 电动机润滑油压低超过 3s；

6）吸风机 A 振动大于 10MILS；

7）按吸风机 A 跳闸按钮。

（4）吸风机 A 转速切换。

1）吸风机 A 由高速切换到低速。

当在主控盘硬手操按低速按钮或在 MCS 键盘（软手操）按低速键（4.0s 脉冲），或吸风机 A 入口动叶位置小于 50%，且吸风机 A 高速 ON 超过 5s，即输出低速切换指令到低速断路器逻辑。

2）吸风机 A 由低速切换到高速。

当在主控盘硬手操按高速按钮或在 MCS 键盘（软手操）按高速键（4.0s 脉冲），即输出高速指令去高速断路器逻辑；若高速断路器启动许可条件满足，则发出指令断开低速断路器；若低速断路器已 OFF，闭合短路断路器；若短路断路器 ON，则去闭合高速断路器。

高速断路器启动许可条件如下：

1）吸风机 A 马达润滑油压正常；

2）吸风机 A 高速断路器没有锁定；

3）吸风机 A 有切换到高速的指令；

4）吸风机 A 低速断路器 ON；

5）没有自动停止的信号。

吸风机 A 高速运转，当下列任一条件出现时，输出自动"停"连锁去脱扣吸风机 A 高速断路器和短路断路器：

1）有停止信号；

2）有功能组停止命令；

3）两台送风机 A 和 B 都已跳闸；

4）安全保护脱扣；

5）吸风机 A 电动机润滑油压力低超过 3s；

6）吸风机 A 振动大于 7MILS；

7）按吸风机 A 跳闸按钮。

（5）吸风机 A 入口挡板控制逻辑。

1）开，当有功能组开指令或自动开信号，即有自动开连锁信号时，则发出开指令去开吸风机 A 入口挡板。

2）关，关许可条件——没有自动开连锁信号，吸风机 A 停止。

当有功能组关指令，或者吸风机 A 停，吸风机 B 不停，即产生一个自动关连锁脉冲信号。如果关许可条件满足，则送出关指令，产生以下动作：

1）关闭吸风机 A 入口动叶；

2）自动连锁关吸风机 A 出口挡板；

3）关吸风机 A 入口挡板。

（6）吸风机 A 出口挡板控制逻辑。

1）开，当有功能组开指令或自动开信号，即有自动开连锁信号时，则发出指令去开吸风机 A 出口挡板。

2）关，关许可条件——没有自动开连锁信号，吸风机 A OFF。

当有功能组关指令或自动关信号，或者当吸风机 A 停，吸风机 B 不停时，即产生一个自动关连锁脉冲信号，如果关许可条件满足，则发出关指令去关吸风机 A 出口挡板。

（7）吸风机入口联通挡板控制逻辑。

1）开，当两台吸风机 A 与 B 有一台或两台运行时，则产生自动开连锁信号（脉冲），去激励电磁阀开吸风机入口联通挡板。

2）关，两台吸风机全停，即去关吸风机入口联通挡板。

二、送风机 A 功能组

（1）当有第一台送风机自动启动信号，且选择送风机 A 作为第一台时；或者选择 A 作为第二台，且有第二台送风机自动启动信号时，即产生自动 ON 信号，经顺序控制逻辑送出功能组 ON 指令，产生以下动作：

1）关送风机入口动叶；

2）关送风机出口挡板；

3）启动送风机 A 电动机润滑油泵 A；

4）启动送风机 A 电动机润滑油泵 B；

5）当送风机 A 功能组启动许可条件满足时，功能组指令去启动送风机 A。

（2）送风机 A 功能组启动许可条件：参见图 5-2。

1）至少有一台吸风机在运行；

2）送风机 B 入口动叶开，或送风机 B 在运行且送风机 B 入口动叶在自动；

3）送风机 B 出口挡板开；

4）送风机 A 入口动叶关；

5）送风机 A 出口挡板关；

6）至少有一台吸风机入口动叶控制在自动；

7）空气预热器 A 二次风挡板开，或空气预热器 B 二次风挡板开且送风机连通挡板开；

8）两台吸风机均运行，或至少有一台吸风机运行且没有送风机在运行；

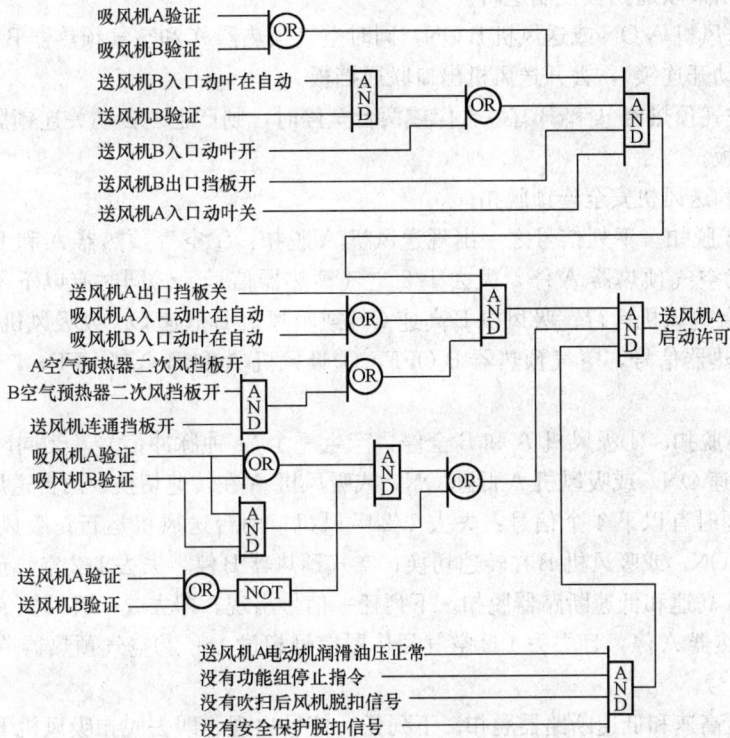

图 5-2　送风机 A 启动许可条件

9）送风机 A 电动机润滑油压正常；

10）没有功能组停止指令；

11）没有送风机 A 电动机润滑油压低超过 3s 信号；

12）没有吹扫后风机脱扣信号；

13）没有安全保护脱扣信号。

（3）当下列任一信号出现时，发出停止指令去停送风机 A：

1）有功能组停止指令；

2）送风机 A 电动机润滑油压低超过 3s；

3）吹扫后风机脱扣信号；

4）送风机 A 振动大于 5MILS；

5）两台吸风机跳闸；

6）手动按停送风机 A 按钮。

（4）送风机 A 出口挡板控制逻辑。

1）开，当以下 3 个信号中任一个出现时，即发出指令去开送风机 A 出口挡板：①有功能组开指令；②自动开信号；③送风机 B 不运行；送风机 A 运行，入口动叶不在自动或入口动叶关闭，且送风机 B 出口挡板和入口动叶全部关，或两者之中有一个关。

2）关，①有自动关信号或有功能组关指令；②送风机 B 运行，送风机 B 入口动叶在自动，或送风机 B 入口动叶没有关；或送风机 B 出口挡板开和送风机 B 入口动叶开。

当以上两个条件同时成立，且无功能组开指令，无自动开信号时，则发出关指令去关送风机 A 出口挡板。

（5）送风机出口联通挡板控制逻辑。

1）开，当送风机 A ON 或送风机 B ON，同时空气预热器 A 和空气预热器 B ON 时，则产生一脉冲信号（自动开连锁），去开送风机出口联通挡板。

2）关，当空气预热器 A 和 B 有一台停或两台全停时，则产生一自动关连锁脉冲信号去关送风机出口联通挡板。

（6）吸风机和送风机安全连锁脱扣。

1）送风机 A 脱扣。下列信号之一出现送风机 A 脱扣：①空气预热器 A 和 B 都停运，产生一个 2s 脉冲。②空气预热器 A 停，失去 1/2 空气预热器信号。③同时有以下 4 个信号：失去 1/2 吸风机；两台送风机运行；吸风机 B 高速 ON 或吸风机 B 低速 ON 或吸风机 B 在转速切换；失去 1/2 空气预热器信号，空气预热器 B OFF。④吸风机 A 和 B 全部 OFF，产生一个 2s 脉冲信号。

2）送风机 B 脱扣。①吸风机 A 和 B 全停，产生一个 2s 钟脉冲信号。②同时有以下 3 个信号：吸风机 A 高速 ON，或吸风机 A 低速 ON，或吸风机 A 在转速切换；两台送风机运行；失去 1/2 吸风机。③同时有以下 4 个信号：失去 1/2 吸风机；两台送风机运行；吸风机 B 高速 ON，或吸风机 B 低速 ON，或吸风机 B 在转速切换；空气预热器 B 停，失去 1/2 空气预热器信号。

3）吸风机 A 高速和低速断路器脱扣。下列任一信号出现，即去脱扣吸风机 A 高速和低速断路器：①空气预热器 A 停，且失去 1/2 空气预热器信号超过 1s；②空气预热器 A 和 B 都停，产生一个 2s 脉冲信号。

4）吸风机 B 高速和低速断路器脱扣。下列任一信号出现，即去脱扣吸风机 B 高速和低速断路器：①空气预热器 A 和 B 都停，产生一个 2s 脉冲信号。②同时有以下 4 个信号，并超过 1s：失去 1/2 吸风机；两台送风机运行；失去 1/2 空气预热器信号，空气预热器 B 停；吸风机 B 高速 ON，或吸风机 B 低速 ON，或吸风机 B 在转速切换。

第三节　发电机—变压器组及厂用电源顺序控制

当前，大型单元机组控制系统设计中都将发电机—变压器组及厂用电源顺序控制纳入分散控制系统（DCS）中，作为 DCS 中 SCS 功能的重要组成部分，一般简称为 SCS（G/A）。

一、发电机—变压器组及厂用电源顺序控制主要监控范围

（1）发电机—变压器组，包括发电机—变压器组高压（220kV 或 500kV）侧断路器；

（2）启动/备用变压器，包括备用变压器高压侧断路器；

（3）主厂房 6kV 高压厂用电源系统，包括高压厂用变压器不同段工作电源进线断路器和备用电源进线断路器；

（4）主厂房 380/220V 低压厂用电源系统，包括各个低压厂用变压器和公用厂用变压器 6kV 侧断路器、380V 侧断路器和不同段间联络断路器；

（5）380V/220V 保安电源系统，包括柴油发电机侧断路器，380V/220V 保安段电源进出线断路器；

（6）自动准同期（ASS）和自动励磁电压调整（AVR）状态监测和指令信号控制；

（7）直流电源系统，一般仅设置监测无控制；

（8）交流不停电电源系统（UPS），一般仅设置监测无控制。

二、发电机—变压器组及厂用电源顺序控制主要项目

（1）发电机并列；

（2）发电机解列；

（3）6kV 母线由常用电源改备用电源供电；

（4）6kV 母线由备用电源改常用电源供电；

（5）高压备用厂用变压器高压侧断路器投入、切除；

（6）低压厂用变压器投入、切除；

（7）低压备用厂用变压器投入、切除；

（8）保安电源断路器投入、切除；

（9）发电机励磁调压装置（AVR）调节升/降压。

三、关于几项电气专用装置控制

1. 关于自动准同期装置（ASS）

自动准同期的功能是使同步发电机与电网系统按准同期方式并列。为使同步发电机与电网按准同期方式并列，应完成的具体作用是：

（1）实现发电机的频率对电网频率的自动跟踪，使发电机电压与电网电压的频率差小于允许值。

（2）实现发电机电压对电网电压的自动跟踪，使发电机电压与电网电压的幅值差小于允许值。

（3）设置导前时间控制，导前时间的整定值可以根据并列的断路器合闸时间的长短来整定，在并列的断路器主触头闭合的瞬间，使发电机电压与电网电压的相位差小于允许值。

目前，有些电厂仍保留独立准同期装置设备，但是为实现电气控制纳入 DCS，准同期装置和汽轮机数字电液调节系统（DEH）和 DCS 间有硬接线连接，如发电机减速和增速指令，合闸指令，对电压调整器的升压、降压指令以及其他信息交换指令。近期的工程，自动准同期装置都已合并做在 DEH 或 DCS 中，并由 DCS 控制。

2. 关于自动励磁调节装置（AVR）

发电机自动励磁调节均采用专用装置，通过采集发电机电压、电流和转子电压、电流等参数，一方面经 PID 运算，实时调节励磁电流，维持发电机在不同功率下的电压水平不变；另一方面通过软件计算，还可以得到各种平均值，计算值及设备运行状态等信息。由于装备有较庞大的晶闸管整流电路装置，目前及近期该系统将仍采用独立装置型式。

该类产品最近都采用了微机控制，这为 DCS 通信联系创造了条件，由于通信信息量不很多，主要是发电机运行工况、励磁参数、调节器输出参数等，可通过标准接口和 DCS 相连。目前，对于控制逻辑中需要的控制指令一般仍通过硬接线连接，如自动与手动方式切换、手动遥控升压/降压操作、状态反馈和重要报警等。今后，当通信方式应用经验成熟且可靠性措施完善后，也可以直接采用通信方式由 DCS 进行控制。

3. 关于厂用电快速切换装置

近年来，在建设的发电工程中，许多都已配置了厂用电快速切换装置，由于该装置具有非同期闭锁和同期捕捉功能，能在自动或手动方式下工作，在正常情况时实现备用电源和工作电源之间双向切换；在事故情况下，实现工作电源向备用电源单向切换。由于采用该装置能提高厂用电切换的成功率，从而提高机组安全运行水平。

厂用电快速切换装置一般都是一套微机型装置，带有标准通信接口，因而很容易和 DCS 相联。通信相联后可以实现 DCS 对该装置的组态整定，也可以在 DCS 上显示该装置的工作状态，故障报警及打印，甚或实现动作录波。

通过该装置的外部遥控接口，可以用硬接线实现 DCS 对该装置的工作方式切换、手动启动、复位等。

4. 关于发电机—变压器组保护

发电机—变压器组保护都采用专用保护装置，由于其安全性要求高，且专用性强，很难采用通用的 DCS 硬件设备去替代，但是如果采用的是微机保护装置，可用通信方式使其和 DCS 相连，实现 DCS 对保护装置的检测和组态。

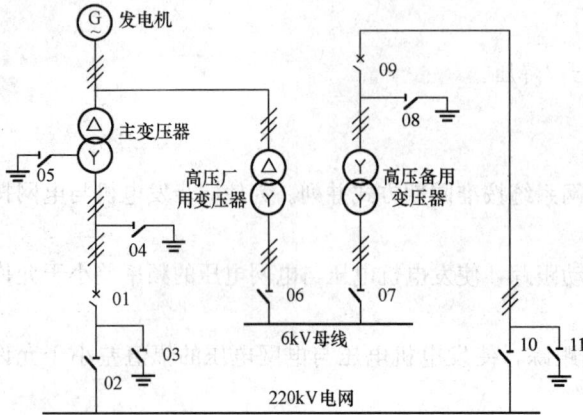

图 5-3　简化系统图

5. 关于电气后备监控设备

电气控制纳入 DCS 后，一般不再设置常规后备仪表和控制设备，但为安全可靠起见，应当考虑规程规定的极少量的重要跳闸操作设备，如发电机—变压器组跳闸按钮、励磁机灭磁开关及柴油发电机遥控启动按钮。

6. 公用厂用电源系统的控制方式

目前的工程建设一般以两台机组为同一期工程规模，对于两台机组公用的厂用电源系统，按要求宜能分别在两台机组的 DCS 中进行监视和控制，并应采取措施确保任何时候只能在一个地方发出操作命令，不能因此而将两套 DCS 直接耦合在一起。因此，宜将公用系统设置在 DCS 公共环路上，通过网桥和两台机组 DCS 通信相连，在各台机组操作员站上都可以操作，但是相互间设置闭锁。

四、控制逻辑举例

1. 发电机并列

简化系统图和控制逻辑图，分别如图 5-3 和图 5-4 所示。

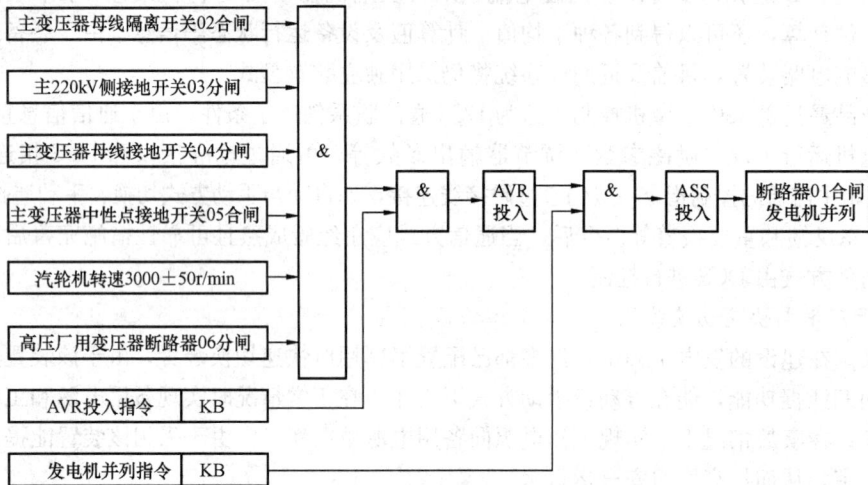

图 5-4　控制逻辑图

2. 发电机解列

系统图如图 5-3 所示，控制逻辑图见图 5-5。

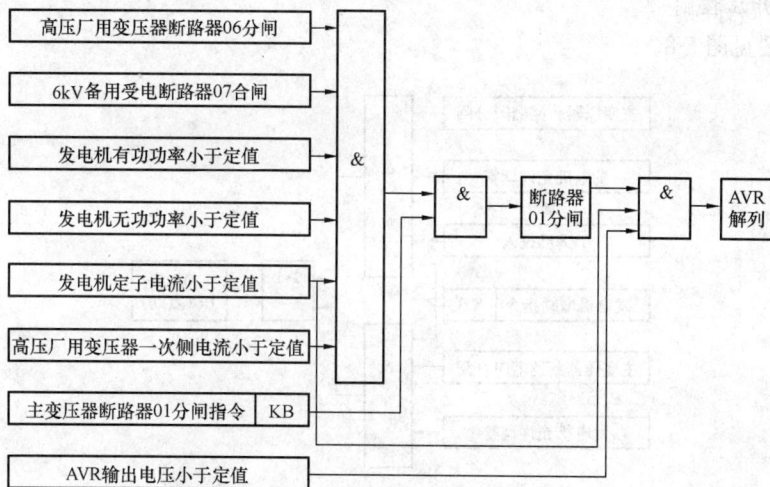

图 5-5　控制逻辑图

3. 6kV 母线由备用电源改常用电源供电

系统图如图 5-3 所示，当不采用专用切换装置时，控制逻辑图见图 5-6。

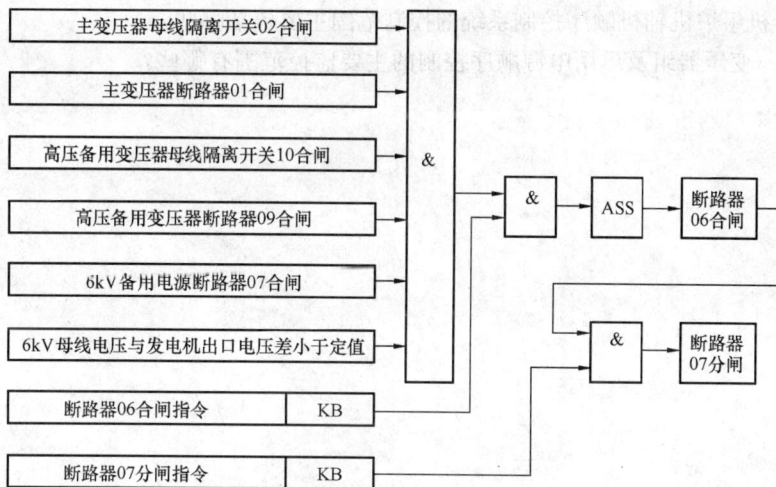

图 5-6　控制逻辑图

4. 高压备用变压器投入

系统图如图 5-3 所示，控制逻辑图见图 5-7。

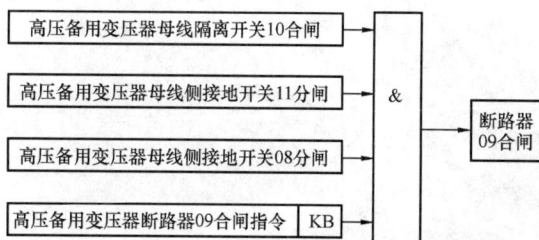

图 5-7　控制逻辑图

5. 发电机升压控制

控制逻辑图见图 5-8。

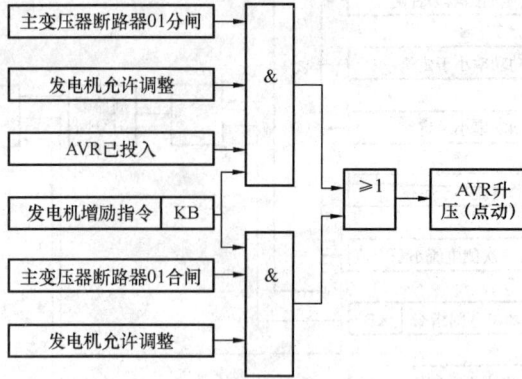

图 5-8　控制逻辑图

复习思考题

1. 600MW 机组炉机辅机顺序控制系统的控制范围主要包括哪些?

2. 发电机—变压器组及厂用电源顺序控制的主要监控范围有哪些?

第六章

数 据 采 集 系 统

第一节 数 据 采 集 与 显 示

数据采集系统（DAS）连续采集和处理所有与机组有关的热力参数及设备状态信号，以便及时向操作人员提供有关的运行信息，实现机组安全、稳定、经济运行。一旦机组发生任何异常工况及时报警，提高机组的可利用率。

一、数据采集

数据采集系统（DAS）通过输入/输出（I/O）过程通道从生产现场采集各种过程变量和控制检测信号，这些过程变量一般可分为模拟量、开关量和脉冲量三大类。

（1）模拟量，如热电偶（TC）有 J、K、E、T 分度号；热电阻（RTD）有 Pt100 分度号；电流信号有 4～20mADC、0～20mADC；电压信号有 1～5V、0～5V 等。

（2）开关量，普通开关量如阀门或风门挡板开闭信号，辅机启停信号等；SOE 开关量则为重要辅机跳闸信号、重要连锁及保护回路动作信号、控制系统对被控设备的启停操作信号等。

（3）脉冲量，如转速、频率、电量信号等。

输入通道从生产现场采集各种过程变量，并将采集到的数据先进行初步的数据处理，如滤波、隔离、A/D（模拟量/数字量）转换、标度变换等，然后送上高速数据通信网络。操作员站从高速数据通信网络获取全部信息，经复杂的数字处理后由人机接口装置——屏幕显示器、打印机或拷贝机实现显示、打印功能，并建立实时数据库和历史数据库。工程师站用于系统的组态和修改，亦可作为操作员站的备用。

对于一台 600MW 单元机组来说，数据采集系统融合在整个 DCS 系统中，采集的开关量和模拟量数据的总和将达到 6000～8000 点之多，这些数据的测点分布在主厂房的各个部位，有的距电子设备间有数百米距离。数据采集通常采用两种方式：①大部分主要过程参数直接从现场用电缆引入电子设备间内的 DCS 机柜，这时 I/O 卡件和过程控制器有良好的工作环境，系统的通信、接地、屏蔽和扩展都较有利，缺点是需耗用大量的电缆；②少部分过程参数，主要指较次要的又相对集中的温度群和辅助控制点，如锅炉金属壁温、辅机轴承温度、发电机绕组铁芯温度及定排电动门控制等，则采用远程 I/O 柜或国产智能采集前端。目前国产智能前端产品防护等级都在 IP56 以上，如 IDAS-3000 系统产品等，可安装在环境条件较恶劣的现场，在一个通信回路中可挂接多个装置，它们将现场的模拟量和开关量直接转换为数字信息，采用数字通信与远方的主机进行通信联系，以实现数据采集。

二、屏幕显示

屏幕显示画面种类有以下几种。

（1）模拟图。用不同画面分别表示机组概貌和锅炉、汽轮机、发电机、厂用电等各局部工艺系统的流程，画面内辅以模入、开入实时参数，如流量、压力、温度、调节阀门开度等模拟量参数，辅机的启、停状态，阀门/挡板的开、关状态等开关量信号。

（2）棒状图。将同类参数用水平或垂直棒图排列在一起，形象地显示数值大小和越限情况。

（3）曲线图。可显示趋势曲线、历史曲线和机组启、停曲线等。

（4）相关图。以任一主要参数为中心，与若干与其相关的参数组成一幅画面，以便于对主要参数的综合监视和分析。

（5）成组显示。可从所有模拟量中任选若干个参数组成一幅画面，显示内容包括点号、名称、参数值、越限情况或成组开关量信息。

（6）检索类画面。包括标号检索、目录检索、模拟量报警及切除一览、开关量跳变等。

（7）报警类画面。当有报警产生时，相应的报警组在 CRT 画面上闪光，并有声音报警，报警确认后，闪光变为平光。

（8）模拟量控制画面。一幅画面显示一个或数个控制回路的变量、定值、输出以及控制回路的手动/自动状态切换和增/减操作。

（9）开关量控制画面。一幅画面显示一个或一组设备的启/停或开/关允许条件、启/停或开/关的操作及其状态。

（10）诊断显示。诊断显示包含了系统和子系统一级的信息，这些信息使操作者了解到可测故障的情况、可监视系统状态和一些性能指标等。从系统状态（system status）显示图上可方便地得到各子系统的工作状态。进入子系统状态（subsystem status）显示后，可进一步观察子系统的状态显示和诊断结果。故障以代码和简单说明的形式出现，代码的含义详见有关手册。例如，进入此显示中的 I/O 状态显示，还可得到各通道信息的标签（tag）。诊断信息（diagnostic messages）画面反映了子系统的类型和状态、故障（事件）发生时间、单位时间内故障的次数、事件描述、类型等。系统性能（system performance）显示画面反映了 CPU 负荷率（包括现行值、平均值和最大值）、存储器利用率等，画面用数字或棒形图显示。

三、显示画面调用

一台大型火电机组，要有几百幅画面，如一台 600MW 机组一般有 300 多幅画面。为了能在如此多的画面中尽快调用出所需的画面，通常设计了横向及纵向调用图，形成了一种倒"树"状结构。对于一般的画面要求按键次数不超过 3 次，重要画面的调用要求按键次数在 1～2 次。上海石洞口二厂 N-90 分散控制系统的画面调用，可用以下 5 种方法较快地进行：

（1）通过总图及以下的调用指导调用。如 overview 系统图等可调用任意图形。

（2）通过菜单调用。区域菜单可调用系统图、控制图、状态图、趋势图。

（3）通过用户功能键进行调用。由用户定义功能键 F1～F32，按单键直接调用画面。

（4）通过报警显示选择器（alarm display selector，ADS）调用。由用户定义的 1～64 个按单键调用报警装置的画面。

（5）通过 Display By Name 键调用。每一幅画面都有一文件名，如 FW（feed water system）给水系统，FW 即为文件名。按下 Display By Name 键，画面底部出现光带，进入 FW，再按下 ENTER 键，则显示给水系统，任何用户图形及某些系统图形都可以用该键调用。

第二节　记录和计算

一、制表打印

制表打印一般有定时制表打印、随机召唤打印、事故追忆打印和 CRT 屏幕显示拷贝打印等，打印格式与方式可按用户要求编制。

1. 定时打印

分值（班）报表、日报表等，分别在每值、每日的终了时，对预定的参数按小时测量值及平均值、累计值一次性打印。根据运行人员的需要，也可随时人工召唤上述制表的全天追补打印和即时制表打印。制表数据可以保留数天。像月报表和年报表这类长时间的报表，参数的采集、平均、累计等数量十分巨大，一般计算机内存容量不能满足，需有大容量的外存设备，如磁带机、光盘等。

2. 随机打印

（1）报警打印。参数越限及复位时，自动打印记录其点名、名称、参数实际值和相应的限值，以及越限和复位时间。报警打印也可由人工召唤打印。

（2）开关量变态打印。周期型开入变态时，能自动（或人工召唤）打印其点名、名称及操作性质和时间。

3. 事故追忆打印

对引起机组跳闸的事故，将事故发生前若干分钟（通常为 5～15min）及事故后若干分钟（通常为 5～15min），按一定的时间间隔（通常 10～20s）对指定的若干个参数变化值进行打印。例如，安徽平圩电厂 600MW 机组其事故追忆打印为当发生某些较大事故时，追忆打印该事故前后各 10min 内的有关参数值。每一个事故（一个触发点）最多可记录 60 点参数，事故最多可定义 6 组，所有这些触发点、参数均由用户定义，并可现场修改。安徽平圩电厂 600MW 机组定义的 6 组触发点为：锅炉全燃料跳闸，发电机断路器闭合而汽轮机跳闸，电气主设备跳闸，快速负荷切回 FCB，任一台给水泵汽轮机跳闸，凝汽器真空低。

4. CRT 屏幕显示拷贝打印

CRT 上显示的画面，包括模拟图、曲线及各种表格、参数等，均可通过运行人员照原样进行拷贝打印下来。

二、事件顺序记录（SOE）

对于机组保护动作等重要事件，DCS 系统要提供高速顺序记录功能 SOF，其时间分辨率应不大于 1ms。DCS 对 SOE 信号的采集方式有两种：一种是集中采集，即全部 SOE 信号集中由一个过程控制器采集，这时只要 SOE 输入模件的采样分辨率不大于 1ms，则可保证整个 SOE 的分辨率达到要求；另一种是采用分散采集方式，特别由于 DCS 物理分散，分散采集可以有效地节省电缆，这时要由不同的过程控制器分别对 SOE 信息采样。由于 DCS 系统中各个过程控制器之间存在时差，则整个系统的 SOE 分辨率难以满足不大于 1ms 的要求。对于后者，系统往往需要采用专用采集模件分散在不同机柜中，同时要带时钟同步接口装置由 GPS 信号同步，这样才能保证整个系统的分辨率不大于 1ms。

接入事件顺序记录装置的任何一点的状态变化至特定状态时，立即启动事件顺序记录，事件顺序记录应包括测点状态，描述以及系统校正时间。所谓校正主要指不同输入模件上毫秒级的扫描第一个测点状态改变与扫描随后发生的测点状态改变之间的时间差校正。所以，SOE 记录应按经过时间校正的顺序即按小时、分、秒和毫秒排列。

事件顺序记录完成后，应自动打印出来，并自动将记录存贮在存贮器内，以便以后按操作员的指令打印。存贮器应有足够的空间，一般应存贮至少 5000 个事件顺序记录，这种足够的存贮空间是保证不会丢失输入状态改变的信号，并且在 SOE 记录打印时，留有足够的采集空间。

三、报警

参数越限或运行辅机跳闸需报警引起运行人员的注意，及时调整，保证机组的安全运行。将实际测量得到的数值与设定的上、下报警限值比较，如超过，则报警，在 CRT 上实时报警显示，并发出声响、点标号闪光。当运行人员确认后，闪光停止。参数返回到正常值时，报警显示上原报警消失。鉴于报警的紧急程度和后果的严重程度不同，需对报警进行分类管理。

下面简要介绍上海石洞口二厂的报警管理：当运行人员监视 CRT 时，报警信息会从画面的右上角显示出来，根据报警的严重程度分为紧急报警、危险报警、警告报警、低报警、机组自动和 N-90 设备状态报警 6 组。

1. 调用报警汇总表

按 ALARM SUMM 键，显示报警汇总表，检查各项报警。当有报警时，行闪光，确认后变平光，恢复正常闪光确认而消失。所有报警消失，则报警组消失。报警确认有三种方式：①逐行确认，利用 ACK ALARM 键；②整页确认，利用 PAGE ACK 键；③跳行确认，利用 ACK A-LARM 键及 TAB TAB BACK 键。SILENCE 为报警消音键。

报警汇总表将报警信息按时间顺序先后排列，最新报警排在最上面。一行报警包括下列几项内容：报警时间，报警标签名（tagname），报警情况及报警组，报警情况故障原因，参数极限，参数目前值，报警说明等。报警显示为挤压式，即上面显示满会向下压，保留最新 12 个报警，并将恢复正常的报警剔除。

2. 调用报警级别组

从 ALARM SUMM 调用相应的报警组，各类报警组的结构与操作同报警汇总表的结构与操作完全一样。该项分组报警有这样一个优点：当报警出现时如不及时处理，可能会变严重，进而在危险组（DANGER）或紧急组（EMERGENCY）出现。这样布置有利于操作员根据报警的缓急分别处理。

3. 操作员动作请求

操作员动作请求报警，确切地讲应为提醒。该项为提醒运行人员进行数据的存贮。当硬盘某区存贮入数据已满时，则会自动发出请求报警，请求操作人员将数据从硬盘存至软盘或光盘，然后空出该区继续存入数据。

4. ADS（alarm display selector）装置

系统设有一套用于报警的装置 ADS——报警显示选择器。当对系统数据库组态时，定义 tag 对应值报警时哪一个灯亮。当对 ADS 按钮（1～64）组态时，定义哪一个键对应哪一幅画面。应这样布置，当 tag 对应的值报警、灯亮时，按相应的键，调出的画面应包含该报警 tag，画面上数值正常一般为蓝色，报警为黄色。利用该装置可以方便地得到报警参数的图形显示而不需多次击键。

四、历史数据存贮和检索

为了保存长期的详细运行资料，在 DAS 系统中还需提供长期存贮信息的装置，一般都由专用的历史数据站来实现。

历史数据的检索可按指令进行打印或在屏幕上显示出来。历史数据的存贮容量：对于 600MW 机组至少能存入 3000 个点，以随时记录重要的状态改变和参数改变。数据存贮时间至少为 15 天，包括一个月的日报、6 个月的月报及 16 次事故追忆信息。

五、在线性能计算

在线性能计算主要是定时进行经济指标计算，如锅炉效率、汽轮机效率、热耗、煤耗、厂用电率、补给水率等的计算，此外也包括二次参数计算：对来自 I/O 过程通道的信息进行二次计算，包括补偿计算和变化率、累计、平均、差值、平方根、最大值、最小值等的计算。在线性能计算的关键是要给出正确、合理的计算公式和可靠的现场测量数据。例如，安徽平圩电厂 600MW 机组的性能计算主要有以下 6 项：

（1）汽轮机效率。对高压缸、中压缸、低压缸分别计算热效率。

（2）锅炉效率。用热损失法和输入输出法两种方法计算。

（3）凝汽器性能。计算理想传热系数、实际传热系数以及两者的比值。

（4）给水加热器效率。主要计算三台高压加热器的端差、冷端温差、温升。

（5）预热器效率。计算总效率，以实际效率与理想效率之比表示。

（6）机组质量与能量平衡。计算汽耗、热耗、流量、机组热效率等。

上述性能计算每 10min 计算一次，对于所要用到的点，所取的值是 10min 内的平均值。计算结果与所需要的中间结果均放入数据库中，随时可用于点显示、画面显示、报表等。性能计算软件包还包括离线部分，用于测试公式计算正确、合理与否，可人工置入计算要用的原点数值，然后请求计算，计算结果与原点数值均可在一个报表上打印出来。

在线性能计算，也可以由 SIS 系统来实现。

六、操作指导

对有成熟运行经验的机组，可根据用户要求设置机组启停操作指导、最佳运行操作指导、预防或处理事故操作指导等。操作指导是通过 CRT 屏幕显示具体的操作步骤指导操作员进行操作，以保证机组的安全、稳定、经济运行或启停。通常操作指导采用专用语言。用户利用这些语言，可按操作流程图编写程序并将程序放入库目录中，操作员通过库目录调用、执行程序。程序主要检查需要的点，根据实时情况，判断并显示出下一步要执行或要确认的提示命令，有些参数未进计算机，需操作员回答"是"或"否"，才能使判断继续下去。此外，在 CRT 画面上还能同时显示一些参数与曲线，如一些典型的启动曲线，供操作员参考。操作员在操作中应使实际的启动曲线与参考的启动曲线相吻合或相接近，以保证启动过程的省时、安全和高效。上海石洞口二厂对运行操作指导设置了一套机组自动管理系统（UAM）。其机组自动管理系统（UAM）有以下几种工作方式：

（1）UAM 自动。大量的操作由机组自动管理系统完成，操作员仅需确认选择及一些就地操作。

（2）UAM 手动。UAM 作操作指导，相当于操作卡，UAM 指导操作员进行各项操作，CRT 画面上自动显示，并以滚动式画面翻转。

（3）UAM OFF。UAM 切除，操作员操作与 UAM 无关。

复 习 思 考 题

1. 数据采集与显示的主要内容有哪些？

2. 数据采集系统中记录和计算的功能是什么？

第七章

汽轮机数字电液控制系统和给水泵汽轮机电液控制系统

第一节 汽轮机数字电液控制系统

一、概述

从汽轮机诞生起就有机械液压式控制系统控制其转速，并通过人工改变控制系统的给定值，以达到控制机组功率的目的。机械液压式控制系统通常称 MHC，已沿用了很长时间。随着大容量机组的出现、蒸汽参数的提高以及电网容量的增大，要求大机组担负电网的调频和调峰任务。这些任务对仅配有 MHC 的汽轮机来说是无法胜任的。又由于电子技术的发展，在 20 世纪 60 年代初出现了电气液压式控制系统（EHC），将电气控制回路引入了汽轮机控制系统，扩大了其功能，它具有对汽轮发电机组的启动、升速、并网、负荷增/减等进行监视、操作、控制、调节、保护等功能。对于采用计算机数字技术的电液控制系统（DEH），还具有数据处理、CRT 显示功能；有的 DEH 系统还具有应力计算、汽轮机寿命消耗管理和自动汽轮机控制（ATC）功能，即汽轮发电机组自启动功能。

早期的 EHC 系统可靠性还不能满足汽轮机安全运行的要求。作为过渡措施，在保留了原来 MHC 系统的基础上采用了两种不同型式的 EHC 系统：

第一种方式是由原来的 MHC 系统控制汽轮机转速，在 MHC 系统之上利用电气控制回路发出指令改变 MHC 系统的功率定值，以达到控制机组功率的目的。这种 EHC，称为定值控制系统（SPC）。

第二种方式是由电气控制回路直接发出指令给 MHC 的执行机构，去实现汽轮机的转速和功率的自动控制，并以原来的 MHC 系统作为后备，一旦电气控制回路发生故障，系统自动切换到由 MHC 进行转速和功率的控制。这种 EHC 系统称为电液并存系统。随着电气控制回路可靠性的不断提高，到 20 世纪 60 年代末出现了电气控制回路完全取代机械液压控制回路的汽轮机控制系统，这种控制系统称为纯电调系统。

由于液压执行机构的特性优良，纯电调的电液控制系统仍保留了液压执行机构。为了改善电液控制系统的特性，满足安全防火的要求，现代的电液控制系统采用高油压、抗燃油，调速油压提高到 12MPa。这样，汽轮机的控制油系统和润滑油系统就完全分成为两个独立的系统。最先出现的电液控制系统是由模拟量电路构成的，它的结构与组件组装仪表相似，对这类电调通常称为 AEH。以后随着电子计算机技术的发展，数字式电液控制系统（DEH）得到迅速发展和广泛的应用。

现代 600MW 机组几乎无一例外地采用数字电液控制系统。液压部件多数采用高压抗燃油也有厂家推荐采用汽轮机油。高压抗燃油系统对油质要求非常高，部件加工和间隙要求也非常高，高压抗燃油对运行温度有较严的要求。因此对于该系统的安装、运行都有很高的标准。由于抗燃油带有微量毒性，对检修人员不利，ABB公司使用一种用汽轮机油作为介质，压力为4MPa的液压系统，安全油压和油动机油压均为4MPa，通过电液转换器，作用于伺服电动机上。为了防火，采取了特殊措施，在汽轮机运转层的两侧各有一条混凝土槽，一侧放4MPa的液压系统油管，另一侧放0.147MPa的润滑油管，只在混凝土槽外使用套装油管，槽内则用一般传统的方式，两侧混凝土槽均密封。另外把组装油箱以及油系统所有设备全部放于运转层下的全封闭的混凝土小室内，小室内有自动火灾报警和自动灭火装置。油系统所有管道与高温蒸汽管道完全隔离。

我国上海石洞口二厂两台600MW超临界机组使用的就是ABB公司的中压汽轮机油系统的纯电调，已经运行了10年以上，运行情况良好。外高桥电厂进口900MW机组原国外提供的也是4MPa的汽轮机油电调，只是经中方要求改为高压抗燃油电调。

无论高压纯电调还是中压汽轮机油电调系统都能满足对汽轮机控制安全、灵活、快速的要求。根据《汽轮机电调系统性能验收标准》（DL/T 824—1992）的要求：转速调节精度为0.1％，功率调节精度为0.5％以及在甩负荷时转速上升小于10％，危机保安器不动作，上述两种电调都是能够达到的。

现代600MW机组的汽轮机调节系统一般包括电子调节系统（早期为模拟量调节系统）、电液转换器和液压执行机构三个部分。

（1）液压执行机构。根据液压大小选择执行机构油缸尺寸，以及油路系统设计，保证力矩和执行的速度满足要求。

（2）电液转换器。是电子调节系统与液压执行机构的中间转换装置，现代的电液转换装置有很多种，我国常见在大型机组中使用的有MOOG阀，以及MOOG公司的DDV阀门，他们直接将电信号转化成力信号并有放大功能。ABB公司的电液转换器，不但具有电液转换功能，还具有液压放大和阀门程序控制功能。动作特性好，对油质清洁度要求不高，可靠，工作容量也大，一般一只电液转换器可以控制一组阀门。除此之外，还有其他类型的电液转换和执行机构用于超大型机组的电调控制，例如美国REXA公司和德国KUW公司开发的紧凑型执行机构，内有整套液压系统、电液转换和伺服电动机，可直接驱动汽门，因此不需要庞大的液压系统以及液压管道，使整个调节系统紧凑、灵活也有利于机组防火。

表7-1为两种电液转换器（执行器）主要技术指标。

表7-1   **电液转换器（执行器）主要技术指标**

指标型式 项目	DDV阀	MOOG阀
额定输入信号	信号：标准信号 驱动：0～±800mA	0～±40mA
电磁力	±98N ±392N	0～±4.9N
转换形式	直接驱动滑阀式	固定双喷嘴挡板式
特征间隙	0.003～0.004mm	0.02～0.03mm
控制滑阀行程	0～±1mm	0～±1mm
时间常数	0.02s	0.02s
滤网精度要求	0.05mm	0.005mm磁性滤油器
滤油器堵塞后的处理	在线切换清洗	更换滤芯，报废或送专业公司清洗
卡涩后的处理	更换DDV阀，或送专业公司清洗	更换MOOG阀，或送专业公司清洗
特　点	对油质要求比MOOG阀低，电磁力大， 可用于抗燃油和汽轮机油系统	对油质要求高，用于高压抗燃油系统

（3）电子调节系统。无论是何种电调系统，其电子调节装置功能都基本相同，它必须满足汽轮机的启动、调节、管理和保护等功能。本章节以高压纯电调为例，叙述电调系统的功能。

表 7-2 列出了我国部分引进（或引进型）机组的电液控制系统应用的情况。

表 7-2　　　　　　　　　　　　　　引进机组电液控制系统应用情况

电厂名	机组容量（MW）	制造厂	型　号	分　类	工质及油压（MPa）	备　注
陡　河	2×125	日立	HITASE-75	AEH SPC	汽轮机油 1.4	
陡　河	2×250	日立	HITASE-200	AEH SPC	汽轮机油 1.4	
大　港	2×320	ANSALDO（意）		AEH SPC	汽轮机油 1.4	
大　港	2×350	ANSALDO（意）	MARK-ⅡA	AEH 纯电调	抗燃油 1.2	
神头一	4×200	SKODA（捷）		AEH 电液并存	汽轮机油 1.3	
神头二	2×500	SKODA（捷）		AEH 电液并存	汽轮机油 1.3	
元宝山	1×300	BBC（瑞士）	TT₄	AEH 电液并存	汽轮机油 1.4	
元宝山	1×600	ALSTHOM（法）	REC-70	AEH 纯电调	抗燃油 12	
宝　钢	2×350	三菱	MTM	AEH 电液并存	抗燃油 4.0	
姚　孟	2×300	ALSTHOM（法）	REC-70	AEH 纯电调	抗燃油 12	
南　通	2×350	GE（美）	MARK-ⅡA	AEH 纯电调	抗燃油 12	
上　安	2×350	GE（美）	MARK-ⅡA	AEH 纯电调	抗燃油 12	
利　港	2×350	ANSALDO（意）	MARK-ⅡA	AEH 纯电调	抗燃油 12	
平　圩	2×600	西屋（美）	DEH-Ⅱ	DEH	抗燃油 12	国产引进型机组
大　连	2×350	三菱（日）	MIDAS-8000	DEH	汽轮机油 2.4	
福　州	2×350	三菱（日）	MIDAS-8000	DEH	汽轮机油 2.4	
岳　阳	2×350	GEC（英）	MICROGAVANER	DEH	抗燃油 2.4	
江　油	2×330	AA（法）	MICROREC	DEH	抗燃油 12	
珞　璜	2×330	AA（法）	MICROREC	DEH	抗燃油 12	
北　仑	2×600	1号东芝（日） 2号 ALSTHOM（法）	TOSMAP MICROREC	DEH	抗燃油 12	
石洞口二厂	2×600	ABB（瑞士）	PROCONTROL-P	DEH	汽轮机油 4	
沙角 C	3×660	ALSTHOM（法）	MICROREC	DEH	抗燃油 12	
邹　县	2×600	日立（日）	HITASE-200E SDEHG	DEH	抗燃油 11	
哈　三	2×600	西屋（美）	DEH-Ⅲ	DEH	抗燃油 12	国产引进型机组
扬州二	2×600	西屋（美）	DEH-Ⅲ	DEH	抗燃油 12	

目前在我国火力发电厂中，300～600MW级汽轮机配套的纯电调系统（不包括电液并存式控制系统在内）共计有13个品种，可分为以下3类。

1. 模拟电路构成的电调系统

模拟电路构成的电调系统有三个品种的产品，即：①美国GE公司生产的MARK-ⅡA型电调，用于南通电厂、上安电厂的350MW汽轮机；②意大利安莎尔多生产的ESACON型电调，用于大港电厂、利港电厂的350MW汽轮机；③法国阿尔斯通公司生产的REC-70型电调，用于姚孟电厂的300MW汽轮机和元宝山电厂的600MW汽轮机。

这类电调使用情况良好，绝大部分功能都能投入使用，但因技术不断发展，模拟电路组成的电调生产厂已不再生产，因而让位于数字式电调。

2. 专用的数字式电调系统

专用的数字式电调系统有4个品种的产品，即：①美国西屋公司生产的DEH-Ⅱ电调，用于石横电厂的300MW汽轮机和平圩电厂的600MW汽轮机；②法国阿尔斯通公司生产的MICRO-REC型电调，用于江油、珞璜电厂的330MW、360MW汽轮机，北仑电厂600MW汽轮机和沙角C厂660MW汽轮机；③英国GEC公司生产的MICROGOVONER型电调，用于岳阳电厂的360MW汽轮机；④新华电站控制工程公司生产的DEH-Ⅲ型电调，用于汉川、珠江、阳逻、铁岭、嘉兴、双辽和西柏坡等电厂的引进型300MW汽轮机。

专用数字式电调专用化程度高，电厂运行人员和维修人员对系统了解较差，电调的功能大多未能发挥出来。但是，专用数字式电调经认真调试后，应当能发挥出全部功能。

3. 通用型数字式电调系统

目前采用分散控制系统构成的通用型电调系统有6个品种的产品，即：①日本三菱公司用MIDAS-8000组成的电调系统，用于大连、福州电厂的350MW机组；②瑞士ABB公司用Pro-control-P组成的电调，用于上海石洞口二厂的600MW超临界压力汽轮机；③日本东芝公司的TOSMAP组成的电调，用于浙江北仑电厂的600MW汽轮机和沙角B厂的350MW汽轮机；④美国西屋公司用WDPF组成的电调（即DEH-Ⅲ），用于吴泾、沙角A、外高桥、彭城和秦皇岛电厂的国产引进型300MW汽轮机；⑤美国ETSI公司用INFI-90组成的电调，用于妈湾电厂的引进型300MW汽轮机；⑥日本日立公司用HIACS-3000组成的电调系统，用于首阳山电厂300MW汽轮机。

通用型数字式电调的软件透明、直观，使运行及维修人员对系统的结构能较深入地了解，因此使用情况良好，绝大部分功能都能投入运行。随着火电厂广泛应用分散控制系统，汽轮机电调装置也采用分散控制系统，这样便于通过网络通信实现数据共享，可统一配置CRT/键盘，由全能值班员监视和控制整个单元机组，提高运行的安全性、稳定性和经济性。

由于汽轮机转速控制对象是一个小惯性环节，因而要求控制仪表有很高的反应速度，特别是当机组容量变得越来越大时，转子惯量相对输入蒸汽能量变得越来越小，控制系统的反应速度就更为重要了。数字式电调系统，包括用DCS构成的电调系统，对控制回路的运算速度提出更高的要求，特别是汽轮机超速保护控制系统OPC（overspeed protection control），必须有专用电路，其运算周期大约为50～100ms时方能满足甩负荷时控制汽轮机飞升速度的要求。随着数字电子技术的发展和进步，计算机的运算速度越来越快，数字式电调系统的运算速度也得到了进一步提高，有些系统（包括DCS）还为汽轮机控制开发了专用的模件。除速度满足要求外，还采用冗余技术，以提高电调系统的可靠性。

二、DEH系统基本功能

数字电液控制系统应具有控制、保护、监视、数据通信等基本功能。

（一）对机组的控制功能

系统应具有汽轮机转速和负荷的全面控制功能，能实现机组的启动冲转、升速、暖机、并网、负荷控制、停机等各种情况下的有关控制，并能根据操作人员的要求和机组应力条件控制其升速率和负荷变化率；能适应机组在不同初始温度条件下的启动（即冷态、温态、热态、极热态启动）；能适应定压和滑压下的运行方式；系统具有阀门管理功能，可实现单阀控制和顺序阀控制方式，并能做到这两种阀门控制方式之间的相互无扰切换；具有阀位限制和阀门试验功能，以适应机组在不同运行条件下对安全经济的要求；系统能与 CCS 系统结合实现机炉协调控制；系统应具有汽轮机全自动控制、操作员自动、远方控制和手动控制等控制方式。

1. 汽轮机控制的基本要求

汽轮机控制的基本要求为控制汽轮机的转速与电网频率同步；控制汽轮机的功率满足电网负荷的需求。根据汽轮机控制的基本要求可得到转速与功率之间的一定的特性关系，且要求控制时的动态偏差不要偏离静态特性太远。汽轮机的静态特性可用下列数学关系式表示

$$\frac{\Delta n}{n_0} = -\delta \frac{\Delta P}{P} \tag{7-1}$$

式中　n——转速；

　　　P——功率；

　　　δ——汽轮机的静态特性系数。

非中间再热凝汽式机组，由于机组蒸汽容积较小，影响不大，汽轮机调节阀门的开度基本上可代表汽轮机的实发功率，且在控制的动态过程中两者的差别也不大，调节阀门的开度正比于机组的实发功率，式（7-1）可改写为

$$\frac{\Delta n}{n_0} = -\delta \frac{\Delta Z}{Z_0} \tag{7-2}$$

式中　Z——调节阀开度。

对于中间再热式凝汽机组，由于高压缸和中压缸之间有容积很大的再热器和管道，虽然在静（稳）态时高压调节阀门的开度仍可代表汽轮机的功率，但在动态时高压调节汽门开度的变化不能立即影响中压缸的蒸汽流量，因此和实发功率有较大差别，如仍用式（7-2）的办法根据转速控制调节阀门的开度，则汽轮机实发功率的变化将落后调节汽门开度的变化。这样就造成动态时转速与功率之间的关系偏离静态特性较远。为了提高机组适应负荷变化的能力，使动态偏差不致过大，通常采用实发功率信号反馈来实现静态特性，去控制调节阀门。则可把式（7-1）改写成

$$\frac{1}{\delta} \frac{\Delta n}{n} + \frac{\Delta P}{P} = 0 \tag{7-3}$$

即转速偏差信号与功率偏差信号综合输入控制器，通过调节汽门的控制使它们之间的偏差无论在动态或静态都趋于零，从而得到稳定的控制效果。

随着电网的发展，汽轮发电机组数字式电调系统的设计思想上也引入了新的构思和策略，如提出了功率—相差的控制策略、功率—相差—能量的控制策略，以及机组参与电网调节水平的概念。

（1）功率—相差控制策略。如电网中有 n 台发电机组在运行，每台机组与参考频率（f_0）之间存在着相差，则各机组的调节功率分别为

$$\left. \begin{array}{l} \Delta P_1 + a_1 \Delta \alpha_1 = 0 \\ \Delta P_2 + a_2 \Delta \alpha_2 = 0 \\ \quad \vdots \\ \Delta P_n + a_n \Delta \alpha_n = 0 \end{array} \right\} \tag{7-4}$$

式中　ΔP_1，ΔP_2，$\cdots$，ΔP_n——$1\sim n$ 台机组的调节功率；

$\qquad$ a_1，a_2，$\cdots$，a_n——$1\sim n$ 台机组的功率二次调频系数；

$\qquad$ $\Delta\alpha_1$，$\Delta\alpha_2$，$\cdots$，$\Delta\alpha_n$——$1\sim n$ 台机组的相差。

因为在电网中参考频率 f_0 是相同的，机组并网后都与电网频率同步运行，各机组的运行频率 f 相同，故相位差相同，即

$$\Delta\alpha_1 = \Delta\alpha_2 = \cdots = \Delta\alpha_n = \Delta\alpha$$

将式（7-4）中的各分式相加得

$$\Delta P + (a_1 + a_2 + a_3 + \cdots + a_n)\Delta\alpha = 0 \qquad (7\text{-}5)$$

$$\Delta P = \Delta P_1 + \Delta P_2 + \cdots + \Delta P_n$$

式中　ΔP——电网总的变化功率。

由式（7-5）可见，当相位增加时，则减少机组的输出功率；反之，相位减小时则增加机组的输出功率。因为机组的调节特性是线性的，式（7-4）可写为

$$P - P_0 + a(\alpha - \alpha_0) = 0 \qquad (7\text{-}6)$$

式中　P、P_0——机组实发功率和指令功率；

$\qquad$ α、α_0——有效相位和参考相位。

a 是功率二次调频系数，为正值，是一个可整定的常数，其量纲是兆瓦/每赫兹（MW/Hz）。如果 a 值大，调节将快而有效，但取值太大，将引起调节系统的振荡，使系统失去稳定性。对每台机组可以设定不同的计划功率和调节系数 a，均可由调度系统的远调来实现。这种调节方法，可以使电网达到平衡状态，在此状态下频率将是额定值。但是不能保证在电网联络线上的交换能量在指定值上，这要靠调度系统对各个电厂合理地分配计划功率和调节系数 a。

（2）功率—相位—能量控制策略。功率频率控制可用下列关系式表示

$$P_i - P_{i0} + \lambda(f - f_0) = 0$$

或写为

$$(f - f_0) + \frac{P_i - P_{i0}}{\lambda} = 0 \qquad (7\text{-}7)$$

式中　P_i、P_{i0}——第 i 台机组的实发功率和指令功率；

$\qquad$ f、f_0——有效频率和参考频率；

$\qquad$ λ——系数，其值可以选择，它相当于电网的一次调频能量，其量纲是 MW/Hz。

设

$$f' = f + \frac{P_i - P_{i0}}{\lambda} \qquad (7\text{-}8)$$

式中，f' 称为虚拟频率，则频率功率调节变成频率调节，式（7-8）可写为

$$f' - f_0 = 0$$

用虚拟频率代替电网频率功率用于调节器，将式（7-8）两边积分得

$$\Delta\psi = \int_{f_0}^{f} f\mathrm{d}t + \int_{t_0}^{t} \frac{\Delta P_i}{\lambda}\mathrm{d}t = \Delta\alpha + \frac{\Delta W}{\lambda} \qquad (7\text{-}9)$$

式中，$\Delta\alpha$ 是电网频率偏差的积分，与相位调节是一样的；ΔW 是功率偏差的积分，如果机组参与联络网之间的能量交流调节，它就是联络线上偏差期间的积分，是能量，它代表了从 t_0 时刻开始电网不同联络线上交换的能量与按照指令应当交换的能量之差。

根据偏差调节功率，应为

$$\Delta P + a\Delta\psi = 0$$

将式(7-9)代入上式得

$$\Delta P + a\left(\Delta\alpha + \frac{\Delta W}{\lambda}\right) = 0 \qquad (7\text{-}10)$$

式（7-10）这种控制策略称为功率-相位-能量调节，a、λ 均为可选择的系数。

（3）机组参与电网调节水平的概念。电网是由多台机组构成的，为了协调电网中每台机组的调节，在机组电调设计中应考虑机组参与电网调节水平。

设机组在 P_0（计划功率）附近由 P_{max} 到 P_{min} 之间变化，即可将 $P_{max} - P_{min}$ 称为机组的调节带，现代火电机组的调节带一般限制在 ±10％左右。

令

$$P_r = \frac{1}{2}(P_{max} - P_{min})$$

则

$$P_{max} = P_0 + P_r$$

$$P_{min} = P_0 - P_r$$

电网中单台机组参与调节的功率变化为

$$\Delta P_i + a\Delta\psi = 0$$

我们考虑在电网中在同一个相差信号 $\Delta\psi$ 的作用下，n 台机组同时调节的情况。机组计划功率总和为

$$P_{01} + P_{02} + \cdots + P_{0i} + \cdots + P_{0n} = \sum_{i=1}^{n} P_{0i} = P_{0t}$$

此刻这些机组的实发总功率为

$$P_1 + P_2 + \cdots + P_i + \cdots + P_n = \sum_{i=1}^{n} P_i = P_t$$

这些机组总功率变化为

$$\Delta P_1 + \Delta P_2 + \cdots + \Delta P_i + \cdots + \Delta P_n = \sum_{i=1}^{n} \Delta P_i = \Delta P_t = P_t - P_{0t}$$

功率调节系数为

$$a_1 + a_2 + \cdots + a_i + \cdots + a_n = \sum_{i=1}^{n} a_i = a_t$$

则电网总特性为

$$\Delta P_t + a_t\Delta\psi = 0 \qquad (7\text{-}11)$$

从式（7-11）可以看到，n 台机组在一个电网中在同一相差信号下运行，就好像一台机组，根据 $\Delta\psi$ 的作用，在计划功率的基础上提供变化功率 ΔP_t。

由于 $\Delta P_t = P_{rt}$，则由式(7-11)得

$$a_t\Delta\psi = -P_{rt} \qquad (7\text{-}12)$$

对于一个固定电网，a_t 和 P_{rt} 是常数，而 ΔP_t 由各个机组的贡献组成。由式(7-12)得

$$\frac{\Delta P_t}{P_{rt}} = -\frac{a_t\Delta\psi}{P_{rt}} \qquad (7\text{-}13)$$

令

$$M = -\frac{a_t\Delta\psi}{P_{rt}}$$

式中，M 是一个无量纲量，称为水平。

则式 (7-13) 可写为

$$\Delta P_t = MP_{rt} \tag{7-14}$$

只要对所有参与调节的机组传递 M 的信息，使它们按照共同的 M 参与调节，电网就可以得到预计的能量。

2. 汽轮机启动升速过程的转速控制

汽轮机启动升速时的转速控制是根据转速设定值和升速率控制调节阀门开度。通常转速设定值分成数档，如"阀关闭"、"400r/min"、"800r/min"、"2500r/min"、"3000r/min"；升速率分"保持"、"慢"、"中"、"快"四档（如 0、100r·min^{-1}/min、150r·min^{-1}/min、300r·min^{-1}/min）。汽轮机手动启动时由运行人员根据汽轮机启动状态选择转速设定值和升速率，汽轮机自启动时，由自启动程序自动选择。西屋汽轮机在冲转到 3000r/min 额定转速时，采用了不同的阀门控制，在汽轮机冲转开始用主汽门控制转速，当转速达到 2900r/min 时切换到调节汽门控制。西屋汽轮机不带旁路（bypass off）主汽门启动时，在 0～2900r/min，按主汽门控制，高压调节阀门全开，中压调节阀门全开，由主汽门调节器控制主汽门，调节机组转速；到 2900r/min 时，按调节阀门控制按钮，自动切换到调节阀门回路，主汽门全开，主汽门回路为开环，调节阀门回路为闭环，通过高压调节阀门开度去控制机组转速。带旁路（bypass on）启动时，采用中压缸启动，在 0～2600r/min 左右由中压调节阀门控制转速，主汽门全关、高压调节阀门全开；到 2600r/min 时，由中压调节阀门控制切换到主汽门控制；到 2900r/min 时，再切换到高压调节阀门控制，以下就与不带旁路（bypass off）一样了。

3. 汽轮机的负荷控制

汽轮机的负荷控制通常有协调控制（CCS）、操作员自动控制和手动控制三种基本运行方式。在协调控制方式下，DEH 根据 CCS 系统给出的负荷指令调节阀门开度，DEH 相当于 CCS 系统的执行机构。操作员自动控制方式下，DEH 根据操作员设定的目标负荷和负荷变化率自动地将机组负荷调整到操作员设定的目标负荷值，负荷变化率通常分为数档，如分为"保持"、"0.5%/min"、"1%/min"、"2%/min"、"3%/min"五档，目标负荷值由操作员在负荷给定器给定。在手动方式时，由运行人员操作负荷增减按钮手动调整负荷，这时的负荷控制为开环控制。

图 7-1 为西屋汽轮机的 DEH 调节系统方框图。由图 7-1 可见，该 DEH 系统的负荷控制是三个回路的串级调节系统，通过对高压调节汽门的控制来控制机组负荷。

这三个调节回路是：①内环调节级压力（IMP）调节回路，调节器为 $P_5 I_5$，给定值 REF2；②中环功率（MW）调节回路，调节器为 $P_4 I_4$，给定值 REF1；③外环转速（WS）一次调频回路，调节器为 $1/\delta$，给定值 REFDMD。给定值变换过程：负荷参数（REFDMD）经一次调频修改后变为功率给定 REF1；其值经功率调节器修正后变为调节级压力给定 REF2；最后经过阀门管理变换后变为阀位指令（VP）。在额定工况下，REFDMD、REF1、REF2 都为额定值，其相对值都为"1"。三个调节回路能自动和手动投入或切除，可以很方便地构成各种运行方式，如表 7-3 所示。

表 7-3   三个调节回路的各种运行方式

序 号	控制方式	转速控制回路（WS）	功率控制回路（MW）	调节级压力控制回路（IMP）	说 明
1	阀位控制	OUT	OUT	OUT	阀门位置给定控制
2	定功率运行	OUT	IN	OUT	
3	功频运行	IN	IN	IN	参与电网一次调频
4	纯转速调节	IN	OUT	OUT	

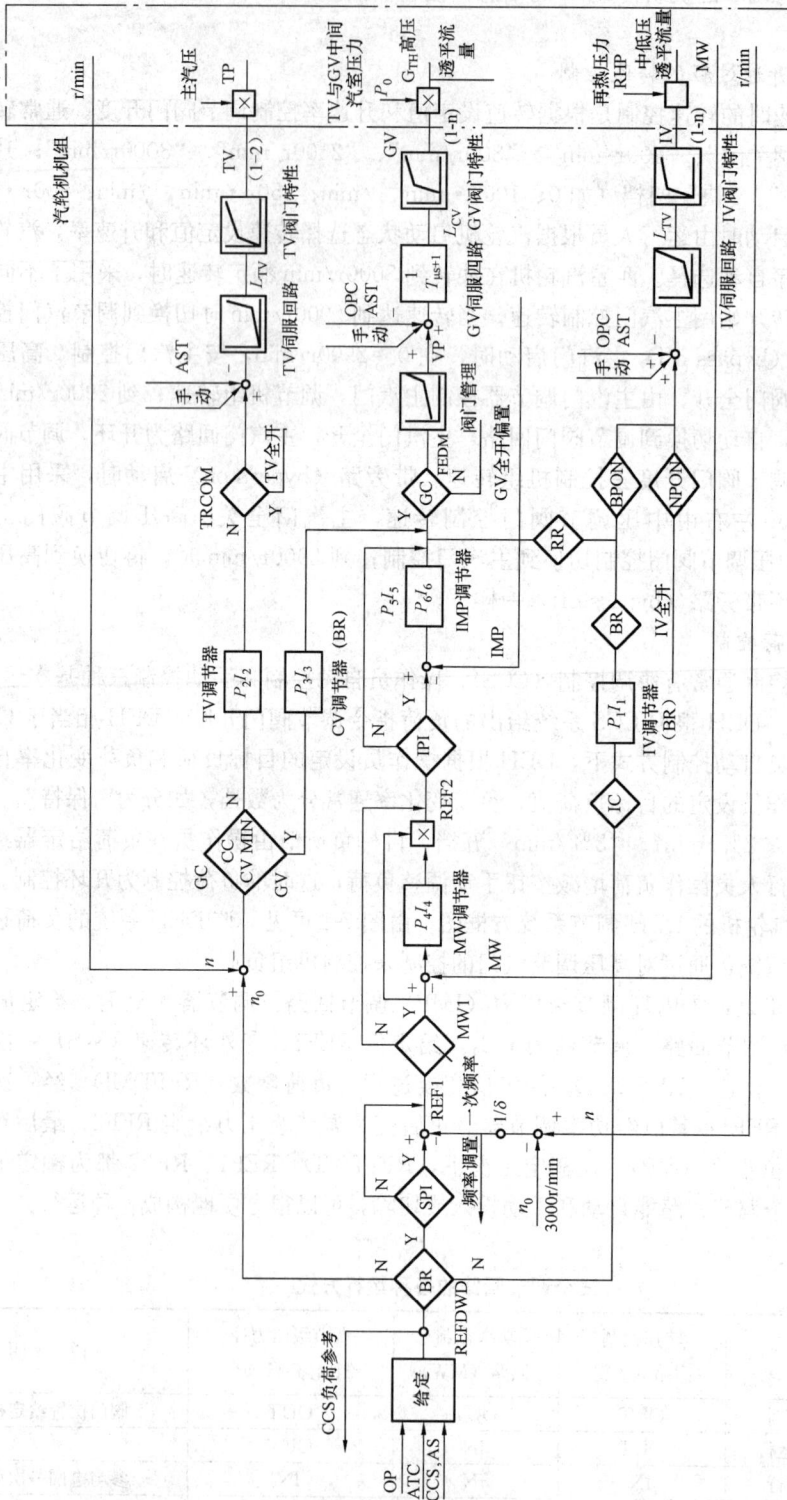

图 7-1 西屋汽轮机 DEH 调节系统方框图

BR—油断路器；SPI—一次调频回路投入；MW1—功率回路投入；CC—高压调门控制；IC—中压调门控制；BPON—旁路投入；TRCOM—TV 向 GV 切换完成；REFDMD—给定值；REF1—功率指令；REF2—调节级压力指令；FEDM—流量指令；VPOZ—阀位指令；L—油动机升程；OP—操作员自动；ATC—自动透平控制；CCS—协调控制；AS—自同步

4. 阀门控制

为了提高热效率，又不致使汽轮机应力过大，采用了高压缸全周进汽（FA）和部分进汽（PA）两种方式。西屋（或引进型）600MW汽轮机有 4 只高压调节阀，每只高压调节阀有一个独立的伺服控制回路。全周进汽，所有高压调节汽门开启方式相同，各阀开度一样，像是一个阀控制，故又称单阀方式；部分进汽，各高压调节汽门按预先设定的开启顺序依次开启，各调节汽门累加流量呈线性变化，称多阀控制。汽轮机启动时采用全周进汽方式（单阀控制），对汽轮机均匀加热，减小热应力；当汽轮机带到一定负荷后，为了提高经济性，减小节流损失，再转至部分进汽方式（多阀控制）。两种控制方式之间能保持功率不变进行无扰动切换。汽轮机自启动时，全周进汽（单阀控制）向部分进汽（多阀控制）的转换，只要转换条件满足，即自动进行。转换条件一般为：汽轮机负荷大于某设定值；不在负荷限制状态；不在机前压力控制状态。

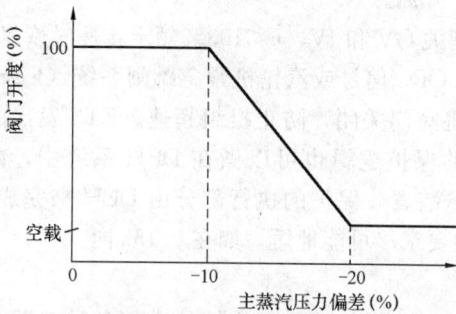

图 7-2　阀门开度与偏差关系曲线

5. 机前压力控制

机前压力控制用来防止主蒸汽压力变化过快时，湿蒸汽进入汽轮机。当主汽压力下降速度达到某一定值（如 7.4%／min）时，控制回路的输出将取代阀门流量指令，阀门开度即由机前压力控制回路的控制值控制，其控制值的大小取决于主汽压力与设定值的偏差，阀门开度就随偏差的增大而关小，阀门开度与偏差的关系如图 7-2 所示。

6. 自动同步（AS）

在发电机并网前，自动同步控制回路通过对电网频率和发电机频率的偏差比较，自动校正汽轮机转速设定值，使发电机频率始终随电网频率变化且保持大于电网频率 0.05Hz，直至并网完成。

7. 手动控制系统

手动控制系统是通过阀门控制卡，用阀门增、减按钮直接控制各阀门的开度。手动有一次手动和二次手动两种方式。一次手动与二次手动的区别在于：一次手动增减阀门开度，还有一些逻辑条件，起到防止误操作的作用；二次手动是 DEH 最末级硬件备用，通过操作台上的增/减按钮，对每个阀门进行增/减操作，无其他逻辑条件。另外，一次手动精度高于二次手动精度。因而一般情况下只需用一次手动。当自动系统故障时，由容错系统使自动切到一次手动，一次手动故障时由操作员切到二次手动。自动、一次手动、二次手动三者中任何一路控制，其他两路自动跟踪，如图 7-3 所示。

8. 模拟量的检测和转换

为了提高 DEH 系统的可靠性，功率、调节级压力、主汽压力、转速都采用冗余配置。通常功率、调节级压力、主汽压力、转速的信号采用三个变送器，分别送至三路 A/D 转换，转换后，在计算机内进行三

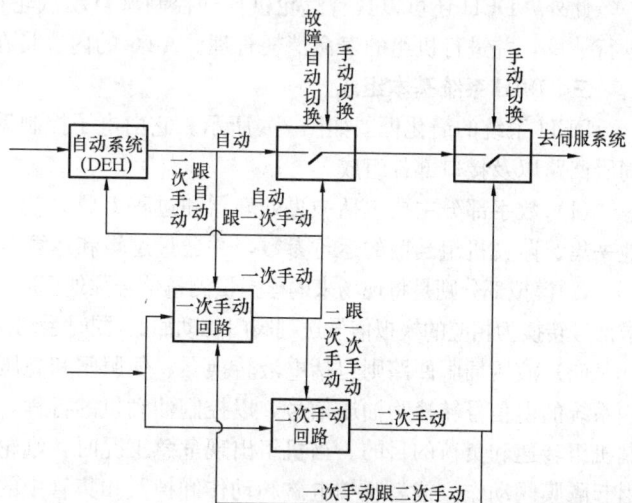

图 7-3　手动控制系统

选中，再进入控制回路。

（二）对机组的保护功能

DEH 系统具有超速保护功能（OPC），至少能够当汽轮机转速超过额定转速的 103%（即 3090r/min）时，迅速关闭高/中压调节阀门，延时一定时间后再开启调节阀门，防止汽轮机超速；DEH 系统还提供 110%（即 3300r/min）超速保护信号，由用户选用；还能接收 RUN BACK 信号，自动减负荷，以适应锅炉及其他辅机的故障工况；还应能接收 FCB 信号，当发电机油开关跳闸后自动减负荷至带厂用电或空载运行（此项功能由用户选用）。机组 OPC 超速保护系统有两条回路可以启动。

（1）中压缸排汽压力大于 30%（即机组运行在 30% 负荷以上），油断路器跳闸同时出现时，启动触发器，输出 OPC 全关信号去关高压调节汽门（GV）和中压调节汽门（IV），延时 5～10s 后，当转速小于 103% 时，触发器复位，允许 GV 和 IV 开启。

（2）任何情况下，只要转速 $n>103\%$ 额定转速，则关 GV 和 IV，$n<103\%$ 额定转速时恢复。

为了提高可靠性，OPC 控制逻辑采用三选二方式。OPC 信号或汽轮机紧急跳闸系统（ETS）动作信号可以直接送到伺服回路，通过电液伺服阀，将阀门关闭，防止机组超速。ETS 发出的停机信号经 AST 电磁阀快速关闭所有的阀门。ETS 的保护逻辑也可以做在 DEH 系统中，即 ETS 的保护逻辑由 DEH 的计算机来完成，或另设 ETS 装置，保护的执行部分由 DEH 来完成。为了能有效地防止机组超速，电磁阀回路阀门关闭时间要求尽可能地短，如在 0.15s 内。

（三）监视和通信功能

DEH 具有完善的监视功能，设有专门的终端，运行监视用 CRT 可连续地进行各种工况参数、画面、报警状态、数字和模拟量趋势的显示，为运行人员提供 DEH 全面的监视。运行人员还可以在 CRT、键盘（或鼠标、球标、光笔）上进行汽轮机的转速和负荷的手动控制。DEH 系统配置有打印机，可以进行定期打印、随机召唤打印、事故追忆打印，以取得运行记录数据对机组运行工况和事故原因进行分析。

DEH 为计算机系统，它可以和其他计算机系统通过接口进行信息交换，如 DEH 系统为机组 DCS 系统的一个组成部分，则为一体化可信息共享。由于 DEH 系统的功能设计与汽轮机本身关系十分密切，通常 DEH 系统由汽轮机制造厂商配套供货，与机组采用的 DCS 系统不是同一个分散控制系统，在这种情况下通常 DEH 与 DCS 之间的信息交换采用硬接线和通信并存的方法。

此外，DEH 还可以具有汽轮机自动控制（自动汽轮机控制，ATC）功能，能对机组的应力进行估算，并进行机组的寿命消耗管理。ATC 的内容将在本篇第八章第一节中介绍。

三、DEH 系统基本组成

DEH 系统的简化框图如图 7-4 所示。它由电子控制系统（包括数字部分和模拟部分）、液压伺服回路以及接口部件组成。

（1）数字部分主要包括中央处理器和过程 I/O 系统，作为 DEH 系统的核心，数字部分连续地采集、监视机组当前的运行参数，并通过逻辑和运算对机组的转速和负荷进行控制。

（2）模拟部分则是将现场来的模拟量测量信号预处理后送给数字系统，并将数字系统输出的阀位需求信号转换为相应的模拟信号送到阀门驱动回路，同时手动操作和超速保护等也通过模拟量系统完成。

（3）液压伺服回路则包括电液转换器、伺服阀和高压抗燃油系统，电液转换器将来自电子控制系统的电信号转换为油压信号，以控制油动机的行程，通过控制进入汽缸的蒸汽流量来达到控制机组转速和负荷的目的。当机组出现危急工况时，汽轮机超速和手动脱扣，集管中的油压变化引起隔膜阀动作，或者脱扣电磁阀动作卸掉脱扣集管中的高压抗燃油，在弹簧力的作用下保证各个阀门快速关闭，以确保机组的安全运行。

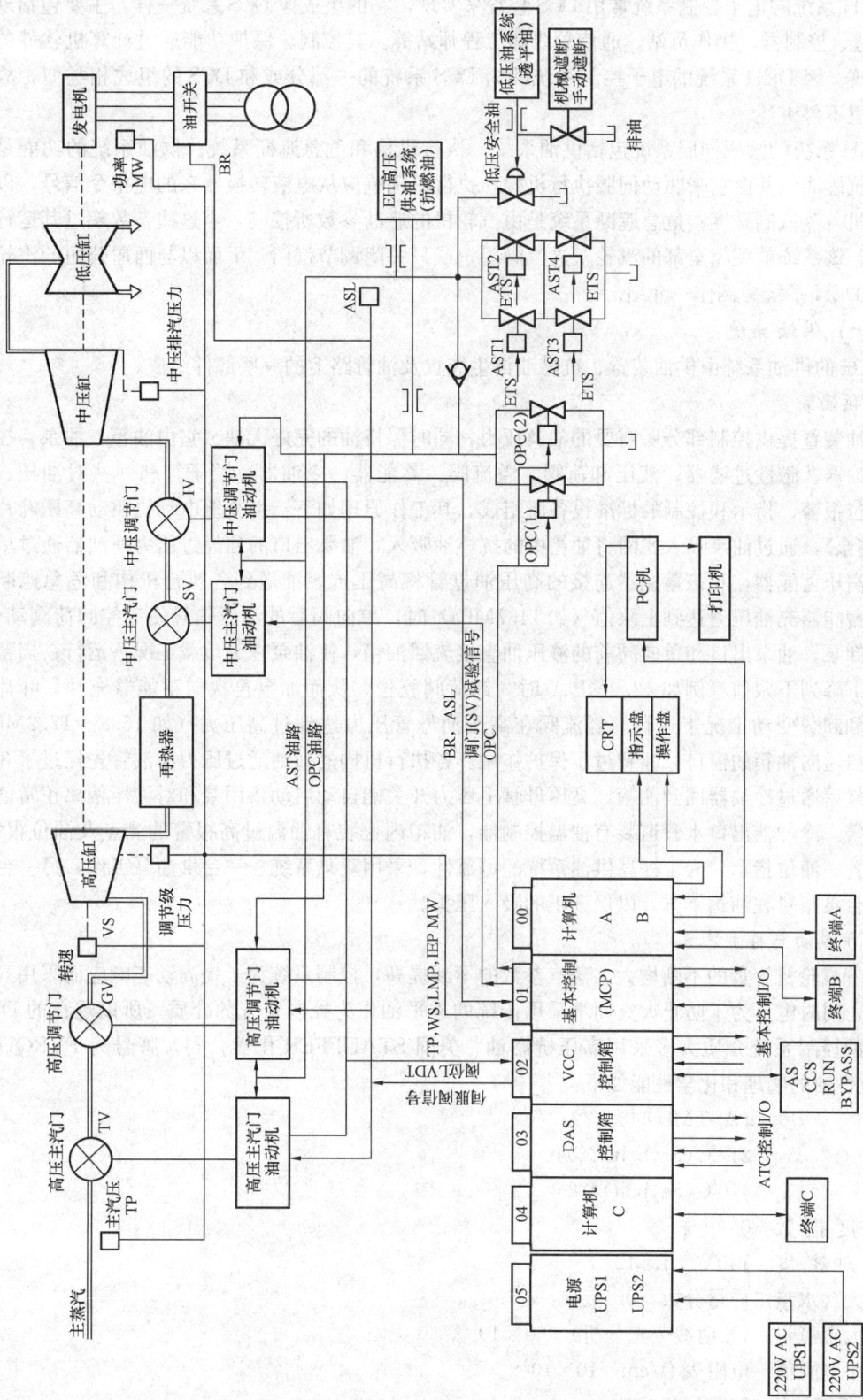

图 7-4 DEH 系统简化框图

DEH 系统的电子控制系统常用 DCS 装置来实现，它的组成像 DCS 系统一样，主要包括现场 I/O 通道、控制器、操作员站、通信总线和工程师站等。其控制、保护功能通过计算机软件的编程来实现。因 DEH 系统的电子控制系统即为 DCS 系统的一部分或和 DCS 的组成相类似，故其组成这里不再讲述。

DEH 系统的液压伺服系统包括供油系统、执行机构和危急遮断系统。供油系统的功能是提供高压抗燃油，并由它来驱动伺服执行机构；执行机构响应从电液转换器来的电指令信号，以调节汽轮机各蒸汽阀开度；危急遮断系统是由汽轮机的遮断参数所控制，当这些参数超过其运行限制值时，该系统就关闭全部的汽轮机进汽阀门，或只关闭调节汽门。下面以与西屋公司的汽轮机配套的 DEH 系统为例作一介绍。

（一）供油系统

DEH 的供油系统由供油装置、抗燃油再生装置及油管路上的一些部件组成。

1. 供油装置

供油装置提供控制部分所需要的油及压力，同时保持油的完好无缺。它由油箱、油泵、控制块、滤油器、磁性过滤器、液压卸荷阀、溢流阀、蓄能器、冷油器、端子箱和一些对油压、油温、油位报警、指示和控制的标准设备所组成。其工作原理如下：由交流电动机驱动高压叶片泵（或柱塞泵），通过油泵吸入滤网将油箱中的抗燃油吸入，油泵出口的油经过压力滤油器通过单向阀流入高压蓄能器，和该蓄能器连接的高压油母管将高压抗燃油送到各执行机构和危急遮断系统。当蓄能器充油压力达到上限值（如 14.7MPa）时，单向阀后的油压信号使液控卸荷阀动作，使油泵卸泵，油泵出口和单向阀前的液压油直接流回油箱，使油泵在无负载工况下运行；当蓄能器油压下降到下限值（例如 12.2MPa）时，卸荷阀复位，从而油泵再次向蓄能器充油，叶片泵在承载和卸载变动工况下运行。溢流阀在高压油母管压力达到过高压力（如 16.8～17.2MPa）时，开启通向油箱的窗口，起到过压保护作用。各执行机构的回油通过压力回油管先经过了 $3\mu m$ 油滤器然后通过冷油器回到油箱。高压母管上压力开关能自动启动备用泵和对油压偏离正常值时进行报警。冷油器出口水管道装有油温控制器，油箱内也装有油温过高报警的测点及油位报警、遮断装置、油位指示。为了提高供油系统的可靠性，采用双泵系统、一台供油泵工作，另一台备用，两台泵布置在油箱下方，以保证正的吸入压头。

2. 抗燃油与再生装置

随着汽轮机容量的不断增大，蒸汽参数的不断提高，控制系统为了提高动态响应而采用高压控制油，同时电厂为了防止火灾而不采用传统的透平油作为控制系统的介质。所以现在的 DEH 系统中的控制系统介质大多采用高压抗燃油。美国 STAUFFER 化学公司，牌号为 FYRQUEL EHC 抗燃油的物理和化学性能如下：

黏　　　度　（ASTMD 445－72）

　　　　　　　　212℃（Saybolt）220s

　　　　　　　　410℃（Saybolt）428s

黏 度 指 数　0

相 对 密 度　140℃　1.142

最大含水量　质量分数　0.1%

最大含氯量　（X 射线荧光分析）　50×10^{-6}

最小电阻值　电阻表 Ω/cm　10×10^{9}

最 低 闪 点　235℃（455℉）

燃　　　点　352℃（665℉）

自　燃　点　593℃（1100°F）

酸　指　数　0.1mgKOH/g

最大发泡　（起泡沫）（ASTMD892-72）mL　25

最大色度　（ASTM）1.5

颗粒分布　（SAEA-6D）试行二级

水解稳定性　（48h）合格

热膨胀系数　在140℃时　0.00038

　　　　　　在212℃时　0.00038

空气夹带量　（ASTMD3427）min　1.0

抗燃油再生装置是一种用来储存吸附剂和使抗燃油得到再生的装置。用来使抗燃油保持中性、去除水分等。该装置主要由硅藻土过滤器和精密过滤器（波纹纤维过滤器）等组成。

3.高压蓄能器和低压蓄能器

高压蓄能器和低压蓄能器是油系统中的重要部件，高压蓄能器的功能前面已有介绍。低压蓄能器装在压力油回油管道上，用缓冲器在负荷快速卸去时，吸收回油。

（二）执行机构

电液伺服执行机构是 DEH 控制系统的重要组成部分之一。600MW 汽轮机 DEH 系统有 12 只执行机构，分别控制 2 个高压主汽门、4 个高压调节汽门、2 个再热主汽门和 4 个再热调节汽门。由于控制对象不同，型式不同，所以 12 只执行机构可分为 3 种类型。

执行机构的油缸，其开启由抗燃油压力驱动，而关闭是靠弹簧弹力，属单侧进油的油缸。液压油缸与一个控制块连接，在这个控制块上装有隔离阀、快速卸荷阀和逆止阀，加上不同的附加组件，可组成两种基本型式的执行机构（即开关型和控制型）。

1.高压主汽门和高压调节阀门的执行机构

高压主汽门和高压调节阀门的执行机构同属于控制型，其工作原理和组成部件型式完全相同。该型执行机构可以将汽阀控制在任意中间位置上，成比例地调节进汽量以适应需要。其工作原理为：经电子控制部分计算机处理后的欲开大或关小调节阀的电气信号，经过伺服放大器放大后，在电液转换器——伺服阀中将电气信号转换成液压信号，使伺服阀主阀移动，并将液压信号放大后控制高压油的通道，使高压油进入油动机活塞下腔，使油动机活塞向上移动，经杠杆带动调节阀使之开启或者使压力油自活塞下腔泄出，借弹簧力使活塞下移关闭调节阀。当油动机活塞移动时，同时带动线性位移传感器，将油动机活塞的机械位移转换成电气信号，作为负反馈信号。只有当原输入信号与负反馈信号相加，使输入伺服放大器的信号为零后，伺服阀的主阀才能回到中间位置，不再有高压油通向油动机下腔或使压力油自油动机下腔泄出，此时调节阀便停止移动，停留在一个新的工作位置。

在该型执行机构的油缸旁各有一个快速卸荷阀，在汽轮机发生故障需要迅速停机时，安全系统动作使危急遮断油泄去，将快速卸荷阀打开，迅速泄去油动机活塞下腔中压力油，在弹簧力的作用下迅速地关闭相应的阀门。伺服阀是执行机构的主要部件，该伺服阀由一个力矩电动机和两级液压放大及机械反馈系统所组成。第一级液压放大是双喷嘴和挡板系统，第二级放大是一滑阀系统，其工作原理为：当有欲使调节阀动作的电气信号由伺服放大器输入时，则力矩电动机电磁铁间的衔铁上的线圈中有电流通过，产生一磁场，在两旁磁铁作用下，产生一旋转力矩，使衔铁旋转，同时带动与之相连的挡板转动，此挡板伸在两个喷嘴中间。在正常稳定工况时，挡板两侧与喷嘴的距离相等，使两侧的泄油面积相等，喷嘴两侧的油压相等；当有电气信号输入，衔铁带动挡板转动时，则挡板移近一只喷嘴，使这只喷嘴的泄油面积变小，流量变小，喷嘴前压力变高，而对侧的喷嘴与挡板间的距离变大，泄油量增大，使喷嘴前的油压变低。这样就将原来的电气信号转变为力矩产生机械位移信号，再转变为油压信号，并通过喷嘴挡板系统将信号放大。挡板两侧的喷嘴前油压与下部滑阀的两个端部腔室相通，当两个喷嘴前的油压不等时，则滑阀两端的油压也不相等，使滑阀移动，滑阀上的凸肩所控制的油口开启或关闭，以控制高压油由此通向油动机活塞下腔，以开大调节阀的开度或者将活塞下腔通向回油，使活塞下腔的油泄去，由弹簧力关小调节阀。为了增加调节系统的稳定性，在伺服阀中设置了反馈弹簧，在伺服阀调整时有一定的机械零偏。在运行中突然发生断电或失去电信号时，借机械力量使滑阀偏移到一侧，使调节阀关闭，以确保安全。

2. 再热主汽门的执行机构

再热主汽门的执行机构属开关型执行机构，阀门在全开或全关位置上工作。该执行机构的活塞杆与再热主汽阀活塞杆直接相连。活塞向上运动开启阀门，向下运动关闭阀门，油动机是单侧作用的，提供的力用来开启汽门，关汽门靠弹簧力。

3. 再热调节阀的执行机构

再热调节阀的执行机构属控制型，可以将汽阀控制在任意的中间位置上，成比例地调节进汽量以适应需要。其工作原理与上述高压主汽门和高压调节汽门的执行机构相同。区别在于再热调节阀的油缸为拉力油缸，而其他的阀门的油缸均为推力油缸。

（三）危急遮断系统

为了防止汽轮机在运行中因部分设备工作失常可能导致的重大损伤事故，在机组上装有危急遮断系统，在异常工况下，使汽轮机危急停机，以保护汽轮机的安全。危急遮断系统监视汽轮机的某些重要参数，当这些参数超过其运行限制值时，该系统就关闭全部汽轮机进汽阀门。危急遮断系统主要由汽轮机超速保护系统（OPC）和参数越限自动停机遮断系统两个保护系统组成。

（1）汽轮机超速保护系统（OPC）。

主要部件是受 DEH 控制器 OPC 部分所控制的超速保护控制电磁阀。两个电磁阀布置成并联，正常运行时，这两个电磁阀是常闭的，封闭了 OPC 总管油液的泄放通道，使主蒸汽调节阀和再热调节阀的执行机构活塞下建立起油压，受控开大或关小。当 OPC 动作，如转速达 103% 额定转速时，这两电磁阀就被励磁（通电）使 OPC 母管油液泄放，这样相应执行机构上的快速卸荷阀就开启，使主调节汽阀和再热调节汽阀立即关闭。

（2）自动停机遮断系统。

自动停机遮断系统主要部件是 4 只自动停机遮断电磁阀（AST）。在正常运行时，它们被励磁关闭，从而封闭了自动停机危急遮断母管上的抗燃油泄油通道，使所有蒸汽阀执行机构活塞下的油压建立起来。当危急遮断系统所监视的汽轮机某些重要参数如推力轴承磨损、轴承油压过低、凝汽器真空过低、抗燃油油压过低等危急遮断信号产生（另外系统还提供了一个可接所有外部遮断信号的遥控遮断接口）时，则电磁阀打开，总管泄油，使所有蒸汽阀门关闭而使汽轮机停机。4 只 AST 电磁阀成串并联布置（见图 7-4），这样就具有多重的保护性，既可防止拒动又可防止误动。每个通道中至少有一只电磁阀打开，才可导致停机。

（3）两个单向阀安装在自动停机危急遮断油路（AST）和超速保护控制油路（OPC）之间。当 OPC 电磁阀动作时，关主调节阀和再热调节阀，单向阀维持 AST 的油压，使主汽门和再热主汽门保持全开；当转速降到额定转速时，OPC 电磁阀关闭，主调节阀和再热调节阀重新打开，从而由调节汽阀来控制转速，使机组维持在额定转速。当 AST 电磁阀动作时，AST 油路油压下跌，OPC 油路通过两个单向阀，油压也下跌，将关闭所有的进汽阀和抽汽阀而停机。

DEH 系统是汽轮机安全、稳定、经济运行十分重要的系统，DEH 系统本身的可靠性十分重要，因此在 DEH 系统的设计中要充分考虑其可靠性。为了保证 DEH 系统有充足的可靠性，在 DEH 系统设计中通常考虑下列措施：

（1）DEH 系统采用双主机（CPU）冗余系统，双主机应能无扰动地相互切换。正常运行时，一台主机运行，另一台主机处于热备用状态，一旦运行主机故障，则应自动无扰地切至另一台主机。

（2）冗余的双路数据通信总线。

（3）变送器、信号回路采用冗余设计，变送器采用三个或两个，在计算机内逻辑回路采用三选二逻辑，主控制信号则采用三取中。

（4）交流 220V 电源采用双 UPS 电源供电；直流电源采用 1：1 冗余。

（5）OPC 电磁阀采用双电磁阀并联系统，AST 电磁阀采用 4 个电磁阀，先两个并联、再串联的系统。

（6）系统硬件和软件各种抗干扰措施：模拟量输入用隔离放大器隔离外界干扰，开关量输入输出采用继电器隔离和光电隔离，输入进行滤波，滤去突变的各种干扰量。

（7）电气元器件的筛选、老化、整机考机试验，提高 DEH 装置的可靠性。

（8）充分利用计算机系统软件的自检功能。

五、数字式电调系统功能实现情况

（1）部分电厂数字式电调系统功能实现情况，如表 7-4 所示。

表 7-4　　　　　　　　　　　数字式电调系统功能实现情况

功能＼电厂	妈湾	沙角 A	珠江	湛江	阳逻	岳阳	铁岭	吴泾	石洞口二厂
转速控制	√	√	√	√	√	√	√	√	√
负荷控制	√	√	√	√	√	√	√	√	√
阀门管理	√	√	√	○	√	○	√	√	√
阀门试验	△	△	△	△	△	△	△	△	△
应力计算	√	△	√	×	√	×	√	×	√
负荷限制	√	√	√	√	√	√	√	√	√
应力限制	△	△	△	○	△	×	×	×	×
中压缸启动	×	×	×	○	×	○	○	○	○
汽门快关	×	×	×	×	○	×	○	×	×
ATC	×	×	×	×	○	×	○	×	○

注　√—功能投入正常运行；△—功能可实现，但未投入正常运行；×—功能不能实现；○—无此功能。

（2）电调系统的甩负荷试验。因收集的资料不多，在表 7-5 中仅列出几个电厂数台汽轮机的电调系统甩负荷特性。

从表 7-5 中所列数字可见，这些电调系统在甩全负荷时的动态超速均小于 6%。

（3）中压缸启动方式问题。

法国阿尔斯通公司的机组在启动升速和带 25%～30% 负荷阶段（包括降负荷到 25% 以下时），对于任何一种启动状态（如冷态、温态、热态、极热态）均采用中压缸启动，直到负荷超过 30% 以上时才开启高压缸。采用中压缸启动可简化高压缸和转子的温度匹配过程，大大缩短启动时间（特别是冷态启动时间）。河南姚孟电厂3、4号机（300MW）和元宝山电厂的2号机（600MW）就是采用中压缸启动的。

表 7-5   部分电调系统的甩负荷特性

电 厂	机 组 号	时间（年）	负荷（MW）	转速（r/min）	备 注
妈湾	1	1994	280	3160	
湛江	1	1995	300	3160	
珠江	1	1994	287	3154	新华公司提供
汉川	1	1990	240	3123	新华公司提供
铁岭	1	1993	302	3155	新华公司提供
彭城	1	1997	299	3163	江苏省电力试验研究院提供

美国机组因原设计未考虑采用旁路系统，机组并不能适应中压缸启动方式，是中方提出加装旁路系统实现中压缸启动要求的。根据试验，美国GE公司的机组可在热态下中压缸启动，冷态仍是传统的高压缸启动方式。南通、上安、利港的GE型汽轮机在热态下即按中压缸启动方式进行机组的启动。西屋公司的汽轮机因本体结构和热力系统的不同，即使热态也只能实现中压缸冲转和升速，当转速升到2650r/min时，需开启高压缸。经试验证明，这种启动方式的启动时间比正常的高压缸启动时间还要长，且操作复杂，安全性低。因此，强求西屋型机组（引进型机组）实现中压缸启动方式，在技术上是不现实的，安全经济性也不利。有关专家建议在技术条件中不要强求这一要求。

第二节　给水泵汽轮机电液控制系统

一、概述

大型机组为了提高机组的热效率、节省能源、减小厂用电，采用汽轮机代替电动机驱动锅炉给水泵。大型机组，包括600MW机组在内，其给水系统通常配置两台容量各为机组额定容量50%的汽动给水泵和一台容量为机组额定容量25%~30%的电动给水泵。

汽动给水泵的启动和运行与电动给水泵相比要复杂得多，为了提高机组的安全可靠性，减少误操作，进一步提高自动化水平，原来的汽轮机液压机械式调节系统已不能适应锅炉给水流量自动控制的要求。随着计算机技术的发展和普及，锅炉给水泵汽轮机也采用和主汽轮机一样的数字式电液控制系统，所不同的是锅炉给水泵汽轮机数字式电液控制系统的控制功能只有转速控制。锅炉给水泵汽轮机（数字式）电液控制系统简称 MEH（micro processer — based electro hydraulic）。MEH与液压控制系统相比，除功能相同外，还具有下列液压控制系统所没有的功能：

（1）大范围转速闭环控制。

（2）能接受锅炉给水控制系统来的给水流量要求指令，对汽轮机的转速进行控制。

（3）可编程的软件和模块化硬件使系统具有高度灵活性。

锅炉给水泵汽轮机用于驱动锅炉给水泵，以满足锅炉给水的要求。驱动汽轮机的蒸汽通常有两路，一路是来自锅炉的主蒸汽（高压汽源），另一路是主汽轮机的抽汽，即低压汽源。在每路汽源管道上设有主汽阀和调节汽阀。当主汽轮机在低负荷工况时，如在25%~30%负荷以下时，由于抽汽压力太低，故全部用高压汽源，由高压调节阀 HPGV 来控制进入汽轮机的蒸汽流量，从而改变汽轮机的转速，以控制给水泵出水流量，满足锅炉给水量的需求；主汽轮机负荷升高到一定范围时，如为 25％～30％一直到 40％时，由高压汽源和抽汽同时供汽，主要由高压调节阀控制，低压调节阀 LPGV 基本上全开；在主汽轮机负荷高于一定数值后，如 40％负荷以上时，全部用抽汽，由低压调节阀控制汽轮机的转速。

二、MEH 系统功能

MEH 系统的主要功能是通过控制（小）汽轮机的转速来达到控制锅炉给水流量的目的，MEH 系统还具有数字式控制系统通常都具有的数据通信、CRT 显示、打印记录等功能，此外还具有（小）汽轮机的超速保护等功能。

MEH 控制系统通常有以下三种运行方式：

（1）锅炉自动。根据锅炉给水控制系统来的给水流量要求信号来控制汽轮机的转速。

（2）转速自动。根据操作员在控制盘上给出的转速定值信号来控制汽轮机的转速。

（3）手动。根据操作员在控制盘上给出的调节阀阀位增加或减小信号直接操作调节阀开度，控制汽轮机的转速。

MEH 控制系统的核心是转速自动控制回路。在稳定工况下，转速与转速定值是相等的。当转速定值变化后，当前转速与转速定值间产生一个差值，经过差值放大、PID 运算后，得到一个控制量输出送到伺服放大器，经功率放大后，操纵伺服阀，使调节汽阀开度发生变化，改变进汽量，使转速与转速定值相等。系统设有手动和自动相互跟踪回路，为无扰切换。MEH 系统控制器承担正常的超速保护功能，当汽轮机转速达 110％，即 6325r/min 时，超速保护动作，使主汽阀和调节汽阀全部关闭，汽轮机脱扣。同时机械超速保护动作，使汽轮机脱扣。为确保超速保护功能的可靠，系统设有另一通道的汽轮机转速达 120％时的超速保护。这样就保证使汽轮机转速不会超过最大极限转速（120％），以满足汽轮机和给水泵的安全运行要求。

MEH 系统的控制功能（以西屋公司的 MEH 为例）具体介绍如下。

1. 转速控制范围

（1）手动。0～600r/min。

（2）转速自动控制。600r/min 至最小锅炉自动信号 3100r/min。

（3）锅炉自动控制。最小锅炉自动信号 3100r/min，最大锅炉自动信号 5700r/min。

2. 控制回路

（1）手动控制回路。为一带转速开环控制的电气回路，调节阀阀位通过"阀位增"、"阀位减"两按钮设定，操作范围为零转速至 600r/min，操作盘上显示控制方式"手动"。

（2）转速自动控制回路。为一带转速闭环的电气回路，通过"转速增"、"转速减"按钮控制转速的设定点，升降速率可以通过键盘调整，操作范围自 600r/min 至最小锅炉自动信号 3100r/min，操作盘显示控制方式"转速自动"，从手动控制切换至转速自动控制为无扰切换。

（3）锅炉自动控制回路。根据锅炉给水控制系统发出的信号设定转速设定值，转速指令值为 4～20mA 的直流模拟量信号，速率可通过键盘调整，操作范围从最小锅炉自动信号 3100r/min 至最大锅炉自动信号 5700r/min；操作盘上显示控制方式"锅炉自动"，从转速自动切换到锅炉自动为无扰切换。

3. 控制方式切换

（1）从锅炉自动控制切换到转速自动控制只需满足下列任一条件：

1）超出锅炉自动信号极限（4mA 或 20mA）；

2）进行超速试验；

3）给水控制允许信号故障。

（2）转换为锅炉自动方式需同时具备下述条件：

1）目前的运行方式必须是转速自动方式；

2）目前转速必须在给水系统最小控制指令 3100r/min 以上；

3）给水泵汽轮机不被遮断；

4）当时给水泵汽轮机的转速必须在给水系统控制转速指令范围之内；

5）给水系统应输入一个给水控制允许的接点信号（表示远控系统已准备好控制给水泵汽轮机转速）；

6）模拟量接口，接受给水系统的转速目标指令必须在限定范围之内（4～20mA）；

7）"远控无效"指示灯未亮。

（3）当给水泵汽轮机停机或控制器电源切断时，操作盘上显示手动控制方式，高、低压调节阀设置在关闭位置。

（4）从转速自动控制切换到手动控制只需满足下列任一条件：

1）微机电源切断；

2）无速度反馈输入；

3）给水泵汽轮机转速与设定值偏差超过±500r/min。

4. 停机及复位

（1）接收到脱扣信号时执行下列功能：

1）关闭所有调节阀和主汽门；

2）控制器恢复手动控制方式；

3）闭合一输出触点，使小汽轮机停机回路带电励磁；

4）通过软件逻辑，将控制器锁定在停机状态。

（2）接收到复位信号时，将使一输出触点闭合，使给水泵汽轮机停机系统复位，但此时，所有蒸汽阀门应关闭，或小汽轮机处于不停机状态。

5. 超速试验

操作盘上设有 3 位键开关（"正常"、"机械"、"电气"），供超速停机试验用；开关设在"机械"位置，做机械超速试验，电气超速设定值应升高至 120％额定转速；开关设在"电气"位置，做电气超速试验，隔离机械超速停机，直至电气超速停机。

三、MEH 系统基本组成

MEH 系统的基本组成和 DEH 系统的基本组成大致相同，它由电子控制系统（包括数字部分、模拟部分）、液压伺服回路以及接口部件组成。数字系统主要包括中央处理单元和过程 I/O 系统，是 MEH 系统的核心。数字系统连续地采集、监视（给水泵）汽轮机——给水泵当前的运行参数，并通过逻辑和运算对（给水泵）汽轮机的转速进行控制；模拟部分是将现场来的模拟量信号进行预处理后送给数字系统，并将数字系统输出的阀位需求转换为相应的模拟量信号（如 4～20mA 信号）送到阀门驱动回路。液压伺服回路则包括电液伺服系统和油系统（供油系统、蓄能器组件和油管路系统）。MEH 系统的电子控制系统可以是独立的系统，也可以是与主汽轮机的 DEH 采用同类型控制系统（如都由同一种的 DCS 所组成），若采用 DCS 系统，则 MEH 系统成为 DCS（DEH）系统的一个"站"，这样可以达到资源共享的目的，MEH 的监视操作、系统组态可以共用 DEH 的操作员站和工程师站。MEH 的供油系统可以是独立的供油系统，也可以来自主汽轮机的 DEH 供油系统，这时 MEH 系统也采用高压抗燃油系统。

（一）电子控制系统

当 MEH 系统的电子控制系统与 DEH 系统的电子控制系统采用同一分散控制系统（DCS）时，MEH 电子控制系统为 DCS 的一个或数个"站"或"节点"，是 DCS 系统的一部分，故其组成这里不再讲述。当 MEH 系统的电子控制系统为独立系统时，其组成一般包括 MEH 控制器（柜）、运行人员操作盘、打印机、调试终端等。MEH 控制器的主处理机通常采用两台，双机并列运行，互为备用，通过软件监控程序来切换。操作盘主要供操作员监视和操作作用，通常布置有转速和转速定值数字显示表，调节阀阀位串行口 RS232 与主机连接。主机程序参数的调整等，由调试终端键盘输入。MEH 控制系统的软件（以某 MEH 控制系统为例）主要由系统任务调度管理程序、应用软件和容错软件三大部分组成。

1. 系统任务调度管理软件程序

系统任务调度管理程序是 MEH 控制系统的主程序，负责硬件初始化、数据初始化、模拟量输入/输出、开关量输入/输出、模拟操作盘、制表、打印、灯显示等子程序，以及应用软件和容错软件的调度管理。

2. 应用软件

应用软件是实现给水泵汽轮机自动控制、启停操作、运行方式选择、故障处理等功能的一套程序。它主要由操作盘任务模块、逻辑任务模块和控制任务模块三个程序模块组成。

3. 容错软件

容错软件主要用来对 A、B 双机系统进行校核、监视以及错误检测并进行切换，包括双机通信、双机 CPU 自诊断、出错处理等子程序模块。

（二）伺服执行机构

MEH 系统的伺服执行机构分为两类，开关型执行机构和控制型执行机构，高压主汽门伺服机构和低压主汽门伺服机构属于开关型执行机构，高压调节汽门伺服机构和低压调节汽门伺服机构为控制型执行机构。

1. 开关型执行机构

阀门工作在全开或全关位置，其组成部件有油缸、二位四通电磁阀、卸荷阀、节流孔以及液压集成块等。电磁阀接受控制信号，接通或关闭其油路。当电磁阀被接通时，从油系统来的高压油经过节流孔进入油缸活塞下腔，使活塞杆上移并通过杠杆机构打开汽阀；当电磁阀被关闭时，油缸中不再有高压油进入，电磁阀通过回油管路排油，弹簧力使汽阀关闭。另外，卸荷阀接收危急遮断信号，使进入油缸的高压油通过卸荷阀迅速释放，汽阀在弹簧力作用下迅速关闭。

2. 控制型执行机构

控制型执行机构可以将汽阀控制在任意位置上，成比例地调节给水泵汽轮机的进汽量，从而达到控制给水泵流量的目的。该伺服机构由电液伺服阀、油缸、滤网、线性位移传感器（LVDT）以及液压集成块组成。首先 MEH 控制器按照给水控制系统来的指令采集各系统的工作数据，经运算处理以后输出一个电信号（即阀位控制信号）到伺服放大器，被放大后的电信号送入电液伺服阀，而电液伺服阀则将电信号转换成液压信号，使得伺服阀的主阀（即滑阀）移动，滑阀移动的结果，就使系统传递力的主回路（进油→负载→回油）接通，高压油进入活塞的上腔或下腔，活塞杆就向上或向下移动，并经过杠杆机构带动调节汽阀使之开启或关闭。当活塞杆移动时，同时带动线性位移传感器（LVDT）一起运动，位移传感器输出的信号经过一个与之配套使用的转换器，使机械位移信号转换成电气反馈信号，并送入控制器的伺服放大器，伺服放大器把这个信号与阀位指令相比较，以调整、控制调节汽阀的开度。如果输入伺服阀的阀位信号与伺服机构负反馈信号相加后为零，则伺服阀的滑阀回到零位，油缸活塞上下腔处于压力平衡状态，活塞杆停止移动，调节汽门则停留在该工作位置直到新的阀位指令进来。其电液伺服阀由一个力矩电动机和两级液压放大及机械反馈系统组成。其结构和工作原理与 DEH 系统的电液伺服阀基本相同，详见本章第一节。

四、MEH 系统可靠性设计

为了保证 MEH 控制系统运行的可靠性，MEH 控制系统在设计上采取了许多措施，主要有以下几方面：

（1）采用双主机（CPU）冗余系统，双机并列运行，双机由容错程序检测并进行无扰切换。

（2）转速输入和伺服输出采用双通道（冗余）。

（3）采用不间断电源 UPS 供电。

（4）采用机内、机外两组独立电源，实现输入/输出信号内、外隔离。

（5）为保证小汽轮机给水泵的安全，采用 110% 和 120% 两套超速脱扣信号，脱扣来自控制器和测速回路的电气信号及手动信号。此外，还有机械脱扣装置等多路控制脱扣，以确保安全性。

（6）计算机失去电源自动从自动控制切换到手动控制，手动与自动相互跟踪，无扰切换。

（7）可进行在线维修。

复 习 思 考 题

1. 汽轮机数字电液控制系统（DEH）的主要功能是什么？

2. 根据图 7-1 叙述汽轮机转速调节的原理。

3. 根据图 7-1 叙述汽轮机负荷控制的原理。

4. 根据图 7-4 解释 DEH 系统的基本构成。

5. DEH 中危急遮断系统如何构成 OPC 和 AST 保护？其工作原理是什么？

6. MEH 系统的功能有哪些？

第八章

汽轮机自启动系统和旁路控制系统

第一节　汽轮机自启动系统

一、概述

汽轮机自启动指汽轮机启动过程中的各步序都自动完成，即从暖阀到目标负荷，包括选择目标转速、升速率、高低速暖机时间、初负荷保持时间、目标负荷、升负荷率等。汽轮机在启动过程中要测定和控制转子热应力、汽缸及主要阀门的有关温差，使其在允许条件下，以最快速度升速，以缩短启动时间；在给机组加载或减载时，应根据应力是否在允许范围内，决定加载或减载速率，尽可能地提高机组响应外界负荷的能力，又将汽轮机的寿命消耗控制在正常范围以内；还要控制汽轮机各辅助系统和辅机的运行。在升速期间，机组升速到第一次保持转速时，一方面进行速度保持，另一方面定时计算转子最大应力，直到计算出的结果小于允许应力时便中断保持，将速度升到上一档并保持转速。在给机组加载或减载时，随着应力的增加，加载率就会自动降低，如果超过了允许应力水平时，就保持负荷，允许应力是可以由操作员选择的，其数值相对于寿命消耗而变化。高、正常和低的寿命消耗对应的应力限值不一样，当采用较高的应力限值时就意味着选择了较高的寿命消耗。在启动全过程中，还要监视汽缸及主要阀门的有关温差，如果有任何温差接近其限值，就要开始保持加热量不变或者负荷不变。因此汽轮机启动和加载/减载是一个极其复杂的测定和控制过程，对于大型再热机组其任务尤为繁重。

汽轮机自启动系统（TAS）又称自动汽轮机控制（ATC），要具有极其复杂的测定、计算和控制功能，一般要通过使用计算机方能实现。600MW 机组通常都具有汽轮机自启动功能。安徽平圩电厂、浙江北仑电厂的 600MW 机组汽轮机自启动功能是由汽轮机的 DEH 系统来实现的；上海石洞口二厂 600MW 超临界机组的自启动系统的功能扩大到整个单元机组的自启动，从锅炉点火前的机、炉辅机的启动、锅炉点火、升温升压、制粉系统（磨煤机组）的投运等，直到带满负荷，均由机组自动管理系统（UAM），即机组自动启动系统发出指令，在操作人员少量干预下自动完成。例如，磨煤机组启动台数需操作员预先手动设置后自动完成启动。其机组自动管理系统（UAM）由分散控制系统 N−90 的硬件和软件来实现。

二、平圩电厂 600MW 机组自动汽轮机控制

（一）自动汽轮机控制基本功能和工作方式

安徽平圩电厂 600MW 机组的自动汽轮机控制（ATC）功能由 DEH 系统实现，ATC 是 DEH 的一个主要控制任务，它由 17 个子程序构成，完成以下主要功能。

在机组转速控制期间，根据机组的当前运行工况以及应力计算的结果自动地给出当前机组的目标转速和转速变化率，完成冲转至并网带初期负荷的全过程。当机组并网以后，无论在自动控制方式还是在远方控制方式，只要实际负荷与目标负荷不相符且 ATC 方式投入，则 ATC 程序自动地计算出当前机组运行工况的允许最大负荷变化率，并将此变化率与外部给定的变化率相比

较，确定应取的控制机组的负荷变化率。此外，ATC程序还连续地分析和计算当前机组的各报警工况，通过CRT对操作员进行操作指导。ATC实际上有以下三种工作方式。

（1）自动汽轮机控制——ATC。

在ATC方式下，根据计算结果自动地将转速目标值从0变到3000r/min，同时给出转速变化率，并监控所有的振动、金属温度等参数。根据机组运行工况的需要进行暖机、保持、阀切换，当汽轮机达到同步转速时自动切换到自动同步器控制方式。在负荷控制期间根据机组工况计算出最佳许可的负荷变化率。CRT和打印机可连续地提供所有的ATC信息和机组参数。

（2）ATC仅用于监视。

在此工作方式下，ATC程序是投入运行的，但是仅用来监视汽轮发电机组的运行参数，并不参与对机组的控制。

（3）ATC监视切除。

在这种方式下，ATC的各个子程序实际上也还在运行，同时也能设置各种信息标志，但是没有任何信息可以发出。

（二）ATC子程序

该ATC共有17个子程序，现介绍如下。

1. 周期控制任务子程序P00。

P00的功能：首先，它监视计算机停机计时器，根据当前设备工况以及外部条件选择ATC的三种可能的运行方式之一，以及驱动在控制盘上的6个ATC指示灯。此外，P00还管理ATC软件其余子程序的调用和与基本DEH软件的接口。

2. 高、中压转子应力计算子程序P01、P16

这两个子程序计算高、中压转子的实际应力和预测的应力，供P04用以控制升速和升负荷率。程序的运行周期5s，它们完成以下工作。

（1）转子应力有效的检查。

转子应力无效的条件是：

1）两只首级汽温热电偶均发生故障；

2）在转速控制期间，转速反馈信号故障；

3）转子应力计算尚未连续运转超过2h。

（2）设定转子应力极限。

1）冷态启动极限：当首级金属温度低于121℃且汽轮机已脱离盘车转速时，设置转子有效温差极限等于冷态极限。

2）热态启动极限：当首级金属温度高于121℃或者暖机完成时，设置转子有效温差极限等于热态极限。

3）正常负荷速率极限：在负荷控制阶段，设置转子有效温差极限等于正常变负荷速率极限，这个极限是对应于10000次循环寿命线的。

4）高负荷速率极限：必要时可选择对应于4500次循环寿命线的高负荷速率限值。

（3）转子有效温差。转子有效温差是转子热应力的一个标志，其含义是：转子表面温度减去转子体积平均温度再加上离心应力的修正。这个有效温差代表转子的应力，每5s计算一次。

（4）转子预测温差的计算。子程序按连续存储的15个有效温差（每分钟刷新一次）用外推法求其预测值。

（5）主汽温度的安全检查。在每个TV阀前装有温度测点，进行程序监视：

1）主汽门之间的温差是否超过14℃；

2）主汽温或再热汽温不可控制的下降在 5min 内是否超过 83℃。

3. 汽轮机金属温度监视子程序 P02

P02 运行周期 10s，它测算左右两侧汽室的内、外壁温差（包括当前值和预测值）并与限值比较，仅当这些温差小于 83.3℃时才允许脱离盘车或进行变速/变负荷控制。

4. 盘车监控子程序 P03

P03 运行周期 60s，其基本功能是：

（1）当热态启动机组已在盘车时，预测在当前蒸汽参数下的首级汽温和金属温度，从而给出在 10min 盘车时间内汽温和金属温度应如何匹配。

（2）在冷态启动时，程序 P03 告知操作员相对于冷态的转子其主蒸汽温度是否太高。在盘车工况下可能有两类情况发生，第一类是存在下列情况，但可由操作员超越的工况，即：

1）中压叶片环金属温度小于 121℃加裕度，且当前主汽门汽温大于 427℃；

2）EH 油温低于 21℃；

3）EH 油压低；

4）HP 或 IP 疏水阀门关闭；

5）排汽系统故障（P10）；

6）轴承油系统故障（P08）；

7）轴封系统故障（P10）。

第二类必须禁止机组脱离盘车的工况有以下几种：

1）当处于 ATC 方式下，如出现偏心度高指示符（P05）；

2）金属工况保持（P02）；

3）真空度超限（P10）；

4）差胀超限（P11）；

5）冷却气体温度高（P09）；

6）轴承金属温度高（P08）；

7）轴向位移超限（P11）；

8）水探测保持（P06）。

5. 转子应力控制子程序 P04

P04 子程序是机组变速和变负荷速率控制中心。每 30s 根据 P01 和 P16 转子有效温差及其预测值设置"转子应力保持"、"转子应力需减小速度/负荷变化率"或"转子应力允许增大速度/负荷变化率"等控制指示符。

6. 偏心度和振动监控子程序 P05

当机组转速 $n<600$r/min 时，P05 监视转子偏心度，此后则监视转子各轴承的振动。P05 的运行周期为 10s，完成功能如下：

（1）当偏心度大于 76.2μm 时，设置"高偏心度"指示符。

（2）当监视仪表来的振动输出值有效时，设立可变的（随机组转速变化）振动报警和跳闸限值。

1）当机组处于较低转速（600~2000r/min）时，程序设置振动报警限值为 203.2μm，跳闸限值为 254μm。转速大于 2000r/min 时，则有

$$报警限值 = 203.2 - 76.2 \times \frac{当前转速 - 2/3\ 同步转速}{2600 - 2/3\ 同步转速}$$

机组转速达 2600r/min 时报警限值降到 127μm，此后就保持为此值。

2）将每个轴承的振动值与限值比较，超限时设置"超越跳闸极限"指示符。在 ATC 控制方式，若振动值超过了报警极限但小于跳闸极限时，程序还必须判断汽轮机转速是否处于低压缸叶片共振范围或处于励磁机临界转速，同时判断振动值的变化趋势，并据以给出相应的决策指示。当机组通过临界转速时，P05 不考虑第 11 号轴承（励磁机轴承）的报警限值，而且此时该轴承的跳闸限值放大到 $381\mu m$。

7. 水检测和疏水阀控制子程序 P06

P06 监视汽轮机高、中压缸的各温度传感器，并根据各汽缸上下金属温差（限值为 42℃）来判断是否需要疏水并控制高中压缸疏水阀。P06 的运行周期为 10s。在正常运行工况下，汽轮机高中压缸疏水阀的状态为：

运行工况	HP 疏水阀	IP 疏水阀
在转速控制	开	开
负荷在 10%～20%	关	开
负荷大于 20%	关	开

8. ATC 目标值和升速/变负荷速率控制子程序 P07

P07 每秒钟运行一次。它监视其他子程序所设置的指示符，并据以完成如下功能：

（1）按实际运行工况调整 ATC 速率表，控制机组的转速或负荷变化率；

（2）在机组处于危急工况时，P07 子程序靠设置 ATC 目标值等于"DEH 参考值"或等于"汽轮机叶片转速参考值"或"振动转速参考值"来实现超越顺序控制子程序（P15），以便实施转速或负荷保持。

P07 子程序可分为以下三部分：

（1）按其他子程序送来的跳闸条件指示符来判定跳闸工况，这些判定条件是振动、水检测、轴向位移、汽轮机叶片以及差胀。

（2）无跳闸条件出现时，P07 检查保持条件，并根据发电机主开关状态决定"转速保持"或"负荷保持"。转速保持的条件有：金属工况、转子应力、首级温度、偏心度、水检测、轴承金属温度、真空、差胀、轴向位移、发电机冷却气体等。负荷保持的条件是：振动、发电机冷却气体、"MVA—频率曲线"被超过、氢系统故障、发电机无功容量超限以及发电机信号器、励磁机监视器来的信息等。

（3）转速或负荷变化率的计算。

当无跳闸或报警信号发生且 HP、IP 转子应力计算值有效时，P07 根据其他子程序来的信息调整一个变速/变负荷速率表。在 ATC 方式，DEH 就是根据这个软件速率表中的数据来变速或变动负荷速率的，见表 8-1。

表 8-1   **加速和变负荷速率表**

速率表索引号	加速速率 （r·min⁻¹/min）	变负荷速率 （%额定功率/min）	速率表索引号	加速速率 （r·min⁻¹/min）	变负荷速率 （%额定功率/min）
1	50	0.5	6	300	3.0
2	100	1.0	7	350	3.5
3	150	1.5	8	400	4.0
4	200	2.0	9	450	4.5
5	250	2.5	10	500	5.0

P07 子程序控制变速或变负荷速率的具体办法就是根据需要来改变速率的索引号。P07 每变

动一次速率表的时间间隔为 3min。P07 子程序调整速率索引号的主要依据就是机组转子应力的大小。根据应力要求每 3min 使索引号减 1 或加 1，即使速率减小或增大一档。在转速控制时，P07 还需判断当前的机组转速是否在励磁机临界转速范围以及 DEH 的目标值和参考值之间的关系，并作相应处理。在负荷控制时，由 ATC 变负荷速率与发电机变负荷速率中选取小的作为变负荷速率。ATC 方式下，P07 还要判断是"远方控制方式"还是"操作员自动"方式，并作相应处理。

9. 轴承油温和金属温度监控子程序 P08

P08 子程序每 60s 运行一次，其功能如下：

(1) 监视轴承油系统温度是否超限。当冷油器出口油温低于 21℃ 或轴承油压低时设置"轴承油系统误差"指示符。当此油温大于 21℃ 时，P08 进一步判断其是否超过上限。在不同的转速下油温的高限值是不一样的：

机组转速	高限数值
盘车转速	38℃
低于 1500r/min	43℃
高于 1500r/min	49℃

此外，当冷油器进口温度达 77℃ 以上时，P08 也给出报警信息。

(2) 对轴承金属温度的监控。在机组的推力轴承工作面中心的前面和背面各装有两只温度监视热电偶，它们分别是 P2、P4（前）和 G2、G4（背）。P08 子程序先后对这几点金属温度进行检查、监视，并在前、背面的温度信号中各取小值作为推力轴承工作面金属温度。然后与 99℃ 的报警值和 107℃ 的跳闸值比较，超限时相应设置"轴承金属温度高"或"轴承金属温度高跳闸"指示符。

P08 子程序然后对各径向轴承金属温度实行检查。在汽轮机部分共有 8 个径向轴承，在对每个轴承的两个热电偶信号进行小选后与 107℃ 的报警值和 113℃ 的跳闸值作比较，然后设置相应的指示符。发电机、励磁机部分的三个径向轴承均只装有一支热电偶，其报警和跳闸值分别为 90℃ 和 107℃。

10. 发电机监控子程序 P09

P09 每 60s 运行一次，它监视除轴承振动和金属温度以外的发电机工况及发电机辅助系统（如氢冷却器、励磁机冷却器和密封油系统）的工况，并相应设置 6 个状态指示符。

(1) "冷却气体温度高"。当氢冷却器出口温度高于 48℃，或励磁机冷却器出口风温高于 52℃ 时设置。

(2) "氢系统故障"。当出现 H_2 压力大于高限或小于低限，或 H_2 纯度大于 100% 或小于 85%，或密封油与 H_2 压力之间的压差小于 27.5kPa 时设置。

(3) "发电机报警器"。当有来自发电机部分的接点闭合信号，或 1、2 号定子冷却水泵停运时设置。

(4) "励磁机监视器"。根据电压调节器系统的报警工况设置。

(5) "视在功率-频率曲线超限"。当视在功率-频率曲线被超过时设置。

(6) "发电机无功容量被超过"。对应于不同氢压下发电机有功功率与无功功率的关系曲线被超过时设置。

此外，P09 还对发电机及励磁机的冷却介质进行检查，超限时给出报警。

11. 轴封蒸汽、排汽和凝汽器真空监视子程序 P10

P10 的运行周期为 60s，它根据机组工况设置以下三种指示符：

（1）"轴封系统故障"。当高压轴封蒸汽温度太低或轴封汽温与端壁金属温度的温差太大，或低压轴封汽温超过高、低限值时设置。

（2）"真空超限"。在凝汽器压力超过高限或多背压凝汽器不同区域之间的差压超过高限时设置。

（3）"排汽系统故障"。当低压缸排汽温度大于79℃时设置。

此外，P10还监视低压缸排汽口的喷水装置，当机组运行在600r/min以上和15%额定负荷以下时投入。

12. 差胀及轴向位移子程序P11

P11的工作周期为60s，它监视机组的差胀、轴向位移和预估5min的差胀预报值，必要时设置差胀保持、轴向位移保持、差胀跳闸、轴向位移跳闸、差胀异常、轴向位移异常、预测的差胀保持等指示符，并完成相应的操作。

13. 背压与再热汽温的关系子程序P12

P12的工作周期60s。为防止低压末级叶片过热，它按凝汽器压力计算两个再热汽温的极限值：

（1）1号极限值适用于转速控制；

（2）2号极限值适用于轻负荷工况（低于5%额定负荷）。

P12将其与实际的中压缸进汽温度作比较并给出相应信息，保证末级叶片不因低流量时过热而损坏。此项监视在转速大于2500r/min时执行。报警后如果工况没有改善，则：

（1）如主开关已合，负荷低于5%额定负荷，则打印出需要增加机组负荷的信息。

（2）当机组接近同步转速时，给出应该并网带负荷的信息同时启动5min计时器，若5min后仍未并网，则给出"汽轮机叶片转速参考值等于暖机转速"和"汽轮机叶片返回"指示符，使降到暖机转速。

（3）若转速降至暖机转速，报警工况未能消除，则开始计时15min，届时若报警工况仍存在，则"设置"汽轮机叶片转速参考值等于600r/min和再次设置"汽轮机叶片返回"指示符。

（4）此后若报警工况还存在，则再次计时15min，如计时满仍有报警，则通过操作员将汽轮机退回到盘车转速并设法降低再热汽温。

14. 传感器故障探测子程序P13

P13每5s工作一次。它监视判断热电偶开路或变送器输出超范围之类的传感器故障。操作员可在监视灯和打印纸上发现故障的情况。

（1）P13子程序在A/D转换器工作正常情况下依次对各模拟量输入信号扫描，以核查有无传感器发生故障。当某一传感器发生故障时，程序P13采取下列措施之一：

1）直接代换。当传感器的输出值在程序中用作与高、低限值进行比较，即把故障传感器的最后一个有效值或者一个预先指定好的固定值替代故障的输出值。

2）间接代换。当某一传感器发生故障时，若其输出值在ATC程序中是作为差值测量，则使用间接代换。即用一个好传感器的输出值代换。这个代换作用是基于一个各传感器输出值的表，且这个表中的值均可代替那个发生故障的传感器的输出值。例如，左汽室内壁金属温度传感器的输出值可用右汽室内壁金属温度传感器的输出值来代替，若右汽室的该传感器也发生了故障，在表中的下一个规定的传感器的输出值可用作替换，当在表中再也找不到一个有效的替换值时，最终使用直接代换。

（2）P13子程序监视一些重要传感器有否故障，这些重要传感器工作正常与否对ATC程序的影响比上一部分更大，所以当这些重要传感器发生故障时，P13子程序即设置"ATC重要传感器故障"指示符。P00 子程序使用该软件指示符可切除 ATC 方式，从而退回到"操作员自动"控制方式。在转速或负荷控制下，该指示符设置条件如下：

1）任何一个差胀传感器故障；

2）任何一个振动传感器故障或报警，或者与该传感器相邻的传感器也故障或报警；

3）轴向位移传感器故障；

4）两个首级汽温热电偶均发生故障；

5）两个冷端箱热电阻（RTD）故障。

在负荷控制下除上述条件外还有如下条件：

1）功率（MW）变送器故障；

2）无功变送器故障；

3）发电机氢压变送器故障；

4）发电机定子电流变送器故障；

5）两个转速通道故障。

15. 暖机子程序 P14

P14 每 60s 工作一次，用来决定机组的暖机要求并判断暖机完成。

（1）机组进入暖机转速后给出"暖机在进行"。

（2）比较中压转子温度和 121℃限值，决定暖机要求并推算需要的暖机时间。

（3）上次温度大于 121℃时，P14 根据当前的中压缸进汽温度来计算出余量Ⅰ和余量Ⅱ。这两个余量是对中压转子温度热电偶的物理位置的修正系数。再热汽温越低，余量就越高。这两个余量只在每次启动时计算一次。

（4）若转子孔温度大于 121℃加余量Ⅰ，则认为暖机完成，反之认为还需要暖机。

（5）如果中压叶片金属温度传感器故障，操作员按下"超越报警"按钮，则程序可以旁路该检查而设置"暖机完成"指示符。

（6）只有当中压叶环金属温度大于 121℃加余量Ⅱ时才设置"暖机完成"指示符。

16. 顺序控制子程序 P15

P15 每 10s 工作一次，用于机组启动初始负荷以下阶段设置目标转速或初始负荷变化率。

（1）当主断路器闭合时，P15 子程序根据当前 HP 转子的有效温差与其极限值的比较结果向操作员提出建议的初始负荷变化率。

（2）当主断路器开路且机组处于没挂闸情况下，P15 子程序设定 ATC 目标转速为零。

（3）当汽轮机已挂闸并已盘车时，P15 子程序就监视 P03 子程序的指示符以决定何时允许脱离盘车转速，当工况允许时，P15 就设置"E"指示符。

（4）当"E"指示符设置后，P15 将阀位限值放到最大值并设置"ATC 目标转速等于第一稳定转速"（600r/min）和初始升速率。

（5）当机组转速接近 600r/min 时，P15 还需要实施过热度检查，即主蒸汽温度减去计算的饱和温度应大于 56℃。如不满足，则进行转速保持直至工况满足为止；另外，也可由操作员超越该工况，但仅当操作员在估计到主汽门前汽温会随着蒸汽流量增大而提高时才可进行超越，否则不可。

（6）若过热度为至少 56℃，且无转速保持，或推力瓦报警，或振动报警，则设置目标转速等于暖机转速，直到"暖机完成"。

（7）阀切换之前汽室的金属温度应足够高。P15 以左、右汽室内壁温度中较低的一个作为"汽室金属温度"，与计算出的主汽阀前蒸汽饱和温度相比较，每 10min 计算一次推荐的主汽温度并显示。当汽室金属温度大于等于计算的主蒸汽饱和温度且无"振动报警"时，则设置"TV/GV 开始切换"指示符。

（8）阀切换通常要 30～45s，由计时器监视，届时不能完成即设置"TV/GV 切换太长"，若切换完成，则设置"ATC 目标转速等于同步转速"指示符。

（9）接近同步转速时，P15 检查并网条件。当条件满足后，若操作员希望机组自动同步，则可把自动同步器控制开关置于自动位置。若在 ATC 控制方式，P15 就设置"切换至自动同步"指示符。

三、石洞口二厂 600MW 超临界机组自动启动系统

机组自动启动系统按工艺逻辑流程图设计，机组启动分冷态启动、温态启动、热态启动。机组启动的逻辑流程图由六部分组成，它们是：机组主控顺序（UMS），汽轮机主控顺序（TMS），锅炉主控顺序（BMS），工厂辅助系统主控顺序（BOPMS），锅炉给水泵汽轮机 A 主控顺序（BFPTAMS）和锅炉给水泵汽轮机 B 主控顺序（BFPTBMS）。这六个部分相对独立，其中以 UMS 为主，由 UMS 协调其他各子系统的流程。流程图的构成如下：

1. 汽轮机主控顺序（TMS）

（1）盘车节。①开润滑油；②开密封油；③开盘车。

（2）旁路节。①开液压泵；②真空破坏关；③汽轮机疏水开；④密封蒸汽开；⑤真空泵开；⑥低压旁路复置。

（3）空转节。①复置空转；②汽轮机控制 ON。

（4）励磁节。①励磁 ON；②定子冷却水。

（5）负荷节。①同步；②汽轮机自动。

（6）低点疏水节。①主蒸汽；②热再热蒸汽；③冷再热蒸汽；④抽汽。

2. 工厂辅助系统主控顺序（BOPMS）

（1）燃料油节。①轻油；②重油。

（2）冷却水节。①循环水系统；②闭式冷却水；③凝汽器水箱。

（3）凝结水节。①凝结水系统；②除氧器。

（4）低点疏水节（到大气扩容器）。①主蒸汽；②热再热器；③冷再热器；④抽气；⑤辅助蒸汽。

（5）杂项。凝结水精除盐系统。

3. 锅炉主控顺序（BMS）

（1）锅炉准备。①预准备；②充水；③疏水和排放。

（2）给水系统节。①电动给水泵；②加热器 6～8 号；③暖风器。

（3）烟气系统节。①送风机；②引风机；③一次风机；④空气预热器；⑤吹扫。

（4）燃烧管理节。①点火；②轻油燃烧；③重油燃烧；④磨煤机。

（5）闭环控制节。

4. 锅炉给水泵汽轮机 A 主控顺序（BFPTAMS）

（1）盘车节。①润滑油；②控制油；③排放阀；④锅炉给水泵再循环阀；⑤盘车。

（2）轴封蒸汽。①疏水；②轴封蒸汽隔绝阀；③轴封蒸汽抽汽隔绝阀。

（3）控制方式。①BFPT 抽汽阀；②BFP 前置泵；③BFP 排放阀；④盘车；⑤复置汽轮机脱扣。

5. 锅炉给水泵汽轮机 B 主控顺序（BFPTBMS）

与 BFPTAMS 相同。

UMS 由 TMS、BMS、BOPMS、BFPTAMS、BFPTBMS 五个部分组成，组成流程图的基础是一个个的顺序步，顺序步的结构见图 8-1。

图 8-1 所示为 UMS 中顺序步格式，在其他各子系统格式中，有一个小的变化，就是少 F 这一步。在逻辑流程图中，每执行一顺序步（step），如果此顺序步未完成，则程序转入此顺序步的执行，在执行此顺序步时，N—90 的管理指令系统（MCS）会自动显示与此顺序有关的画面，UAM 的此特性使操作员不经任何操作，就可得到详细的状态信息和目前情况下所需的控制。操作员可根据需要人工干予自动显示，利用画面名可手动调用画面显示。在机组启动过程中，UAM 执行到某一步时，前面已执行过的顺序步可能出现故障，当发生这类故障时，UAM 将自动返回到故障点。例如，当锅炉进行充水时，锅炉电动给水泵发生故障而停止了工作，这时，UAM 会从充水的顺序步自动返回到电动给水泵操作的顺序步，等待电动给水泵的故障消除，然后 UAM 再从故障点开始执行，启动电动给水泵。如果 UAM 在自动方式，发生顺序步后退故障，则会自动切到手动方式。UAM 可以在任一点从手动方式转到自动方式，也可以在任一点从自动方式转到手动方式。在逻辑流程图中，执行每个顺序步（step）都有一时间规定，UAM 将跟踪这一时间，如果在规定时间里，此顺序步未完成，则 UAM 将发出报警信号，此时 UAM 仍然正常地运行，并且给出一个消除故障的时间。消除故障时间也称第二时间，在第二时间内，如果操作员未能消除故障，则 UAM 会发出第二时间故障，此时 UAM 从自动方式自动地转到手动方式，如果要消除故障，UAM 必须离线。

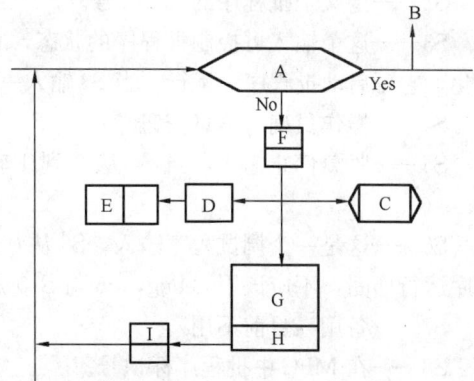

图 8-1 顺序步结构图

A—识别本顺序步的工作是否完成，完成为 Yes，未完成则为 No；B—在识别顺序步时，显示在 CRT 上的信息，即根据 B 显示的信息，判别 A 是否完成；C—如 A 未完成，C 将显示控制图或操作指导图，或状态图，根据 C 的显示去完成 A；D—第一时间延时，即正常完成 A 顺序步所需的时间间隔；E、F、I—连接去来流程图的其他页面；G—识别完成本顺序步所需的动作；H—识别 G 动作是否完成

上海石洞口二厂 600MW 超临界机组的机组自动启动控制是由 N—90 的批—90 语言编程来实现的，批—90 的目标程序是以多功能控制器（MFC）或多功能处理器（MFP）的执行码存在于 MFC 或 MFP 的 NVRAM 中，当它被执行时，从 NVRAM 中被装载到 RAM 中执行。批—90 语言的程序由一系列描述批控制逻辑的语句组成，批程序一般由以下几个逻辑节组成。

（1）批数据节（BATCH DATA）。它定义了批—90 语言与功能块之间的互相连接，在这一节中被定义的任何数据对进入程序均是有效的。

（2）步子程序节（STEP SUBROUTINE）。它是批—90 语言定义批操作的节，也就是用这一节来定义一个控制策略，每一个批—90 的程序都有一个或几个步子程序节组成。

（3）功能子程序节（FUNCTION SUBROUTINE）。这一节用于定义重复的逻辑，可以被步子程序节或它本身的节调用。这一节通过调用可被多次重复地执行。

（4）监视子程序节（MONITOR SUBROUTINE）。这是一个专门的功能，它执行一个连锁逻辑，它可以被每个步子程序节调用，当步子程序失效时，监视子程序能将正常逻辑转到失效逻辑，停止正常逻辑，执行失效逻辑。

在批—90 程序运行期间，操作员可以利用 N—90 的功能码 148 来控制批程序的运行，功能码 148 是专为批—90 设计的功能码，它是批—90 程序与操作员的接口。功能码 148 有 14 个输入，9 个输出，它们的定义如下。

（1）14 个输入。

S1——这个输入定义了批程序 recipe 号，这个号是由用户定义的。

S2——定义了批程序的 phase 号。

S3——这个输入可控制批程序的状态，它是一个 RUN/STOP 按钮，当 S3 产生一个 0→1 的变化，它可启动批程序的运行，当 S3 输入一个 0，它可停止批程序的运行。

S4——操作员确认信息按钮。

S5——紧急停止输入，当 S4 从 0 到 1 转变就引起目前运行的 phase 立刻停止，并且执行 phase 0。

S6——这是一个调试程序输入，S6 从 0 到 1 转变，请求一个 debug（调试）操作，一般在批程序运行期间，不应该用 debug，S6 与 S10 是连用的。

S7——备用（目前不用）。

S8——在 MFC 中批程序标识号。

S9——批程序目标文件号。

S10——当 S6 设定执行 debug 时，S10 的输入可定义执行 debug 的方式。S10 是一个整形数，范围为 1～3，S10＝1 为中断回路或等待条件，S10＝2 为执行停止逻辑，S10＝3 为停止批顺序。

S11——定义批程序的目标文件在 MFC 的 RAM 中占用的空间，以 1k 字节作为增量单位。

S12——定义了批程序中的动态数据在 MFC 的 RAM 中需要分配的空间，它以 1 字节作为增量单位，在清单文件（〈filename〉）中，将列出 S11、S12 的最小值。

S13——备用（目前不用）。

S14——备用（目前不用）。

（2）功能码 148 的输出指示了批顺序块的状态，这些输出可以被连接到组态中的任何其他块上，操作员可监视批程序的运行。

N——它指示了正在执行的 recipe 号。

N＋1——指示了正在执行的 phase 号。

N＋2——它定义了正在执行的批程序的状态，N＋2＝0 为停止，N＋2＝1 为运行状态。

N＋3——指示了失败逻辑，0 为未失败，1 为失败。

N＋4——指示了停止逻辑活动，0 为未停止，1 为停止。

N＋5——指示了批程序是否完成，0 为未完成，1 为完成。

N＋6——复置操作员确认信息，0 为未复置，1 已复置。

N＋7——执行批程序时，出现的出错码，定义了批程序的出错类型。

N＋8——指示正在执行的批程序语句号。

利用功能码 148，操作员可设定一些按钮、开关和键盘来控制批程序的运行，一般常用的有以下 5 种：

1）批程序停止、运行；

2）使批程序进入紧急停止；

3）确认信息；

4）当一个 recipe 处于停止状态或一个 recipe 已经完成，可改变 recipe 号；

5）改变 phase 号。当一个 recipe 处于停止状态时，可改变 phase 号。

上海石洞口二厂用了 4 个操作按钮，通过 MCS 键盘来控制批－90 程序的运行，这 4 个操作按钮及其功能是：

1z：用来复置 UAM；

2z：用来选择 UAM 手动、自动方式；

3z：用来选择 UAM 的启动、停止和离线；

4z：选择 BOP、BFPTA 或 BFPTB 的 CRT 画面的自动显示。

操作员用这 4 个键可控制整个机组的启动。批语言的编译、recipe 的编辑，详见有关资料。

机组自动管理（UAM）有自动方式和手动顺序方式两种运行方式。

1）自动方式。此方式实现逻辑流程图提供的全部功能，自动引入顺序控制动作和控制命令，此方式还包括自动显示，以及用事件记录告知操作员机组启动程序的目前状态。

2）手动方式。UAM 只有自动显示和事件记录，为操作员作操作指导。

在机组启动时，UAM 将占用 6 台 CRT 中的任意 4 台，4 台 CRT 的分工是：1 台由 UAM 占用，另 3 台分别是 BMS、TMS、BOP，其中 BOP 那台还包括 BFPTA 和 BFPTB。在 BMS、TMS 和 BOP 的 CRT 上显示的是各子系统的状态图、控制图和系统图等，这些图都随着 UAM 进行自动显示，无须操作员干预。MCS 控制的 CRT 是操作员与 UAM 的接口，对操作员来说，如 UAM 在自动方式，操作员需知道目前 UAM 所处的状态和进行到哪里；在手动方式，操作员需知道对启动电厂设备，目前需要采取什么手动操作，这些信息，操作员全是通过 CRT 获得的。例如，在启动过程中，锅炉要进行吹扫和燃油泄漏试验，当 UAM 进行到这步时，有关吹扫和燃油泄漏试验控制图就会自动显示在 BMS 的 CRT 上。同样在 TMS 和 BOP 的 CRT 上，会自动显示与当前 UAM 有关的图形，例如要启动真空泵，TMS 的 CRT 上会显示真空泵组控制图，当涉及小汽轮机时，在 BOP 的 CRT 上会显示小汽轮机的控制图等。

第二节 旁路控制系统

一、概述

大型再热凝汽式机组的旁路系统一般分为高压旁路和低压旁路两级，①高压旁路（HP）为锅炉过热器出口蒸汽经减温减压后到再热器进口；②低压旁路（LP）为再热器出口蒸汽经减温减压后去凝汽器。

为了配合锅炉和汽轮机的特定的运行规律，旁路系统一般具有以下功能：

（1）在机组启动时，通过旁路将不符合参数要求的蒸汽排入凝汽器，尽快地使锅炉出口蒸汽温度与汽轮机冲转时要求的温度相匹配，从而缩短机组启动过程所花费的时间，减少启动期间的工质损失。

（2）在汽轮机跳闸、锅炉带最低稳燃负荷运行或在机组启动冲转前，由旁路系统为再热器提供一通流回路，使再热器得到足够的冷却，避免干烧，从而保护再热器。

（3）锅炉汽压过高时，减少对空排汽，避免锅炉超压并回收工质。

（4）配合汽轮机实现中压缸启动和带负荷，减小转子在启动过程中的热应力。

（5）在发电机甩负荷时，维持汽轮机空载运行或带厂用电运行，通过旁路将多余蒸汽排入凝汽器，维持锅炉在最低负荷下稳定运行，以便外界故障消失后能及时带上负荷。

（6）在汽轮机跳闸后，将锅炉产生的多余蒸汽导入凝汽器，锅炉维持在最低负荷下稳定运行，以便汽轮机重新快速启动，实现停机不停炉的运行方式。

旁路控制系统的任务就是在旁路系统实现上述功能时，能有效地控制主蒸汽压力、高压旁路出口蒸汽和低压旁路出口蒸汽的压力和温度。为了适应旁路系统的功能要求，旁路控制系统应有两个方面的功能：首先是在正常情况（如机组启动）下的自动调节功能，按固定值或可变值调节旁路系统蒸汽的温度和压力；其次是在异常情况（如甩负荷）下的自动保护功能，这时要求快速开启旁路阀门,维持入口压力,同时又要将旁路阀后的蒸汽温度和压力控制在安全范围以内。

为了实现旁路系统的各项功能,配置了旁路控制系统。对于高压旁路系统,应具有过热器出口蒸汽压力控制、高压旁路至再热器进口的汽温控制、高压旁路的蒸汽流量控制;对于低压旁路系统应具有再热器出口汽压控制、低压旁路汽温控制。根据旁路系统在机组运行各阶段、各种运行工况的要求,对旁路系统的汽温、汽压进行有效的控制。

表8-2列出了几个电厂300～600MW机组旁路控制系统的运行情况。旁路控制系统的设备通常分为电子液动和电子电动两大类。从表8-2可见,大型机组特别是进口大机组绝大多数采用电子液动,和汽轮机数字电液控制系统(DEH)一样,控制器(包括数据采集处理、逻辑运算、PID控制运算等)由电子部件(现大多采用微处理器)组成,发挥其数据综合处理和控制的功能;利用液压部件作为旁路系统的执行器,又充分发挥了液压执行器快速、动力大、动作安全可靠的特点。部分机组旁路控制系统采用了全部电子电气系统,这样可免去液压系统。电动执行器只需工业电源(如400VAC)就行了,可简化整个旁路控制系统。由于旁路控制系统既要具有均匀调节的功能,又要具有快开/快关的安全功能,电动执行器通常采用双电机,调节时低速电机运转,快开/快关时高速电机运转;近来又有采用变频调速电机,调节时电机低速运转,快开/快关时电机高速运转。

表 8-2　　　　　　　　　300～600MW 机组旁路控制系统运行情况

电厂名	机组容量 (MW)	旁路控制 设备型号	功 能			主 要 问 题
			启动	中压缸启动	甩负荷	
石洞口一厂	4×300	AV5 液动	√	O	×	凝汽器不适应
南 通	2×350	苏尔寿液动	√	√	△	甩负荷未正式试用过
望 亭	1×300	AV6 液动	√	O	×	甩负荷未试用过
汉 川	1×300	西门子电动	△	×	×	只能远控
邹 县	4×300	东锅液动	△	O	×	伺服阀堵,凝汽器不适应
大 连	2×350	三菱液动	√	O	△	甩100%负荷时,安全门开
平 圩	2×600	AV5 苏尔寿 液动(瑞士)	√	O	×	
北 仑	1×600	AV6 液动	√	O	△	
石洞口二厂	2×600	AV6 液动(HP) ABBPROCONTROL(LP)	√	O	△	
邹 县	2×600	Fisher 液动(美)				1 号机组正在试运行
元宝山	1×600	AV5 液动	√	√	△	

注　√—功能投入正常运行;△—功能可实现,但未投入正常运行;×—功能不能实现;O—无此功能。

二、旁路系统控制

旁路系统的控制对象有:高压旁路调节阀、高压旁路减温水喷水阀、高压旁路减温水截止阀、低压旁路调节阀、低压旁路减温水喷水阀。根据旁路系统的设计功能不同,旁路控制系统的控制策略也有所不同,下面以安徽平圩电厂600MW机组为例,介绍旁路控制系统的功能。

安徽平圩电厂1号机组(600MW)的旁路系统由高压旁路和低压旁路两级串联而成。高压旁路(HP)为过热器出口蒸汽经减温减压后到再热器进口;低压旁路(LP)为再热器出口蒸汽经减温减压后去凝汽器。两级旁路的通流量相同,为锅炉额定蒸发量的30%。旁路控制设备采用苏尔寿 AV5 模拟组装控制仪表、液动执行机构。该旁路系统的设计要求在控制系统的配合下完成下列几项任务：

（1）在机组启动时，通过旁路将不符合参数要求的蒸汽排入凝汽器，建立锅炉的启动负荷，直到蒸汽参数满足汽轮机冲转要求，从而缩短机组（热态）启动时间，减少启动期的工质损失。

（2）在汽轮机跳闸后，将锅炉产生的多余蒸汽导入凝汽器，维持锅炉在最低负荷下稳定运行，以便汽轮机重新快速启动，实现停机不停炉工况。

（3）在电气主开关跳闸后，汽轮机带厂用电［（7%～8%）MCR］，通过旁路将锅炉的多余蒸汽排入凝汽器，维持锅炉在最低负荷下稳定运行。

（4）在机组部分甩负荷的情况，起超压保护作用。

（5）保护再热器，在锅炉点火至汽轮机冲转前或汽轮机跳闸锅炉带最低稳定负荷运行时，由旁路系统为再热器提供一通流回路，使再热器得到足够的冷却，避免因干烧而损坏。

（一）高压旁路控制系统

1. 过热器出口蒸汽压力控制

在机组启动初期，高压旁路用来控制启动过程的蒸汽压力。当汽轮机启动而高压旁路过热器出口蒸汽压力控制处于自动状态时，HP 旁路控制系统中的比例—积分（PI）调节器首先使高压旁路调节阀有一最小开度，约 20%（可设定）。在锅炉点火后的初始阶段，由于锅炉过热器出口蒸汽压力小于积分给定存储器（RIB）的最小压力设定值 p_{min}（约 1MPa），使 PI 调节器输入有负偏差信号，由于 PI 调节器下限的限制，高压旁路调节阀一直保持 20%的开度。当锅炉过热器出口汽压升高至 1MPa 时，在 RIB 的控制下，PI 调节器控制高压旁路调节阀的开度维持锅炉汽压为 1MPa，直到高压旁路调节阀开度到设定的最大值（约 95%）。在高压旁路调节阀阀位达 95%后，比例放大器输出正向偏差信号，使 RIB 输出的汽压定值信号随锅炉负荷成比例地上升，而高压旁路调节阀开度基本上维持不变。当锅炉过热器出口蒸汽压力达到汽轮机冲转压力（7MPa）时，监控器动作，解除 PI 调节器的输出下限，同时逻辑信号使系统改变状态，使 RIB 的输出对应于 7MPa，从而使锅炉过热器出口蒸汽压力维持在 7MPa。随着汽轮机高压缸进汽量的增加，要维持锅炉过热器出口蒸汽压力为 7MPa 不变，必须逐渐关小高压旁路调节阀；监控器接受阀位信号发出逻辑信号，使 RIB 接受实际压力信号再叠加一阈值电压，促使高压旁路调节阀关闭。上述过程中各参数的变化曲线如图 8-2 所示。

2. 高压旁路调节阀在异常工况下的动作情况

（1）当高压旁路调节阀在阀位控制下，如锅炉点火不成功，或者由自动切到手动时，系统即变为定压控制。

（2）若在机组正常运行期间发生汽轮机跳闸（FCB），且高压旁路排汽温度不高，则有脉冲信号（脉宽 3s）通过逻辑回路使高压旁路调节阀迅速打开。同时有逻辑信号闭锁调节器的控制作用。

（3）若在高压旁路投入时出现高压旁路

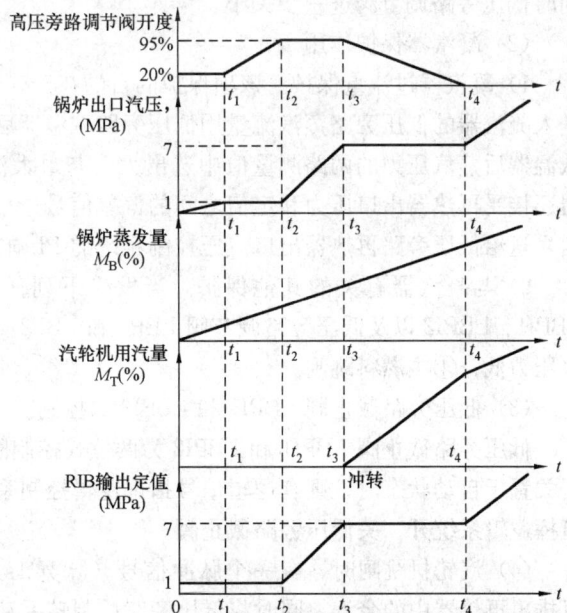

图 8-2　高压调节阀阀位及相关参数的变化曲线图

排汽温度高，则也发出逻辑信号闭锁自动控制信号。

3. 高压旁路至再热器进口的汽温控制

此项控制保证再热器进口汽温不超过某一定值，借以保护再热器不致过热损坏。高压旁路汽温控制是一个具有前馈的定值调节系统，其方框图如图 8-3 所示。

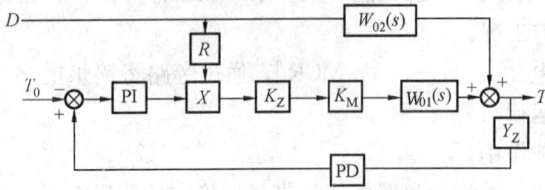

图 8-3 高压旁路汽温控制系统方框图

图 8-3 中：$W_{01}(s)$ 和 $W_{02}(s)$ 分别为调节通道和外扰通道的对象特性；PI 为比例—积分调节器；PD 为比例—微分补偿环节；T_0 和 T 分别为高压旁路出口蒸汽温度定值和测量值；D 为高压旁路的蒸汽流量信号。由图 8-3 可见，取自高压旁路减温减压调节阀后的温度测量信号经比例—微分动态补偿以克服温度迟延的影响；用高压旁路蒸汽流量信号 D 作前馈信号，以减小高压旁路调节阀后蒸汽温度的动态偏差；在汽轮机甩负荷时，高压旁路调节阀将全部打开，这时高压旁路蒸汽流量前馈信号使减温喷水阀迅速打开，从而保证再热器入口汽温不致过分升高。高压旁路蒸汽流量信号用高压旁路调节阀阀位与锅炉过热器出口蒸汽压力的乘积代表。当高压旁路调节阀关到一定限度后，则在 -10VDC 外设信号引入高压旁路汽温控制系统，它一方面将温度调节器（PI）的输出降至最小；另一方面经前馈装置将高压旁路减温水调节阀迅速关闭。

（二）低压旁路控制系统

1. 再热器出口汽压控制

再热器出口汽压控制系统为单回路控制系统，系统中还包含有凝汽器保护。

（1）在锅炉点火以后，中压缸冲转前后至高压缸进汽前，再热器出口汽压维持在最小压力定值 p_{min}（0.86MPa）上，并且在锅炉燃烧率不变情况下，低压旁路调节阀关小以保持该汽压，使之不因中压缸用汽量增加而变化。高压缸进汽后，低压旁路汽压定值等于汽轮机首级压力与设定的压力阈值 Δp 之差，且大于 p_{min}，并随着首级压力的增加而增加。再热器出口汽压随之上升，同时低压旁路调节阀进一步关小。

（2）凝汽器保护作用。

1）凝汽器过流量保护。该项保护的目的在于确保凝汽器真空不因低压旁路投运而过分下跌。进入凝汽器的低压旁路蒸汽流量用低压旁路减温器后的蒸汽压力来代表。大值选择器从低压旁路减温器后蒸汽压力的两路测量值中选出大值与最大流量信号 G_{max} 之差送小值选择器，小值选择器还接受再热器出口压力和定值之间的偏差信号；小值选择器从这两个偏差信号中选出小的偏差信号送给低压旁路再热器出口汽压控制系统的 PI 调节器，实现对进入凝汽器的蒸汽流量的限制。

2）与凝汽器有关的其他保护。当发生下列任意一种情况时，立即关闭低压旁路截止阀 LBPI1、LBPI2 以及低压旁路调节阀 LBP1 和 LBP2：①凝汽器压力高；②凝汽器温度高；③减温水压力低；④主燃料跳闸。

（3）低压旁路截止阀 LBPI1 和 LBPI2 的控制。

低压旁路截止阀 LBPI1 和 LBPI2 为两位式控制阀，当低压旁路调节阀 LBP1 和 LBP2 由方式开关置于自动状态时，则有逻辑信号指挥逻辑控制系统控制截止阀开、关。手动开关的命令也可指挥逻辑系统开、关低压旁路截止阀。

（4）汽轮机跳闸时，有一个脉冲信号（脉宽 1s）迅速打开低压旁路调节阀 LBP1 和 LBP2，以排出再热器中的余汽，同时将低压旁路控制转手动。

2. 低压旁路汽温控制

低压旁路汽温控制系统为单回路调节系统，用来控制进入凝汽器的汽温不超过某一定值。因为是饱和蒸汽，故用进入凝汽器前的蒸汽压力来代表汽温，以避免因喷水雾化不良而给汽温测量带来的困难。在低压旁路调节阀全关之前，该温度控制应当置于自动位置。

三、旁路及其控制系统运行情况和技术性能探讨

高低压两级串联旁路系统是大容量再热机组的重要辅助系统，但并不是大容量再热机组必须具备的系统。国际上就有两种做法：一种做法是不配备旁路系统的大机组，像美国西屋公司、GE公司、英国的GEC公司等生产的大机组，就属于这种类型；另一种做法是在机组的设计过程中就考虑了旁路系统，旁路系统是机组不可分割的部分，属于这种类型的有ABB公司和阿尔斯通·大西洋（Alsthom Atlantic）公司生产的机组。

我国20世纪70年代后期和80年代中期进口的元宝山电厂1号机组是由ABB（原瑞士BBC）公司生产的300MW机组；元宝山电厂2号机组（600MW）和姚孟电厂的3、4号机组（300MW），全部由法国阿尔斯通·大西洋公司生产，均为原设计配置有100％MCR容量（额定汽压和汽温下的通流能力）的两级串联旁路系统。因为机组是原设计就考虑配备旁路系统的，所以机组各个局部性能均与旁路系统的工作相协调。如凝汽器具有接受旁路系统的全部排汽量的能力，机组能滑压运行，锅炉不设安全门，锅炉具有合适的不投油稳燃负荷，汽轮机能适应长时间低负荷运行和中压缸启动工况等。这些机组在旁路控制系统的控制下可实现本章中所列旁路系统的诸种功能。概括起来说，机组可以实现"启动、溢流、安全"三大功能。

1. 启动功能

启动功能指的是利用旁路系统改善机组的启动条件。用旁路系统控制锅炉蒸汽温度可以使汽轮机的进汽温度与汽缸温度的匹配过程更加合理和更加快速。旁路系统还可以配合有条件的汽轮机实现中压缸启动并带低负荷，在较低的热应力和寿命消耗条件下缩短机组的启动时间。

2. 溢流功能

在事故情况下，旁路系统可以排放机组在负荷突降的过渡过程中的剩余蒸汽，从而保证在汽轮机低负荷运行（带厂用电运行或空载运行）或停止运行的情况下，维持锅炉在不投油的最低稳燃负荷下运行。其目的是当事故排除后，机组可以最快的速度恢复带负荷。

3. 安全功能

当汽压过高时旁路系统可以快速开启，将多余蒸汽排入凝汽器，以代替锅炉安全门的功能，且不会产生工质的损失和噪声。

显然上述"启动、溢流、安全"功能如果能全部实现，必然会将大机组的运行水平提高到一个新的高度。因此，人们普遍对旁路系统产生了浓厚兴趣，要求为新建的大容量机组配备旁路系统及其控制系统，并期望这些机组能实现上述功能。甚至在成套进口大机组时，也要求原设计不配旁路系统的机组增设旁路系统，并希望这些机组能实现上述功能。例如，宝钢电厂、大连电厂、福州电厂的350MW机组（日本三菱公司生产），上安电厂、南通电厂的350MW机组（美国GE公司生产），大港电厂3、4号机组、利港电厂的350MW机组〔意大利的安莎尔多（Ansaldo）公司生产〕和石横电厂300MW机组、平圩电厂600MW机组（引进美国西屋公司技术生产），都是在原设计不配旁路系统的机组上增设了旁路系统的。然而旁路系统实现的"启动、溢流、安全"三大功能并不是由旁路系统本身完成的，而是由旁路系统配合主机共同完成的。如果主机不具备实现这些功能的条件，这些功能还是无法实现。

例如，美国西屋公司、CE公司（现并入ABB公司）制造的或引进其技术国内制造的300MW、600MW的汽轮机、锅炉，这些机组虽都增设了旁路系统，部分机组的运行特性有所改善，但总的说来并没有达到预期的要求。

又如，由于西屋公司的汽轮机启动要求和程序，它根本无法实现中压缸启动。在事故情况下，要求机组带厂用电运行或停机不停炉运行，除了要为机组配置旁路系统外，更重要的是机组本身必须具备适应这一工况的能力，它包括锅炉的最低不投油稳燃负荷、汽轮机低负荷时排汽室温度的升高以及凝汽器容量等。

目前国产的锅炉不投油稳燃负荷值较高，特别是在煤种影响下，甚至达到（70％～80％）MCR。在这一条件下，机组增设的（30％～40％）MCR的旁路系统，根本就不可能配合机组在事故工况下实现机组带厂用电运行或停机不停炉的运行工况。旁路系统的容量限制也无法承担锅炉安全门的作用，何况这些锅炉本身就设置有安全门（如过热器安全门、再热器安全门）和对空排汽门。据多年的实践证明，由于设备维修质量、管道系统安装条件以及运行管理和运行经济性的考虑等多方面的因素，很难保证旁路系统经常处于热备用状态，因此这些机组旁路系统的"溢流、安全"的保护功能基本上都不能实现。相反，由于旁路系统未能处于热备用状态而造成的事故却时有发生。美国GE公司、拔柏葛公司生产的汽轮机、锅炉配置（30％～40％）MCR容量的高压和低压两级串联旁路系统，在机组热态启动时，可以实现中压缸启动的运行方式。至于事故工况下"溢流"和"安全门"功能，也是无法实现的。

总之，对于那些原设计不配旁路系统的锅炉、汽轮机组，增设后，旁路系统的功能是有限的，一般只在机组启动时，通过旁路将不符合参数要求的蒸汽排入凝汽器，建立锅炉的启动负荷，直到蒸汽参数满足汽轮机冲转要求，从而缩短机组的启动时间（尤其是热态启动），减少启动期的工质损失。这类机组，有些在控制上设计了FCB功能，即机组甩负荷后带厂用电或空载运行，实际上也是无法实现的。

从投运的旁路系统运行情况来看，绝大多数旁路控制系统能实现机组启动工况下的压力和温度的自动调节或远方操作功能，在机组启停过程中发挥了作用，对于那些不具备中压缸启动功能的机组（如西屋机组），虽设置了旁路及其控制系统，中压缸启动的功能仍无法实现；容许中压缸启动的机组（如GE机组），增设了旁路及其控制系统后可以实现中压缸启动的功能。

至于甩负荷带厂用电运行或空载运行，即FCB功能，除与旁路系统的容量有关外（除元宝山600MW机组的高、低压旁路系统和上海石洞口二厂600MW机组高压旁路系统的容量为100％MCR外），大多数机组旁路系统的容量一般为［（30％～40％）MCR］，还应具备以下条件，即锅炉的不投油稳燃负荷应较低［国产锅炉一般在60％MCR以上，国外进口锅炉为（25％～50％）MCR］，并应与旁路系统的容量相适应；给水泵等辅机应具有快速启动及带负荷的能力；汽轮机高压缸逆止门能关闭严密；汽轮机凝汽器的容量应与旁路系统的排汽量相适应；热力管道的合理选择及布置等。甩负荷带厂用电运行功能（即FCB）仅在有实现此项功能条件的机组上作过局部试验。

由于对那些原设计就不考虑设置旁路系统的机组，增设旁路及其控制系统后，其能实现的功能是很有限的，因此是否要增设旁路及其控制系统，目前已引起争论，达到的共识的是：对那些原设计就不考虑设置旁路系统的机组，今后如要增设旁路及其控制系统应当简化，根本就不能实现的功能（如FCB）就不应考虑。不少电厂已投产的200MW、300MW机组安装的旁路系统，没有发挥其应有的功能，有的由于使用不当，还给机组安全运行带来了隐患。

华北电力集团公司生产技术部吸取大同二电厂2号机组（200MW）一级旁路系统爆破的教训（另外，贵阳电厂9号机组（200MW）投产后不久，发生30％旁路的低压旁路后管道被振断裂事故），作出了《安全使用中间再热机组旁路系统的几点规定》。在该规定中，对国产200MW机组由于使用不当发生管道振动和导致管道振裂的事故，就旁路系统的使用作了如下的明确规定：

（1）中间再热式机组的旁路系统，只允许在机组正常启停时按规程要求正确操作，经充分疏水、暖管后使用。

（2）机组突甩负荷时，禁止联动和使用旁路。

（3）跳机后极热态启动机组时，在有充分准备时间和领导亲临现场指挥，经充分疏水、暖管，确认可靠的条件下，仅限于手动投入旁路系统，并认真控制升压、升温速度，密切监视旁路系统进出口各点压力、温度，严格禁止超压、超温运行。

（4）机组在运行中应解除旁路系统自动投入的保护。

（5）各厂认真做好旁路系统设备的维护工作，经常使阀门严密、仪表正常、电动装置完好，大修中对节流孔板和各承压部件作仔细检查，发现异常时及时处理。

（6）对于300MW及以上容量机组的旁路系统，若要继续保留联动自动投入保护功能，必须由电厂提出专门报告，并有一套旁路的巡视检查维护制度及严格的管理制度。

复 习 思 考 题

1. 600MW机组设置汽轮机自启动系统（ATC）的目的是什么？
2. 一般汽轮机自启动系统包括哪些子程序？
3. 600MW汽轮机旁路控制系统一般具有哪些功能？

第九章

汽轮机监测仪表和汽轮机紧急跳闸系统

第一节 概　　述

汽轮机是一部高速旋转的机器，它主要由转子、动静叶片、机器壳体（气缸）及支承转子的轴承等部件组成。汽轮机的额定转速在我国为 3000r/min.。由于受转子、壳体、轴承、基础等部件的结构、加工及安装质量等情况影响，汽轮机在高速旋转时，常常出现振动，严重时还会发生动静部件摩擦、大轴弯曲、推力瓦或支持瓦烧毁等事故。为了保证机组安全启停和正常运行，需要对汽轮机组的转速、振动、轴向位移、大轴偏心度、相对膨胀、油动机行程、气缸膨胀等机械参数进行监测。当被监测的主要参数超过规定值时发出报警信号，在超过极限值时触发保护装置动作，关闭主汽门，实行紧急停机，以避免重大恶性事故的发生。

汽轮机监测仪表也简称 TSI（Turbine Supervisory Instrument），一般都由汽轮机厂配套提供，其中振动监测还统一包括发电机轴承。大型机组除配置 TSI 外，一般还配备瞬态数据采集管理系统 TDM（Twinkling Data Management System），加强对汽轮机组轴系振动在线诊断，有利于机组安全运行。目前在 600MW 机组上配套的 TSI 及其主要制造厂商如表 9-1 所示。

表 9-1　　　　　　　　**600MW 机组上配套 TSI 及其主要制造厂商**

序　号	产品型号	制 造 厂 商	主 要 配 套 电 厂
1	3300、3500 系列	（美国）本特利内华达（Bently Nevada）	沁北、常熟二厂、镇江、惠莱、沙洲等
2	MMS6000	（德国）艾普（EPRO）	托克托、滇东、常州、湘潭、平圩等
3	VM600	（瑞士）韦伯（Vibro-meter）	日照、阳城、外高桥

第二节　电涡流传感器

目前使用的 TSI 仪表大多采用电涡流传感器，例如振动、轴向位移、大轴偏心度、差胀。它具有结构简单、灵敏度高、测量线性范围大、不受油污介质的影响、抗干扰能力强等优点。

电涡流由加贝（Gambey）在 1824 年的实验中发现。在摆动的磁铁下方放一块铜板，磁铁的摆动将会很快停止，从而提出了电涡流的存在。几年后，付科（Foucault）又证实了在强的不均匀磁场内运动的铜盘中有电流存在。1831 年，法拉第（Faraday）发现了电磁感应定律，变化的磁场能产生电场，并总结出电磁感应定律。因此，电磁感应现象一直成为电涡流基本原理的重要依据。1873 年麦克斯韦（Maxwell）用一组方程组完整地描述了一切宏观的电磁现象，建立解决大多数电磁学问题的基本理论工具，同样也是分析电涡流试验方法的理论基础。

1879 年电涡流技术得到实际应用，赫斯（Hughes）把它用来比较不同温度下金属材料的差别。到 20 世纪 40～50 年代，德国的 Reutigue 研究所和美国 B．N 公司相继研究了电涡流传感器的原理，并将它应用于测量位移、振动和电导率等，生产出了电涡流传感器及检测仪表。此后，日本不少公司和研究所也研制和生产了许多不同用途的电涡流检测仪表。

一、工作原理

图 9-1 为电涡流传感器原理图。它由一只扁平线圈 w，在距离线圈 w 某一距离 d（可变）处有一金属导体（被测体）。当线圈中流过一频率为 ω 的高频交变电流 i_1 时，线圈周围便产生一高频交变的磁场 Φ_1，在此磁场范围内的导体表面上便产生电涡流 i_2，此电涡流也将产生一磁场，根据有关电磁定律，电涡流磁场总是抵抗外磁场的存在，使导体内存在电涡流损耗，并引起传感器的品质因素 Q 及等效阻抗 Z 减低。阻抗 Z 的变化与许多因素有关。列出方程如下

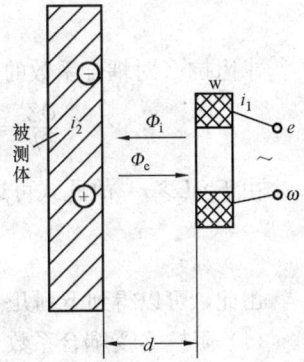

图 9-1　电涡流传感器原理图

$$Z = f(d、\omega、e、\mu、g、a) \tag{9-1}$$

式中　d——线圈与金属被测体的距离；

ω、e——分别为交变励磁电源的频率和幅值；

μ、g、a——分别为金属被测体材料的导磁系数，导电率和导体厚度。

阻抗 Z 主要与上述六个参数有关，对这个多元函数方程进行全微分，可得全微分方程

$$dZ = \frac{\partial f}{\partial d}dd + \frac{\partial f}{\partial \omega}d\omega + \frac{\partial f}{\partial e}de + \frac{\partial f}{\partial \mu}d\mu + \frac{\partial f}{\partial g}dg + \frac{\partial f}{\partial a}da \tag{9-2}$$

若励磁电流是稳频稳幅的，并认为金属导体为某一均质材料，则 ω、e、μ、g、a 均为定值，其偏微分为零，所以可得

$$dZ = \frac{\partial f}{\partial d}dd \tag{9-3}$$

由式（9-3）表明，阻抗 Z 的变化近似地认为是距离 d 变化的单值函数，配以适当的电路，可将 Z 的变化成比例地转换成电压变化，即实现位移—电压的转换，这就是阻抗测量法的依据。

图 9-2 为电涡流原理等效电路。设：r_1，r_2 分别为探头线圈和金属导体内阻。i_1，i_2 分别为探头线圈和金属导体中的电流。L_1，L_2 分别为探头线圈和金属导体的电感。j 为虚数单位，j$=\sqrt{-1}$。M 为探头线圈和金属导体之间的互感系数。由基尔霍夫定律可列出图 9-2 的方程组

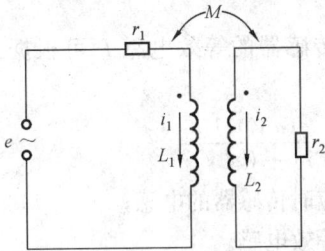

图 9-2　电涡流原理等效电路图

$$\begin{cases} i_1 r_1 + j\omega L_1 i_1 + j\omega M i_2 = e & (9\text{-}4) \\ i_2 r_2 + j\omega L_2 i_2 + j\omega M i_1 = 0 & (9\text{-}5) \end{cases}$$

解方程组，即可求出传感器的等效阻抗 Z（用复数表示）为

$$Z = \frac{e}{i_1} = r_1 + \frac{\omega^2 M^2}{r_2^2 + (\omega L_2)^2}r_2 + j\left(\omega L_1 - \frac{\omega^2 M^2}{r_2^2 + (\omega L_2)^2}\omega L_2\right) \tag{9-6}$$

如采用高频振荡源，则 $\omega L_2 \gg r_2$，则式（9-6）可近似为下式

$$Z = r_1 + \frac{M^2}{L_2^2}r_2 + j\left(\omega L_1 - \frac{M^2}{L_2}\omega\right) \tag{9-7}$$

定义 $k^2 = \frac{M^2}{L_1 L_2}$ 为耦合系数，则上式可写成

$$Z = r_1 + \frac{L_1 k^2 r_2}{L_2} + j\omega L_1(1 - k^2) \tag{9-8}$$

求得阻抗 Z 的幅值

$$|Z|^2 = \left(r_1 + \frac{L_1 k^2 r_2}{L_2}\right)^2 + \omega^2 L_1^2 (1-k^2)^2 \tag{9-9}$$

求阻抗 Z 对耦合系数的偏微分，则得

$$\frac{\partial Z}{\partial k} = \frac{2(r_1 L_2 + L_1 k^2 r_2) L_1 r_2 k - 2k\omega^2 L_1^2 L_2^2 (1-k^2)}{L_2 \sqrt{(r_1 L_2 + L_1 k^2 r_2)^2 + \omega^2 L_1^2 L_2^2 (1-k^2)^2}} \tag{9-10}$$

由于 $\omega L \gg r$，故此式可近似为

$$\frac{\partial Z}{\partial k} = -2k L_1 \omega \tag{9-11}$$

由此，可以得到下列几个结论：

（1）阻抗 Z 受耦合系数 k 影响较大，但耦合系数 k 主要与其探头及金属导体的距离有关；

（2）探头内阻 r_1、金属导体的内阻 r_2 和电感 L_2 对阻抗变化的影响甚小；

（3）增加探头的电感与提高振荡频率，则有利于测量阻抗。

以上是从电涡流损耗时阻抗 Z 引起的变化来讨论电涡流传感器的各种影响因素。也可以从回路的品质因素出发，讨论影响电涡流传感器的因素。回路的品质因素 Q 定义为无功功率与有功功率之比，即

$$Q = \frac{\omega L_1 (1-k^2)}{\dfrac{L_1}{L_2} r_2 k^2 + r_1} \tag{9-12}$$

由式（9-12）可得出以下结论：

（1）耦合系数 k 增大（即探头线圈与金属导体的距离减小），品质因素 Q 下降；

（2）r_1 及 r_2 增大，则对提高回路品质因素是不利的；

（3）探头线圈 L_1 和金属导体 L_2 增大，则品质因素增大，所以应增大探头线圈的电感以获得较大的线性范围；

（4）增加角频率 ω，能提高品质因素 Q，有利于改善回路性能，所以应采用高频测量。两种分析方法在理论上可获得一致的结果：当金属导体靠近传感器时，k 增加、Q 降低，其谐振曲线的峰值将下降，如图 9-3 所示。

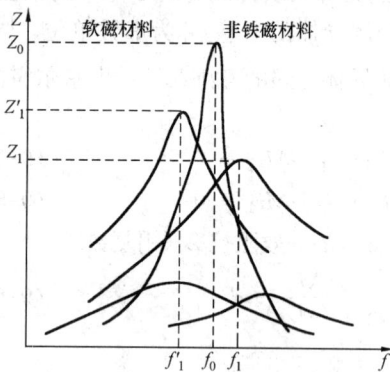

图 9-3　谐振曲线

在引入金属导体后，传感器的等效电感 L 可根据式（9-6）得出如下公式

$$L = L_1 - \frac{(\omega M)^2 L_2}{r_2^2 + (\omega L_2)^2} \tag{9-13}$$

式中　L_1——不计涡流效应时传感器的电感；

　　　L_2——涡流回路的等效电感。

由式（9-13）可见，等效电感中的第一项与静磁学效应有关，第二项和电涡流回路的反射电感有关。把电涡流传感器调谐到某一谐振频率，再引入被测导体，回路将失谐，且当靠近传感器的被测导体为非铁磁性材料和硬磁材料时，传感器线圈的等效电感量减少，谐振峰将右移。若为软磁材料时，传感器线圈的等效电感量增大，谐振峰将左移，如图 9-3 所示。其特性方程为 $L = f(d)$，这就是电感测量法的理论依据。

二、测量方法

电涡流传感器的线圈与金属导体间距离 d 的变化，可以变换成线圈的等效电感 L、等效阻抗 Z 和品质因素 Q 三个参量的变化，若再配以适当的电子线路，将其变换成电压值或频率值，通过

显示、记录、报警等装置，可实现对位移、振动等参数的精确测量和报警。

目前常用的检测转换方式有调幅式、调频调幅式和调频式三种测量。

（一）调幅式测量

由石英晶体产生一高频稳频、稳幅正弦波作电源，接在电阻 R、电感 L、电容 C 所组成的回路上。如图 9-4 所示，在没有引入被测体时，使 L、C 并联回路谐振，输出电压 U_0 为峰值，当引入被测体时，传感器的阻抗将发生变化，其阻抗的变化是距离 d 的单值函数，而输出电压 U_0 又是阻抗 Z 的单值函数，所以输出电压 U_0 可以反映距离 d，即 $U_0 = f(d)$。

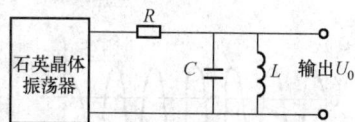

图 9-4　调幅式测量原理框图

电涡流传感器配以相应的前置放大器，就可将被测的非电量信号转换成电压信号。再经过监测仪表，向指示器、记录器提供信号，以便进行指示和记录，同时进行报警判别。当被测值达到报警值时，发出报警信号；达到危险值时发出停机信号，实行停机保护。

前置放大器一般由石英晶体振荡器、跟随器、放大器、检波器和滤波器等组成。图 9-5 所示为前置放大器电路。

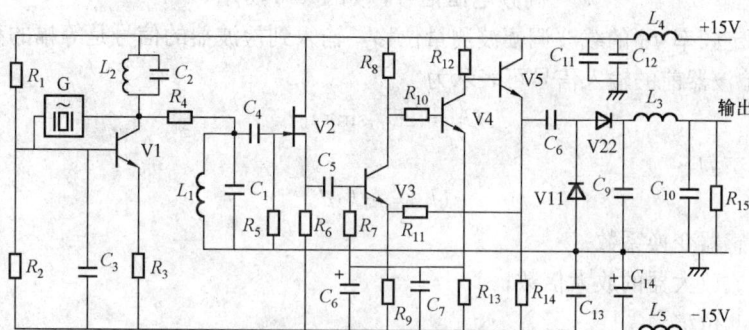

图 9-5　前置放大器电路图

1. 石英晶体振荡器

晶体振荡器 G 用来提供频率稳定的高频信号，以激励传感器线圈电感 L_1 和电容 C_1 所构成的谐振回路，若振荡频率不稳定，将引起 L_1、C_1 回路阻抗的变化，而振荡幅值不稳定，也将导致输出电压的变化。可见，振荡器的振荡频率及幅值的稳定与否，将直接影响到整个前置放大器的稳定性。为此，采用了石英晶体振荡器，并在电路结构上采用工作点稳定的电路形式（图 9-5 中振荡器电路由 V1、G、L_2、C_2、R_3、C_3、R_1 和 R_2 等元件组成）。

稳频稳幅振荡器的输出信号经 R_4 馈给由传感器线圈电感 L_1 与电容 C_1 组成的并联谐振回路。线圈 L_1 产生的高频电磁场作用于被测体。由于被测体表面电涡流反射作用，L_1 的电感量下降，回路失谐，从而改变了输出电压的大小。L_1 的电感数值随测距 d 的增加而减小。

2. 源极跟随器

为了提高 L_1、C_1 并联谐振回路的品质因素 Q 值，在 L_1、C_1 回路紧接一级源极跟随器 V2，以提高输入阻抗，减小测量回路的负载，并降低输出阻抗，增加带负载的能力。

3. 高频放大器

为了使源极跟随器的输出信号有足够的功率去驱动检波器工作，必须将信号进行放大。这里采用了由 V3、V4 和 V5 三只晶体管组成的三级直接耦合高频放大器，并引入了深度负反馈。整个放大器的增益 k_f 由 R_{11} 和 R_9 组成的串联反馈网络阻值决定，即

$$k_{\mathrm{f}} \approx 1 + \frac{R_{11}}{R_9}$$

式中 R_{11}、R_9——电阻网络的阻值。

4. 检波和滤波器

为了使高频调幅信号转换成直流电压信号（位移测量时）或低频电压信号（振幅测量时），以便送到监视仪表中进行读数显示和报警比较，必须将信号进行检波。这里采用了由二极管 V11 和 V22 组成的倍压检波器，以提高检波效果。检波后的输出信号再经滤波器滤波，得到纹波系数很小的直流电压信号，其值和位移量或振动幅值成正比。

图 9-5 中 C_{11}、C_{12}、L_4 与 C_{13}、C_{14}、L_5 用作电源滤波器，使 $\pm 15\mathrm{V}$ 电源更稳定。

（1）位移测量。现将测量位移或振幅时检波器输入/输出信号分析如下。

当传感器用于位移测量时，输入到检波器的信号是等幅的高频电压信号，如图 9-6 所示。

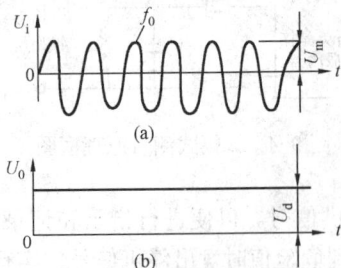

图 9-6　测量位移时检波器
输入/输出信号的波形图
(a) 输入信号；(b) 输出信号

由于采用恒定频率 f_0 的载波调幅波测量位移，输入到检波器的信号是等幅的高频电压信号，见图 9-6（a），检波器前的输入信号可表示为

$$U_{\mathrm{i}} = 2U_{\mathrm{m}}\sin\pi f_0 t$$

用有效值表示为

$$U_{\mathrm{i}} = k_1 k_2 d$$

式中　k_1——传感器变换系数；
　　　k_2——交流放大器的放大倍数；
　　　d——被测位移。

检波后的输出信号为

$$U_{\mathrm{d}} = k_3 U_{\mathrm{i}}$$

式中　k_3——检波器系数。

综合以上两式，得

$$U_{\mathrm{d}} = k_1 k_2 k_3 d = kd$$

式中　k——转换系数，$k = k_1 k_2 k_3$。

上式表明检波器输出电压 U_{d} 是位移量 d 的函数。

电涡流传感器测量位移时的转换特性，如图 9-7 所示。

（2）振动测量。当传感器用于振幅测量时，输入到检波器的信号就成为一调幅波，如图 9-8 所示。

经检波后的输出信号仍由两部分组成：一是与振动频率 f_{x} 和振幅 A 有关的交流电压信号；二是与位移 d 成比例的直流电压信号 U_{d}。

检波和滤波后的输出电压即为前置器的输出信号，输往相应的监视器，进行指示、记录或报警。

（二）调频调幅式测量

这种方法与稳频调幅式的区别在于高频振荡器输出的是调频

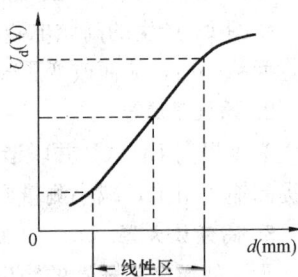

图 9-7　测量位移时的
转换特性图

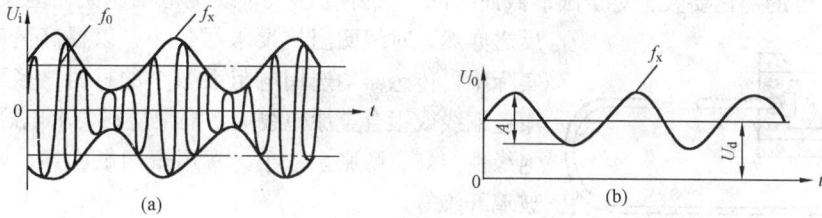

图 9-8　测量振幅时检波器输入/输出信号的波形图

（a）输入信号；（b）输出信号

调幅波，经检波后由跟随器输出电压信号。它的优点是电路简单、调整方便、工作可靠，适用于一般工业测量和过程监控等场合。图 9-9 为调频调幅式测量原理框图。

当传感器线圈靠近被测金属体时，由于电涡流作用，使高频振荡器输出电压的频率和幅值都发生变化，经检波器和射极跟随器，输出电压 U_0 即反映了传感器线圈与被测体之间的距离 d。

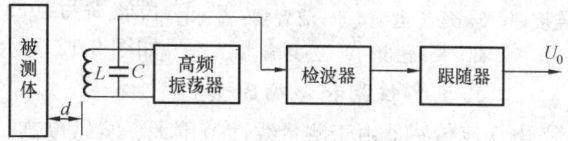

图 9-9　调频调幅式测量原理框图

（三）调频式测量

这种测量方法是将传感器线圈接入 LC 谐振回路，与以上两种方法的区别在于将回路的谐振频率作为输出量，此频率可以用数字频率计直接测量或通过频率—电压转换，用电压值显示其读数。图 9-10 为调频式测量原理框图。

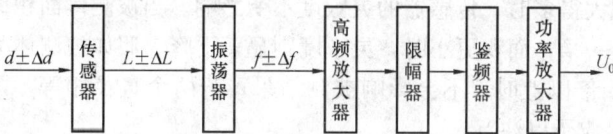

图 9-10　调频式测量原理框图

随着被测体距离 d 的变化，引起电感 L 的改变，从而使振荡器的输出频率 f 发生变化，经高频放大、限幅、鉴频与功率放大，其输出 U_0 即反映被测体与传感器之间的距离 d 的变化。

除上述介绍的几种测量方法外，还可用平衡电桥测量电涡流传感器的等效电感 L 和阻抗 Z，受篇幅限制，在此不再赘述。

三、电涡流传感器结构、安装与调校

（一）结构形式

电涡流传感器结构形式比较简单，主要由线圈和框架组成。线圈多为扁平，可分为单线圈和双线圈两种。框架形式依被测对象而定，有圆柱形、环形、矩形等。

图 9-11 是电涡流传感器的两种结构形式，图 9-11（a）是将线圈绕成扁圆形后黏于框架的端部；图 9-11（b）是在框架上开一条槽，导线绕制在槽内形成一个线圈，然后通过电缆与接头相连接。

对线圈的设计要求为灵敏度高、线性范围大、稳定性好。因此，要求线圈的磁场轴向分布范围要大，线圈的电涡流损耗功率随被测体间隙的变化要大，

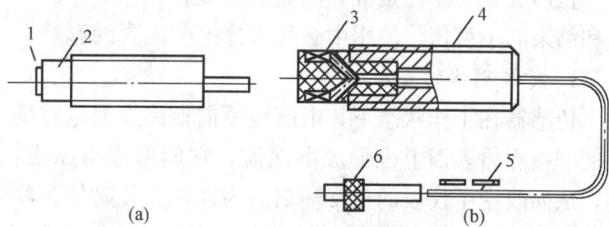

图 9-11　电涡流传感器结构

（a）线圈和框架；（b）传感器连接示意图

1—线圈；2—框架；3—线圈；4—壳体；5—电缆；6—接头

即轴向磁场强度的变化要大。对于圆形截面线圈，其外径越大，线性范围越大，但灵敏度降低，反之亦然。对线圈阻抗要求尽量小，以提高灵敏度。生产实际中，传感器均选用电阻系数小的材料，多采用高强度漆包铜线或银合金漆包线等，框架材料要求电涡流损耗小、绝缘性能好、膨胀系数小。常用聚四氟乙烯、陶瓷和环氧玻璃纤维等。

传感器的壳体用于支撑传感器的头部，并作为测试时的固定件，一般用不锈钢制成，上面刻有标准螺纹，并配有锁紧螺母。在传感器上的电缆与同轴射频电缆之间的连接由标准接头完成，要求接触好、连接可靠，一般采用标准接插件，如高频插头、航空密封插头等。在实际应用中，传感器与其匹配的延长电缆、前置器等组成传感器系统，如图 9-12 所示。

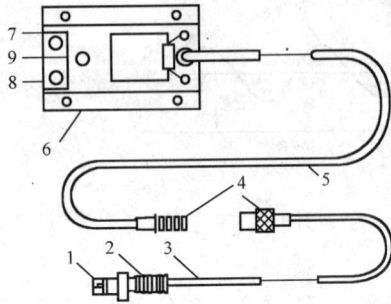

图 9-12　电涡流传感器系统

1—电涡流探头；2—固定件；3—电缆；4—连接件；5—延长电缆；6—前置器；7—电源；8—输出；9—公共端

（二）主要性能和影响因素

电涡流传感器由于测量线性范围大、灵敏度高、结构简单、抗干扰能力强、不受油污等介质影响，特别是无接触测量的优点，而得到了广泛的应用，可将它作为主要传感器用于转速、位移、振动、偏心度等参数的测量与监视。另外它也应用于测量厚度、表面温度、温度变化率，判别材质、应力、硬度和金属探伤等。

利用电涡流传感器测量位移和振幅时，输出电压与距离 d 的单值函数关系是在其他条件不变的假设下得到的，这些条件变化均会影响测量的精度和灵敏度。

被测体的面积比传感器相对应的面积大得多时，传感器的灵敏度不受影响。当被测体面积为传感器线圈面积的一半时，其灵敏度减小一半；面积更小时，灵敏度则显著下降。假如被测体为圆柱体，当其直径为传感器直径 D 的 3.5 倍以上时，不会影响被测结果；若两个直径相等，则灵敏度降至 70% 左右。这点在实际安装时应予以注意。

实验表明：工件表面热处理对测量结果有影响，工件表面镀铬后，会使灵敏度增加，镀层厚度不均匀，会引起读数跳动，因此尽可能不要测镀铬的表面。即使镀层均匀，也需进行静态校验。被测体表面的光洁度对测量结果基本上没有影响，被测体的材质对灵敏度有影响。不同的材质，或同一材质，但表面不均，工件内部有裂纹等都将影响测量结果。

对于传感器而言，LC 振荡器的振荡频率是否稳定、探头与前置器之间电缆引线的分布电容的大小、以及环境温度的变化均将影响测量结果。

（三）传感器安装

正确安装传感器是准确测量的前提，任何一种影响电涡流效应的因素出现，均会造成测量误差和结果的不可信，使用中必须考虑这些因素的影响。

1. 对被测体的要求

传感器在工作状态下，电感线圈向四周发射电磁场，磁场在被测体上形成电涡流，同时在临近的非被测体表面上也形成电涡流，它们形成与原磁场相反的磁场，改变传感器电感线圈的 L 值，从而改变了仪表的正常输出。为此，安装时传感器头部四周必须留有一定范围非导电介质空间，如图 9-13 所示。若被测体与传感器间不允许有空间，可采用绝缘材料灌封。

若测试过程中在某一部位需要同时安装两个或两个以上的传感器，为避免交叉干扰，两个传感器中间应保持一定的距离、如图 9-14 所示。直径为 5mm 的探头安装时，应保证端部之间的距离不少于 1.5in（38.1mm）。

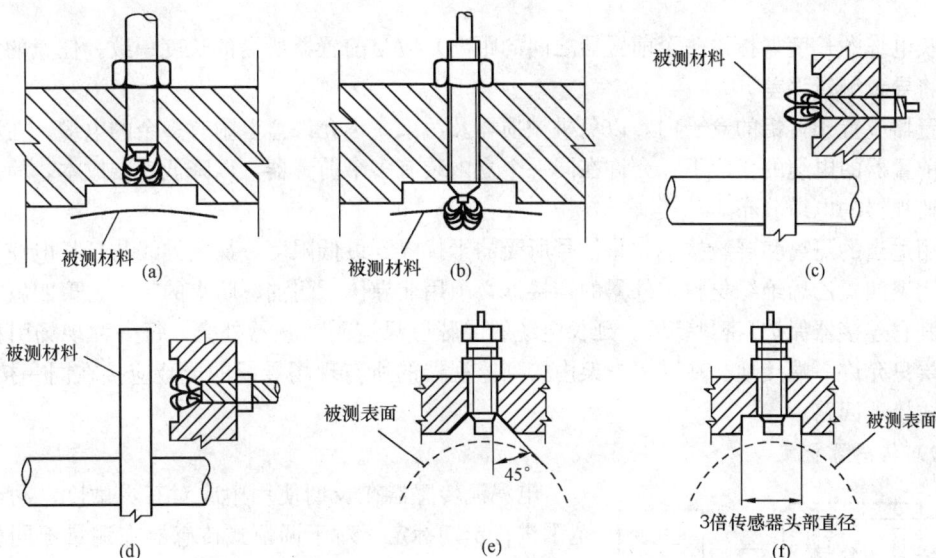

图 9-13　传感器对被测体的要求

(a) 不正确安装；(b) 正确安装；(c) 正确安装；(d) 不正确安装；

(e) 45°倒角；(f) 三倍传感器头部直径

另外，被测体表面应为探头直径的 3 倍以上；表面不应有锤击、撞伤以及小孔和缝隙等，不允许表面镀铬。被测材料应与探头、前置器标定的材料一致，否则需重校。

2. 对探头支架的要求

探头通过支架固定在轴承座上，支架应有足够的刚度，以提高其自振频率，避免或减小被测体振动时支架的受激自振。一般而言，支架自激频率至少应为机器旋转速度的 10 倍。支架分为永久性、非永久性和临时性三种。永久性固定支架用于油介质密封的被测系统。例如，在高压腔内或密封环处测油膜厚度，安装时传感器用高性能粘接剂灌封，干固后连同轴或轴瓦一起精加工，直至达到工艺要求。非永久性固定支架用于一般位移振动测量，为便于调整间隙，常设计为可调试，一旦调试完毕，常用螺丝锁紧。临时性固定一般用于实验室或简单现场测试。虽探头的中心线与垂直位置偏差 15°对传感器系统的特性无影响，但支架支承的探头位置应与被测体的表面垂直。

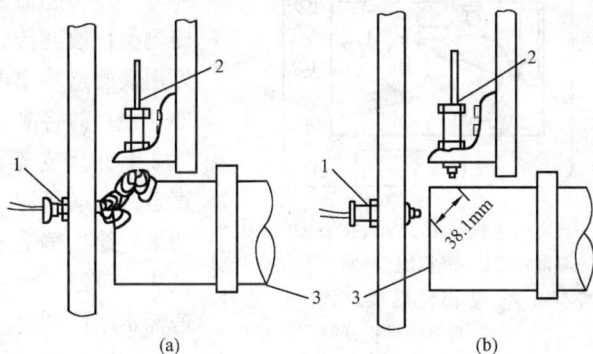

图 9-14　防止两个传感器交叉干扰的最小距离

1—轴位移监视；2—径向振动监视；3—轴

3. 安装步骤

(1) 探头插入安装孔之前，应保证孔内无外物，探头能自由转动不会与导线缠绕。

(2) 为避免擦伤探头端部或监视表面，可用非金属测隙规整定探头的间隙。

(3) 也可采用电气方法整定探头间隙。

当探头间隙调整合适时，旋紧防松螺母。此时应注意过份旋紧会使螺纹损坏。

探头被固定后，探头的导线亦需牢固，以免由于油流、空气流或各种异常的应力引起的疲劳损坏。

延长电缆的长度（指探头至前置器之间的距离）应与前置器所需的长度一致。任意的加长或缩短均将导致测量误差。

前置器应置于铸铝的盒子内，以免机械损坏及污染。不允许盒上附有多余的电缆。在不改变探头到前置器的电缆的长度下，允许在同一个盒内装有多个前置器，以降低安装成本，简化从前置器到监视器的电缆分布。

采用适当的隔离和屏蔽接地，将信号所受的干扰降到最低限度。探头导线与延长电缆屏蔽层的隔离用聚四氟乙烯绝缘材料，外露的连接器必须用非导体、耐油、防火的带子，聚四氟乙烯收缩管或其它连接器保护/密封装置。延长电缆的屏蔽层只连到前置器外壳。每一种现场引接电缆的屏蔽层只允许一端接地。在同一框架内接到监视器的所有现场导线的屏蔽应接在同一接地点，以免形成接地回路。

（四）传感器标定

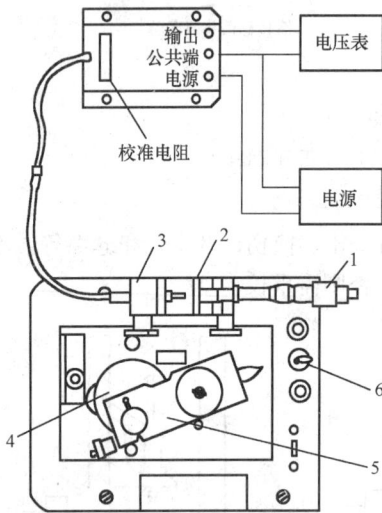

图 9-15　传感器标定台结构示意图
1—测微仪；2—静标定模拟试件；3—传感器支架；4—动标定模拟试件；5—摆臂；6—驱动电动机开关

电涡流传感器在长期使用中应对其灵敏度、动态线性范围进行定期标定。对于调幅式传感器在测量不同材料的被测体时，要重新标定。

标定所需要的仪器，以及系统的连接如图 9-15 所示。标定分静态标定和动态标定两种。静态标定由螺旋测微仪、标准模拟被测试件及传感器支架组成；动态标定由标准模拟被测试件、摆臂和可变速驱动马达组成。

（1）静态标定。它可以测量传感器的电压—位移曲线，并可确定传感器的输出灵敏度和线性范围。标定时，用螺旋测微仪改变传感器与标准模拟试件之间的间隙，用数字万用表测量输出电压。其操作步骤为：①将传感器插入支架 3 中，并将测微仪置零位；②将传感器轻抵在标准被测体 2 上并用支架固定好；③以每次 $10\mu m$ 量程增加间隙，直至读到满量程为止，记录每次的输出电压；④根据所测结果，绘出静态特性曲线，并与出厂规定曲线进行比较，在线性范围、灵敏度不符合要求时，应进行电路调整；⑤若标定不同的材料，应更换模拟被测体。

（2）动态标定。它是在静态标定的基础上，检查显示传感器输出信号的表头显示是否正确，操作步骤为：①将千分表插入摆臂中，并调节指示值至中点；②转动振动板，调整摆臂达到所要求的振动值（等于监视仪表满量程），然后锁紧摆臂；③把传感器插入摆臂，使其间隙位于线性区中点；④将摆臂移动到所要标定的位置，启动电机，若监视仪表显示的峰—峰值与千分表摆动值相同，则认为标定正确，若不相同则应以千分表指示值为准，调整监视仪的刻度系数。

传感器的动态标定也可以由激振器提供振动源，用精确读数显微镜读出振动值。

第三节　汽轮机组监测基本参数

对汽轮发电机组的运行状态进行长期连续地监测和保护由可靠、精确的监测仪表提供的信息表明的，下面将讨论评估机组运行状态的一些重要参数。

一、振动

1. 振幅

振幅是表示机组振动严重程度（或烈度）的一个重要指标，它可以用位移速度或加速度来表示，根据振幅的监测，可以判断"机器是否平稳运转"。过去对机组振动的检测，只能测得机壳（轴承座）的振幅（通常称为瓦振），虽然机壳（轴承座）振幅能表明某些机械故障，但由于机械结构、安装、运行条件以及机壳（轴承座）的位置等，转轴与机壳（轴承座）之间存在着机械阻抗，所以机壳（轴承座）的振动并不能直接反映转轴的振动情况，这不足以作为机械保护的最合适的参数。但是机壳（轴承座）振动通常作为定期监测的参数，通过监测此振动值可及早发现叶片共振频率等高频振动的故障现象。由于接近式传感器（如电涡流传感器）能够直接测量转轴的振动状态（称为轴振），因此能够提供机组振动保护的重要参数。把接近式传感器固定地安装在轴承架上，便能检测到转轴相对于轴承座的振幅。振幅一般以峰—峰值（μm、密耳）表示。一台运行正常的机组的振幅值都是稳定在一个允许的限定值内，一般说来，机组负荷未变，而振幅值发生的任何变化都表明了机组的机械状态有改变。

2. 频率

在汽轮发电机组等旋转机械中的振动频率，一般用机械转速的倍数来表示，因为机械振动频率多以机械转速的整数倍和分数倍形式出现，这是表示振动频率的一种简单的方法，通常把振动频率表示为转速的一倍、两倍或 $\frac{1}{2}$ 倍等。在振动测量中，振幅和频率都是可供测量和分析的主要参数，所以频率分析在测量振动中是很重要的。而且某些故障现象确实与一定的频率有关。表示频率的常用办法如下：

（1）1 倍转速频率：振动频率与机组转速相同；

（2）2 倍转速频率：振动频率两倍于机组转速；

（3）$\frac{1}{2}$ 倍转速频率：振动频率为机组转速的一半；

（4）0.43 倍转速频率：振动频率为机组转速的 43%。

振动通常分为同步振动和非同步振动。同步振动的频率是机组转速的整数倍或整分数倍，如 1 倍频转速、2 倍频转速、1/2 分频转速等。同步振动的振动频率与机组转速是"锁定"关系；非同步振动则发生在非"锁定"频率。

3. 相位角

相位角是描述转子在某一瞬间所在位置的一种方法。要求相位角测量系统能够确定对应于每个变换器的转子高点（highspot）的位置，这个高点的位置是相对于机组上某固定点而言的，通过确定旋转体上高点的位置，就能确定转子的平衡状态及残余不平衡量的位置，或者说，由于高点的改变而导致转子的平衡状态的改变会显示为相位角的改变。精确的相位角测量在转子平衡中及分析某些机器故障时是非常重要的。

这是由于整个机组上的各变换器所对应的转子的相位角测量，为机组运行状态及时地提供了重要信息，另外相位角测量对于确定转子固有的平衡响应，即临界转速也是很有用的。测量转子相位角的准确和可靠的方法是键相位法，以接近式传感器受固定在轴上的一个标志（如槽或键），并提供每转一次的脉冲，作为相位角测量的参考基准。如果能测得转子的振动曲线，便能根据这个基准点确定"高点"位置。对于典型转子来说，在第一临界转速以下时，由键相位确定的相位角（高点相对基准角度）便为转子的"重点"位置。当转子在第一临界转速以上时，由键相位所确定的相位角是"轻点"位置，即需要加重的位置，其与"重点"的相位角差为 180°。在整个共振区出现的相位滞后可提供"高点"与"重点"之间相差的角度。以键相位（轴上的固定标志）作为参考基准时，相位角被定义为从键相位脉冲到振动的第一正向峰值之间的角度数，振动信号经过变换器输出所显示的第一正向峰值相当于转子的"高点"。为了能精确地读出相位角值，需要把变换器输出的振动信号经滤波后变成与转速成一倍频关系的信号，然后仪器才能准确地测量和显示相位角值。

4. 振动形式

振动形式可分为两种：一种是时基形式。时基形式是振动信号经变换器输入到示波器，并以时基模式显示在荧光屏上。一般振动信号为正弦波，表明转轴的位置与示波器上水平时间轴的关系曲线。另一种是轴心轨迹由两个互成90°的接近式电涡流传感器感受的振动信号，分别输入到示波器的两个通道内，并以 X—Y 模式显示在荧光屏上。在这种模式中，所显示的是对应于两个传感器轴截面的中心线的运动。如果传感器安装在轴承上，则轴心轨迹是轴的中心线相对轴承的运动关系。振动形式是分析振动数据的最重要的方法，通过对振动形式的观测，能直观地了解机组的运行状态。通过观测时基振动形式，就能确定基本的振幅、频率和相位角。通过观测轴心轨迹，能够了解轴的实际运动情况。

5. 振型

所谓振型是转轴在一定的转速下，沿轴向的一种类型。测量振型的方法是沿转轴的轴向每隔一定间距放置一组 X—Y（互成90°）传感器，分别测得相应转轴截面的中心线振动情况，综合所测得的这些数据，便能得到转轴的振型。振型有助于估算转子与固定部件之间的内部间隙，并能估算出转轴上"节点"的位置。

以上所讨论的所有振动参数都是在动态基础上分析机组状态的参数。这些参数既适合于转轴的测量，也适合于壳体（轴承座）的测量。转轴和壳体（轴承座）的振动比较，对于确定机组总体状态也是很重要的参数，因为转子和壳体（轴承座）之间的机械阻抗会因状态参数的不同而有很大的变化，比较壳体（轴承座）和转轴的振幅和相位对于解决特定的机械故障有很高的价值。

对于振动来说，还有个"相对振动"和"绝对振动"的问题。一个固定在轴承座上的接近式电涡流传感器可以测得轴相对于轴承座的相对振动。一个固定在机壳（轴承座）上的拾震式速度传感器可以测量壳体（轴承座）的绝对振动。由一个相对振动（位移）传感器和一个地振（速度）传感器可组成复合式传感器，可测得轴的绝对振动。用复合式传感器测量机组转子和轴承座两者的运动时，将相对振动传感器插入轴承座内，在轴承座外与速度传感器相连，此两传感器安装时它们的轴向应保持一致，这样测量的参数才正确。当在轴向同一截面上安装两个传感器时，可垂直和水平安装，也可与轴线成一定的角度，但无论哪种安装方式，都应尽量保证两个传感器之间的夹角为90°。在 TSI 监视系统中，X—r（二平面）测量方法对于大型转动机组是很重要的。在轴承的垂直和水平方向上，完全可能存在着两种不同的振动，在一个轴承的两个不同平面上，完全可能有不同的振幅和频率（通常相应地有不同的相位角）。

二、转速

汽轮发电机组是高速运转的机器，转速是其一个很重要的参数，转速的精确测量是机组安全运行的重要保证之一。机组的转速测量以每分钟的转数表示，即"r/min"。大型机组的转速测量都采用数字式电磁测速法；转速传感器如采用电感式（电涡流式），通常是每转60个脉冲，可用脉冲计数法或用脉宽法测量轴的转速。

三、零转速

零转速是测试汽轮机低转速的状态，当其转速达到预先设定的零转速时，就会发出"零转速"信号。零转速在汽轮机启停时，用于盘车齿轮的啮合和脱开。通常零转速测量通道由一个探头和一个 60 齿的测量盘组成，探头每测到一个齿就产生一个脉冲，测量盘每转一周，探头就产生 60 个脉冲。监控仪表接收这些脉冲，经过一个带可调设定值的比较器控制报警电路。

四、轴向位移

轴向位移是推力环对推力轴承的相对位置测量值，轴向位移也是汽轮发电机组重要的监测参数之一。监测轴向位移的主要目的是要避免转子与定子（隔板）之间产生轴间摩擦，轴向推力轴承的故障可能给机组产生灾难性的后果。轴向位移传感器通常选用接近式（电涡流式）传感器。要仔细选择传感器的安装位置，确保转轴的热膨胀和推力轴承组件的弹性对仪表读数的影响减至最低限度。汽轮机在正常运行条件下，轴向位移也会随机组负荷而改变，因此轴向位移测量值允许在一定范围内变化。

五、相对膨胀

对于大型汽轮发电机组，要求启动和变负荷时汽缸和转子以相同的比率受热膨胀。如果转子与汽缸受热膨胀的比率不同，就可能产生轴向摩擦而使机组受到损害。因此要监测转子和汽缸的膨胀差（相对膨胀）。为了测量胀差，通常是把接近式电涡流传感器安装在机组工作面相反的一侧。

六、绝对膨胀

大型机组除了测量相对膨胀外，还要测量汽缸相对地基的膨胀，这种汽缸的膨胀称之为绝对膨胀，其测量通常由安装在汽缸外部、以地基为参考基准的线性可变差动变压器进行的。如果汽缸膨胀不正常，就可以判断是汽缸的"滑销"不畅或卡住。

七、转子偏心度

转子在低速（低于 600r/min）时，需监测转动中的转子偏心度。因转子偏心度过大，在机组高速运转时就会产生振动。转子偏心度测量传感器可测偏心的峰—峰值，也可测量转子偏心度的瞬时值，瞬时（或直接）偏心是探头顶端与转子表面间隙的直接测量。

第四节　600MW 机组 TSI 配置

一、600MW 机组 TSI 监测参数

目前 600MW 机组 TSI 监测参数一般都是齐全的，它包括以下几方面：

（1）转子振动的峰—峰值（径向振动）；

（2）转子的峰—峰值和直接（瞬时）偏心值；

（3）转子推力盘相对于推力轴承座的相对转子位移（轴向位移）；

（4）转动部分（转子）相对于静止部分（汽缸）的轴向伸长（相对膨胀或称差胀）；

（5）转速（r/min）；

（6）用于连锁盘车装置的零转速；

（7）汽缸膨胀（绝对膨胀）。

TSI 参数具体在 600MW 机组上的装设点因制造厂家和机组类型的不同而不同，以上海汽轮机厂生产的 600MW 超临界机组为例，如图 9-16 所示。

二、石洞口二厂 600MW 超临界机组 TSI 配置介绍

上海石洞口二厂 600MW 机组是我国最早的引进型超临界机组，它的 TSI 配置由美国本特利内华达（Bently Nevada）产品组成。

1. 传感器配置

（1）1～7 号轴承振动，每个轴承上装设 2 只复合式振动传感器 26530，成 X—Y 面安装，量

程 0～500μm 峰—峰值；

（2）1、3 号和 5 号轴段各设置 2 只差胀传感器 26180，量程 0～20mm；

（3）1 号和 2 号轴段各设置 1 只汽缸绝对膨胀传感器，量程 0～25mm；

（4）2 号轴段设 5 只测速传感器 XT81606V400，量程 0～4500r/min；

（5）2 号轴段设轴向位移传感器 3 只 21508，量程±1mm；

石洞口二厂 600MW 机组上没有装设偏心度检测。

2. 系统说明

（1）振动检测系统。

系统用于轴绝对振动峰—峰值的连续监视，系统包括一个相对振动传感器及其前置器、一个速度传感器、有关的电缆和组装在 TSI 机柜内的监视器。系统采用复合式振动传感器。复合式振动传感器由两种传感器组合而成，它包括一个相对振动（位移）传感器和一个地振（速度）传感器。相对振动传感器测量轴厢对于安装地点的位移，而速度传感器测量轴承的绝对速度。为得到轴的绝对振动，速度传感器的信号要积分成位移信号，幅值和相位的低频响应误差在监视器内经过校正，然后两个传感器的信号向量相加就得出合成的幅值，这个信号即代表轴的绝对振动值。该振动值转换成 1～5V 模拟信号送给记录、指示仪表；该振动值转换成 4～20mA 模拟信号送 DAS 系统作画面、数据显示、报警窗报警用。该振动值同时送汽轮机保护系统作报警和机组保护跳闸用。

（2）轴向位移检测系统。

轴向位移检测系统用于对机组的轴向位置进行连续监视，监视器采用两个通道，以对机组双重保护。该系统包括：两只电涡流传感器、两只前置器、有关的电缆和组装在机架内的轴向位移监视器等。电涡流传感器及前置器产生一个与传感器端面和相对表面之间距离成正比的信号，监视器将每个前置器的输出转换成指示表的轴向位移读数，以及转换成与轴向位移成比例的直流记录输出信号。轴向位移有"正"、"负"方向，事先应定义好，这取决于每个传感器的安装方位，相应的监控通道校准成向着或远离传感器是"正"方向。该监视器的选择逻辑可使两个报警信号中任一个起作用，但危险信号采用"与"门，要两个信号均发出时才起作用，这样就可在一个通道有故障时不会使虚假的危险信号起作用。轴向位移是机组保护中的一个重要参数，该信号经监控器转换成 1～5V 信号作记录仪记录用；同时该信号转换成 4～20mA 送 DAS 系统作图面数据显示及报警窗报警用。该信号同时送机组保护系统作报警和跳闸保护用。轴向位移传感器是采用电涡流式传感器，安装在推力轴承处。利用电涡流原理来检测推力盘相对于轴承的相对位置，传感器测得一个与间隙成线性关系的直流电压。传感器的安装很重要，上海石洞口二厂 600MW 机组的轴向位移传感器的安装是把电涡流传感器固定在推力轴承上与推力盘表面保持 1.25mm 的距离。

（3）汽缸绝对膨胀检测系统。

汽缸绝对膨胀检测系统由一只直流线性差动变压器式传感器（配有接线电缆）和一只安装在机架内的汽缸膨胀指示器所组成。该系统可连续测量汽缸相对于汽轮机基础的绝对膨胀。汽缸绝对膨胀传感器是一只直流线性差动变压器式传感器。在测量汽缸相对于基础的膨胀时，传感器线圈固定在基础上，其铁芯固定在汽缸上，利用铁芯在差动线圈的位移相应地输出一个与其成比例的电压信号供给汽缸膨胀指示器。汽缸膨胀指示器配有一只装有固定调整点的传感器系统 OK 线路。如果传感器信号超过给定值，指示器便产生一个非 OK 信号，使 OK 继电器（安装在机架内）动作，用户可将该继电器触点接入报警或汽轮机保护装置。

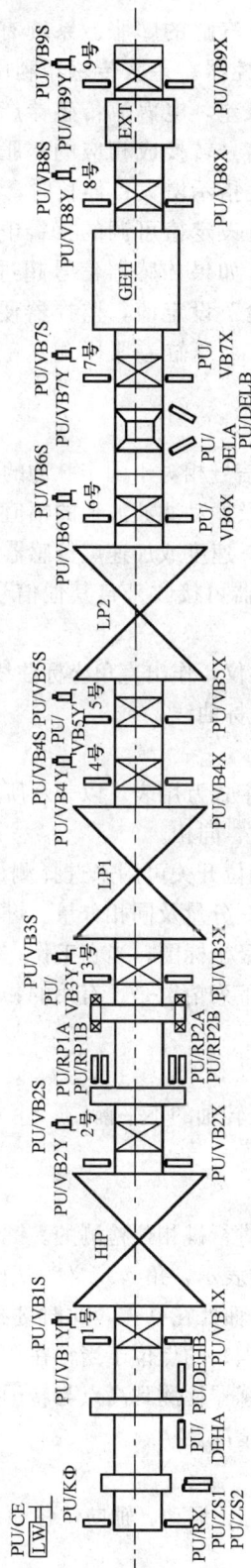

图 9-16 600MW 超临界机组 TSI 配置图

CE—缸胀；RP—轴向位移；DEL—低压缸差胀；KΦ—键相；RX—偏心；
VB(X，Y)—轴振；ZS—零转速；DEH—高压缸差胀；VB(S)—轴瓦振动；

（4）差胀检测系统。

差胀检测系统用于连续测量轴相对于汽缸的膨胀。系统有两只电涡流传感器（配有连接电缆）、两只前置器和一只双通道差胀监控器。差胀传感器利用接近式电涡流原理来检测轴相对于汽缸因两者不同的膨胀量所引起的胀差，电涡流传感器产生的电信号与轴相对于汽缸的膨胀量成正比。监控器把传感器的输出信号转换成相应的差胀表读数及相应的记录仪表直流输出信号。轴相对于汽缸缩短时，差胀表指示增大；伸长时，差胀表指示减小；差胀为零时，指针在中间刻度位置。差胀监控器内装有设定值可调的报警电路和危险电路。在伸长和缩短方向都配有报警、危险两个给定动作点。如果传感器信号超过"报警"设定值，监控器便产生报警信号；如果传感器信号超过"危险"设定值，监控器便使继电器动作，用户可将该继电器触点接入汽轮机保护装置。高、中、低压缸差胀因测量范围不一样，应选择不同灵敏度的探头和相应量程的仪表。

（5）键相器检测系统。

键相器检测系统用于连续地测量振动信号相对于同步脉冲的相位，同步脉冲由轴上的标记每转一圈产生一个。此外，还测量轴的转速及振动滤波波形的幅值。它由一个传感器和前置器、键相监视器组成。键相监视器接受来自位移、速度或加速度传感器的振动输入信号，以及来自相应传感器的每转一次的键相信号。键相监视器可接收来自其他信号组件或前置器的振动信号多达11个、键相信号3个。其记录仪输出：

1）将转速、振幅和相位输出接至绘图仪，作出直角坐标曲线；

2）将同相和正交接至绘图仪作出极坐标曲线；

3）将记录仪输出接至各记录仪通道；

4）将相位、振幅/正交、同相接到数字式万用表，以表示所选出的输出：高电平（约4.5V）是相位、振幅；低电平（约0.3V）是正交、同相。

键相监视器上的相位、振幅/正交、相位开关可用来选择测量信号的相位、振幅或正交及同相。正交及同相表示为振动同步矢量的正交分量及同相分量。键相位表是机组的诊断仪器，当它工作在正交、同相模式时，就可用来作出极坐标图；当它工作在相位、振幅模式时，就可用来作出趋势曲线。这些数据资料对分析机组的下列情况是很有用的：

1）判断机组故障；

2）积累转子的动力数据；

3）通过测量相角及相移来判断转子及转轴的不平衡；

4）确定共振区（临界转速）；

5）进行机组的阻抗研究。

键相传感器是利用电涡流接近式原理进行键相位检测的。键相监视器的滤波振动输出是振动输入信号的转速分量，图9-17的正弦曲线表示，角φ定义为从同步信号（键相）边缘到正弦曲线正峰值（高点）间的角度。图9-18中的轴处在0位，此时键相传感器对准键槽，轴上箭头表示转向。轴上产生转速分量的正峰值（高点）的点位于当轴在0°时从振动传感器逆时针转过φ角的位置。由转子上任何侧面和角度上的传感器检测到高点与转子上的重点有关。高点与重点的关系取决于转子动力学、机械阻抗及不平衡情况。

三、TSI汽轮机保护功能

TSI系统中具有保护功能的参数有偏心、振动、轴向位移和差胀几种。

1. 偏心

偏心监控系统不输出信号去跳机，它只用于机组在盘车阶段时对汽轮发电机组转子的弯曲度进行监视。当偏心报警时，禁止机组脱离盘车；报警消失方可升速，切除盘车。

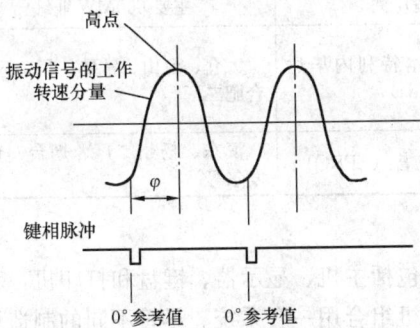

图 9-17　相角定义

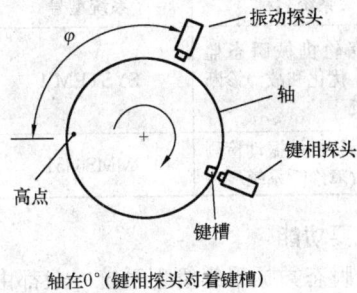

图 9-18　键相探头

2. 振动

600MW 机组 TSI 系统有 11 套振动监视系统，用于监视 11 个轴承处转子的绝对振动。其中任一测量值超过跳闸设定值时，即输出跳闸信号去汽轮机紧急跳闸系统（ETS），使汽轮机跳闸。振动跳闸有两种处理方式：①在并网前振动超限要经过延时再跳闸；②并网后不设延时。

在振动监测中，键相信号一般只作为确定转子某瞬间所处位置的一种辅助信号。但是随着检测技术的发展，在最新的 TSI 版本中有的系统已将键相信号作为参予跳闸保护的一个重要参量。例如，EPRO 公司的 MMS6000 系统在速度控制方式下，键相信号直接参予振动输出值的运算，如果键相测量回路失去一个脉冲，就会导致特征值产生 25% 的额外误差，如果失去一系列脉冲，则计算误差将会变得更加严重。

3. 轴向位移

和振动一样，当任一通道的轴向位移测量值超过跳闸设定值时，系统向 ETS 发出跳闸信号去跳机。

4. 差胀

差胀监测系统并不直接跳机，而是将测量值连续送往 DEH 系统，由 DEH 进行必要的处理。

第五节　汽轮机瞬态数据采集管理系统

一、概述

汽轮机瞬态数据采集管理系统一般也简称 TDM，它是在 TSI 基础上扩展的致力于大型旋转机械在线状态检测和故障诊断的一套装置。该系统用于汽轮发电机组在升、降速（启停状态）和正常运转情况下振动数据的采集、振动情况的在线监测，提供机组状态的自动识别、振动越限和危急报警功能、丰富的在线振动情况分析手段及故障诊断功能，在机组不同运行状态下，提供多种历史数据存储、报表打印和故障档案建立手段，方便事后故障分析处理和趋势分析。系统大多还同时提供远程用于事后分析的数据库管理系统，具有灵活的数据库浏览功能、振动历史数据和报警档案分析功能。

目前，在国内电厂应用的汽轮机瞬态数据采集管理系统，如表 9-2 所示。

表 9-2   汽轮机瞬态数据采集管理系统

序号	系统名称	系统型号	制造厂商	主要 600MW 业绩
1	涡轮机械瞬态监测、优化和故障诊断系统	SYSTEM 1	（美国）本特利内华达（Bently Nevada）	太仓、台山、常熟二厂、惠莱、合肥二厂等
2	旋转机械振动检测及故障诊断系统	MMS6851	（德国）艾普（EPRO）	滇东、扬州二厂、烟台、贵州发尔等

二、主要功能

汽轮机瞬态数据采集管理系统一般都由一套微机，包括主机、显示器、键盘和打印机，和连接 TSI 的通信接口或信号采集器组成，可以两台或多台机组合用一套系统。尽管不同的制造厂商提供的汽轮机瞬态数据采集管理系统的硬件配置和软件（往往以各种软件包形式供选择）不尽相同，但它的分析、诊断功能基本上差别不大。

1. 数据采集和信号处理功能

有的系统已将该功能包含在 TSI（如 SYSTEM 1 和 3500 系列的连接）中直接采用通信方式，无须单独设置该功能。但是，其他系统特别是国产系统还是要配置采集单元的，其主要如下：

（1）从汽轮发电机组的轴振或瓦振传感器获取振动动态信号，通过屏蔽电缆连接至前置处理器，通过前置处理器处理，采样频率要高达 20kHz/通道，误差 $<0.1\%$；

（2）A/D 转换；

（3）锁相倍频，使振动动态信号采集与键相同步；

（4）自动识别机组升、降速或正常运转状态。

2. 实时监视及报警功能

（1）提供机组振动棒图显示，配以机组结构图；

（2）提供机组振动通频值显示画面；

（3）提供振动幅值趋势图；

（4）对各通道振动信号提供报警、跳闸两级报警，并实时列表显示通道报警状态；

（5）识别键相信号状态。

3. 振动分析功能

（1）提供机组瞬态、稳态和报警状态下多种在线实时振动分析图表；

（2）数据列表，显示多通道振动特征数据，可选显示各通道通频、间隙电压及 1/2X、1X、2X 等选频幅值和相位等数据；

（3）时域波形图，显示各通道原始时域波形；

（4）轴心轨迹图，根据机组同一截面的水平、垂直两通道振动时域信号，画出轴心动态轨迹；

（5）频谱图，显示各通道振动信号频谱图，用来观察频率成分，以辨认机器存在的问题；

（6）级联图，显示各通道振动信号频谱随转速变化情况，在启动或停机过程中用来跟踪不同转速下频谱内容的变化；

（7）瀑布图，显示各通道振动信号频谱随时间变化情况，可用于在一定的时间内，跟踪频谱内容的变化；

（8）波德图、极坐标图，显示各通道在机组启动或停机过程中，振动通频幅值和选频幅值、相位在不同转速下变化情况，可用来确认平衡共振的存在，可用来决定转子/轴承/支承系统的同步放大因子，也可用来解决多平面平衡问题；

（9）趋势分析图，显示各通道振动通频幅值和选频幅值、相位随时间变化情况；

（10）二维全息谱，将机组同一支承面内垂直和水平方向振动各倍频及次倍频的幅值、频率和相位叠加反映在一张谱图上。

4. 历史数据存贮

（1）对机组日常运行时的振动动态信号原始波形数据和重要振动特征数据，进行定时存贮，建立机组运行历史资料；

（2）在机组升、降速（启停状态）时，自动根据转速变化率，对振动原始波形和振动特征进行存贮，并单独存放，作为机组重要的数据档案；

（3）各通道振动特征数据存贮，包括通频幅值、间隙电压（涡流传感器）、1/2X、1X、2X倍频幅值和相位等；

（4）提供运行数据及历史存贮的备份功能，可提取重要阶段数据进行离线分析。

5. 事故追忆及报警档案存贮功能

（1）记录系统各通道报警、跳闸和恢复正常的情况。

（2）提供报警列表显示；

（3）当机组由正常状态转为有通道出现报警状态时，系统自动转入报警存贮状态，将记录报警点出现前后设定时间内的振动特征数据和原始波形数据，作为故障档案保存。

（4）故障档案循环记录。

6. 报表打印功能

（1）对所有监视、分析图表提供图形打印和打印预览；

（2）班报、周报、日报、月报和年报手动和定时打印；

（3）振动特征历史数据、升降速数据报表打印；

（4）报警列表打印；

（5）提供运行配置参数打印。

7. 组态功能

（1）在线运行参数设置；

（2）通道信息配置，包括通道名称、传感器类型、安装方向、满度值、报警上限、上上限值；

（3）存贮方式设置，设置定时存贮间隔和时长；

（4）监视、分析图表显示参数设置；

（5）提供报表打印设置。

8. 故障诊断功能

故障诊断功能有初级故障诊断和高级故障诊断两部分，有部分以远程诊断来实现。

（1）初级故障诊断根据各测点振幅、频谱、相位、转速和相关过程参数等数据，可以自动诊断不对中、不平衡、油膜振荡、油膜涡动和摩擦等常见故障，对其他复杂的故障情况可及时提示。

（2）高级故障诊断在初级故障诊断的基础上，从在线监测系统获取更多的数据和故障征兆，采用神经网络、专家系统的方法，增加了人机交互获取征兆的手段，提供更加可靠的振动故障诊断结果。对机组常见故障和一些复杂的故障情况可以提供详细的故障诊断报告，同时提供分析过程的描述。

9. 历史数据库管理

提供专门管理机组多次启停的振动历史数据，为振动治理和预测维修提供帮助。

（1）重现机组多次启停的振动情况，提供与在线监测系统类似的各种分析图表显示。

（2）通过数据库查询，提取振动故障诊断征兆，综合比较机组在不同启停阶段的振动变化情况，为故障诊断提供依据。

（3）对历史数据进行分类管理（如波形、振动特征、升降速数据、报警数据等），提供方便的查询、显示、报表打印等功能。

第六节 汽轮机紧急跳闸系统

一、概述

汽轮机紧急跳闸系统（ETS）用作汽轮发电机组危急情况下的保护，它与 DEH、TSI 一起构成汽轮发电机组的监控保护系统。ETS 监视汽轮机转速、轴向位移（推力轴承磨损）、轴承润滑油压、凝汽器真空以及电液调节系统的控制油油压、振动等。当这些参数中的任一个超过运行极限值时，系统将关闭汽轮机的所有进汽阀门，使汽轮机跳闸，以保证机组设备的安全。系统还有供用户扩充用的遥控跳闸接口。图 9-19 为平圩电厂 600MW 汽轮机紧急跳闸系统图。该系统由一个配有跳闸电磁阀和状态压力开关的紧急跳闸控制单元、三个配有压力开关和试验电磁阀的跳闸试验单元、轴向位移传感器、速度传感器、一个装有电气和电子硬件的机柜，以及一个远方布置的状态和试验盘所组成。装在汽轮机上的敏感元件传送电信号至跳闸机柜，由跳闸机柜的继电逻辑判断跳闸工况并自动切断紧急跳闸集管，使其泄压跳机。

二、紧急跳闸控制单元

紧急跳闸控制单元由自动跳闸电磁阀（20/AST）、跳闸继电器（TRIP/A，B）和压力开关（63/ASP）等组成。正常时自动跳闸电磁阀（20/AST）带电关闭，自动停机紧急跳闸集管保持正常工作压力（安全油压）。由图 9-20 和图 9-21 可见，通道 1 的跳闸电磁阀 20-1/AST 和 20-3/AST 受跳闸继电器 TRIP/1A 和 TRIP/1B 动合触点控制保持通电；通道 2 的跳闸电磁阀 20-2/AST 和 20-4/AST 由跳闸继电器 TRIP/2A 和 TRIP/2B 的动合触点保持通电。正常时没有跳闸信号，LP1、LP2、LBO1、LBO2 等触点全部闭合，挂闸后两个通道的跳闸继电器均保持通电，跳闸电磁阀均带电关闭。如有某项跳闸信号发生，如轴向位移超限引起推力轴承磨损跳闸，则 TB1 和 TB2 触点同时断开，使两个通道的 4 只跳闸继电器同时失电，因而两个通道的 4 只跳闸电磁阀失电打开，使两个通道（20-1/AST、20-2/AST 和 20-3/AST、20-4/AST）跳闸集管泄压（安全油泄压）而自动停机。单个敏感元件或单侧逻辑回路故障，不会引起跳闸集管泄压，从而避免引起误跳机，提高了 ETS 的可靠性。

设置两个通道也方便了系统的在线试验，试验可通过跳闸按钮的操作，一次一个通道地进行。20/AST 是两状态电磁阀。电调压力油通过作用于导向活塞来关闭主阀。每个通道的控制油压由 63/ASP 压力开关监控，该压力开关判定相应通道的跳闸和挂闸状态，并在一个通道试验时闭锁另一通道，以防误动另一通道。

三、跳闸组件和逻辑

汽轮机紧急跳闸系统当任何一种跳闸触点信号（双通道）出现时，自动跳闸电路去控制跳闸，而这些跳闸触点信号则由继电器逻辑回路（或采用 PLC 逻辑回路）在敏感元件的控制下产生。图 9-22 为紧急跳闸控制继电器逻辑图。

1. 润滑油压低、电调控制油压低、真空低保护

这三种跳闸控制继电器逻辑相同，图 9-22（a）仅给出了润滑油压低的简化逻辑图。在汽轮机正常运行时，4 个压力开关 63-1/LBO、63-2/LBO、63-3/LBO、63-4/LBO 触点是闭合

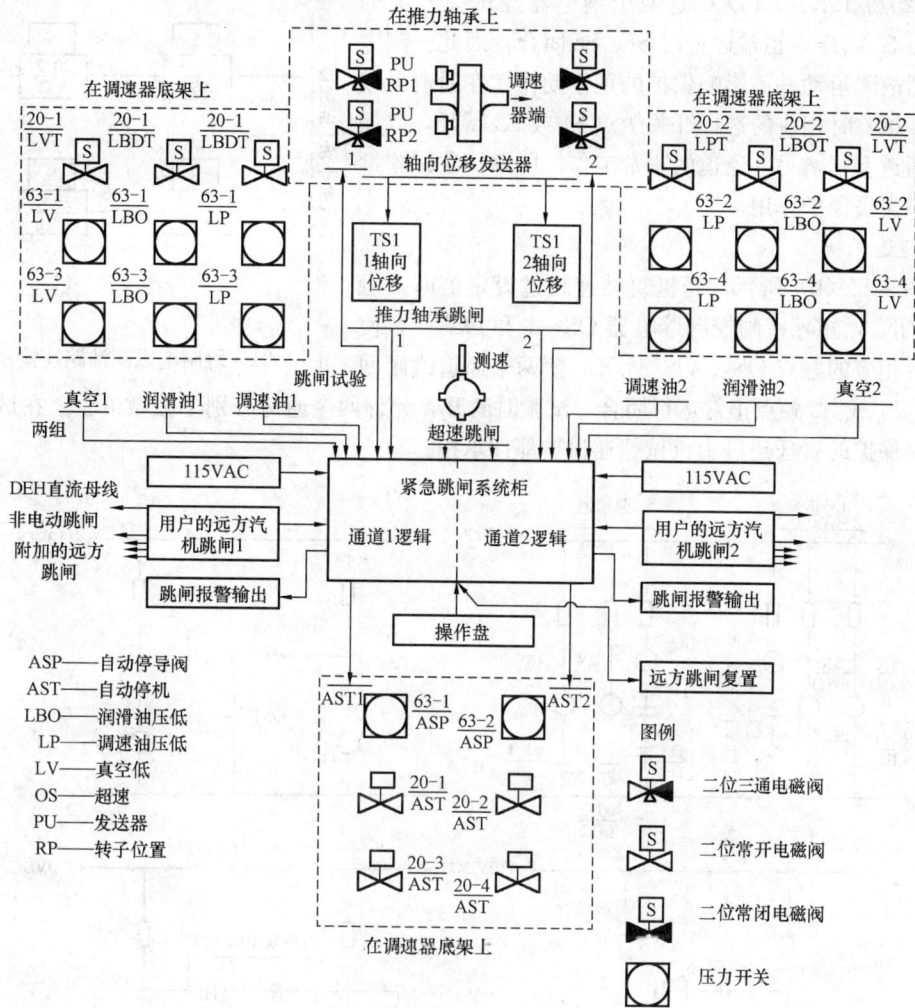

图 9-19　汽轮机紧急跳闸系统

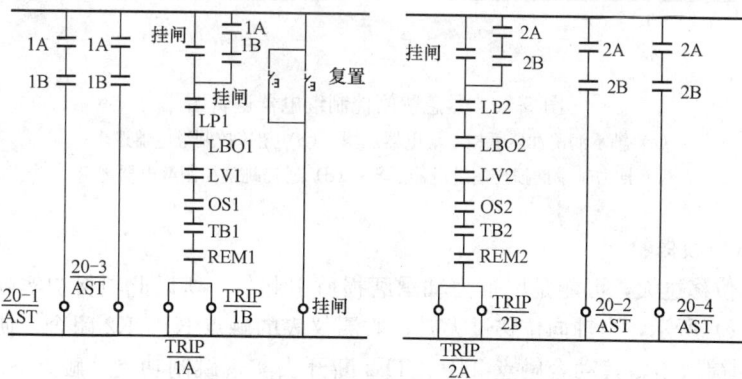

图 9-20　自动跳闸触点电路图

的，使 4 只中间继电器 1X/LBO、2X/LBO、3X/LBO、4X/LBO 带电，中间继电器 X/LBO 的动合触点全闭合，因而两个通道的继电器 LBO－1、LBO－2 带电，其动合触点 LBO1、LBO2 闭合

（见图 9-20）。LBO1、LBO2 这两个继电器经选择开关的触点 S1、S2 相连，正常运行时 S1、S2 闭合，因此一侧中间继电器故障拒动并不影响保护的正常动作。在通道 1 或通道 2 做试验时相应的选择开关触点 S1 或 S2 断开，以保证试验通道不影响另一通道的正常工作。所以，在试验过程中仍不失去保护作用。

2. 超速保护

如图 9-22（b）所示，当机组转速超过设定值时，触点 OST 闭合，短接跳闸控制继电器 OS－1 和 OS－2，使之失电，相应的触点 OS1、OS2 断开，使两个通道跳闸回路动作。S1 或 S2 触点正常运行闭合，试验时断开，允许两个通道分别单独做试验。在试验过程中，超速保护的责任还可由机械超速保护部件承担。

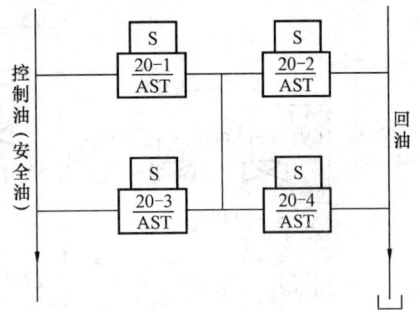

图 9-21　跳闸电磁阀油路连接示意图

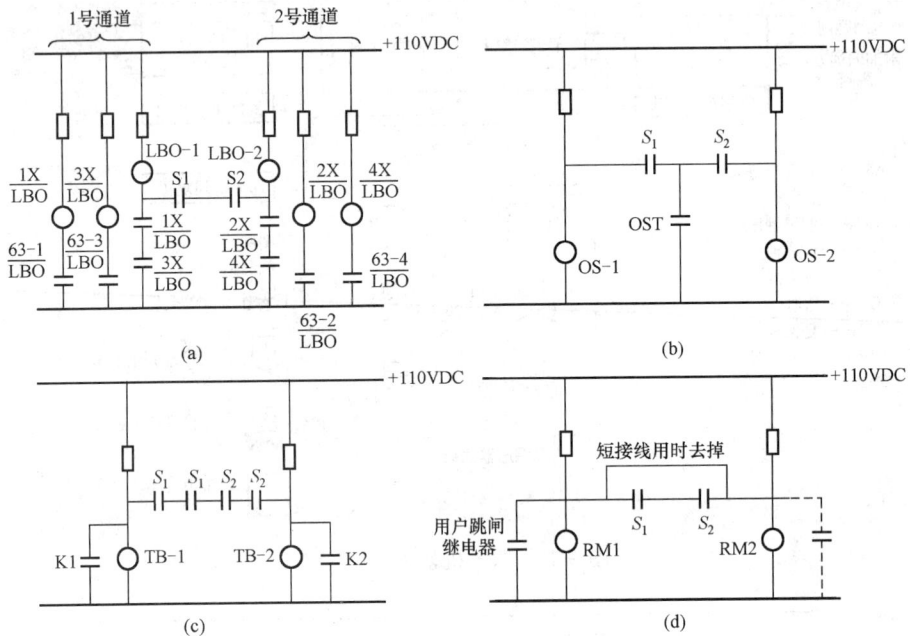

图 9-22　紧急跳闸控制继电器逻辑图
（a）轴承润滑油压低控制继电器逻辑；（b）超速控制继电器逻辑；
（c）推力轴承磨损控制继电器逻辑；（d）遥控跳闸控制继电器逻辑

3. 推力轴承磨损保护

汽轮机轴向位移过大，可能是因推力轴承磨损所引起的，所以此项保护实际是监视轴向位移。如图 9-22（c）所示，当轴向位移过大时，监测仪表的触点 K1、K2 闭合，使继电器 TB－1 和 TB－2 的线圈被短路，其动合触点 TB1、TB2 断开去实现跳闸功能。触点 S1、S2 的作用同上。

4. 用户远方汽轮机跳闸

如图 9-22（d）所示，用户的远方汽轮机跳闸只供有单侧触点，它通过 S1、S2 的跨接短线接两个继电器 RM1 和 RM2。为使该系统能够具备试验手段，用户需按图 9-22（d）右侧虚线所示补装第二付触点，并拆除 S1、S2 上的跨接线。平圩电厂 600MW 机组用户远方汽轮机跳闸配有：操作盘手动跳机，汽轮机振动大跳机（并网前加延时），汽轮机振动大跳机（并网后不延时），MFT 跳机；发电机保护动作跳机，DEH 发出直流母线失电跳机。

复 习 思 考 题

1. 电涡流传感器的工作原理是什么？

2. 600MW 汽轮机组监视仪表（TSI）配置哪些项目？它们的检测功能是什么？如何实现轴的绝对振动检测？

3. TSI 仪表在 600MW 机组的运行中起到什么作用？

4. 汽轮机瞬态数据采集管理系统（TDM）的主要功能是什么？

5. 汽轮机紧急跳闸系统（ETS）的作用是什么？

6. 600MW 机组的 ETS 主要应包含哪些内容？

7. 如何保证 ETS 系统的可靠性？

8. ETS 在线试验是怎样实现的？

第十章

附属辅助生产系统及其控制

第一节 输煤程控系统

安徽平圩电厂 2×600MW 机组，全厂共有皮带输送机 16 条（其中 3 条供启动锅炉用煤）。输煤系统由卸煤间至主厂房煤仓间的所有输煤设备组成。输煤程控系统采用美国 Gould 公司的 MODICOMPC—584L 可编程控制器作为主机，采用双机双工冗余热备用方式。其组态特点是采用远程 I/O 通道，在控制室内也设有本地 I/O 通道，按照远程方式接入系统，实现输煤系统在输煤控制室的显示和遥控。

一、输煤程控系统组态

安徽平圩电厂输煤程控系统的组态，如图 10-1 所示。

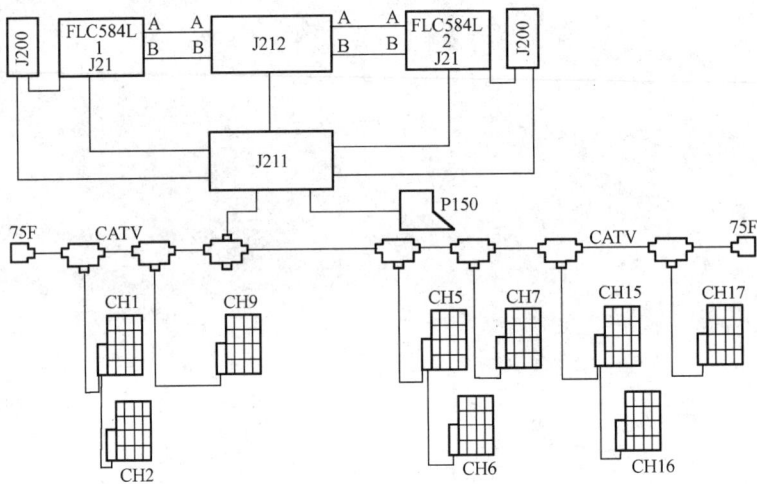

图 10-1 安徽平圩电厂输煤程控系统组态图

输煤程控系统采用双机双工冗余热备用，主控设备为两台 PLC—584L，通过冗余监控器 J211 及自动切换开关 J212 连接到远程 I/O 通道。该系统共用远程 I/O 通道 9 个，其中 CH5、CH6、CH7 通道安装在输煤控制室内；CH9 通道在主厂房 1 号炉煤仓间；CH11、CH12 通道在碎煤机室；CH15、CH16 在输煤配电间；CH17 在 1 号转运站。PLC 的远程 I/O 由远程驱动器 J200 驱动，一台 J200 最多可带 14 个 I/O 位置，每个位置最多有两个通道。使用一根 CATV 通信电缆来连接全部 I/O 单元与 J200 驱动器。CATV 型电缆长度不得超过 4570m；其电缆布线的分贝损耗为 0.27dB/100m。连接远程 I/O 通道或驱动器 J200 到 CATV 要通过分离器或分支器；由分离器或分支器到 I/O 辅助电源的同轴电缆长度不大于 30m。分接头或分支器的输出端不连接电缆时，不得断路，必须接终端负载 TR—75F。冗余监控器 J211 是冗余控制系统的核心，连接在两台 PLC584L 之间，完成以下功能：

(1) 实时监控两台 PLC 的"健康"状况。

(2) 核实两台 PLC 的用户程序是否相同。

(3) 使两台 PLC 的扫描同步，使在切换时无滞后现象。

(4) 在每次扫描周期结束前将工作 PLC 数据读入后备 PLC，传递内容有：寄存器数值，执行程序存储器的内容。两台 PLC 控制器之间这些信息的传送是通过 J211 以 25 兆波特的速率完成的，从而保证逻辑程序在备用机与工作机上有相同的信息。

(5) 如果检测出有故障，J211 将远程 I/O 网络的控制权让给备用 PLC。如果备用 PLC 没有准备好，则 J211 将防止控制权的转让，J211 强制（并诊断）工作 PLC 的工作。

(6) J211 有控制/显示面板，提供系统状态显示和控制输入。

(7) J211 还可带 1 个输入模块和 1 个输出模块，以代替 J211 面板上的显示和操作。

(8) 如果在某一时刻，J211 本身出现故障，则 J211 脱离控制（自动离线），工作 PLC 这时作为单台控制器继续工作。

J212 是一个自动/手动开关装置，它的电驱动回路连接在 J211 上。当工作 PLC 被检测出有故障时，则 J211 输出脉冲信号，使 J212 内的切换继电器动作，从而完成远程 I/O 端口和 modbus 端口的切换。J212 除上述自动切换外，还可以手动切换。当 J212 处于手动状态时，J211 的控制无效。

二、输煤程控系统主要功能

1. 控制和监视、报警功能

输煤程控系统的控制、监视和报警功能主要有以下六个方面。

(1) 操作方式选择。有程控、远控、就地三种方式供选择。就地操作选择在各个输煤设备的就地操作箱上进行，当全部的就地操作箱切换开关均置于"远方"时，可在全模拟控制盘的操作方式选择站上进行"程控和远控"方式选择。

(2) 运行路径检查。该功能是自动完成的，其运行路径的检查结果在全模拟控制盘上显示。

(3) 设备启动和停机控制。当选择"远控"方式时，可在全模拟控制盘上用各个输煤设备的启、停按钮按照连锁方向分别依次启动或停止设备运行。

(4) 条件连锁逻辑处理。该功能是通过 PLC 自动完成的，不论是"程控"还是"远控"方式，当选择或远方操作的路径不对时，条件连锁逻辑均自动闭锁系统启动，并报警显示。条件连锁逻辑的原则是：启动——逆煤流方向；停止——顺煤流方向。

(5) 运行路径选择。当选择"自动程控"方式时，可通过控制盘上的"自动选择"开关做运行路径选择。当选择的路径和出力都正确时，各设备的"准备好光示牌"灯和系统"准备好"灯亮，这时，方可按下"自动启动"按钮，使系统投入程控方式运行。

(6) 设备运行工况监视和报警、保护。运行工况监视和报警分别通过 PLC 和常规报警器完成。都在全模拟控制盘上显示。启动用红灯表示，黄灯表示准备好，绿灯表示停机。程控系统提供皮带机七项保护，即跑偏、打滑（此两项轻度时报警，严重时停机）、堵煤振打、速度保护（提供皮带之间的连锁）、煤流、皮带拉力限位及双向紧急拉绳等。

2. PID 调节功能

输煤系统中配备了卸煤沟叶轮给煤机（4 台）及缓冲煤斗振动给煤机（2 台）的出力调节共 6 个模拟量调节回路，其调节程序均由梯形图软件通过 PLC 实现。其中叶轮给煤机根据 2 号皮带机上的电子皮带秤输出信号，调节给煤机的出力。叶轮给煤机，单台运行时出力为 1000t/h，两台运行时出力为 1600t/h。电磁振动给煤机的输入信号为缓冲煤斗的料位信号，出力调节要求与叶轮给煤机相同。

3. 计量功能

计量功能包括铁路来煤计量（由电子轨道衡完成）、卸煤沟输出煤计量和原煤仓加仓煤计量（由 4 台梅立克电子皮带秤分别完成）。

4. 料位测量功能

料位测量包括缓冲煤斗煤位测量（采用美国超声波料位计和电容式料位计）、原煤仓煤位测量和布袋除尘器集灰斗测量（分别采用超声波料位计和 γ 射线料位计）。

5. 与计算机和 BTG 盘的联系

（1）输煤程控系统的下列信号送给主厂房的监控计算机（FOX1/A）：

1）电子皮带秤的输出信号 4～20mADC。

2）1～6 号原煤仓的 A、B 两侧煤位信号 4～20mADC。

（2）下列信号送给主厂房的 BTG 盘作指示或报警：

1）1～6 号原煤仓 A、B 两侧煤位信号。

2）1～6 号原煤仓正常低煤位、超低煤位和超高煤位（BTG 盘报警）。

3）输煤动力电源故障（报警）。

4）输煤设备故障是指因输煤设备故障，任何运行方式都不能操作。该信号由输煤程控盘上的"输煤设备故障"按钮人工发出。

6. 原煤仓配煤控制

每台锅炉共有原煤仓 6 只，每仓设有两组共四种单点料位检测原煤仓的煤位：超高、超低、正常高、正常低及连续料位测量，在程序控制方式下，系统按加仓方式启动后，原煤仓的配煤方式如下：

（1）循环加仓方式。煤仓间 C5A、C5B（或其中一路）皮带运行后，若各仓均无低煤位、超低煤位或单仓请求加仓等信号，则进入循环加仓方式。循环加仓的顺序为 5 号→4 号→3 号→2 号→1 号→6 号，加至正常高煤位后顺序加下一个仓。

（2）低煤位加仓（包括紧急低煤位）。出现低煤位、紧急低煤位信号时，若系统刚启动或正在加仓的煤仓无低煤位信号，则自动转向有低煤位请求加仓的仓加仓；若几个仓同时出现低煤位信号时，加仓优先级同循环加仓顺序。

（3）人工请求单仓加煤。在控制屏上可人为发出单仓请求加仓命令。在自动方式下，单仓请求加仓同低煤位加仓一样处理，具有相同的优先级。

（4）跨越加仓。任意一台磨煤机（给煤机）检修停用或已在满仓料位时，能自动跨越加仓，全部煤仓都出现正常高料位时，输煤系统自动按程序停运。

安徽平圩电厂输煤系统采用 PLC 可编程序逻辑控制器，可实现全部输配煤设备的程序启、停控制，连锁跳闸，远方手动操作，以及对所有辅助设备，如布袋除尘器、排污冲洗水泵等的连锁控制。根据运行人员的选择，系统可实现从卸煤沟、缓冲煤场、斗轮堆取料机煤场的直接加仓、堆煤，以及从卸煤沟、缓冲煤场、斗轮堆取料机煤场到原煤仓的直接或混合加仓等 9 大运行类别；每类又可通过分煤门切换煤流方向或根据所选设备决定其出力（800～3200t/h），构成 22 种运行方式，使系统的自动控制容易得到实现。

第二节　锅炉补给水程控系统

安徽平圩电厂锅炉补给水除盐系统为二级除盐系统，共两列，如图 10-2 所示。

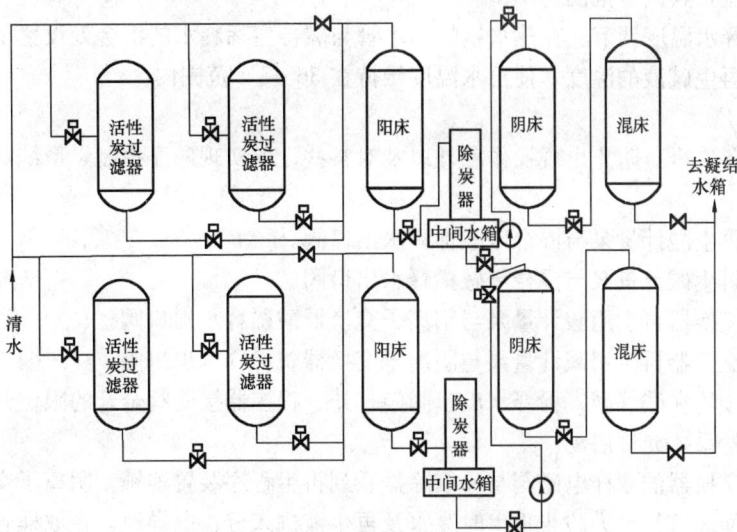

图 10-2 平圩电厂锅炉补给水除盐系统示意图

⋈—电磁阀

来自澄清池的清水分两路并列通过两台活性炭过滤器,其出水并成一路进入阳离子交换器。阳离子交换器除去水中的 CO_2 气体进入中间水箱,然后经中间水泵升压通过阴离子交换器,完成一级除盐。阴离子交换器的出水经过混合离子交换器即成为二级除盐水。

一、锅炉补给水除盐系统控制任务

1. 仪表与信号

为了便于运行人员监视运行工况,在其就地和控制室内分别安装了指示表和指示记录仪,包括分析仪表(如电导率表、硅酸根表、酸浓度表、碱浓度表)、温度表、压力表、流量表、液位表等。系统上的压力、差压、温度、流量变送器给程控器提供模拟量信号,并远传到化学水控制室内显示;温度、压力、差压、液位开关向程控器提供数字量信息,并连接到报警系统,当这些量偏离设定值时发出报警信号。

2. 系统中的调节

安徽平圩电厂锅炉补给水除盐系统中的调节任务,是由基地式气动调节器完成的。当然,如前节所述,这些自动调节任务也可以由可编程序逻辑控制器一道去完成。本系统自动调节任务如下。

(1) 除盐系统的压力调节。为使除盐系统在相对稳定的压力、流量下运行,在每台阳离子交换器的进口设置了压力调节装置。当压力调节装置前的压力在 0.39~0.55MPa 范围时,调节装置后的压力稳定在 0.29~0.44MPa 范围内的某一设定值上。

(2) 阳离子交换器酸液稀释水的压力调节。在阳离子交换器的稀释水管上设置的压力调节装置用来稳定阳离子交换器再生时再生液的流量和浓度。当压力调节装置前的压力在 0.33~0.44MPa 范围时,调节装置后的压力稳定在 0.24~0.29MPa 内的设定点。

(3) 混床酸液稀释水的压力调节与上一项类似。

(4) 碱液稀释水的压力调节。在进水箱的稀释水管上设置了一套压力调节装置,用来稳定混床再生和阴床再生时碱液的稀释水压力。当压力调节装置前的压力在 0.34~0.44MPa 范围时,调节装置后的压力稳定在 0.29MPa。

(5) 中间水箱液位调节。在两列除盐系列的脱炭器进水管上分别安装了液位调节器,用以控制中间水箱的液位，其调节范围为1m。

(6) 碱液稀释水温度调节。在热水箱的出水管与碱再生稀释水的汇合处设置了一套温度调节装置，自动控制再生碱液的温度，使出水温度维持在$36\pm1℃$范围内。

3. 系统的连锁

为了保护设备安全，防止出现操作意外以及对某些设备实现顺序控制，系统对以下设备设置了连锁：

(1) 混合床再生酸计量泵与混合床酸稀释水出口阀。

(2) 混合床再生碱计量泵与混合床碱稀释水出口阀。

(3) 阳离子交换器再生用酸计量泵与阳离子交换器酸稀释水出口阀。

(4) 阴离子交换器再生用碱计量泵与阴离子交换器碱稀释水出口阀。

以上4项连锁均在酸（碱）稀释水出口阀门打开、程控器接受阀全开的限位开关反馈信号之后，酸（碱）计量泵才允许启动。

(5) 阴离子交换器的取样电磁阀与一级除盐系列再生程序装置连锁。阴离子交换器的出水水质，用一台导电能表监控。为防止再生时废水及再生液进入分析电导池，在取样管上安装了一只电磁阀，并让电磁阀与程序再生方式连锁。当再生程序一旦启动时，电磁阀立即关闭，切断水样；待再生程序进行到阴阳床串洗时，程序指挥电磁阀打开，让水样通过。

(6) 混合床取样电磁阀与混合床程序再生方式连锁。混合床的出水水质由导电率表和SiO_2分析仪（硅表）监控。两种仪表均不能经受废水污染。因此，设置了取样电磁阀与混合床程序再生连锁。

(7) 两台除盐水泵与除盐水箱液位连锁。通过连锁装置，可实现两台除盐水泵停运的自动控制。连锁要求：当除盐水箱低低液位开关接通时，对应的继电器动作，输出报警信号，并停止除盐水泵的运行。

(8) 1、2号碱储存槽电加热器与碱储存槽温度控制连锁。通过连锁，可实现碱储存槽的自动加热，将碱液温度保持在$10\sim20℃$（可设定）内，以防冬天冷时碱液结晶析出。

(9) 热水箱加热器与热水箱温度的连锁。该连锁将热水温度维持在$75\sim80℃$之间。

(10) 1、2号废水泵与废水池液位的连锁。此项连锁用以保持废水池液位。

二、锅炉补给水程控系统组成和程序

安徽平圩电厂锅炉补给水程控系统由美国 Gould 公司生产的 MODICON 可编程序控制器 PLC584M—240、相应的输入输出模块、专用的 P 451、P 421 辅助电源及专用电缆等组成，通过输入/输出模块和外部设备相联系。输入模块主要接受按钮、限位开关、逻辑开关等开关量状态及变送器$4\sim20mA$信号作为控制条件。输出信号主要是定时顺控现场的电磁阀的动作、泵的启停等。系统设置了手/自动转换开关。当进行操作时，将控制盘上相应列及公共系统的手/自动转换开关放在自动位置；如进行一、二级制水，只要按下阳正洗按钮，系统便一步一步按照程序表所表示的步骤定点定时进行操作，开启/关闭每步相应的阀门和启/停相应的转动设备（泵），直到整个操作过程完成。如进行系列的再生，则按下开始再生按钮，系统便一步一步地按照再生程序进行动作，开启相应的阀门和转动机械（泵），直到整个操作过程完成。锅炉补给水程控系统可进行手动方式操作，手操时将化水控制盘上的相应的手/自动转换开关放到手动位置，在各就地电磁阀柜和就地转动设备处逐个操作，当然操作要按预定的操作程序进行。手动操作时不参与连锁。本系统在化水控制盘上共设有9只手/自动转换开关，分别对应活性炭过滤器、阳离子交换器、阴离子交换器、混合离子交换器以及酸碱公用系统。其一、二级制水、一级除盐再生、二级除盐再生的操作程序的步序及动作的相应设备分别见表10-1～表10-3。

表 10-1

一、二级制水操作程序

步骤	名 称	时间（min）或条件	容器名称	阀 门 开 启	转动设备
1	阳床正洗	5	阳 床 活性炭过滤器	（1）活性炭过滤器进、出水阀 （2）阳床进口隔离阀，进、出水阀 （3）正洗出水阀	生水泵
2	阳、阴床正洗	阴床出水导电度 $\rho < 20\mu S$	活性炭过滤器 阳 床 阴 床	（1）活性炭过滤器进、出水阀 （2）阳床进、出水阀 （3）阴床进口隔离阀进水、正洗出水阀	生水泵 中间水泵 除 CO_2 风机
3	循环正洗	$\rho < 20\mu S$	阳 床 阴 床	（1）阳床进、出水阀 （2）阴床进、出水阀 （3）再循环出水阀	再生自用水泵 中间水泵 除 CO_2 风机
4	一级除盐投运	阴床出水导电度 $\rho < 10\mu S$	活性炭过滤器 阳 床 阴 床	（1）活性炭过滤器进、出水阀 （2）阳床进口隔离阀，进、出水阀 （3）阴床进口隔离阀，进、出水阀	生水泵 中间水泵 除 CO_2 风机
5	混床正洗	混床出水 $\rho < 0.2\mu S$ $SiO_2 < 20ppb$	混 床	混床进口隔离阀 进水阀、正洗出口阀	生水泵 中间水泵 除 CO_2 风机
6	二级除盐投运	混床出水 $\rho < 0.2\mu S$ $SiO_2 < 20ppb$	混 床	混床进口隔离阀 进水、出水阀	生水泵 中间水泵 除 CO_2 风机

表 10-2 一级除盐再生程序

步骤	名 称	时间（min）或条件	容器名称	阀 门 开 启	转动设备
1	过滤器反洗	20	活性炭过滤器	活性炭过滤器进水阀反洗出水阀	反洗水泵
2	静 置	5	—	—	—
3	过滤器水洗	10	活性炭过滤器	活性炭过滤器进水阀正洗出水阀	生水泵
4	阳床小反洗	15	活性炭过滤器阳床	（1）过滤器进、出水阀； （2）阳床进口隔离阀、小反洗进水阀、反洗出水阀	生水泵
*4	阴床大反洗	20	活性炭过滤器阳床	（1）过滤器进、出水阀； （2）阳床进口隔离阀、大反洗进水阀、反洗出水阀	生水泵
5	阴床小反洗	10	阴 床	阴床小反洗进水阀 反洗出水阀 自用水进水阀	再生自用水泵
*5	阴床大反洗	20	阴 床	阴床大反洗进水阀 反洗出水阀 自用水进水阀	再生自用水泵
6	空气顶压	5	阳 床 阴 床	（1）阳床顶压空气进口阀、中部排水阀 （2）阴床顶压空气进口阀、中部排水阀	罗茨风机

步骤	名 称	时间(min)或条件	容器名称	阀 门 开 启	转动设备
7	进酸碱	30~40	阳 床 阴 床	(1) 阳床顶压空气进口阀、酸液进口阀、中部排水阀、酸计量泵出口阀、稀释水进水阀 (2) 阴床碱液进口阀、顶压空气进口阀、中部排水阀、碱计量泵出口阀、稀释水进口阀	再生自用水泵 酸计量泵 碱计量泵
*7	大反洗 进酸碱	60~80	阳 床 阴 床	(1) 阳床酸液进口阀、顶压空气进口阀、中部排水阀、酸计量泵出口阀、稀释水进口阀 (2) 阴床碱液进口阀、顶压空气进口阀、中部排水阀碱计量泵出口阀、稀释水进口阀	再生自用水泵 酸计量泵 碱计量泵
8	置 换	30	阳 床 阴 床	(1) 阳床酸液进口阀、顶压空气进口阀、中部排水阀、稀释水进口阀 (2) 阴床碱液进口阀、顶压空气进口阀、中部排水阀、稀释水进口阀	再生自用水泵 罗茨风机
9	阳床充水	5	活性炭过滤器 阳 床	(1) 过滤器进水阀、出水阀 (2) 阳床进口隔离阀、进水阀、放空气阀	生水泵
10	阳床正洗	20	活性炭过滤器 阳 床	(1) 过滤器进、出水阀 (2) 阳床进水阀、进口隔离阀	生水泵
11	阴床充水	5	活性炭过滤器 阳 床 阴 床	(1) 过滤器进、出水阀 (2) 阳床进、出水阀，进口隔离阀 (3) 阴床进水阀、进口隔离阀放空气阀	生水泵 中间水泵 除 CO_2 风机
12	阳阴床串洗	$\rho<10\mu S$	活性炭过滤器 阳 床 阴 床	(1) 过滤器进、出水阀 (2) 阳床进、出水阀，进口隔离阀 (3) 阴床进水隔离阀、进水阀正洗出水阀	生水泵 中间水泵 除 CO_2 风机

表 10-3   **二级除盐再生程序**

步骤	名 称	时间(min)或条件	容器名称	阀 门 开 启	转动设备
1	反洗分层	30	混 床	自用水进水阀，反洗进、出水阀	再生自用水泵
2	静 置	10	混 床	—	—
3	进 碱	30	混 床	碱稀释水进水阀、碱液进口阀、中部排水阀、碱计量泵出口阀	再生自用水泵、碱计量泵
4	置换碱	40	混 床	碱稀释水进水阀、碱液进口阀、中部排水阀	再生自用水泵
5	进 酸	20	混 床	酸稀释水进水阀、酸液进口阀、中部排水阀、酸计量泵出口阀	再生自用水泵、酸计量泵

步骤	名 称	时间(min)或条件	容器名称	阀 门 开 启	转 动 设 备
6	置 换 酸	20	混 床	酸液进口阀、中部排水阀、酸稀释水进水阀	再生自用水泵
7	放 水	液位达到要求	混 床	正洗出水阀、放空气阀	
8	混合树脂	10	混 床	放空气阀、压缩空气进口阀	罗茨风机
9	正 洗	$\rho < 0.5\mu S$	混 床	正洗进、出水阀,自用水进水阀、放空气阀(3min后关)	再生自用水泵

第三节 凝结水精处理程控系统

目前,在 600MW 机组上应用的凝结水精处理系统大多采用中压凝结水精处理系统。凝结水精处理工艺系统由两部分组成,一部分为凝结水精处理部分;另一部分为再生系统。以扬州二厂第二期工程 2×600MW 超临界机组为例,它的全部凝结水精处理系统设备由 2 套 $2 \times 50\%$ 前置过滤器和 $3 \times 50\%$ 凝结水量的高速混床系统、1 套公用的体外再生系统、2 套相应的控制系统及监测仪表、配供电系统等组成。其过滤器和高速混床系统简图如图 10-3 所示,体外再生系统简图如图 10-4 所示。

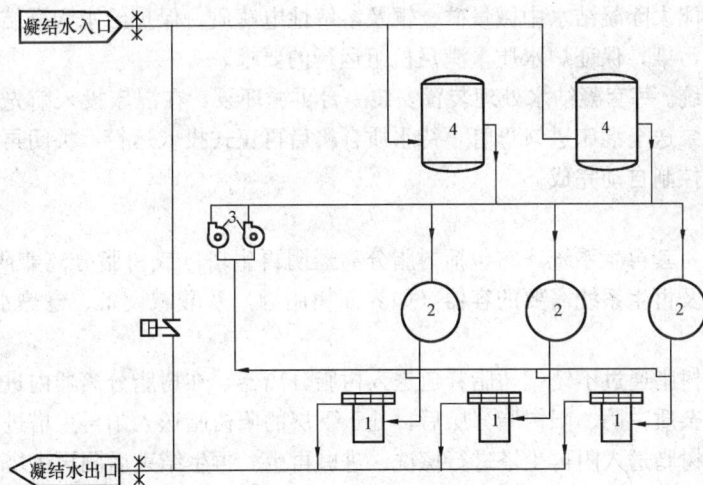

图 10-3 凝结水精处理过滤器和高速混床系统简图
1—树脂捕捉器;2—高速混床;3—再循环泵;4—前置过滤器

一、工艺系统说明

1. 前置过滤器单元和高速混床单元

凝结水精处理部分每台机组设一套,包括前置过滤器、高速混床、旁路及再循环系统。

(1) 凝结水精处理部分高速混床位于汽机凝结水系统中,串在主凝泵与低压加热器之间,处理凝结水中金属腐蚀产物及凝汽器泄漏而造成污染的凝结水。每台机组设置 $2 \times 50\%$ 容量的前置过滤器和 $3 \times 50\%$ 容量的高速混床;前置过滤器进出口母管设置 100% 的大旁路系统,两台过滤器之间设置 50% 的旁路,高速混床进出口母管设置 100% 的旁路系统。

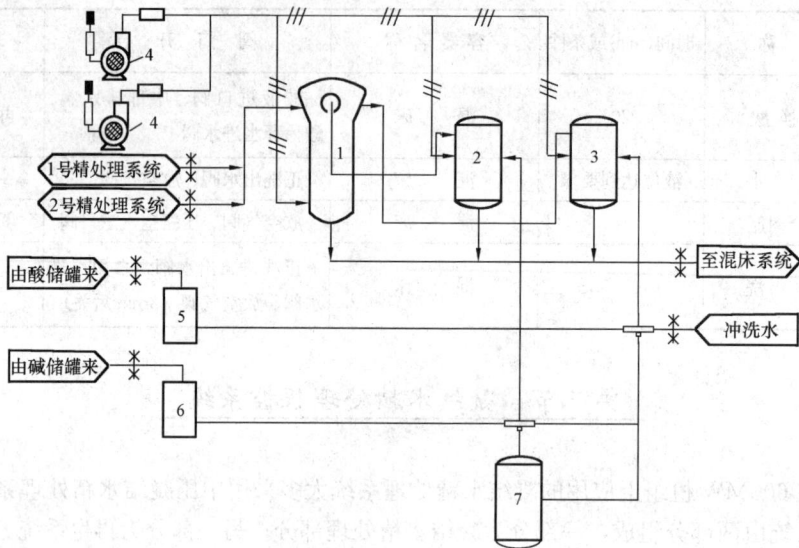

图 10-4　凝结水精处理体外再生系统简图

1—树脂分离器；2—阴树脂再生塔；3—阳树脂再生/储存罐；

4—罗茨风机；5—酸计量箱；6—碱计量箱；7—电热水箱

　　在机组起动和非正常运行时，系统能去除凝结水中金属氧化物颗粒，特别是氧化铁和硅；在机组正常运行时，能去除凝结水中微量硅、铜及溶解性电解质，保护给水和凝结水系统不因凝汽器铜管泄漏而造成污染，保证炉水质量满足机组运行的要求。

　　（2）再循环系统。每套凝结水处理装置安装一台再循环泵，在混床投入前先进行再循环，即将出水通过再循环泵送至混床进口母管，待水质合格后再正式投入运行，关闭再循环泵，混床投运。此过程由程序控制自动完成。

　　2. 再生单元

　　两台机组公用一套再生系统，它包括树脂分离器阴再生塔（或树脂分离兼阴再生塔）、阳再生塔、树脂储存塔及再生系统需要的容器（如界面树脂罐）及酸碱设备、电热水箱、冲洗水泵、风机、废水泵等。

　　混床失效后，树脂通过不锈钢树脂管道送入树脂分离器，在树脂分离器内进行反洗分层，清除树脂表面吸附的杂质，阴、阳树脂分层后，处于下层的阳树脂送入阳再生塔进行擦洗，进酸再生；位于上层的阴树脂送入阴再生塔进行擦洗、进碱再生。再生结束后阴再生塔中阴树脂送入阳再生塔中，通空气混合、冲洗后备用。

　　二、控制系统

　　采用 PLC＋PC（程控器加上位监控工控机）对整个凝结水精处理（该工程还包含化学加药取样系统）实现自动控制，其组态简图如图 10-5 所示。两台上位机操作员站具有相同的功能，任一台即能完成整个系统（凝结水精处理及化学取样和加药系统）的全部监控功能，通过软件密码设置可使其中一台具备工程师工作站功能，以实现对控制系统组态修改等。控制系统还和水务控制系统联网，通过设在化学补给水控制室内的水务系统操作员站的屏幕画面和键盘/鼠标对水系统各车间（包括凝结水精处理和取样加药）进行远方监视和控制。

　　整个水务系统控制网络形式采用冗余配置的以太网，以设在化学补给水控制室内的水务系统操作员站为监控中心，星形连接，数据及控制指令双向传输，凝结水精处理及加药取样控制系统

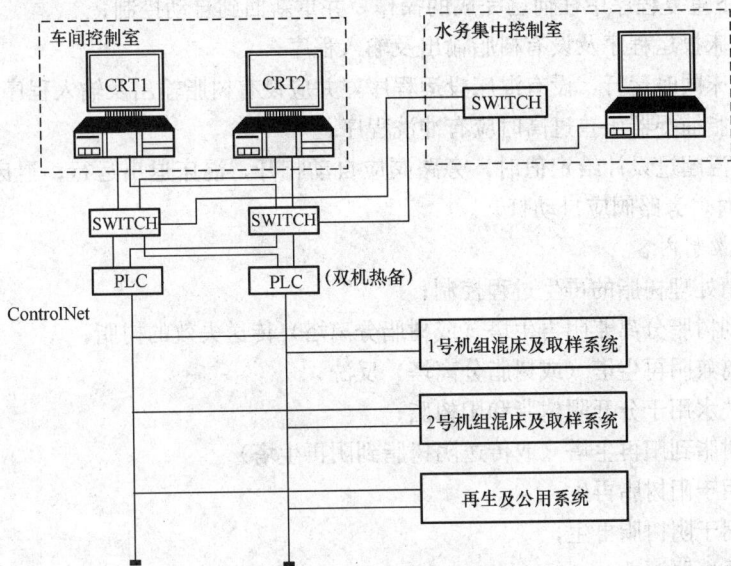

图 10-5　凝结水精处理控制系统组态简图

等的程控机柜及上位监控终端布置在凝结水精处理电子设备室内，与监控中心的连接均采用光缆，凝结水精处理及加药取样控制系统配有设在本地的上位机监控终端作为本系统的调试和就地操作用。

凝结水精处理程控包括前置过滤器的投运、停止和反洗、混床的投运、停止和再生。再生程序从混床失效开始，将树脂输送至分离塔，在分离塔内将树脂分层，树脂分别输送至阳阴树脂再生容器再生，再生后的树脂混合后送回混床，混床进入备用状态，当另一台混床失效时，该混床投入。上述全过程的程序均自动控制。程序控制还设置必要的分步操作、成组操作、单独操作等，并有跳步、中断或旁路等操作功能，设有必要的步骤时间和状态指示，必须的选择和闭锁功能。

1. 精处理部分控制内容

(1) 所有电动门、气动门、电磁阀和泵的控制状态显示，手动/自动/就地操作的方式选择连锁；

(2) 前置过滤器的运行和反洗的状态显示和程序控制；

(3) 混床"进行"、"解列"和备用状态显示；

(4) 每个混床运行及恢复运行的状态显示，及每一个混床到再生系统及从再生系统到混床传送树脂的流量显示及阀门状态；

(5) 前置过滤器的进出口差压达到设定值时，自动退出运行，用水和压缩空气进行反洗；

(6) 在精处理混床入口流量低的情况下控制通过混床的凝结水再循环流量；

(7) 在混床入口累积流量至一定值、混床出口导电度高、硅含量高及钠浓度高超过规定值时，应自动退出混床运行，并发出要求再生的信号，系统条件允许时自动或经运行人员确认后进入再生程序；

(8) 防止树脂传送到已经充满或再生进行中的再生容器中；

(9) 闭锁不投入运行的混床发出报警信号；

(10) 当树脂正在传送或相反传送时，禁止该混床投入运行；

(11) 提供所有自动功能的手动优先控制（安全连锁除外），这项措施允许手动干预自动程序，在手动控制下重复程序中任何已完成的操作，并重新回到自动控制；

（12）设有混床投运程序及设有树脂输出及输入程序；

（13）两台混床同时运行，设有混床投运程序，并应设有树脂输出及输入程序；

（14）混床树脂捕捉器压差过高时应有冲洗程序；

（15）凝结水温超过设计给定值时，旁路阀应自动打开，混床退出运行；混床进出口母管压差超过设计定值时，旁路阀应自动打开。

2. 再生系统控制内容

（1）凝结水精处理树脂的再生过程控制；

（2）从混床到树脂分离兼阴再生塔（或树脂分离塔）传送失效的树脂；

（3）树脂分离兼阴再生塔（或树脂分离塔）反洗；

（4）注入反洗水用于分开阴树脂和阳树脂；

（5）传送阳树脂到阳再生塔（或传送阴树脂到阴再生塔）

（6）注入酸用于阳树脂再生；

（7）注入碱用于阴树脂再生；

（8）阴离子再生器漂洗；

（9）阳离子再生器漂洗；

（10）输送再生后树脂到凝结水混床；

（11）当导电度低时，终止阳离子和阴离子再生器的漂洗；

（12）当漂洗不进行时，阴离子和阳离子再生器出口导电度退出测量；

（13）控制热水箱温度和水位；

（14）防止同时传送失效和再生后树脂进或出多台混床；

（15）再生中没有进行到某一步时，禁止使专用于某一步的控制和报警动作；

（16）为所有要求计时的再生步骤提供计时功能；

（17）提供所有自动功能的手动优先控制（但安全连锁除外），这项措施允许手动干预自动程序，在手动控制下重复程序中任何已经完成的操作，并重新回到自动控制；

（18）屏幕监视和显示再生系统流程的所有泵、阀门等状态和自动及手动控制、再生步骤和再生状态显示。

第四节　超滤和反渗透水处理及其控制

一、超滤和反渗透水处理工艺简述

淡水资源是火力发电厂建厂的重要条件之一。我国许多地区都受到淡水资源匮乏及水质差的困扰。近期在东南沿海地区，为满足经济快速发展的需要还在着手建设多座大型海边电厂，其补给水源将选择海水淡化方式。为解决上述需求，超滤和反渗透水处理技术已日益普遍应用。

超滤和反渗透水处理都是膜处理技术，只是过滤的成分不同，如图10-6所示，两者结合使用可以获得良好的水质处理效果，往往是作为火力发电厂补给水除盐处理的予处理工艺。

1. 超滤

超滤是超过滤的俗称，又称 UF（Ultra Filtration），是一种固液分离技术。超滤的核心是过滤膜，俗称超滤膜或称 UF 膜。超滤膜是一种高分子聚合物，用于作反渗透予处理的超滤膜截流分子量的范围为 80000～200000 分子量，孔隙范围 0.01～0.03μm，利用超滤膜分离固液的这一特性，去除液体中的悬浮物胶体、大分子有机物。应用于其他用途时，也可以利用特定孔隙的膜

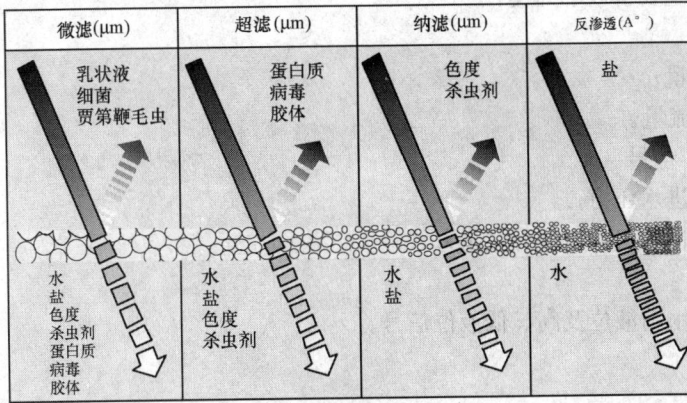

图 10-6　各种膜处理示意图

将液体中的某些成分提炼出来。

超滤用作反渗透系统的前置预处理，可以减少反渗透系统的清洗频率，提高反渗透膜的寿命，降低整个予处理系统的运行费用。当超滤用于海水淡化反渗透系统时，还能够提高海水淡化的产水量。

2. 反渗透系统

反渗透系统又称 RO（Reverse Osmosis）。它的原理是：一种半透膜，能让溶剂通过而阻止溶质通过，用此膜把浓、稀溶液隔开，稀溶液中的溶剂会向浓溶液中流动，此现象称"渗透"。达到渗透平衡时，浓相液面升高、压力增大。若将稀相作为"纯水"，则浓相增大的压力与纯水之间的渗透压差被称为该浓相的渗透压。如果在浓溶液一侧外加一个大于其渗透压的压力，溶剂的流向就会逆转，即溶剂会由浓溶液流向稀溶液，浓溶液就会越来越浓，由于它和自然渗透的方向相反，被称为"反渗透"。

二、超滤和反渗透水处理控制

超滤和反渗透水处理各自都是一套完整的装置，往往由供货厂商集装式提供，包括就地仪表、控制装置和 PLC 控制器等。超滤和反渗透水处理控制系统应该留有和补给水处理控制系统的硬接线和通信的接口，以便实现整个水务系统的网络化集中控制。

1. 超滤系统控制

超滤系统一般由加热系统、自清洗过滤系统、超滤 UF 组合机组、各种加药注入装置和仪表及控制系统所组成，其系统简图如图 10-7 所示。

（1）主要控制内容。

1）加热系统温度自动调节，使出水温度保持恒定（一般在 25℃上下）；

2）清洗过滤系统按预定的合理周期自动清洗；

3）UF 组合能根据水质分析情况自动程序控制和自动反冲洗；

4）加药系统能自动地注入杀菌剂、清洗剂和还原剂等药品。

（2）主要监测内容。

整套装置除应配备供现场巡视和操作用的就地仪表和控制设备外，为满足纳入水务系统集中控制的需要还应有必

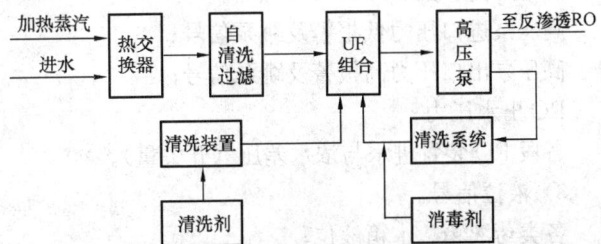

图 10-7　超滤系统简图

要的远程信号。它主要有以下几类：

1）流量信号。

加热器进水流量；

每套 UF 进水流量。

2）压力或差压信号。

自清洗过滤器进水压力；

自清洗过滤器进出口差压（开关量）。

3）液位信号。

各类加药箱及水箱液位及高、低液位信号。

4）温度信号。

加热器进汽温度；

加热器出水温度。

5）分析参数。

UF 装置进水母管浊度；

每套 UF 出水浊度；

超滤水 COD（化学需氧量 Chemical oxygen demand）。

2. 反渗透系统控制

一般的反渗透系统由高压泵、反渗透 RO 装置、RO 加药注入系统、清洗系统和仪表及控制系统组成，系统简图如图 10-8 所示。

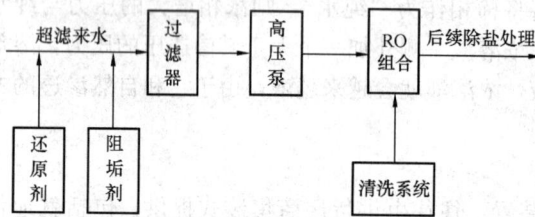

图 10-8　反渗透系统简图

（1）主要控制内容。

1）高压泵进、出口压力异常报警及连锁；

2）RO 装置的程序启停及自动清洗；

3）RO 阻垢剂自动加药注入；

4）清洗系统的自动加药和清洗。

（2）主要监测内容。

整套装置除应配备供现场巡视和操作用的就地仪表和控制设备外，为满足纳入水务系统集中控制的需要还应有必要的远程信号。它主要有以下几类：

1）流量信号。

每套 RO 进水流量；

RO 出水母管流量；

每套 RO 浓水流量（非必须）。

2）压力信号。

高压泵进口压力低报警及跳泵信号；

高压泵出口压力高报警及跳泵信号；

RO 出水压力；

各段 RO 装置进水与浓水差压（开关量）。

3）液位信号。

各类药液箱、水箱液位；

各类药液箱、水箱液位报警连锁信号。

4）温度信号。

RO 进水温度。

5）分析参数。

RO 进水母管导电度、pH；

每套 RO 出水导电度。

3. 海水淡化反渗透系统及其控制

所谓海水淡化，就是用化学或物理的方法，将海水中的杂质离子经过一系列处理后除去，使其成为淡水的过程。海水淡化的方法很多，如电渗析法（ED）、多级闪蒸法（MSF）、低温多效蒸发法（LT-MED）和反渗透法（RO）

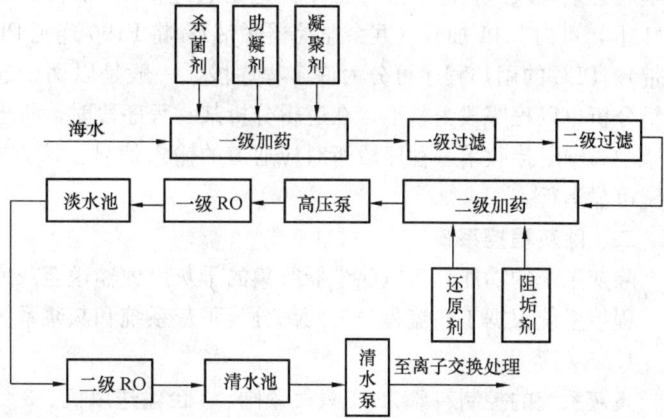

图 10-9　海水淡化反渗透系统简图

等。不同的方法适用的条件和场合不同，目前用于海滨电厂的海水淡化大多采用反渗透法（RO）。

用于海水淡化的反渗透 RO 法和常规电厂的 RO 方法不同，它一般需要采用两级或多级 RO 处理串联的形式，如图 10-9 所示，它的出水可以直接进入混床进行进一步除盐，成为满足锅炉补给水水质要求的水源。

海水淡化反渗透系统的控制和常规 RO 系统控制要求是基本相同的，作为一个独立系统应该采用"PLC＋上位机"的控制方式，同时也需要考虑留有与其他水务系统网络化集中控制所必须的硬接线和通信接口。在该系统控制中，还需考虑对原始海水含盐量的测定，当海水含盐量变化幅度超过设计预定值时，控制系统应能作出相应反映，对运行方式、RO 回收率以及加药等进行调整，以满足连续生产的需要。

第五节　除灰渣程控系统

一、概述

平圩电厂除灰除渣系统由美国艾伦公司设计，随主设备成套供货，系统采用飞灰和炉底渣分除。除灰除渣程控系统采用美国 Gould 公司生产的 MODICON PLC-584L 可编程序控制器。除灰系统与除渣系统之间联系不多，可以认为是两个独立的程控系统，分别采用一套冗余的监控系统。冗余监控系统的冗余监控器 J211 用于监视两台 PLC 的工作状态，在工作 PLC 机出现故障时，备用 PLC 机立即投入运行，不影响系统的工作。除灰除渣冗余监控系统其控制功能与输煤程控系统基本相同。现场的设备通过输入/输出模块集中在 I/O 通道内，再经同轴通信电缆连接到 PLC 上，从而形成一个 I/O 网络，其中一台 PLC（称工作 PLC）执行逻辑程序，用于操作连接在远程 I/O 网络上的设备。在工作 PLC 发生故障时，另一台 PLC（称备用 PLC）立即接替已设定的程控过程，冗余监视器监视两台 PLC 机的工作，并提供必要的信息以维持程控过程的连续性。

本冗余程控系统采用的是远程 I/O 网络，需有辅助电源，它还具有调制解调器的功能。一个 P453 辅助电源可以配带两个通道，在每个通道内最多可以容纳 256 个 I/O 信号（128 个开关量输入和 128 个开关量输出），通道上有专用接口以插入 I/O 模块。现场信号电缆可以直接接到通道内固定的端子排上。冗余程控系统至多可带 28 个远程通道，即 14 个 P453 辅助电源。系统安装完毕后必须装入"程序"方可工作，这是通过 P190 编程器来完成的。将 P190 用专用电缆连到 J211 上，可向 J211 加载（冗余监控器磁带）；将 P190 连到 PLC 上，可向 PLC 加载（冗余功能块磁带）。PLC 的用户程序可分为许多程序段，一般是以两个通道对应一个程序段。PLC 的控制、逻辑分析也以程序段为基准，在逻辑分析某一程序段时，将上一程序段的运算结果输出到相应的通道中，同时接收下一程序段所对应通道的输入信号。该方式提高了 PLC 的控制速度，保证了系统可靠运行。

二、除灰程控系统

除灰系统的功能是将电除尘器收集的干灰风力输送至灰库，再经灰浆池搅拌用柱塞泵送至灰场。程控系统根据工艺流程分为两部分：飞灰系统和灰浆系统。

1. 飞灰系统

飞灰系统的控制对象为 81 只气锁阀、3 台输送风机、3 台气化风机及各排灰管线上的隔绝阀等。在灰渣控制室内有一块飞灰控制盘，盘上有几组用于选择和启/停（或开/关）现场设备的开关及一套完整的系统模拟图和报警盘。

（1）运行方式。

系统 81 只气锁阀分为 1A、1B 两个单元。1A 单元 41 只（其中 1 只是启动锅炉的气锁阀），1B 单元 40 只。排列方式为 5 行，每行 8 只。根据第一电场至第五电场的电除尘灰量的不同，一个运行周期中每行运行次数分别为 12、4、2、1、1（设定值，可修改）。启动锅炉的气锁阀作为 1A 单元的第 6 行运行两次。全投入运行时，每行气锁阀一次运行两只，次序为 1、3→2、4→5、7→6、8。飞灰系统采用的是正压输灰方式，排灰管道的压力高于电除尘灰斗的压力，必须经过中间转换装置方可将灰排除出去，气锁阀的作用正在于此。气锁阀共有 3 只阀门：顶阀、底阀、平衡阀及 1 只灰室。气锁阀处于准备状态时，顶阀、底阀均关闭，平衡三通阀将接通电除尘器灰斗与气锁阀的灰室，促使压力平衡。气锁阀运行时，顶阀打开，除尘器灰斗的干灰可凭借重力下落至灰室；顶阀开启一定时间后关闭；全关以后，底阀打开，同时平衡阀转换方式，输送风机的一条母管与气锁阀灰室接通，用于平衡排灰管线和灰室的压力，灰室中的干灰可顺利落至排灰管中，随输送气流送至灰库中；底阀开启一定时间后关闭，同时平衡阀转换，恢复到准备状态。气锁阀的顶阀与底阀间有连锁关系，绝对不允许 1 个气锁线上的两只阀门同时打开，以防止排灰管道的稍高压力空气上升至除尘器灰斗中。气锁阀单元只能程序自动方式运行，在控制盘上人工选好需运行的设备后，按下系统运行按钮即可顺序进行。

（2）控制部分构成。

用 CATV 同轴通信电缆将主机（PLC）与 I/O 机柜相连。飞灰系统共使用 6 个通道，除尘器 I/O 机柜用 5、6、7 号通道，飞灰主控盘使用了 9、10、11 号通道。除尘器 I/O 机柜采用了 220VAC 开关量输入/输出模块，它的功能是：

1）接收 3 台气化风机出口隔绝阀的开关信号、气化风机温差开关及入口真空信号、电动机启动器信号，发送启/停气化风机信号。

2）接收气化加热器温度开关信号，发送启/停两台加热器信号。

3）接收输送风机出口阀的开/关信号、温差开关、入口真空信号、电动机启动器信号，发送启/停风机信号。

4）接收气锁阀的料位、阀门信号，发送开/关各阀门的信号。

5）接收 1A、1B 两单元运行压力信号，以确认其他设备如何动作。

（3）飞灰控制的主要功能。

1）选择需运行的设备及运行状态，并将该信号送至PLC，发送启/停气化风机、输送风机的信号至PLC。

2）从PLC接收现场的运行状况以点亮相应的指示灯，模拟全工艺流程。

3）将超过运行参数设定范围的故障点报警。

2. 灰浆系统

灰浆系统的控制对象是2台前置灰浆泵、3台柱塞泵、旋转给灰机等，系统的作用是将灰库的干灰由旋转给灰机排至灰浆池，经搅拌均匀后，由前置灰浆泵、柱塞泵打至灰场。

（1）运行方式。

系统运行时，在灰库卸料控制盘上选择一台柱塞泵、相应的灰浆泵以及排浆管道、旋转给灰机等。自动方式运行时，按程序自动先打开灰浆池出口阀，再开前置灰浆泵、柱塞泵，在管道压力达到设定值后，开启旋转给灰机由灰库放干灰至灰浆池。手动方式时，仍按上述流程进行，仅是各步序由人工干预，并取消了部分自动方式时的设定时间等。

在灰浆管道上设有压力变送器，用以监测系统运行状况，管道压力低于1.03MPa时，将停运旋转给灰机，禁止排灰。压力高于1.64MPa时，也停运给灰机，由泵打清水冲洗管道，待压力降至1.31MPa时，重新开启给灰机。若压力仍然上升至1.92MPa，将停运所有设备，然后人工开启冲洗水泵，冲洗输灰管道。为保证系统的安全及设备的完好，在柱塞泵上设置了许多保护装置，如泵的冷却水压、轴封水压、进口压力、轴承温度、润滑油温、油压等，任何一点参数超过设定点均造成系统停运。

（2）程控部分构成。

灰浆程控部分由灰库卸料控制盘、灰浆泵房I/O柜组成。控制盘使用了13、14号两个通道，I/O柜使用了15、16号两个通道。灰库控制盘的主要功能：

1）选择需运行的设备，并将该信号发送至PLC，接收PLC所反映的现场信号以点亮相应指示灯，模拟现场运行状态。

2）记录输灰管道压力变化。

（3）灰浆泵房I/O柜的功能。

1）接收现场阀门开/关信息和各种泵的运行参数等信号，发送开/关各阀门、启/停各泵的信号。

2）接收现场管道的压力信号。

三、除渣程控系统

除渣系统的作用是将炉底渣、省煤器灰和磨煤机排出的石子煤用水力输送至中转仓，再由渣浆泵打至渣场。根据其系统功能可分为供水系统、底渣斗系统、石子煤系统、省煤器系统和中转仓系统。

1. 供水系统

供水系统的控制对象为轴封水泵、补充水泵、低压水泵、高压水泵、水箱补充水泵及排污泵等。

（1）运行方式。

轴封水泵主要向供水系统的各泵提供充足的轴封水；补充水泵主要向底渣斗、中转仓提供水源；低压水泵向底渣斗供水维持渣斗水位并向省煤器灰斗供水；高压泵向各个排渣管道及灰浆系统提供水源，输送渣、灰。

轴封水泵、低压水泵、排污泵只有人工控制。补充水泵、高压水泵、水箱补充水泵有手动/自动两种方式，其启/停由主系统运行情况而定。

（2）控制部分。

1）水泵的控制特点。某台泵操作中，在产生启动命令后，一方面接通启动继电器，另一方面 5s 的报警计时器开始计时，在规定时间内启动成功后，消除报警计时，否则计时器超出，产生报警，同时清除启动命令，启动失败。泵启动时均要有足够的轴封水压力，但在启动成功之后压力再降至设定值之下，则只报警而不停泵。低压泵、高压泵、补充水泵的启/停回路是分开的，电气回路可自保持启动信号。因此，用户程序仅提供 5s 的启动脉冲信号即可。轴封水泵、水箱补充水泵及排污泵的启/停电气回路为一路，因此用户程序提供 5s 的启动脉冲信号，并用该泵的运行命令和马达启动器反馈信号加以保持，两个信号消失一个泵将停运。

2）供水程控系统有一个控制盘和一个 I/O 柜，共占用了 5、6 号两个通道。

3）供水系统许多泵的水源来自缓冲水箱，其水由水箱补充水泵供给。缓冲水箱上安装了 4 只压力开关用于测量水位。在水位低到 500mm 时，自动开启水箱补充水泵向缓冲水箱供水，水位达到 3100mm 时停水箱补充水泵；若水位上升到 3200mm 发出报警；若水位低至 100mm 时，将停运各供水的泵，全系统停运。

2. 底渣系统

底渣斗的控制对象主要是碎渣机、渣门、各种洗阀、管道进/出口阀及管道压力等。

（1）运行方式。

渣斗运行分为排空水位和维持水位两种方式，其差别在于排空方式时，关闭低压水进水阀，并且两者的运行时间有所不同。系统运行时，首先要保证有高压水、低压水并开启渣斗水力喷射泵的进/出口阀门，在管道压力正常后开启碎渣机、渣门等向外排渣，其运行时间由程序（软件）设定。渣斗分为 1A、1B 两部分，运行时分别进行。渣斗排渣管线上的压力变送器发送信号至 PLC 以确认系统运行状态。在压力低于 0.12MPa 时，将停运碎渣机，处于等待状态，压力超过 0.12MPa 时，方可开碎渣机；压力超过 1.67MPa 时也将停碎渣机，用高压水冲洗管道，压力降至 1.47MPa 以下时，重新开启碎渣机；若压力仍增大至 1.86MPa，说明管道严重堵塞，渣系统应全部停运。

（2）控制部分的构成。

控制部分分为 1A、1B 渣斗控制站和底渣斗 I/O 柜。就地控制站用于现场操作设备启/停、阀门开/关等。I/O 柜占用 13、14 号两个通道。它们的功能是：

1）接收现场阀门位置信号及各泵的运行信号和各种运行参数；

2）接收就地控制站发送的人工操作信号；

3）接收 PLC 的操作指令，问现场发送操作信号；

4）向就地控制盘发送指示灯信号点亮指示灯，通知操作人员运行状况。

3. 石子煤系统

石子煤系统的控制对象为 6 个石子煤斗，每个斗上有 3 只气动阀门、1 个料位开关和 1 个按钮站。

（1）运行方式。

石子煤程控系统有手动/自动两种运行方式，自动状态时，6 个斗按顺序进行，每个斗排渣 5min。运行时，先关闭石子煤斗进料门，再开水力喷射泵的出口阀、进口阀，由高压水将石子煤输送到中转仓，5min 后关进/出口阀，开进料阀，接着进行下一个石子煤斗的操作。手动方式时，其操作流程完全一样，只有排渣时间是人为决定的。

（2）控制部分。

控制部分是 1 个 I/O 柜、6 个按钮站，I/O 柜占用 9 号通道，它接收各阀位信号及料位信号，向各阀的电磁阀发送开/关信号。手动时，接收就地按钮站的启/停命令。

4. 省煤器系统

省煤器排灰渣系统类似于石子煤系统，差别在于省煤器灰渣斗 3 只阀门分别为水力喷射泵进水阀、省煤器排料阀和省煤器注水阀，也有 6 个按钮站和每斗 1 个料位开关。

（1）运行方式。

运行时，首先开启水力喷射泵进水阀，然后开启省煤器灰渣斗排料阀向外排灰渣，14min 后停运，然后开启省煤器注水阀向灰渣斗内注水，一定时间后关闭。同石子煤斗一样，省煤器排灰渣系统也是按顺序进行的。

（2）控制系统构成。

省煤器排灰渣系统 I/O 柜占用 11 号通道，主要接收各阀位信号和料位信号，发送开/关各阀的信号。手动时，接收就地按钮站的启/停命令。

5. 中转仓系统

中转仓系统的控制对象为两台渣浆泵和电动球阀切换阀、中转仓输出阀等。

（1）运行方式。

在自动启动渣斗系统、石子煤系统和省煤器排灰渣系统时，必须先启动中转仓系统。系统运行时，先打开低流量阀，隔 8min 后开满流量阀，其作用是让输渣管道内先充满清水；开启一级渣泵和二级渣泵。压力正常后开启中转仓排料阀，将中转仓内的存物排出去，然后再启动渣斗等系统。其运行方式也有手动/自动两种，其差别在于各操作步骤的时间，手动方式时是由人工自定，但一般也应接近于自动方式时的程序（软件）设定值。

（2）控制构成。

控制部分有 1 个底渣泵房 I/O 柜和中转仓控制盘。I/O 柜占用了 7、8、21 号三个通道。中转仓控制盘的信号和现场设备的信号均由 I/O 柜传递。中转仓控制盘的作用是就地选择所需运行设备及运行方式，并且进行就地操作。I/O 柜同时接收渣管线上的压力变送器信号以决定系统运行状态。启动时，压力大于 0.86MPa 方可开启中转仓排渣门，压力大于 0.95MPa 时，停渣斗碎渣机，关省煤器斗排灰渣门，石子煤系统停留在正在运行的煤斗最后一步上；压力下降至 0.90MPa 以下时，将重新开启上述设备；压力仍上升至 0.98MPa 将停运中转仓、渣斗、石子煤、省煤器灰渣斗各系统。

6. 主底渣控制盘

主底渣控制盘的功能如下：

（1）1 套完整的除渣系统模拟盘，可监视所有设备的运行状态。

（2）1 套报警盘用于监视超过运行参数的故障点。

（3）1 套选择开关和按钮用于自动启/停渣斗石子煤、省煤器灰渣各系统。

其占用 15、16、17、18、19、20 号六个通道，并将现场的各压力变送器信号由 PLC 转送至主底渣控制盘上来记录，其参数为 2 个渣浆泵管阀压力和 1 条渣斗管线压力。主底渣控制盘与各 I/O 柜是通过 CATV 通信电缆与 PLC 柜连接起来，其各站的信息也通过特定的程序反映到主底渣控制盘，能更有效地监视各状态，并可由操作人员选择更好的运行方式等。

第六节　全厂火灾探测报警及消防联动系统

一、设置全厂火灾探测报警及消防联动系统的目的

遵照国家基本建设"预防为主，防消结合"的消防工作方针，按要求在发电厂可能发生火灾的场合均应装设火灾探测设备，及时发现火灾并自动采取措施联动消防设施，避免或减少火灾的发生，确保设备和人身的安全。

二、火灾主要监测区域及火灾探测器选型

600MW 机组容量的火力发电厂内主要建（构）筑物和设备火灾探测报警系统探测地点及类型见表10-4，具体设置可根据机组容量及需求在方案设计时参照《火力发电厂与变电所设计防火规范》（GB 50229—1996）确定：

表 10-4　　　　　　　　　　火灾探测报警系统探测地点及类型一览表

建（构）筑物和设备	火灾探测器类型	报警控制方式
一、单元控制室、集中控制楼、主控制楼、网络控制楼		
1. 电缆夹层	高灵敏型吸气式感烟或线型感温和感温组合	自动报警，自动灭火
2. 电子设备间	高灵敏型吸气式感烟或感烟和感温组合	自动报警；自动灭火或人工确认后手动灭火
3. 控制室	高灵敏型吸气式感烟或感烟和感温组合	自动报警；自动灭火或人工确认后手动灭火
4. 计算机房	高灵敏型吸气式感烟或感烟和感温组合	自动报警，自动灭火或人工确认后手动灭火
5. 继电器室	高灵敏型吸气式感烟或感烟和感温组合	自动报警，自动灭火或人工确认后手动灭火
6. DCS 工程师室	高灵敏型吸气式感烟或感烟和感温组合	自动报警，自动灭火或人工确认后手动灭火
二、微波楼和通信楼	感烟或感温型	自动报警
三、汽机房		
1. 汽轮机油箱	感温或感光型	自动报警，自动灭火或人工确认后手动灭火
2. 电液装置	感温或感光型	自动报警，自动灭火或人工确认后手动灭火
3. 氢密封油装置	感温或感光型	自动报警，自动灭火或人工确认后手动灭火
4. 汽轮机轴承	感温或感光型	自动报警，人工确认后手动灭火
5. 汽轮机运转层下及中间层油管道	感温型	自动报警，自动灭火
6. 给水泵油箱	感温型	自动报警，自动灭火
7. 配电装置室	感烟型	自动报警，自动灭火或人工确认后手动灭火
8. 电缆夹层	高灵敏型吸气式感烟或线型感温和感烟组合	自动报警，自动灭火或人工确认后手动灭火
9. 汽轮机储油箱	感温或感光型	自动报警，自动灭火或人工确认后手动灭火
四、锅炉房及煤仓间		
1. 锅炉本体燃烧器区	感温型	自动报警，人工确认后手动灭火
2. 磨煤机润滑油箱	感温型	自动报警，人工确认后手动灭火
3. 回转式空气预热器	感温型（设备温度自检）	自动报警，人工确认后手动灭火

建（构）筑物和设备	火灾探测器类型	报警控制方式
4. 原煤仓、煤粉仓（无烟煤除外）	感温型	自动报警，人工确认后手动灭火
五、运煤系统		
1. 控制室	感烟或感温型	自动报警
2. 配电间	感烟或感温型	自动报警，人工确认后手动灭火
3. 电缆夹层	线型感温型	自动报警，人工确认后手动灭火
4. 转运站及筒仓	感温型	自动报警，自动灭火
5. 碎煤机室	感温型	自动报警，自动灭火
6. 运煤栈桥（燃用褐煤或易自燃高挥发分煤种）	线型感温型	自动报警，自动灭火
7. 煤仓间带式输送机层	线型感温型	自动报警，自动灭火
六、其 他		
1. 机组柴油发电机室	感烟和感温组合	自动报警，自动灭火
2. 点火油罐	感温型	自动报警，手动灭火
3. 汽机房架空电缆处	线型感温型	自动报警
4. 锅炉房零米以上架空电缆处	线型感温型	自动报警
5. 汽机房至主控制楼电缆通道	线型感温型	自动报警
6. 电缆交叉、密集及中间接头部位	线型感温型	自动报警，自动灭火
7. 主厂房内主蒸汽管道与油管道交叉处	感温型	自动报警，自动灭火
8. 供氢站	可燃气体	自动报警
9. 办公楼［设置有风道（管）的集中空气调节系统且建筑面积大于 $3000m^2$］	感烟型	自动报警，自动灭火
10. 脱硫电控楼控制室	感烟或感温型	自动报警，人工确认后手动灭火
11. 脱硫电控楼配电间	感烟或感温型	自动报警，人工确认后手动灭火
12. 脱硫电控楼电缆夹层	感烟或线型定温型	自动报警，自动灭火
13. 油处理室	感温型	自动报警，自动灭火
14. 电缆隧道	线型感温型	自动报警，自动灭火
15. 变压器室（主变压器、启动变压器、厂用高压变压器等）	感温型	自动报警，自动灭火或人工确认后手动灭火

注 对于设置固定灭火系统的场所宜采用两种不同类型的探测器组合探测方式。

三、全厂火灾探测报警联动系统配置及要求

（1）一般由智能报警主控制器、区域报警器、智能编址点式火灾探测器、缆式感温探测器、防爆感温探测器、手动报警按钮、警铃、电话插孔、终端接线箱、打印显示、通信网络及接口等必须的设备和部件构成。此外，还应包括控制自动水喷淋、水喷雾、气体灭火系统的联动信号发送装置，相应的反馈装置和必须的附件设备，以工业标准的总线制分布智能数字网络连接各相关

设备。

(2) 一般采用模块化结构，便于扩展及接口，系统总容量（编程地址数量）满足设计要求，火灾报警系统监控装置应具有对控制系统自诊断能力，包括通信网络，区域控制器，I/O信号模件，一旦发生故障应能及时报警。

(3) 火灾检测报警设备均应是取得中国国家消防产品质量监督检测中心认可的产品，并持有电厂所在地消防主管部门认证准予在该地区销售的产品。

(4) 在控制室内有与现场火灾报警设备的对讲联系功能。

(5) 火灾报警系统监控装置能使用中文详细显示所发生火灾的位置、时间、日期并自动地进行打印。集中监控装置可对全厂的每个智能探头进行编程。

(6) 应能控制消防水泵启停以及具有联动空调系统、水喷淋、水喷雾、气体灭火系统的控制输出接口，停止火警相应区域空调系统的风机或起动灭火设备。

(7) 火灾报警系统监控系统应采用不停电电源（UPS）电源供电。

四、主要消防联动项目

1. 自动喷水灭火系统

600MW 机组容量的火力发电厂应设有自动喷水灭火系统的保护区域，其区域范围一般如下：

(1) 主厂房内汽轮机油箱、运转层下及中间层油管道、氢密封油装置、给水泵油箱、锅炉本体燃烧器区、磨煤机润滑油箱、回转式空气预热器、柴油发电机室、柴油机消防泵等处设置雨淋喷水灭火系统或水喷雾灭火系统。

(2) 主变压器、高压厂变及高压启动变设置水喷雾灭火系统。

(3) 煤仓层、输煤系统设置自动喷淋灭火系统和水幕消防隔离系统。

(4) 综合生产办公楼及材料库设置自动喷淋灭火系统。

2. 自动喷水灭火系统的联动控制方式

(1) 开式水喷雾/雨淋喷水灭火系统。

可以自动启动，也可以在火灾报警屏或就地操作盘上手动启动，有紧急启动装置，有自动和手动选择装置。变压器水喷雾灭火系统的操作，除上述自动、手动、紧急启动及手、自动选择等功能外，还宜与变压器保护系统联动，当火灾探测系统接到变压器保护系统的要求启动相应变压器水喷雾灭火系统的信号时手动启动该水喷雾灭火系统，或当火灾探测器动作和变压器跳闸同时发生时自动启动相应变压器水喷雾灭火系统。火灾探测报警系统同时应接受并显示开式雨淋水喷雾灭火系统各种信号即雨淋阀、隔离阀阀位监视装置、水流报警装置等信号。

(2) 湿式水喷淋灭火系统。

平时报警阀阀后管道中充满消防水，该消防水管上装有闭式喷头。当火灾发生时，环境温度不断升高，闭式喷头在固定值的高温下玻璃泡破裂，从而闭式喷头打开以达到喷水灭火的效果。此时报警阀由于大水流通过而自动打开，喷水报警信号、水流指示信号同时自动送往火灾报警控制盘。

(3) 水幕消防隔离系统。

水幕消防隔离系统主要用于火灾时隔离转运站、煤仓层等建筑与输煤栈桥间的孔口，以免火势相互蔓延。当输煤系统发生火灾时，火灾信号送至报警控制盘，由人工遥控或就地手动启动着火点两端的水幕控制阀，消防水进入配水管至各水幕喷嘴，形成水幕从而达到防止火势蔓延之目的。

3. 气体灭火系统

600MW 工程设置有惰性气体烟烙尽灭火系统的保护区域，其区域范围一般如下：

(1) 单元控制室；

(2) 工程师室及电子设备室；

(3) 电气继电器室；

(4) 电气直流设备室（含蓄电池室）；

(5) 网控继电器室；

(6) 电缆夹层。

4. 气体灭火系统的联动控制方式

(1) 自动控制。

防护区无人时，将气体自动灭火控制器内控制方式转换开关拨到"自动"位置，灭火系统处于自动控制状态。每个保护区域内的探测器都被分成两个独立的报警信号，当防护区第一路火灾探测器发出火灾信号时，发出警报，指示火灾发生的部位，提醒工作人员注意；当第二路火灾探测器亦发出火灾信号后，自动灭火控制器开始进入延时阶段，同时发出联动指令，关闭联动设备及保护区内除应急照明外的所有电源。自动延时 30s（可调）后向控制火灾区的电磁阀和选择阀发出灭火指令，打开钢瓶容器阀和选择阀，向失火区进行灭火作业。

(2) 手动控制。

防护区有人工作或值班时，将气体自动灭火控制器内控制方式转换开关拨到"手动"位置，灭火系统即处于手动控制状态。当防护区发生火情，防护区内人员立即全部撤离，人工启动设在防护区门外的紧急启动按钮，即可按上述程序启动灭火系统，实施灭火。

5. 空调及通风区域联动

当火灾报警系统检测到相应空调或通风区域火警后，除发出报警并联动灭火设施外，还将联动该区域空调机组或通风机停止、防火阀关闭。

6. 消防水泵联动

当火灾报警系统检测到火警信号时，集中报警盘上可设置自动启动或人工确认后手动启动的消防设备。

第七节　主厂房空调控制

一、概述

主厂房单元控制室、电子设备间、工程师工作室和电气继电器室等房间，都要设置空调系统，一方面为了保证计算机及电子设备的长期可靠运行；另一方面是为运行人员提供健康舒适的工作环境，控制室内的空调还应考虑室内的空气品质。

室内空调空气设计参数推荐值，见表 10-5。

表 10-5　　　　　　　　　　室内空调空气设计参数推荐值

房间名称	夏　　　季				冬　　　季		
	温度（℃）	相对湿度（%）	工作区风速（m/s）	送风温度（℃）	温度（℃）	相对湿度（%）	工作区风速（m/s）
集中控制室单元控制室	26	≤70	0.5	人工冷源：≤10天然冷源：最大值	18	≤70	≤0.2
电子设备间计算机室	25±1	50±10	≤0.3	6～10	18±1	50±10	≤0.2
就地控制室	27	≤70	0.5		18	≤70	≤0.2

二、集中式空调系统

600MW 机组主厂房一般都采用集中式全空气系统（如单元控制室空调系统）的空调系统，除个别温、湿度敏感元件设在空调房间外，其他所有显示及控制仪表都就近布置在空调机组附近，或由空调机组厂商提供安装在机组上的控制盘进行控制。该系统结构简单、节约投资，能满足绝大多数空调系统的控制精度要求。对于采用集中制冷站提供空调冷热源的控制室空调系统，其工艺系统的流程简图如图 10-10 所示。

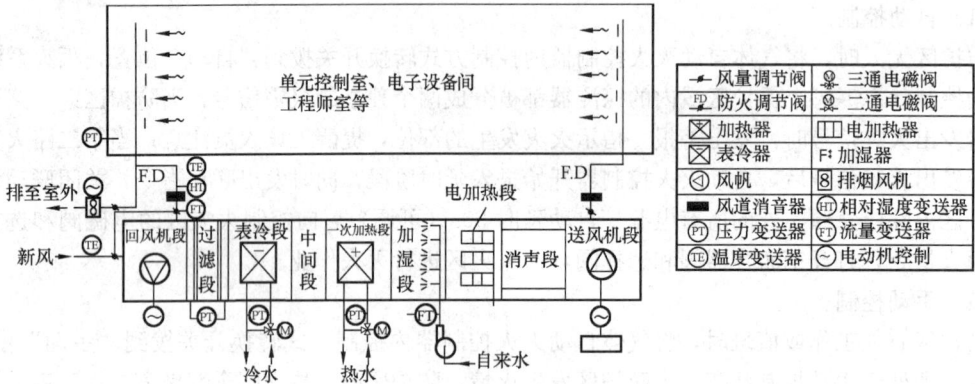

图 10-10　空调工艺系统流程简图

三、空调系统控制方式

1. 温度控制

利用温湿度传感器检测回风温度，温度信号经控制器计算后去控制冷水调阀或热水调阀从而调节送风温度。夏季温湿度过高时，开大冷水阀，优先降低送风湿度，湿度达到要求后，若温度过低，则通过调节热水阀使送风温度上升。冬季当室温低于设定值时，通过电加热器使室内温度上升到控制范围。

2. 湿度控制

同样利用温湿度传感器检测回风湿度，当湿度低于设定值时，控制加湿器增加湿度。反之，当加湿器全关后湿度仍高时，控制器将除湿与冷却信号相比较，优先控制除湿。

3. 空气质量控制

控制器通过温湿度检测计算去控制新风阀的开度调节新风和回风的混合比，达到改善空气质量的目的。

4. 新风阀要与空调机组连锁

当送风机启动时新风阀开启，送风机停止时新风阀关闭。

5. 空调机组与火灾报警系统联动

当发生火警时应联动停止空调机组、关闭新风阀、关闭防火阀。

四、暖通空调集中式控制系统

目前在大型火电厂中，设置暖通空调集中式控制系统的覆盖范围是布置于主厂房区域的集中制冷站、集中控制楼空调通风系统、汽机房通风和主厂房内电气设备间暖通系统。典型的暖通空调集中控制系统的配置结构框图，如图 10-11 所示。

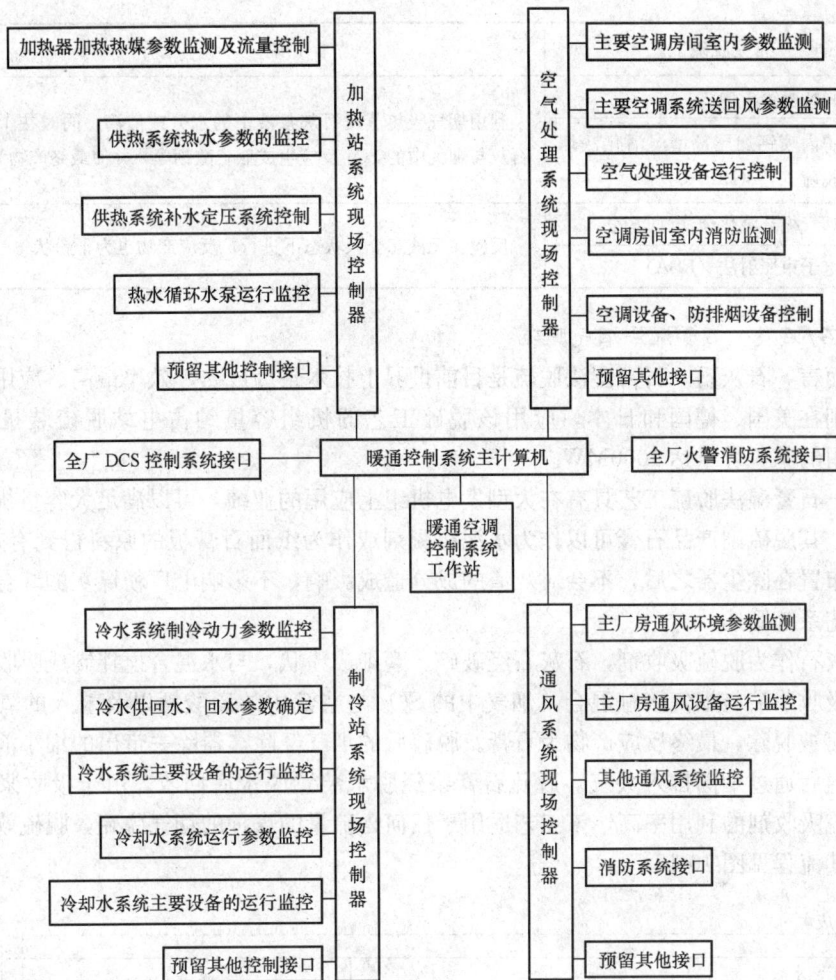

图 10-11　暖通空调集中控制系统框图

第八节　烟气脱硫控制及烟气在线监测

一、烟气脱硫技术及控制

根据现行国家环保要求，燃煤电厂尤其是大型燃煤机组都需要设置烟气脱硫装置。

1. 烟气脱硫技术分类

(1) 按脱硫产物是否回收分为抛弃法和回收法。

(2) 按脱硫过程加水与否及脱硫产物的干湿形态分类，见表 10-6。

表 10-6　　　　　　　　　　　　烟气脱硫技术分类

分　类	常见脱硫工艺	说　　　　明
湿　法	石灰石/石灰—石膏湿法工艺	烟气中的 SO_2 与碱性液体接触进行反应而被脱除
	海水烟气脱硫工艺	
	氨法烟气脱硫工艺	

分　类	常见脱硫工艺	说　　　明
半干法	旋转喷雾干燥法	利用烟气吸热蒸发石灰浆液中的水分或液滴，同时在干燥过程中，石灰与烟气中的 SO_2 反应生成亚硫酸钙等，并使最终产物为干粉状
	炉内喷钙加尾部增湿活化法烟气脱硫工艺（LIFAC）	
干　法	烟气循环流化床法（CFB）	反应在无液态介入状态下进行，反应产物也为干粉状
	电子束照射法（EBA）	

2. 石灰石/石灰—石膏湿法烟气脱硫

相比较而言，石灰石—石膏湿法脱硫是目前世界上技术最为成熟、效率最高、应用最多的脱硫工艺，特别在美国、德国和日本，应用该脱硫工艺的机组容量约占电站脱硫装机总容量的90%，已应用的单机容量达 1000MW。

石灰石—石膏湿法脱硫工艺具有在大型发电机组上应用的业绩，可以满足大容量机组和高脱硫率的要求，其脱硫副产品石膏可以作为水泥缓凝剂或作为纸面石膏板的原料得到有效的利用。因脱硫系统布置在除尘器之后，不会对灰渣的成分造成影响，不影响电厂粉煤灰的综合利用。

（1）工艺系统简述。

采用石灰石作为脱硫吸收剂，石灰石经破碎、磨细成粉状，与水混合搅拌制成吸收浆液。在吸收塔内，吸收浆液与烟气接触混合，烟气中的 SO_2 与浆液中的碳酸钙以及鼓入的氧化空气进行化学反应而被脱除，最终反应产物为石膏。脱硫后的烟气经除雾器除去带出的细小液滴，经加热器加热升温后通过烟囱排入大气。脱硫石膏浆经脱水装置脱水后回收。由于吸收浆的循环利用，所以脱硫吸收剂的利用率高，该工艺适用于任何含硫量的煤种的烟气脱硫，脱硫效率可达到95%以上，其流程见图 10-12。

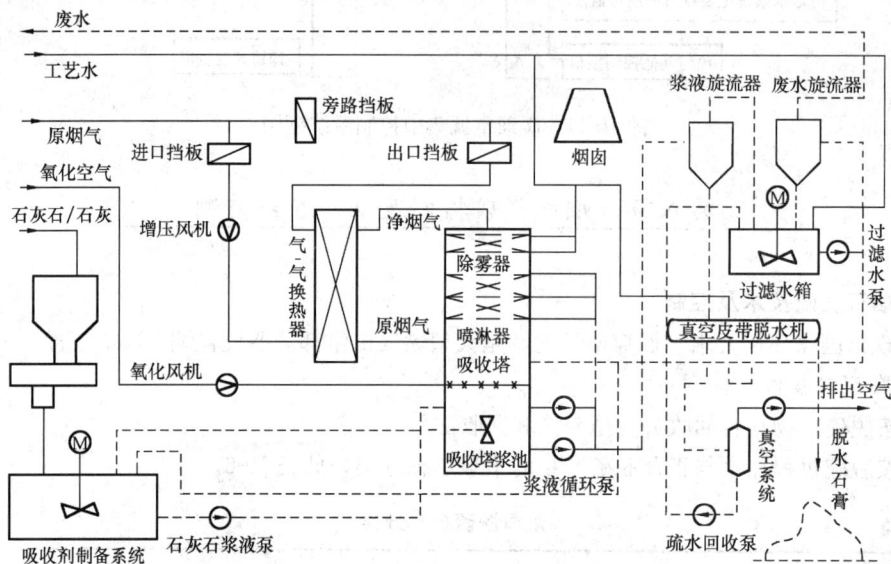

图 10-12　石灰石/石灰—石膏湿法脱硫流程图

（2）基本原理。

该脱硫工艺主要由以下五个化学过程组成：

1）吸收：SO_2（L）$+H_2O \rightarrow H^+ + HSO_3^- \rightarrow H^+ + SO_3^{2-}$；

2）溶解：$CaCO_3$（s）$+2H^+ \rightarrow Ca^{2+} + 2HCO_3^-$；

3）中和：$HCO_3^- + H^+ \rightarrow CO_2$（g）$+H_2O$；

4）氧化：$HSO_3^- + 1/2O_2 \rightarrow SO_3^{2-} + H^+$；

$SO_3^{2-} + 1/2O_2 \rightarrow SO_4^{2-}$；

5）结晶：$Ca^{2+} + SO_3^{2-} + 1/2H_2O \rightarrow CaSO_3 \cdot 1/2H_2O$（s）；

$Ca^{2+} + SO_4^{2-} + 2H_2O \rightarrow CaSO_4 \cdot 2H_2O$（s）。

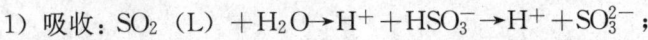

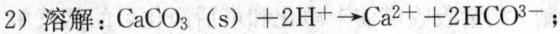

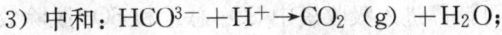

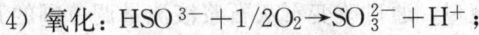

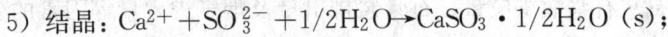

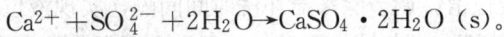

（3）吸收塔流程示意图。

吸收塔流程示意图，如图 10-13 所示。

3. 烟气脱硫控制方式及控制水平

现行《火力发电厂设计技术规程》（DL 5000—2000）中对脱硫控制设计的要求是：脱硫系统的控制水平设计拟不低于单元机组的控制水平；脱硫系统拟采用集中控制的方式，即在脱硫控制室内，完成对全部脱硫设备及其辅助系统包括电气设备的监视与控制。

为使脱硫控制系统达到与单元机组控制水平相适应，目前的脱硫系统都采用分散控制系统（DCS）进行监视与控制。在脱硫控制室内能做到以下几点：

（1）在机组正常运行工况下，对脱硫装置的运行参数和设备的运行状况进行有效的监视和控制，并能根据锅炉运行工况自动维持 SO_x 等污染物的排放总量及排放浓度在正常范围内，以满足环保要求。

图 10-13 吸收塔流程示意图

（2）机组出现异常或脱硫工艺系统出现非正常工况时，能按预定的顺序进行处理，使脱硫系统与相应的事故状态相适应。

（3）出现危及单元机组运行以及脱硫工艺系统运行的工况时，能自动进行系统的连锁保护，停止相应的设备甚至整套脱硫装置的运行。

（4）在少量就地巡检人员的配合下，完成整套脱硫系统的启动与停止控制。脱硫系统的正常运行以 CRT（LCD）和键盘为监控手段。控制室不设常规的控制表盘，仅设少量的紧急操作开关或按钮。

4. 脱硫系统主要模拟量控制（MCS）

（1）增压风机入口压力控制。为保证锅炉的安全稳定运行，通过调节增压风机导向叶片的开度进行压力控制，保持增压风机入口压力的稳定。为了获得更好的动态特性，引入锅炉负荷和引风机状态信号作为辅助信号。在 FGD 烟气系统投入过程中，需协调控制烟气旁路挡板门及增压风机导向叶片的开度，保证增压风机入口压力稳定；在旁路挡板门关闭到一定程度后，压力控制闭环投入，关闭旁路挡板门。

（2）石灰石浆液浓度控制。石灰石浆液制备控制系统必须保证连续向吸收塔供应浓度合适的足够的浆液。设定恒定石灰石供应量，并按比例调节供水量。通过石灰石浆液密度测量的反馈信

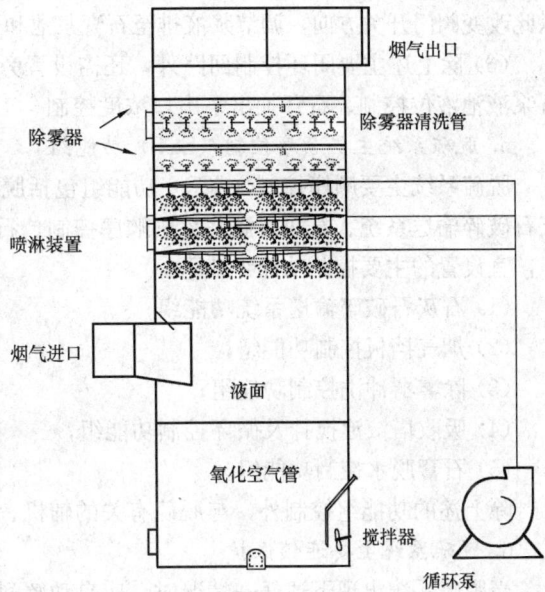

号修正进水量进行细调。

（3）吸收塔 pH 值及塔出口 SO_2 浓度控制。测量吸收塔前未净化和塔后净化后的烟气中 SO_2 浓度、烟气温度、压力和烟气量，通过这些测量可计算进入吸收塔中 SO_2 总量和 SO_2 脱除效率。根据 SO_2 总量，控制加入到吸收塔中的石灰石浆液量。通过改变石灰石浆液流量调节阀的开度来实现石灰石量的调节。而吸收塔排出浆液的 pH 值作为 SO_2 吸收过程的校正值参与调节。

（4）吸收塔液位控制。吸收塔石灰石浆液供应量、石膏浆排出量及烟气进入量等因素的变化造成吸收塔的液位波动。根据测量的液位值，调节除雾器冲洗时间间隔，实现液位的稳定。

（5）石膏浆排出量控制。根据吸收塔石灰石浆液供应量，并用排出石膏浆的密度值进行修正，以此改变阀门开关方向，调节浆液排至石膏浆池和返回吸收塔之间的时间比，控制石膏排出量。

（6）除上述主要闭环控制回路外，还需设置旁路挡板差压控制、吸收塔供浆流量控制、石灰石浆液池液位控制、石膏抽出泵出口浓度控制、工业水池液位控制等。

5. 脱硫系统主要顺序控制（SCS）功能组

脱硫系统主要顺序控制（SCS）功能组包括脱硫系统启动、停止顺序控制、除雾器清洗、石灰石破碎输送系统、石灰石制浆系统顺序控制、石膏脱水系统以及浆液管道冲洗顺序控制功能组等，宜设置的主要控制功能组如下：

（1）石灰石破碎输送系统功能组；

（2）烟气挡板控制功能组；

（3）除雾器冲洗控制功能组；

（4）吸收塔液池搅拌及循环控制功能组；

（5）石膏脱水控制功能组。

除上述的功能组控制外，与脱硫有关的辅机、阀门也纳入 DCS 系统实现远方遥控。

6. 脱硫系统主要连锁保护

当脱硫系统出现下述任一情况时，应自动解列整个脱硫系统：

（1）增压风机跳闸；

（2）吸收塔再循环泵全停；

（3）脱硫系统主电源消失；

（4）锅炉 MFT；

（5）烟气旁路挡板差压高 Ⅱ 值或低 Ⅱ 值且旁路挡板及脱硫出入口门未打开；

（6）吸收塔负压低 Ⅱ 值；

（7）吸收塔液位低 Ⅱ 值；

（8）其他跳闸条件。

当解列脱硫装置运行时，将打开烟气旁路挡板，停止脱硫增压风机，关闭脱硫烟气进出口门。

二、烟气在线监测

按照我国现行环保标准，火力发电厂都要装设烟气排放连续监测系统（CEM，continuous emissions monitoring），如果火力发电厂还配置烟气脱硫装置，则 CEM 宜由烟气脱硫装置统一考虑。

烟气排放连续监测系统（CEM）是指对排放烟气进行连续地、实时地跟踪测定；当系统配置多个测定探头而合用分析仪时，每个探头在每小时的测定时间不得低于 15min，其测定结果即为该小时的监测结果平均值，CEM 的监测时间不得小于电厂运行时间（不包括启动和停运）的 80%。

一套齐全的烟气排放连续监测系统（CEM）是由烟尘监测子系统、气态污染物监测子系统、烟气排放参数监测子系统、系统控制及数据采集处理子系统组成。其主要监测方法如下。

1. 烟尘连续监测

(1) 浊度法。光通过含有烟尘的烟气时，光强因烟尘的吸收和散射作用而减弱。通过测定光束通过烟气前后的光强比值来定量烟尘浓度。

(2) 光散射法。经过调制的激光或红外平行光束射向烟气时，烟气中的烟尘对光向所有方向散射，经烟尘散射的光强在一定范围内与烟尘浓度成比例。通过测定散射光强来定量烟尘浓度。

2. 气态污染物连续监测

(1) 监测项目。二氧化硫（SO_2）、氮氧化物（NO_x）。

(2) 采样方式。抽取式和直接监测式，其中抽取式又分为以下两种：

1) 稀释采样法。采集烟气并除尘，然后用洁净的零气按一定的比例稀释，以降低气态污染物的浓度，将稀释后的烟气引入分析单元。

2) 直接抽取采样法（加热法）。通过加热管对抽取的已除尘的烟气进行保温，保持烟气不结露，输至干燥装置除湿，然后通至分析单元。

(3) 分析方法。

1) 二氧化硫（SO_2）。紫外荧光法或非分散红外吸收法（NDIR法）。

2) 氮氧化物（NO_x）。化学发光法（CLD法）或非分散红外吸收法（NDIR法）。

3. 烟气排放参数连续监测

(1) 监测项目。温度、氧量和流量。

(2) 监测方法。

1) 烟气温度。热电偶法。

2) 烟气氧量。氧化锆法。

3) 烟气流量。烟道截面一定，实质上是对烟气流速的监测，具体方法有三种：①压差传感法，利用压力传感器测出烟气的动压和静压，动压和静压与被测烟气流速呈一定的比例关系，从而可以定量烟气流速。②超声波法，超声波顺着烟气流向和逆着烟气流向通过已知距离的两个点时，其传输时间不同，连续测定传输时间差可实现流速的监测。③热传感法，烟气流过热传感器时，带走的热量与烟气流速和热传感器的电阻值变化成比例，通过测量热传感器的电阻阻值变化可求得烟气流速。

第九节　辅助生产车间网络化集中控制

多年前，在火力发电厂中以微机可编程逻辑控制器PLC为核心的辅助车间程控系统多数还保留传统的模拟屏、后备常规手动控制盘（台），各系统也基本上按受控对象独立地配置，在火力发电厂中形成众多的监控"孤岛"。后来，随着PLC通信网络技术的发展和新型硬软件的开发，PLC/上位机监控系统在功能、性能上已应用成熟，完全可以实现单纯以PLC/上位机CRT/LCD方式的计算机数字式现代化手段的监控，这就为各辅助生产车间联网集中监控提供了条件，这是一项新的热控设计应用技术。目前国内已有许多火力发电厂在推广辅助车间监控网络化和集中控制的工业性应用，并且已有一批电厂实现了部分或全部辅助车间监控网络化和集中控制实绩，取得了减人增效的良好效果。目前设计在建的600MW机组工程也都考虑了辅助车间网络化集中监控的设计模式。

一、辅助车间网络化集中监控技术上是完全可行的

(1) 单个辅助车间子系统自动化技术基本成熟，PLC/上位机监控模式已推广应用，辅助车

间总体自动化水平和运行可靠性有了很大的提高。在辅助车间的自动顺控过程中，对人工干预的要求越来越少，这为辅助车间网络化集中监控创造了条件。

（2）PLC硬软件性能有很大提高。目前PLC的发展趋势是高功能、高速度、大容量和强化通信能力。大部分PLC已具备CPU热备用（双CPU）功能，还配置了可用于模拟量调节的PID功能模块，实现了通信网络冗余化。多数PLC生产厂商开发了与不同网络通信的接口模件，使得PLC/上位机监控系统通信能力大大加强，且更具开放性。

（3）分散控制系统DCS，近几年来正在向综合方向以及智能化、专业化发展，由于标准化数据通信链路和网络新技术的应用，DCS既可以将PLC/上位机监控系统纳入自身的监控范围内，也可以直接对辅助车间进行监控。

（4）火力发电厂管理水平和运行值班人员业务能力的拓宽和提高，为辅助车间监控实现网络化和集中管理提供了必要条件。目前不少火力发电厂已开始采用MIS系统进行管理，DCS也已普及应用，厂级管理人员和机组值班人员都需要掌握和了解全厂主、辅系统相关设备与参数的情况，也具备了最基本的信息渠道。同时，电厂运行值班人员中绝大部分都接受过专业教育或职业培训，具有一定的计算机应用知识，有能力通过信息网络和集中控制手段对辅助车间进行控制。

二、辅助车间网络化集中监控系统设计实施中的几项技术问题

1. 覆盖范围

从提高火电厂管理水平和发挥整体效益来看，将全厂辅助车间控制点集中为一个是最有利的。对于新建电厂而言，从总体设计阶段开始便予规划还是易于实现的。但是对于老厂扩建来说，由于各个电厂特别是一些老厂的技术水准、人员素质、设备状况等参差不齐，各个辅助车间的运行体制和从属关系也不相同，要这些电厂扩建后都做到全厂辅助车间联网，只设一个监控点还是有困难的。

大型火力发电厂辅助工艺子系统约有40多个，要实现辅助车间的减人增效、提高生产的经济性、安全性和自动化水平，首先应着眼于那些工艺相对复杂、运行可靠性要求高、工艺过程相近而运行管理机构重复的子系统。像水务车间就包括了净水预处理、反渗透、补给水处理、凝结水精处理、汽水取样、加药、废水处理、净水站、综合泵房、循环水补水处理等子系统；除灰渣包括了炉底除渣、干灰气力输送及分储、石子煤、电除尘、水力输送、灰库储存、灰浆泵房、脱水仓、干灰增湿转运等子系统。

在早期投运的电厂中，这些子系统大部分是一个子系统一个监控点，形成值班人员众多、监控装置繁杂、运行管理水平低下的局面。因此，在现行《火力发电厂设计技术规程》（DL 5000—2000）中明确提出："火电厂相邻的辅助生产车间或性质相近的辅助工艺系统宜合并控制系统及控制点，辅助车间控制点不宜超过3个（输煤、除灰、化水），其余车间均按无人值班设计。"是适合目前需求的。

2. 辅助系统集中控制方式

辅助系统的集中控制方式有单元控制室控制和辅助车间控制室控制两种。

单元控制室控制又可分为两种方式：第一种是辅助系统信号接入单元机组DCS，通过DCS操作员站直接监控辅助系统运行；第二种是在单元控制室另设独立的辅助操作员站进行监控，辅助系统信号不进入单元机组DCS。

目前这两种方式均有应用，前者只在辅助系统采用DCS组成监控系统时采用，后者则应用较多。由于水、灰、煤三个系统的信息量都很大，I/O总量多达2000～6000点，屏幕显示画面也很多，直接接入单元机组DCS不仅经济上不合理，对单元机组DCS安全性也构成威胁，加之要求管理水平与运行人员素质有较大的提高等原因，所以采用另设辅助系统操作员站的方式还是适宜的。在单元控制室设辅助系统操作员站还应充分考虑到主、辅系统之间可能出现的相互干扰，在布置设计中应避免这一问题。

采用辅助车间控制室控制也有两种方式：第一种是水、灰、煤车间将各自所属子系统分别联成三个独立的网络，并通过相互独立的三个集中控制室监控；第二种是两个或三个车间组成一个网络，在一个集中控制室进行监控。

上述两种方式各有利弊，前者无需改变电厂原有管理体制，便于管理、维护和检修；后者从理论上讲可更合理利用监控系统资源和大幅减人增效，但从已采用这一方式的电厂实际运行效果来看还是有差距的。这是因为水、灰、煤三大辅助车间专业性质差别较大、地理位置距离较远、设备冗杂、控制对象操作频繁、现场转动机械和传感器故障率较高、有一些项目（如煤、灰、水样分析）尚需人工协助，无法实现在线监控，因此在目前传统的工艺系统设计和管理模式下还难以实现资源的充分利用。

无论是在单元控制室还是在辅助车间控制室集中控制，一般还应考虑两点：一是控制点上位机均可与挂在网上各个系统的 PLC 进行通信，以实现信息共享；二是在几个车间内还保留主要子系统程控的上位机，作为调试或集中控制点监控失效时的备用手段。

3. 网络结构

与单元机组 DCS 网络相类似，辅助车间监控网络结构也可分为管理层、监控层、控制层、I/O 层。I/O 层与控制层之间的网络（驱动级网络）由 PLC 厂商提供专用网络；控制层与监控层之间的网络（控制级网络）也多数采用 PLC 厂家的专用网络，少数采用 Ethernet 等通用网络，以保证信息传输的实时性要求；监控层与管理层之间的网络（管理级网络）作为监控系统的主干网通常选用 Ethernet 网络，根据信息量的多寡选择 100Mbps 或 10Mbps 速率。由于每个主要辅助车间监控对象信息量一般都超过 2000 点，而且辅助系统操作频繁，信息通信量大，采用常规共享 Ethernet 易造成网络堵塞，因此宜采用全双工交换式工业控制用 Ethernet。

网络拓扑结构的设计选择应根据辅助车间集中控制的覆盖范围、网络化是否分步实施、PLC 使用型号等因素综合考虑。如果一个辅助车间设立一个控制点、各子系统使用同一型号 PLC 时控制级和管理级网络宜采用总线型拓扑结构，这种网络施工和维护都比较方便，但为解决这种结构形式网络若发生故障会影响整个网络安全的问题，通常都采用冗余结构，这对于作为主干网的管理级网络尤为重要。当煤、灰、水三个车间只设立一个控制点或各系统使用多种型号的 PLC 或网络化工作分步实施时，控制级和管理级网络宜采用星形拓扑结构。这是因为星形网络易于检测和隔离故障、易于扩展和重新配置。由于星形结构采用交换机技术，可以保证网络中各节点有较高的信息交换速率，对于多辅助车间联网非常适合。星形网络中的主交换机（管理级）是全网信息中心，为保证网络安全应冗余设置。有条件时还可冗余配置各子工艺系统的分支交换机（控制级）。

网络通信介质通常有 STP（屏蔽双绞线）、UTP（非屏蔽双绞线）、同轴电缆、光纤。驱动级网络一般用 STP 或同轴电缆；控制级网络可用 UTP、同轴电缆，也可用光纤；管理级则宜用光纤，由于光纤电缆抗干扰能力强、传输距离远、有较大的通信带宽，作为主干网通信介质尤为适合，通常选用铠装多模光纤电缆。

4. 操作系统

网络应用的操作系统有 Windows NT、Windows 2000 和 Windows XP 几种。目前以使用 Windows NT 的居多，该系统开放性强、能支持各种硬件平台、支持多种网络协议标准、采用抢先式多任务多线程调度、具有良好的安全性和容错能力，特别是支持各种客户端机并具有广泛和成熟的应用经验。Windows 2000 在扩展性、网络支持能力、性能等方面又有所提高，但还需要积累应用经验。最新推出的 Windows XP 在功能、安全性方面又有改进。这两种新操作系统将逐步取代 Windows NT。

5. 监控软件

监控软件应用得较多的有 Intellution 公司的 FIX、iFIX 软件和 Wonderware 公司的 Intouch 软件，此外像 TA 公司的 AIMAX 软件、我国亚控公司的组态王软件、210 所的 CF Aerospace—D 软件等也有应用。无论哪一种监控软件均应满足这样的基本原则，即保证常规的监控手段，提供网络支撑、运行管理等功能。对于辅助车间网络化集中监控而言，就意味着选用的监控软件应支持选定的操作系统；通过数采、制表、报警和数据库访问等功能支持网络监控浏览；具有集成化的开发平台，以集成第三方应用程序；支持较多的硬件产品。

6. 程序控制器的选型

目前，许多 PLC 产品在网络支持能力和监控性能方面都适用于辅助车间网络化集中监控。设计中应根据业主意见和工程情况进行选择，新建项目应选择同一品种 PLC；老厂扩建中也宜尽量减少 PLC 的品种。在选择 PLC 时，应选择模块支持较广、CPU 可热备、网络可冗余、支持远程（现场）I/O 的产品。

由于计算机技术、网络技术、信息技术和通信技术的迅速发展，PLC 和 DCS 在性能及功能上相互间不断影响与渗透，使 PLC 也趋向多功能、高速度、大容量，强化通信与网络化能力以及编程语言多样化。各主要 PLC 制造厂商近几年都推出一些性能更优越、I/O 容量可以非常大、更符合现场应用要求的产品，这些产品都应具备的技术特点有：模件能够带电插拔；处理器、网络、电源和模件均可冗余配置；I/O 站支持更多模件、远程站支持更多分站；有很好的向前/向后兼容性；支持 IEC 规定的五种编程语言；硬件体积小；具有较高的性价比；能适应恶劣的环境等。目前这类产品已得到越来越广泛的应用，主要产品有 Modicon 公司的 Quantum 系列 PLC、AB 公司的 Controllogix 系列 PLC、Siemens 公司的 S7-400 系列 PLC 等，其性能参数见表 10-7。

表 10-7　　　　　几种主要 PLC 产品性能参数表

产品	MODICON Quantum	SIEMENS S5，S7/400	A-B PLC5	GE 90-30/70	OMRON
网络支持	Ethernet	H1/ Ethernet	Ethernet	Ethernet	Ethernet
通讯介质	UTP，光纤	UTP，光纤	UTP，光纤	UTP，光纤	同轴电缆
通讯速度	10Mbit/s	10Mbit/s	10Mbit/s	10Mbit/s	10Mbit/s
支持模块	140NOE21100 140NOE25100	CP443	CPUL30e/40e	CPU	CV500-ETN01
DI，DO	16/32 点 24～60VDC 120/220VDC 220VAC	16/32 点 24～60VDC 120/220VDC 220VAC	16/32 点 24～60VDC 120/220VDC 220VAC	16/32 点 24VDC 220VAC	16/32 点 5～24VDC 220VAC
AI	8/4 点 4～20mA，RTD	8/16 点 4～20mA，RTD	8/16 点 4～20mA，RTD	8/16 点 4～20mA	2/4/8 点 4～20mA
分布 I/O	DIO，RIO	ET200M	Flex I/O	Field Control	
冗余支持	CPU，网络	CPU，网络	CPU，网络	CPU，网络	CPU，网络
编程软件	MODSOFT Concept（95）	STEP7	RSLogix（95）	Logicmaster	SYSMAC

近年来，随着 DCS 技术的发展和现场总线仪表的出现，国内外都有电厂开始采用 DCS 结合现场总线仪表来实现辅助生产车间的网络化集中监控。与采用 PLC 方案相比在良好的性能价格比前提条件下，不失为一种新的选择，特别当采用与单元机组 DCS 相同的硬件系统时更具有一定的优势，可以简化网络结构，减少全厂控制网络接口品种，便于统一维护和减少备品配件的种类。

三、网络化集中监控设计实施中应注意的几个问题

（1）宜将纳入网络化集中监控的相关辅助车间程序控制编制独立技术规范书，单独招标采购，以保证统一技术条件、统一硬件和软件的选择、统一调试投用。

（2）应留有与厂级实时信息系统 SIS 网络交换信息的通信接口，能最终将辅助车间的实时信息传输至 SIS 的实时数据库中。

（3）宜在几个主要的辅助车间内保留控制级（车间）上位机以便于分别调试投用和检修维护，如凝结水精处理室、补给水处理室、灰库区等。

（4）对于网络接口设备、集线器、交换机以及传输介质应选用知名网络产品制造商的成熟产品。

（5）应选择有火力发电厂应用 PLC/DCS 经验、网络设计与集成能力强、有业绩、售后服务体系完善的国内知名供货商（集成商）实施工程。

复 习 思 考 题

1. 600MW 机组辅助生产车间的程控系统一般有哪些项目？控制内容有哪些？
2. 全厂火灾探测报警系统应和消防联动的项目类型有哪几种？
3. 脱硫控制系统的配置原则是什么？湿法脱硫的主要控制内容有哪些？
4. 烟气在线连续监测系统 CEM 的监测项目有哪些？采用什么分析原理？
5. 实施辅助生产系统网络化集中监控时应考虑哪些技术问题？
6. 如何保证辅助生产系统网络化集中监控的效益？

第十一章

全厂闭路工业电视系统的设置和应用

第一节 全厂闭路工业电视系统设置

一、设置全厂闭路工业电视系统的目的

闭路工业电视系统为机组监控提供直观画面,真实反映现场设备运行状况;提供主要生产场所和区域的实时图像,及时掌握生产和人员流动情况;实施对重点安全点的连续监视,并能提供历史分析资料,提高全厂安全管理水平;可实现对恶劣工作环境区域的连续监视,如出渣机、煤场等监视,改善运行人员工作条件。

二、全厂闭路工业电视监视系统的配置

(1)闭路电视系统的配置方式目前一般按照"模拟摄像加数字传输"方案设计,其主控设备为视频服务器、客户端服务器等设备,可实现图像信号的数字化传输、硬盘录像等,也可实施与全厂 MIS 系统连接。摄像探头宜全部为彩色摄像机。从发展趋势看,今后将会采用全数字方案。

(2)完整的闭路电视系统应包括屏幕监视器、视频服务器、客户端服务器、数字网络交换机、各种网络及附件、电源箱和全部定焦或变焦式摄像机,同时还应包括全部软件。摄像机安装在厂区内有关位置,相关机柜安装在电子设备室,监视器安装在控制室内。

(3)闭路电视系统具体是由前端设备、终端设备、传输设备、电源设备、中心控制设备等几部分组成。前端设备,主要包括摄像探头(定焦、变焦)、解码器、电动云台、摄像机防护罩、支架等;终端设备,主要包括视频或射频信号处理设备、客户机等;传输设备,包括如光端机、光纤、同轴电缆、控制线缆及网络交换机等;电源设备,主要包括交流隔离稳压电源等;中心控制设备,主要包括多媒体工作站(或视频控制矩阵)、画面分割器、系统控制器、客户端主机(或服务器终端)监视器等。

(4)全厂闭路电视监视系统可以采取分区监视集中管理方式,在输煤、灰渣和水务控制室设置本区域监视器,在单元控制室设置全厂监视器,通过键盘或计算机编程,可以实现系统巡视、设定监控和报警监控等多种功能,完成对全部监视内容的自动化、智能化跟踪。它应有对外通信接口,以便和全厂 MIS 系统以数据通信方式相连,实现多媒体信息共享。它还应具有数字图像压缩存储能力,对重要的历史图像可以回放,提供寻找证据的手段。

三、系统主要技术指标

(1)整个闭路电视监视系统的指标应达到以下几点要求:

1)摄像机水平清晰度:480 线。

2)视频信号:1.0Vp-p。

3)电视制式:PAL。

4)信噪比:≥37dB。

5）图像质量主观评价：大于四级（按 GB 50198—1994 分级）。

（2）系统信号的传输方式，应充分考虑火力发电厂所特有的复杂的电气环境，应具有很强的抗干扰能力。

（3）防护罩均选用不锈钢防护罩，具有全密封、免维护的特点，可直接用水冲洗，室外全天候防护罩内装设自动温控装置。摄像机防护罩防护等级应不低于 IP56。

（4）所有安装于现场和室外的设备，如解码器、控制箱等的防护等级均应达到 IP56。

四、系统基本功能

（1）应实现对摄像探头的变焦、聚焦，上下左右转动控制等功能。摄像探头光学变焦能力 22 倍及以上。摄像机应具有逆光补偿能力。

（2）系统宜采用数字化网络，通信协议采用 TCP/IP，可传输所有监视点的图像信号，25 帧/s，在值长台、厂长办公室等地可进行远程监视。图像在传输过程中，画面流畅清晰，无马赛克现象，无明显的图像延时现象。

（3）具有硬盘录像功能，其回放速度也应达到 25 帧/s，具有多种回放速度。客户端主机应具备 1/4/9/16 画面分割及大小画面组合的显示方式，每个小画面应能设置独立的切换列队，列队中每个画面的停留时间也可单独设置。

（4）具备日志查询功能，可查询系统的登录账号以及该账号的操作记录。

（5）具有前端的监控点故障检测功能，出现故障时，监控系统的终端上显示报警。

（6）能建立摄像机或分组摄像机的巡视序列，便于随时调用到监视器上。

（7）具备画面的定切、序切（正、反向巡切）以及预置场景和辅助功能。

（8）图像应为汉字标识，系统软件运行在 Windows2000 或以上平台上，软件界面采用中文界面。全部操作均应由汉化的菜单提示。凭借菜单提示可进行打开图像、存储图像、浏览图像、系统配置、彩色配置，摄像机标识编辑、在线帮助、冻结/解结视频图像、启动或关闭循环控制、云台控制、聚焦控制、变倍控制、辅助控制（如打开、关闭照明）等。

五、视频传输与压缩

目前在电厂应用的闭路工业电视系统基本上都是一个独立的系统，它的视频信号是利用视频服务器将模拟信号转换成数字信号后再作传输的，当传输距离较远时则采用光纤。今后，当电厂建有 MIS 局域网络后，视频信号也可以利用 MIS 网络传输，此时应对图像进行压缩处理。不同压缩标准的适应性不一样，具体见表 11-1，可按需要确定。

表 11-1　　　　　　　　　　　　　视频压缩技术比较

压缩标准	MPEG1	MPEG2	H. 261	H. 263	MPEG4
网络占用带宽	1—2Mbps	5—10 Mbps	64—1920kbps	28.8—64kbps	小于 64kbps
通信网络	10/100M 以太网及以上	宽带网络	ISDN 及以上	普通电话线及以上	普通电话线及以上
图像清晰度	有马赛克现象	较好	有水波纹	很好	很好
图像实时性	25 帧/s	30 帧/s	15～25 帧/s	15～25 帧/s	15～25 帧/s
网络延迟	＞2s	＞3s	＞0.5s	＞0.5s	＞0.5s

压缩标准	MPEG1	MPEG2	H. 261	H. 263	MPEG4
应用领域	应用只局限于广播和电视方面	应用只局限于广播和电视方面，在用户带宽有限的情况下，建议使用MPEG4视频解码标准方式	IP 视频会议、可视电话应用	动态图像、互联网、适时多媒体监控、低比特率下的移动多媒体通信、Internet 及 Internet上的游戏、基于计算机网络的可视化应用、IP 视频会议、可视电话应用	动态图像、互联网、适时多媒体监控、低比特率下的移动多媒体通信、Internet 及 Internet上的游戏、基于计算机网络的可视化应用、演播电视
优点	大面积运动图像有很好压缩效果	提供很好的视频和CD级的音频	数据率较低	视频质量与分辨率高，而数据率较低	视频质量与分辨率高，而数据率相对较低
缺点	数据量大，解码后图像较差	数据量依然很大，不便存放和传输	图像压缩痕迹明显	运动物体边缘有水波纹	对压缩解码的机器要求较高

第二节　600MW 机组工业电视系统应用

一、主要监视区域

火力发电厂内主要监视点的具体设置可根据工程需求在方案设计时确定，目前已在 600MW 机组工程中应用的一般设置点如下。

1. 主厂房范围内
(1) 汽轮机润滑油系统；
(2) 运转层汽机机头；
(3) 发电机出线区域；
(4) 除氧器；
(5) 6kV 配电装置室；
(6) 400V 配电装置室；
(7) 直流蓄电池室；
(8) 电子设备间；
(9) 汽动给水泵；
(10) 电动给水泵；
(11) 凝结水泵；
(12) 真空泵；
(13) 凝结水精处理运行区；
(14) 柴油发电机房；
(15) 化学加药；
(16) 汽水取样；

(17) 空压机房；

(18) 电缆夹层；

(19) 煤仓层；

(20) 磨煤机区域；

(21) 给煤机区域；

(22) 送风机区域；

(23) 吸风机区域；

(24) 一次风机区域；

(25) 锅炉燃烧器；

(26) 炉底渣斗；

(27) 机组排水槽区；

(28) 电除尘区域；

(29) 烟囱烟色。

2. 辅助生产车间系统

(1) 升压开关站区域；

(2) 主变压器区域；

(3) 网控继电器室；

(4) 化学补给水处理站区域；

(5) 废水处理区域；

(6) 循环水泵房区域；

(7) 综合水泵房区域；

(8) 燃油泵房及油罐区；

(9) 制（供）氢站；

(10) 灰渣泵房；

(11) 灰库区；

(12) 脱水仓区。

3. 输煤系统

可按输煤程控范围自成独立监视系统，可在输煤集控室内监视，也可以进一步和全厂闭路电视系统相连，实现全厂集中监视。

4. 脱硫系统

和输煤系统一样自成独立监视系统，可在脱硫集控室内监视，也可以进一步和全厂闭路电视系统相连，实现全厂集中监视。

5. 厂区保安监视

(1) 厂大门；

(2) 厂区主要道路；

(3) 生产办公楼；

(4) 物资仓库；

(5) 车库；

(6) 其他。

二、600MW 机组工业电视应用实例

现以云南滇东电厂 4×600MW 机组工业电视应用为例说明。该电厂采用合肥金星机电应用技术研究所生产的 GS 数字视频服务系统。

1. 系统组成

数字电视监视系统在硬件组态上主要包括以下三个部分。

（1）前端摄像探头。

根据现场监视需求，摄像探头主要分为以下两种：

1）固定式摄像探头。采用"CCD 摄像机＋定焦镜头＋防护罩＋固定云台"配置方式，主要用来监视固定目标。安装时，调整好监视效果，在正常使用时，无需对镜头及云台进行调整控制。

2）电动式摄像探头。采用"一体化摄像机＋防护罩＋电动云台＋解码器"配置方式，其中一体化摄像机内置光学变焦镜头。这种摄像探头主要用于监视范围大，目标不固定的场合，在使用时，可对镜头的变焦、云台的转动进行调整控制。

（2）后端控制设备。

在数字型方案中，后端控制设备主要就是数字视频主机。数字视频主机可实现图像信号的采集、模数转换、数字存贮、网络传输等功能，数字视频主机的显示终端可实现本机图像信号的实时预览。

按照目前最新的 MPEG IV H.264 图像采集压缩标准，每台数字视频主机最多可采集 64 路图像信号。每个子系统中数字视频主机的配置数量则需要根据每个子系统监视点的数量来确定。

在后端控制设备中，有时还需配置客户端主机。客户端主机的最大优点就是可将来自不同数字视频主机的多路图像信号，组合成一幅多画面分割显示的屏幕（最多 16 画面），并显示在本机显示终端上。而数字视频主机则只能显示本机所采集的图像信号，无法显示其他主机采集的图像信号。例如，集控室中的值长台显示终端，一般需要监视全厂范围所有监视点的图像，这些图像信号被不同子系统中的数字视频主机所采集，因此必须为值长台配置一台客户端主机才可实现监视全厂范围图像的功能。

如果全厂范围内数字视频主机的数量较多（多于 4 台），建议系统再配置 1 台集中管理服务器，在这台集中管理服务器上，可对所有数字视频主机的运行参数和客户端账号进行集中设置和管理，而无需到每台数字视频主机上进行分别设置。如果将集中管理功能嵌入客户端软件，那么任何一台客户端主机均可兼作集中管理服务器。例如，可利用值长台客户端主机兼作集中管理服务器，而无需再单独配置集中管理服务器。

（3）信号传输设备。

在电视监视系统中，信号传输主要包括图像信号、控制信号及电源信号的传输，考虑到电厂复杂的电气环境，如何解决干扰问题，特别是图像信号的衰减及干扰问题，成为影响整个系统性能的关键。

在工业企业的生产现场，复杂的电气环境会对闭路电视监控系统的图像造成严重的干扰。其主要的干扰源有各种高频噪声、低频强磁干扰、工频干扰等，具体表现为雪花噪点（高频干扰）、图像扭曲（低频强磁干扰）以及横纹滚动（工频干扰）等引起信号严重失真。目前，在电厂环境中应用的传输技术主要有光纤传输、网络传输、载频传输、平衡传输、多缆传输等五种：

1）光纤传输，将视频信号转换成光信号，再通过光缆传输，价格较高；

2）网络传输，将视频信号转换成数字信号，再利用数字网络传输；

3）载频传输，将视频信号转换成射频信号，再通过射频电缆传输；

4）平衡传输，将视频信号转换成平衡信号，再利用双绞线传输；

5）多缆传输，视频信号直接通过视频同轴电缆进行传输。

根据上面的对比可以看出，在若干公里和几十、上百公里级的应用中，光纤传输无疑是传输方式的最佳选择。而在 2km 范围内的监控应用中，网络传输或平衡传输则较经济。

平衡传输方式使用双绞线电缆作为传输介质。它具有抗干扰能力强、传输距离远、布线容易、价格低廉等优点，可应用到视频图像传输中，其图像质量可以与光纤相媲美。

平衡传输方式的设备包括发送器和接收器两部分，首先通过发送器将视频 75Ω 的非平衡信号转换成 100Ω 的平衡信号，利用差分方式传输视频信号，传输介质为双绞线，在发送器中可以调整高频补偿，在接收器中可以调整补偿视频电平的损耗，从而保证了图像信号的稳定性及可靠性。

2. 监视点配置

云南滇东电厂 4×600MW 机组工业电视系统监视点配置，如表 11-2～表 11-5 所示。

表 11-2　　　　　　　　　　　　　主厂房每两台机组区域监控点

序　号	安装位置	摄像头数量	类　型	备　注
1	汽机零米油系统	2×2	旋转变焦	遥控电动云台防爆
2	汽机房顶	1×2	旋转变焦	
3	汽机 13.7m 机头	1×2	旋转变焦	遥控电动云台
4	炉前油系统	1×2	固定	
5	磨煤机	2×2	旋转变焦	
6	给煤机	1×2	固定	
7	送风机	2×2	旋转变焦	
8	引风机	2×2	旋转变焦	带雨刮
9	捞渣机	1×2	旋转变焦	
10	锅炉燃烧器	4×2	旋转变焦	
11	发电机出线区域	1×2	固定	
12	除氧器	1×2	旋转变焦	
13	凝水精处理运行区	1×2	旋转变焦	
14	汽机电子设备间	2×2	固定	
15	空气预热器	1×2	固定	
16	炉底渣斗	2×2	旋转变焦	
17	凝水精处理控制室	1	固定	
18	精处理再生区	1	旋转变焦	
19	机组排水槽区	1	旋转变焦	
20	化学加药	1	旋转变焦	防腐
21	汽水取样	1	旋转变焦	防腐
22	空压机房	1	固定	
23	柴油发电机房	1	旋转变焦	
24	烟囱烟色监视	1	固定	
25	循环水泵房	2	旋转变焦	带雨刮
26	燃油泵房	1	旋转变焦	全厂公用防爆

序 号	安装位置	摄像头数量	类 型	备 注
27	油罐区	1	旋转变焦	全厂公用防爆
28	主变压器、厂用变压器、备用变压器	1×2+1	旋转变焦	
29	升压变电所	1	旋转变焦	
30	6kV 配电间	1×2	旋转变焦	
31	低压配电室	2×2	旋转变焦	
合计		72		

表 11-3 每两台机组除灰区域监控点

序 号	安装位置	摄像头数量	类 型	备 注
1	灰库装卸区	1	旋转变焦	6 倍
2	电除尘综合楼	3	旋转变焦	
合计		4		

表 11-4 水系统区域监控点

序 号	安装位置	摄像头数量	类 型	备 注
1	化水车间	2	旋转变焦	防腐，带雨刮
2	制氢站	1	固定	防爆
3	废水车间	1	旋转变焦	防腐
4	工业废水酸碱区	1	固定	防腐
5	酸碱贮存区	1	旋转变焦	防腐
6	循环水加药间	2	固定	防腐
7	综合水泵房	1	旋转变焦	
8	净水加药间	1	旋转变焦	防腐
合计		10		

表 11-5 厂区安全监控点

序 号	安装位置	摄像头数量	类 型	备 注
1	材料库大门	1	变焦	
2	主要道路	2	旋转变焦	
3	厂大门	1	旋转变焦	
4	厂区围墙周界	8	旋转变焦	
5	财务室	1		
合计		13		

3. 设备清单

云南滇东电厂两台 600MW 机组加公用系统工业电视设备清单，见表 11-6。

表 11-6　　　　　　　　两台 600MW 机组加公用系统工业电视设备清单

序号	设备名称	型号规格	单位	数量	生产厂家	产地	备 注
1	彩色一体化摄像机	SCC-4201P	台	80	三星 SAMSUNG	韩国	480 线，22 倍光学 +10 倍电子变焦
2	彩色 CCD 摄像机	SCC-101AP	台	20	三星 SAMSUNG	韩国	480 线
	定焦镜头	SSV0358GNB	只	20	精工 AVENIR	日本	3.5～8.0mm
	防爆型防护罩	YHT100A	支	7	裕华	常州	
	防腐型防护罩	MD6004A/B	支	10	裕华	常州	
3	室外防护罩	J4715	支	15	嘉杰 JEC	天津	
	室外全功能防护罩	J4718SFH/W	支	6	嘉杰 JEC	天津	遮阳罩、自动风冷、自动加热（雨刷）
	防爆型电动云台	YHB25	个	6	裕华	常州	
	防腐型电动云台	FSYT	个	7	裕华	常州	
	室外全球型电动云台	J1209WA	个	60	嘉杰 JEC	天津	自动温控
	室外全球型护罩	J1209WF	个	2	嘉杰 JEC	天津	自动温控
4	全球安装支架	J9012	个	62	嘉杰 JEC	天津	
	电动云台	PIH-303	个	6	利凌 LILIN	台湾	室外万向
	固定云台	GS-B	个	19	金星机电	合肥	机械可调
	支架	GS-ZJ	个	38	金星机电	合肥	摄像机及云台
5	平衡传输器	VBT—S/R	对	100	金星机电	合肥	收发端
6	多功能解码器	GS-J01	台	80	金星机电	合肥	室外型
	视频服务器	P4 2.8G/512M DDR/CD—ROM/160G	台	5	监控专用	中国	1～64 路
	硬盘扩展箱	1394 总线	台	1	华北工控	北京	可接 12 块硬盘
7	硬盘	160G	块	8	迈拓 MAXTOR	美国	
	视频采集压缩卡	DS-4004HC	块	4	海康威视	杭州	MPEG-4，4 路
	视频采集压缩卡	DS-4008HC	块	11	海康威视	杭州	MPEG-4，8 路
8	视频服务器	P4 2.8G/512M DDR/80G	台	2	监控专用	中国	客户端主机
	集中管理服务器	PowerEdge 1850	台	1	戴尔 DELL	美国	工作站
	KVM 共享器	二路	台	1	ATEN	台湾	
9	KVM 延长器	CE250	台	2	ATEN	台湾	
	多屏卡	GT-2	块	2	XENTERA	美国	一分二
	硬件解压卡	MD 卡	块	1	海康威视	杭州	2 路视频输出
	等离子显示屏	42″PDP	台	4	索尼 SONY	日本	
10	彩色 21″液晶显示器	213T	台	3	三星 SAMSUNG	韩国	
	彩色纯平显示器	17″CRT	台	1	三星 SAMSUNG	韩国	
	彩色纯平监视器	21″CRT	台	2	三星 SAMSUNG	韩国	

序号	设备名称	型号规格	单位	数量	生产厂家	产地	备注
11	客户端计算机	P4 2.8G/512M DDR/CD—ROM/80G×2/17″纯平	台	8	戴尔 DELL	美国	厂长、副厂长、总工、职能办
12	网络监控软件	GS-NET-N	套	1	金星机电	合肥	含视频服务器端、客户端及视频网络管理软件
13	网络交换机	3C17206	台	1	3COM	美国	24×10/100M
	1000M 光端模块	多模	块	1	3COM	美国	
14	光纤收发器	DFE-855	对	2	D-LINK	台湾	10/100M
15	交流稳压电源	DJW-1KVA	台	2	全力电源	上海	
	交流稳压电源	DJW-3KVA	台	1	全力电源	上海	
	交流稳压电源	DJW-10KVA	台	1	全力电源	上海	
	服务器机柜	2200(H)×900(W)×600(D)mm	台	6	金星机电	合肥	控制柜
16	超五类双绞线	UTP CAT5	箱	2	AVAYA	美国	
	双绞线	工业级（定制）	km	26	尖峰	浙江	
	电源电缆	RVV 2×1.5	km	22	天诚集团	江苏	按照实际用量结算
	光纤	多模（室外铠装）	km	4	立孚	天津	

4. 系统配置图

云南滇东电厂 4×600MW 机组工业电视系统配置，如图 11-1 和图 11-2 所示。

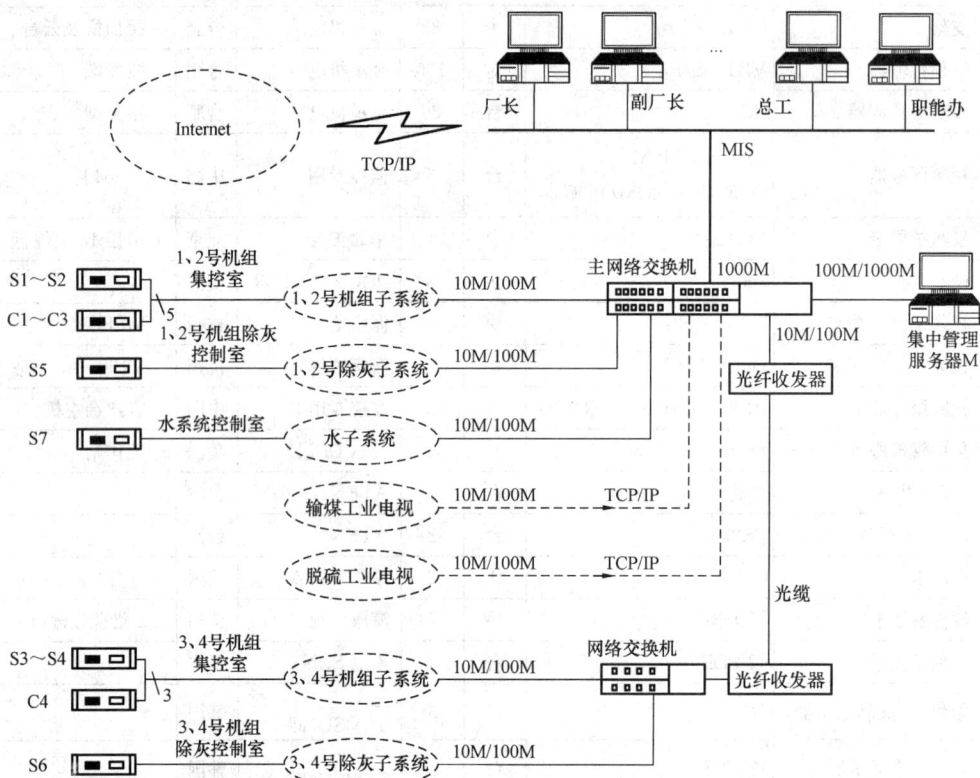

图 11-1　全厂工业电视监视系统配置示意图

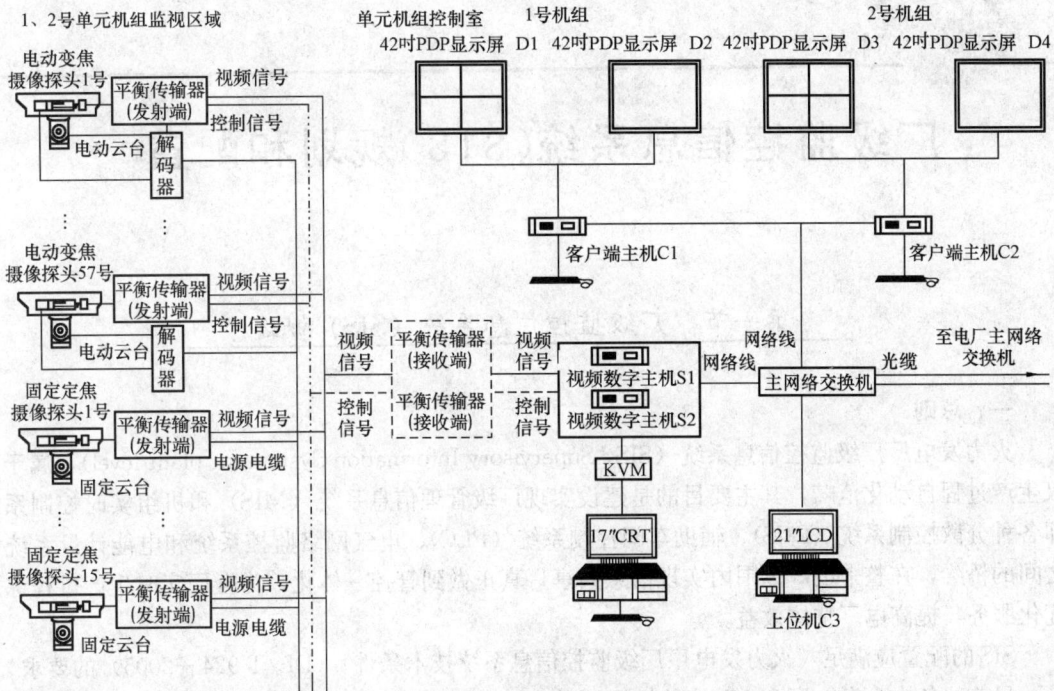

图 11-2 单元机组监视子系统配置示意图

复 习 思 考 题

1. 设置全厂闭路工业电视系统的目的是什么？它应有哪些基本功能？

2. 全厂闭路工业电视系统主要监视哪些区域？不同环境条件对摄像探头有什么要求？

第十二章

厂级监控信息系统（SIS）规划和配置

第一节 厂级监控信息系统（SIS）概述

一、总则

火力发电厂厂级监控信息系统（SIS，Supervisory Information System for plant level），属于厂级生产过程自动化范畴，其主要目的是建设实现厂级管理信息系统（MIS）和机组实时控制系统即各种分散控制系统（DCS）、辅助车间控制系统（PLC）、电气网络监控系统和电能计量系统等之间的桥梁，在整个电厂范围内实现信息共享，真正做到管控一体化，为全厂实时生产过程综合优化服务，提高电厂整体效益。

SIS的配置应满足《火力发电厂厂级监控信息系统技术条件》（DL/T 924—2005）的要求。

目前，各火力发电厂 SIS 系统的设置还处于开发、应用、推广阶段，前一阶段 SIS 的规模、功能和技术条件还不统一，因此尚需要不断尝试、总结和提高。

二、系统配置总要求

SIS 系统宜采用独立的网络结构。设置多个接口装置连接各个 DCS 和辅助车间控制系统等进行实时监控数据的采集。数据库服务器、核心交换机、应用软件功能站、或应用软件服务器构成 SIS 主干，宜以路由交换机制与系统内其他计算机进行数据交换。SIS 网络与生产过程系统和外部网络相连接时应按要求装设物理隔离设备或防火墙。

SIS 系统应易于组态、易于使用、易于扩展，系统的各项功能应由各功能站或应用软件服务器以实时数据库为基础完成。SIS 系统还应具有完善的自诊断功能，使其具有高度的安全性和可靠性。系统内任一部件故障均不应影响整个系统的工作。

SIS 应采取有效措施，以防止各类计算机病毒的侵害、人为的破坏和实时信息数据库的数据丢失，即必须满足《电网和电厂计算机监控系统及调度数据网络安全防护规定》（国家经贸委第30号令）的有关要求，宜达到以下几点：

（1）SIS 网络必须对任何客户访问及数据流向做到完全控制。

（2）主要部件，如核心交换机数据库服务器宜冗余配置。

（3）禁止任何客户直接访问 SIS 系统所有服务器的物理硬盘存储器。

（4）系统做备份时应不影响服务器的正常工作。

（5）SIS 系统可利用率不低于 99.9%。

三、硬件配置

1. SIS 网络

SIS 系统的网络架构宜采用局域网标准 IEEE802.X 和网络/网际通信协议标准 TCP/IP。网络主干通信速率应不小于 1000Mb/s，功能站的通信速率应不小于 100Mb/s，接口设备与 SIS 的通信速率应不小于 100Mb/s，接口设备与过程控制网络接口的通信速率应与生产过程控制系统网络的通信速率相匹配。

2. 交换机

核心交换机应具有高度的稳定性及可扩充性，应配套提供可热插拔的冗余电源和可热插拔的冗余风扇；非核心交换机可以依据具体情况选配。

3. 接口设备

数据采集接口设备是 SIS 用于采集实时监控信息的前端设备，应根据电厂各实时控制系统的具体条件采用分布和集中相结合的方式配置。接口软件的功能主要是向控制系统读取全部需要的实时监控数据，且不会对实时控制系统造成任何影响。信息流应按单向设计，当 SIS 需要向控制系统发送控制指令或设定值（如负荷分配指令等）时，则应采用硬接线方式实现，并在 SIS 侧和 DCS 侧分别设置必要的数据正确性判断。

4. 实时/历史数据库服务器

实时/历史数据库服务器应配置高性能、高可用性、升级便捷和维护方便的企业级数据库服务器。可采用容错数据库服务器或冗余配置的数据库服务器系统，采用冗余配置的数据库服务器系统应能采用群集或热备用工作方式进行故障自动切换，能可靠地保存所有生产过程的实时数据和 SIS 系统对这些数据的计算、分析结果，使全厂的运行管理和经营管理建立在统一的过程数据基础上。

（1）数据库应支持标准的 C/S（客户/服务器）结构，应具有良好的开放性和可扩展性，支持多服务器结构形式。

（2）数据库平台应支持数据库文件的备份、恢复功能，文件的创建、复制、删除、备份等管理功能以及支持数据的二次计算和结果数据的存贮功能。

（3）数据库标签容量应根据企业规模配置，系统可组态的标签量应不小于输入标签量的 1.5～2 倍，并可根据企业的发展进行扩展。数据库在线存贮时间应满足机组大修期的要求，最少不低于 4 年。当采用多服务器方式分别保存实时数据时，应允许每一种应用软件都能够通过网络同时得到各实时数据库的数据。

（4）实时数据库宜每 5～10s 刷新一遍。

5. 存贮器

数据库载体可采用在网络中建立一个独立的存贮器共享池（磁盘冗余阵列）通过交换机将系统中所有的服务器与磁盘陈列相连，此时所有的服务器不再单独配置磁盘陈列。

6. 功能站和客户机

功能站应根据具体应用软件的实际采用予以配置，功能组应可由系统软件工程师在其上对 SIS 系统网络和数据库服务器进行管理、维护、开发和故障诊断，对网络访问权限进行设置，对网络的安全进行监视。同时，还可对 SIS 系统的各种功能软件进行管理和二次开发，使之正常有效地工作。各应用服务器应设置软件保护密码，防止非授权人员擅自改变程序。客户机则只具有面向生产过程的基本监视、查询功能，不具有系统的管理功能。

7. 外围设备

（1）打印机。宜配置网络和集控室、值长台客户机 A3 幅面打印机各一台，其中一台为彩色喷墨打印机，另一台为黑白喷墨打印机，用于完成报表输出及画面和趋势曲线拷贝功能。

（2）CRT（或 LCD）、键盘和鼠标。

1）CRT（或 LCD）数量宜按服务器的数量配置，其规格宜不小于 48.26cm（19in），分辨率不低于 1280×1024。

2）随 CRT（或 LCD）配标准键盘。

3）鼠标或跟踪球用作光标定位装置。

（3）系统和数据部分设备，可选磁带驱动设备或可读写光盘驱动设备，也可使用高性能的中央磁带备份系统。

（4）电源装置。SIS系统的所有设备均应使用UPS电源，系统内应配置电源切换分配柜，电源切换分配柜由UPS及厂用电各提供一路交流220V±10％，50Hz±1Hz，单相电源，通过冗余电源切换装置向系统设备供电。电源应有不小于25％的裕量。

四、抗干扰和环境适应能力

1. 抗干扰能力

在距敞开柜门的SIS机柜1.2m以外发出的工作频率达400～500MHz，功率输出达5W的电磁干扰和射频干扰，应不影响系统的正常工作。

2. 适应环境条件

（1）组装在机柜内的全部SIS硬件应能在环境温度0～40℃，温度变化率≤5℃/h，相对湿度10％～95％（不结露）的环境中连续运行。

（2）SIS机柜的外壳防护等级室内应为IP54标准，若需室外则应为IP56标准。

3. 防雷措施

网络主干设备、电源及电源电缆等应考虑防雷保护措施。

4. 系统接地

系统接地应直接接到电厂电气接地网上，接地电阻应小于0.5Ω，也可与MIS使用同一个单独的接地网，其接地极与电厂电气接地之间应保持10m以上距离，且接地电阻不应超过2Ω。

五、软件功能

1. 总则

（1）SIS系统软件宜采用模块化结构方式，应具有良好的兼容性，以便能分阶段实施。

（2）软件应具有足够的透明度和可开发性，并提供高级编程语言和软件开发工具，能使电厂人员根据生产实际需要对软件进行修改和再开发。

（3）软件应具有良好的安全性，即能迅速、准确地进行在线分析、计算，为运行人员提供有效的操作指导，又能避免对运行人员产生干扰。

（4）软件应具有自诊断功能，能自动识别和判断系统内网络故障或设备故障并予以报警。

（5）SIS系统应用功能的开发可由国内单位自主进行，也可选用国外成熟的应用软件。应结合电厂实际情况首先作出需求分析，先试点，成熟后再扩大。

2. 基本功能

（1）实时监控信息采集、处理和监视。

1）数据有效性检查及予处理；

2）数据库信息管理，实时数据压缩存储及历史数据快速恢复；

3）监控画面及图表的生成；

4）事件记录管理；

5）记录报表的生成；

6）过程参数监视。

（2）设备状态检测和分析。根据工艺系统和设备本体检测参数的变化自动地对主机和主要辅机的重要易磨损和易泄漏部件进行检测判断和分析。

1）锅炉炉管（水冷壁、过热器、再热器）检漏；

2）锅炉清结度计算及吹灰指导；

3）汽轮机推力瓦磨损检测；

4）汽轮发电机组轴系振动分析；

（3）主机和重要辅机故障诊断。基于大量试验数据库和专家系统对主机和重要辅机故障诊断，实时分析出主、辅机设备的故障原因，提出指导。

1）锅炉、汽轮机一次部件；

2）送风机、吸风机、一次风机、空气预热器、磨煤机；

3）电动给水泵、汽动给水泵；

（4）机组级和厂级性能的计算与分析。在线计算每台机组及整个电厂的效率、损耗（水、煤、电）以及性能参数。

1）性能计算原则上宜遵守 ASME（电厂试验规定）的最新版本。

2）所有的计算均应有数据的质量检查，若发现数据有问题应能报警，并中断计算，若采用替代数据，则计算结果应有注明。

3）性能计算应提供实际计算值和期望值间的偏差，分析产生偏差的主要原因并提出操作指导。

4）除在线自动性能计算外，还宜提供交互式计算手段。

（5）金属状态检测和机组寿命管理。根据实时检测参数的变化，设备运行时间的统计和启停及紧急跳闸次数的累计，在性能计算分析基础上进一步进行机组寿命和金属材料老化的计算、分析和评估，提供运行维护指导。

1）锅炉寿命监视。根据锅炉的启动曲线、运行曲线、过热器的寿命曲线结合运行参数和运行时间累计提出予告维护指导。

2）汽轮机寿命监视。根据汽轮机（含给水泵汽轮机）的启动曲线、运行曲线、寿命曲线结合运行参数和运行累计时间的计算，分析每次启停机的寿命消耗，累计寿命损耗率，提出预告维护指导。

3）主要辅机的寿命监视。累计主要辅助设备的操作次数、跳闸次数、运行时间和对照制造厂设备特性曲线，通过对运行参数及跳闸原因的分析，提出设备状态诊断和预防性维护指导。

4）主蒸汽管道和再热蒸汽管道寿命监视。通过对管道监视点检测参数的累计分析，对照管道材料寿命曲线，提出管道的寿命状态和寿命消耗。

3. 优化功能

（1）控制系统优化。依据对运行参数历史数据的系统辨识，自动调整控制回路的模型结构和参数设置，通过过程模型校验、回路仿真，提出回路优化方案，提高控制回路调节性能。

（2）运行成本优化。通过对实时运行参数经济指标分析，结合燃料、设备折旧成本的计算，对机组发电成本作出核算，提出降低成本消耗的指导。本功能需结合全厂 MIS 系统来实现。

（3）厂级负荷经济分配调度。接受来自调度的 AGC 指令，根据每台机组的运行情况和能力，合理地分配各台机组的负荷，使机组在较佳的经济运行状态下运行，并且使全部机组的总功率等于调度指令。

当负荷经济分配系统解列时，AGC 指令宜切换为对每台单元机组直接的负荷调度，或者切换成手动负荷分配方式。

（4）机组在线试验。

1）机组在线性能试验。在线性能试验包括锅炉、汽轮机、凝汽器性能以及空气预热器漏风率、真空严密性等试验，按相关规程进行，自动生成试验报告并存贮。

2）转动机械转子温度试验及计算，包括发电机等转子温度试验及计算。

4. 远程功能

(1) 发电厂远程技术服务网络的连接；

(2) 机组仿真系统的连接。

第二节　SIS 系统在 600MW 机组上应用

一、实时过程数据系统

实时过程数据系统即实时数据库是 SIS 的运作平台，600MW 机组由于实时数据量大，功能要求较高，许多电厂都选用了国外进口产品，目前用得较多的主要是以下两家产品：

(1) 美国 OSI SOFTWARE 公司的 PI（Plant Information System）；

(2) 美国 INSTEP SOFTWARE 公司的 eDNA（enterprise Distributed Network Architecture）。

国内能够提供实时数据库的厂商也较多，如中国科学院软件研究所的 Agilor 系统等。但是，总的说来他们大多规模和容量较小，专业化程度较弱。

实时数据库的测试应按照《火力发电厂厂级监控信息系统实时/历史数据库系统基准测试规范》（DRZ/T 01—2004）执行。

二、扬州二厂应用情况介绍

扬州二厂一期工程 2×600MW 机组于 2001 年底着手配置 SIS 系统，选用 PI 实时过程数据系统，其配置和系统如图 12-1、图 12-2 所示。

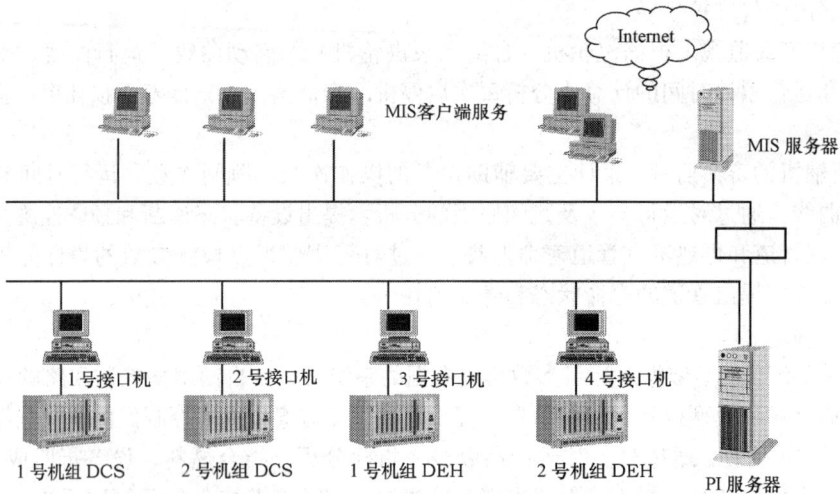

图 12-1　SIS 系统配置示意图

1. 基本功能

(1) 数据采集功能。

1) 系统可以采集模拟量、开关量、脉冲量等；

2) 数据采集和存储保持现场控制系统原有的时间间隔、精度；

3) 以数据原型存储、数据源唯一。

(2) 目标链接和嵌入功能。

1) 允许在其他应用程序中嵌入、链接生产实时系统；

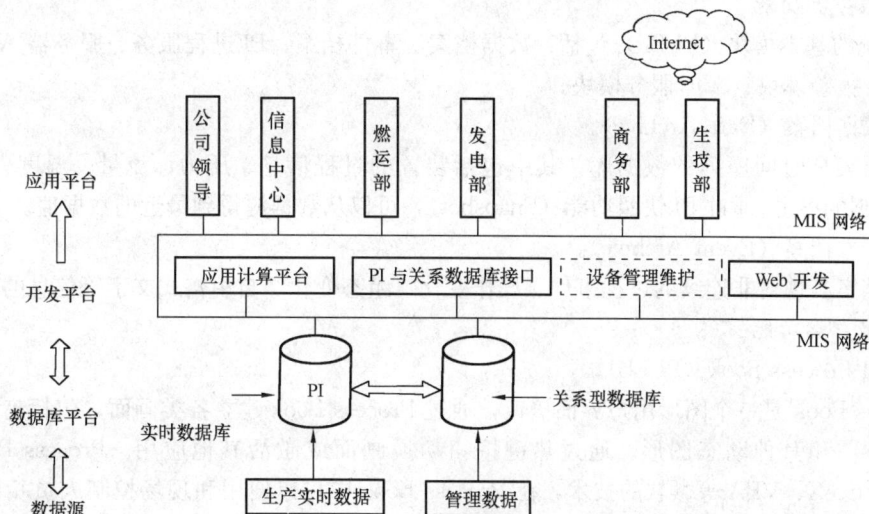

图 12-2 SIS系统逻辑示意图

2）允许在生产实时系统中嵌入其他应用程序。

（3）在线维护功能。

1）在线修改画面、报表、数据库；

2）运行参数限额的在线设置；

3）提供系统远方在线维护功能。

（4）数据传送功能。

1）提供通过因特网远程访问的功能；

2）预留与其他企事业单位信息系统通信的功能；

3）预留与各子系统通信的功能。

（5）系统显示功能。

1）显示流程图、棒状图、参数表、趋势图、报警记录和报表；

2）系统管理员可以在客户端监视 PI 系统的整体运行情况，并可监视 PI 服务器和 PI-API 接口机之间是否正常通信。

3）显示画面可进行移动、放大、缩小；

4）显示画面可自动适应显示器分辨率（如 800×600、1024×768 等）。

（6）计算和统计功能。

能进行基本数据的计算（如累加、平均、最大、最小值、加权平均、微分、积分等）。

（7）打印功能。

打印报表、趋势图、报警、台账、统计指标。

（8）作图功能。

作图软件支持不同画面之间切换的定义，并支持在线修改的功能。

（9）报表生成功能。

利用软件的制表功能，可以很方便的进行数据组合和计算生成报表，并可将报表打印或通过 WEB 方式发布。

（10）查询功能。

PI 客户端可设置查询条件进行查询（如范围、时间段等）。

2.PI 服务器功能

PI 系统的基本模块 （PI-BP） 包括：数据档案、事件档案、PI 进程服务、服务器 API、状态方程模块、报警模块、SQL 服务模块。

（1） 数据档案 （Data Archive）。

数据档案是时间序列的数据库，其中包括装置的过程信息、压力、流量、温度、设定点、开/关等数据的存贮。通过 PI 快照功能 （Snapshot），可以从数据源得到最近的数据值。

（2） 事件档案 （Event Archive）。

事件档案实现对非连续的过程事件、操作变化、组态变化、自由格式文字等信息的存贮。

3.PI 客户端功能

（1） PI-Process Book （PI-PB）。

Process Book 是一个图形用户界面接口，通过 Process Book 建立各类画面，包括趋势图、图素、值、棒图和其他动态图形。通过热键按钮切换画面或激活其他应用。Process Book 支持 ODBC、ActiveX、VBA 等微软的技术，在 Process Book 中可以使用和现场控制人员相同的流程画面。

（2） PI-Datalink （PI-PC）。

Datalink 在 PI 系统和常用的电子表格之间 （Excel、Lotus1-2-3） 提供动态连接，通过 PI-Datalink 和电子表格进行数据分析和生成报告；除读取原始数据外，通过 DataLink 还可读出由 PI 处理过的数据 （如平均、最大值、最小值、过滤数据等等）。

（3） ODBC 客户端 （PI-ODBC-PC）。

PI-ODBC-PC 使用标准的 ANSI SQL 语句调用 PI 数据库中的数据，即使用 ODBC 访问 PI 数据库。PI-ODBC-PC 具备调用 PI 服务器 "SQL 服务模块" 的功能。使用关系数据库通用的方式进行实时/历时数据的存取。任何依从 ODBC SQL 调用的客户端软件均可使用 PI-ODBC-PC。

（4） PI ManualLogger （PI-ML）。

PI ManualLogger 客户端软件允许通过熟悉的 GUI 界面，用手动输入数据的方式向 PI 服务器发送数据，发送的数据包括时间标签、数据输入的上下限、每次输入数据允许的最大变化率等参数。

（5） PI-API 接口机基本功能。

1） 数据缓存功能。PI-API 接口机实现数据缓存功能。当由于网络故障或 PI 服务器停机时，PI-API 接口机可以自动将从现场采集的数据保存到 PI-API 接口机的数据缓存区 14 天 （具体时间取决于接口机的硬盘容量）。当网络故障恢复或 PI 服务器正常运行时，PI-API 接口机可自动将数据缓存区中的数据传送到 PI 服务器。

2） 接口程序调试功能。接口程序提供接口运行情况监测、PI-API 接口机与 PI 服务器通信的调试工具。

4.WEB 基本功能

（1） 系统显示功能。

1） 显示流程图、棒状图、参数表、趋势图和报表；

2） 显示画面可自动适应显示器分辩率 （如 800×600、1024×768 等）。

（2） 打印功能。

打印报表、流程图、趋势图。

三、托克托电厂 SIS 系统的配置和实施

1.系统需求

大唐托克托电厂一期装机容量为 $2 \times 600MW$ 机组，自动控制系统采用美国西屋公司的 OVATION 系统（UNIX）。其实时数据平台的建设目的是在厂内信息网上实现生产实时数据的显示与查询，及时地了解现场工作情况，包括设备的状态、现场的参数及工艺过程等信息，实现重要参数的长期历史存贮；并在此基础上，将生产实时数据用于其他管理和分析应用系统，如报表统计系统、性能分析系统等。具体说来，必须解决下列几类问题：

（1）安全可靠的数据接口。过程数据来源于多个不同的控制系统，为此采集数据的同时必须确保生产系统的安全运行。

（2）集中统一的数据。整体规划全厂的生产过程数据，包括数据的格式、流向和访问方式等。

（3）应用系统规划。提供生产过程监视、实时/历史趋势分析、过程点信息查询、生产报表系统、设备状态浏览、远程浏览访问等功能；其余高级功能将在全厂数据集成工作完成后实施。

2. 系统设计

考虑到生产实时系统的重要性以及将来的发展，在设计方面应遵循以下原则：

（1）安全性。实时数据平台连接着控制系统，设计时的首要任务是不能破坏控制系统的结构，不能影响控制系统的运行，确保在各种情况下控制系统的安全。

（2）易用性。采用 B/S 的软件架构，用户通过网页的方式获取生产信息。

（3）实时性。采用实时数据库技术，为用户提供有关生产的实时信息，实时数据的采集与控制系统同步，以便电厂的生产管理人员及时的了解生产情况，并作出正确的决策。

（4）先进性。采用过程图形仿真技术，使企业的生产管理人员不用去现场就可以看到与控制系统中完全一致的过程监视画面，真正实现过程监控从控制室到桌面的延伸。保护了用户的现有投资，并有效地缩短系统建设的周期。

（5）开放与标准化。实时数据平台向下提供多种接口，可以接入更多的数据源，向上提供标准的数据接口（API/DDE/ODBC/OPC），为未来的应用开发提供数据。

（6）易管理性。系统的维护和管理集中于服务器，通过可视化的界面实现管理功能。

3. 系统配置

托电生产实时系统沿用主流的 SIS 系统架构，建立单独的专用生产实时数据网络，与现有 MIS 网络之间通过硬件防火墙隔离，所有的客户端均可通过防火墙访问数据库服务器数据，其具体结构如图 12-3 所示。

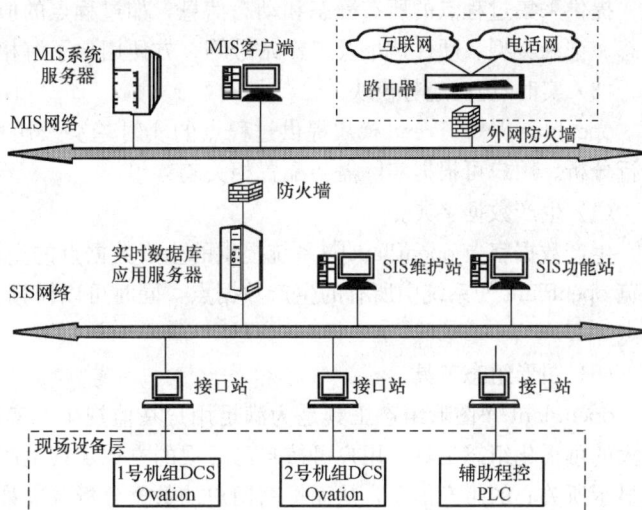

图 12-3 生产实时信息系统结构图

生产实时系统为每个控制系统提供独立的接口工作站。接口工作站一般装置双网卡，分别连接控制系统的以太网和实时数据网，负责控制系统的数据采集工作。同时，接口工作站具备一定的数据缓存功能，能在生产数据网故障情况下暂时将控制系统数据存贮到本地，待故障恢复后将数据转移到实时数据库服务器中。

生产实时数据网中配备数据库服务器、应用服务器、值长站和管理维护站等。一般而言，除值长站，系统不另设其他客户端。生产实时数据网和 MIS 网之间使用硬件防火墙进行隔离，在防火墙的配置方面，应遵循最小最适用原则，仅打开必要的端口，封闭所有无关端口，以此提高实时数据网的安全性。

实时数据库采用上海麦杰科技公司的 openPlant™ 实时数据库系统。该系统采用当今先进的软件技术和架构，可安全、稳定地实现与电厂各控制系统的接口，并能对采集来的数据进行高效的数据压缩和长期的历史存储，同时提供方便易用的客户端程序和通用的数据接口，如 API、DDE、ODBC 等，使企业的生产管理和决策人员能及时、全面的了解当前的生产情况，也可回顾过去的生产情况，及时发现生产中所存在的问题，提高设备利用率，降低企业生产成本。

4. 系统功能

托电生产实时数据系统采用 B/S 结构，开发和维护的所有工作都集中在服务器上，客户端不需要安装任何软件，极大地减少了软件维护的工作量；客户端应用程序采用纯 JAVA 语言编写，具有极佳的跨平台性能。客户端不管是 Windows、Unix 或 Linux 系统，均可以通过网络浏览器获得所需要的生产实时信息。实时系统还支持远程访问功能，用户无论身在何处都可以及时地获取生产实时数据。

目前，托电生产实时数据系统提供以下基本应用模块。

(1) 过程图形浏览模块。

openPlant™ 系统具有图形转换工具，能够将来自控制系统中的图形转换为 openPlant™ 的图形格式。一方面减少了 SIS 系统图形组态的工作量；另一方面使用户在客户端看到的过程图形与控制系统完全一致，真正实现了过程监控从控制室到桌面的延伸。

(2) 点信息模块。

提供采集过程点的所有静态和动态信息，如过程点的值、质量、单位、描述、高低限、报警状态、记录类型、硬件地址及工作站号等，方便用户了解相关采集点的详细信息。

(3) 实时/历史趋势模块。

openPlant™@Trend 模块提供过程点的实时趋势及历史趋势，方便用户对历史及实时数据进行分析。用户可根据实际需要配置相关趋势组。

(4) 生产数据字典。

生产数据字典 openPlant™ 系统提供的生产数据点的查询工具。用户可以方便地以树型方式浏览 openPlant™ 系统中所有的生产数据点，同时可以模糊查询的方式查询用户所关心的生产数据点。

(5) 图形组态工具。

openPlant™ 图形组态工具是为满足用户在监视生产实时信息时的个性化需求而设计的功能强大的可视化组态工具。用户可按自己习惯的方式观察生产情况，在一个窗口中用户可以多种方式显示所关心的生产信息，从而提高用户的数据分析及决策能力。

openPlant™ 图形组态工具在设计时结合了先进的组件技术，具有良好的开放性及扩展性，用户可以在其中加入其他商业的及用户自行开发的组件。

(6) 生产报表模块。

在发电企业的日常生产中，每天都要产生大量的报表，报表的制作和管理非常繁琐、且工作量很大。生产报表系统可以从实时数据库获取生产的实时数据、历史数据及统计数据，用户通过预先定义好的模版就可以生成各种类型的生产报表。

生成的报表可以在网上浏览，也可保存为 Excel 格式。

5. 系统安全性

生产实时系统的安全体现在防止未授权的访问和容错容灾两个方面，具体涵盖下列内容：

（1）数据接口的安全性考虑。数据接口承担获取和转移生产实时数据的任务，常采用标准OPC方式实现数据通信。在具体实现中，充分考虑了数据获取任务对DCS工作站负荷的影响，并且将这种影响进行定量分析，能够定期给出统计数据供数据库管理员调整数据采集频率。在DCS工作站上，关闭了与所有不需要的通信端口，确保病毒或者黑客程序无法入侵。

（2）系统访问安全性的考虑。采用多级角色权限控制，确保用户仅能进行权限范围内的操作。同时提供详尽的日志记录，记载任何数据操作的痕迹。

（3）容错和容灾方面的考虑。数据库服务器硬盘采用RAID5方式，提高数据安全。任何一块硬盘出现故障，都不会导致数据的丢失。同时系统提供了自动远程备份机制，每晚定时进行数据备份，大大增强了容灾能力。

6. 系统应用效果

实时系统自正式运行以来，一方面提高了管理人员的工作效率，使得他们能够及时准确地了解生产现场情况，及时对数据进行分析，采取相应对策；另一方面公开公正的考核规则，提高了运行人员的积极性，促进了安全高效生产。下一步，生产实时系统将按照SIS的功能模式，增加性能计算、操作指导等功能，提高生产数据的综合利用水平，以获取更大的效益。

复 习 思 考 题

1. 设置厂级监控信息系统（SIS）的目的是什么？应满足怎样的技术条件？
2. SIS系统的硬件配置应有哪些部分组成？数据库的容量宜如何确定？
3. SIS的软件功能主要有哪些？你认为宜如何分步实施？
4. 如何保证SIS系统的可靠性和安全性？

第十三章

分散控制系统

第一节 分散控制系统基本概念和特点

一、计算机控制系统

随着火电机组单机容量的增大、参数的提高，热力系统变得更加复杂，在运行中必须监视的信息量和用于控制的指令量迅速增加。表 13-1 统计了几台 600MW 容量机组的信息量和指令量，其信息量和指令量的总和达到 4000～8000 多个。

表 13-1　　　　　　　　　　几台大机组信息量和指令量汇总

电厂名	机组容量（MW）	模拟量输入	开关量输入	总信息量	模拟量输出	开关量输出	总指令量	总计
镇江电厂	600	1757	4350	6107	252	2094	2346	8453
沁北电厂	600	1712	3038	4750	143	1251	1394	6144
北仑电厂	600	1506	2680	4186	60	106	166	4352
石洞口二厂	600	1455	3047	4502	137	1166	1303	5805
扬州二厂一期	600	1728	3529	5257	288	1260	1555	6812

对于如此大量的信息量和指令量，如果仍采用常规仪表、独立工作的控制装置和控制开关是很难胜任的。不仅要用很多、很长的监控仪表盘、台和多人监盘，且很难完成复杂的控制任务（如机组的协调控制），也很难保证机组的安全、经济运行。为此，从 20 世纪 60 年代开始，国外就开始将电子计算机技术应用于火电厂的监视和控制。早期的计算机控制系统是以集中型计算机控制系统出现的。集中型计算机控制系统把几十个甚至几百个控制回路及数千个过程变量的显示、操作和控制集中在单一计算机上实现，即在一台计算机上实现过程监视、数据收集、数据处理、数据存储、报警、登录以及过程控制，甚至于部分生产调度和工厂管理等功能。集中型计算机控制系统结构如图 13-1 所示。

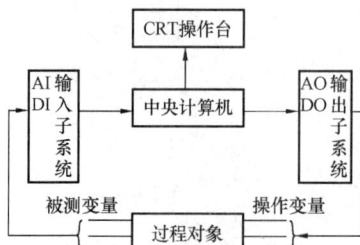

图 13-1　集中型计算机控制系统结构方框

集中型计算机控制系统比起常规仪表控制系统来有很大的优越性。第一，控制组态灵活，对控制回路的增删、控制方案的变化、监控画面的修改等，可由软件的改变来实现，一般不需增减硬件设备。第二，控制功能齐全，可以实现各种先进的控制策略，复杂的连锁保护功能等。第三，单一计算机的集中控制和管理，便于信息的分析和综合，容易实现整个大系统的最优控制。第四，有良好的人机接口，使大量的模拟仪表盘仅用少数几台显示器显示，改善了操作员的工作环境，可减少操作员人数，以提高劳动生产率。然而，集中型计算机控制系统存在一个致命的弱点，就是危险集中，单台计算机控制着几十个甚至几百个回路，为机组的所有参数提供显示，一旦计算机发生故障，将导致生产过程的全面瘫痪。第二个缺点是处理的信息多，负荷重，实时性差。第三是系统的开发比较困难。这些缺点影响了集中型计算机系统的应用。

计算机技术、控制技术、通信技术、CRT 技术(称为"4C"技术)的发展，特别是微处理机(具有体积小，可靠性高，功能强，性能价格比高等优点)的问世并迅速商品化，为以微机为基础的分散控制系统(distributed control system, DCS)的研制和开发提供了基础。因此从 20 世纪 70 年代后期到 80 年代初，国外各控制系统制造厂商都先后推出了各自的分散控制系统，并且很快在电力、石化、冶金等行业广泛应用。到 20 世纪 80 年代末，美、日、西欧、加拿大等新建电厂几乎全部采用了不同类型的分散控制系统。在我国，20 世纪 80 年代后期由华能国际电力开发公司整套引进的机组，也都配套引进了分散控制系统。例如，南通、上安电厂 350MW 机组采用了意大利 Esacontrol 公司引进美国 Bailey 公司技术生产的 NETWORK-90 微机分散控制系统；大连、福州电厂 350MW 机组采用日本 MIDAS-8000 微机分散控制系统。这些机组的热工自动化水平大致代表了当时国际的先进水平。20 世纪 80 年代末期引进、90 年代初投产的石洞口二厂 600MW 超临界机组采用加拿大产 NETWORK-90 微机分散控制系统，其热工自动化水平与国际上热工自动化发展同步，代表了 20 世纪 90 年代初的国际先进水平。国产 300MW 及以上容量的机组从 20 世纪 90 年代中期开始大多数也都配置了各种型号的微机分散控制系统。据电力规划设计总院统计，到 1996 年 8 月为止，全国火电厂已有 229 套 DCS(不包括小型分散控制系统)，其中用于 300MW 及以上容量机组的占 176 套。如果减去仅为"一功能"的系统(如仅实现 DEH 或 FSSS 功能)，则火电厂已有 184 套 DCS，其中 300MW 及以上容量机组占 146 套。在我国，至 20 世纪末火电厂应用的 DCS 共有 10 余种型号。由于行政指令和市场的竞争，当时火电厂应用的 DCS 主要集中在 ABB Baily 的 INFI-90、Westinghous 的 WDPF、Siemens 的 TELEPERM ME/XP、MAX 的 MAX-1000、FOXBORO 的 I/A Series 和 HITACHI 的 HIACS-3000 等 6 种系统上。这 6 种共计 193 套，市场占有率为 84.3%。这期间，在 600MW 及以上容量机组上的应用实绩情况见表 13-2。最近几年来，由于电力建设的迅猛发展，特别是国产引进型 600MW 超临界机组的大量建设，给 DCS 的应用和发展提供了新的机遇。

由于采用分散控制系统具有诸多优势，从 20 世纪 90 年代中期开始，在全国已运行火电机组中展开了大规模的控制系统技术改造，使得火电厂自动化水平获得迅速提高，125MW 及以上机组都基本实现了 DCS 控制。目前，DCS 已应用到各种容量的火电机组中，新建机组则几乎无一例外地采用了 DCS 系统。同时，DCS 还向辅助车间控制延伸，如应用于补给水系统、脱硫系统等。此外，在对可靠性要求很高的核电站中也采用了 DCS 控制系统。DCS 系统的广泛应用反过来也促进了电厂信息化的进程，为进一步提高火电厂现代化管理水平奠定了基础。

表 13-2　　　　　分散控制系统在我国 600MW 及以上容量机组上的应用实绩

电厂名	机组编号	容量 (MW)	功能范围	型　号	供货单位	投产日期 (计划)	备　注
石洞口二厂	1、2	600	DAS、CCS、SCS、FSSS	N-90	加拿大贝利	1990、1991	DEH、MEH、PROCONTROL-P
哈尔滨三电厂	3	600	DAS、CCS、SCS、FSSS	INFI-90	英国贝利	1994~1995	北京贝利分包
沁北电厂	1、2	600	DAS、CCS、SCS、FSSS	Symphony	北京 ABB	2005	

电厂名	机组编号	容量(MW)	功能范围	型号	供货单位	投产日期(计划)	备注
外高桥电厂	5、6	900	DAS、CCS、SCS、FSSS	HIACS-5000M	日立	2004	
常熟二电厂	1、2、3	600	DAS、CCS、SCS、FSSS	HIACS-5000M	北京日立	2005	
扬州二厂	1、2	600	DAS、CCS、SCS、FSSS	TELEPERM-XP	德国西门子	1998、1999	南京西门子分包
邯峰电厂	1、2	660	DAS、CCS、SCS、FSSS	TELEPERM-XP	德国西门子	1999	南京西门子分包
北仑电厂	1、2	600	DAS、CCS、SCS	Ovation	艾默生-西屋	2004～2005	技术改造
镇江电厂	5、6	600	DAS、SCS、MCS、FSSS	I/A	上海 FOXBORO	2005	

分散控制系统（DCS）是融计算机技术、控制技术、通信技术、CRT 技术为一体，对生产过程进行监视、控制、操作和管理的一种新型控制系统，它既具有监视功能（如 DAS），又具有控制功能（如 CCS、SCS、FSSS、DEH），其监视功能和各控制功能之间可通过网络或总线进行数据通信，实现信息共享，还可通过接口与全厂管理计算机联网。分散控制系统一般由集中监视、管理部分、分散控制部分和通信部分等组成。其中集中监视、管理部分通常是在主控制室内，由运行人员通过 CRT 实现人机对话，达到监视、控制、操作、管理机组的目的。分散控制部分则由各个控制单元，如分散处理单元（distributed processing unit，DPU）或过程控制单元（process control unit，PCU），按工艺流程系统控制数个控制回路或整个子系统，实现控制危险的分散，使系统发生局部故障时，不会威胁到整个单元机组的安全运行。分散控制系统具有几十种甚至上百余种的算术、逻辑、控制的运算功能，其软件一般由实时多任务操作系统、数据库管理系统、数据通信软件、组态软件和各种应用软件所组成。其中组态软件工具，可以按用户要求生成实用系统。由于分散控制系统既具有前面介绍的集中型计算机控制系统的所有优点，又克服了"危险集中"的致命弱点，因此微机分散控制系统在电力、石化、冶金等行业迅速得到了广泛的应用，已成为现代工业生产过程控制的主力。分散控制系统与常规仪表控制，以及集中型计算机控制系统相比具有十分显著的优点，概括起来有下面几个方面。

（1）综合应用计算机技术、控制技术、现代通信技术和屏幕显示技术，易于实现先进的控制算法，如多变量、解耦、非线性、自适应等控制功能，采用多功能 CRT 屏幕显示取代模拟显示表时，可以大大缩小监视操作台面；系统的高度自动化功能，既能保证机组的安全、经济运行，又有助于减轻操作人员的劳动强度，并可减少运行人员数量。

（2）自律性极强的单元结构，即单元功能齐全，可靠性极高，是一个自治的系统。

（3）采用基本控制模件组合可以做到真正的分散控制，局部故障不会影响到整个系统，系统安全性好。

（4）系统易于扩展，既可适用小型系统，也可方便地组成大规模系统。由于使用软件技术，控制策略的改变只需改变软件组态即可，而不必像常规仪表那样要增减设备，重新接线。因而，系统灵活性好。

（5）硬件和通信回路可采用冗余配置，系统设有自诊断程序，有容错、自恢复功能，有故障报警显示功能，因而系统可靠性和可用率大大提高，系统可用率已达 99.9%。

（6）优越的人机接口，统领全局的窗口功能，有 CRT/LCD 操作站（包括工程师站和操作员站），用键盘或鼠标进行操作，可显示总貌，分组和单元等各种数据，模拟图、趋势图等各种画面，以及操作、报警等各种功能和信息。

（7）分散控制系统可接上位计算机，由多个分散控制系统组成超级网络，实现对全厂生产的最优控制和管理。系统管理功能强。

二、微机分散控制系统分散控制

分散控制系统的基本特征是分散控制，即将自治的控制功能归入各分散控制单元（DPU）或称过程控制单元（PCU），使其按一定的控制策略长期可靠地自动进行。分散控制系统分散控制的含义，从广义上看，具有如下的特点：

（1）分散控制功能。分散控制单元以微处理器为基础，有自己的输入/输出（I/O），常规的或先进的控制算法，甚至自整定控制功能等均能独立完成。

（2）分散数据库。分散控制单元可以设有自己的数据库，同时兼为全系统共享。

（3）分散通信。由于采用局域网络的通信技术，使分散控制单元在网络中可以相互通信。

（4）分散负荷。一个分散控制单元，仅承担数个控制回路或子系统的控制任务，整个系统的控制任务可以合理地由各分散控制单元分摊，且可做到各分散控制单元的负荷基本均匀。

三、分散控制系统信息综合管理及分层体系结构

分散控制系统的主要特点是控制功能分散，但当前的发展趋势更着重于全系统的信息综合管理。分散控制系统从层次上可分成四级，如图 13-2 所示。

1. 直接控制级（过程控制级）

这一级是分散控制系统的基础，在这一级上，分散控制单元直接与现场各类装置，如变送器、执行器、各类开关接点等相连，完成如下主要任务。

图 13-2　分散控制系统的四层结构模式

（1）进行过程数据采集，即对被控设备中的每个过程变量和状态信息进行实时采集与处理，保证闭环控制、开环控制、设备监测、状态报告等获得所需要的输入信息。

（2）进行直接的数字过程控制，根据控制组态数据库、控制算法模块来实施连续控制、顺序控制和批量控制等。

（3）进行设备监测和系统的测试和诊断，根据过程变量和状态信息，分析并确定是否对被控装置实施调节，并判断计算机硬件的状态和性能，在必要时实施报警、诊断报告等措施。

（4）实施安全性、冗余化及自诊断等方面的措施，一旦发现计算机系统硬件故障，及时切换到备用硬件，以确保整个系统的连续安全运行。

2. 过程管理级

在这一级上，过程管理计算机主要有监视计算机、操作员站和工程师站。它综合监视过程各站所有信息，集中显示、操作、控制回路组态和参数修改、优化过程处理等，可完成的功能有以下几类。

（1）优化过程控制。根据过程的数学模型以及所给定的控制对象，实施和达到优化控制。

（2）自适应回路控制。在过程参数希望值的基础上，通过数字控制的优化策略，当现场条件发生改变时，经过过程管理级计算机的运算处理，得到新的设定值和调节值并传送到直接过程控制层。

（3）优化单元内各装置。根据生产的工艺流程，以优化准则协调相互的关系。

（4）通过获取直接控制层的实时数据以进行单元内的活动监视，如各种 CRT 画面显示、打

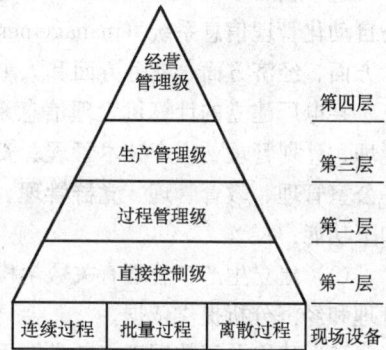

印机打印制表、键盘（鼠标、球标、光笔、触摸屏）操作、故障检测存档、历史数据存档、状态报告等。

3. 生产管理级（产品管理级）

在这一级上，管理计算机根据生产工艺流程和过程特点，协调各单元级的参数设定，是生产过程、产品的总体协调和控制者。在发电厂中，这一级就相当于实时监控信息系统 SIS (supervisory information system)。从宏观上讲，这一层的主要功能如下：

（1）具有比系统和控制工程更宽的操作和逻辑分析功能，可根据用户的订货情况、库存情况、能源情况来分析规划各单元中的产品结构和规模。

（2）具有产品重新组织和柔性制造的功能，可以适应由于用户订货变化所造成的不可预测事件。在一些复杂的工厂还实施了协调策略。

（3）具有综观全厂生产和产品监视，以及产品报告的功能，并与上层交互传递数据。

4. 工厂经营管理级

这一级居于中央计算机上，并与公司（工厂）的经理部门、市场部、计划部以及人事部等办公自动化管理信息系统（management information system，MIS）连接起来，担负起包括工程技术方面、经济方面、商务方面和人事方面等的总体协调和管理，实现整个生产系统的最优化。

某电厂建立的计算机管理信息系统（MIS），通过建立生产实时信息、辅助决策查询、运行管理、计划管理、生产技术管理、安全管理、燃料管理、劳动人事管理、财务管理、物资管理、办公室管理、教育管理、党群管理、后勤管理、治安保护、职工医院管理等 16 个子系统，实现如下功能：

（1）建立生产、管理有关数学模型、管理模型，为高层管理人员提供辅助决策支持，为生产管理和经济分析提供依据。

（2）建立共享数据库、各类专用数据库，向中层管理人员提供计划信息和统计信息，向基层管理人员提供具体的事务处理和生产操作信息。

（3）建立各子系统，各自具有较强的处理能力，能完整、及时、可靠地收集各种有关信息，实现对信息的整理、统计、分类查询等处理，向管理人员提供统计、分析的图形、报表和文字说明等。

（4）建立生产过程实时数据采集网。它作为生产现场设备安全经济运行的综合自动化装置，对整个电厂运行设备进行实时信息的采集、加工处理和统计分析，并与综合信息库连接，一方面服务于现场，另一方面为企业决策提供辅助信息。

（5）系统具有良好的人机界面，操作简便，使用灵活，能改善工作环境，提高办公效率。

（6）系统能与企业主管单位等通过公用数据网进行信息交流。

第二节　分散控制系统发展过程及其基本结构

20 世纪 70 年代以来，计算机控制系统逐渐向管理的集中化和控制的分散化方向发展，到了 20 世纪 70 年代中期，微处理器高速发展，微机性能价格比不断提高，结合网络通信技术，出现了若干微型计算机通过网络连接而构成的大型计算机系统，使得整个系统的任务可以分散进行，做到了功能的分散，实现了计算机系统的分散化，从而大大降低了系统出现故障的风险。分散化思想的日益成熟，计算机网络技术的发展，推动了分散处理系统的发展。分散处理系统成功应用于工业控制领域，从而更进一步促进了分散控制系统的发展。分散控制系统发展至今大致可以分为下述三个阶段，并向新一代产品发展。

一、第一代分散控制系统

1975 年美国最大的仪表公司 Honeywell 率先推出综合分散控制系统 TDC-2000，从而开创了分散控制系统的新时代。这以后美国、西欧、日本的一些著名公司开发了自己第一代分散控制系统，如美国贝利公司的 NETWORK-90、日本横河公司的 CENTUM、德国西门子公司的 TELEPERM、美国西屋公司的 WDPF、美国 Foxboro 公司的 SPECTRUM、英国肯特公司的 P4000 等。第一代分散控制系统的基本结构如图 13-3 所示，它主要由以下五部分组成。

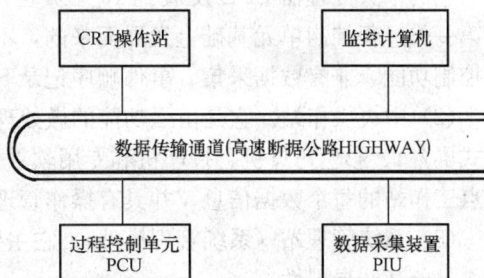

图 13-3 第一代分散控制系统基本结构图

（1）过程控制单元 PCU（process control unit）。PCU 由 CPU、I/O 板、A/D 和 D/A 板、多路转换器、内总线、电源、通信接口和软件等组成，其具有较强的运算能力，具有反馈控制功能，可自主完成一路或多路连续控制任务，达到分散控制的目的。

（2）数据采集装置或过程接口单元 PIU（process interface unit）。它也是微计算机结构，主要是采集非控制过程变量、开关量，进行数据处理和信息传递，一般无控制功能。

（3）CRT 操作站。它是由微处理器、高分辨率 CRT、键盘、外存、打印机等组成的人机系统，实现对过程控制单元进行组态和操作，对全系统进行集中显示和管理，包括制表、打印、拷贝等功能。

（4）监控计算机（上位机）。它是分散控制系统的主计算机，大多采用小型计算机或高性能的微机，具有大规模的复杂运算能力及多输入、输出控制功能，它综合监视全系统的各工作站或单元，管理全系统所有信息，通过它可以实现全系统的最优控制和全工厂的优化管理。

（5）数据传输通道（数据公路）。它由通信电缆、数据传输管理指挥装置以及通信软件等组成。它是联系 CRT、PCU、PIU 及监控计算机的桥梁，是实现分散控制和集中管理的关键，由它实现上通下达的纽带功能。

第一代分散控制系统的诞生，是控制技术、计算机技术、通信技术和 CRT 技术互相渗透的结果。一方面它具有集中型计算机控制系统的优点，另一方面采用分散控制，使危险分散，克服了集中型计算机控制系统的致命弱点，而且 CRT 操作站具有更丰富的画面，覆盖全系统的报警、诊断功能、以及先进的管理功能。然而，第一代分散控制系统还处于分散控制系统发展的初级阶段，自然在技术上尚有明显的局限性。

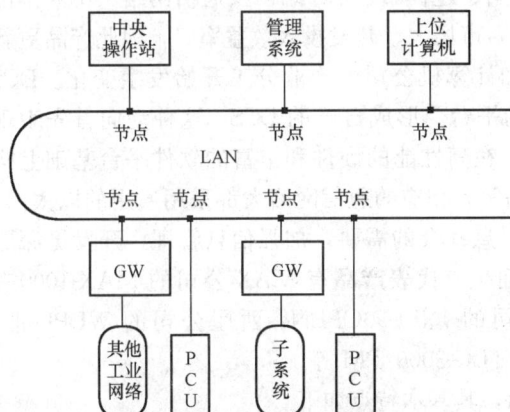

图 13-4 第二代分散控制系统基本结构

二、第二代分散控制系统

自 20 世纪 70 年代末以来，产品生产和销售的竞争日趋激烈，批量生产的控制需求剧增，厂家对信息管理要求也不断提高，另外局部网络的成熟和对工业控制领域的渗透，导致了第二代分散控制系统的产生。其代表产品有贝利公司的第二代 NETWORK-90、L&N 公司的 MAX-1000、Honeywell 公司的 TDC-3000、西屋公司的 WDPF-Ⅱ、西门子公司的 TELEPERM-ME、ABB 公司的 PROCONTROL-P 等。

第二代分散控制系统的基本结构如图 13-4

所示，它主要由以下六部分组成。

（1）节点工作站（过程控制单元 PCU 或分散处理单元 DPU）。

它的中央处理器 CPU 发展到 16～32 位，具有更大存储量的 ROM、RAM、EPROM。它是在第一代过程控制单元基础上发展而来的，不仅具有完善的连续控制功能，还具有顺序控制、批量控制功能，兼有数据采集、事件顺序记录 SOE（sequence of event）能力。

（2）中央操作站。它是由强功能的微处理器、图像显示器、键盘（或鼠标、球标、光笔、触摸式屏幕）、彩色拷贝机、打印机和专用软件包等组成的全系统人机联系的窗口。它能够显示各节点工作站的每个数据信息，并具有操作管理各节点工作站的功能，是全系统的主操作站。

（3）系统管理站（系统管理模件）。它主要用于加强全系统管理功能，克服主计算机和中央操作站的某些局限性。

（4）主计算机（管理计算机）。它大多由小型计算机或高性能的微机组成，具有复杂运算能力和强的管理能力，如果不专设主计算机，即构成无主机系统，那么中央操作站应具有更强的功能，并进一步强化各节点工作站。

（5）局部网络（局域网络）。它构成了第二代通信系统，决定着系统的基本特性。它由通信电缆和通信软件等组成，多采用生产厂家自己的通信协议。

（6）网间连接器（挂接桥 BRIDGE、网间接口 GATEWAY）。它是局部网络与其子网络或其他工业网络的接口装置，起着通信系统的转换器、协议翻译器和系统扩展器的作用。

第二代分散控制系统以局部网络来统领整个分散控制系统，系统中各单元都被看作是网络的节点或工作站。该局部网络通过挂接桥可与同类型网络相连接，通过网间接口可与不同类型的网络相连接，亦可接入由 PLC（可编程序控制器）组成的子系统。网络协议逐渐统一于 MAP（manufacture automation protocol）标准协议或与 MAP 兼容。此外，通过采用系统管理站（包括历史单元模件、计算单元模件、应用单元模件、系统优化模件等），或在主计算机上强化管理软件，达到加强分散控制系统的全系统管理功能的目的。

三、第三代分散控制系统

20 世纪 80 年代末，为了克服第二代分散控制系统的主要缺点，即专利性局部网络给各大企业多种 DCS 互联带来的不便，开发和推出了具有开放性局部网络的 DCS 产品。生产过程自动化的迅猛发展对 DCS 提出了越来越多、越来越高的要求，DCS 制造厂商为了满足这一要求，必须不断地扩展自己 DCS 产品的功能、提高性能和进行升级。随着更新周期的日益缩短，各个 DCS 制造厂商不得不为此付出巨大的开发投资。与此同时，计算机公司为了扩展自己的市场，研制和开发了各式各样的适应生产过程自动化要求的通用工作站、过程站、I/O 站以及通信网络，不断推出强有力的系统软件和支持软件。由于是通用性产品，市场大、开发投入效益率好，因此产品更新和升级异常迅速。正是在上述背景下，DCS 公司和计算机公司的产业分工开始发生变化。DCS公司开始尽量应用计算机公司提供的硬件和软件的平台，形成自己的 DCS。这种动向首先表现在几乎大部分 DCS 公司的产品均改用通用工作站，在高性能的硬件和丰富的软件平台基础上构成 DCS 中的人机接口系统，如操作员站、工程师站等，相应的通信网络大都采用通用的以太网，甚至 DCS 的局域网也采用以太网。另外，为适应信息社会的需要，加强信息管理、开发更深层次的管理信息系统，第三代分散控制系统就应运而生。代表产品有 MAX 公司的 MAX-1000＋PLUS、西门子公司的 TELEPERM-XP、贝利公司的 INFI-90OPEN、西屋公司的 WDPF-Ⅲ、ABB 公司的 PROCONTROL-P、Honeywell 公司的 TDC-3000/PM 等。

第三代分散控制系统的基本结构如图 13-5 所示，其基本特点如下。

（1）采用开放性的系统，产品标准化、应用符合国际有关标准的通信协议，如 MAP、

Ethernet，系统具有向前发展的兼容性。

（2）通过现场总线（field bus）使节点工作站的系统智能进一步延伸到现场，使过程控制的智能变送器、执行器和本地控制器之间实现可靠的实时数据通信。

（3）节点工作站使用 32 位及以上的微处理器，使控制功能更强，能更方便灵活的运用先进控制算法。此外，采用专用集成电路，使其体积更小，可靠性更高。

（4）操作站采用 32 位及以上高档微型计算机，增强了图形显示功能，采用了多窗口技术和光笔、球标等调出画面，使其操作简单且响应速度加快；大屏幕显示技术的应用进一步改善了人机界面。

（5）过程控制组态采用 CAD 方法，使操作更直观方便，而且引入专家系统方法，使控制系统可实现自整定功能等。

（6）与主计算机相连，可构成管理信息系统。

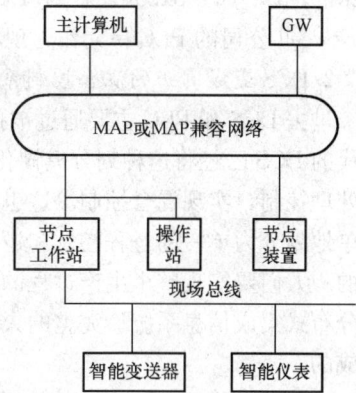

图 13-5　第三代分散控制
系统基本结构

四、分散控制系统新发展

随着近几年信息技术（网络通信技术、计算机硬件技术、嵌入式系统技术、现场总线技术、各种组态软件技术、数据库技术等）的快速发展，以及用户对先进的控制功能与管理功能需求的增加，各 DCS 厂商纷纷提升 DCS 系统的技术水平，并不断地丰富其软件内容。可以说，以 Honeywell 公司最新推出的 Experion PKS（过程知识系统）、Emerson 公司的 PlantWeb（Emerson Process Management）、Foxboro 公司的 A2、横河公司的 R3（PRM-工厂资源管理系统）和 ABB 公司的 Industrial IT 系统为代表的新一代 DCS 已经形成。新一代 DCS 的最显著标志是两个"I"开头的单词，即 Information（信息）和 Integration（集成）。

新一代 DCS 的体系结构主要分为现场仪表层、单元监控层、工厂（车间）层和企业管理层四层结构。一般 DCS 厂商主要提供除企业管理层之外的三层功能，而企业管理层则通过提供开放的数据库接口，连接第三方的管理软件平台（如 ERP），因此，当今 DCS 主要提供工厂（车间）级的控制和管理功能。新一代 DCS 的技术特点主要有以下几方面。

1. DCS 充分体现信息化和集成化

信息和集成基本描述了当今 DCS 系统正在发生的变化。用户已经可以采集整个工厂（车间）生产管理过程的信息数据，但是用户希望这些大量的数据能够以合适的方式体现，并帮助决策过程，让用户以他明白的方式，在方便的地方得到真正需要的数据。

信息化体现在各 DCS 系统已经不是一个以控制功能为主的控制系统，而是一个充分发挥信息管理功能的综合平台系统。DCS 提供了从现场到设备，从设备到车间，从车间到工厂，从工厂到企业集团整个信息通道。这些信息充分体现了全面性、准确性、实时性和系统性。

DCS 的集成性则体现在功能的集成和产品的集成两个方面。过去的 DCS 厂商基本上是以自主开发为主，提供的系统也是自己的系统。当今的 DCS 厂商更强调的系统集成性和方案能力，DCS 中除保留传统 DCS 所实现的过程控制功能之外，还集成了 PLC（可编程逻辑控制器）、RTU（采集发送器）、FCS（现场总线）、各种多回路调节器、各种智能采集或控制单元等。此外，各 DCS 厂商不再把开发组态软件或制造各种硬件单元视为核心技术，而是纷纷把 DCS 的各个组成部分采用第三方集成方式或原始设备制造商产品 OEM（original equipment manafacturer）方式。例如，多数 DCS 厂商自己不再开发组态软件平台，而转入采用其他公司（如 Wonderware、Intellution 等）的通用组态软件平台。此外，许多 DCS 厂家甚至 I/O 组件也采用

OEM 方式，如 Foxboro 采用 Eurothem 的 I/O 模块，Honeywell 公司的 PKS 系统则采用 Rockweell 公司的 PLC 单元作为现场控制站。

2. DCS 变成真正的混合控制系统

过去 DCS 和 PLC 主要通过被控对象的特点（过程控制和逻辑控制）来进行划分。但是，新一代的 DCS 已经将这种划分模糊化了。几乎所有的新一代 DCS 都包容了过程控制、逻辑控制和批处理控制，实现混合控制。这也是为了适应用户的真正控制需求。因为多数的工业企业绝不能简单地划分为单一的过程控制和逻辑控制需求，而是由过程控制为主或逻辑控制为主的分过程组成的。人们要实现整个生产过程的优化，提高整个工厂的效率，就必须把整个生产过程纳入统一的分布式集成信息系统。完整的火力发电过程都是由部分的连续调节控制和部分的逻辑连锁控制构成的。

3. DCS 包含 FCS 功能并进一步分散化

过去一段时间，一些学者和厂商把 DCS 和 FCS 对立起来。其实，真正推动 FCS 进步的仍然是世界主要几家 DCS 厂商。所以，DCS 不会被 FCS 所代替，而是 DCS 会包容 FCS，实现真正的 DCS。如今，所有的新一代 DCS 都包含了各种形式的现场总线接口，可以支持多种标准的现场总线仪表、执行机构等。此外，各 DCS 还改变了原来机柜架式安装 I/O 模件、相对集中的控制站结构，取而代之的是进一步分散的 I/O 模块（导轨安装），或小型化的 I/O 组件（可以现场安装）或中小型的 PLC。

分散控制的一个重要优点是逻辑分割，工程师可以方便地把不同设备的控制功能按设备分配到不同的合适控制单元上，这样可以根据需要对单个控制单元进行模块化的功能修改、下装和调试。另一个优点是，各个控制单元分布安装在被控设备附近，既节省电缆，又可以提高该设备的控制速度。一些 DCS 还包括分布式 HMI 就地操作员站，人和机器将有机地融合在一起，共同完成一个智能化工厂的各种操作。

可以说，现在的 DCS 厂商已经更加突出实用性。一套 DCS 可以适应多种现场安装模式：或用现场总线智能仪表，或采用现场 I/O 智能模块就地安装（既节省信号电缆，又不用昂贵的智能仪表），或采用柜式集中安装。一切由用户的现场条件决定，充分体现为用户设想。

4. DCS 进入低成本时代

DCS 在 20 世纪 80 年代甚至 90 年代，使用的还是技术含量高、应用相对复杂、价格也相当昂贵的工业控制系统。随着应用的普及，大家对信息技术的理解，DCS 已经走出高贵的神秘塔，变成大家熟悉的、价格合理的常规控制产品。

新一代 DCS 的另一个显著特征就是各系统纷纷采用现成的软件技术和硬件（I/O 处理）技术，采用灵活的规模配置，明显地降低系统的成本与价格。可以说，现在采用先进的 DCS 实现工业自动化控制比原来采用常规的仪器仪表进行简单控制，用户投资增加不多，但是实现的功能却明显加强。过去国外 DCS 一般只适合于大中型的系统应用，在小型应用中成本很高，但新一代 DCS 都采用灵活的配置，不仅经济地应用于大中型系统，而且应用于小系统也很合适。

5. DCS 平台开放与服务专业化

20 年来，业界讨论非常多的一个概念就是开放性。过去，由于通信技术的相对落后，开放性是困扰用户的一个重要问题。而现在当代网络技术、数据库技术、软件技术、现场总线技术的发展为开放系统提供了可能。各 DCS 厂家竞争的加剧，促进了细化分工与合作，各厂家放弃了原来自己独立开发的工作模式，变成集成与合作的开发模式，所以开放性自动实现了。

开放性体现在 DCS 可以从三个不同层面与第三方产品相互连接：在企业管理层支持各种管理软件平台连接；在工厂车间层支持第三方先进控制产品，同时支持多种网络协议（以以太网为主）；在装置控制层可以支持多种 DCS 单元（系统）、PLC、RTU、各种智能控制单元等，以及各种标准的现场总线仪表与执行机构。

第三节　分散控制系统网络体系

所谓计算机网络就是通过通信线路相互连接起来的计算机系统，一般将网络中的每个单元称为节点或站。按网络中站间的距离可将计算机网络分为三类：第一类是广域网络（wide area network，WAN），它是分布在很大地理范围内的网络；第二类是局部网络（local area network，LAN），其间的距离只有几公里远；第三类是紧耦合网络，系统中站间通信是通过计算机内部总线完成的。分散控制系统通信网络一般是工业计算机局部网络。

一、拓扑结构

就通信而言，所谓"拓扑结构"，是指网络的节点和站实现互连的方式。分散控制系统局部网络常见的拓扑结构有星形、环形、总线形、树形和网形等，如图 13-6 所示。

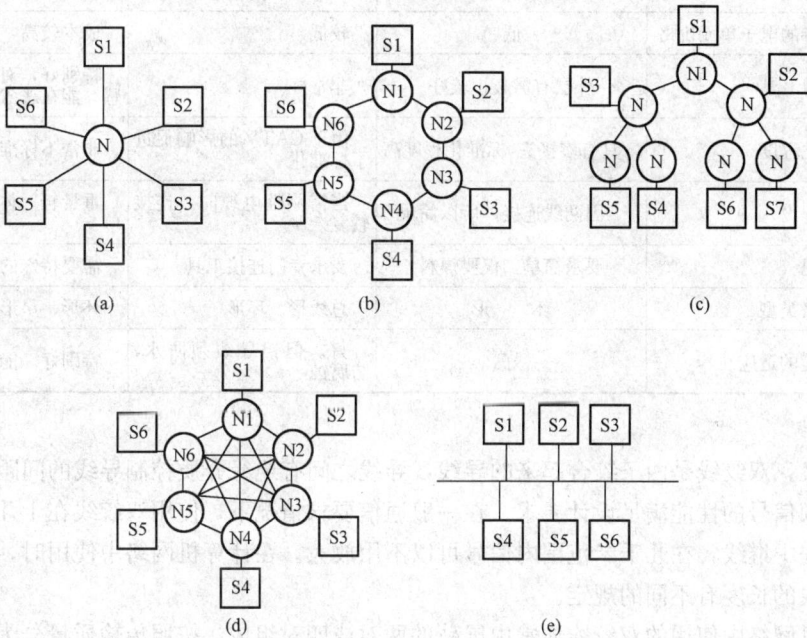

图 13-6　网络拓扑结构
(a)星形结构；(b)环形结构；(c)树形结构；(d)网形结构；(e)总线结构

1. 星形结构

主节点与各节点之间的链路是专用的，线路传输效率高但利用率低；主节点的信息存贮容量大，信息处理量大，硬软件较复杂；各站本身处理负荷较轻，通信和控制方式较简单；主节点故障时则会引起整个网络中断。

2. 环形结构

网络结构简单投资费用低，传输速率较高，实时性强；信息流在环网中为单向传输，控制方式简单；每个节点都对经过的信息进行处理，要保证传输质量和距离；环形网络是所有节点共用的通信网络，信息量和节点数目都有一定的限制，不宜过大；由于网络上某个节点故障可能会引起信息通道阻塞，所以往往需要冗余配置。

3. 总线/树形结构

网络上所有节点通过硬件接口，直接连接到一条线状传输介质即总线上。任何一个站的发送信息都在介质上传播，并能被其他站所接收。因为所有节点共享一条传输链路，所以在某一时刻只有一个站能发送信息。缺点是对介质访问需规定某种控制协议，否则会产生通信数据冲突。

4. 网形结构

信息传输有多个路径，在信息传输前应进行最佳路径选择；网络可靠性较高，但控制方式复杂，成本高。

二、传输介质

传输介质是连接网上站或节点的物理信号通路，用于局域网的介质通常有双绞线、同轴电缆和光纤，这三种传输介质的特性比较见表13-3。

表 13-3　　　　　　　　　　　　　传输介质的特性比较表

介质名称 性能	双绞线	同轴电缆	光导纤维
电缆的相对价格	低	比双绞线高	高
连接器所支持的电子单元价格	低	较低	成本较高，但性能好
噪声抑制能力	外层有屏蔽，较好	非常好	特别好，对电磁干扰不敏感。能在恶劣环境下工作
部件的标准化程度	具有多接头，标准化程度高	由于CATV的影响促进了标准化	非常不标准
安装的容易程度	因两线连接，所以简单	当需刚性电缆时，连接较复杂	重量轻，体积小，安装简单
现场准备情况	要求简单，仅要焊料	要求专门连接工具	需要特殊的技能和工具
所支持的网络类型	环形	总线形、环形	环形、星形
对于恶劣环境的适应性	好	好。但铝导线须防水，防腐蚀	特别好。能适应恶劣环境

1. 双绞线

顾名思义，双绞线是两条绞合起来的导线，导线之间有绝缘介质控制导线的间距。这样使得导线传输高频信号的性能满足设计要求。在一般通信要求情况下，使用双绞线在十几千米范围内可以作为远程中继线，在几千米范围内信号可以不用放大。在计算机网络中使用时，依据不同的协议对双绞线的长度有不同的规定。

在计算机网络中使用的双绞线通常由屏蔽的两对或四对组成。按照传输质量分为5类，其中3类、4类和5类在计算机网络系统中比较常用。3类双绞线的上限频率是16 MHz，适合于传输10 Mb/s的数据。4类双绞线的上限频率是20 MHz，适合于传输16 Mb/s的令牌环网数据。5类双绞线的上限频率是100 MHz，适合于传输100 Mb/s的100 BASE-T快速以太网数据。为了适应高速局域网的要求，近来开发了超5类双绞线和6类双绞线。其中6类双绞线是为了千兆以太网的需求，可以传输1Gb/s的数据。

2. 同轴电缆

同轴电缆是一种为传输频率不高于几百兆赫兹的电信号所使用的传输介质。它的结构可以分为内层导线、绝缘支架、外层导体和外部绝缘保护层。同轴电缆的外层导体通常由比较细的铜丝编织而成，外面再包裹一层金属薄膜。从横切面上看，内层导体和外层导体在绝缘支架的支承作用下形成了两个同心圆，所以称为同轴电缆。这种结构方式可以使得高频电波在同轴电缆内部有效地传播而不至于引起较大的歧变。再由于外层导体把内层导体完全包住，对内层导体具有屏蔽作用。外界的电磁干扰信号不能同时感应两层导体，也就不能在导线上形成感应电压。只要把外层导体正确、有效地接地，就能有效地屏蔽外界干扰信号。正因为同轴电缆具有这样的特性，所以在各方面得到了广泛的应用。

同轴电缆的技术特性主要是它的波阻抗。常见同轴电缆的波阻抗分为 75Ω 和 50Ω 两种。按照同轴电缆的直径又可以分为直径较大的粗缆和直径较细的细缆。其中，50Ω 的粗缆和细缆经常在计算机网络中用于传递基带信号，所以也叫做基带同轴电缆，其数据传输速率可以达到 10 Mb/s。75Ω 的粗缆经常用来在有线电视中传输电视信号，所以叫做频带同轴电缆或宽带同轴电缆。

3. 光纤

众所周知，在玻璃内部可以传播光线。在玻璃和其他传输介质或者两种不同的玻璃的交界面上，光线可以折射和反射。如果入射光线的入射角达到某一程度，则折射光线完全消失，只存在反射光线，这种现象叫做全反射。光纤（全名叫做光导纤维）正是利用了这一原理。光纤的结构可以分为光纤芯、包层和由橡胶或塑料制成的外部保护层三层。其中，光纤芯和包层采用折射率不同的玻璃。内层的折射率高，包层的折射率低，就使得光线在光纤中传输时，在两层玻璃的交界面上只能进行全反射。由于光线没有向外部溢出，只存在玻璃中传输的损耗，可以使光线在光纤中传播较长的距离。如果使用损耗率低的石英玻璃做光纤芯，效果会更好。由于电磁信号不能对光纤产生影响（确切地讲，光波也是一种电磁波，但是其频率非常高。为了方便起见，通常讲光的波长而不讲光的频率。例如，某一波长为 30000nm 的红外光，其频率为 1×10^{13} Hz。显然，使用频率来描述光的特性不方便。而这里所讲的电磁信号频率比较低，或者说其能量主要分布在频率较低的分量上），使得使用导线传播电信号时无法完全避免的电磁干扰对光纤根本不起作用。另外，光纤中传播的是光线，频率极高，也就是其带宽极大，有利于多路信号的传播。

光纤被广泛地应用于通信中，在计算机网络的传输介质中也占有重要的地位。

三、总线形网络传输技术

总线形拓扑结构的局部网络，按传输信号所采取的形式，分为基带传输和宽带传输。对信号不作任何调制直接将二进制信号以电脉冲信号形式传输称为基带传输。用数字信号将载波进行调制，以调制信号进行数据传输方式称为宽带传输。

四、控制方法

总线形和环形网络共享一条通信线路，而且多采用广播式通信方式，在广播式通信网中，每一时刻仅能有一个节点控制网络，如果同一时刻多个节点试图访问介质，将产生冲突。为解决冲突问题，采用了介质访问控制（MAC）协议，使各节点按一定次序访问介质。

在网上最常用的信号传送方法有：令牌传送、争用方式和查询方式。

1. 令牌传送

这种方法实际上是轮流占用总线的方法。令牌是一组特定的二进制码，网上的节点按某种逻辑次序排序，令牌被依次从一个节点按逻辑决定传送到下一个节点，只有得到令牌的节点才有权控制和使用网络。已发完信息、无信息发送或令牌持有时间已到的节点，将令牌传送到下一个节点。在令牌传送网中，不存在控制站，不存在主从关系。IEEE802.4 规定了令牌传送总线访问方法和物理层规范。

令牌传送的优点是避免了冲突，发送和接收信息的最大时间是固定的。另一优点是能够很容易地在数据结构中建立起信息优先权方案，大量的负载能被网络控制系统和优先权结构有效的掌握。即使某一工作站脱离总线而不能接受和传送令牌，可指定其他工作站来控制网络并将令牌传送到网络的下一站。

2. 争用方式

争用方式的特点是每个节点在任何时候都可以发送信息。当两个和多个节点同时要求发送信息时，将产生"冲突"，解决冲突的方法是采用争用方式。具有冲突检测性能的载波侦听多路存取（CSMA/CD），CSMA/CD 允许多个站点随机访问传输线路，信息在线路上以广播方式发送，所有的站点都检测传输线路上的信息，但发送的信息只为目的站点所接收。各站点在发送信息之前，必须对传输线路进行载波侦听，判断传输线路是否空闲，只有空闲时才允许发送，否则就应推迟发送。在发送过程中，再对传输情况进行检测，若两个站点同时发送，就会发生冲突，这时应立即停止发送，等过一段随机时间之后，再重新发送。IEEE802.3 规定了 CSMA/CD 访问方法和物理层规范。

冲突检测网络被称为非确定性网络。因为发送一条信息所需要的最大时间无法确定，特别是当负载增加时，冲突的可能性依指数规律增加。当网络处于繁忙状态时，将减慢网络的正常运行，这是在过程控制中的一个实际问题，尤其是当发生多处报警时。在实践中，这就意味着当负载改变或设备混乱时，难以获得迅速的 CRT 操作站反应。

冲突检测的另一主要缺点是无法对数据进行优先判别，而优先判别在混乱的情况下是很必须的。在混乱的状态下，给予警报的控制比另一些可以延迟的数据，如文件、记录等以更高的优先权是很重要的。

总之，令牌传送与 CSMA/CD 相比（参见图 13-7），令牌传送在重负荷时，响应时间不会增加太长，实时性好。令牌传送还提供了优先级别，网络重负荷时，高优先级的信息可以在指定时间内传送完成，而优先级较低的信息被缓发。这一点可以由网络自动测算两次令牌通过时间间隔算得网络负荷来实现，当令牌返回某站的时间间隔随负荷增加，超过规定的时间，则优先级别较低的信息暂停发送，直至网络负荷变轻。而 CSMA/CD 由于需碰撞检测，重负荷时将产生不断碰撞，因而响应时间加长，实时性变差。而工业网的一个重要指标是网络的实时性，因此在工业网中，特别是处于重负荷的情况下，提倡令牌传送。

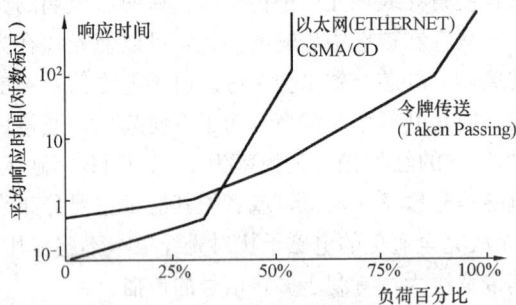

图 13-7　令牌传送和 CSMA/CD 随负荷
变化的响应时间

3. 查询方式

查询方式一般适用于星形网络结构，主节点是网络控制器（也称通信指挥器），它按照一定的次序向网络上每一个站发送是否需要通信的询问信息，被询问站作出应答。如果不需要发送信息，网络控制器就转向下一个站询问；如果需要发送信息，网络控制器便控制该站的通信；当网络中同时有多个站要发送信息时，网络控制器则根据各站的优先级别，安排发送顺序。

五、传输策略

为了减少通信网络中的信息量，尽量去掉一些不必要的传输信息，使通信网络避免过于拥挤，许多分散控制系统的制造厂家都采用了例外传输。如果一个数据点要发送到网络上去，必须是该数据有显著变化的时候。显著变化的规定是由用户确定的，这个规定称为例外死区。如果一个数据长时间内变化很小，不超过例外死区，该数据点必须间隔一段时间再向网络发送一个数据，以表明该数据点是好的。这个时间间隔称为最大时间 t_{max}，它的大小也是由用户来确定。某些数据点变化特别剧烈，为避免通信网络被这些数据点所阻塞，必须限制这种数据向网络发送的信息量，从而规定了最小时间 t_{min}，它也由用户确定。

在传输文本时，允许有各种比特模式，接到像"终止信息"的字符时，不终止接收，这种现象称之为数据的透明传输。在数据中产生和控制字符相同的比特模式时，就在控制字符前面加一个字符，在传输协议中称为数据换码符（DEL）。如果紧跟换码符之后不是传输信息的开始，那就是传输文本。如在换码符后面跟的是另一个换码符，那跟的就是控制字。在处理器芯片中有透明传输的软件，使得这一切都能自动进行的。

六、通信差错控制方法

1. 数据通信的同步

每一台计算机都有自己的时钟周期，它们依据自己机器的主振频率来确定自己的时钟周期。由于各台计算机的晶体振荡器的振荡频率不可能完全一样，再加上环境的影响（例如温度），所以各台计算机的时钟周期都有一些差别。发送方依据自己的时钟周期来确定发出数据的每一位时间的长短，而接收方依据接收方的时钟周期来测试这些收到的数据信号。由于双方的时钟周期有差别，所以从某个时间开始经过一段时间以后，双方时钟误差的积累就比较大了。如图 13-8 所示，数据通信发生在两台计算机之间，它们所传递的信号是由 1（如高电平）和 0（如低电平）所构成的二进制数字序列。接收信号的计算机依据它自己的时钟周期来测试所接收到的信号是高电平还是低电平来确认所收到的数据是 1 还是 0。图 13-8 中发送方发出的数据是101110010001101，如果接收时钟和发送时钟能够同步（如接收时钟 1），则可以正确接收。如果不能同步（如接收时钟 2），则接收方把数据读成为101110010001110。可以看出，由于接收时钟的误差逐渐累计，使得接收方的判读脉冲不能正确指向而向前移动了，把读 1 的地方读成了 0，把读 0 的地方读成了 1。

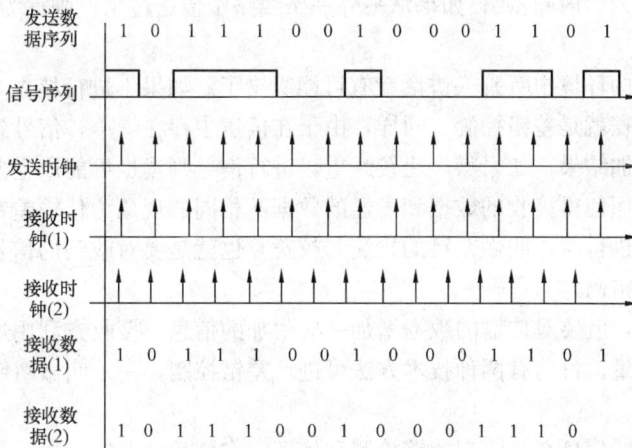

图 13-8　同步技术示意图

由于误差是客观存在，不可能完全消除的，所以双方计算机要正确地传递数据就必须把这种时钟周期不同所引起的误差控制在不影响正确性的范围之内，这就是同步技术。

2. 位同步和字符同步

根据上面的分析可以想到，如果接收方计算机能够取得发送方计算机的时钟信号，则依据这样的时钟周期来判读接收到的数据，自然就不会出错了。这种取得发送方的时钟信号来调整接收方计算机的时钟信号叫做"位同步"，因为它可以保证每一个二进制位的正确判读。由图 13-8 中也可以看到，虽然接收时钟 2 和发送时钟有误差，但是在一个小范围内还是可以正确判读的，如前 8 位就没有问题。由此可以想到另一种方法，这种方法就是字符同步。字符同步就是每次传送一组字符，一组字符可以是一个字符，也可以是若干个字符；在同时开始发送—接收时，双方时钟没有误差，在发送这组字符的这段时间内，误差的积累值不会影响到数据的正确性。

字符同步技术有以下两种方法。

第一种方法称为"同步式"。发送方计算机在每组字符之前先发送一串特定格式的字符（一个或多个字符），接收方计算机利用这些信号来调整自己的时钟尽可能地接近发送时钟。这些信号叫做同步控制字符SYN。然后发送方连续地发送数据字符串。

第二种方法称为"异步式"。每次发送一个字符，字符之间的间隔不确定，所以称为异步式。为了正确判别每个字符的到来，线路平时保持高电平，一旦出现了一位低电平，就表示数据传输开始了，因此这一位也称为起始位。一个字符传输完毕后，再加上1、1.5或2位的高电平，称为停止位，如图13-9所示。在计算机中，这种方式主要应用于R232-C通信，规定高电平为逻辑"0"，低电平为逻辑"1"。

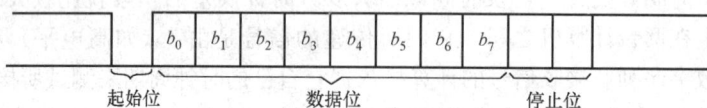

图 13-9　异步串行字符同步技术

显然，同步式的控制方法比较复杂，但传输效率高，适合于大量数据的高速传输。异步式控制简单，但传输效率低，适合于零星数据的传输。

如果这个时钟信号是从接收到的数据（如用曼彻斯特编码或差分曼彻斯特编码传送的数据）中提取出来的，则称为"内同步"；如果从另外一条线路中传送过来，则称为"外同步"。

3. 差错控制

人们在声音嘈杂的环境中听别人讲话就有可能听错了。如果不进行核查，就有可能造成严重的后果。这个核查过程就是差错控制。同样，由于在信道中存在噪声，信号到达信宿时，所收到的是信号和噪声的叠加结果，如果噪声比较严重，进行信号判读也可能产生差错。这种信号通过信道后受噪声的影响而使得接收的数据和发送的数据不相同的现象为传输差错。有效地检测出存在于数据中的差错并进行纠正叫做差错的检测与校正，也就是要对收到的信号进行差错控制。

（1）纠错码与检错码。

要进行差错控制，就要对传输的数据增加一些附加的信息，接收方利用这些附加信息对收到的数据进行检查和测量。目前有两种技术方法可进行差错控制，一种叫做纠错码；另一种叫做检错码。

纠错码利用附加的信息在接收端能够检测和校正一定位数的差错，也就是纠错码方案。比较有名的有海明码。纠错码方案所需要的附加信息量很大，实现起来比较复杂，所以在一般场合上不使用纠错码方案。例如，7位海明码有4位数据和三位校验位，可以纠一位错。

检错码利用附加的信息在接收端能够检测出所有的或者是绝大部分的差错，也就是检错码方案。一旦检查出错误的存在，就要求发送方重新发送相关数据。这种方法叫做重传机制。虽然重传机制需要一定的开销，但是这种方案原理简单，实现起来比较容易，运算速度比较快，目前得到了广泛的应用。

（2）奇偶校验码编码原理。

常用的检错码主要有两大类别，一类是奇偶校验码，另一类是循环冗余编码。

奇偶校验码的基本思路是发送方在发送数据时，首先要将数据中"1"的个数进行统计，确定是单数还是双数，也就是奇和偶，并将统计的结果连同数据一同发送给接收方。接收方对收到的数据统计其中的"1"的个数以确定奇偶，如果相同，则认为接收到的数据是正确的，否则报告错误要求重发。

奇偶校验可以分为水平奇偶校验、垂直奇偶校验方法以及这两种方法的混合（称为垂直水平奇偶校验，也称为综合校验）。

奇偶校验方式简单易行，有的器件中以硬件方式实现，速度很快。但是，这种方法所能检验出的差错不如循环冗余校验方式完全，一般用于要求不太高的通信过程之中。

（3）循环冗余编码（Cyclic Redundancy Code）工作原理。

CRC 检错的基本步骤如下。

1）收发双方依据协议的规定使用一个 CRC 生成多项式 $G(x)$。一些生成多项式是经过严格的数学分析和实验以后确定的。它可以保证检错的效果满足一定的要求。常用的 CRC 生成多项式有如下几种。

CRC-12： $\qquad G(x) = x^{12} + x^{11} + x^3 + x^2 + x + 1$

CRC-16： $\qquad G(x) = x^{16} + x^{15} + x^2 + 1$

CRC-CCITT： $\qquad G(x) = x^{16} + x^{12} + x^5 + 1$

CRC-32： $\quad G(x) = x^{32} + x^{26} + x^{23} + x^{22} + x^{16} + x^{12} + x^{11} + x^{10} + x^8 + x^7 + x^5 + x^4 + x^2 + x + 1$

显然，多项式越复杂，校验效果越好，但是计算量也越大。为了便于举例，设有多项式（不必考虑它的可用性）$G(x) = x^5 + x^4 + 1$，也就是

$$G(x) = 1 \times x^5 + 1 \times x^4 + 0 \times x^3 + 0 \times x^2 + 0 \times x + 1$$

这个多项式的最高方次是 5，对应着一个二进制数字序列，凡是 x 系数不为零的地方对应着 1，其他地方对应于 0，所以这个数字序列为 110001，总计 6 位。

2）设发送方有一个要发送数据序列为 101101001011，则在这个数据的后面添加 5 个"0"，得到：10110100101100000。

3）将序列 10110100101100000 用 110001 来除（使用异或算法，不借位），有：

```
110001  √ 10110100101100000
110001
──────
111000
110001
──────
100101
110001
──────
101000
110001
──────
110011
110001
──────
101000
110001
──────
110010
110001
──────
00110
```

则得到一个 5 位的余数序列 00110。

4）将原要发送的数据序列和余数序列合并成为一个实际发送序列进行发送。例中所要发送的实际数据序列为 10110100101100110。

5）接收方收到发来的数据后，将收到的数据序列依然用 110001 来除。如果得到的余数为零，说明没有差错；否则说明有错，可以要求发送方重发。

这种方法计算量大，但是方法简单，经常采用硬件方法实现。它能检查出多种类型的差错，漏检率极低。

（4）差错控制方法。

差错控制方法有自动请求重发、向前纠错和反馈检验三种。

1）自动请求重发。发现差错后要求对方重发叫做自动请求重发机制（ARQ，Automatic Repeat Request System），也称为反馈重发机制。ARQ系统的基本组成见图13-10。具体的工作方法有停止等待方式和连续工作方式两种。停止等待方式是每发送一个数据单元以后就停下来等待对方发回的应答信息。收到正确接收的应答后发送下一个单元，收到接收错误的应答则重发原单元。这样做，协议简单易行，但是经常等待，使得系统通信效率低下。连续工作方式则是发送方连续发送数据单元，接收方在连续接收时，同时进行检验并发回应答信息。一旦发现差错，即刻发出出错应答信息。发送方在发送同时接收反馈回来的应答信息，发现出错以后，或者从出错的单元开始把已经发过的单元重发（称为拉回方法），或者仅仅把出错的单元重发（称为选择重发方法，当然，此时数据单元的编号变得极为重要）。

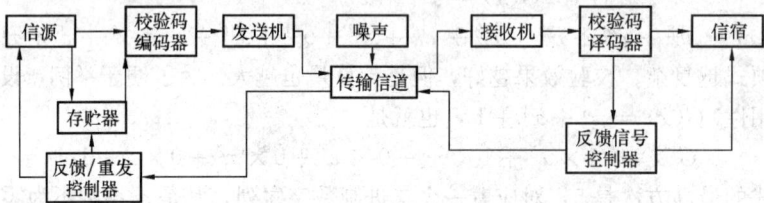

图13-10　ARQ系统的基本组成

2）向前纠错（FEC，Forward Error Correct）。发送端使用纠错码，接收端可以自动纠错。

3）反馈检验。接收端在接收的同时，不断地把接收到的数据发回数据发送端，发送端检验收到的回馈数据，如果无误则继续发送，存在错误则重发。

七、OSI参考模型

国际标准化组织（ISO）于1980年提出了开放系统互联（OSI）参考模型，它定义了将异种计算机连接在一起完成通信任务的结构框架。所谓"开放"即表示遵循参考模型中相关标准的任何两个系统具有互相连接的能力。

OSI参考模型采用分层结构，将网络的软硬件功能分为七层，并按以下两种原理工作。

（1）等层通信。即在网络中每一层上，任何程序或进程（在网络术语中称为实体）都按标准的或约定的协议与另一机器上的等层（P_{eer}）程序或进程进行通信，而不管那一机器上的其他层。

（2）每一层为其上一层提供服务，每一层通过接口与其上层发生关系。

首先说明什么是计算机通信协议。所谓协议，是用来描述进程之间信息交换过程的一个术语。在计算机网络中，两个相互通信的实体必在不同的地理位置，其上的两个进程相互通信，需要通过交换信息来协调它们的动作和达到同步，而信息的交换必须按照预先共同约定好的进程进行，这里的实体由用以提供某层功能的程序或进程等组成，因此协议是通信双方为了实现通信所进行的约定或所规定的对话规则。协议由语义、语法和定时关系三部分组成。语义规定通信双方彼此"讲什么"，即确定协议元素的类型，如规定通信双方要发什么控制信息、执行的动作和返回的应答等。语法规定通信双方彼此"如何讲"，即确定协议元素的格式（如数据和控制信息的格式）。定时关系规定事件执行的顺序，即确定通信过程中通信状态的变化，如规定正确的应答关系即属于定时关系问题。

只要具有以下公共特性，不管两系统间有多大差异，都能有效地进行通信。

1）它们实现一种相同的通信功能；

2）这些功能以相同一组层次来组织，同等层必须提供相同的功能，但应指出它们必须用相同方法来提供这些功能；

3）同等层必须使用共同的协议。

表 13-4 列出了 OSI 各层定义与功能。

表 13-4　　　　　　　　　　　　OSI 各层定义与功能

层数	名　称	定　　义	功　能　及　作　用
1	物理层	涉及在物理链路上传输无结构意义的比特流，如信号电压、振幅和比特持续时间等参数，本层需要处理与电、机械、功能和过程有关的各种特性，以便建立、维持和拆除物理连接	规定"1"和"0"的电平值；1比特的时间宽度；双方如何建立和拆除连接；连接器引脚个数，引脚意义，信号传送方向特性；使用的编码等
2	数据链路层	将不可靠的物理传输信道处理为可靠的信道，发送带校验和的数据块，使用差错检测和帧应答，如 HDLC、LIC 等	为电文加起始标志；差错检测；确认数据和令牌的关系；提供对 LAN 的访问
3	网络层	负责通信子网内路径选择和拥挤控制功能建立从源站到目的站所需的物理和逻辑连接	网络地址，与以下各层的寻址无关。网络连接，为建立、维持和释放网络连接提供方法。信息包和报文分组的传输。差错报告，流量控制，服务质量监视等
4	传输层	在网内两实体间建立端-端的通信信道，用以传输信息和报文。提供端-端纠错和流量控制功能。负责保证向会话层提供高质量的服务	映射传输地址作为网络地址；把端-端传输连接多路复用于网络连接上；建立和释放传输连接；端-端错误检测并监控服务质量；会话电文的拆装
5	会话层	在物理层和应用层之间，会话层是第一个在用户进程之间进行通信管理和同步的　　会话层完成的主要通信管理和同步功能是针对用户的	会话连接建立和释放；常规数据交换；隔离服务；加速数据交换；交互管理；会话连接同步；异常报告
6	表示层	通常完成有用的数据转换，提供标准的应用接口，提供公用的通信服务（如加密、文本压缩、重新格式化等）	对字符集、文字串、数据显示格式、图形、文字组织方式及数据类型进行语法转换。编码、解码、加密、解密、数据压缩
7	应用层	为 OSI 环境下提供的用户服务，如事务处理服务、文件传送协议及网络管理	用户各种应用，人-机接口各种支持功能，如编辑、文字处理、请求文件、文件传输、图形处理、颜色控制和数据库访问及作业管理等

第四节　分散控制系统与其他系统通信接口与协议

一、概述

在 DCS 中，通信技术的作用如下。

1）实现分散式处理与控制，借助通信设施能把上位机的组态数据和控制信息传递给处于不同地理位置的过程控制站，让现在入网的站共享网内的资源，诸如数据库、算法软件包、磁盘

（光盘）、打印机等。

2）对地理上分散的控制现场实现集中监督和管理，统一监视系统的运行。借助通信网络能够将来自各控制站的数据信息和设备状态传送给上位机，以便按照用户需求生成各种管理报表，作为操作员监视系统运行情况、制作各种动态显示画面的依据。

3）通信网络是 DCS 具有高可靠性的技术保证。例如，DCS 能严密地监视报警措施，借助通信线路把各种报警信息迅速地传到上位机，使管理人员得以及时处理解决。

DCS 中常用通信接口及其传输特征如下：

通常可以把分散控制系统（DCS）看成是由若干个子系统加上通信线路及其传输规程所构成的系统，而每个子系统都可看成是一个计算机应用系统。而计算机应用系统的发展也逐步趋向于分散型或网络型，计算机与计算机之间，计算机与现场外部设备之间的互联通常已不是近距离的，其距离可能是上百米到上千米，在这样的情况下，数据传输不再等同于机器内部的信号传输，应该以数据通信的方式来处理了。现在大多数计算机系统的产品都提供了一定的数据通信功能，以满足用户对数据通信的需求，这些通信接口一般均符合通用的国际标准，以适于不同厂商不同产品之间的互联。计算机的通信接口原则上采用电信上所用的数字设备接口标准，有利于计算机与电信网互联，实现远程的数据传输。

计算机数据通信接口标准采用了电信中的数据终端设备（DTE）和数据通信设备（DCE）的接口标准。常用的有 RS-232、RS-423、RS-422 以及 RS-485 等，这些标准是由美国电子工业协会（EIA）制定的，在欧洲则通常采用国际电话电报咨询委员会（CCITT）制定的标准。

DCS 对外接口还包括 MODBUS 网络和以太网络（ethernet）及其协议。

二、标准串行口及物理层协议

（一）串行通信的基本概念

串行通信系统中，包括数据终端设备（DTE）和数据通信设备（DCE）。其中，DTE 是产生二进制信号的数据源，也是接收数据的目的地，它可以是一个计算机。DCE 则是一个使传输信号符合线路要求，或者满足 DTE 要求的信号匹配器，它可以是 MODEM。在 DTE 与 DCE 之间传输的是"1"或"0"的数据，同时传送一些控制应答信号，以协调这两个设备的工作。

设备进行串行通信，必须解决两个主要问题。首先是将并行数据串行化，这通常是由移位寄存器完成的。数据输入时，移位寄存器从接收线路上一位一位地接收数据，并将接收的数据前移，直到接收完全部数据后再将数据推出，并开始接收下一个数据，完成串行—并行的变换。发送数据时的并行-串行变换的过程正好相反。

串行通信中要解决的第二个问题是同步问题。同步的目的是协调发送器与接收器的工作。为了使接收端能准确无误地采样并读出发送端发出的数据，收发双方不仅要有约定的位传送速率，还必须有时钟来测量每一位持续的时间。由于收发双方使用的时钟不完全一致，将产生传输误差。这种传输误差通过再同步进行补偿。

再同步方法是串行通信中异步传输协议的重要特征。在异步传输中，用起始位与停止位来表示一个字符的开始，而不必使用特定的时钟信号。下面是异步传输中常用的一些重要参数。

（1）起始位。发送器发送字符前先发送一个起始位，使线路从逻辑 1 变成逻辑 0，这样接收器就会测到信息从空闲到工作状态的变化，起始位从逻辑 1 到逻辑 0 的变化除了对字符的起始位进行同步以外，还表示一位的开始。

（2）数据位。接收器在收到起始位以后，使设置它的移位寄存器开始从线路接收数据位。数据位可以是 5、6、7 或 8 位。常用的有 7 位或 8 位数据位。被广泛采用的 ASCII 字符集使用 7 位数据位。在一些可编程序控制器中还采用远程终端（RTU）方式，则需要用 8 个数据位。

（3）奇偶校验位。校验位用来检测因传输误差而产生的字符丢失或多余的问题。奇偶校验位用数据的奇偶性来表示数据的特征，它加在最后一个数据位（ASCII＝7，RTU＝8）之后，并使数据中最终逻辑1的个数为偶数（偶校验）或奇数（奇校验）。例如，ASCII字符"C"的代码1000011中逻辑1的个数为3，如约定用偶校验则校验位置"1"。当接收端收到数据中有一个（或奇数个）差错时，奇偶校验位即可测出差错。奇偶校验不能测出偶数个差错。

（4）停止位。在数据位之后，发送器发送1个、1.5个或2个停止位。停止位（逻辑"1"）使线路进入传号状态，在下一个字符到来之前至少持续一位的时间。

（5）波特率。数字数据传输速率称为波特率。它等于每秒钟传输数据的位数。数字通信中发送与接收设备必须使用一致的波特率。

串行通信中发送端和接收端必须对上述参数有一致的约定。

（二）RS-232C 串行接口

RS-232C是1969年EIA（美国电气工业协会）公布的串行二进制数据交换的终端设备和通信设备之间的接口标准。它规定了连接的机械特征（如连接器的尺寸、插针的数目及信号分配、导线长度、根数等）和电气信号特征（如最大传输速率、代表信号状态条件的电压或电流的电平等）。

1. 接口机械特性

RS-232C的标准接插件是25针的D型连接器。凸形连接器与数据终端设备（DTE）连接，凹形连接器与数据通信设备（DCE）连接。

2. 接口电气信号特性

（1）连接器任何插针上的信号都为相关的可能状态之一：

SPACE/MARK（空号/传号）；

ON/OFF；

逻辑0/逻辑1；

RS-232C使用负逻辑，因而ON状态时对应逻辑0，OFF状态对应逻辑1。

（2）驱动器输出$-5\sim-15V$的电压，表示逻辑1或MARK状态，$+5\sim+15V$表示逻辑0或SPACE状态。信号的噪声容差为2V。

（3）信号线与信号地之间的分布电容不超过2500pF。

（4）开路或无负载电压不超过25V。

（5）驱动电路必须经受电缆中任何导线的短路，而不损坏它本身或其他相关设备。

（6）数据通信的速率为$0\sim20000b/s$，DTE与DCE之间的电缆最大长度为15m。

3. 接口信号功能

可将接口信号分为以下五类：

（1）地或公共母线。插针1（保护地）和7（信号地）。

（2）数据。插针2（TXD发送数据）和3（RXD接收数据）。

（3）控制。插针4（RTS请求发送）、5（CTS结束发送）、6（DSR数据装置准备好）、8（CD载波检测）、20（DTR数据终端准备好）、22（RING）、21（信号质量检测）、23（数据信号速率选择）。

（4）定时。插针15（来自DCE的时钟信号）、17（接收信号定时）、24（来自DTE的时钟信号）。

（5）第二信道电路。插针12（第二接收线路载波检测）、13（第二信道结束发送）、14（第二信道发送数据）、19（第二信道请求发送）。

（三）RS-423/422/485 接口

RS-232 是 EIA 最早提出并得到广泛应用的标准，它详细规定了接口间的机械、电气和功能要求，而 RS-422、RS-423 及 RS-485 是在 RS-232 基础上的扩充和改进。它们只根据各自的适用范围，规定各自接收与发送的电气特性，并不规定或推荐其他方面的协议，而把这些都留给用户自行定义。

1. 技术性能

（1）RS-423。

RS-423 与 RS-232 类似，关键的特点是采用平衡接收方法。其接收器的输入有一端与发送器的地相连，且允许接收器和发送器的接地端之间有电位差，这样可以提高传输速率，在传输距离为 9.144m 时传输速率可达 100kbit/s，输入的共模电压 V_{cm} 可达 $\pm 7V$。其特点有以下几点：

1）正逻辑；

2）发送器有读码检测；

3）发送器输出的转换速率在波特率不小于 1kbit/s 时不大于 300ns，波特率小于 1kbit/s 时不大于 30% 数字状态的单位时间；

4）传输速率为 100kbit/s 时最大传输距离为 9.144m；

5）差动接收器具有 $\pm 7V$ 的共模电压和 200mV 的灵敏度。

（2）RS-422。

RS-422 与 RS-423 都是 EIA 于 1975 年公布的标准。RS-422 采用平衡传输方式，以适应高速数据传输的需要，它也是单向不可逆传输，在接收端采用差动输入，在发送端采用差动输出，可以用终端匹配，也可以不用终端匹配，其传输速率在 12.192m 传输距离下可达 10Mbit/s。其特点有以下几点：

1）正逻辑；

2）传输速率在 10Mbit/s 时传输距离 12.192m；

3）接收器的共模电压 U_{cm} 可达 $\pm 9V$，灵敏度为 200mV；

其他与 RS-423 相同。

（3）RS-485。

RS-485 是 EIA 在 1983 年公布的新的平衡传输标准，实际上 RS-485 是将 RS-423 扩充到多点传输方式，即将多个发送器或接收器共用一条信号传输线，虽然 RS-422 可以允许一个发送器接上多达 10 个接收器，但是在要求若干设备之间成组往复传输数据的情况下，必须在相关设备之间都接上对应的传输线。

RS-485 在其公布了以后得到广泛的支持，已被许多局部网络和多点通信的产品中采用，也被其他标准引用。例如，美国国家标准协会（ANSI）制定的 IPI（智能外设接口）和 SCSI（小型计算机系统接口）的标准都引用 RS-485 作为其电压方式差动接口的基础。IPI 规定了磁盘控制器与主机的接口，它要求在 50mNRZ 数据链上有 2.5Mbit/s 传输速率。SCSI 规定了微机、磁盘和打印机之间的接口，它要求在 25m 的传输距离上有 4Mbit/s 的传输速率。

RS-485 不同于 RS-422 的主要关键特征有以下几点：

1）正逻辑（负荷电阻 $R_L=54\Omega$，电容 $C_L=50pF$ 时为 $\pm 1.5V$）；

2）发送器的共模电压最大为 3V；

3）接收器的共模电压为 $-7\sim +12V$；

4）接收器的输入阻抗最小为 12kΩ。

RS-422 发送器在负荷 $R_L=100\Omega$ 时，输出为 2V，接收器的输入阻抗最小为 4kΩ。与它比较，

RS-485 可有较大的驱动能力与共模电压范围，并且对发送器也规定了共模电压范围，因此在一条传输线上可允许接 32 个发送器和接收器。

在 RS-422 和 RS-423 中并不规定最大的传输距离，因为传输距离与传输速率有着函数关系。

2. RS-423/422/485 应用

目前最广泛使用的串行通信接口标准当首推 RS-232C。RS-232C 的电气接口是单端的、双极性电源供电电路。它可用于最远距离 15m，最高速率达 20kbit/s 的串行二进制数据交换，它是一种协议标准，又是一种电气标准，它描述了在终端设备和通信设备之间信息交换的方式和功能。然而，RS-232C 仍有一些不足之处：

1）数据传输速率局限于 20kbit/s；

2）传输距离局限于 15m 之内；

3）该标准没有规定连接器，因而产生了 25 插针等设计方案，这些方案有时互不兼容；

4）每个信号只有一根导线，两个传输方向仅有一个信号地线；

5）接口使用不平衡的发送器和接收器，可能在各信号成分间产生干扰。

为了解决这些问题，EIA 于 1977 年制定了新标准 RS-499，其中要达到的目标有以下几点：

1）支持较高的数据传输速率；

2）支持较远的传输距离；

3）制定连接器的技术规范；

4）通过提供平衡电路改进接口电气特性。

EIA 的 RS-499 标准定义了在 RS-232C 中所没有的 10 种电路功能，规定用 37 脚的连接器。实际上，RS-422A 和 RS-423A 是 RS-499 标准的子集，因而 RS-422A 和 RS-423A 的应用更普遍。

RS-423A 与 RS-232C 类似，也是一个单端的、双极性电源的电路标准，但它提高了传送距离和传输速率。在速率为 3000bit 时，距离可达 1200m；在速率为 300kbit 时，距离可达 12m。RS-423A 不平衡接口能够在数据速率高至 20kbit/s，距离远至 15m 条件下与 RS-232C 互连。

RS-422A 标准规定了差分平衡的电气接口，它能够在较长距离内明显地提高数据传输速率，它能在 1200m 距离内把速率提高到 100Mbit/s。

在许多工业环境中，要求用最少的信号线完成通信任务。目前广泛应用的 RS-485 串行接口总线正是在此背景下应运而生的。它实际上是 RS-422 的变型。它与 RS-422 的不同之处在于：RS-422 为全双工，RS-485 为半双工；RS-422 采用两对平衡差分信号线，RS-485 只需其中的一对。RS-485 对于多站互连是十分方便的。在 RS-485 互连中，某一时刻两个站中只有一个站可以发送数据，而另一个站只能接收，因此，其发送电路必须由使能端加以控制。许多智能仪器均配有 RS-485 总线接口，将它们联网构成分散式系统十分方便。

采用 RS-422/485 串行通信接口也可以构成环形数据链路系统，在该环路中，某工作站可以在发送信息时利用插入信息的办法将信息提供给其他工作站。在多路或环路中的每一个工作站均有其唯一的地址标记，利用地址标记，每个工作站或设备只接收包含其专用地址的信息。

（四）常用串行通信协议

通信协议是一组管理传输的规则，从网络协议的定义方法看，常常把完成一个完整的通信过程分层次来实行管理。所谓物理层协议，就是最底层的协议，即研究如何把二进制码组织起来，使它能在指定的物理环境中传输。

1. 异步通信协议

讨论异步通信协议时，先把环境设想为如图 13-11 所示的多点系统。在这个系统中所规定的一些协议，对于点对点之间通信来说，除了查询、转动可以不要外，其他都是适用的。系统中的

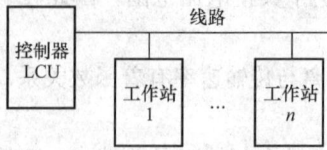

图 13-11 多点系统

控制单元 LCU 用来控制线路上所有传输的流动情况。所有工作站都具有接收和发送串行数据的能力，它们的动作都是在得到 LCU 同意后才能进行的，否则哪一个站都不得占用总线。

给系统中的每个站都规定一个或几个接收用的呼叫方向码（CDC），线上便可实现信息通播和选择通播。控制器 LCU 用发送特定的启动码 TSC 来查询哪一个站需要发送信息。简单的启动码 TSC 可以由两个 ASCII 码组成，比如 D03，前一个控制符表示这是一个 TSC 码，后一个数字编码是欲查询的工作站的发送号。有的系统中，在两个字符的 TSC 码后加上一个 DEL 字符，使各组编码分割开。工作站收到自己的查询码，如果确有信息发送，就开始进入发送状态。对接收工作站的查询称为选择，目的是了解该站是否准备好。假定系统中的信息传送是由控制器 LCU 转发的，不管发送和接收都应该面对 LCU。

开始一次通信，首先要建立联系，由 LCU 执行查询和选择操作来完成。

（1）查询。由 LCU 发出两字节的查询码，对应工作站收到自身的查询码。如果是：

1）工作站处于信息待发送状态时，立即发送数据；

2）如果没有需要发送的，但已准备好接收，回送"/"和"ACK"这两个字符；

3）如果既不准备发送，又没准备好接收，回送两个"/"字符。

（2）选择。由 LCU 发出两个字节的选择码，由工作站接收。如果是：

1）已准备好接收，回送"/"和"ACK"这两个字符；

2）没准备好接收，回送两个"/"字符；

3）没准备好接收，但却请求发送，回送两个"∗"字符。

（3）接收信息响应。当工作站从 LCU 处接收信息后，应对接收情况作出反应，以便 LCU 对此作出相应处理。

1）信息全部收到，且无奇偶校验错，就回送"/"和"ACK"两个字符；

2）信息全部没收到，回送两个"/"字符；

3）接收到信息，但至少发生了一个奇偶校验错，就回送两个"∗"字符。

在建立了联系后，可实现发送或接收数据。异步通信中对每个数据帧的识别和接收已经解决，而在实际工作时还应考虑传送电文的开始和结束，以及一些特殊的控制字符。所以，在异步方式通信时，必须对此作出规定，这些字符称为数据链路控制符。这些控制符夹在信息流中传输，由接收方识别。所以，在规定控制符时必须避免与信息码的混淆。控制符的发送也和其他字符一样，必须加上起始位、停止位等附加位，组成数据帧。

SOH（start of heading），这是一个信息的头。这个头可以选用，也可以不用。如果用这个头，就以 SOH 这个字符作标志。通常信息头中可以包括目标站号、信息数量、日期、时间、优先级及保密级等内容。

STX（start of text），这个标志紧跟在信息头之后，用以表示信息头的结束以及正文的开始。正常情况下，各工作站处于监视发送器启动码（TSC）和接收用的呼叫方向码（CDC）的状态下。如果系统正有正文信息传送，应使所有没有参与本次传输的端处于"瞎"状态，即不再对 TSC 和 CDC 进行监测，转而对 EOT 进行监测。在收到 EOT 信号后，恢复对询问和选择信号的监测。

EOT（end of transmission），这个字符跟在最后一个正文字符之后，表示正文传输的结束，并解除所有工作站的"瞎"状态。在一些系统中，LCU 在送出询问和选择字符前往往要先送 EOT 字符。

异步通信协议中，除了上述基本控制符以外，还有一些用于控制工作站显示、打印等功能的控制符。这些符号一般都以 ESC 字符开始，后加一个数字字符。

2. 面向字符的同步通信协议（BSC）

二进制同步通信协议是一种面向字符的通信协议，简称为 BSC。这是一种同步型的协议，同步码用适当的字符表示，用于数据链路各种控制的也都是 ASCII 字符。这种协议特别适合传送字符型的数据，如 ASCII、EBCDIC 码或汉字编码等。

（1）数据链路控制字符。

协议中所用的全部控制字符都是 ASCII 码表上的编码。为了正确理解和使用这些控制字符，下面分别说明它们的作用。

SYN（synchronous），利用同步字符建立和保持通信双方的字符同步。

EOT（end of transmission），传输结束。表示信息的结束，并使各工作站进入接受查询和选择的状态。

ETB（end of transmission block），块传输结束。分块传送的信息，只要不是最后一个数据块，各数据块结束时都应以 ETB 来表示。

ETX（end of text），正文结束。表示本次传输的信息全部结束。每次数据传输中，只有一个 ETX。在 ETB 或 ETX 后面总是附加有块校验字符（BCC），以检验数据是否因传输而出错。

ITB（end of intermediate block），中间块结束。功能与 ETB 相似。

ACK1、ACK0（positive acknowledgments），对块校验字符 BCC 码校验后给定的肯定响应。其中 ACK0 是对正文偶数块作出的响应，ACK1 是对奇数块作出的响应。

WACK（wait，positive acknowledgments），等待，肯定响应。当接收方收到 BCC 后给出的肯定响应，同时通知发送端，再延迟一会，然后发下面的数据块。

NAK（negative acknowledgments），这是在 BCC 中检测出错误信息时给出的否定响应。

ENQ（enquiry）：查询，是由发送方发出信息，要求接收方给出回答。

RVT（reverse interrupt），反向中断。它既作为接收方送出的肯定响应，还表示接收方有更重要的信息发送，请求中断原发送过程，将传输方向反过来。

（2）透明方式。

在透明方式中，抑制了绝大部分控制字符的识别。在 BSC 协议中，以 DLE 字符作为透明方式的标志。在每个控制字符前都加上一个 DLE 字符，如 DLE STX 是透明方式下正文开始控制字符。

3. 面向比特的同步通信协议（HDLC）

HDLC 是国际标准化组织（ISO）在 1975 年推荐的标准协议，全称为高级数据链路控制。IBM 公司用来实现系统网络结构的协议 SDLC 也是面向比特的同步协议，是 HDLC 的一个子集。由 CCITT 提出的 X.25 也是面向比特的，它为 ISO 所接受，作为国际数据通信的组织标准。它的数据链路级用的信息格式与 HDLC 相同。

在 HDLC 中传输信息以帧为单位来组织，这种帧的结构如下：

标志 F	地址 A	控制 C	信息 I	帧检验 FCS	标志 F
01 11 11 10	8 位	8 位	长 度 可 变	16 位	01 11 11 10

每一帧包含在起始和结束标志之内，标志采用两个"0"中间夹六个"1"的特殊编码。为了防止信息码出现与标志相同的码型，引起接收帧发生错误，还专门设置了一个监控电路对信息码进行检测，使发送时不会出现连续 6 个"1"情况。方法是当检测到 5 个"1"时，电路自动给插

入一个"0"。在接收方只要收到 5 个"1"，就将后面紧跟的那个"0"删掉。

HDLC 中地址段和控制段是可以扩充的，并不限定只能有 8 位。在多点系统中，把各工作站按照主呼和被呼分别称为主站和从站。如果信息从主站发出，它的地址段中的地址含义是"此信息是给××站的"，如果信息是由从站发给主站的，地址含义就成了"此信息来自××站"，主站地址不在帧中出现。将 FFH 地址作广播用时，一旦主站送出这个地址，全部从站都开始接收数据。

帧检验序列是采用 CCITTV.41 指定的多项式进行计算，形成了 16 位 CRC 校验码。这个计算从地址字节开始，到全部信息结束为止。接收时也要进行 CRC 计算，但应将收到的 CRC 也包括在内。如果没有误码，接收端对 CRC 的计算结果应为 FOBBH。

三、MODBUS 网络及协议

MODBUS 网络是美国（Gould）公司 1978 年推出的一个工业通信系统，由带智能终端的可编程序控制器、计算机以及共用线路或专用线路组成。MODBUS 系统可应用于各种数据采集和过程监控，其中包括：能源管理和环境保护，安全检测，过程控制，数据采集管理和记录，产品检验，质量管理，管道管理和控制，传输线和传输机械的控制，机床控制等。

有关 MODBUS 的详细介绍请见附录二。

四、工业以太网

以太网（Ethernet）是一种采用了随机争用型介质访问控制方法的总线型拓扑结构网络。以太网的产品标准及相应的网络协议是若干家公司研究合作公布的，并且得到了很多计算机硬件和软件开发公司的支持，开发出来了大量的硬件及软件产品。这些使得以太网成为总线型拓扑结构网络的最具影响的网络类型。有关工业以太网的具体介绍请参阅本书附录一。

第五节 现 场 总 线

现场总线（Field Bus），按国际电工委员会 IEC61158 的定义为：安装在制造或过程区域的现场装置与控制室内的自动控制装置之间的数字式、串行、多点通信的数据总线称为现场总线；按欧洲标准 EN50170 的描述为：通用现场通信系统。

现场总线技术之所以能快速发展，是在于其充分展示了控制、计算机和通信（3C）技术的交叉和集成应用，包括：智能仪表与网络设备的开发、组态技术（包括网络拓扑结构、网络设备等），网络管理技术，人机接口、软件技术、现场总线系统集成技术等，从根本上突破了传统自控系统"点对点"式的模拟信号或数字—模拟信号控制的局限性，将分散在工业现场的各智能仪表，用具有全分散、全数字化、智能、双向、互联、多变量、多节点通信特点的现场总线，与控制室中的控制器和监视器一起连为一体，共同构成现场总线控制系统 FCS，给工厂的安装和运营带来很大好处。

世界上各主要自动化厂商在现场总线技术的研发过程中，先后共推出了数十种类型且相互间不能兼容；经过 10 多年的纷争后，于 2000 年由 IEC 的现场总线标准化组织表决，将以下 8 种现场总线作为 IEC61158 现场总线的标准，即：FF H1、Control Net、PROFIBUS、INTERBUS、P-Net、World FIP、Swift Net 和 FF 之高速 Ethernet 即 HSE。其中，P-Net 和 Swift Net 是专用总线；Control Net，PROFIBUS，Wold FIP 和 INTERBUS 是由可编程逻辑控制器 PLC 发展而来；FF 和 HSE 则从传统 DCS 发展而来。此外，IEC TC17B 又通过了 3 种总线标准：SDS（Smart Distributed System）；ASI（Actuator Sensor Interface）和 Device NET。ISO 也公布了 ISO 11898 的 CAN 标准，其中 Device NET 于 2002 年被我国采标为国家标准。

一、现场总线技术共同特点

1．系统的开放性

开放系统是指网络通信协议公开，各不同厂家的设备之间可进行互连并实现信息交换。现场总线的研发就是要致力于建立统一的工厂底层网络的开放系统，把系统集成的权利交给了用户。用户可按自己的需要和对象把来自不同供应商的产品组合成大小适宜的系统。

2．互可操作性与互用性

互可操作性是指实现互联设备间、系统间的信息传送与沟通，可实行点对点，一点对多点的数字通信。而互用性则意味着不同生产厂家的性能类似的设备可进行互换而实现互用，有利于发挥不同厂商所专长的技术。

3．现场设备的智能化与自治性

将传感测量、补偿计算、信号量处理与控制等功能分散到现场智能设备中完成；仅用现场设备即可完成部分自动控制的功能，并可随时诊断设备的运行状态；当现场总线系统中的某节点设备故障时，能自动与系统隔离。

4．系统结构的高度分散性

由于现场设备本身已可完成自动控制的基本功能，优化了现有 DCS 集中与分散相结合的集散控制系统体系，简化了系统结构，提高了系统可靠性。

5．对现场环境的适应性

作为工厂网络底层的现场总线，是专为在现场环境工作而设计的，它可支持双绞线、同轴电缆、光缆、射频、红外线、电力线等，具有较强的抗干扰能力，能采用两线制实现送电与通信，并可满足本安防爆要求等。

二、现场总线主要应用特点

1．充分发挥了数字化优势

数据采集用数字信号取代了模拟信号，精度和抗干扰能力大大提高；数字信号具有检错功能，也提高了控制系统的可靠性。

2．减少电缆消耗、节省工程量

在一根通信电缆上可挂接数十个设备，接线简单，使电缆数量明显减少，相应布置、接线、电缆桥架、接线柜盒、接线端子都大大简化，明显减少了工程量。今后系统扩充时也无需增设新的电缆即可就近在已有的电缆上挂接设备。

3．现场总线系统设备能进行在线调试、离线和远程组态

在多任务的 Windows NT 操作系统下，PC 中的软 PLC 可以同时执行多达 10 几个 PLC 任务，既提高了效率，又降低了成本。且 PC 上的 PLC 具有在线调试和仿真功能，极大地改善了编程环境。

4．现场总线恢复了控制系统的单回路完整性

现场总线能将控制功能分散到现场设备中，设备之间的对等通信保证了控制功能对于系统架构的其他部分具有独立性，减少了现场设备与主系统的通信量；并且使得主控系统设备减少，控制室的布置将更加紧凑、面积减少。

5．现场总线能快速监测网络部件状况和在线更换

现场总线提供了设备级诊断功能，可以在线替换，无须切断电源或中断正常的网络操作，加速了维修过程。

三、现场总线技术在发电厂中的应用

现场总线技术首先是在石化行业得到了较广泛的实际应用，在电力方面也已逐步开展。

英国 BNFL 核电公司于 2002 年在一个电厂试用了 30 个回路的 FF 设备，并已成功应用至今。

我国望亭、张家港等 390MW 级燃气—蒸汽联合循环机组的 DCS 控制系统中部分试用了艾默生（西屋）公司随 OVATION 系统提供的 PlantWeb 数字工厂控制系统现场总线技术，包括快速以太网络、冗余控制器、工作站、智能 HART 现场设备以及 AMS 设备管理软件系统等，2005 年内已投入使用。

江苏谏壁电厂 7 号机组 DCS 改造中发挥 Foxboro 公司 I/A S 系统的现场总线组件 FBM 特点，实现远程 I/O 采集点 3323 个，节省了电缆 50km 和 300 人/天的施工量，同时提高了信号的准确性。

云南宣威电厂六期工程（300MW×2）采用了国产 CSPA—2000 电厂电气自动化系统，利用现场总线/以太网纯通信方案，不采用硬接线实现电气控制系统与 DCS 的接口，通过 DCS 的操作员站实现对全部电气部分的操作、管理和控制。

随着现场总线技术在发电厂控制中应用的逐步成熟，它在 600MW 机组上也必将得到推广。现场总线的详细技术请参阅附录二。

第六节　分散控制系统硬件

一、概述

分散控制系统的主要特点是系统结构简单以及软硬件模块化，实际上最基本的分散控制系统其硬件仅由三部分组成，即：工作站（WORKSTATION），分散处理单元（DPU）或称过程控制单元（PCU），以及将两者连接在一起的数据高速公路（DATA HIGHWAYS）或称数据网络（DATA NETWORK）。

（1）工作站，包括操作员站（OPERETOR WORKSTATION）和工程师站（ENGINEER WORKSTATION），是人机接口（MMI）装置，它们是由微处理器、高分辨率 CRT/LCD、键盘（或鼠标、球标、光笔、触屏）、外存、打印机、拷贝机等组成的人机系统，其主要功能是实现对分散处理单元进行组态和操作监视，对全系统进行集中显示和管理。

（2）分散处理单元（DPU），由 CPU、ROM、RAM、A/D 和 D/A、多路转换器、内总线、输入/输出（I/O）模件板、电源和通信接口等组成，是与生产过程直接联系的计算机设备，其主要功能是进行数据采集和处理，模拟量闭环控制，顺序控制等。

（3）数据高速公路（网络），由通信电缆或光纤、数据传输管理指挥装置（接口）等组成，用来实现工作站和分散处理单元之间的物理通信连接。

随着控制对象数量和复杂程度的增加，或者考虑系统的冗余度，只需增加分散处理单元和工作站，系统和组态可以很灵活地随着用户的要求不断变化。正是由于这种简单的软硬件模块化方法，任何复杂的用户控制策略都能用标准单元的各种组态实现。

分散控制系统发展到第三代产品，以由过程控制向过程控制与生产管理、企业经营管理相结合的更大规模的系统发展。分散控制系统与管理信息系统（managemet information system, MIS）以及由 PLC（可编程控制器）组成的子系统等不同网络间的连接，还需要另外一种硬件，即网间接口，如 GATE WAY 等。网间接口是局部网络与其子网络或其他工业网络的接口装置，它起着通信系统的转接器、协议翻译器或系统扩展器的作用。

二、工作站

工作站主要指操作员站（OS），它是一个综合性的 CRT 过程控制及信息管理系统。分散控制系统应用于单元机组监控，操作员站承担监视、控制和管理整个单元机组的任务，它通过总线或网络将各分散处理单元（或过程控制单元）送来的信息在 CRT 上以模拟图、表格、趋势图等不同表现形式显示出来或用打印机打印出来，还可用拷贝机原样拷贝；操作员通过操作员站可监视单元机组的生产过程、各参数和主辅设备的运行情况，并对电厂的相关设备，如阀门、挡板、风机、泵以及其他主辅机的马达进行远方操作或程序控制，以控制单元机组的运行。操作员站的硬件设备主要有：分散控制系统的模件、工控 PC 机、键盘（鼠标、球标、光笔、触屏）、总线、磁盘/光盘、打印机、电源等，其中分散控制系统的模件、工控 PC 机是操作员站的核心。

三、分散处理单元

分散处理单元 DPU（过程控制单元）是用于工业生产过程控制的关键部件，由它实现 DCS 与生产过程的联系。来自现场的过程输入/输出（I/O）信息经 DPU 处理后，一方面用于显示、报警、打印等，另一方面按需要反馈到现场，控制执行机构的动作，实现对过程的直接数字控制以及逻辑顺序控制。DPU 主要由与网络的接口装置、功能处理器、I/O 模件三大部分组成。DPU 作为 DCS 的一个"站"（或称"节点"）需与系统网络相连接，才能进行系统间的信息交流；通过各种 I/O 模件与生产过程相连接，方能进行原始数据的采集和生产过程的控制；同时，数据的处理、控制策略的实施需有智能的功能处理器。

四、数据高速公路（网络）

分散控制系统是以微型计算机为核心的 4C 技术（计算机技术、自动控制技术、通信技术和 CRT 显示技术）竞相发展并紧密结合的产物，而通信技术在分散控制系统中占有重要的地位。计算机数据高速公路（网络）连接分散处理单元（或称过程控制单元）、监视操作单元（或称操作员站）和系统管理单元（也称管理计算机）。

工业控制用通信系统具有以下特点。

1. 快速实时响应能力

分散控制系统通信网络是工业计算机局部网络，它应能及时传输现场过程信息和操作管理信息，因此网络（数据高速公路）必须具有很好的实时性。响应时间应为 0.01～0.5s，高优先级信息对网络存取时间应不超过 10ms。

2. 具有极高的可靠性

分散控制系统的通信系统必须连续运行，通信系统的任何中断和故障都可能造成停产，甚至引起设备和人身事故。因此通信系统必须具有极高的可靠性。一般采用双网冗余方式，以提高可靠性。

3. 适应恶劣的工业现场环境

工业现场存在各种干扰，如由电源系统串入网络的脉冲干扰、雷击干扰、电磁干扰、地电位差干扰等。为克服各种干扰，现场通信系统采用了种种措施，如对通信信号采用调制技术、光电隔离技术，以避免雷击或地电位差干扰。

4. 分层结构

分散控制系统是分层结构的，因此其通信网络也具有分层结构，每层有适用于自己的网络系统。现场总线是连接现场安装的智能变送器、控制器和执行器的总线。其中包括智能压力、温度、流量传感器、PLC、单回路或多回路调节器，还有控制阀门的智能执行器和电动机等现场设备。机组级网络系统用于直接交换现场分散处理单元与监视操作单元（工作站）之间以及各现场控制单元之间的数据，以完成对生产过程的控制。厂级网络系统完成全厂信息的综合管理。在计算机网络发展中网络通信协议的标准化受到普遍的重视。在建立标准之前，首先定义了通信任务具有的体系结构，这一体系结构即国际标准化组织（ISO）提出的开放系统互联（OSI）参考模型，它定义了不同计算机连接在一起的结构框架。IEEE802 局域网络标准实现了参考模型的低层协议。在工业环境局域网方面，1981 年美国通用汽车公司推出了 MAP（manufacture automation protocol）协议，在 20 多年的发展中，获得了许多大公司如波音、DEC 以及 IBM 等的支持，拥有相当数量的用户。

第七节　分散控制系统软件

DCS 系统的软件包括操作系统和应用软件两部分。

一、操作系统

由于 DCS 系统是生产过程的综合控制和监视，其任务是多项的，且要求有很高的实时响应性能，因此 DCS 系统的操作系统需采用实时多任务操作系统。目前使用的实时多任务操作系统有 UNIX、IRMX、VRTX、AMS、QNX、Windows NT/XP 等。实时多任务操作系统具有快速处理在时间上异步出现的事件的能力，支持多个任务或进程在互不影响下同时运行的特点。UNIX 多任务实时操作系统采用较为广泛，如 N-90、MAX-1000、WDPF 等 DCS 系统均采用 UNIX 多任务实时操作系统。IPMX 是 Intel 公司的早期产品，其特点是系统庞大、复杂；QNX 是美国 Quantum 公司的产品，其特点是内核小，使用方便；美国 Ready System 公司的 VRTX 是一个嵌入式实时多任务操作系统，其特点是内核结构简单紧凑，可靠性高，与 MS-DOS 兼容，VRTX 在国际同类产品中的市场占有率约为 85%。

国外的一些著名软件，如 Wonderware 公司的 Intouch、Iconics 公司的 Genesis、Laboratory 公司的 Labtech、Intec Controls 公司的 Paragon 等基于 Windows 的软件，具有 Windows 的风格，可通过图形界面实现应用功能的组成从而形成最终应用系统。

DCS 系统的操作系统举例：MAX-1000 系统的信息管理借助于应用处理器来实现这些功能。应用处理器能在 UNIX 多用户操作系统和 INFORMIX 下进行工作，其操作员站的软件是由 MS/DOS 和 MS/WINDOWS 支持的 DATAVUE 绘图软件。WDPF-Ⅱ 系统采用商业化高效的简化指令系统计算机 RISC 技术，实时多任务 UNIX 操作系统和 X-Windows 技术，以太网（Ethernet）信息通道。TELEPERM-XP 的软件包综合采用国际标准的 UNIX，C，X/Windows、OSF-Motif、ISO-OSI（国际标准化组织-开放系统互联模型）以及具有 SQL（structured query language，结构询问语言）的相关数据库系统 INFORMIX™。目前的 DCS 系统大多都采用 Windows NT/2000/XP 操作平台。

二、应用软件

DCS 系统的应用软件其功能包括对模件的数据采集、通信、实时数据库生成、工业流程画面生成、打印管理、历史数据管理、过程控制等。例如，N-90 系统的软件系统包括 MCS 系统软件包、UNIX 操作系统、MCS 脱机辅助软件以及应用程序软件包等。N-90 软件系统的主要部分是 UNIX 操作系统支持下的大型应用软件系统，此外还加上 DOS 操作系统支持下的辅助工具软件系统。N-90 的应用软件主要由以下几部分组成。

（1）"操作/组态"软件是 MCS 上最重要的应用软件。对用户而言，它包括了所使用的大部分功能。它的使用完全实行菜单引导，既简单明了，又操作简便，具有良好的人机界面。它的软件本身也很复杂，功能十分齐全。它为用户提供的菜单流程是个树状结构的多极系统。

（2）MONITOR 68K 软件。此软件提供了 DDT 文件管理监控系统，是系统安装、诊断和维护的重要软件工具，它是面向系统管理人员的软件。

（3）应用 PCU 软件包，即过程监视/控制用软件。N-90（INFI-90）的过程监视/控制用软件以功能码的形式组成功能码库。功能码库包括：站功能、控制、计算（包括三角函数、多项式、矩阵、对数等复杂运算功能）、信号选择、信号状态、逻辑、模件总线、工厂总线 I/O、工厂回路 I/O、现场 I/O、执行及其他功能块。INFI-90 的功能码数已由 80 年代末的 N-90 的 174 个增加到目前的 200 多个，且功能码库仍在不断丰富中。用户可选用 N-90（INFI-90）的功能码来设计控制/监视回路，回路的控制策略被存放在 MFC（MFP）的非易失性存储器（EEPROM）中，MFC（MFP）可执行 N-90（INFI-90）功能码库中的几乎全部功能，此外还具有 BASIC 或 C 语言编程能力。

（4）N-90MCS 辅助软件。MCS 除了利用数据终端作为维护工具外，还有一个更高级的工具，这就是工程师工作站（EWS）。EWS 作为整个 N-90 系统设计和开发必不可少的工具，为 MCS 提供了强有力的开发手段。

N-90 的软件系统极为庞大、复杂，但其软件系统却给用户提供了极其完整的菜单操作，并且其功能齐全、使用方便。它除了现有的控制、监视和管理功能外，还为用户提供了 C 语言和 FORTRAN 语言编程能力，用户也可以通过修改组态和画面来改变或增减所需监视和控制的过程信息，因此它具有良好的扩充能力。

EWS 硬件系统是利用一台 IBM 或与之兼容的个人计算机，再增加上一块贝利公司自己的专用图形模件板所构成。它具有文本（STXT）、计算机辅助设计（SCAD）和梯形逻辑结构图（SLAD）三种控制设计软件。

（1）文本软件（STXT）利用"菜单"驱动格式指导操作员完成 N-90 的各种指令功能。按照"菜单"上的各种提示的回答，操作员可以对系统模件进行定义、组态、监视和维护等工作，也可以选择功能表中的各种功能，例如，增加、修正、删除、改变、拷贝及改变功能块的技术条件等；改变模件的工作模式，可以用来完成模件初始化、组态、执行或复位等功能；选择在线和脱机（离线）工作方式，可以监视一个或一组变量值，可以监视模件的状态、调节功能块，修改数据扫描频率；可以定义一个或一组输入/输出点，以便进行调节和监视；还可以把磁盘或模件中的组态数据列在屏幕上，或打印出来；可由磁盘保存或加载模件组态数据；可以拷贝、删除、比较或重新命名各种数据文件；可以维护数据文件的目录。

（2）计算机辅助设计（SCAD）软件的绘图符号及一系列指令提供了简易快速地设计 N-90（INFI-90）的控制功能。利用各种绘图符号和一台彩色显示器，可以直接在屏幕上完成新的组态设计，或修改现有的控制逻辑图；利用编辑技术，可以移动、修改、拷贝或删除原有的方案；可以选择栅格析象能力在适当位置上设置直线和各种符号；可以选择图形的某一部分进行定义和处理。在作出设计框图时，功能块的各种技术规格都将被显示出来，各种输入值根据需要被采纳或被改变。SCAD 软件装有一个 ISA（美国仪表学会）和 SAMA（美国科学设备制造商协会）功能符号库、宏指令逻辑块和结构图。

（3）梯形图软件（SLAD）可以把梯形图的一整套标志符号转换为标准的 N-90 功能块。利用各种绘图符号，可以直接在屏幕上设计逻辑阵列，可以把游标放在阵列的任意梯级内，并选择适当的符号。所有的接触器和线圈测点都使用了便于记忆的函数名称。有些逻辑元件，如定时器、记数器或者其他一些功能元件，则可能需要更多的信息量来表示。SLAD 软件提示了各种必需的信息。当控制逻辑被制定后，SLAD 将保留一份完整的、内容广泛的有关符号的标记参考清单。输入/输出控制点可以被强迫处于开或关状态，在定义了控制逻辑后，SLAD 将产生带有各种注释的结构图，显示出逻辑元件、符号标记和有关的注释。整个硬件模件的功能块都可以按照梯形逻辑结构图进行组态。

近年来，越来越多的 DCS 厂家转而应用基于 WINDOWS 系统的操作平台，而应用软件也常采用国际专业软件商提供的商业监控软件，目前国内比较常用的有 intelution 公司的 iFIX 以及

Wonderware 公司的 inTouch 两种。

iFIX 是 Intellution Dynamics 自动化软件产品家族中的 HMI/SCADA 最重要的组件，它是基于 WindowsNT/2000 平台上的功能强大的自动化监视与控制的软件解决方案．iFIX 可以用于监视、控制生产过程，并优化生产设备和企业资源管理。它能够对生产事件快速反应，减少原材料消耗，提高生产率。生产的关键信息可以通过 iFIX 贯穿从生产现场到企业经理的桌面的全厂管理体系，以方便管理者做出快速高效的决策，从而获得更高的经济效益。

inTouch 是 Wonderware 公司的产品，是一个基于 Microsoft Windows 平台的、面向对象的图形工具，提供易于使用、具有强大动画功能和优越性能及高可靠性的人机界面软件。把 Windows 操作系统引入工业自动化领域的，从根本上改变了制造业用户开发应用程序的方法。

InTouch 9.0 是最新发表用于工业自动化及过程监控的图形化人机界面（HMI），功能卓越，并易于使用。InTouch 9.0 将生产信息具体地呈现给工厂各阶层及操作者，因此完全地集成各类信息，使之能在工厂内外被取得。

iFIX 组态软件可参见附录三具体的介绍，使读者可以对上述监控软件有一个较深入的了解。

第八节　数据处理与信息共享

一、数据处理

DCS 系统的微处理器和存储器有很强的数据处理功能。进入 DCS 的大量数据通常都要经过一系列的预处理和处理，如滤波、隔离、A/D 转换、标度变换、校正和线性化等。

1. 滤波

由于被测参数自身的高频波动，如锅炉炉膛压力的随机高频波动，或由测量通道引入的高、低频干扰，需通过滤波环节滤去信号中的各种高/低频杂波。早期的滤波电路由电阻、电容、电抗等元器件组成，如（电）阻（电）容滤波器、（电）阻（电）抗滤波器等，按形式分又可分为 Γ 式滤波器、Π 形滤波器、多级滤波器等。应用微处理器技术，采用数字滤波，可以提高滤波效果。

2. 隔离

在现场（电厂）环境中，弱电或低电平的测量信号回路常常会串入或感应产生较强电压。如用热电偶测量温度，信号是"毫伏"级，而周围环境存在的 220VAC、380VAC，甚至 6kVAC 可能感应或直接串入热电偶测量回路，产生数十伏甚至数百伏的感应电压，如不隔离，这些强电进入计算机回路势必会损坏芯片、卡件。目前常用的隔离方法是变压器隔离和光电隔离。在 DCS 系统中大多采用光电隔离，光电隔离的能力可达 500V 交流峰峰值，50Hz，或 500VDC。

3. A/D、D/A 转换

过程参数，如温度、压力、差压（流量、液位）等均为模拟量信号进入 DCS 系统。在由微处理器进行各种数据处理之前必须转换为数字量信号，即需经过 A/D 转换；同样经过微处理器处理过后的各种数据，如控制数据要对控制对象实施模拟量控制，则必需将微处理器处理后的数字量信号转换为模拟量信号，即需 D/A 转换。A/D 转换的精度取决于 A/D 转换器的位数，常用的 A/D 转换器有 12 位、14 位（其中一位为符号位）、16 位（其中一位为符号位），对应的精度分别为：0.0244%、0.0122%、0.00328%。

4. 校正和线性化

对于数据块，通过所选择的过程输入的周期性的反复校准，可用于补偿预期的传感器老化或漂移，将已知输入值和希望输出值送入系统，通过最小二乘法拟合得到多阶（如7阶）多项式的计算系数，这样的校正方程及拟合系数存储于DPU中，用于数据校正。

至于流量测量中的差压信号的开平方和热电偶（TC）、热电阻（RTD）的线性化，如在MAX-1000系统中是通过使用模拟（过程）输入页或模拟并行输入（API）数据点来规定的。检测器类型选择是用数据点组态码中的LL值域来确定的。LL编号00/01是线性、平方根；LL编号02/13则表示标准的线性化检测器，如J、K、T、E和S型热电偶，以及100Ω铂电阻；LL编号14/15允许使用交互页面上规定的其他特殊线性化检测器，如：R、B、N、G、C和D型热电偶，以及一些不同阻值和材料的热电阻等。

5. 标度变换

各种模拟量信号输入到DCS系统时，都以相对量的形式输入，如常采用的4～20mA DC信号，热电偶的直流毫伏信号，热电阻的桥路输出直流毫伏信号等。而在CRT上显示出给运行人员监视用的或制表打印出的参数量和单位必须以符合国家计量法法定单位的工程单位。如温度采用摄氏度，即"℃"，压力单位采用Pa、kPa、MPa，流量单位采用m^3/h、t/h等。为此需将DCS系统内需显示、打印的各模拟量参数通过标度变换转换为工程单位。

6. 数据处理

广义的数据处理包括各种数据的计算、转换和数字事件处理，其中包括变化率，超前或滞后滤波，加权平均值，时间平均值，最大值和最小值，平均值或中值，求和或求积，质量流量计算，折线函数或三角函数，取整，与/或/异或逻辑，每个函数的多项式校正，定时器，事件计数等等。

二、信息共享

DCS系统的一个特点是信息共享。由于DCS系统是一个多级网络信息系统，任何一个来自现场的过程信息或人机指令信息都可以通过网络传送到网络的任何节点（工作站、DPU、管理计算机，PLC系统，现场总线网络等），为系统所共享，这样可以减少信息源、节省电缆。例如，对汽包锅炉来说，汽包水位是一个很重要的参数，在显示、控制、保护、报警等各个功能方面均需要这一重要信息；汽包水位又是一个很重要的控制参数，锅炉的安全稳定运行，必须维持汽包水位在一稳定水位上（如0水位），而为了汽包水位控制系统的可靠工作，被控参数（汽包水位）的测量需冗余配置，如"三取中"，则需三个独立的汽包水位信号；汽包水位过高或过低，则对锅炉的安全产生严重的威胁，必须设置锅炉汽包水位过高或过低的保护。为了保护系统的可靠工作，汽包水位保护信号需冗余配置，常用的方法是"三取二"，即要有三个独立的汽包水位越限保护的开关量信号，如用水位开关，则高、低共需6个；汽包水位的CRT显示或指示表的显示，记录表的记录，为了可靠，通常是"三取中"或"二取一"，则又需要2～3个汽包水位信号；此外，汽包水位的高、低报警也需汽包水位信号。如果控制、显示、保护、报警都各自独立地配置汽包水位信号，则需近10个汽包水位信号，配置10台汽包水位变送器，这显然是不经济的，而设置多达10个的水位测量平衡容器也是不现实的。采用DCS系统，信息可以共享，上述汽包水位信号，可以通过网络通信或硬接线，只要配置三个汽包水位变送器，便可满足控制、显示、保护、报警等的功能要求。具体做法是将三个汽包水位变送器的信号（4～20mADC）接至水位控制的DPU中的三个I/O卡件上，就可满足"三取中"的模拟量控制冗余原则；这个中值通过网络信息传输又可作为CRT显示或打印机打印的汽包水位测量值。三个独立的汽包水位模拟量信息经DPU内的比较器进行高、低限比较，各产生三个独立的开关量信号，通过网络通信或DPU间的输出/输入硬接线，可满足"三取二"的开关量保护冗余法则，自然"三取中"的模拟量中值经DPU内的比较器进行高、低限比较产生的开关量信号就可用于报警（CRT报警窗口或常规光字牌报警器）。其他主要参数，如主蒸汽压力、主蒸汽温度、主蒸汽流量、炉膛压力等，如此处理既满足了控制、显示、保护、报警功能的要求，对一台单元机组来讲，还可以节省大量的变送器（或一次测温元件）和电缆/补偿导线，其经济效益是可观的。

在电力规划设计总院《单元机组分散控制系统设计若干技术问题规定》（电规发［1996］214号）中，对采用分散控制系统时，监视、控制和保护系统的信息共享，作了下述三条规定。

（1）监视和控制系统的信息，有条件时（包括各系统均采用 DCS 或采用可编程序控制器、且与 DCS 通过串行口通信联网）宜信息共享。此时，I/O 信息应首先引入控制系统的 I/O 通道，并通过通信总线传送至数据处理和监视系统。

（2）控制系统与机组保护系统都要用的过程信息，宜通过各自的 I/O 通道分别引入。

（3）触发 MFT 等停机的信息应通过硬接线方式传送。

第九节 电源、系统接地及抗干扰

一、DCS 电源系统

DCS 系统需要一个可靠的、高性能的交流电源，尽管它往往被转换成其他电平和类型，以用于系统各设备和卡件，但正是有了交流电源才保证了系统的正常运转。DCS 系统的交流电源通常需要采用一种不间断的供电系统 UPS（uninterruptable power system），同时还要考虑交流电源自身的冗余。图 13-12 所示的 UPS 装置组态图为电厂常规配置的组态方式。

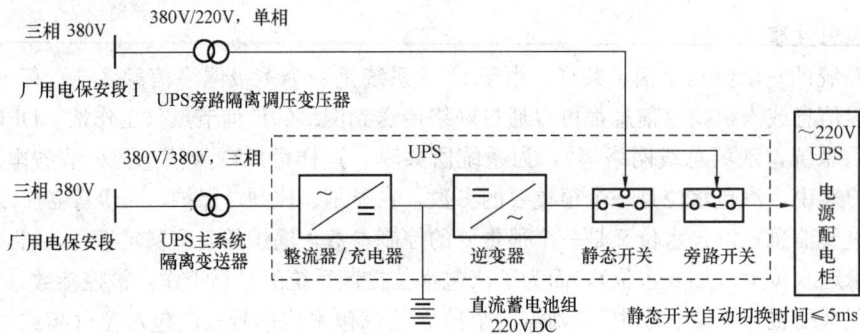

图 13-12　UPS 装置组态图

图 13-12 虚线框内为 UPS 装置，它由整流器/充电器、逆变器、静态开关、手动旁路开关四部分组成。UPS 装置的交流电源由两路冗余的不同段的厂用电保安电源供电，经 UPS 主系统隔离变压器和 UPS 旁路隔离调压变压器，由 380V、3 相变压为 220V、单相。正常供电路径是：厂用电保安段 380V、三相电源经 UPS 主系统隔离变压器变压为 220V、单相，向 UPS 装置供电，经整流器/充电器将 220V、单相交流电整流为 220V 直流电，该直流电一方面送逆变器转变为 220V、单相交流电，再经静态开关、手动旁路开关作为 UPS 装置的输出电源，送经 220V 交流 UPS 电源配电柜向 DCS 系统各机柜配电；另一方面该直流电向 220V 直流蓄电池组浮充电，使直流蓄电池组保持额定容量的功率。一旦厂用电保安段失电，或 UPS 主系统隔离变压器故障或 UPS 的整流器/充电器故障，则 220V 直流蓄电池组投入工作，作为主电源，因此对 220V 直流蓄电池组的容量要有一定的要求，一般直流蓄电池组的容量应满足 DCS 系统在额定负荷下至少0.5h 的用电量。如果直流蓄电池组放电超过其允许的下限或 UPS 逆变器故障，则静态开关自动将供电电源切至 UPS 旁路电电源。由于 DCS 系统微处理器和存储器等对中断电源时间的要求很

严，静态开关自动切换的时间要小于或等于 5ms。如 UPS 旁路电源长期供电，可将手动旁路开关切至 UPS 旁路电源。UPS 装置及其配套的变压器容量应根据 DCS 系统的最大负荷量设计，并应留有一定的余量，本例为 50kVA。

除了 DCS 系统的每一个机柜需有 220V 交流供电外，与系统相连的每一个外围设备，如打印机、CRT 等，以及每一个操作员站、工程师站也需有 220V 交流供电。在电源分配系统中，DCS 系统各工作部件还需要不同电压等级的直流电源，如计算机系统的直流工作电源，可能是 ±5V、±10V、±12V、±15V，二线制变送器电源和 4~20mA 输出的电源通常是 +24V，提供开关量的无源接点的访问电源、驱动电磁阀的开关量输出电源、中间继电器的电源通常采用 ±48V，也有采用 ±24V 或 +120V。在电力规划设计总院《单元机组分散控制系统设计若干技术问题规定》（电规发［1996］214 号）中：I/O 模件现场节点的供电电压宜在 48~120V 范围内，条件不许可时，允许采用 24V 供电。DCS 系统所选用的各级电压的直流电源的可靠性是很关键的，失去任一等级的直流电源都将造成系统工作的中断，如果失去计算机系统直流电源，其功能便将停止；失去 +24V 电源，4~20mA 输入/输出信号将回零，等等。因此各等级的直流电源装置需要冗余配置。要获得完全的供电冗余，可对系统需要的每一个电压等级的电源都提供一个附加电源，这称之为 1∶1 的电源冗余。近来有的 DCS 系统为了减少电源装置的备用件数，又具有电源的冗余功能，对同一电压等级的 n 个供电电源只提供一个电源作为备用，这称为 $n∶1$ 的电源冗余。

在《工业计算机监控系统抗干扰技术规定》中，对 UPS 电源的容量和质量提出了具体要求：UPS 电源的容量按负荷的 1.2 倍选择。计算机系统供电电源质量应满足计算机制造厂家的要求，不停电电源应选用一端直接接地的 220V 交流供电制式机型。不停电电源主要技术指标应符合以下要求：

(1) 电源稳定度，稳态时允许偏差为 ±2%，动态允许偏差为 ±10%。

(2) 频率稳定度，稳态时允许偏差为 ±1%，动态过程允许偏差为 ±2%。

(3) 波形失真度，不应大于 5%。

(4) 备用电源切换时间，不应大于 5ms。

(5) 当供计算机系统的电源中断时，不停电电源应能保证连续供电不少于 30min。

二、DCS 系统接地

DCS 系统的正确接地十分重要，因为它能提供一个供电返回通道，从而使系统中的所有信号有一个公共参考点；它还保证了系统中的模拟量测量电路有一个稳定的参考点，使外部干扰对系统的作用最小；由于提供了一个返回通道，使得从外部信号源进入系统的交流噪声的影响变为最小。总之 DCS 系统的接地系统应这样建立：供电返回为一部分，模拟信号参考为另一部分，机柜和外壳构成第三部分。这三部分互相隔离，但要在一个点上连接起来，以保证系统各个部分之间有一公共电位。理想情况下，如果有某类电干扰，系统各部分仍将在同一个相对电位点上，从而使系统在干扰期间和干扰后能正常进行。

1. 参考地（RG）

参考地（reference ground）定义为大地地（earth ground），由接地排或接地网形成。参考地的目的是为系统测量电路提供一个公共参考点。DCS 系统的"公共"点至接地网（或接地排）之间的接地电阻规定为小于或等于 1Ω。DCS 系统接地点宜直接接在电气接地网上，当 DCS 生产厂家要求 DCS 系统设专用接地网时，可设置 DCS 系统专用接地网，专用接地网与电气接地网、防雷接地网之间的距离应大于 10m。建筑钢架或交流安全地不能用作参考地。

2. 机柜接地

在机柜中有以下四种基本类型的接地。

（1）机柜地（cabinet ground，CG）。

机柜地 CG 在每个机柜中都有接地柱将各个机柜各自引至接地汇流牌后再一点接地。

应该注意的是，导线管、铠装电缆和电缆支架应和机柜金属构件以及信号公共点（SC）和电源地（PSG）绝缘，应提供一个和建筑钢架单独的连接，以消除金属构件中的环流。

（2）安全地（safety ground，SG）。

安全接地 SG 也称保护接地，用于所有需要交流电源的硬件单元。交流电源接线中的保护地引线和电源底板的端子（GND）相接，然后可通过电源安装螺钉和机柜地相接。当发生短路时，这个地可以保证操作员的安全，而不是为了暂态抑制。

（3）电源地（power supply ground，PSG）。

电源地 PSG 是直流电源的返回通路，它是给定机柜中所有安装设备的电源的公共部分。

（4）信号公共（signal common，SC）。

信号公共 SC 亦称逻辑地（logical ground），是机柜中模拟量测量信号的参考点。可以抑制来自信号和供电系统的噪声干扰。SC 和 PSG 的总线汇流排要绝缘。

总之，机柜中四种类型的接地都应有一自己的公共接地点，且相互间应该绝缘，然后它们再分别接至系统的参考地（具体 DCS 系统可按供货商的要求执行）。

3. 屏蔽层接地点选择要求

DCS 系统信号线的屏蔽层接地点选择应符合以下要求：

（1）信号源在测点现场接地的测点，屏蔽线的屏蔽层在现场接地。

（2）信号源在测点现场不接地的测点，屏蔽线的屏蔽层在 DCS（计算机）侧接地。

（3）当模拟仪表和计算机（DCS）共用传感器时，去模拟仪表的信号电缆选用和去计算机（DCS）的信号电缆相同的屏蔽电缆时，屏蔽层和去计算机（DCS）屏蔽电缆的屏蔽层接在一起后，按上述（1）和（2）的原则选择接地点。

（4）计算机（DCS）各逻辑部分间接口电缆的屏蔽层连接在一起后在主机柜处用绝缘的导线与地线汇集板牢固连接。

另外，有人主张计算机系统采用"浮地"方式运行，这就要求整个计算机系统在各种情况下对地绝缘状态比较稳定。但浮地方式可能会对运行维护人员造成静电电击。

三、DCS 系统抗干扰

大型单元机组采用 DCS 系统，由于 DCS 广泛采用电子器件和微处理器，采用数字化传输等，易受电厂环境各种干扰源的干扰；又由于 DCS 系统的监视、控制点多，分布范围广，传输距离相对较远，而所处的环境又较恶劣，如电厂中的高电压和大电流产生的强电磁场、局部环境温度的高梯度分布、谐波电源的存在、无线电通信（如对讲机、移动电话等）的广泛使用，以及这些干扰的幅值、时间的随机性等等；加之，当前现场信息传输仍然以模拟量和开关量为主，尽管有些干扰电平甚小，一旦进入装置的输入端，而所采取的抑制措施又不利时，经装置放大后，极易造成误差，给电厂值班人员的判断、处理带来困难。而对于数字量传输信息，由于强干扰的存在又未能有效抑制时，则可能造成通信系统的破坏，使 DCS 系统不能正常工作，甚至造成不必要的损失。电厂中存在的电磁场、温度场、谐波等信息，我们统称为干扰信息，这些干扰信息是客观存在的。要解决 DCS 系统的干扰问题，一方面是要提高 DCS 自身的抗干扰能力，另一方面是要研究电厂中常见干扰信息的有效抑制措施。

1. DCS 系统自身的抗干扰能力

DCS 系统或其他计算机系统或电子线路其抗干扰能力常用共模电压、差模电压、共模抑制比、差模抑制比来表示。

图 13-13 分别画出了差模干扰等效电路图和共模干扰等效电路图。在图 13-13（a）中，差模抑制比 NMRR（normal made rejection ratio）定义为

$$\text{NMRR} = 20\lg\frac{E_{\text{nm}}}{\Delta u_{\text{i}}} \quad \text{(dB)}$$

式中，Δu_{i} 为差模干扰电压 E_{nm} 引起的折算到输入端的偏移电压。在图 13-13（b）中，共模抑制比 CMRR（common mode rejection ratio）定义为

$$\text{CMRR} = 20\lg\frac{E_{\text{cm}}}{E_{\text{in}}} \quad \text{(dB)}$$

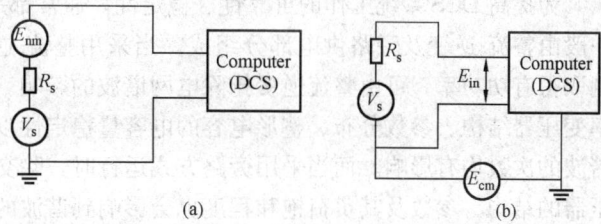

图 13-13　差模、共模干扰等效电路图
(a) 差模干扰等效电路图；(b) 共模干扰等效电路图
E_{nm}—差模干扰信号；E_{cm}—共模干扰信号；
V_{s}—被测信号；R_{s}—信号源内阻

式中，E_{in} 是当输入信号为零时，由加入共模电压 E_{cm} 而在输入端产生的等效差模电压。

共模抑制比 CMRR 的另一种表达方式为

$$\text{CMRR} = 20\lg\frac{u_{\text{Si}}/u_{\text{Ni}}}{u_{\text{So}}/u_{\text{No}}}$$

式中，$u_{\text{Si}}/u_{\text{Ni}}$、$u_{\text{So}}/u_{\text{No}}$ 分别表示输入端和输出端信噪电压比。

在电力规划设计总院《单元机组分散控制系统设计若干技术问题规定》中对 DCS 系统的抗干扰能力提出了以下具体要求。

共模电压：　　　≥250V；

共模抑制比：　　≥90dB；

差模电压：　　　≥60V；

差模抑制比：　　≥60dB。

2. 常见干扰信息的抑制

要消除常见干扰信息，最彻底地消除干扰源是最理想的，但往往受到技术、经济等因素的制约，这样现实的办法是采取抑制措施，以降低干扰的影响程序，保证装置的灵敏度、精度和可靠性的要求，从而保证单元机组的长期稳定运行。

（1）输入电路。

DCS 系统其输入信息中的干扰形式是多种多样的，处理起来较麻烦。抑制这些干扰信息时，应根据其电路功能、信息类别、可能的干扰形式，认真细致地查找，反复测试。信息的输入采用共模输入较多，但由于信息取样点的地电位或输入参数对称性欠佳等易于使其转化为差模干扰信息，采用减小取样点与装置输入接口间地电位差值或改善输入电路元件参数，保证优良的对称性等措施均可减少其共模电压值。而采用差模输入时，采用 PC、PF 电容即可滤掉干扰，或增加延时等修改软件的办法均可收到明显的效果。对逻辑电路，只要其干扰信息不致于造成电路的翻转，则可认为是允许的。其允许限额，对于继电电路决定于继电器的启动与返回电压值，对于电子电路决定于饱和导通与截止的门槛电压值，而它们又与装置的电源电压有关。具体容限应根据具体电路确定。一般来说，取装置电源的 ±10％作为干扰的容限电压是可以接受的。

（2）接地。

DCS 系统的接地系统和在输入电路中采样点地电位是常见而又较重要、复杂的问题，即接地问题。可靠的接地系统和正确的输入信息屏蔽电缆屏蔽层的接地方式是抑制干扰，保证 DCS 正常工作的有力措施，有关这方面的论述详见 DCS 系统接地。

（3）电源及谐波。

为提高 DCS 系统工作的可靠性、稳定性，通常都采用不停电电源 UPS 作为供电电源。UPS 一般由整流-逆变及旁路供电部分组成。当采用整流-逆变方式运行时（正常运行方式），由交流侧取得有功功率，可由整流逆变排除电网谐波的影响。然而，在逆变为正弦波的过程中，逆变功率变压器结构、参数分布、整形电容的电容量稳定性以及这些元件间的分布电容对谐波的形成及谐波的次数均有影响。而当采用旁路方式运行时，除交流侧电网存在有谐波影响外，旁路隔离变压器的结构、参数及其负荷饱和程度也会影响到谐波的产生。为了减小这些谐波，必须在装置交流电源的输入侧采用高质量的隔离变或增设滤波电容。为了减小电源侧对 DCS 系统的干扰，需对供电电源（UPS）有严格的要求，详见本节"DCS 的电源系统"。这里还要指出的是，电源电缆和信号电缆在敷设时要遵循以下一定的规则：

1）在同一根电缆中只能传送同一类信号。

2）低电平输入信号电缆通过强电磁场区段时，信号电缆需穿入钢制电缆管内敷设，电缆管应良好接地。

3）低电平输入信号应选用屏蔽电缆。

4）计算机信号电缆与动力电缆等多类电缆走同一电缆通道时，各类电缆应分层敷设。各类电缆层由下往上的排列顺序是计算机信号电缆层、一般控制电缆层、低压动力电缆层、高压动力电缆层。

5）计算机信号电缆与动力电缆之间应保证有最小的允许距离。

（4）温度和温度场。

在现场经常会碰到温度和温度场干扰的问题。以热辐射形式出现的温度场干扰既可表现于输入电路中，也可出现于整个装置的空间。只要改善温度场的梯度，增强热量的传播（增强通风），一般来说温度场干扰是可以抑制的。DCS 制造厂商对环境温度、湿度等都有明确的规定，DCS 机柜温度过高，超过制造厂商规定的允许上限值，可能发生装置功能紊乱，甚至造成保护（如 MFT）误动停机。因此不仅要保持机房恒温恒湿，还要防止机柜局部空间温度过高，因此还要加强机柜内通风。

电厂对 DCS 应用环境条件的要求通常为，对安装于单元控制室或电子设备间内的电子设备及系统应能在环境温度 $0 \sim 50$℃、相对湿度 $10\% \sim 95\%$（不结露）的环境中连续运行；对安装于现场的远程站设备应能在环境温度 -10℃$\sim 0 \sim 55$℃、相对湿度 $10\% \sim 95\%$（无凝结）、振动 $40 \sim 50$Hz、$10g$ 加速度条件下正常连续运行。

第十节　分散控制系统人机接口

一、操作员站

操作员站的任务是在标准画面和用户组态画面上，汇集和显示有关的运行信息，供运行人员据此对机组的运行工况进行监视和控制。

（1）操作员站的基本功能如下：

1）监视系统内每一个模拟量和数字量；

2）显示并确认报警；

3）显示操作指导；

4）建立趋势画面并获得趋势信息；

5）打印报表；

6）控制驱动装置；

7）自动和手动控制方式的选择；

8）调整过程设定值和偏置等。

（2）当操作员站采用工业控制机配置时，至少应满足采用 P4 及以上的工业控制机，其硬件配置要求如下：

内存　≥512MB；

硬盘　≥80 GB；

主频　≥2.4GHz。

（3）虽然操作员站的使用各有分工，但任何显示和控制功能均应能在任一操作员站上完成。

（4）任何屏幕画面均应能在 2s（或更少）的时间以内完全显示出来。所有显示的数据应每秒更新一次。调用任一画面的击键次数，不应多于 3 次。

（5）运行人员通过键盘、鼠标等手段发出的任何操作指令均应在 1s 或更短的时间内被执行。从运行人员发出操作指令到通道板输出和返回信号从通道板输入至屏幕上反映出来总的时间应在 2.5s 内。对运行人员操作指令的执行和确认不应由于系统负荷的改变或使用了 Gateway 而被延缓。

（6）运行人员监视的流程图和报警内容应采用汉字显示。同时，既要保证 DCS 的响应速度，又要保证系统可靠和稳定地运行。

二、工程师站

（1）每台机组应提供一套台式工程师站放置在工程师工作室内，用于程序开发、系统诊断、控制系统组态、数据库和画面的编辑及修改，工程师站还应包括有关外设。

（2）工程师站应能调出任一已定义的系统显示画面。在工程师站上生成的任何显示画面和趋势图等，均应能通过通信总线加载到操作员站。

（3）工程师站应能通过通信总线调出系统内任一分散处理单元的系统组态信息和有关数据，还可将组态数据从工程师站上下载到各分散处理单元和操作员站。此外，当重新组态的数据被确认后，系统应能自动地刷新其内存。

（4）工程师站应设置软件保护密码，以防一般人员擅自改变控制策略、应用程序和系统数据库。

（5）工程师站的硬件设备可以和操作员站一致。

三、值长用监视终端

（1）有的工程在值长台上放置一套台式监视终端，供值长用作对两台机组及全厂公共系统实时运行状况的监视，值长监视终端往往是从两台机组 DCS 公用网上引出的一个节点。但若在值长台上设置有 SIS 系统客户机时，DCS 的值长监视终端可以不再配置。

（2）在监视终端上，应可调出每台机组及全厂生产系统运行的主要参数，包括主要热力参数实时值、主要设备运行状态、经济指标的累计值及性能计算结果等。

四、LCD 显示屏

目前，操作员站、工程师站和值长监视终端的显示屏幕大多采用液晶显示屏 LCD。LCD 的技术指标一般应优于：

（1）可视角度>80°；

（2）亮度优于 200Nits；

（3）对比度优于 120：1；

（4）显示色彩>全彩（32 位元）；

（5）屏幕刷新频率>75Hz。

五、大屏幕显示装置

大屏幕显示装置宜是DCS冗余通信总线上的一个站，具有和操作员站相同的功能并都应有独立的冗余通信处理模块，分别与冗余的通信总线相连，以利于充分发挥其功能。

大屏幕显示装置一般都采用背投型式，其投影机宜采用数字技术产品，如DLP等，能对原色调整控制，600MW机组集控室用大屏幕的主要技术参数和性能宜满足如下指标：

(1) 电压等级：240VAC，50Hz；

(2) 屏幕尺寸：≥84in；

(3) 屏幕亮度增益：3.5dB±0.5；

(4) 屏幕水平视角：≥160°；

(5) 屏幕垂直视角：≥80°；

(6) 要求屏幕亮度均匀，无"太阳效应"；

(7) 分辨率：≥1280×1024；

(8) 投影机光输出强度：>1100ANSI (lm)；

(9) 亮度均匀性：>95%；

(10) 对比亮度：≥300∶1；

(11) 投影灯寿命：在省灯模式下，不小于（平均）10000h；

(12) 投影机具备自动亮度输出控制和电源控制，具有亮度分区调节功能，方便拼接应用；

(13) 满足连续运行的控制室应用，平均无故障时间>30000h，光学核心部件寿命>100000h。

(14) 拼图控制器的技术要求如下：

1) 拼图控制器应具有不少于4路视频输入接口（可连接炉膛火焰及汽包炉的汽包水位工业电视视频信号），可扩展至8个输入接口，可同时显示1~8个窗口，可通过拼图控制器对各种信号进行组态显示，显示窗口可任意拖拉、缩放、跨屏显示；

2) 调节操作方式：键盘操作、鼠标操作、DCS操作员站控制等；

3) 可通过拼图器对投影机进行状态设置。

六、后备监控设备配置

后备监控设备的配置原则是当分散控制系统发生全局性或重大故障（如分散控制系统电源消失、通信中断、全部操作员站失去功能，重要控制站失去控制和保护功能等）时，为确保机组紧急安全停机，应在操作员台上设置下列独立于DCS的后备操作手段：

(1) 锅炉总燃料跳闸（MFT）；

(2) 汽轮机跳闸（ETS）；

(3) 发电机—变压器组跳闸；

(4) 锅炉安全门（机械式除外）；

(5) 汽包事故放水门（汽包炉时）；

(6) 汽轮机真空破坏门；

(7) 直流润滑油泵；

(8) 交流润滑油泵；

(9) 发电机灭磁开关；

(10) 柴油发电机启动。

第十一节　分散控制系统验收测试和维护

一、概述

分散控制系统 DCS 是大型火电厂中最重要的控制装置之一，它的可靠性是保证机组安全经济运行的基础，因此在机组经调试投用后应组织对 DCS 进行验收测试。

对 DCS 进行验收测试，应按照电力行业标准《火力发电厂分散控制系统在线验收测试规程》（DL/T 659—1998）执行，该规程目前正在修订中，待颁发后应以新版为准。

DCS 验收测试时，应具备以下条件：

（1）接入分散控制系统的全部现场设备，包括变送器、执行器、接线箱以及电缆等设备均应按照有关标准进行安装、调试、试运行并按 SDJ279 要求验收合格。

（2）分散控制系统的硬件和软件应按照制造厂的说明书和有关标准完成安装和调试，并已投入连续运行。

（3）火电机组及辅机在试生产阶段中已经稳定运行，且分散控制系统随机组连续运行时间超过 90 天。

（4）相关条件，包括环境条件、电源品质、系统接地、安装调试资料及测试仪器等都满足要求。

二、主要测试内容

1. 功能测试

（1）输入和输出功能的检查。

1）输入参数真实性判断功能的检查。

2）输入参数正确性修正功能的检查。检查流量和汽包水位的温度和压力修正及热电偶冷端温度修正功能。

3）输入参数二次计算功能的检查（包括开方值、平均值、差值、最大值、最小值和累计值等）。

4）输入参数数字滤波功能的检查。

5）输入参数越限报警功能的检查。

6）输入通道控制功能的检查。

7）输出功能检查，在 DCS 的输出通道中，设置超过量程的参数，检查系统的故障报警和故障诊断功能。

（2）人机接口功能的检查。

1）操作员站功能的检查。

2）工程师站功能的检查。检查内容有控制逻辑、屏幕画面及数据库的组态、修改和下载等。

3）工程师站和操作员站之间的闭锁和保护功能的检查，功能互换的检查。

（3）显示功能的检查。

1）检查显示画面的种类及数量。

2）检查显示画面的更新频率和画面更新数据量。

3）检查显示分区（窗口）的划分、使用方法及其功能。

4）大屏幕功能的检查。

（4）打印和制表功能的检查。

1）检查定时制表的类型、数量，表内包含的过程变量数及表内参数。

2）检查随机制表的内容及有关特性。

3）检查请求打印的内容及其特任。

（5）事件顺序记录和事故追忆功能的检查。

（6）历史数据存储功能的检查。

（7）机组安全保证功能的检查。

1）检查保证机组启停和正常运行工况安全的操作指导项目和内容。

2）检查影响机组安全的工况计算项目及统计内容。

3）检查机组大连锁保护和锅炉、汽轮机、发电机、主变压器保护的每一测点和信号通道的冷态、热态校验记录。

（8）输入测点冗余功能的测试。

（9）DCS 的远程 I/O 通信接口的测试检查。

（10）各控制系统之间的通信接口测试检查。

（11）分散控制系统与 SIS 系统的通信接口测试检查。

（12）GPS 功能检查。

（13）DAS 系统性能计算检查。

2. 性能测试

（1）系统容错能力的测试。

1）键盘操作的容错测试。

2）各种冗余模件的容错测试。

3）通信总线冗余切换能力的测试。

4）服务器冗余切换检查。

（2）供电系统切换功能的测试

人为切除工作电源，备用电源应自动投入工作。

（3）模件可维护性的测试。

（4）系统的重置能力的测试。

（5）系统储备容量的测试。

1）存贮余量的测试。内存余量应大于存贮器容量的 40%，外存余量应大于存贮器容量的 60%。

2）输入输出通道可扩容量的测试。输入输出通道的余量不得低于总输入输出通道数的 10%～15%。安装机架的可扩容量及端子排的余量应大于输入输出通道总数的 10%～15%。

（6）输入输出点接入率和完好率的统计。

1）接入率为已安装调试过的输入输出点数占原设计输入输出点数的百分比。

2）接入率按开关量信号、模拟量信号及总输入输出信号分别统计及计算，总接入率应不小于 99%。

3）完好率为抽样检查时合格的输入输出点数占总抽样检查输入输出点数的百分比。

4）完好率按开关量信号、模拟量信号及两种信号总数分别统计及计算，两种信号总的完好率应不小于 99%。

5）对于设计而未接入系统的测点，应按开关量信号和模拟量信号分别列表说明原因。

（7）系统实时性的测试。

1）CRT 画面响应时间的测试。通过键盘调用 CRT 画面时，从最后一个调用操作完成到画面全部内容显示完成的时间为画面响应时间。画面响应时间规定如下：

一是在调用被测画面时，对一般画面，响应时间不得超过 1s，对于复杂画面，画面响应时间不得超过 2s。

二是在发生中断时，屏幕画面自动推出的时间也应符合上述的规定。

2）模拟量信号采集实时性的测试。

3）开关量信号采集实时性的测试。

4）事件顺序记录分辨力的测试，分辨力不得超过 1ms（按合同规定）。

5）控制器处理周期的测试。

6）系统响应时间的测试。

7）各控制系统、远程 I/O 站的通信接口测试。

8）SIS 通信接口的测试。

（8）系统各部件的负荷率测试。

（9）时钟同步精度的测试。

3. 抗干扰能力测试

（1）电缆的检查，电缆的敷设应符合分层、屏蔽、防火和接地等有关规定。

（2）抗射频干扰能力的测试。

（3）现场引入干扰电压的测试。

（4）实际共模干扰电压值应小于输入模件抗共模电压能力的 60%。

（5）实际差模干扰电压所引起的通道误差应满足要求。

（6）分散控制系统的电源适应能力测试。

4. 文档验收

（1）分散控制系统文档资料应齐全。

（2）所有的文档资料除纸质文本外都应有电子文档，而且是竣工版，与现场完全一致。

（3）DCS 各种测试报告应齐全。

5. 可用率考核

（1）分散控制系统的可用率应达到 99.9% 以上。可用率的统计范围只限于分散控制系统本身，不包括接入系统的变送器和执行器等现场设备。

（2）可用率的统计工作自整套系统投入试运行且机组第一次满负荷后即可开始进行。开始计算可用率的时间可以由有关各方商定。

（3）自开始计算系统可用率的时间起，分散控制系统连续运行 90 天，即 2160h，其间累计故障停用时间小于 2.2h，则可认为完成可用率试验。若累计故障停用时间超过 2.2h，可用率的统计应延长到 180 天，即 4320h。在此期间，累计故障时间不得超过 4.3h。完成系统可用率考核的最高时限为 270 个连续日。若超过这一时限，系统的可用率仍不合格，则认为系统的可用率考核未能通过。

（4）在可用率考核其间，若发生由于 DCS 原因引起的 MFT、汽机跳闸、发电机跳闸、MFT 拒动或全部操作员站功能同时丧失，则认为系统的可用率考核未能通过。

（5）可用率考核期间，分散控制系统的各种备件应齐全，且备件应存放在试验现场，出现故障应及时处理，故障时间是指故障设备或子系统的停用时间和故障的正常处理时间，去除因无备件造成的等待时间或其他原因造成的等待处理故障的时间，如发生备件短缺，应在 48h 内提供所缺备件，如超过 48h，48h 后的等待备件时间将累计到故障时间中去。

（6）系统可用率可按下列公式计算

$$A = \frac{t_t - t_f}{t_t} \times 100\%$$

$$t_f = \sum_{i=1}^{n} K_{fi} t_{fi}$$

式中　t_t——实际试验时间，它是指整个连续考核统计时间扣除由于非本系统因素造成的空等时间；

t_f——故障时间，它是指被考核系统中任一装置或子系统在实际试验时间内因故障而停用的时间经加权后的总和；

t_{fi}——第 i 个装置或子系统故障停用时间；

K_{fi}——第 i 个装置或子系统的故障加权系数，加权系数参见表 13-5。

实际试验时间和故障时间，可根据运行班志（依据计算机记录）确定。

表 13-5　　　　　　　　　　　　　　**分散控制系统加权系数**

装　　置	加权系数	装　　置	加权系数
操作员站	$n/N^{①}$	每台打印机	0.1
工程师站	0.3	每台硬盘、光盘驱动器	0.20
显示	0.2	每台磁带机、软盘驱动器	0.2
报警	0.2	历史数据和检索	0.1
报表	0.1	SOE	0.2
计算	0.1	服务器	$1.5n/N$
每台 CRT	0.1	控制器模件	n/N
每台键盘	0.1	其他各种模件	n/N
电　源	n/N	与其他控制系统通信	0.1
每只鼠标、光笔、触屏②	0.05	每条数据公路	1.0

① N 为总数；n 为故障数。

② 用作主要操作手段时，其加权系数同键盘。

三、分散控制系统主要性能指标

1. 系统精度

（1）模拟量。

1）输入信号：$\pm 0.1\%$（高电平），$\pm 0.2\%$（低电平）；

2）输出信号：$\pm 0.25\%$；

（2）事件顺序记录（SOE）分辨率：$1 \sim 2\text{ms}$。

2. 抗干扰能力

（1）抗共模电压不小于 250V；

（2）共模抑制比大于 90dB；

（3）抗差模电压不小于 60V；

（4）差模抑制比大于 60dB。

3. 系统实时性和响应速度

（1）数据库刷新周期，对于模拟量不大于采样周期，一般开关量不大于 1s。

（2）屏幕显示画面对键盘操作指令的响应时间，一般画面不大于 1s，复杂画面不大于 2s。

（3）屏幕显示画面上数据的刷新周期 1s。

（4）过程控制器的工作周期，模拟量控制不大于 0.25s（250ms），开关量控制周期不大于 0.1s（100ms）。根据对近期大量电厂实际运行数据的搜集分析，许多机组的控制实际都无法完全达到上述要求。笔者认为，对控制器控制周期的选择应针对被控对象的实际情况区别对待，可以采取不同的标准，对一些有快速要求的控制回路，例如汽轮机控制、炉膛压力、给水调节和连锁保护等，其控制周期必须满足快速的指标，而一般的其他控制可以适当放宽到 500ms，采取这样的灵活方式能既满足实际控制的要求，又能节约资源。DEH 系统控制器的控制周期宜 50ms 左右（包括 ETS）；电气信号有特殊快速要求则另确定。

（5）从键盘发出操作指令到通道板输出和返回信号从通道板输入至显示器上显示的总时间不大于 2.5s（不包括执行机构动作时间）。

4. 系统裕量

（1）最繁忙时，控制器 CPU 的负荷率不大于 60%，操作员站 CPU 负荷率不大于 40%。

（2）内部存储器占有容量不大于 50%，外部存储器占有容量不大于 40%。

（3）每种 I/O 点的裕量 10%～15%。

（4）I/O 模件槽位裕量 10%～15%。

（5）电源负荷裕量 30%～40%。

（6）数据网络的负荷率不大于 30%～40%（令牌网）或 20%（以太网）。

（7）操作员站允许最大标签量至少应为系统过程 I/O 点总数的 150%～200%。

四、主要模拟量控制调节偏差允许值

600MW 机组主要模拟量控制调节偏差允许值可参照《火力发电厂模拟量控制系统在线验收测试规程》（DL/T657—1998）的要求执行，如表 13-6 所示。该表为 300MW 及以上单元机组采用中速磨直吹式制粉系统汽包锅炉协调控制系统应满足的调节品质要求，对超临界直流炉应视具体情况进行适当调整。

表 13-6　　　　　　　　　　　机组协调系统静态、动态品质指标

负 荷 状 态	稳 态	慢速变化	快速变化
负荷变化速率%P_N（min）	<1	3	5
主蒸汽压力（MPa）	±0.3	±0.5	±0.8
主蒸汽温度（℃）	±4	±8	±10
再热汽温（℃）	±5	±10	±12
汽包水位 mmH$_2$O	±25	±40	±60
烟气含氧量（%）	±0.5	±0.7	±1.0
炉膛压力（Pa）	±100	±150	±200

注　表中 P_N 为额定负荷。

测试条件如下。

（1）机组负荷范围至少不小于 70%～100%P_N（额定负荷）；

（2）机组在机炉协调方式下工作；

（3）稳定工况试验指：机组负荷稳定，或机组给定负荷变化速率小于 1%P_N（min），且各子系统无明显内外扰动时，分别记录机组各主要参数变化曲线（试验时间不少于 1h，也可利用分散控制系统的历史数据）；

（4）机组负荷指令变化扰动试验：机组负荷稳定，分别在 3%P_N（min）及 5%P_N（min）的给定负荷变化速率下，阶跃（或减少）机组负荷指令 10%～15%P_N，记录有关参数。待机组

功率稳定后，阶跃减少（或增加）机组负荷指令 P_D（机组负荷指令目标值），记录有关参数。每一给定负荷变化速率下，增减负荷指令试验交替进行。增减指令试验各进行三次。

五、分散控制系统日常运行维护

分散控制系统的日常运行维护应遵照电力行业标准《火力发电厂分散控制系统运行检修导则》（DL/T 774—2001）执行。

该导则规定了以下几方面的要求。

（1）保持分散控制系统良好运行的外部条件，包括环境条件、系统的电源和接地、仪用压缩空气质量的条件要求。

（2）建立完善的分散控制系统技术管理制度，包括以下几点：

1）图纸资料管理制度；

2）工作票制度；

3）保护修改制度；

4）模拟量控制系统试验制度；

5）软件管理制度；

6）备件管理制度；

7）数据管理制度；

8）现场设备和系统的检修调校试验卡制度。

（3）保证 DCS 运行设备的定期巡检。

（4）保证 DCS 系统的周期性检修。

（5）必要时对 DCS 进行阶段性考核（大修后或技改后），包括正确率、投入率、完好率及可用率考核等。

复 习 思 考 题

1. 国际标准化组织 ISO 的开放系统互联（OSI）参考模型共有几层？各层的名称是什么？

2. 常用的串行通信接口有哪些？与 RS232 相比 RS485 有什么优点？

3. 基本的分散控制系统的硬件一般由哪些部分组成，各自的作用是什么？

4. 分散处理单元（DPU）主要由哪些部分组成？

5. 分散控制系统的数据通信网络具有哪些特点？

6. 分散控制系统的软件通常包括哪两部分？应用软件有哪些作用？

7. DCS 系统对工业现场采集的信号进行数据处理一般包括哪些内容？

8. DCS 系统信息共享是怎样实现的？监视、控制和保护系统的信息共享应注意什么？

9. DCS 的电源一般怎样配置？

10. DCS 系统接地有何要求？

11. 应从哪些方面提高 DCS 的抗干扰能力？

12. DCS 的人-机接口包括哪些？有什么要求？

13. DCS 的验收测试应包括哪些内容？可用率考核应如何进行？

14. 分散控制系统的日常运行维护应做好哪些方面的工作？

第十四章

Industrial IT Symphony分散控制系统

第一节 系 统 概 述

Industrial IT Symphony 系统是 ABB Bailey 公司结合 ABB 成熟的工业控制技术和最新的信息技术开发的一个新产品。其主要特点是在充分利用现有的先进的信息技术的同时，向下兼容 Symphony 系列系统，最大限度地保护 ABB 用户的现有资产。

Industrial IT 是融合 IT 技术和专业知识的一套开放式控制系统。它基于目标属性的概念设计，可在统一平台上集成 ABB 多种控制系统。由于配备了大多数通用的标准通信接口及专用接口，使其与其他控制设备的数据交换能力大大增加，是将过程控制和企业管理融为一体的新一代控制系统，如图 14-1 所示。

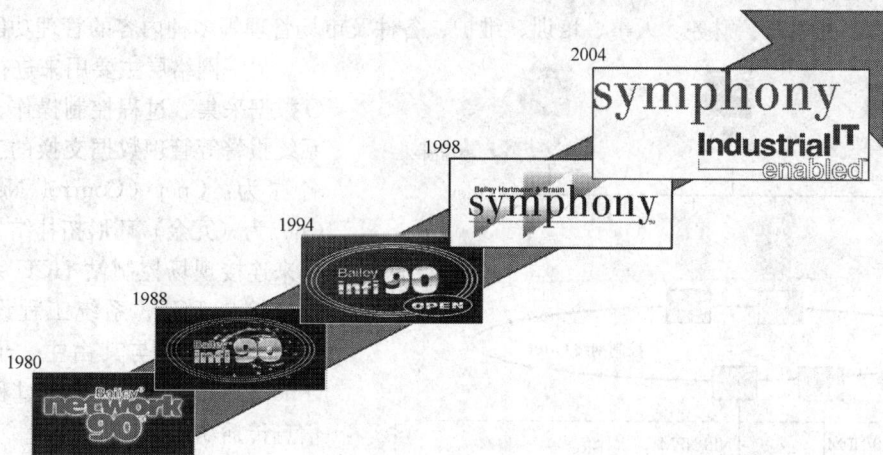

图 14-1　ABB 控制系统发展示意图

最新的 Industrial IT Symphony 系统的系统结构合理、带载能力强、控制软件丰富、人机接口充分体现现代意识、设计及维护方便、通信系统开放，因此能够适应多种过程控制、数据采集、过程管理、市场运作等场合，具有广泛的应用领域。

Industrial IT Symphony 系统具有以下主要节点类型。

1. 现场控制单元（HCU）

包括完成过程控制所必需的所有硬件，如控制器、I/O 模件、端子单元和电源等。

2. 人系统接口（Power Generation Portal）

提供运行人员或管理人员与分散控制系统之间的图形交流界面。

3. 系统组态和维护工具（Composer）

承担控制系统设计、组态、调试与维护管理等功能。

4. 计算机接口

为分散控制系统和外部系统提供通信接口。

5. 网络接口单元（IIL）

（1）实现多个控制网络间的数据交换；

（2）Industrial IT Symphony 系统采用模件化结构，能够灵活地满足用户的各种形式的需要。

第二节　通　信　系　统

由于分散控制系统的通信网络，无时不在传递着过程变量、控制要求和有关报警报告等过程控制及企业管理的各种信号，所以通信网络执行着极为重要的任务，是过程控制和决策管理系统的主要组成部分。分散控制系统之所以能成为分布式，而区别于集中控制系统，其关键就在于它具有一个完善的通信系统，把模拟通信变成数字通信。

一个适应过程控制需要的通信系统，其通信网络的结构形式，通信网络的层次，以及组成实际网络时所表现的可靠性、可扩展能力、灵活性、开放性、传输方式等方面，都非常重要。

一、Industrial IT Symphony 系统数据通信网络结构

Industrial IT Symphony 系统通信网络为多层各自独立的标准总线和环形网络结构，如图14-2所示。其中最上层的通信结构为总线网络。它是符合以太网标准，主要用来构成管理层数据交换的结构，其名称为：Onet（Operation Network）。Onet 通过通信介质与多种类型的计算机连接，实现企业需要的生产、财务、人事、培训、维护、备件及市场管理等多种内容的管理功能。

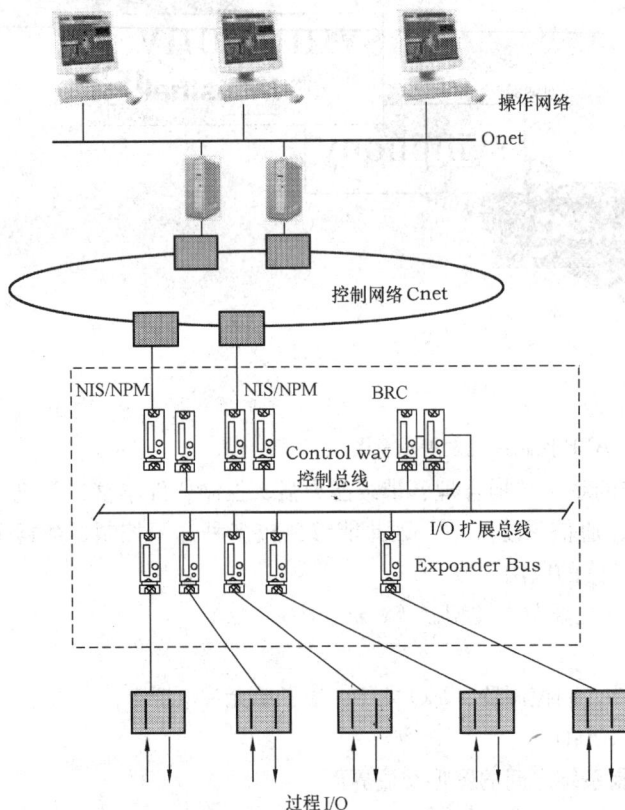

图 14-2　通信网络结构图

另一网络层主要用来进行现场 I/O 数据采集、过程控制操作、过程及系统报警等管理数据交换的工作，其名称为：Cnet（Control Network）。Cnet 为（冗余）环形拓扑结构，主要用来连接现场控制站 HCU 系列、人系统接口 PGP、系统工程设计工具 Composer 以及与其由主、子关系的 C-net 节点。它主要承担过程管理等信息传播功能。

在 Cnet 中的另一网络结构为 HCU 系列结构内的（冗余）总线网络 Controlway。它主要用来承担本节点内控制器间的通信的功能。

在 HCU 结构内另一网络为子总线（I/O 扩展总线），它主要承担控制器与它所配置的子模件通信，完成相应的数据采集和执行相应的控制动作。

根据应用功能的不同，如图 14-2 所示，具体层次为：操作网络（Onet）、控制网络（Cnet）、控制总线（C. W）和 I/O 扩展总线（X. B）四个层次。

1. 操作网络 Operation Network（Onet）

为了适应工厂控制的全面要求，结合计算机网络技术的发展，Industrial IT Symphony 系统把原有的单一操作员站发展成为了规模可以扩展，组织灵活的操作网络 Operation Network（Onet）。由于有了独立的操作网络，操作员站的功能得以进一步的拓展，也使得 Industrial IT Symphony 系统的开放性得到了真正的体现。提供的标准接口不仅可以用于 Industrial IT Symhpony 系统的操作站，而且可以介入其他控制系统，为统一多个控制系统的人机界面提供了可能。

2. 控制网络 Control Network（Cnet）

在 Industrial IT Symphony 系统中，实现过程控制、操作等方面数据传递功能的网络，称为控制网络 Control Network（Cnet）。它承担着过程管理、操作等方面数据传递的任务，是 Industrial IT Symphony 系统多层网络的核心。在控制网络内，各个节点之间没有主、从之分；信息的通信采用缓冲寄存器插入的方式；网络的物理形式为封闭的环形结构，具有较强的扩展能力。当用户根据需要选择复合控制网络结构时，它可以采用中心环带子环的方式，也可以根据控制需要仅选择单环网络结构。

中心环和每个子环最大的带载能力为 250 个节点，传输速率为 10Mbps。控制网络内节点间的最大距离为 2000m。

在中心环与子环间配置了系统标准设备，它们叫网络至网络接口（IIL）。由于这一接口是该系统可配置的标准设备，并且承担着内部交换数据的工作，所以不会降低网络间相互传送数据的特性。当用户具有中心与子环复合网络结构时，Industrial IT Symphony 系统最大的带载容量为：$250 \times 250 = 62500$ 个节点。因此，该系统具有灵活的系统可分性，可适应大型企业集团生产设备过程控制与企业管理应用的需要。

3. 控制总线 Control Way（C. W）

控制总线处在 Industrial IT Symphony 系统过程控制单元内，主要负责控制器之间的数据交换。控制总线采用无主、从之分，两端不封闭的总线结构。该网络的介质已被制作在模件安装单元背面的印刷电路板上。当插入相应模件后，它们会自动上网参与数据交换。

一条控制总线最多可加挂 32 个控制器模件。在该总线的冗余介质中，有序的流动着控制器间需要交换的数据信息。而控制器内部，与其他控制器不相干的数据处理不会占用该总线。

4. I/O 扩展总线 I/O Expander Bus（X. B）

I/O 扩展总线为控制器控制 I/O 子模件提供了通道。这一总线利用并行方式完成通信任务。每个控制器控制自己的 I/O 扩展总线。每一个 I/O 扩展总线可以挂 64 个 I/O 子模件。它的介质也被制作在模件安装单元的印刷电路板上。当插入相应模件后，它们也会自动上网参与数据交换。

二、Industrial IT Symphony 系统控制网络专项技术

1. 多点多目标存储转发通信协议（C-net）

Industrial IT Symphony 系统控制网络使用了多点，多目标的存储转发式通信协议。根据该协议，每一节点通过相应的环路介质与其他节点连接，最后形成一个闭合的环形网络。网络没有通信指挥器，对网络上的节点来讲，它们的通信地位是平等的。每一节点都是独立的，为带有缓冲寄存器的信息转发器。每一转发器随时独立地接受，发送或撤销数据。

为提高网络的通信效率，该协议从数据处理、存储器的利用等方面着手，使该网络不仅具有较高的安全性，而且保持了较高的通信效率。因为该协议能够充分调动每一节点，及每一节点的存贮位，使它们同时参与交换数据。

（1）在环形网络上每个节点都是全双工的。因此，节点可以同时向下游节点发送或从上游节点接受相关的数据。其数据报告将环绕网络内所有节点依次传递。从信息源节点至目的节点，再由目的节点至源节点止。这样的传递过程，使系统中所有节点都在信包中留有记录，并把传递过程与诊断过程结合了起来，既提高了传输的可靠性，又使网络的高效率得以维持。

（2）在这种数据传输格式下，从本质上保证了信包发送顺序与接收顺序的一致性。这就避免了节点占用很多时间来完成校核。这种时序关系，对过程控制的应用数据传输是非常重要的，也正因为如此，才能够确保数据稳妥地进入它自己的位置和参与相应的数据排序。

（3）由于该协议没有指挥器，所以也就没有诸如指挥器分配、令牌传递、时间间隙控制等非工程数据通信所占用的时间，并且同一时刻内所有节点均能发送、转发、接收、撤消信息报告，使网络的利用率得到了充分保证。

（4）该网络数据传输使用了点对点方式，并且经过每一寄存器的重新转发，使其具备了提高网络抗干扰能力的基本条件，维持了较高的信号电平。同时，当第一次发现信包出错时，信包即会被移走，而不再占用网络资源，只传递相应的节点状态信息。

通过对每一信息群的压缩，使一个信包中包含多个过程变量，多个源节点，多个目的节点的信息。也就是说，若 A 节点的 5 个过程变量要分别发送到 X、Y、Z 节点，而 B 节点的 10 个信息要分别发送到 L、M、N、X、Y 等节点，这些信息都可以汇在一个信包内统一发送。这就是所谓信息打包技术的概念。

（5）在该网络中，每个节点间的网络都在各自进行着通信。网络节点的全双工特性，使多个信包在各自的网络段上同时传递，形成了接力棒式的传输方式。总之，在系统中有多少个节点就会有多少个信包在参与通信，即所谓的信息平行传输。

2．例外报告技术

为了进一步提高网络通信的有效性，控制网络使用了例外报告通信技术。例外报告技术是指：当过程变量的变化率（幅值，时间）超过了预先规定的范围时，该变量的信息才通过网络传递至相关节点；否则相关节点认为该信息没有变化，仍使用该点前一次的值。例外报告的产生，需经过一系列参数的判断，只有被判定为发生了显著变化，才有例外报告产生及传送。参见图 14-3，判定发生例外的参数如下。

（1）数据报警高低限值（ALARM LIMIT）和死区（DEAD BAND）：每一个模拟量输入信号都有相应的报警限值及报警死区设定。

（2）最小例外报告时间（t_{min}）。用来划定不产生例外报告的时间间隔，以消除网络中不合理的干扰信号。

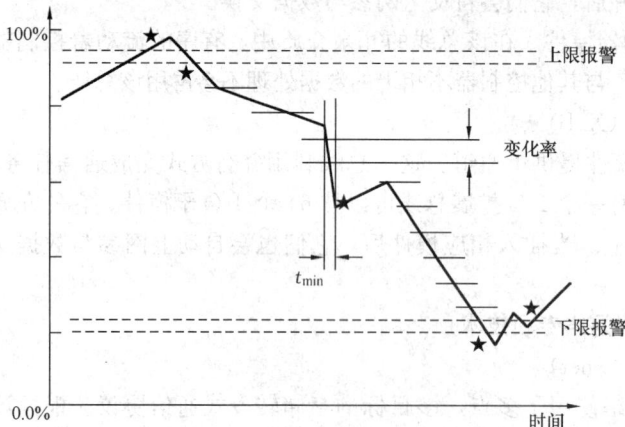

图 14-3　例外报告示意图

（3）最大例外报告时间（t_{max}）。用来确定周期发送例外报告的时间。当过程变量长时间没有变化时，在该时刻数据点将发送一个例外报告，同时也表示该点还处在正常运行状态。

（4）有效变化量（Δ）。用来衡量变量是否发生了显著变化。当数据的变化幅度超过规定值，并且在 t_{min} 时间范围外时，将产生和发送例外报告，反之将不产生和发送例外报告。

以上要素在系统中均有默认值，设计人员可以在组态过程中，对相关参数进行修改。

例外报告技术还可以理解成是一种对信号的专有处理技术。所有的信号处理都是在过程控制单元内完成的。每一个输入信号都会被转换成工程单位。每个控制模件根据相应警报极限对其进行检验。完全分散的数据库强化了数据处理过程。每一个过程输入信号都可具有一系列相关的例外报告极限。无论何时，当输入信号变化超过指定的范围后，模件将自动向系统提供必要的报告。同时，也可以规定最大的报告时间，以保证当信号不发生变化时，也可以定期发送例外报告。同样也规定最小报告时间，以保证一个非过程瞬变的信号，不形成例外报告，不会充斥到系统网络中去。这就减少了重复发送那些没有发生变化的数据，而提高了对变化数据处理的响应速度。例外报告技术的实质是将信息的有效性与时间性相结合，进而得到已发生显著变化数据的专门报告。它的目的就在于提高网络数据传输的效率。

在通信系统中使用了例外报告技术，就如同在数据形成报告的过程中，设置了一个活动的监视器，随时对信号的变化进行监视，仿佛是采用了一种变周期的扫描方式来进行信号采样。例外报告技术使用的结果为：对变化快的信号，监视器监视的就频繁，对其扫描的频率就高，产生的例外报告就多。而对变化缓慢的信号，监视器扫描的频率低，产生的例外报告就少，从而做到了对信息量的有效控制。

3. 信息打包技术

为提高信息的有效性而采用了信息打包技术。由于控制网络中，所有节点均具有缓冲器，所以对内存容量的利用是否合理、有效将直接影响通信的效率。为了提高内存的利用率，该系统采用了信息打包技术，以便合理利用数据存储器。信息打包又可理解为信息压缩，就是把送往相关地址的信息压缩在一起，使用一个标题帧，一起发送出去。信息将由负责总线管理的通信模件"打包"。也就是说，具有相关目的地的信包被组合在一起，并被一次发送，而不是作为单独的信包分别发送。这样就使有用数据的吞吐率达到最大。当信息被打成信包后，送到负责环路通信的模件内，再把这些信包送到环路上。由环路快速、安全的传送这些信包。在传送的同时，信包的相关内容被拷贝在目的过程控制单元的一个缓冲区中，并通知该节点信息包已到达你处。另外，信包将继续沿控制网络传输，直到回到原发送它的节点为止，再由发送它的网络接口模件将该信包从环路上移掉。这就是一个完整的操作过程，它可以保证信包在到达任一目的节点的顺序与被发送的顺序是一致的。

4. 通信数据安全措施

一个信包在转发过程中有可能遇到几种不利于传输的意外。它有可能被一个噪音脉冲毁掉；也有可能出错；目的节点可能忙不能处理信包等等。而网络接口模件对已检测出的错误，其补救的方法就是做该信息包的重发处理。如果在所有的重发之后，信包传输仍然没有成功，目的节点就被标示为离线。并同时通知所有节点，推延与该节点的进一步通信，直到它能够重新正常响应为止。然后，网络接口模件会周期地查询离线的节点。当它对一次询问作出答复后，就把其重新表示为在线。在信息包数据帧内设置了一个随信包一起发送出去的确认区，并且确认区处在信包数据段的最后一个字节，这就保证了应答是在整个信包收到后才作出的。通常这一区内放的是一个未经确认的标示符。在传输中，信息包离开目的节点后，应携带已确认或未确认信号。如果一个信包返回时，带回的是一个无反应的未确认信号，发送装置可以知道目的节点虽在运行中，但因为缓冲器忙而不能处理数据。发送的接口对此的反应是修改重发计数，允许对一个正在忙的节点进行 127 次重发。如果它们都因为同一原因失败，就把目的节点标示为离线。由于接受信包的服务时间，比信包在环路上运行一周的时间短，立刻重发是对付忙节点的有效措施。如果一个信包返回时，带回的不是这三种有效信号中的一个，就表明在环路上某处出了错。此时，它将借助重发逻辑，试图尽早获得网络已恢复正常通信的信息。

5. 通信错误检查

数据传输安全对一个成功的通信系统是至关重要的。Industrial IT Symphony 系统的控制网络将错误检测与重发逻辑结合在一起，构成了高度安全的分布通信系统。由于在环路上，每个信包都由两个不同的部分或"帧"组成，所以每一帧都附有两个字节宽的循环冗余校验码（CRC码）。这些校验码由硬件产生，CRC 码是用多项式计算后余项的补码方式来进行检验的。这个方式获得的检错能力比简单奇偶校验要好。在环路上，每一个环路接口都对信包的 CRC 码区进行检查。如果有 10 个节点，每个信包就被检查 10 次。只要发现 CRC 出错后，该信包就会被从环路上被移掉。同时，一个新信包将从原节点发出。

其实，CRC 码校验只是检测错误的一个部分，在每一个信包中还有其他 5 种安全码用于传送安全的检测。每种安全码以其不同的方式，对信包的传输进行着有效的重复检测。它们分别是：

(1) 第一种安全码—检查传输同步；

(2) 第二种安全码—核对发送和接受信包的一致性；

(3) 第三种安全码—对该信包访问过节点的计数，移掉那些可能会在环路上永远存在下去的信包。

(4) 第四种安全码—检查信包的大小；

(5) 第五种安全码—对信包数据的异或检测。

三、Industrial IT Symphony 系统控制网络技术特点

1. 信息包格式

由于在控制网络层传播的信息有不同的类型，如广播报告、多目的节点报告、查询状态等，所以它采用了不同的格式传输这些信息，以提高通信的效率。表 14-1 给出了在控制网络上传送的以例外报告为基础的信息包格式。

表 14-1   以例外报告为基础的信息包格式

内　　容	符　　号	说　　明
信息源节点地址	Source Address	表明信息的发源地包括环路、节点、模件等地址
信息码	Message Code	标明此传送信息的类型
信息计数	Message Count	用于指示每一个信息包已经过节点的计数
目标节点地址	Destination Address	通知目标节点本段信息的归属，它可能会有多个段
信包内容	Data	信息包包容的内容

2. 网络响应时间

由于环路通信采用了例外报告与存储转发方式，使系统的效率很高。直接好处就是系统响应速度提高，从人机接口发出指令，到控制器接收指令并发出反馈信息，这样的周期可以保持在 1~2s 以内。尤为重要的是，这样的响应速度几乎不随节点数目的增加而变慢。

3. 分布数据库

控制网络性能可以概括如下：

(1) 网络容量大，可以有 62500 个节点；

(2) 覆盖范围广，节点间距离为 2km；

(3) 采用多种通信技术，以求保持通信网络的高工作效率；

(4) 在全网络内实现自动时钟同步；

（5）根据需要，可采用中心环—子环结构，使系统具有灵活的可分性；

（6）网络节点各自独立，没有主、从之分，其在线、离线均对其他节点不产生影响；

（7）例外报告技术的采用，在提高网络效率的同时，也减轻了网络传输数据的压力；

（8）通信系统采用彻底冗余结构，对所传送信息完成多重化的安全校检；

（9）环路通信电缆是敷设在节点之间的，在采用冗余通信电缆的情况下，每一段之间都"允许"有一根电缆断线，而对网络通信不产生影响；

（10）通信层次清晰，利于网络的扩展和维护。

第三节　现场控制单元 HCU

Industrial IT Symphony 系统的现场控制单元 HCU 是控制网络上的一个专门节点。它包括了执行现场过程控制所需的相关设备，如智能控制器、I/O 子系统、端子、电源和机柜及相应的其他保护系统结构等。该系统所涉及的所有部件，均安装在符合 48.26cm（19in）标准的安装机架的机柜中。以微处理器为基础的控制器模件，构成了过程控制单元的核心，从事过程控制、运算、I/O 管理、过程接口和组态调整等任务。一个控制处理器通过模件安装单元提供的通信总线，与执行不同控制分区的处理器，以及与它相关的 I/O 子模件通信，构成了完整的、就地的、功能分散的现场控制与数据处理结构。

位于控制网络上的现场控制单元，在功能上独立于网络内其他类型的节点。如果一个现场控制单元与其他节点失去通信，它在作出相应处理的同时，将继续执行控制方案，以保证过程控制的完整性。也就是说，控制网络的故障不会影响这一类设备的运行。而网络上的现场控制单元，在对故障作出诊断的同时，还会作出进一步的处理，以保证整个系统和生产过程的安全。

一、桥控制器 BRC

桥控制器 BRC300 是一个高性能、大容量的过程数据处理控制器，主要用于在线控制与管理，是上一代桥控制器 BRC100 的升级产品，运算速度提高了两倍，使得控制速度更快，能力更强。

1. BRC300 主要功能及特性

（1）BRC300 的主要功能。

BRC300 是一高性能的控制处理器，它能够根据组态完成控制和数据管理等主要功能。

1）具有很好的数据采集及处理能力，它可组成过程数据采集系统，并能够进行多种从简单到复杂的运算，如过程及管理效率、优化等类型的算法。

2）完成从简单回路控制到复杂多回路控制及复合类型的控制，如分批控制、优化控制及多变量控制等。

（2）BRC 的主要特性。

BRC 的功能特性能够完全覆盖原来的多功能处理器，它具有如下特性：

1）冗余的控制器。利用相同的组态的冗余模件提供高可用率及容错性能。

2）表面安装技术。增强可靠性及集成度。

3）高速处理能力。使用先进的 32 位微处理器。

4）对等通信。系统中的任何一个模件均能够通过通信网络得到信息。

5）向下兼容。与原多功能处理器兼容。

6）NVRAM 电池电源监视。

7）状态输出报警监视。

BRC 是一个独立的系统控制器，它能够完成多回路的模拟及顺序控制，以及特殊控制和数据采集及处理。总之，它完全适应数据密集、程序密集的过程控制应用要求。该控制器支持多种类型的控制语言，如功能码、Ladder、Batch、C、Basic 等。

BRC 模件在控制过程的同时，也进行常规诊断。如果在诊断中发现硬件或软件出现问题，它会产生一个信息通告操作员。操作员通过模件前面板的 LED 以及人系统接口接收的状态报告中可以获取这一信息。

2. BRC 主要技术参数

BRC 的主要技术参数，见表 14-2。

表 14-2   **BRC 的主要技术参数表**

项 目	说 明
主频	160MHz
CPU 架构	RISC
微处理器	32 位工业微处理器
存储器	ROM：2Mbytes SDRAM：8Mbytes NVRAM：512kbytes
电源要求	+5VDC/2A 10W 典型（BRC） +5VDC/100mA0.5W 典型（PBA）
程序环境	功能码（FC）、C、Basic、Batch、Ladder、用户自定义

3. BRC 的工作方式

BRC 具有以下三种不同的工作方式：

(1) 组态方式。在该方式下，用户可输入组态。它接收来自工程组态工具（工程师站）的数据，并通过控制总线发来的组态命令，进而改变 NVRAM 内的数据。

(2) 执行方式。在这一方式下，BRC 将运行控制策略，处理例外报告，接收输入，修正输出等。

(3) 出错方式。通过内装诊断程序查出问题，将使模件进入该方式，并迫使模件封锁所有的通道及最终停止运行。

4. BRC 的运行环境

BRC 可以执行由多种语言完成的控制策略。这些环境包括以下几方面：

(1) 由块状控制语言功能码 Function Code（FC）组态的控制策略。

1) 功能码是指具有制定特殊功能的标准算法（子程序）；

2) 功能块是指赋予相应块地址的功能码；

3).规格参数是指赋予功能码的各种运算参数。

(2) 由 C、Basic 语言等语句编写的控制逻辑，以及与第三方设备通信的环境。

(3) 用 Batch-90（高级语言）编写的，适用于分批、处方等类型的控制策略。

(4) 用 Ladder 程序编写的，适用于顺序控制的相应策略。

5. BRC 的特点

BRC 不仅采用了基于 RISC 架构的高效 CPU、高效通信通道等结构，而且还采用了多任务并行操作的运行模式，使它能够很好执行复杂的过程控制任务。另外，它的结构完全按照工业过程控制要求的特性而设计。与通常的过程控制器相比，它有很多适用于过程控制的特点。

（1）汇集多种类型的控制方案。

BRC 可同时完成模拟调节、顺序控制、数据采集等控制任务，它具有的先进过程控制算法，使模件的任务分配不受其功能的限制。

（2）内置多任务的控制区域。

设计者可以将一个 BRC 内的控制策略分成 8 个不同的部分，并且每部分都可具有不同的执行周期。这样的设计可以使同一个控制器，同时控制具有不同要求的过程对象，并对过程实现相应的分级管理。例如，在一个控制器内，可以把参与连锁控制的组态放在高段内，使其具有较快的响应特性；而把相应的调节控制，数据采集的组态放在较低的段内，使其获得常规响应时间。这样的分级处理可以发挥控制器多任务操作系统的功能。

（3）具有在线组态能力。

BRC 拥有在线修改组态相关参数的能力，允许模件不退至组态方式就可修改相应的参数，方便用户对组态的维护，同时也有助于系统在现场的调试与改进。

（4）采用冗余化的结构。

冗余的 BRC 在主、从之间可自动完成切换，无需人工干预。由于在控制器间随时交换着运算结果、中间变量等数据，所以在完成切换过程中，不会丢失任何数据。

（5）固化多种类型的功能码。

在 BRC 内，固化着 200 多种能够满足用户各种控制策略设计需要的功能码，给用户设计提供了充分手段。

（6）相互独立的运行模式。

在 HCU 内，BRC 间的通信将自动建立，不需要人工干预，也互不干预、互不影响。一个 BRC 故障，或者拔出乃至投运都不影响其他 BRC 的工作。如果与 BRC 通信的设备（如串行通信口）故障，也同样不影响 BRC 其他功能的执行。

（7）实现上电自动工作。

BRC 在上电过程中，它将自动进入正常工作状态，无需人工干预。

（8）尊重统一的设计风格。

BRC 的外形尺寸等机械结构设计，与其他模件保持完全一致，而且采用了统一的系统连接、安装方式，做到了系统的标准化与系列化。

（9）满足带电插拔的要求。

BRC 可以在线带电插拔，使得维护过程中更换模件方便。

二、过程输入/输出模件 Input/Output Slave Module

1. 主要 I/O 模件

表 14-3   主要 I/O 模件一览表

类型	模件名	描述
通用模件	IMASI	16 路模拟量输入：−100～+100mVDC，热电阻，热电偶
	IMFEC	15 路模拟量输入：4～20mA，−10～+10VDC
	IMASO	14 路模拟量输出：4～20mA，1～5 VDC
	IMDSI	16 路数字量输入：24 VDC，48 VDC，125 VDC，120VAC
	IMDSO	16 数字量输出：24 VDC，48 VDC
	IMDSM	8 路脉冲量输入
	IMRIO	远程 IO 接口模件

类型	模块名	描 述
DEH 模块	IMFCS	频率计数器：一个频率输入通道 电压幅值：300mVpp～120Vrms 频率响应范围：1Hz～12.5kHz
	IMHSS	液压伺服模块：冗余的 LVDT 输入（DC/AC LVDT 均可） 控制输出：可控制冗余的双线圈伺服阀 控制电流范围：±8～±64mA 还可输出 I/H 转换信号
	IMCMM	状态监视模块：监视轴振，偏心，轴向位置，转子相对汽缸的膨胀及汽缸自身的膨胀； 4 个测量通道，可接收位移，加速度，速度，DCLVDT 等各类工业标准传感器输入
电气模块	IMTAS	汽轮机自动准同期模块： AC 输入（发电机/线电压）：0～50 或 0～150VAC
SOE 模块	IMSOE	SOE 服务器套件
	IMSED	16 路事件顺序数字输入模块
	IMSET	16 路事件顺序同步模块

如表 14-3 所示，一个典型的 I/O 模块主要由以下几个部分。

(1) 现场信号接收。

模块的这一部分线路将与现场直接连接。它能够满足用户对现场信号类型及相应供电方式的选择。该电路还对信号做基本处理，如实现消振、滤波等。

(2) 信号保护与隔离。

模块通过对通道采取的隔离措施，使信号使用的外部电源与系统内部电源分开，在信号侧有故障时，不会影响整个系统。模块采用的隔离方式有光电隔离、电气隔离等。

(3) 信号转换。

信号经过隔离之后，进入转换电路。在该电路内，信号将转换成系统可以接受的数据。反之，转换电路也可将系统数据转换成 I/O 信号。模块采用的转换方式有 A/D 和 D/A 等类型。

(4) 基准信号处理。

为获得较好的 A/D 和 D/A 转换精度，模块提供了基准参考电压来不断校正转换器，保证信号转换的精度。同时，模块的校正系统还会自动校正电压的漂移，而无需人工干预。

(5) 模块通信。

I/O 子模块与控制主模块间通过 I/O 扩展总线，以 DMA 方式进行通信。这一方式使 I/O 子模块与控制主模块高效地传递信息，而不会干扰处理器模块的运算处理能力。同时，I/O 模块又是独立的。当 I/O 模块检测到主模块故障时，I/O 信号（指输出至现场的信号）会根据预先的设置，保持在相对的位置值上。

2. I/O 模块特点

(1) 品种少，类型全。

I/O 系列模块包括模拟量、数字量、专用等类型的子模块。用户完全可以根据需要，从几种 I/O 模块中选择所需的模块，并且在同一类子模块中，用户还可以选择不同的 I/O 处理方式，构成满足数据采集要求的子系统。

（2）确定安全。

在主模件发生故障时，I/O 的输出可以跟踪用户在组态中设置的安全值。

（3）通信控制。

I/O 子模件与主模件间采用 DMA 方式进行通信，大大减少了 CPU 用于转移数据的工作量，提高了 CPU 的运算处理能力。

（4）故障检测。

模件随时检测信号的开路、短路等故障状态。

（5）信号校准。

模件自动进行零漂和增益校正处理，以保证信号的精度。

（6）采集效率高。

对热电偶、热电阻线性化处理均在主模件内进行，不需要通过通信总线下装相应处理参数。

三、系统机柜与电源

1. 机柜型式

Industrial IT Symphony 系统的 HCU 采用标准尺寸的机柜及安装方式。室内安装的机柜采用 NEMA12 标准，现场安装的机柜采用 NEMA4 标准，系统机柜又分为模件与端子混装柜和纯端子柜两种。这两种机柜的外形和安装方式都一样，只是内部电源的分配方式及支持设备有所不同。在机柜组装时，已将系统和现场电源配置完成。

（1）模件、端子混装柜。

模件、端子混装柜一般包括：电源系统、插在符合 48.26cm（19in）标准安装单元的模件，以及相应模件配套的端子单元等设备。它们的安装排列分别是：机柜上部安装电源系统。机柜中部安装由安装单元支持的所需系统模件。它是该单元的中心；机柜的下部留有足够空间，用于安装如环路通信使用的端子单元等设备。系统模件将直接插入模件安装单元内。模件的通信、使用的电源、接地线等电气结构的获得与分配，全部由安装单元上的印刷电路提供，不需要另外布线。模件本身可以带电插拔，这使得模件的更换与连接变得非常容易。机柜专门设计了空气过滤与通风，以及超温报警等装置，为模件的正常运行提供了安全可靠的环境。

（2）端子柜。

端子柜除不安装模件安装单元及所支持的系统模件，相应的电源系统外，其他的结构与模件柜或混装柜是一样的。现场电缆进入机柜的方式可以根据用户要求采用顶部或底部进入。端子的安排方式采用"端子单元"的形式，每个端子单元对应一个模件，使系统具有很大的灵活性，适应各类工业过程的需要。柜子的上部下部均留有空间，用于布置电缆，端子单元明显的标识，在由强电引入的地方有明显的安全标志。

从端子单元到模件的电缆采用阻燃型，在机柜内部全部采用预制电缆连接，大大减少了现场电缆装配工作量。

2. 电源系统 Modular Power System（MPS）

Industrial IT Symphony 系统的现场控制单元采用互为冗余的双路结构，即互为独立的外部电源，见图 14-4。输入电源电压类型可选择 120/240VAC 或 125VDC。该双路电源在线同时工作，为冗余的两套电源系统供电。在 HCU 的系统电源中，针对双路输入电源，单独配置了引入开关。进线电源滤波装置等部件，以提高电源的品质和增强对电源操作的方便程度。两路电源同时工作，各承担 50% 负荷，当一侧电源故障时，另一侧自动承担 100% 负荷。每路电源在单独工作时，它们均能承担 100% 的负荷并保证电源裕量。外部输入电源进入系统后，被分别引入到两个安装位置固定的电源模块上。电源模块将输入电源转换成系统模件及现场需要的直流电源。

在电源系统中，还配置有专门的故障检验部分，使电源的工作状态清晰的表示在相应设备上。另外，电源的冷却风扇安装在机架内部及机柜门上。

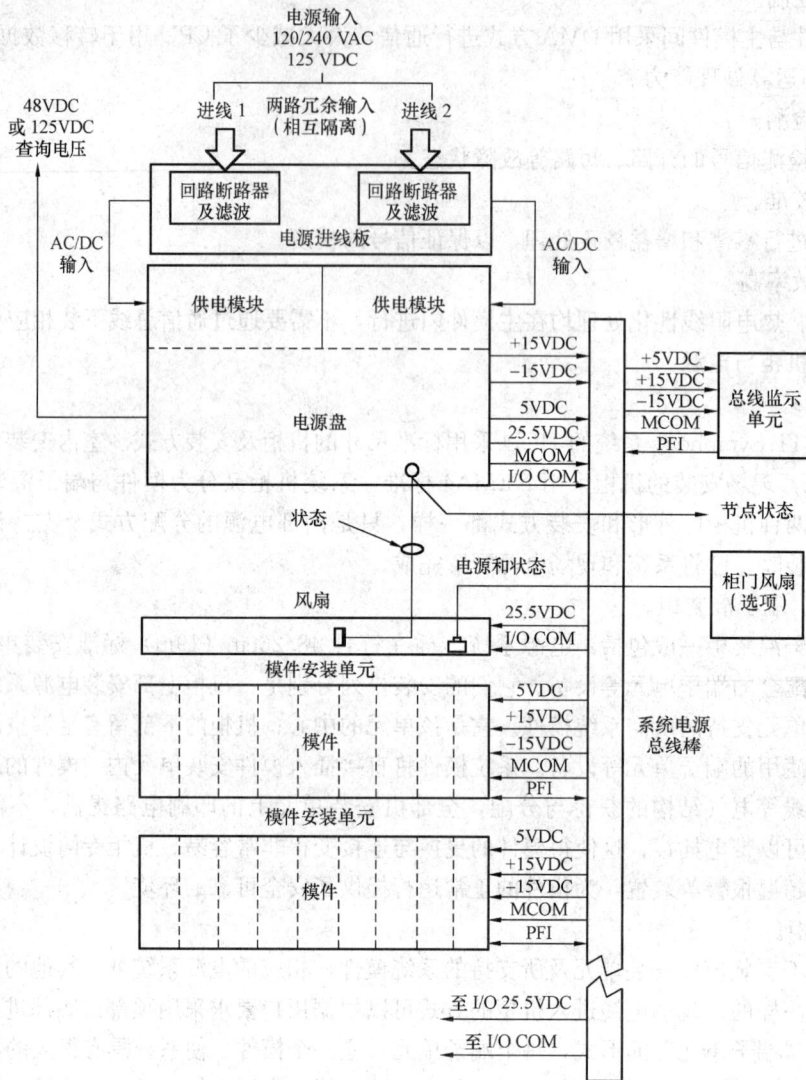

图 14-4　机柜电源系统图

第四节　人系统接口 PGP

为 Industrial IT Symphony 系统配备的人系统接口为 Power Generation Portal（PGP），这是一台运行在 Windows2000 / XP 环境下的开放式计算机。

Power Generation Portal（PGP）以 Windows2000 / XP 为运行平台，具有开放性的界面，标签容量大。服务器 / 客户机的明晰结构易于理解与应用。服务器的多冗余功能提高了数据的安全系数。由于支持大量的标准接口，使得其不仅仅局限于操作员站的功能，还可以根据需要配置为历史站、接口站、值长站或管理终端等，成为多种信息汇总的平台。

作为操作员站，PGP 起着运行员一级信息管理系统的作用。作为系统过程管理的核心，它为操作员随时提供监视、控制、诊断、维护、优化管理等各个方面强有力的支持和实际运行的界面。Power Generation Portal 采用开放的通信网络结构，支持多种标准协议：DDE、OLE2 / COM™、TCP / IP、ORACEL / ODBC SQL™、OPC Server 和 OPC Client，使其不限于 Industrial IT Symphony DCS 的通信。有能力成为多系统的公用平台，让运行人员在相同的界面运行不同的系统。简化了运行人员的工作，统一了控制室的风格。

一、PGP 基本功能

操作员站最主要的功能是让操作员对就地设备进行监控、操作，对生产过程监视、调节，并提供原始信息用于分析、优化与指导。其最基本的功能如下：

（1）采集由控制系统送来的现场模拟量和数字量信号；

（2）在数据库中存贮数值与状态；

（3）存储当前和历史过程量及计算量；

（4）显示过程画面，打印报表；

（5）对被控设备发出指令；

（6）获取用于显示和存档的数据。

二、PGP 结构

Power Generation Portal 是一种灵活、开放的客户机——服务器结构。其基本配置如下：

（1）客户—服务器计算机；

（2）彩色显示器；

（3）数字键盘；

（4）鼠标、跟踪球；

（5）硬盘、软驱、CD—ROM；

（6）外部接口；

（7）相关的辅助外部设备配置，用户可根据需要做相应的选择。

PGP 配置图，如图 14-5 所示。

图 14-5　PGP 配置图

三、PGP 开放性

Power Generation Portal 使用了多种标准协议通信，使得它不仅通过以太网把所有操作员站连接起来。还可以采用 DDE、OLE2 / COM™、TCP / IP、ORACEL / ODBC SQL™、OPC Server 和 OPC Client 等接口，实现从操作员站向以太网上的其他客户机提供动态数据，或获取其他系统的数据加以显示，记录。

以太网上设立的服务器允许客户机使用其他操作系统。通过以太网和 TCP/IP 协议，服务器将把它采集的过程数据传送到任何一台客户机中，而这台客户机又可作为管理信息系统的一个服务器，向信息管理系统传递生产过程信息。这种通用的计算机网络结构，能够把过程控制与企业管理、市场规划结合起来，为用户提供一个全企业范围内的信息管理方案。

四、显示画面

操作员站为操作员提供以窗口为基础的过程和系统界面。操作员站的基本过程画面如下：

（1）工艺过程画面；

（2）结构画面（包括总貌画面、成组画面和点画面）；

（3）快捷键调用画面；

（4）趋势画面；

（5）系统状态画面；

（6）过程报警画面；

（7）系统事件画面；

（8）信息（包括服务信息和操作员生成的信息）画面；

（9）事件历史画面；

（10）打印画面。

特别是 Power Generation Portal 不仅可以显示 Industrial IT Symphony 系统的控制画面，通过其通信接口，其他控制系统和信息系统的信息也可被组态。

五、报警管理

操作员站为分散控制单元、服务器、操作员和通信网络提供了一个完整的报警管理系统。操作员站不仅为过程，而且也为系统报警的检查、排列、显示和确认提供了保证。当现场、系统发生任何报警时，它可以按范围，优先级和时间等要求进行排列。而报警查阅画面则提供了排列和检索报警的快速方法。在过程画面的报警工具栏内，简约的列出了 16 个快速索引键，凡是相关区域出现报警都可直接得到信息。为了能够更好地引起操作员注意，报警还可以编辑音响效果。

每个报警信号都可单独编辑报警等级相关参数，使得报警更具针对性。当发生报警时，相关的报警状态将通过例外报告送到操作员站上。最新的、未被确认的报警在操作员站画面底部，以小报警窗口形式显示（完整的过程报警表保存在报警画面中）。

为保证对已发生的报警作出最快响应，过程报警条件的检查将在控制模件中进行。同时，过程画面上的模拟量和开关量能根据不同的报警等级改变颜色，使得操作员在监视过程的同时快速发现故障点。

操作员站对已发生的过程报警，可按照 16 个不同级别或层次进行处理，实现报警的多级管理。其中每一报警优先级，都可以以不同的颜色组态到画面上，帮助操作员确定所发生报警的级别，而分清重要性；而每一个报警点又可以进入一个相关的工厂过程区域中去，归属与一个特定的报警域或组。同时，操作员站所具有的报警抑制和过滤功能，使操作员能够有效地略去那些虽出现异常，但又不需要的报警。

在操作员站上配备了相应的音频扬声器。当发生报警时，它就会产生一个声音，作为报警提示。当操作员在最小报警窗口工具条上点击消音图标时，就可以消除报警声响。另外，在报警总貌画面上，可以对每一个区域赋予一个快捷键，以指示该区域的报警状态。

操作员站为操作提供几种确认报警的方法。它们包括：用鼠标点击每一报警的确认框；在报警画面上，操作员可确认所显示的报警；在报警画面上确认所有的报警；每个画板都有报警确认键，允许操作员在画板级直接进行报警确认。

操作员站对所发生的系统、过程报警以及其他可记录的事件，均能够在打印机上形成报警/事件打印。

六、记录

操作员站支持多种类型的报告。它利用历史数据，通过各种需要的任意组合，生成统计报告，或简单报警记录，及所有用户设计的各种格式的多页报表等。操作员站有以下几种类型的标准记录。

1. 事件记录

该记录汇集了所有的信息（如报警、报警恢复、操作记录），通过设定过滤条件来得到需要的内容。

2. 跳闸记录

机组故障跳闸是必须分析的事件，它直接关系到人员、设备安全。详尽的信息能争取到宝贵的时间，并作出正确处理决定。由于跳闸触发的记录主要用于跳闸原因的分析，因此可以根据需要设定跳闸前及跳闸后的事件记录时间区域。

3. 模拟量累计

用于对模拟量在一段时间内的数量求和，统计最大值或最小值，并可将该值在过程画面显示。

4. 维护统计

该记录主要用于两位式设备（如电动机、泵等）的运行时间统计，为状态检修提供第一手资料。同时，可设定一个限值用于报警，每个设备都可建立单独的表单，用直观的方式提供设备状态。

5. 电子报表管理

Power Generation Portal 利用 Excel 强大的功能将实时、历史数据生成各种报表。这些报表既可以存贮在硬盘上，也可以打印。既可以通过计划自动生成，也能手动触发。

6. SOE 记录

以毫秒级对一系列数字量状态进行排序，既可以记录 Excel 格式，也可存为 ASCLL 文件。

七、系统诊断

不仅可以诊断 Power Generation Portal 系统的状态，而且还能诊断 C-NET 环路上的故障。

八、闭环参数修改

通过调用模件内的参数，直接修改如增益、报警限值、偏置、常数等调节参数。

第五节　系统组态和维护 COMPOSER

一、概述

Industrial IT Symphony 系统的工程师工具 Composer 是进行系统设计、组态、调试、监视和维护的一个高级管理系统。该工具建立在以个人计算机为基础的 Windows 2000/XP 环境下运行。它的主要功能如下。

1. 对控制系统组态的管理

对现场控制单元的控制逻辑进行在线、离线的组态。

2. 对人机接口系统组态的管理

对操作员接口站进行数据库和显示图形及打印报表的设计及组态。

3. 对系统进行诊断

该工具通过系统配置的通信接口，如控制网络的计算机接口，把经过编译的组态下传至现场控制单元的控制器。同时，它也充分利用系统网络完成对系统的诊断。

4. 参与系统的调试与管理

在在线操作时，该工具是通信网络上一个独立的计算机节点。它能够从网络中得到信息，同时也能够为系统提供相应的调整功能。

5. 完成文件设计

由于系统工具是在个人计算机基础上形成的管理及工具性设备，所以带来了许多个人计算机的优点。例如，使用灵活，应用广泛及容易掌握；再加上各种文本软件的支持，使其功能不断增加和完善，成为分散控制系统中一个非常重要的设备。

二、系统工具主要特点

1. 集多种工具于一身

系统工具既可以在线工作，也可以离线工作。系统工具在线时，它能够为系统控制处理器下装组态，修改组态和监视组态的运行；系统工具离线时，工程师能够借助设备的软件，对分散控制系统的所有设备进行设计和组态。

2. 在线工作

系统工具可以在现场为调试和维护人员提供系统跟踪、组态跟踪、维护跟踪等服务，使现场工程师通过这一设备能够进行相应的系统保养和系统维护等各项工作。

3. 参与仿真

系统工具不仅是控制设备，而且还是一个能够参与系统仿真、系统管理和人员培训的设备。通过各种软件应用，其中包括通信、仿真等软件的应用。

三、系统组态设计软件

Composer 为 Industrial IT Symphony 系统提供了一整套完成工程设计和组态的工具软件。它在 Windows 2000/XP 的环境下运行。Composer 基本软件包括开发和维护控制系统所有必需的组态功能，可以用图形开发控制系统方案，建立并维护整个系统的数据库，管理可重复使用的用户图形库等。用户可以使用"一点即用"的友好用户界面，"引出"当前系统组态，或添加组态的新元素等。同时，用户也可以使用公用系统数据库，以减少数据的多次输入，使许多需重复输入的组态工作自动完成。Composer 组态工具还可以提供完整的系统资料，作为系统基本元素的组态。值得一提的是，用途广泛的系统工具使用了一个集中的浏览窗口，可以在统一的单一画面中，显示分散控制系统的所有组态文件。由系统工具所提供的开发环境，简化了分散控制系统的组态和维护。

该系统工具与原分散控制系统的组态工具兼容，并可容易的引入原 Infi 90 Open 系统的相应组态。一旦引入，这些组态就可以使用所有 Composer 系统工具所具有的特性。

1. 系统工具的硬件配置

Composer 可以安装在独立的计算机上，也可采用客户机/服务器结构。

2. Composer 应用程序

基本的 Composer 应用程序能组织和完成分散控制系统的组态，其软件由以下几部分构成。

（1）资源管理器。

该管理器为组态服务器的文件和数据库查看提供了浏览窗口。该资源管理器与微软的文件管理器格式相同，窗口左面是系统文件路径结构。当人们在选择某一对象时，窗口右面即显示组态服务器中相应的详细文件目录。

（2）自动化设计师。

它是建立和管理控制应用程序的功能码的组态编辑器。工程师们可以用下拉图表的方法，方便地组态功能码控制图、机柜布置图、电源分配图等。它也可以编辑、下装组态，在线对过程进行监视、调整等。

（3）图形编辑器。

该图形编辑器是建立和管理操作员画面的工具，它可以为 Power Generation Portal 离线编辑和组态各种画面。

（4）标签管理器。

它是生成和管理 Industrial IT Symphony 系统数据库的管理器。用户可以在此查看、定义和修改整个系统的标签数据库。

（5）对象交换。

对象交换窗口为用户打开一个建立控制系统组态时需多次调用、查看基本组态元素的窗口。对象按文件夹分类，标准的系统元素，如功能码、标准图形和符号都在系统文件夹中，用户可以使用这些元素。由于它们是 Composer 标准对象的一部分，程序将不允许用户从对象交换窗口中删除这些基本内容。

四、控制器软件与组态

在控制器上运行的过程控制系统，是在 ABB 公司长期从事过程控制的经验基础上设计的。它可以分成 10 多个种类，共有 200 多种标准算法（功能码）。用户可以根据需要来使用这些功能码，将其存在控制器的内存内（功能块）。用户的实际操作就像搭积木一样，来形成自己的控制策略。

评价功能码或控制算法的标准是要求功能码能覆盖各种类型，特别是工业过程控制的各种应用。而且功能码的组合要方便，复杂的功能码要求各种算法包含在一个码上，而简单的一个功能码就只实现最基本的运算。Industrial IT Symphony 系统的功能码有以下功能。

1. 执行简单的控制运算

这种功能码包括四则运算、逻辑"与"、"非"、"异或"等。设计者可以直接调用这些功能码，灵活地组成各种所需的算法或逻辑。

2. 完成复杂的控制运算

功能码包括线性回归、高阶多项式、高阶传递函数、特殊函数运算等算法。设计者可以方便地调用这些功能码，实现优化控制或各种高级算法。

3. 适应多种类型的过程控制

在功能码库中，集中了很多专门用于过程控制的功能码，例如：

（1）多状态设备驱动器。

它可完成一台设备，如电动机电动门、电磁阀等的 ON/OFF 控制，完成控制所用的控制指令、控制输出、操作员接口、位置反馈、状态反馈等信号全部与这一功能码相关联。一个设备对应一个功能码，最终将大大简化组态设计工作。

（2）顺序控制功能码。

完成一个顺序过程的控制需选择一组功能码，并且把每一步的指令、控制每一步的时间、步进的方式、状态反馈、状态指示等信号都集中在这一组功能码上。最终使一组功能码对应一个顺序控制过程，使用户的组态清晰明确。

（3）史密斯延时控制算法。

史密斯算法是针对已知延时的被控制对象而设计的，是具有较好控制效果的算法。在理论上，史密斯算法很难使用，因为过程的延时往往不好估计或时常变化。而 Industrial IT Symphony 的功能码所表现的史密斯算法，除了使对象参数可调这一优势外，还在最优调节器的基础上，加入了一个鲁棒性因子，特别是在对象参数不明、难以控制的过程中，用户可以通过这个因子，来调节控制器适应环境的深度。

4. 与通信有关的功能码

系统之间成功地相互读取数据，往往要经历比较多的传输环节，这也是该功能之所以复杂的原因之一。Industrial IT Symphony 系统解决这一问题的方法是用功能码来实现系统之间的通信。例如，当模拟调节系统要从燃烧器管理系统读一个信号的时候，只需要在组态中加上一个读控制网络数据的功能码就可以了，甚至可以在线进行，使得系统之间建立联系异常方便。

5. 其他功能码

这类功能码包括信号转换、硬设备接口、高级语言、计时、计数类、执行控制类等。

Composer 用功能码这种软件结构，采用做图的方式合理地调用功能码和布局功能码，建立正确的逻辑关系。

复习思考题

1. Industrial IT Symphony 分散控制系统数据通信网络由哪几级结构组成？采用了哪些专项技术？有什么作用？

2. 你认为报警管理应具有怎样的功能才能较好地满足操作员运行监控的需要？

第十五章

OVATION 分散控制系统

第一节　Ovation 系统构成

一、概述

Ovation 系统是艾默生过程控制公司公用事业部（PWS）（原西屋过程控制公司）于 1997 年推出的新一代分散控制系统，该系统给工厂控制带来了开放式计算机技术，同时又保证系统的安全。

Ovation 具有多任务、数据采集、控制和开放式网络设计的特点。Ovation 系统采用分布式相关数据库作瞬态和透明的访问来执行对控制回路的操作。这种数据库访问允许把功能分配到许多独立的站点，因为每个站点并行运行，这就使它能集中在指定的功能上不间断地运行，无论同时发生任何其他事件，系统的性能都不会受到影响。

Ovation 系统还拥有智能设备管理的功能，可以实现对 HART 设备，FF 现场总线设备以及其他现场总线设备的在线管理。

二、Ovation 系统构成

Ovation 系统的基本组成分为数据高速公路和各个站点两大部分。它以数据高速公路为纽带，构成一个完整的监控系统。站点包括两大类，即：①与生产过程接口的分散处理单元（DPU）；②人机接口装置，包括操作员站（OPS）、工程师站（ENG）、历史数据站（HSR）、智能设备管理站（AMS）、OPC SIS 接口站等。同时，它还可以和其他的控制系统以及信息系统进行标准化的开放的连接，参见图 15-1。

Ovation 系统特点如下：

（1）高速、高容量的主干网络采用商业化的硬件。

（2）基于开放式工业标准，Ovation 系统能把第三方的产品很容易地集成在一起。

（3）分布式全局数据库将功能分散到每个独立站点，而不是集中在一个中央处理器中。

（4）电子装置具有低功耗可减少控制室通风和空调的费用。

三、Ovation 设计特点

Ovation 系统的设计是基于开放式的思路，采用了奔腾控制器，模块化的 I/O 和功能强大的工作站，它的设计特点如下。

（1）分布式功能设计。

（2）简化硬件和软件设计。

Ovation 采用目前广泛认可的硬件、软件、网络和通信接口，以取代过去有专利性的 DCS 结构。

（3）用冗余组态提高可靠性。

从 Ovation 网络一直到 I/O 插板的电源装置都可以用冗余组态方式提供，以获得最高的系统

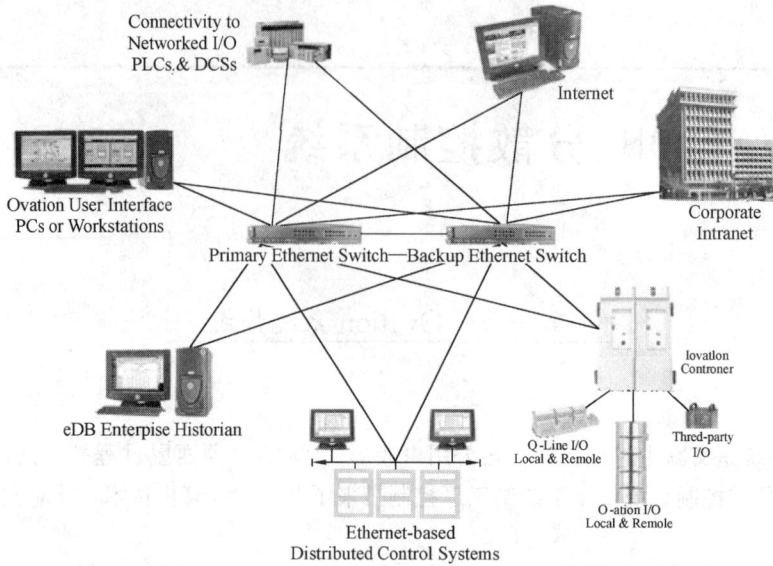

图 15-1　Ovation 概貌图

可靠性。

（4）直观的系统诊断方法。

直观的诊断方法使维护人员能很快地确定系统在哪里出现了问题。嵌入式的容错和诊断程序使 Ovation 系统的维修量保持在最低水平，诊断出的问题通过以下途径告知操作人员：系统各部件上的颜色指示灯、音响报警系统以及系统操作人员能迅速看到的状态画面。

所有重要的控制、运算和数据管理各项操作都提供备用部件或者提供独立的备用通道。系统内固有的分隔性能可以防止在此级别上出现的单点故障对连续运行造成严重的冲击。

（5）容易组态。

Ovation 系统包括一套直观的编程工具，其指导原则是：使用户方便和控制系统组态安全，并且有综合工厂和过程数据的能力。

Ovation 集成了一组先进的软件程序，它用于生成和保存 Ovation 的控制策略和过程画面，控制点数据报表的生成以及系统的各种组态，其工具包括以下几类：

1）控制生成器。一个以 AutoCAD 为基础的、与用户友好直观的软件包随时地将控制策略下载到控制器，该软件包自动生成执行码。所有组态为图形的，采用标准的"科学仪器制造商协会"（SAMA）和"布尔"的一组算法符号作为图符用于控制图中各个部位。

2）图形生成器。能生成和编排图像轮廓鲜明、全色的 Ovation 系统显示画面，其分辨率可达 16000 像素。用标准的"点击和拖拉"的方法来画图、移动和定图形尺寸，这些图形具有标准的和常用的颜色。

3）测点生成器。使用户能够增加、删除或修改过程的目标点，并立即实现对系统范围内所加点的一致性检验。

4）组态生成器。允许用户指定和保存与所有 Ovation 系统设备各项组态有关的数据，包括建立报表。

5）报表生成器。为设计和修改用户的报表格式提供了灵活的工具。在成套的 Applix 软件基础上，报告生成软件允许按用户的各项详细要求来制订报表格式，包括按要求和周期或由事故驱动生成报告。

6）Ovation 还包括标准的第三方的软件工具，诸如 Oracle、SQL、Applix、Excel、Auto-CAD。

（6）扩展的灵活性。

Ovation 系统通过对几个系统的组合，用户可以获得一个联合网络，同时完全能保护过程的安全，分离的系统能够在全厂和整个企业范围内联合起来，生成一个公共的网络，从而显著地减少工程设计工作。

Ovation 系统可以和 ABB 公司的可编程控制器（PLC）硬件和软件直接地、实时地集成在一起。

系统的扩展能力如下：

1）Ovation 网络能容易地扩展到 1000 个节点，其长度可达 200km（每个网络），网络采用标准的、市场上可买到的网络驱动器和路由器，而不用专利的网关和用户协议。

2）Ovation 控制器可灵活地用几种方法扩展，通过把控制器连接到已有的 Q-Line I/O，用户可以用已有的 PWS 系统将 Ovation 技术结合进来。

3）Ovation I/O 子系统的模块式设计为升级和扩展提供了一个简单的方法。

4）使用 SQL 工具可以容易地访问 Ovation RDBMS，使当前的和将来的过程数据的综合和编排变得容易。

（7）维修量少。

整个系统采用了模块式部件，所有模块在线更换时不需要工具或特殊部件。修理任何系统部件的平均时间少于 30min。Ovation 网络还采用了市场上买得到的集线器和路由器。

PWS Ovation 系统技术特性，如表 15-1 所示。

表 15-1   **PWS Ovation 系统技术特性表**

特 性 和 功 能	特 性 和 功 能
操作系统支持用 Forte C 编程	上电时系统自动起动
包括图形目标库的画面生成器	具有奔腾处理器并采用 PCI 总线的控制器
过程图形生成器，具有由用户定义的填写式图案和线条	控制器的存储器不需要电池
	在数据总线上支持 200 个以上的站点
过程图形生成器，通过浏览器软件用 Java 源码进入互联网	非专利的通信插卡和数据总线协议
控制生成器工具，采用 Auto CAD 软件	与 AB 公司的 PLC 无缝集成
控制生成器工具，允许在线组态和编排	管理全系统的报警而不超载
控制生成器工具，允许完整地描绘多次修改的控制图	使用源码写入原有的 Windows
以 100Mb 速率通信的过程控制数据总线	具有大型水/废水处理项目的经验
更新速率为 200000 点/s 的过程控制数据总线	全集成的 SCADA 解决方案

第二节   Ovation 系统硬件

一、Ovation 系统网络结构

Ovation 网络是基于交换技术的、星型拓扑的、标准的、开放的快速局域网络。

Ovation 网络采用全冗余和容错技术标准，网络可采用多种通信介质，既可采用光纤电缆，也可采用铜质电缆。

网络还能和公共的 LANs、WANs 以及企业内联网连接。

淘汰了复杂网桥结构，现在的通信网络在确保过程控制安全的前提下使控制功能和企业的信息系统完美的结合起来。Ovation 高速通信网络利用 ISO/OSI 模块可以和任何标准的物理网络层通信。

Ovation 网络特点如下：

(1) 基于先进的交换技术，采用冗余交换机作为网络拓扑设备。

(2) 通信速率为 100Mbps 的快速局域网。

(3) 电缆可采用光纤和铜质电缆组合方式，有 UTP 型、多线光缆和单线光缆型。

(4) 站点容错组合能力，检测和诊断出错信息。

(5) 压缩式中枢，串级、多层拓扑。

(6) 支持 500 个双附加站点。

(7) 每秒 200000 个实时信息。

(8) 网络光缆总长可达 200km。

(9) Ovation 站点直接和高速公路通信，以便发送和接收实时数据和控制指令。

(10) Ovation 网络提供具有确定性的和非确定性的两种数据传输方式。

(11) 具有 LAN 和 WAN 互联能力的桥路和监视器。

(12) PLC 可成为 Ovation 数据高速公路的直接站点。

(13) 除了使用标准的通信协议 TCP/IP 以及第三方的各种协议和设备外，还可以使用下列 Ovation 产品。

1) Ovation OPC 服务器。为控制系统之间、控制系统和信息系统之间提供一个开放的标准接口。利用标准的 OPC 技术（用于过程控制的计算机对象链接和嵌入技术）可以实现系统之间双向的、快速的数据通信。

2) Ovation NetDDE 服务器。为系统过程数据提供一个开放的标准接口。利用 NetDDE（网络动态数据交换）技术，通过 NetDDE 服务器和位于本地或在网络上定义了的任何地方的 NetDDE 客户机实现信息交换，这使得用户在他们的台式 PC 机上就可生成电子表格、报告，处理用户要求。本台 PC 机上有从 Ovation 过程控制系统来的最新的数据信息。

3) Ovation ODBC 服务器。由于 Ovation 的开放的数据库连接性能，可以使用 SQL 作为标准的语言对数据进行访问和滤波，使本地和远程数据库之间的通信按照标准的方式进行，无需再使用专用的数据链接。

4) WAVE（利用 Web 工具进行访问）。Ovation 的 Java 用户接口是通过内联网或互联网同 Ovation 高速公路建立通信的，除了需要一个 Java 浏览器外，客户不需要其他特殊的软件将实时 Ovation 过程数据和图表链接到台式计算机上。

对于站点较多的控制系统，网络可以通过星型拓扑的方式进行扩展。网络连接方式之一参见图 15-2。

对于多个 DCS 系统之间实现数据的通信，可以通过网络连接方式二（见图 15-3）来实现。这种方式经常应用到两台单元机组以及公用部分的配置情况。

二、Ovation 控制器

Ovation 控制器配有英特尔奔腾处理器，可以监测 16000 点，具体情况由最新 RAM 及可获得的过程处理能力决定，即每次用于扫描、转换器及限位检测的能力。Ovation 控制器执行简单

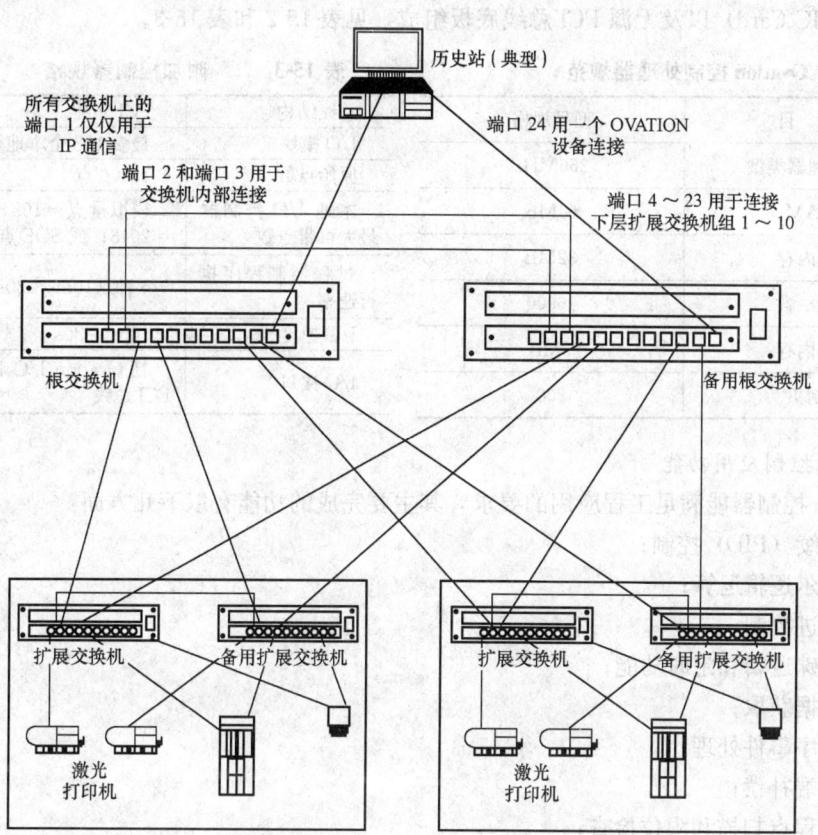

所有交换机上的
端口 1 仅仅用于
IP 通信

历史站（典型）

端口 24 用一个 OVATION
设备连接

端口 2 和端口 3 用于
交换机内部连接

端口 4 ～ 23 用于连接
下层扩展交换机组 1 ～ 10

根交换机

备用根交换机

扩展交换机　备用扩展交换机

扩展交换机　备用扩展交换机

激光
打印机

激光
打印机

图 15-2　网络连接方式一

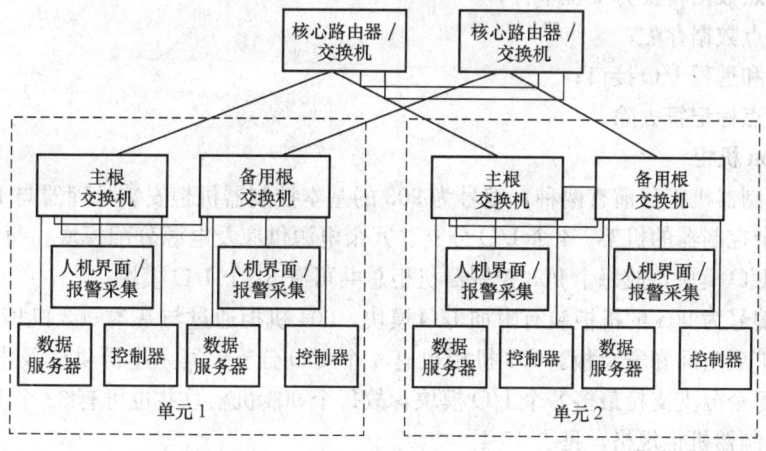

核心路由器 /
交换机

核心路由器 /
交换机

主根
交换机

备用根
交换机

主根
交换机

备用根
交换机

人机界面 /
报警采集

人机界面 /
报警采集

人机界面 /
报警采集

人机界面 /
报警采集

数据
服务器

控制器

数据
服务器

控制器

数据
服务器

控制器

数据
服务器

控制器

单元 1

单元 2

图 15-3　网络连接方式二

或复杂的调节和顺序控制策略，能实现数据获取功能，可以与 Ovation 数据接口网络及 I/O 子系统连接。控制器可以与其他标准 PC 产品连接和运行。

控制器用多任务实时操作系统（RTOS）内核处理数据。RTOS 用于多任务的执行和协调控制、与网络的通信及控制器内的一般资源管理。

1. 控制器

控制器分别由处理器（CPU Card）、控制器电源卡（PCPS Card）、网卡（NIC Card）、I/O

接口卡（IOIC Card）以及无源 PCI 总线底板组成，见表 15-2 和表 15-3。

表 15-2　Ovation 控制处理器规范

项　目	型号规格
奔腾处理器类型	266MHz
DRAM	64MB
闪存内存	32MB
点　数	16000
控制内存	3MB
控制页	300

表 15-3　　附加控制器规格

总线结构	PCI 标准
I/O 模块	最多 128 个本地模块
原始点数	16000 点
本地 I/O 控制器最大可带点数	模拟量点＝1024；或数字量点＝2048；或 SOE 点＝1024
过程控制程序执行速率	5 种（10ms～30s）
I/O 速度	10ms～30s
I/O 接口	到 Ovation I/O 和 Q-线 I/O 的 PCI 总线

2. 过程控制应用功能

Ovation 控制器能满足工程应用的要求，其主要完成的功能有以下几方面：

(1) 连续（PID）控制；

(2) 布尔逻辑运算；

(3) 先进控制；

(4) 特殊逻辑和定时功能；

(5) 数据获取；

(6) 顺序事件处理；

(7) 冷端补偿；

(8) 过程点扫描和限位检查；

(9) 过程点报警处理；

(10) 过程点数据转换为工程单位；

(11) 过程点数据存贮；

(12) 本地和远程 I/O 接口；

(13) 过程点标记符去除。

三、Ovation 机柜

Ovation 控制器机柜目前有两种，编号为 903 的基本控制器机柜安装处理器与 I/O，它包括 1 个带单一或冗余控制器的机架、4 个 I/O 分支、冗余电源供应及电源分配模块。每个 I/O 分支最多能包含 8 个 I/O 模块，故每个 903 控制器机柜总共可有 32 个 I/O 模块。

另一种是编号为 904 的机柜装有附加 I/O 模块，904 机柜通过与基本 903 机柜连接提供了与控制器连接的扩展空间和安装板。904 机柜也有 4 个 I/O 分支、冗余电源供应及电源分配模块。扩展机柜中的每个分支支持最多 8 个 I/O 模块，故每个 904 机柜总共也可有 32 个 I/O 模块。

Ovation 控制器机柜规格，见表 15-4。

表 15-4　　　　　　　　　　　　Ovation 控制器机柜规格

型　号	903 机柜	904 机柜
尺　寸	高×宽×厚：2006.6mm×609.6mm×508mm（79in×24in×20in）	高×宽×厚：2006.6mm×609.6mm×508mm（79in×24in×20in）
最大质量（全额态）	191.81kg（426.25lb）	178.31kg（396.25ls）

型　　号	903　机　柜	904　机　柜
操作环境温度	0～50℃	0～50℃
存放环境温度	−40～70℃	−40～70℃
操作湿度	0～95％，无冷凝	0～95％，无冷凝
存放湿度	0～95％，无冷凝	0～95％，无冷凝
容　　量	冗余控制器 32 个 I/O 模块 2 个电源	备用设备空间 32 个 I/O 模块 2 个电源
防护等级	NEMA12	NEMA12

四、Ovation 电源系统和接地系统

1. Ovation 电源系统

Ovation 控制器供电系统提供冗余 AC/DC 供电，冗余二极管脉冲主电源，每一控制器机架的分离电源，每一 I/O 线路冗余 DC 供电及当指定时为发送回路和数字触点提供辅助的 I/O 供电。Ovation 控制器供电系统由供电模块和一个电源分配模块组成。AC 或 DC 电源位于电源分配模块终端区并分配给两个电源供电模块。不同的供电模块组能获得 AC 或 DC 输入。两个供电模块提供了一个冗余结构。AC 或 DC 供电对一个特定的机柜能混合使用。输入电能被滤波，功率因素校正也被使用，二极管脉冲输出供给了控制器机架和 I/O 线路。

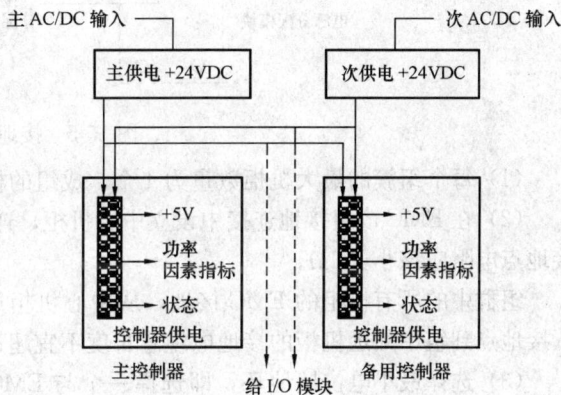

图 15-4　机柜供电示意图

对发送回路和数字触点，供电模块能通过 24V 和 48V 电源和辅助电源给机柜使用的电源分配模块。

机柜供电系统示意，如图 15-4 所示。

Ovation 供电模块接受 AC 或 DC 输入，给出两个彼此隔离独立的 DC 输出。OvationI/O 供电包括以下 5 类保护。

（1）输入低压。针对低于 62VAC 或 VDC 的低压输入保护。

（2）输入高压。针对最小设置的高于 307VAC 或 435VDC，最大设置的高于 322VAC 或 455VDC 的高压输入保护，保护是通过消弧保安电路提供的。

（3）过热。当温度处于 80～90℃时关掉电源供给。重启电源供给在 70℃时。

（4）输出过电流，针对过负荷和短路设置的保护，这种保护的设置点是输出电流的 105％～140％。

（5）保持时间。在全负荷情况下，对完全的 AC 断开保持输出 32ms 持续时间，断开能在每 1s 中重复。

2. Ovation 机柜接地

Ovation 接地系统采用多机柜 EMC 簇接地，图 15-5 是一个典型的簇机柜布置。

用于组群机柜接地的原则如下。

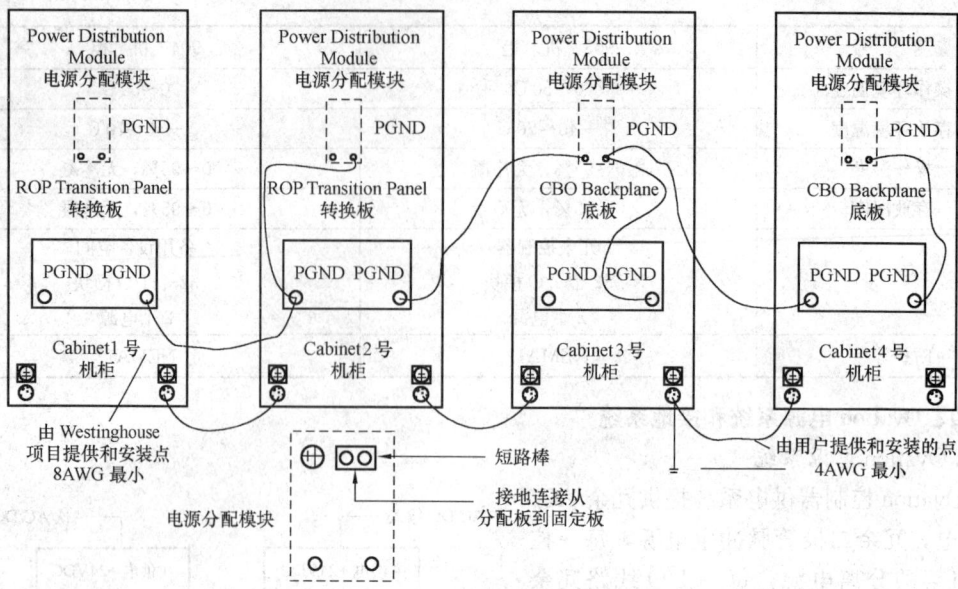

图 15-5　接地系统图

（1）每个组簇的最大机柜数量为 4 个。成组的机柜必须进行接地处理。

（2）在 EMC 成组接地连接中设立中心机柜，连接时用最小 4AWG 电缆对外连接。从机柜到接地点电阻应该小于 1Ω。

组群中的所有机柜的 EMC 接地，从中心机柜用最小 4 号 AWG 电缆菊花形地连接在一起。从接地点到组中最远机柜的接地电缆总长度不宜超过 15.25m。

（3）选择最小电位接地环，即选择一个与 EMC 接地点电位相同（或至少阻值在 1Ω 之内）的地点，接地 AC 机柜组群。

（4）安装机柜组。每个机柜的数字接地点（PGND）出厂时通过电源分配板上安装的短路棒与机柜跳线连接。在安装机柜组群时，仅在中心机柜保留此跳线，其他的机柜需要去掉此跳线。

（5）连接电源分配板上的 PGND。每个机柜在电源分配板上的 PGND 钮和 CBO 底板或 ROP 板或 TND 板上的 PGND 钮之间有安装好的带状线。

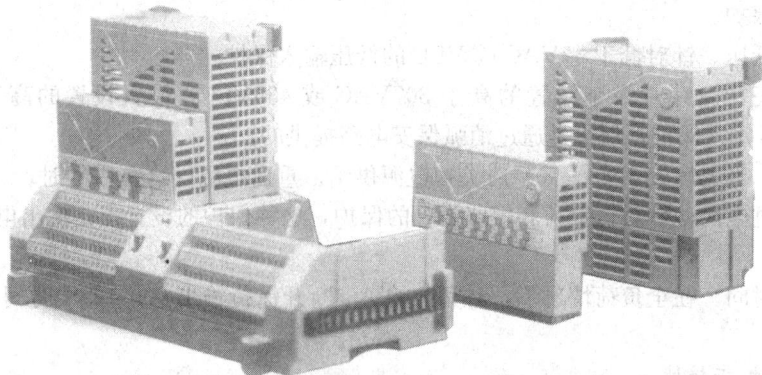

图 15-6　Ovation I/O 模块外形

五、Ovation I/O 模块

1. 模拟量输入模块（4～20mA）

如图 15-6 所示，14 位模拟量输入模块由电子模块和特性模件组成提供 8 个相互隔离的模拟量输入通道，输入信号由特性模件进行处理并送往电子模件。特性模块提供浪涌保护、过电流保护。电子模块实现数模转换并通过接口将数据送入 Ovation Serial I/O 总线。其技术参数见表 15-5。

表 15-5　　　　　　　　　　模拟量输入模块（4～20mA）技术参数

通道数	8
输入范围	4～20mA
分辨率	14 位
保证精度（25℃）	±0.10%FS，±1/2LSB　99.7%准确度
温度系数	±0.24%FS，0～60℃
输入阻抗	10MΩ
采样速率	20PS（当组态为 60H8 时），16PS（当组态为 50H8 时）
自校验	根据控制器指令进行自检
诊　断	模块内部运行故障/信号超限/电流输入的开路检测
电隔离/通道对通道/ 通道对逻辑地	1000AC/DC 1000AC/DC
差模抑制比	60dB 在 50Hz±0.5%或 60Hz±0.5%标定行频或谐波 典型值 30dB 在 50Hz±0.5%或 60Hz±0.5%标定行频或谐波
共模抑制比	120Db，在 DC 或（50/60Hz）0.5%标定行频或谐波 100Db（典型值）标定行频或谐波
模块电源	主电源：2.4W；典型值最大 3.125W 辅助电源：1C31227G01 需要，电源电压 24VDC，3.84W（典型，8 输入，每通道 20mA）
工作温度范围	0～60℃
相对湿度	0～90%（不结露）

2. 模拟量输入模块（TC）

该模块提供 8 个相互隔离的模拟量电压输入通道，还有第 9 个输入通道，属于特性模块的这个数字通道当有热电偶信号输入时，测量端子板的温度，以便进行冷端温度补偿，此通道也可以用作一般机柜的温度测量。其技术参数见表 15-6。

表 15-6　　　　　　　　　　模拟量输入模块（TC）技术参数

功　耗	典型 2.5W，最大 3.38W
热耗散	典型 8.5BTU/h，最大 11.1BTU/h
采样速度	10/s（在正常状态下），在自动校准期间 8/s。每 80 次转换（间隔 8s）完成 1 自动增益和 1 次自动零点校准
分辨率	13Bits，包括符号位
常模抑制比	50±0.5%或 60Hz±0.5%情况下为 60dB

共模抑制比	直流，供电频率和谐波量在±0.5%时为120dB		
精　　度	满刻度输入级为−25%～+100%时，精确度为满刻度值的±0.10% 满刻度输入级为−100%～−25%时，精确度为满刻度值的±0.15%		
每个模块的通道数	8		
范　　围	输入	源阻抗	输入阻抗
	−20～+20mV	最大500Ω	10MΩ
	−50～+50mV	最大500Ω	10MΩ
	−100～+100mV	最大1kΩ	10MΩ

注 1BTU=1055.056J。

3. 模拟量输入模块（RTD）

Ovation RTD输入模块将现场测温的热电阻信号转换为与Ovation串口I/O总线匹配的数字量信号。

8个输入通道相互隔离，可单独编程，恒流源电流作为现场RTD的激励电流。激励电流的量值定义输入通道的刻度范围。在微处理器的存贮器中最多可存有256个刻度范围。其技术参数见表15-7。

表15-7　　　　　　　　　　　模拟量输入模块（RTD）技术参数

功　耗	3.6W	采样速度	每秒4次
热耗散	12.3BTU[①]/h	精度	最大范围值的±0.1%
分辨率	12Bits	每个模块的通道数	8
响应时间	最大2ms	类型	铂电阻、铜电阻、镍电阻（5～1000Ω）

4. 模拟量输出模块

Ovation模拟量输出系统为4路隔离直流输出提供输出接口。模块输出信号可以驱动电压或电流设备。主系统的处理数据通过Ovation串行I/O总线送到I/O模块，通过光隔离器再到每个数/模转换器后送到输出放大器。每个微型转换器提供电能以驱动每路的隔离通道和它的放大器。每个放大器的输出经过电压或过电流比较器后变正常值，再最终送到模拟量输出特性模块，信号在这里瞬间保护后送往相应的现场端子板。其技术参数见表15-8。

表15-8　　　　　　　　　　　模拟量输出模块技术参数

模块规格	电压输出		电流输出
功　耗	3W		6W
热耗散	最大10.23BTU/h		最大20.46BTU/h
响应时间	最大2ms		最大2ms
分辨率	12Bits		12Bits
精　度	上限值的±0.10%		上限值的±0.10%
每个模块的通道数	4		
范　围	输出	输出转换速度	输出负荷
	0～5VDC/1～5VDC	1V/ms	1000Ω（最大10mA）
	0～10VDC	1V/ms	1000Ω（最大10mA）
	0～20mA/4～20mA	2V/ms	最大750Ω（最小0Ω）

5. PI 输入模块

PI 采用 2 通道计数，并提供计数值送往控制器，共以下 3 种方式：

（1）采用固定时间内的计数脉冲，可以测量输入脉冲的速度（频率）。

（2）续计数，直到由控制器或外部现场控制输入发出停止指令。

（3）测量脉冲的占空比。

（4）计数累积模件采用 CE 论证系统标准。

6. HART 输入模块

HART 输入模块特性，见表 15-9。

表 15-9 HART 输入模块特性

通道数量	8
输入量程	4～20mA
输入范围	2～22mA 有欠电流和过电流检测
分辨率	16 位
基准精度	量程的 ±0.05%，99.7% 精确 条件：25℃（±1），50%（±1）RH，0V 共模电压
温度系数	在全工作温度范围内影响为量程的 ±0.1%
采样周期	每通道每 24ms 扫描一次
耐受电压	±1000VDC，1min；通道公共端对逻辑公共端
两线制变送器电源	20mA 时最小 13.5V
大气温度	0～60℃
湿度（不结露）	0～95%RH，在大气温度 0～60℃ 范围内
振动	按 IEC-68-2-6 测试的振动波形应满足下列要求： 0.15mm 在 10～57Hz，2G 在 57～500Hz 安装在 D2N 导轨上
冲击	按 IEC-68-2-27，15G 在 11ms 半正弦波测试后，模块可以正常可靠的工作
可靠性	输入模块设计的无故障运行时间 MTBF 大于 150000h，在大于 35℃ 条件下
兼容标准	
HAPT 兼容性	标准：HCF-SPEC-54REV8，物理层：HART FSK
串口	EIA RS—232
供电	
+24V 主电流	电流：典型 0.05A，最大 0.1A
+24V 主电源	功率：典型 1.2W，最大 2.5W
+24V 辅电流	电流：典型 0.275A，最大 0.3A
+24V 辅电源	功率：典型 6W，最大 7.2W

7. HART 输出模块

HART 输出模块技术参数，见表 15-10。

表 15-10　　　　　　　　　　　　　　　**HART 输出模块技术参数**

通道数量	8
刷新速率	24ms（对 14 位模块，整板刷新率为 24ms）
输出范围	4～20mA
D/A 分辨率	14 位
精　度	量程的 ±0.25%（出厂校验精度为 ±0.05%，模块在超温情况下精度为 ±0.2%）
温度系数	在全工作温度范围内影响为量程的 ±0.1%
EMC 电磁兼容标准下精度	量程的 ±2.5%
用户供电电压	由模块提供
诊　断	断线检测、有 8 位的正常/故障标志寄存器
通道对电路隔离	100VAC/DC，1min
输出负载	最大 700Ω（在 HART 协议中最少 230Ω）
输出容限	20mA 时通过 21.6V 可驱动 700Ω 负荷
工作温度	0～60℃
温度（不结露）	0～95%RH，在 0～60℃ 范围内
振　动	按 IEC-68-2-6 测试的振动波形满足下列要求：0.15mm 在 10～57Hz，2G 在 57～500Hz 在引脚上
冲　击	按 IEC-68-2-27，15G 到 11ms 半正弦波测试
共模隔离	可承受 1000VRMS，1min
可靠性	输入模块设计无故障运行时间在大于 35℃ 条件下，MTBF 为大于 150000h
HART 兼容性	标准：HCF-SPEC-54REV8，物理层：HART FSK
串　口	EIARS-232
电磁兼容性	采用接地的屏蔽双绞线
供　电	
＋24V 主电流	电流：典型 0.05A，最大 0.1A
＋24V 主电源	功率：典型 1.2V，最大 2.5V
＋24V 辅电流	电流：典型 0.275A，最大 0.3A
＋24V 辅电源	功率：典型 6W，最大 7.2W

8. 数字量输入模块

数字输入系统带有电子模块和相应的特性模块，提供 16 位数字输入的电压输入保护。高灵活的系统既能处理交流信号，也能处理直流信号，范围从 24～125V 单端输入或差动输入。通过本地附加总线或外部提供节点供电电源。

数字量输入模块技术参数，见表 15-11。

表 15-11　　　　　　　　　　　　　　　**数字量输入模块技术参数**

功　耗	典型 4.5W，最大约 4.75W
热耗散	典型 15.35BTU/hr，最大 16.2BTU/hr
每个模块的通道数	16
类　型	单端输入——正常回馈
输入范围	48VDC
闭合接点电流	最小 4mA，最大 8mA
传导延时	最小 3ms，最大 7ms
节点防反跳—接受	RC 滤波器接受 2.6ms，防反跳接受＞4.4ms
节点防反跳—排斥	RC 滤波器排斥＜1ms，防反跳排斥＜2ms

9. 事件顺序输入模块

(1) 每个模块 16 路输入；

(2) 支持数字或节点信号单端或差动输入；

(3) 信号范围：

1) VAC/VDC 单端输入；

2) 24VAC/VDC 差动输入；

3) 48/VDC 单端输入；

4) 48/VDC 差动输入；

5) 125VAC/VDC 单端输入；

6) 125VAC/VDC 差动输入；

7) 48VDC 板上电源；

(4) 事件时间标记分辨率 1/8ms；

(5) 事件时间标记精度 1ms，以 I/O 总线时钟为基准值；

(6) 每分钟滚动一次时间标记事件；

(7) 可组态事件标记和振动控制；

(8) 每个通道节点防抖时间 4ms；

(9) 提供冗余电源。

10. 数字量输出模块

(1) 16 路单端吸电流输出；

(2) 范围包括 0～60VDC 单端输入；

(3) 常规返回，与逻辑地电子式隔离；

(4) 输出状态指示；

(5) 15V 熔丝状态监视；

(6) 支持继电器盘接口。

11. 数字量继电器输出模块

(1) 带 16 继电器输出-C 型，容量 3A@30VDC，10A@250VAC；

(2) 带 12 继电器输出-C 型，容量 3A@150VDC，10A@250VAC；

(3) 带 12 继电器输出-X 型，容量 10A@150VDC，10A@250VAC。

12. 专用 I/O 模块

(1) 链接控制器模块。

链接控制器模块带有可和第三方设备或系统串行通信的控制器。此模块是一种插板式计算机，利用通过 Intel 微处理器上的板上电源工作。当处理和接口协议有关的任务时使用此模块。

(2) 速度检测器模块。

速度检测器模块通过检测转速计输出信号的频率而得到设备的运行速度。它将转速计输出的频率信号转换成 16 位和 32 位二进制数，16 位输出值，以 5ms 速度更新信息，用来检测设备的运行速度。32 位输出值，也以适当的速度更新数据，控制设备的运行速度。

速度检测器模块由一个现场卡和一个逻辑卡组成。现场卡内有一个信号处理电路，用来读取转速器送来的正弦或脉冲序列输入信号。在转速计和逻辑卡信号之间采用光学耦合器连接，使信号之间电子隔离。

(3) 阀定位模块。

阀定位模块提供汽轮机阀的闭环位置控制。I/O 模块为电液压伺服阀执行器的和 Ovation 控制器之间和接口，这个模块决定了阀的结构（包括它的节流阀、调节器、节流装置、信号取出方法和旁路）。

（4）回路接口模块

回路接口模块提供单回路模拟量和数字量输入、输出过程控制。

接口模块可以和几组模拟量输入、输出信号相连组成一个单控制回路。除了可以利用 Ovation 串行端口总线通信外，回路接口模块提供一个 RS-422 通信串行端口。

六、Ovation 人机界面

Ovation 提供可选择的标准平台给用户界面，具体有：PC、UNIX、或 Java/浏览器工作站版本。PC 版本使用 Microsoft NT/XP 操作系统，而工作站版本结合了 Sun 微处理系统强有力的操作系统。任意一种平台都能作为工程师或操作员界面来完成读取和处理企业级的所有数据。

1. 概述

Ovation 操作员站提供了一个高分辨率的窗口，以处理控制画面、诊断、趋势、报警和系统状态的显示。通过工作站，用户可以获取动态点和历史点、通用信息、标准功能显示、事件记录和一个复杂的报警管理程序。Ovation 工程师站在操作员站功能的基础上增加了创建、下载和编辑过程图像、控制逻辑和过程点数据库等所需的工具，如图 15-7 所示。

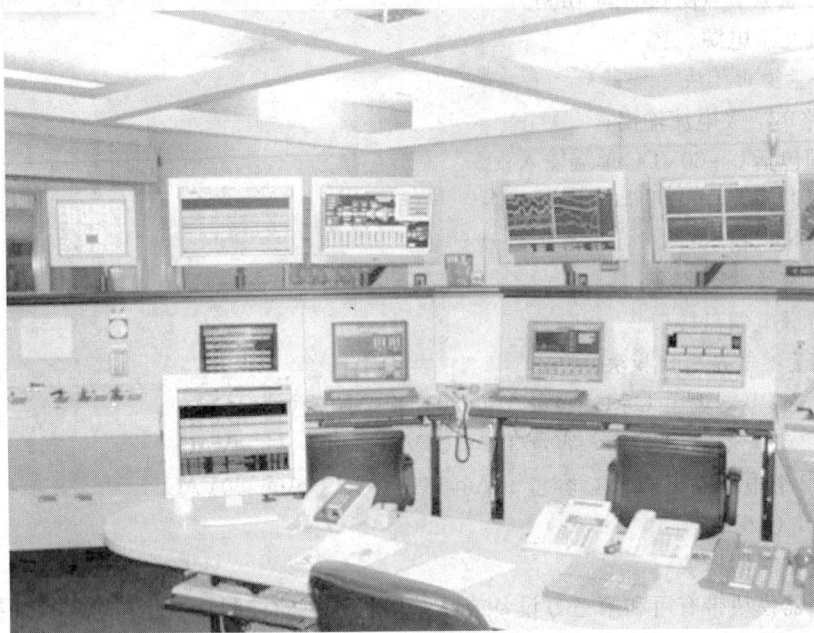

图 15-7　控制室效果图

2. 操作员站

（1）单显示器或双显示器支持，全面多任务操作；

（2）使用开放式 Windows 主题的环境，具有包括不同的第三方组件或软件的能力；

（3）操作员站允许对 150000 动态点进行访问；

（4）具有快速直接访问信息能力，如通过导向调节显示页的缩放；

（5）支持多种语言、字符集和文化背景转换的能力；

（6）标准平台确保多用户支撑和对将来硬件发展的兼容性。

3. 工程师站

工程师使用 Windows 环境和高分辨率的显示面画来执行编程、操作和维护功能，并包含了操作员站的所有功能。工程师站提供了创建、编辑和下载过程图像、控制逻辑和过程点数据库的必要工作。

(1) 数据库和控制组态；

(2) 组态厂区各种显示图像和操作画面；

(3) 报表和历史点组态；

(4) 组态与其他网络的数据链接；

(5) 下载所有工作站和站点组态程序；

(6) 所有设计的文本文件。

4. 历史站

历史站为整个 Ovation 过程控制系统的过程数据、报警 SOE、记录和操作员，提供大容量 (20000) 的存贮和回复信息。

所有过程数据可以以 0.1s 或 1s 的时间间隔扫描和存贮，以备今后恢复和分析。收集的数据可在工程师/操作员站上显示、打印、传输给其他文件或归档。

5. 历史事件顺序记录 (SOE)

SOE 控制器收集事件顺序数据，并根据时间顺序分类列表，并搜寻列表后首发事件。

SOE 历史用户接口在操作员/工程师站上运行。它允许操作员查阅 SOE 报告并根据标签控制或首发事件测点对报告进行筛选。

6. Ovation (LOG) 记录服务器

记录服务器提供打印机管理报表定义及报表生成功能。打印机可直接连接到记录服务器上亦可直接连到以太网上。

第三节　OVATION 系统软件及组态

一、组态工具

作为一套完全的增强型软件程序，Ovation 组态工具能够创建和维护控制策略、过程图像、点目录、报表生成和系统范围的组态。组态工具和 Ovation 嵌入式关系型数据库管理系统相互协调，维护和控制所有组态编译的环境，并允许与其他工厂或商业信息源实现内部简单连接。每个组态工具能在独立的硬件平台上使用多个拷贝独立、并行地执行功能。

1. 组态建立器

组态建立器用于对所有 Ovation 系统设备组态数据进行定义和维护，包括控制器参数等。用户借助这套软件定义工作软件的类型和方式、工作站软件包的参数和硬件的设定（磁盘分区、第三方软件和其他）等。除了定义、维护站点数据之外，组态建立器还提供组态控制器（包括定义控制区域数量和执行速度），具有维护安全系统的能力。

2. 控制建立器

控制建立器是一个友好直观的 Ovation 软件包，它能加速 Ovation 控制策略的创建，并自动生成和发送控制器的创建所需的执行代码。作为图形用户接口的组态工具，控制建立器提供生成自选图形方式（含控制符号、信号名和信号连接）的能力。

控制建立器采用一个可广域浏览、自由格式的环境，即在一幅画面中包括了所有的控制组态。作为一个标准的计算机辅助设计型软件包，控制建立器提供了一个标准的 AUTOCAD 的环境，允许用户使用不同工具、图形库和模块组等功能。

3. 图形建立器

图形建立器使用户能够创建和编辑鲜明全色彩的 160000 像素的 OVATION 系统显示图像。本软件对对象采用标准鼠标点击功能来绘制、移动和改变尺寸，通过滚动菜单访问绘制的属性如颜色、线宽、填充图案和文本尺寸。用户可建立交互式的器件如按钮、复选框、选择项、事件菜单和幻灯片。本软件提供的扩展图形符号编辑器，允许用户创建、定义和存储最多 256 个用户自定义图形。

4. 安全建立器

安全建立器为系统功能和测点数据提供安全保护机制。安全子系统的组态信息格式：站点—任务—用户目标。安全性选择被存放在组态工具数据库中并遍及在系统的各处。

5. 测点建立器

测点建立器为用户增加、删除或修改测点而设计。为了防止测点重点，测点建立器在增加测点时执行一个快速的、全系统范围内的统一检查。本软件还检查测点所有属性域值类型和范围的正确性与用户填入所有必须的域值。

6. 报表建立器

报表建立器是一种易于掌握的报表建立工具。它用于设计和修改用户报表格式。它允许在用户定义方式及细节信息显示方式的基础上，开发新的报表形式。

二、Ovation 算法

Ovation 算法是定义要求的控制策略的规则集、程序集或数学公式集。

Ovation 算法可以用于实现控制器的许多功能，包括简单的数学操作，质量检查，甚至包括复杂的控制算法。

每种算法可以被规定具有下列功能之一或其中几项功能：

（1）算术运算，执行一个数学功能；

（2）人工 I/O，给一个数据量分配一个常量值；

（3）布尔，执行一个布尔（逻辑）功能。用数字量来表示；

（4）CRTI/O，是面向操作人员键盘和 CRT 的接口；

（5）数字类。主要使用数字量；

（6）现场 I/O，面向 I/O 卡的接口；

（7）高级控制器，在一个算法中集成了几种相关的控制功能；

（8）限幅装置，限定一个模拟量的值；

（9）低级控制器，执行一个基本的控制功能；

（10）监视器，监视一个或者多个数据量，当满足某一条件时输出一个值；

（11）质量，处理数据量的质量；

（12）选择器，基于某些条件选择一个模拟量；

（13）序列发生器，实现顺序控制。

（14）在 Ovation 中添加自定义算法。

1）算法必须用标准 "C" 语言编写，遵循专门的规则并使用系统提供的软件库。

2）模板或算法定义文件必须由编写者自己给出并导入数据库中。

3）符号必须由基于控制建立器程序的 AutoCAD 来产生。产生的符号在控制策略表中用来描述算法。

第四节 OVATION 工厂管控网和现场总线技术

一、概述

艾默生公司应用 FF 现场总线技术建立并推出自己数字工控网结构——PlantWeb。该网络集成现场总线驱动的就地设备、控制系统和具有预测功能的维护软件，即资产管理软件（AMS），能够把控制系统，智能设备和具有预测功能的维护软件工具紧密结合成一个整体。电厂运行人员能够使用 PlantWeb 有效地控制生产过程，并优化机组运行。

Ovation 现场总线的网关能够把具有现场总线的智能仪表同 Ovation 技术无缝式集成。资产管理软件（AMS）允许具有行业标准的现场总线设备的即时连接。智能设备把现场信息传送到AMS 预测性维护软件的工作站中，从而能够做到可以在 Ovation 工作站直接诊断、控制、监视现场设备工作状况。Ovation 工程师站能够自动、方便地把系统控制策略下载到某现场总线分支的所有现场设备中。

（1）每个控制器至多能连 16 只现场总线网关；

（2）每只现场总线网关可连 4 个 H1（HART）现场总线模件；

（3）每个 H1 现场总线模件可连 16 只现场设备；

（4）现场总线长度可达 1890m（不用中继器）；

（5）可在现场或 Ovation 系统中实现控制功能。

二、现场总线硬件及软件

1. OvationFF 现场总线网关

OvationFF 现场总线网关由以下四个模块组成。

（1）控制网关处理器。

Ovation 现场总线接口的核心部件就是网关处理器。网关处理器的功能是处理所有进出 Ovation 控制器的以太网现场总线流量，同时缓存 Ovation 控制器和 H1 现场总线模件之间的传输信息。网关处理器同样可实现 AMS 同现场智能设备间的通信。它也具有自检和纠错功能，并可将这些结果传送到 Ovation 控制器进行监控。

（2）通信 H1 模块。

2 只 H1 网关模块控制现场设备和网关处理器之间的通信。H1 模块包含 2 个独立的 H1 端口以连接现场总线分支模件。每个 H1 端口的功能是作为现场总线分支模件的主连调节器或在线指示器，模块上的 LED 可指示每个模块的电源、故障及状况等信息。

（3）电源总线分支配电。

FF 现场总线通过传输数字通信信号的连接总线向现场仪表供电。

（4）网关配电。

每个网关都由一个单独的 24VDC 网关电源供应模块配电。只有网关处理器和 H1 模块由此供电。

2. 组态软件

以 AutoCAD 为基础，Ovation 开发工作室的控制生成模块使用一种有效的方法开发 Ovation 控制策略，并自动对 H1 端口及现场设备组态。利用 I/O 生成器和点生成工具，可以从已知设备库中选择现场总线的功能块和算法，并组态到 Ovation 系统中。

离线组态允许远程构建系统控制策略，而无须布置在现场并连接到控制系统上。另外，新设备的控制系统和现场总线分支结构的设计可以在组态工作之前进行。

3. 典型架构

Ovation现场总线的网关连接在快速以太网交换机上，这个交换机又被连接到Ovation控制器上。每个控制器可以连接多至16只现场总线网关。每只网关可连接4条H1分支模件，每只模件可连接16只总线驱动的现场设备。

4. 安装

Ovation现场总线的网关可安装在标准Ovation机柜中，同控制器和其他OvationI/O模块一同布置。允许把网关布置在控制器机柜内的任何基架上，同样也允许把其安装在远程I/O机柜中，使网关更接近现场，从而节省电缆费用。

第五节　SmartProcess优化控制软件

一、概述

艾默生公司的Smart Process™是一套智能软件包，称为优化软件包和顾问软件包。它们在电站的整体范围内提供动态过程优化功能。

优化软件包采用基于知识的软件工具（线形模型、神经元网络和模糊逻辑），建模和优化发电机组，并将优化设定值和偏差值直接送至现有的DCS实现闭环集成。

顾问软件包使用现代化的数学与建模工具，来分析过程性能。随后，它们为操作者提供参考信息，并确认产生不必要成本的操作区域。结果是对被检查的目标如NO_x等级、热效率、浊度等进行在线整体的过程优化，所有这些都是以动态的、电站专有的运行条件为基础的。

优化软件包产品采用线性与非线性（神经网络）两种建模技术，以提供精确的电站模型，可用于动态的高度关联的电力生产过程。优化结果能够直接并入现有的DCS用于优化控制设定值和偏差值的闭环集成，或者只用于操作者参考的目的。整套Smart Process产品是与DCS平台无关的，能够用于WDPF，Ovation和其他DCS系统。

二、优化软件包模块

（1）锅炉效率优化软件包。

使用基于神经元网络的工具，动态优化锅炉和燃烧过程，改善机组热效率。动态优化允许电站整个负荷范围内连续运行，同时保持最佳的传热特性。生成优化的偏差信号和设定调节值可直接接入现有的DCS。

（2）低氮氧化物优化软件包。

这一基于神经元网络的锅炉与燃烧过程的优化软件类似于锅炉效率优化软件。但是，其首要目标是优化NOx、CO和SO_2排放，与此同时优化锅炉效率。这一模块对所有燃烧器层的空燃比进行优化，以保证符合美国环境保护署（EPA）规定，同时运行在最大锅炉效率状态。

（3）浊度优化软件包。

借助于这一基于神经元网络的锅炉燃烧过程的优化工具，产生最佳的偏差信号和设定调整值，使浊度（烟气浓度）最小并控制浊度和燃料—空气关系。在尽量达到理想运行性能并减少浊度的情况下，这一优化调节器保持机组花费最少的费用运行在规定的限定值。

（4）蒸汽温度优化软件包。

这一模型允许具有较快的负荷变动率，改善汽机寿命，减小锅炉压力零件上的应力。通过基于神经网络的蒸汽温度过程的模型来调节温度变化。对流与能量辐射效果还用于提供前馈模型。整体目标是通过对锅炉因负荷、燃料热值、辐射能量吸收及喷水阀门性能等的变化提供可预测性的控制来优化锅炉的最后输出。

（5）经济负荷优化软件包。

采用最新的神经网络工具，建立每台机组效率曲线的非线性模型。效率曲线模型随着机组的动态变化而不断更新。不同机组间负荷的优化分配是根据成本函数来决定。成本函数考虑了机组效率、维修成本、排放等因素。经济负荷优化可以同时考虑供热供汽需求，提供未来负荷需求预测，而且能够顾及燃料种类和负荷需求的各种限制因素。

（6）电除尘优化软件包。

采用最新的数据建模技术为除尘电极板建立数学模型，对除尘顺序进行优化。它能准确反映出电除尘不同吸尘部位的关系，不仅适用于机组负荷稳态情况，也适用于机组负荷动态变化情况。

（7）流化床优化软件包。

采用线性模型、神经网络、模糊数学等技术建立流化床过程对象模型。对象模型考虑了诸如锅炉效率、燃料量、热损耗、助燃空气量、燃料一次风量等因素，能够准确计算的锅炉性能指标，然后利用这些数据预测未来的指标变化，从而确定最佳性能-成本比的运行方式。

（8）吹灰优化软件包。

为了使电站性能有明显的改善，这一基于神经元网络的工具首先确定吹灰的频率与位置，然后实施吹扫优化并按照优化的吹扫顺序进行吹扫。这一模块将热效率损失与过程损耗减少到最低水平，同时延长机组设备使用寿命。

三、顾问软件包模块

（1）吹灰清洁度顾问软件包。

这一模块是吹灰优化软件包的一个子集，可作为单独模块使用，仅为操作者提供咨询。它采用神经元网络技术为锅炉烟灰的各吹扫区域确定热传导效率。以这一信息为基础，计算出清洁度系数，然后与最优热传导效率模型相比较。

（2）总体性能顾问软件包。

这一软件包提供全套的锅炉与汽机性能计算程序（以 ASME 性能试验标准为基础），与特定电站设备机组相匹配。该组计算允许操作人员确认可控制的损耗，根据设计参数跟踪设备性能和快速识别有问题的过程区域，以便采取修正措施来减少当前的运行费用。总体性能顾问软件包包括相关的各类模块。

复 习 思 考 题

1. OVATION 系统网络上可选用哪些对外接口装置满足系统对外开放的需要？

2. OVATION 系统的带现场总线（如 HART 协议）的输入模件如何提高系统的管理能力？

3. 你认为系统图形组态采用怎样的组态方式更方便？

第十六章

I/A Series 分散控制系统

第一节 系 统 概 述

I/ASeries（Intelligent Automation 智能自动化）系统是美国 Foxboro 公司于 1987 年正式发布，1988 年首次在工业现场投运的分散控制系统。该系统可以满足地理、功能、环境的需要，采用了分散分布的实时数据库结构，所有进入到 I/A 系统的过程数据，在 I/A 系统上的任何一个站，都可以根据数据的地址加以访问，而不必关心数据所在的物理位置，大大减轻了网络上数据传输的负荷率，并且避免了由于数据的重复输入造成的错误，提高了软件组态调试的效率。在控制策略的实施上，I/A 系统的综合控制软件包采用了分散分层的控制策略，部分需要快速处理的控制任务，由 I/O 子系统的 FBM 组件实现，有效减轻了控制处理机的负荷率，而且提高了整个控制系统的分散度，进一步提高了系统的可靠性。I/A Series 系统具备如下的特点：

（1）软件、硬件独立发展的长寿命结构；

（2）分散分布的实时数据库；

（3）鲁棒，经济的硬件；

（4）矩阵式处理机电源；

（5）基于标准化的开放式结构；

（6）基于 I/O 层的通信能力；

（7）高可靠性的密封组件可以满足各种恶劣环境布置在现场；

（8）容错的控制提高可靠性和可利用率；

（9）采用 CMOS 元器件降低功耗；

（10）全智能的 FBM 组件可以独立承担控制处理任务。

第二节 系 统 构 成

组成一个 I/A Series 分散控制系统的基本结构单元是节点。在火电厂单元制机组的机炉电控制管理中，一般每台机组设置为一个节点，以保持单元机组控制管理的独立性；此外，各个单元制机组共用的公用系统，也设置为一个独立的节点。每个节点由节点总线和挂在节点总线上的各类处理机以及处理机所带的外设组成。在每个节点总线上，可以挂 64 个处理机组件，可连接的过程 I/O 点数超过 115200 点。

一、系统网络结构

I/A 系统采用二层的网络结构，即监控级网络（节点总线）和现场总线。运行在 1G/100M 的监控网络上挂接着 I/A 系统的各类处理机组件，I/O 组件则通过 10Mbps 速率的现场总线连接在控制处理机上。整个系统只有两层网络。降低了系统运行中由于过多的网络接口带来的系统通信堵塞而导致的系统故障的可能性；同时也方便了维护。目前，采用的以交换机为基础的星型结构为系统的安全提供了更加可靠的保障。

二、监控级网络

采用基于全双工交换机 1G/100MB 的以太网形式，网络拓扑采用点对点通信的星形结构，可以连接最多 1920 个控制处理机、操作员站或工程师站。操作员站、工程师站通过冗余的接口接入网络以及其他的信息接口设备，使用单模光纤时长度可达 10km，使用多模光纤时可达2km，如使用扩展器则可达 70km。CONTROL NETWORK 网络系统结构将控制处理机和工作站集成在一起，组成规模可大可小的控制系统，提供过程监视、过程控制，以及与 SIS 系统的通信。高速、全冗余以及点对点的通信特点，为 I/ASERIES 系统提供高性能和更高的安全性，同时所有与以太网交换机的接口均为冗余设计，进一步保证了站与站之间的通信安全性。

具有网络管理功能的交换机为网络的管理和维护带来诸多益处。许多运行关键应用程序的大型网络都采用各种复杂的管理工具，如 SNMP 等，管理和监控网络中的各种设备。使用 SNMP 或 RMON（SNMP 网络管理程序的扩展，可以使用更少的带宽提供更多的数据）网络管理软件不仅可以监控每一台网络设备，还可以对关键的网络区域进行重点管理。

VLAN 允许用户把网络中的某些节点组合在一起，成为一个逻辑上的局域网段，而不必考虑每个节点的实际物理连接位置。VLAN 的一个重要功能就是可以有效的管理和避免由广播和多点发送所引发的网络流量。一般来说，交换机不像路由器那样具有自动过滤网络广播的功能，任何广播或多点发送的数据包都可以通过交换机的所有端口进行发送。但是，如果采用 VLAN 功能，基于 VLAN 技术创建的逻辑网段可以有效的隔离网络广播风暴，优化网络性能。

交换机网络管理中经常会用到的一个概念就是扩展树算法（Spanning Tree Algorithm）。扩展树算法是一种协议，允许网络管理人员为网络设计冗余链路。为避免出现网络回路，扩展树算法能够在多台交换机之间进行协同工作，以确保使用同一条冗余链路传送数据。当现有线路出现问题时，备用线路自动被激活并使用。对于那些运行重要应用程序的网络来说，使用扩展树算法设置冗余链路就显得极为重要。

通过对一个或多个网络故障的快速检测，专利技术的先进网络诊断功能可以自动计算出另一条通信通道，以维持通信的稳定，智能化的网络具备自我恢复的功能。这种星形结构对于全厂范围内的系统布置方式非常重要，结合 I/ASERIES 系统固有的远程 I/O 能力，能够为电厂提供安全高性能的网络连接。在任何合适的物理位置，都可以将 I/A SERIES 系统的工作站、控制处理机、设备接口以及 I/O 组件等布置在相应的网络上。

三、现场总线

现场总线也为冗余配置，采用高速以太网现场总线通信协议，遵循 HDLC 10B2 标准。通信速率为 10Mbps，每个站可下挂 120 个 FBM（I/O）组件，最长通信距离可达 20km。

第三节　I/A　硬　件

一、人机接口

在 I/A 系统中，人机接口由工程师站 AW51F 和操作员站 WP51F 组成。对于任何一台操作员站或工程师站来说，都采用相同的处理器硬件和相同的人机接口界面，唯一的区别在于所连接的外设和配置的软件不同。这种系统的结构，给用户提供了最大的灵活性。例如，在调试阶段，可以将网络上的所有人机接口设置为工程师站，供工程师组态调试之用。在调试完成之后，移交生产时再将其设置为操作员站，以防止非授权人员对控制软件的修改。

1. 操作员站 (WP51F)

操作员站 (WP51F) 采用 SUN 公司的 Blade150 工作站，其 CPU 是采用 RISC 技术，64 位字长的工作站级计算机，内存 512MB，可扩至 2GB；硬盘 80G，彩色图形控制器；Solaris 操作系统。采用的显示器为 LCD，32 位真彩，分辨率为 1600×1280。鼠标和跟踪球作为可选光标定位设备。WP51F 可选以太网接口，可与 DEC net、TCP/IP、Novell、Windows 2000、Windows XP 连接，WP51F 的并行接口可直接连接打印机。

配置了历史数据库处理软件之后，操作员站就具备了历史站的功能。每台历史站可以处理 8000 个过程 I/O 的历史数据。在 I/A 系统中，采用分散分布的实时数据库，实时数据分别存放在各个控制处理机 CP60 中。操作员站无需建立专用的实时数据库，从根本上解决了全局数据库的问题，避免了如果工艺系统标签量过大，操作员站只能显示局部的过程变量的问题。

操作员站 WP51F 的基本特点如下：

(1) 操作员站可采用汉字进行编辑；

(2) 生产过程画面及实时数据显示；

(3) 操作窗口显示及实时操作；

(4) 实时及历史趋势显示；

(5) 报警显示；

(6) 报表制作及显示；

(7) 事件追忆；

(8) 操作员行为记录并且可以召唤打印；

(9) SOE 记录可以存贮在硬盘中，并且可以召唤打印；

(10) 系统状态监视，显示到通道级的状态；

(11) 每个操作员站 (WP51F) 均可作为工程师站来使用。

每个操作员站都可配置一个标准键盘和一个专用键盘，在专用键盘上，运行人员可直接调出所需画面。

2. 工程师站 (AW51F)

工程师站 (AW51F) 与操作员站 (WP51F) 一样，也是采用 SUN 公司的 Blade150 工作站，其 CPU 采用 RISC 技术，64 位字长的工作站级计算机，内存 512MB，可扩至 2GB；硬盘 80G，彩色图形控制器；Solaris 操作系统。采用的显示器为 LCD，32 位真彩，分辨率为 1600×1280。鼠标和跟踪球作为可选光标定位设备。AW51F 可选以太网接口，可与 DEC net、TCP60/IP、Novell、Windows95、Windows NT 连接，AW51F 的并行接口可连接打印机。

对于工程师站而言，除了 I/A 标准软件以外，还安装有 ICC、FoxCAE 或 IACC 等控制组态软件。如果再安装 Foxdraw 软件，在工程师站上可以进行操作员画面的图形编辑；安装历史站软件则可以使工程师站具备历史站的功能；如果安装 FoxView 软件，则增加了操作员站的功能。所有的这一切的功能，不需要对系统进行切换。也就是说，这样的功能选择对工程师站来说，只是在使用的时候多了一个窗口。工程师站在功能上除具有操作员站的所有功能外，还提供开发环境，如 C 语言开发环境等。此外，还完成性能计算功能。

工程师站 AW51F 的特点如下：

(1) 可以在线修改，在线下载，下载时不需要编译整个组态；

(2) 采用 OM (目标管理) 数据存取方式，分散分布的实时数据库；

(3) 各个控制处理机 CP60 的控制应用软件在上电时自动下装，无需干预；

(4) 控制策略组态软件可在线加入新的 I/O 卡件和控制策略，而不需要更改整个系统；

（5）控制策略组态软件支持离线组态及仿真；

（6）可以作为历史数据站使用。

二、控制处理机

1. 控制处理机（CP60）

控制处理机 CP60 是目前 I/A 系统在电力行业应用中广泛采用的执行控制策略的主要设备，是前一代控制处理机 CP40 的升级产品，具有大容量、高速度、高可靠性，适应于各种环境条件和安装条件的能力。CP60 将通信和控制集成在一块组件上实现，与信息网络之间的通信无需另外的通信设备对它支持，保证了网络结构简单，提高控制的可靠性。

（1）控制处理机 CP60 主要有如下的几个部分组成：

1）处理器，采用 AMD DX5-133MHz 的高性能处理器作为控制处理机；

2）通信处理器，采用 82596CA LAN 协处理器作为节点总线的处理器；

3）过程 I/O 通信，采用单独的处理器作为与现场总线的连接设备，可以连接 120 个现场组件，通信速率达到 2Mbps；

4）内存，采用 8M 容量的内存，错误诊断：ECC 提供一个字节的错误诊断和修复；

5）供电，矩阵式的供电方式，相对于 I/O 组件独立的电源系统。

（2）在工业环境下，CP60 控制器具备如下特点：

1）简洁的系统结构。控制处理机（CP60）不需额外的总线接口组件，直接挂到节点总线上（总线接口集成在 CP60 中）。

2）大容量高处理性能。控制处理机 CP60 采用了独立的处理器实现与节点总线和现场总线的通信，I/O 子系统 FBM 组件全部是智能化的设备，部分需要快速处理的任务由 FBM 组件完成，因此，与一般的 DCS 系统相比，I/A 系统中控制处理机 CP60 的负荷率就轻了很多。如上所述，CP60 控制用的处理器和内存在控制系统中可以保证系统的执行时间的高速和稳定。

3）控制功能块功能强大、种类齐全。CP60 可组态 4000 个等效功能块。在 I/A 的综合控制软件包中，有专为断续执行器控制而开发的脉冲型调节器（PTC），这种 PTC 模块根据测量值与设定值的偏差大小自动计算输出脉冲的宽度，确保控制效果和精度。在 I/A 系统中，其综合控制软件包中的功能块属于大型模块结构，这可以有效地减少小型模块结构中，不同功能块之间的信息交换，提高系统内部资源的利用率。这类大型模块与小型模块相比较，一般相当于小型功能块的 3～4 倍。在一台 300MW 机组的 MCS 中仅需 1000 个等效功能块就可以完成它们的控制功能。在 I/A 系统的综合控制软件包，也提供了先进的控制算法和调节方式，例如：

先进的"专家自适应调节器"EXACT PIDXE。可根据观察到的过程响应曲线与用户期望的过程响应曲线的偏差，自动计算 P、I、D 参数，使过程控制效果达到最佳。

先进的"多变量自适应控制算法块"EXACTMV。应用多变量解耦理论，可以应用于发电厂锅炉控制中的多重耦合带来的问题，如烟风调节、磨煤机冷热风调节等。

先进的"自适应反馈和前馈整定控制器"PIDA 可整定成同 Smith 预估器相同功能的控制器，可确保主蒸汽温度和再热蒸汽温度这种大迟延环节优良的控制效果。

每个功能块均可被组态成扫描周期为 0.05s、0.1s、0.2s、0.5s、1.0s、2.0s、10.0s、30s、1min、10min 或 60min 其中之一。这样，可根据需要将快速处理的模块设置为较短的扫描周期，将不需快速处理的模块设置成较长的扫描周期，既满足生产工艺过程对控制的要求，又可降低 CP60 的负荷率。

4）在 I/A 系统中，采用分散分层的控制策略。所有的 FBM 组件都是智能的，都可以实现一定的控制处理任务。对于某些需要快速处理的回路，可以由输入/输出组件 FBM 来完成。比如，DEH 系统中的 OPC 回路，就是由 FBM 组件来完成的。FBM 组件对模拟量的处理可以达到 10ms，对开关量的处理可以达到 2~5ms。

5）在产品制造过程中，采用低功耗的 CMOS 元件，工艺上采用表面安装技术（SMT），组件整体密封化，没有裸露的电子元器件。

（3）CP60 技术条件。

1）AMDDX5-133MHz 处理器；

2）8M 内存；

3）独立于工作站工作，在工作站关机或死机时仍能正常工作；

4）具有故障安全 FAIL SAFE 功能；

5）可组态 4000 个控制块；

6）每秒可执行 3400 个控制块；

7）可连接 120 个现场 I/O 卡件，最多至 1920 个 I/O 点；

8）多至 12000 点的 OM 对象管理数据库；

9）冗余的"矩阵"供电方式，可靠性大大提高；

10）宽范围电源工作：26V~39VDC；

11）可连接 10 个多变量控制器 MVC，优化控制过程；

12）容错的设计原理，两个控制处理机同时工作，确保每次送往现场的控制信号都是正确的；

13）具有抗射频干扰 RFI 回路，抗干扰能力强；

14）可带电拔插，带电更换；

15）全密封设计，对环境的要求低；

16）环境要求：湿度 5%~95%，无凝结；温度：−20~+70℃；

17）I/O 距离：使用 10BASE2 细缆为 185m，使用光纤时为 2km，使用光纤扩展器时为 20km；

2. 控制处理机 CP270

控制处理机 CP270 是 I/A 系统在 CP60 之后推出的新一代控制处理机，2005 年正式投放市场。与目前市场上所采用的 CP60 相比，CP270 的性能有了进一步的增强。

（1）安装方式。除了与 CP60 相同的安装方式的 ZCP270 之外，还有适应在现场安装的 FCP270 和与 I/O 组件 FBM 相同的 DIN 导轨安装方式的 DCP270，以满足各个用户不同的使用要求。

（2）通信。CP270 支持 100M 的网络通信（包括控制网络和现场 I/O），而 CP60 只支持 10M 的网络通信。通信能力提高了 10 倍。

（3）控制处理能力：CP270 的处理能力达到 10000 功能块/s，而 CP60 的处理能力只有 3400 功能块/s。处理能力提高了约 3 倍。

（4）硬件：CP270 的主处理器采用 Elan AMD 520，并且采用了 32M 闪存，而 CP60 是采用 AMD DX5，没有配置闪存。

三、I/O 子系统——现场总线组件（FBM）

现场总线组件（FBM）作为直接与现场过程信号连接的 I/O 组件，全部为智能型组件。FBM 的外形图，如图 16-1 所示。

FBM 分为模拟量输入/输出组件和开关量输入/输出组件。每个模拟量组件为 8 通道，每个开关量组件为 16 通道。所有的 FBM 不仅可完成过程信号的信号转换处理，带有输出通道的 FBM 组件而且还能实现逻辑运算及控制功能，其处理速度，模拟量组件可以达到 10ms，开关量组件可以达到 5ms。对于模拟量输入组件，输入分辨率可以组态成不同值。模拟量输入/输出通道采用变压器耦合与光电双重隔离。每路开入通道均可由软件设置滤波时间为 4、8、16 或 32ms。每路模拟量输出的最大带负荷能力为 750Ω。而且每路模入/模出均有一个独立的 A/D 转换器，保证一个 A/D 转换器故障只影响一个通道。开关量输入/输出通道采用光电隔离方式。每个模拟量输入/输出通道与其他通道均为隔离的。每个开关量输入/输出通道与其他通道是完全隔离的。

现场总线组件支持的现场总线通信协议有 ProfiBUS DP/PA、HART 协议和现场总线基金会的 H1。支持所有符合这些现场总线通信协议的现场设备，包括现场总线仪表和装置。在 I/A 系统中，系统的开放能力从系统的底层就开始了。这种开放的系统结构为今后系统升级和扩展提供了方便，

在 I/A 系统的 I/O 子系统中，其系统的供电和通信都独立于控制处理机 CP60。I/O 子系统的供电采用独立于控制器的冗余电源，控制处理机 CP60 与 FBM 之间，通过通信组件 FCM 实现通信。也就是说，在电气上，控制处理机 CP60 与 FBM 没有直接的联系，现场出现的任何干扰都通过 I/O 子系统 FBM，把它隔离在控制处理机 CP60 之外。基于同样的理由，I/O 子系统的接地也可以独立于控制处理机 CP60。当 I/O 子系统采用远程布置方式时，这样的特性尤为方便。

在 FBM 组件中，采用了微处理器作为 I/O 信号的预处理工具，I/A 的 FBM 组件全部是智能化的。除了常规的现场信号线性化处理之外，在 I/O 组件中还可以做一些简单的回路处理，如汽轮机上的 ETS 系统。使用这种类型的控制逻辑，其处理速度可以达到 2ms 左右。

图 16-1　FBM 外形图

常用的 FBM 规格及型号如下：

1) FBM201，8 路 0～20mA 模拟量输入组件；
2) FBM202，8 路热电偶/mV 输入组件；
3) FBM203，8 路 RTD 输入组件；
4) FBM204，4 路 0～20mA 输入/4 路 0～20mA 输出组件；
5) FBM206，8 路脉冲输入组件；
6) FBM207，16 路开关量输入组件；
7) FBM241，8 路开关量输入/8 路开关量输出组件；
8) FBM242，16 路开关量输出组件；
9) FBM214，8 路 0～20mA 模拟量或 HART 协议通信输入组件；
10) FBM215，8 路 0～20mA 模拟量或 HART 协议通信输出组件；
11) FBM221，4 路 0～20mA 输入或 H1 通信输出组件；
12) FBM223，2 个 Profibus-DP 通信接口，可连接 91 个从站设备；

13）FBM224，4 个 Modbus 通信接口，可连接 64 个从站设备。

四、DEH-C400 DEH-K400 阀位控制器

阀位控制器用于闭环控制系统气动或液动伺服的阀位控制。输入指令 4～20mA 或 0～10VDC，反馈输入可来自 LVDT 或压力变送器的 4～20mA 信号，控制器具有比例积分调节功能和自动、手动控制功能。在自动状态下，阀位设定由指令输入决定，切换到手动方式后，由外接入的节点并通过已编程的逻辑程序控制，这些节点来自手操盘或自控系统的逻辑节点信号，为了能与不同的输入要求的"电/液"伺服阀匹配，提供单极性或双极性电流输出，且电流的范围可通过跨接器改变。

外接停机节点通过电路的停机逻辑，强制输出电流为零，用户可根据实际情况决定是否接入，备有抖动电路，克服液压执行机构卡死，减少不灵敏区。

组件内部电路的 ±15VDC 电源是由 I/A 提供的 35V（冗余）电源在内部转换获得，内部的 ±15VDC 供电任一路失去，有节点输出（失电闭合）。为减少内部电源功耗，提高可靠性，组件驱动级采用外接 ±15V 或 ±18V 电源，它可在相应的输入端子上接入。组件面板上装有电源指示灯。

第四节　I/A 软件及组态

一、操作系统软件

操作系统软件是控制和组织 I/A Series 系统活动的程序集合。它不需要用户的参与或监控就可以指挥系统模块活动、管理多用户多任务环境，以及管理系统文件。操作系统软件包括操作系统和其他子系统，例如进程间通信，目标管理程序（OM）和其他应用程序接口（API）。

（1）操作系统。I/ASeries 系统以实时执行程序 VRTX 构成了基本的操作系统。与 VRTX 联系的是 ISO 标准的分层通信子系统。作为实时软件的一部分，这个唯一的子系统提供了访问整个网络的数据目标管理。操作站处理机和应用处理机之间有交换信息的必要，这些都是由实时应用执行程序来控制的。

（2）I/A Series50 系列操作系统是 SunSoft Solaris 操作系统。它是基于 UNIX 系统 V 版本 4（SVR4）（与 UNIX8.X 版本兼容），是一种多任务操作系统，并支持多种工业标准通信协议。同时，Solaris 操作系统是一种工业标准的 X—WINDOW 系统，使用 Open Look 图形用户接口，可以方便地在整个 I/A Series 系统和所连接的信息网络上访问数据。

二、控制软件

I/A Series 系统提供的综合控制组态软件包，简化了复杂控制策略和安全系统的结构。I/A Series综合控制软件提供了连续量、顺序量、梯形逻辑控制，它们可以单独或混合使用从而满足应用的需要。除了综合控制外，I/A Series 同时将综合控制组态和操作员接口综合在上述范围内。

过程控制算法的连续量、顺序量、梯形逻辑主要在与之相连的控制处理机（CP60）内进行。执行各种控制算法的基本单元是功能块（Block），Block 完成控制功能，通常将功能块组织和组态成一个叫做组合模块（Compound）的组，以完成特定的控制任务。Compound 是 Block 在逻辑上的集合，它完成指定的控制任务。综合控制组态软件可在 Compound 内综合连续量，梯形逻辑和顺序功能，从而设计出有效的控制方案。

综合控制软件包提供了 60 多种不同类型的控制功能块，除了实现常规的控制调节功能之外，在这些功能块中，还包含了一系列融合了 Foxboro 公司多年的控制经验的先进控制功能块：

（1）"专家自适应调节器"EXACT PIDXE。可根据观察到的过程响应曲线与用户期望的过程响应曲线的偏差，自动计算P、I、D参数，使过程控制效果达到最佳。

（2）"多变量自适应控制算法块"EXACTMV。应用多变量解耦理论，可以应用于发电厂锅炉控制中的多重耦合带来的问题，如烟风调节、磨煤机冷热风调节等。

（3）"自适应反馈和前馈整定控制器"PIDA可整定成同Smith预估器相同功能的控制器，可确保主蒸汽温度和再热蒸汽温度这种大迟延环节优良的控制效果。

三、组态软件 IACC

I/A Series组态软件（IACC）是一个直观灵活的图形组态工具，能为项目的工程实施和终身的维护带来方便和质量保证。

控制方案的组态通过控制策略图表（CSD）实现。CSD的第一步便是从粘帖板拖出一I/A Series模块，然后放到一编辑面板上。通过将源模块的输出参数和下游模块的输入参数用连线连起来，便可将这些模块组成一控制回路。在完成每个参数的分配后，CSD便告完成。

可将一CSD的全部或是一部分拷贝到用户定义的粘帖板上，然后可用它们建立新的CSD，这样用户可以利用用户定义的粘帖板创立有用的模块库。

IACC允许用户建立CSD模板。用户可利用这些模板建立基于模板的案例，每个案例都延续着模板的结构、连接以及缺省参数。任何对模板的后续更改都会自动地施加到所有它的案例上。

CSD还可以连接到多个FoxDraw™组态画面上的对象。CSD内的指定模块参数可连接到FoxDraw画面定义的任何名称上。当点击该对象时，该对象的所有信息均可显示在FoxDraw图形上了。这提高了画面建立的效率，也提高了控制策略与画面的协调性。

IACC同时提供对属于由模板创立的每个案例内的所有信息的数据库的自动建立。新模块类型的库可从标准或是衍生的I/A Series模块类型中得来。这些新生模块类型延续着它们源头的特性。这样用户可以从通用的CALCA模块建立一新的模块，称为TANK。而另一个新的模块，称为Stir_Tank又在TANK模块的基础上创立，用户所要做的只是强化其功能。项目工程师可以使用CSD内的CALCA、TANK、STIR_TANK所开发的案例。

四、人机接口软件

人机接口软件是由实时显示管理程序和一系列有关的子系统和工具组成，它们支持所有与图像显示和组态工作有关的活动。由于该软件在所有的操作站（个人操作站PW、操作处理机WP和应用操作站AW）之间的差异，某个操作站上的显示应用状态能直接传送到另一个操作站上。

所有的50系列操作站都支持使用OPEN LOOK窗口管理程序的X—Window交互作用，并且支持多个I/A Series实时显示管理程序窗口，该窗口可用于运行X—Window系统的就地操作站和远程终端上。用户可以利用这一特性，中央控制室的操作员可以使用多个过程显示和应用画面，而且工厂的工程技术人员、或信息管理网络上的工厂管理层人员也可以看到这一切。

I/A Series系统向各类使用人员提供单一的人机操作界面，即不单独设置工程师站和操作员站。系统提供不同的操作环境让各类使用人员使用相应的资源。操作环境可以设置各自的密码，以防止非法使用系统资源。用户可以建立自己的使用环境。操作和显示画面的层次结构可以按用户要求任意安排，操作和显示画面本身可以按用户要求随意绘制。I/A Series系统提供丰富的图形库和CAD式的绘图工具，可以方便地绘制符合用户要求的操作和显示画面。

五、历史数据库管理软件

历史数据库管理软件采集、存贮、处理和归档来自控制系统的过程数据，为趋势显示、统计过程控制（SPC）图表、记录、报表、电子表格和应用程序提供数据。该软件为过程工程师和操作员提供了广泛的数据采集、管理和显示功能。

历史数据库管理软件采集以下四种类型的数据：

（1）采样；

（2）浓缩处理；

（3）信息；

（4）人工数据输入（MDE）值。

对于每个采样点，其采样值可保留在独立的文件中。

I/A Series50 系列 AP/WP 可以对多达 8000 个过程参数作历史数据采集。采样的周期可以组态为 1、2、4、10、20、30s 和 1、2、5、10min。每个采样点最多可保存 99999000 条记录。

整个历史数据库的数据可以存到光盘或磁带上作永久保存，存在光盘和磁带上的历史数据可以被装回到系统中。

历史数据库管理软件提供手段来读出被浓缩的历史数据趋势显示画面，也可以将指定参数的历史数据显示出来，并可以随意显示出历史数据和相应的时间。

对于点采样收集，用户可以增加或删除从收集上来的和每点的 9 个更新时间。用于归档的数据，用户可以定义组和组的编号。

六、I/A Series 系统优化软件

Foxboro 公司自 1908 年成立以来，一直致力于自动控制领域的创新与发展。公司在发展中，将多年来成熟可靠的控制策略不断融入到控制系统中。由于 I/A Series 系统采用的开放式标准化设计思想，这样除了保持传统 DCS 系统对自动控制策略的处理外，更是将 IT 界、软件业的许多成熟软件产品内嵌到 I/A Series 系统中，使 DCS 的最大潜能被发挥出来。

1. 多变量控制器 EXACT MV

EXACT MV 是专门为具有可变增益和动态特性、多变量耦合、可测负荷波动和不可测干扰的控制过程而设计的，通过强有力的自适应技术，EXACT MV 自动地调整以适应过程的增益和动态特性，以获得更接近设定值的控制。

EXACT MV 提供最多 4 个变量的前馈调整，加上控制器的反馈调整。在低限度上，它提供一个难以控制的具有多个负载波动的回路的超强控制，在高限度上，多个块在回路相互连接交互信号来改进一个 5×5 交叉耦合方案中最多 5 个相互作用的控制回路的控制。

在一个多变量相互作用的过程中，传统的控制方法是将被控变量和操作变量配对，从而用多个单回路进行控制，然而独立地控制这些变量并没有考虑到它们在过程中的相互作用，控制器只是通过它们的反馈响应才对这种相互作用作出响应，结果是控制效果不好，且容易造成系统的不稳定。

EXACT MV 通过最多 4 个负荷或相互作用变量的自适应前馈调整来控制这种情形，它自动地适应每个前馈变量的增益和动态特性，同时被控变量的反馈作用是自适应地对于过程的动态特性变化进行调整。

用这种技术，EXACT MV 控制提供前馈补偿因素的自动调校，并且当检测到动态过程有一个显著漂移时进行再调校。

2. Connoisseur 模型预测

Connoisseu 是一种基于模型预测的优化控制工具，其主要特点如下：

（1）可靠实用的锅炉性能优化和热损失最小的系统。

1）热效率可提高 $0.5\% \sim 3\%$，同时降低或是更好地控制了 NO_x、CO 和 SO_2。

2）NO_x 排放量降低了 $15\% \sim 50\%$。

（2）Connoisseur 包括一先进适应器模件。

1）优化器实时运行，连续获得新的控制方向以最大程度地达到工厂运行目标；

2）热效率优化；

3）NO_x 最小化；

4）工厂停车次数最少化。

Connoisseur 可以在 I/A Series 系统的容错控制机内运行，以得到最大的可靠性和有效性。

七、FoxRemote 远程诊断监视软件

FoxRemote 是一组硬件和软件产品的组合，通过普通电话线的电话拨号方式，可以快速地远程访问 I/A 过程控制系统。这种类型的远程访问建立起一个远程对话，它能够显示过程画面，利用系统监视显示管理器管理报警，有限制地使用组态器，并且使用 Data forWindows™、AIM-DataLink™、FoxExplorer™ 和 AIMExplorer™ 软件查看实时和历史数据。

这种从世界上任何地方连接到过程控制系统的能力，通过授权有资格的人员访问工厂的应用程序和信息，可以快速地响应过程运行中出现的问题。因此，上海 Foxboro 公司的熟练的工程师，可以对电厂正在运行的 I/A 系统出现的故障提供远程诊断服务。有资格的人员可以对其他地方的公司提供帮助。这种新型的支持迅速地转化为更快的响应时间，改善了产品的质量，提高了生产率并且降低了生产成本。

八、FoxDMM 动态设备维护管理软件

动态维护管理（FoxDMM）是一个计算机化的维护管理系统（CMMS），它是一个软件工具，用于规划安排设备维护和资产管理，以满足现代工厂的需求。FoxDMM 是 Foxboro 公司和 PSDI 公司联合开发的应用软件包，综合了 I/A 系统和 PSDI 公司维护管理软件 MAXIMO™ 的功能。FoxDMM 采用了强大的和有固有优势的客户机/服务器技术，用户图形界面和关系数据库软件。它将合理的动态维护工厂管理理念带给了 Foxboro 公司的 I/A 系统。

FoxDMM 促进了与设备相关的重要数据的连贯和及时采集，这对维护管理十分重要。这些数据通过联合的实时电子接口采集或由屏幕直接输入。

通过从 I/A 系统自动输入的数据至状态监视，FoxDMM 使生产和维护更加紧密。数据只需输入一次，从而消除了多余的数据输入要求，并降低了可能出现的输入差错。

精确详细的停机记录和设备故障分析源自于所采集的维护数据。从而可以辨识故障设备出现的周期和原因，维护人员并可以据此作出响应。FoxDMM 将这些信息送至控制室的运行人员面前，从而使他们作出更有依据的决定。访问这些信息也使运行人员提高计划的积极性。其结果是设备运行效率更高，生产更有计划性，整体维护成本大大降低。

对于日常任务来说，如何使用 FoxDMM 是很容易学习的。此外，还可以定制系统的显示画面，让运行人员只看到与之要求相关的信息。FoxDMM 的运行无需专门的编程知识。

九、FoxEDM 电子文档管理软件

I/A 电子文档管理系统 EDM 降低了工厂总的文档管理费用，如运行规程、材料安全数据表（MSDS）和 CAD 图纸。通过 I/A 的操作员站或 Windows 的 PC 机，这些文件可让运行人员或其他授权用户在网络上响应报警、处理事件或用户请求。

I/A 电子文档管理系统将关键文件与工厂事件连接，允许所有运行级别的用户方便地使用标准运行规程（SOPs）、最佳制造实践（MBPs）、材料安全数据表（MSDSs）或维护手册。

I/A 电子文档管理系统是 Foxboro 的 I/A 控制系统与文档管理公司（DCM）的 Documentum 4i 应用程序的结合体。它将任何企业的过程事件汇集到所选文档。这些有问题的事件是报警、处理事件和用户或生产运行人员的请求。

复习思考题

1. I/A 系统网络采用以交换机为基础的星形结构能否为系统的安全提供更可靠的保障?

2. 你认为 I/A 系统采用高速以太网现场总线通信协议进行配置对工程有什么好处?

第十七章

TELEPERM-XP 分散控制系统

第一节 系 统 概 述

西门子 TELEPERM® XP 分散控制系统是以电厂安全、经济、优化运行为目标的电厂分散控制系统，它紧密结合电厂的实际生产过程，以功能及被控设备为对象，经分层及分布的软硬件设计，统一的数据管理和数据格式以及人机接口来实现最优化的控制及运行策略。TELEPERM® XP 系统的组态结构如图 17-1 所示，系统控制等级可分为机组监控级、功能组控制级、单项控制级三级。

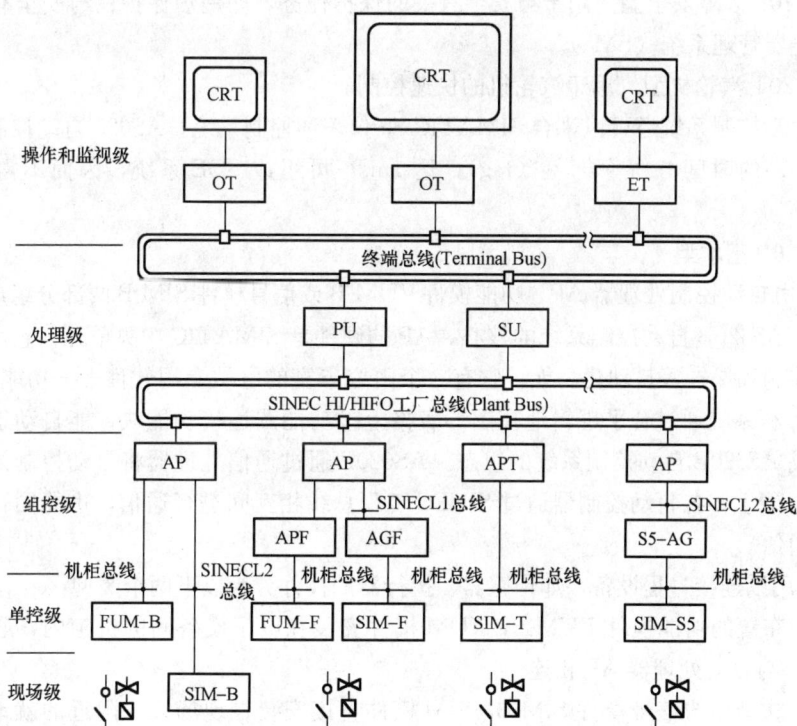

图 17-1　TELEPERM-XP 系统组态结构图

TELEPERM® XP 系统可分为 AS620（自动控制系统）、OM650（操作监视系统）、ES680（工程设计系统）及 SINEC H1 FO（总线系统）。从功能上说，AS620 主要实现电厂的自动化控制（安全运行），OM650 主要实现过程控制、过程信息及过程管理（经济及优化运行），SINEC H1 FO 主要完成数据通信，ES680 主要完成系统的组态。

与其他的分散控制系统不同，TELEPERM® XP 系统在硬件及软件分配上并不完全以 DAS、

MCS、SCS 及 FSSS 来设立子系统，而是以被控对象以及功能区域来设立子系统，如给水系统、燃烧系统、风烟系统等。这样的分配方案面向现场工艺过程，使得一个设备的控制，包括输入/输出、报警、连锁相对集中在一块或几块模件，一个子系统的控制集中在一个 CPU 中，提高了单一对象处理的独立性，大大减少了 DCS 系统内信号的通信量。大量的事件处理在 I/O 总线内，甚至在智能 I/O 模件内实现，而不需要经过通信总线，既提高了安全性，又降低了总线通信的负荷。

第二节　AS620 自动控制系统

AS620 自动控制系统不仅具有模拟量和数字量的数据采集、开环和闭环控制的功能，还具有与开环和闭环控制相关的保护功能。从低级的自动控制任务直至厂级的自动化任务，机组的自启停均能通过经济合理配置的 AS620 系统来完成。能满足电站所有数据采集、控制、保护功能的 AS620 只有以下三个品种：

(1) AS620B 基本型。能完成电站辅助设备的保护直至单元机组的控制任务，既可集中布置在电子设备间，也可分散布置在厂区内的使用现场。

(2) AS620F 故障安全型。用于与安全有关的保护任务，如锅炉保护；与安全有关的开环控制如锅炉燃烧器管理系统（BMS）。

(3) AS620T 汽轮机型。用于汽轮机的快速控制。

AS620 自动控制系统还可以耦合 SIMATIC S5 仪表和控制系统。AS620 自动控制系统的数据采集点具有很高的时间分辨率标签（tag），达 1ms，可组成 SOE 系统，因而不需另配其他的 SOE 装置。

一、AS620B 基本型

AS620B 由自动控制处理器 AP、功能模件 FUM-B 或信号模件 SIM-B 两部分组成。自动控制处理器 AP 是 AS620B 自动控制系统的核心，AP 的硬件是 SIMATIC 中央单元，它用以完成开环控制、闭环控制和保护等自动化功能。它有一个内容丰富的电站专用软件——功能码的数据库，使用 ES620 工程系统通过合乎逻辑地在图形表格上按功能图连接功能块，能自动地生成 AS620 程序码，完成 AS620B 自动控制系统的组态。AS620B 通过通信处理器将自动控制处理器连接到 SINEC 工厂总线上，各自动控制器通过 SINEC 工厂总线相互间进行通信，也能同普通的过程控制装置进行通信。

AS620B 用以连接过程设备，如传感器、执行器的模件分为以下两个类型：

(1) 集中布置的功能模件 FUM-B，FUM 模件安装在电子设备间的机柜内，通过机柜总线（cabinet bus）与自动处理器 AP 相连。

(2) 分布式结构的信号模件 SIM-B，SIM 模件直接安装在现场设备附近的就地站中，通过 SINECL2 DP 总线系统与自动控制处理器 AP 相连。

AS620B 自动控制系统可以灵活地采用集中式结构的 FUM 模件或分布式结构的信号模件 SIM，也可在同一 AS620B 自动控制系统中混合使用 FUM 和 SIM。

AS620B 自动控制系统可以冗余配置：

(1) 自动控制处理器 AP，包括机柜总线和连接到 SINEC 工厂总线上去的连接总线冗余配置。

(2) 功能模件 FUM 冗余配置。

二、AS620F 故障安全型

AS620F 故障安全型自动控制处理器 AP，由故障安全的自动控制处理器 APF 和故障安全的功能模件 FUM-F 所组成。小型系统的 AS620F 可采用 AP，由故障安全自动控制装置 AG-F 和故障安全的信号模件 SIM-F 组成。上述两种结构在同一 AS620F 系统中可混合采用。

故障安全自动控制处理器 APF 通过电缆或光纤电缆连接到自动控制处理器 AP 上，经机柜总线与各故障安全型的功能模件 FUM-F 相连。为了提高安全性，每个 APF 有两个处理器（CPU），这两个处理器同时运行，具有相同的程序和相同的时钟脉冲，又同时被二取二比较器所监控。如果比较器动作，如由于任一处理器或存储器故障，APF 立即转换到工厂安全状态。APF 还可以冗余设置。

故障安全自动控制装置 AG-F 用于小型工厂，它有两个中央装置经接口模件耦合。安全信号模件 SIM-F 总是双通道配置，一个 AG-F 控制一个 SIM-F 模件，另一个 AG-F 控制另一个 SIM-F 模件。AG-F 和 AP 之间的连接是通过 SINECL1 总线。

三、AS620T 汽轮机型

AS620T 由用于汽轮机自动控制的处理器 APT 和相关的外围模件 SIM-T 组成。由于反应时间和循环周期短，APT 能够处理像汽轮机控制那样的快速闭环控制任务。同 OM650 或其他部分的数据交换是经过一个 AP。APT 通过通信处理器连接到工厂总线上。

APT 可冗余，它是通过双通道结构来实现的，即有两个相同的闭环控制器，其中一个以从属方式运行，两个控制器之间的通信通过就地数据总线（并行）。当主控制器故障时，通过监视机构的作用，主控制器的功能由另一个控制器继续下去。冗余的传感器信号也是并行地输入到两个控制器，并行处理，而输出信号仅由主控制器产生。

像压缩机、锅炉吹灰等的仪表和控制系统，如果采用西门子 SIMATIC 产品，这些自治的辅助 I&C 系统也可接入 TELEPERM-XP 系统。接入方法有两种，一种是接到 SIENC L2 总线系统上，再经过 TELEPERM-XP 系统中的原有某一 AP，连接到 SINEC 工厂总线上，AP 的作用是在辅助 I&C 系统部件和 TELEPERM-XP 系统部件（OM650 和 AS620）之间起数据格式转换和数据交换的功能；另一种是自治的辅助 I&C 系统（SIMATICS5）也可以直接连接到 SINECHIFO（或 SINECHI）工厂总线上。这两种接入 TELEPERM-XP 系统的方法都要通过一个专用的接口模件 S5AG 自动控制装置。

四、功能模件和信号模件

功能模件 FUM 和信号模件 SIM 都是直接连接生产过程的。功能模件 FUM 用以完成各种控制功能，总是集中布置在电子设备间的机柜内；而信号模件 SIM 的任务是采集过程信号或输出位置指令（数字信号或模拟量信号），通常 SIM 是在地域上分散布置的。根据 AS620 自动控制系统分为基本型（B）、故障安全型（F）和汽轮机型（T），功能模件 FUM 有基本型（FUM-B）和故障安全型（FUM-F）两种，信号模件有基本型（SIM-B）、故障安全型（SIM-F）和汽轮机型（SIM-T）三种。

1. 功能模件基本种类

功能模件 FUM 通过与所有模件直接相连的冗余机柜总线而与 AP 相连。FUM 功能模件基本种类如下：

（1）开关量信号处理模件 FUM 210。

1）28 点开关量信号输入或 16 点开关量信号输出；

2）DC24V/120mA 输出至传感器；

3）监视传感器断线、对地短路和相间短路；

4）软件信号模拟；

5）可冗余组态。

（2）模拟量信号处理模件 FUM 230。

1）16 路变送器信号采集及处理，0/4～20mA，2 或 4 线连接；

2）变送器 DC24V 电源及 24VDC/120mA 熔丝；

3）限值监视、测量值范围及监视和调整、修正系数，如平方根；

4）可冗余组态；

5）HART 变送器负荷；

6）软件信号模拟。

（3）温度量信号处理模件 FUM 232。

1）28 点热偶信号；

2）14 点热电阻信号；

3）不同温度测量；

4）内部回路输入电隔离；

5）不同或固定补偿参考温度；

6）每个传感器产生 4 限值信号；

7）软件信号模拟；

8）可冗余组态；

（4）开环控制模件 FUM 210。

FUM 210 模件可实现下列控制功能：

1）8 个电动机；

2）8 个电磁阀；

3）5 个电动执行机构；

4）4 个步进控制器。

根据应用情况，该模件还可提供以下功能：

5）驱动器反馈信号的采集；

6）行程限制开关；

7）力矩限制开关；

8）欠电压信号；

9）开关装置故障；

10）电动机温度过高；

11）位置测试；

12）模件故障；

13）节点和接线的校验反馈；

14）状态偏差故障；

15）运行时间；

16）电源及反馈信号节点的调整（节点增压及最小节点负荷）；

17）可冗余组态。

（5）闭环控制模件 FUM 280。

1）4 个闭环控制回路；

2）算法有：P、PI、PD 或 PID 控制器；

3）检校反馈信号的采集（实际值及行程限制开关）；

4）用于实际值测量的变送器电源和过负荷保护；

5）模拟量输出 0/4～20mA；最大可允许负荷 650Ω；

6）可冗余组态。

2. 基本型功能模件（FUM—B）

基本型功能模件（FUM—B）的基本任务如下：

（1）信号的采集、调整、处理、分配和监视，以及变送器、传感器的供电；

（2）自治的开环和闭环单项控制器；

（3）时间特性是：1ms 的时间分辨率，10ms 的系统广域精确度（system-wide accuracy）；

（4）故障诊断高区分能力的监视功能；

（5）经 ES680 的信号仿真。

模件插槽由 ES680 工程系统赋值和参数化，模件能自治地赋予它自己参数、模件事件引起的变化，系统能自动地赋予模件正确的参数而不需操作员的干预。功能模件集中地布置在有机柜总线的机柜内，每个机柜分几层支架，每层支架可安放 19 个功能模件 FUM。在一个机柜内多达 4 层的支架具有一个供电单元、熔断器、机柜监视器和机柜连接部件。所有的模件都允许带电插拔，且不需专用工具。

3. 故障安全型功能模件（FUM—F）

故障安全型功能模件 FUM—F 与 FUM—B 结构相同，但 FUM—F 的故障安全型结构要求至少有两个通道和永久性的输入和输出自动检查。可以采用更高的通道像三取二结构，在保证性能的前提下，提高模件级的可用率。

FUM—F 模件除具有像 FUM—B 模件相同的基本功能、监视和诊断功能（如传感器断线检查）外，还具有下述测试功能：

（1）用于模件输入回路故障识别的二位制输入信号短期中断；

（2）为了检验模拟量输入的固有功能，可插入模拟量试验信号；

（3）为了识别由于部件故障引起的信号输出故障、输出信号变化，然后读出作为模件内部输入信号的输出。

4. 信号模件（SIM）

信号模件 SIM 用于采集数字量或模拟量的过程信号或输出数字量或模拟量的位置控制指令。信号模件 SIM 插在 ET200 分布式站内，SIM-B 模件的 ET200 站允许同时插入 SIMATIC 部件，每个站由可选数量的总线单元和一个接口模件组成，该接口模件将站在经 SINEC L2DP 总线系统连接到 AP 上，用现场单元电缆连接的 SIM 模件就插入到总线上。每个站能处理 32 位字节的输入和 32 位字节的输出，即每一输入和输出区段可配备多达 256 个分节点或 16 个模拟量。至少两个站可建立包括传感器在内的冗余结构。分布式站可以安装在邻近执行器和传感器的小型机柜内或分散的接线盒内；ET200 站也可以安装在电子机柜内，这样当同时用到 FUM 和 SIM 模件时，便于一道组态。

SINEC L2 DP 总线系统的传输速率为 1.5Mb/s，可以用铜电缆也可用光纤电缆。SINEC L2 DP 总线系统是基于 PROFIBUS 现场总线，经过这个总线接口智能现场装置可接口到 TELEPERM-XP 系统上。

第三节　OM650 过程控制和信息系统

一、OM650 概述

OM 意为操作（operating）和监视（monitoring），OM650 使用基于 X/Windows® 和 OSF-Motif™（OSF，open software function）标准的同一的用户人机接口 MMI（man-machine interface）。

OM650 过程控制和信息系统结构，如图 17-2 所示。

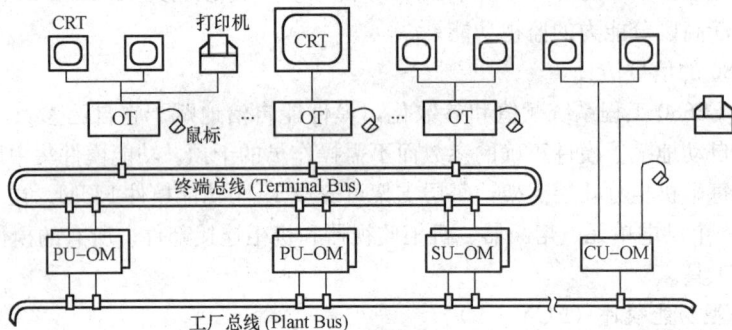

图 17-2　OM650 过程控制和信息系统结构图

OM650 过程控制和信息系统的功能分散于处理单元/服务器单元（PU/SU）和输入/输出终端（操作终端 OT）。OT、PU、SU 都是 UNIX 个人计算机（UNIX-PC），OT 还有一个可连接 4 个彩色显示器的图形服务器和一个鼠标、键盘、打印机、硬拷贝机。OM650 中的 OT、PU、SU 所用的 PC，均为工业控制用 PC：32 位工控机奔腾 586，OT CRT 显示器分辨率 1280×960，可采用大屏幕显示器（2m×1.5m）。对于小型应用，PU、SU 和 OT 的功能可以综合在一个压缩单元（CU，compact unit）内。

从图 17-1 可见，处理单元 PU 和服务器单元 SU 通过接口连接在 SINEC 工厂总线上，实现与各 AS620 自动控制系统的数据通信。PU、SU 和 OT 又都连接在终端总线。使用压缩单元 CU 的系统不设终端总线，直接连接各终端设备。OM650 过程控制和信息系统的人机接口（MMI）综合了许多国际标准，如 UNIX®、C、X/Windows、OSF-Motif、ISO-OSI，具有结构查询语言（struct ured query language——SQL）的相关数据库系统 INFORMIX™。OM650 有过程控制软件包和过程信息软件包两个软件包，过程控制和过程信息的执行是由安装在每一个 OM-PU/SU/OT 中的操作系统、任务管理器和基础性软件所支持的。两个硬件和软件相同的 PU/SU 对可构成二取一冗余配置。

二、PU、SU 和 OT 任务

1. 处理单元 PU（processing unit）

1）保持现时值和状态的映像；

2）将所有的数据变化（事件）存入短期档案库存贮器；

3）综合二位制状态信息和纵坐标状态的偏差；

4）处理过程信息功能；

5）执行计算；

6）向操作终端提供动态信息（动态显示信息的输出和更新）。

2．服务器单元 SU（server unit）

1）保持经 ES680 组态存在中央数据库（informix）中的所有的数据描述，这些信息首先是用于人机接口 MMI 功能和记录功能；

2）记录功能；

3）带有兆级光盘（MOD）外部数据存贮器的长期档案库存贮器。

3．操作终端 OT（operating terminals）

工厂的所有显示都存贮在每一个操作终端 OT 的本机磁盘存贮器内，OT 具有完整的人机接口（MMI）功能，它通过终端总线可访问短期档案库存贮器和长期档案库存贮器，从而可进行工厂的任一操作和监视功能。OT 的概念是将 PU/SU 的处理功能从 OT 的显示功能中分离出来。这样 OT 和 PU/SU 之间就没有固定的指定关系，而只有模拟量和数字量以及操作信息的交换。如果有 n 台 OT，它们是并行冗余工厂的，出现故障后，每一台 OT 都能取代另一台 OT 的功能。

CU 综合了 3PU、SU 和 OT 的功能，它是一个闭合的系统，只能访问它自己的本机数据和外部设备。

三、人机接口 MMI

人机接口 MMI（man-machine interface）是一个相同的完整的图形用户接口，它是基于国际标准 X/Windows、OSF-Motif 和图形系统 DYNAVIS®-X。MMI 以各种不同的显示来满足运行人员的监视要求。

（1）工厂显示。整个电站的概貌显示或管道和仪表图（PI&D）显示，显示图上用数字指示、棒状图、颜色等显示温度、压力或公用报警指示的信息，供运行人员操作和监视。

（2）过程显示。用曲线、棒状图或点来表示目前的或历史的过程状态。

（3）功能图。用来在线表达仪表和控制的开环控制功能。

（4）显示编排。MMI 具有显示管理功能，可将显示组织成不同的级，如概貌、区、组级等。

（5）显示选择。允许操作人员对特殊的显示内容快速或直接的键入显示，如重要的概貌显示、报警顺序显示（ASD）等。

（6）过程操作。所有的过程操作都可经操作窗口进行。这些过程操作是：开关设备的开/断、手/自动运行方式的切换、改变设定值和位置变量、调整操作块。

（7）报警系统。显示报警等级和报警顺序。

四、记录

记录功能包括 OM 组态记录、状态记录、顺序记录、ES 组态记录、在线记录。

五、数据管理

在 OM 中，所有由自动装置或计算程序产生的传输数据都存贮在 OM650 的档案库存贮器中。长期档案库存储在磁盘存贮器中，那些要快速访问的数据，如用于输出显示或计算的数据，存贮在处理单元/服务器单元的主存贮器的短期档案库中。

短期档案库存贮器的存贮容量约为 400000 个事件，它是循环存贮的，当存满之后，新的数据就挤掉最老的数据；每隔 2min 短期档案库中新的事件输入到长期档案库存贮器。长期档案库是存贮在服务器单元（SU）的本机磁盘存贮器中，如果需要，可用兆光盘（MOD）外部存贮器，但必须连接在服务器单元上。

六、特性值

在 OM650 中，下列设备的特性值，即：给水加热器、给水泵、锅炉、空气预热器，汽轮机、凝汽器，燃气轮机的热动力函数、热耗率，其计算结果存贮在短期档案数据库中，以曲线、棒状图、模拟量指示或记录形式表示，供运行人员监控参照。

第四节　SINEC 总线系统

一、SINEC 总线系统概述

过程控制系统的 SINEC 总线系统是实现仪表和控制部件之间的内部通信，以及和其他产品外部系统的通信，满足 ISO/OSI 模型 7 个功能层通信协议的体系结构。SINEC 总线系统由工厂总线和终端总线两部分所组成。工厂总线是用于自动控制系统（AS620B，F，T）和 OM650 操作监视系统以及 ES680 工程系统的处理单元/服务器单元（PU/SU）之间的通信，终端总线用于 OM650 操作监视系统、ES680 工程系统的处理单元/服务器单元（PU/SU）与操作终端（OT）之间的通信。

局域网（LAN）的 SINECHI 或 SINECHIFO 满足 IE-EEE802.3 程序标准 CSMA/CD（carrier sense multiple access/collision detection——载波帧所多路访问/冲突检测），以太网可用不同的传输介质，SINECHI 为同轴电缆，SINECHIFO 为光纤电缆，传输速率 10Mb/s。

SINECHIFO（或 SINECHI）开放式通信系统，通过转发器（repeater）、网桥（bridge）、路由器（router）、网关（gataway）可与广域网（WAN）耦合。

二、SINEC 总线结构和部件

SINEC HIFO 总线的结构，如图 17-3 所示。

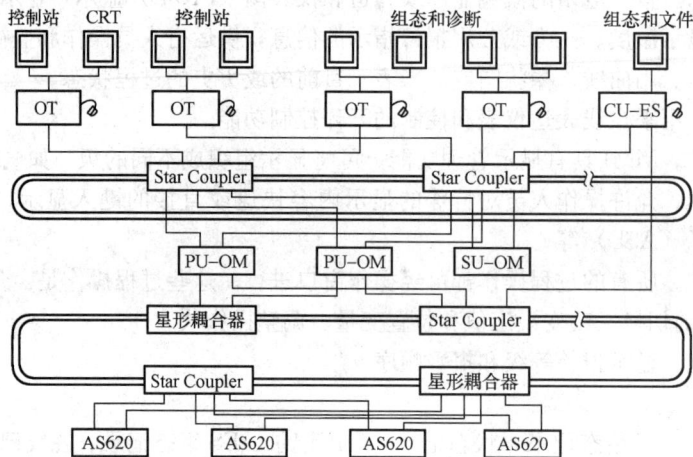

图 17-3　SINEC HIFO 总线的结构图（用星形耦合器）

1. 星形耦合器（Star Coupler）

对于自动控制系统 AS620，操作监视系统 OM650 和工程系统 ES680 的处理单元/服务器单元（PU/SU），操作终端（OT）是通过星形耦合器（Star Coupler）与 SINEC HIFO 总线耦合的。星形耦合器带有插入式接口模件，该接口模件可将光纤电缆、同轴电缆、节点电缆连接到 SINEC HIFO 总线上。

冗余的 TELEPERM-XP 部件通过两个分开的星形耦合器连接到总线系统上。这样一个星形耦合器故障，不会影响到 TELEPERM-XP 部件的通信。

星形耦合器是 SINEC HIFO 网络的中央部件，整个网络以环形结构连接，星形耦合器监视模件中的分开点允许实现成线结构（虚拟环）。在分开点处信号来自被监控的两个方向，如果一个方向的总线断开，则分开点就闭合，使得连接在总线上的部件再结合到通信过程中来，因此这样的总线连接是故障安全的。

2. 通信处理器

所有连接到 SINEC HI/HIFO 总线的 TELEPERM-XP 部件的接口模块均有通信处理器。

3. 节点电缆

节点电缆用来连接 TELEPERM-XP 部件通信处理器和光收发器或电收发器或直接连接到星形耦合器或接口放大器。

4. 电/光收发器（transceiver）

电收发器将一个或两个节点电缆连接到同轴电缆传输介质上。在 SINEC HIFO 总线上光收发器经光纤电缆将节点电缆连接到星形耦合器上。

5. 接口放大器

接口放大器可将多至 5 个的 TELEPERM-XP 部件连接到网络上，而不需用总线电缆。电收发器也能连接到以同轴电缆为传输介质的网络上。

6. 实时时钟

为了使 TELEPERM-XP 的各部件 AS620、OM650 和 ES680 在时钟上同步，需有一实时时钟，时间电报是通过工厂总线发送的。TTY 接口可实现实时时钟与其他时钟（如 DCF77）同步。

7. 网桥

各个独立的 SINELHI/HIFO 网络间的连接，或 SINECHI/HIFO 网络与其他网络相连接，网桥可用来耦合这些网络。

第五节　ES680 工程设计系统

一、ES680 工程系统概述

ES680 工程系统是 TELEPERM-XP 系统的一个子系统，它运行在 UNIX 操作系统中，标准的 ES680 工程系统是个人计算机型（PC 型）；另一种是工作站型。

ES680 工程系统有一个或两个工程终端 ET（engineering terminal），每个工程终端 ET 带有一台 20in 显示器，其分辨率为 1280×1024。如果有 n 台工程终端，为了优化其功能，其中一台常被用作服务器单元（SU），主要是用作数据库服务器。用于大型、多任务电站时，常用一台工作站作服务器，以提高数据库的访问性能。用于小型电站（约 200 个模拟量、400 个数字量测量信号和 100 个驱动器）的 ES680 工程系统和 OM650 操作监视系统可集中运行在一个 PC 机上，在这种情况下，运行状态 OM 或 ES 可交替使用。这种结构为压缩型 CU-OM/ES。

ES680 的软件系统是由全图形系统支持的数据库系统，是基于国际赞同的、标准化的软件，如 UNIX 操作系统和相关数据库、X/Windows 和 OSF-Motif。工程设计是面向过程工程任务定义的，因此对工程设计人员来说并不需要有仪表和控制系统软件方面的专门知识。

ES680 不取决于某一标志编码，它是由德国工业标准（DIN）像 KKS（电站标志系统）、AKZ（工厂标志系统）的标志编码所支持的。

控制系统的系统专用参数是由 ES680 自动地确定和管理的，它们不需要组态。被执行的功能块的顺序也是自动地确定的。

将功能装载到目标程序装置是离线方式运行的，也可在线，并具有扩展程序库和拷贝功能。

所有的 TELEPERM-XP 子系统从与过程有关的执行器、传感器、转换器，直到仪表和控制功能、测量、闭环控制、驱动控制、逻辑操作、顺序控制、人机接口（MMI）记录、过程函数均可用 ES680 组态。

二、AS620 自动控制系统组态

用 ES680 工程系统对 AS620 自动控制系统组态是按功能图进行的，功能图是根据德国大电站运行员技术协会（VGB）的指南设计的。单项级的功能图用作自动控制系统的组态和参数化。当需要了解相互关系时，区域级功能图和总貌功能图也可生成。各级功能生成后，就可使用电厂专用符号来设定，这些专用符号具有标准的缺席值，仅当与缺席值有偏差时，才需要组态。已定义的输入或输出变量用作图法连接符号于表格空白中，或功能图逻辑连接自动生成的其他功能符号用作图法连接在表格空白中。当需要时过程的工程参数可直接输入指定符号的表征码。自动参数、像地址或系统的运算量是不需要组态的，它们是由 ES680 工程系统自动地指定和管理的。相同应用取决于功能块的访问顺序。

从一个功能图级到下一个功能图级变化时用纵向导航。在单项功能图级，除图或表格从起始到结尾有限制外，信号能水平方向跟踪。

ES680 工程系统自动管理信号的连接，用户只需经功能图组态逻辑连接。带有符号的单项控制级的功能图，参数和连接是直接由编码生成器转换为用户的自动控制系统程序软件。这个生成的软件经工厂总线载入相应的自动控制系统，在线、离线两种方式均可。

三、OM650 过程控制和信息系统组态

OM650 过程控制和信息系统的组态内容包括以下几方面：

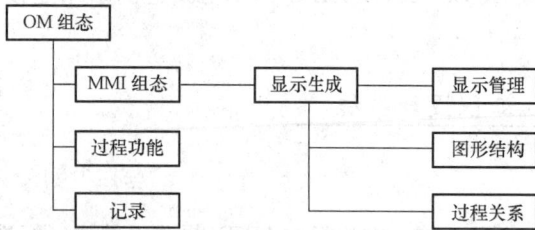

(1) 工厂显示生成；

(2) 图形到生产过程的连接；

(3) 记录配置；

(4) 过程功能组态。

OM650 的组态部件结构图，如图 17-4 所示。

自治的 OM650 软件模块用于过程操作和具体的功能组态。OM650 和 AS620 组态原理相同。操作装置的信息和功能经工厂 ID 码组态，并输入到系统中，这就是说在工厂显示和功能图中图形对象是由工厂 ID 码编址和更新的。标准化的、连续地匹配的功能块和显示库支持组态程序。

图 17-4　OM650 的组态部件结构图

1. 过程功能组态

子功能表示功能块过程功能（如性能计算）的组态，按下述步骤进行。

1）采集、检查和存储组态数据；

2）生成和装载组态数据到 OM650 执行系统中。

2. 记录组态

OM 可组态记录状态和程序记录的信息，如记录类型、时间范围、相关信号等。记录组态与自动系统中单项级的功能图生成相同。有两种功能块类型可用于记录组态、STAD 功能块、记录功能块。

STAD（Incident Review Documentation，偶然事件检查文件）用于一个或几个 OM 可组态记录，STAD 符号连接到记录功能块，经 STAD 功能块或手动记录也能输出。

四、系统硬件和现场设备组态

过程仪表和控制（I&C）系统硬件，包括现场设备（传感器）和相关电缆也能用 ES680 工程系统来组态。ES680 有 MSR（instrumentation, open-, closed-loop control，测量系统、开环控制、闭环控制）子功能用于定义和处理传感器和执行器。程序包括测量点和驱动清单。这一程序

可在 DOS 操作系统环境下的 PC 机上运行。

五、总线系统组态

局域网（LAN）组态：

（1）按局域网（LAN）拓扑结构定义仪表和控制（I&C）装置的结构；

（2）生成局域网连接，并对用户透明；

（3）生成对通信处理器（CPS）的信息；

（4）装载组态数据到局域网（LAN）各部件。

SINEC 总线系统组态用 ES680 工程系统按表示为总线段和整体各部分，包括它们相互之间连接的拓扑结构图进行，从这个结构图通信连接是自动地引伸而来的，并在这标准参数设定格式中各部分中的通信处理器生成编码。拓扑结构图（总貌级布置图）的生成是用与功能图生成相同的方法实现的。

六、调试功能

由组态生成的数据装载在 ES680 工程系统中，可供工厂调试时应用。当调试时，结构编码和参数经总线从 ES680 中装载到相应的自动控制系统和操作监视系统中。对于大型电厂可以由几个仪表和控制工程师在连接成一个环的 ES680 工程系统上并行进行调试工作。仪表和控制结构的优化和修改是用同组态时一样的方法实现的，这时显示图具有现时过程变量的动态特性。调试工程师能够通过 ES680 系统进行所有模拟量和数字量信息的调试。

调试功能有以下几类：

（1）组态数据的传输；

（2）自动控制系统部件的"冷态调试"；

（3）装载功能；

（4）试验文件；

（5）自动控制系统功能调试、过程工程调试。

过程工程调试主要是为了优化过程，ES680 支持的调试所用的功能如下：

（1）修改组态；

（2）具有动态特性的功能图；

（3）软件信号仿真。

第六节　DS670 诊断系统

诊断系统 DS 有两种结构可供选择，见图 17-5。

第一种结构为采用压缩单元（CU），诊断系统压缩单元（CU-DS）分为诊断系统服务器（DS server）和诊断系统客户器（DS client）两部分。诊断系统服务器连接于工厂总线和终端总线，它通过诊断系统客户器接诊断系统的诊断终端（DT-DS）。这种诊断系统适用于较小型系统，只用一个诊断终端。

第二种结构为采用服务器单元（SU），诊断系统的服务器（SU-DS）连接在工厂总线和终端总线上，诊断终端（DT-DS）经诊断系统客户器可接在工厂总线上和接在终端总线上。这种诊断系统适用于大型系统，其系统可用多个诊断终端。

DS670 诊断系统的功能包括以下几方面：

（1）自动地识别和采集仪表控制系统的故障；

（2）处理被识别的故障，在仪表控制布局图上以图形形式压缩（报警压缩）显示；

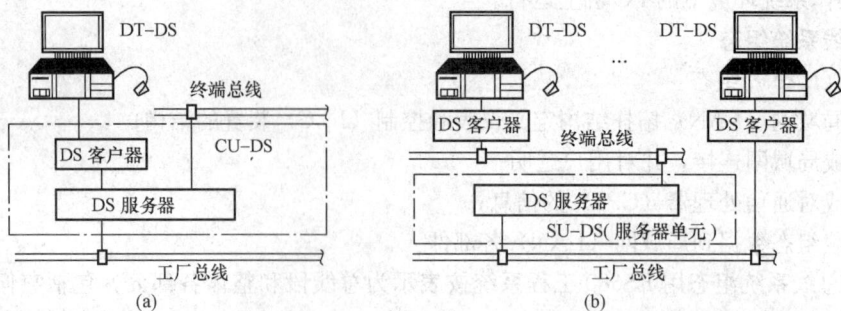

图 17-5　诊断系统组成图

(a) 具有集中诊断终端（DT-DS）的压缩单元（CU-DS）；
(b) 具有集中和分散诊断终端的诊断服务器（SU-DS）

(3) 指导操作员通过装置结构找到故障发生位置；

(4) 图形形式故障显示或文本形式故障表示；

(5) 记录、统计和评估功能。

第七节　其他信息功能和自动控制功能

TELEPERM-XP 分散控制系统还具有一些新的信息功能和自动控制功能，如负荷裕度预测计算机、PI 状态反馈控制器、模糊逻辑控制器等。

一、负荷裕度预测计算机

运行在中间负荷和尖峰负荷的机组常要启停，这时对厚壁部件，由于快速的负荷变化，常会产生相当大的热应力。使用负荷裕度预测计算机能够在负荷比较快的变动时提高电站的经济性，减少运行、维护和投资费用。由于优化了启停程序，节省了燃料，仅此一项在启动时可节省费用 20%～50%。

负荷裕度预测计算机是基于高压缸（HP）和再热器（RH）温度控制器、蒸汽压力和锅炉燃烧输出的数学模型。该数学模型为可复现的动态特性。模型处理部件的一些特定的材料数值，如密度、比热、几何形状、传热系数和热导率等参数，而模型的输入变量仅是一些用常规方法可以测量的像温度、压力、介质流量等参数。

模型持久地确定相应于这些输入变量和历史状态的厚壁部件的现时温度分布曲线、部件的应力负荷，可由温差以常规方法计算出来。如果现时状态转换到部件预测模型，那么现时最大的允许介质温度是可以根据这个状态通过专门的预测计算而确定的，而对锅炉输出也相应地进行控制。如果介质温度保持在这个限值以下，那么就不会达到或超过最大的允许部件应力，计算出的最大介质温度连接到高压缸（HP）和再热器（RH）的温度设定值控制（MIN—功能块）。

负荷裕度预测计算机可以直接用于高压和再热器温度的设定点控制。将蒸发器区段的预测温度负荷裕度转换为相应的压力负荷裕度，经旁路站就可直接用于压力控制，对热负荷设定值的预测解决了锅炉动态特性慢的问题。综合高压/再热蒸汽温度设定值控制，高压压力和热负荷设定值结构提供了一个简单、清楚的启停策略。

用负荷裕度预测计算机动能进行热量输出控制的原理方框图，见图 17-6。

二、PI 状态反馈控制器

状态反馈控制器是一个由控制算法支持的模型，它基于状态空间理论。状态反馈控制器有观

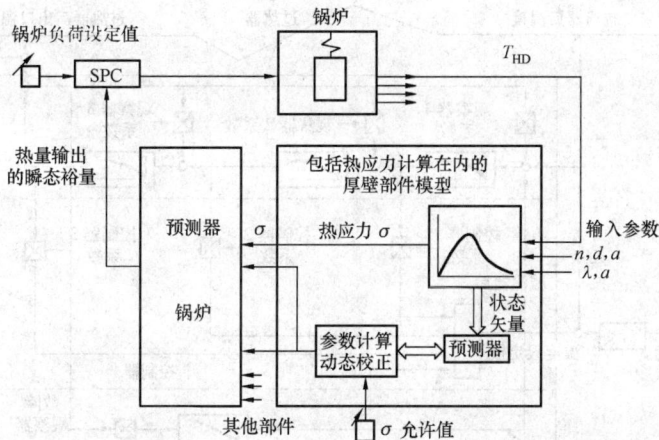

图 17-6 热量输出控制的原理方框图

察器、控制器和扰动观察器三个部件。

观察器仿真过程的动态特性。建立一个一阶延迟元件（一阶惯性环节），它的输出被连接到控制器作为"不可测"的过程中间变量。模型输出变量永久地与过程输出变量比较，通过这两者差值的反馈使得模型连续地与过程匹配。观察器由一扰动观察器所支持，以便校正剩余扰动。状态反馈控制器的参数通过调整控制器和观察器的系数来设定，虽不能人工设定但可经复杂的数学运算计算出来。

为了方便用户，不使他们涉及这些数学关系，状态反馈控制器的系数是由设计程序所确定的。只有一个参数，即相对于过程的状态反馈控制器的速度是要专门指定的因子。状态反馈控制器的优点在于它不仅有输出可变量，还有过程的中间状态量。这个状态变量用于闭环控制。这样，建立了一个短延迟时间的系统，它能以比慢系统更快的速度进行校正。因状态反馈控制器的快速性，自然比常规的 PI 控制器在性能上得到改善，它能更快地对在过程开始就探测到的扰动起作用。这个原理被实践证明：对蒸汽温度控制系统最大控制偏差减小了约 1/3。改善了蒸汽温度控制意味着蒸汽管道有更长的使用寿命、危险部件得到保护（如隔板）和降低了汽轮机的热负荷。此外，状态反馈控制器还使具有较窄控制带的主蒸汽温度可能确定较高的设定值，这有效地提高了热效率。另一个优点是更易于控制器处理，状态反馈控制器只由单个参数设定。图 17-7为过热汽温的状态反馈控制器控制回路图。状态反馈控制器在 TELEPERM-XP 中是一个标准的功能模块。

三、模糊逻辑控制器

模糊理论是 1960 年发展起来的，它基于这样的一个概念：不是所有的事实都可以简化为计算机世界所需的 0 或 1。模糊逻辑还具有计算 0 和 1 之间中间数值的特征。

模糊逻辑控制器设计是用不确定的量根据 IF-THEN（如果—那么）规律作为输入量来连接的，如 IF（如果）已达到设定值温度和梯度是很高的话，THEN（那么）开减温器"或"如果（IF）已达到设定值温度和梯度是低的话，那么（THEN）停减温器。用这种方法能将不确定的、经验的操作知识转变为动作和有意义的规则。此外，当过程和扰动变量相互关联时，新方法具有计算能力并能将其集中到控制器设计中去，新的经验也能通过定义新的规则集中到控制器的设计中去，过程可以考虑得更仔细。

模糊逻辑控制器有以下三个功能特性。

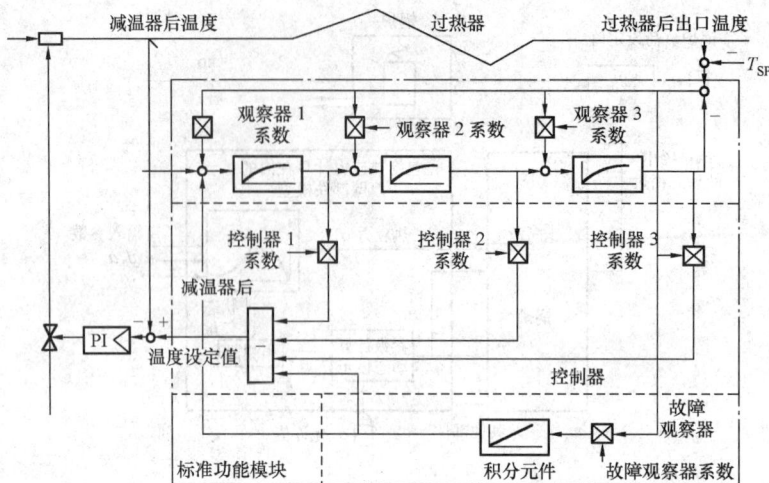

图 17-7　状态反馈控制器控制回路图

（1）模糊化。是具有扰动函数（元素集的度）的采集和操作。这些扰动函数用作模糊逻辑控制器的物理输入变量。

（2）规则。这些规则综合从模糊化得到的结果值，模糊化格式为：IF　$x_1 = a$ 和/或 $x_2 = b$，THEN　$y = c$，格式化设定规则。

（3）介模糊化。从规则函数的 IF 段介模糊化格式化影响过程的物理输出量。这个输出量是通过面积法重心计算出来的，面积法重心是整个输出元素的函数。这些输出代表了相应于输入变量实际状态的现时控制器的输出。

模糊逻辑控制结构这一基本原理能解决许多问题，但也存在一个缺点，就是模糊逻辑控制器会导致永久的控制偏差。为了克服这一缺点，常将模糊控制器和常规的无差 PI 控制器联合应用，它们并行工作，见图 17-8。

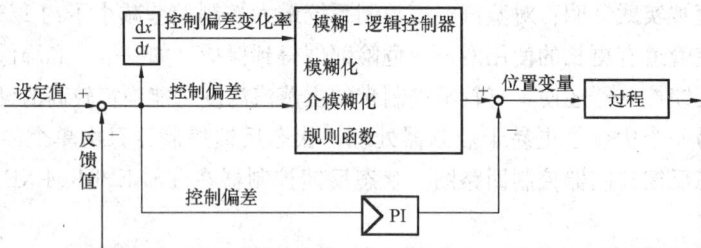

图 17-8　集中有模糊逻辑控制器的控制回路图

由图 17-8 可见，整个控制器由并行控制回路组成，模糊逻辑控制器的输出校正 PI 控制器，模糊逻辑控制器的输入接受控制偏差和控制偏差的微分信号。过程变量的永久控制偏差由常规的 PI 控制器消除，整个控制系统仍是"无差"控制。

模糊逻辑控制器特别适用于那些不能用数学公式精确描述的非线性过程，以及像经验知识和口头描述的开环控制策略。在电厂过程控制中，模糊逻辑控制器可用于烟气脱硫工厂（FGD，flue gas desulphurization plant）的闭环控制，本生（Benson）锅炉的再循环运行控制，炉膛压力控制或给水化学剂剂量、pH 值控制。此外，模糊逻辑控制器也成功地用于废物燃烧工厂的燃烧、空气和物料速度控制等。

复习思考题

1. TELEPERM XP 分散控制系统结构由哪几级网络构成？各自的功能是什么？
2. AS620F 故障安全型自动控制系统的原理是什么？如何对系统可靠性有显著好处？

第十八章

HIACS-5000M 分散控制系统

第一节 系 统 概 述

一、HIACS-5000M 系统发展概况

HIACS（HITACHI Integrated Autonomous Control System）系列产品是日立公司总结多年的电厂控制的知识与经验，以及建立在电厂数字控制设备的设计、制造、应用经验之上开发的产品。该系统能按电厂的要求实现所有的监视控制功能（MCS、BMS、FSSS、SCS、DEH、AVR、DAS 等），已成功地应用于 300MW、600MW 及单机容量 1000MW 的燃煤、燃油、核电和最大应用于 1660MW 联合循环机组。

HIACS-5000M 系统是 HIACS 系列产品从 HIACS2000、HIACS3000 到 HIACS5000 后的最新型产品，是新一代电厂的控制系统。它的系统组态配置示意如图 18-1 所示。

二、HIACS-5000M 系统特征

HIACS 系列控制系统是发电厂专用的自治分散型数字控制系统。

由于 HIACS-5000M 系统继承了 HIACS 系列控制系统电厂专用的特征以外，强化了控制器与网络的性能使 DCS 功能强化，DCS 规模扩大，总体的自动化水平提高了。同时，由于提高了 EWS 功能，成为更加使用方便的系统。

由于 RTB（Remote Terminal Block）是现场分散布置，总体来说能减少现场信号电缆与现场工程量，从而能减少工程的总体费用。

人—机接口系统的每个硬件具有同样的功能。若一台出现故障其他硬件可进行填补，构筑成了即使只剩最后一台硬件也可继续进行监视操作的高可靠性系统。由于数据记录系统及 CRT 操作操作系统沿用了这一技术，所以从小规模系统到大规模系统均可使用。

过程数据在骨干网络 $\mu\Sigma$-100 上传送，可根据用途改变其传送方式，实现了可抑制相互干扰，实现高效率传送。HIACS-5000M 控制装置（controller）通过 $\mu\Sigma$-100 网络连接，提高了 CRT 操作的应答性。$\mu\Sigma$-100 网络上若出现故障节点，节点前后的数据可进行冗余环路的信息返回功能，维护了系统的健全性。

第二节 系 统 硬 件

一、机组级数据通信网络 $\mu\Sigma$-Network 100

$\mu\Sigma$100 网络采用 FDDI 国际标准，其基本协议为 802.3 令牌方式，数据帧格式也为 802.3 格式，通信速率 100Mbps，实现了高速数据的通信。同时，因采用 Cyclic Memory 方式，确保了网络负荷的稳定。另外通过双重化环状网络、LOOP BACK 功能和自我诊断功能等的利用，实现了网络的高可靠性。其主要技术条件见表 18-1。

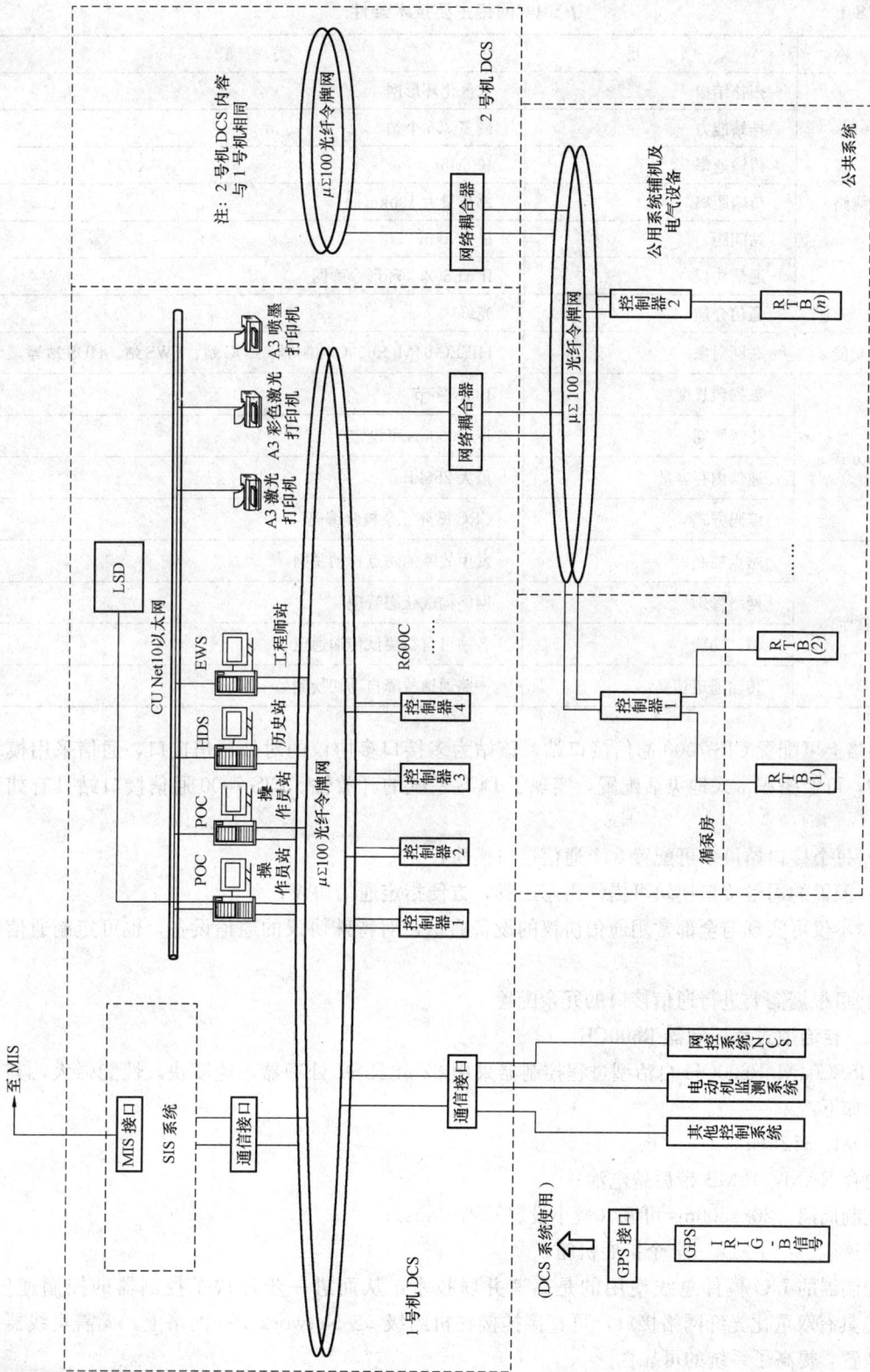

图 18-1 HIACS-5000M 系统组态配置示意图

表 18-1　　　　　　　　　　　　　　　　　　$\mu\Sigma100$ 网络主要技术条件

名　称	项　目	类　型
传输线路	拓扑结构	双重化环形网
	挂站能力	最多 255 个站
	传输速率	100Mbps
	传输距离	总长最大 100km
	站间距	最大 2km
	通信协议	IEEE802.3 环形令牌网
	通信介质	光纤
通信功能	联网对象	HISEC-04M/R600C 控制器、POC 站、EWS 站、HDS 站等
通信方式	数据包长度	1.5K 字节
	传送周期	1~1000ms 可设定
	通信内存容量	最大 256kB
	编码方式	CRC 循环冗余校验编码
可靠性	站点控制	发生故障的站点自动脱网
	网络管理	网络构成状态管理
	测试功能	各站可自行测试传输通道
	传输通道切换	一路通道故障自动切换到另一路

网络上可配置 CIS-7000 通信接口站，该站为多接口多协议的对外通信接口，通信采用模块式结构，可像搭积木式地灵活配置，实现了 DCS 系统的开放性。CIS-7000 通信接口站具有如下特点：

1）每个接口站最多可配置 8 个通信接口模块；

2）配置的通信接口模块可提供组态工具，方便指定通信协议；

3）不仅可实现与全部常用通信协议的设备通信，对特殊协议的通信设备，也可定制通信软件模块；

4）可根据需要进行通信接口的冗余配置。

二、自治型过程控制器 R600CH

HISEC04M/R600CH 自治型过程控制器采用 32bit RISC 处理器，速度快，性能强大，其主要指标如下：

ROM：512kB；

内存 RAM：16MB 带后备电池；

控制周期：20~500ms 可调（最小设定间隔 10ms）；

扩展能力：主机箱＋7 个扩展机箱；

控制器的 I/O 模件总线使用的是高速并联技术，从而进一步加快了控制器的控制速度；R600C 具有双重化光纤网络接口，可直接挂接在机组级 $\mu\Sigma$-Network 100 网络上，无需集线器等其他装置，提高了系统的可靠性。

控制器使用面向过程的编程语言 POL（Problem Oriented Language）及实时系统软件，使得程序执行效率高。

三、I/O 模件

1. 智能型驱动过程模件（PCM）

智能型驱动过程模件 PCM 由 ROM 和 RISC CPU 构成并带 I/O，拥有独立于控制器的连锁回路和保护回路以保护机组的安全。控制器故障时，也能保障机器设备的安全。此外，拥有 1.6～2.0ms 的高速度处理能力，通过 EWS 编程维护。

2. 远程 I/O-RTB 模件（Remote Terminal Block）

使用 RTB 时，RTB 通过 PCM 与控制器连接，向控制器提供过程接口的输出、输入的数据。RTB 方式具有以下特点：

（1）RTB 含有 DI、DO、AI、AO 等所有过程接口的输出、输入模块。

（2）由于 RTB 可以分散到现场，可减少现场的信号电缆与现场工程量，对整个工程起到降低成本的效果。

（3）RTB 与 PCM 控制器之间使用的是双重化的高速串联传送，满足电厂控制的要求，确保了电厂的高速化与可靠性。

（4）RTB～PCM/控制器之间的距离为（MAX）3km，通信速率为（MAX）3Mb。

3. 通用型 I/O 模件

HIACS-5000M 系统主要通用型 I/O 模件，见表 18-2。

表 18-2   HIACS-5000M 系统主要通用型 I/O 模件

序号	型 号	名 称	I/O 点数/块	主要技术说明
1	LYA010A	模拟量输入模件（AI）	16 点（4～20mA）	差动输入，路一路隔离；共模抑制 120dB；差模抑制 60dB；扫描周期 667μs/点
2	LYA220A	热电阻输入模件（RTD）	16 点	每路独立电桥；差动输入；扫描周期 675μs/点
3	LYA210A	热电偶输入模件（TC）	16 点	基本同上
4	LYA100A	模拟量输出模件（A0）	8 点	基本同上
5	LYD000A	开关量输入模件	32 点	路一路光电隔离；响应时间 15ms；隔离耐压 1500V AC 1min
6	LYD105A	开关量输出模件	32 点	路一路光电隔离，独立驱动；响应时间 1ms；隔离耐压 1500V AC 1min
7	LPD250B	带 GPS 接口的 SOE 输入模件	31 点	光电耦合，访问电压 DC48V；分辨率 1ms；有消抖功能，每块 1 路 GPS 校时通道

四、人一机界面

1. 操作员站 POC

采用 Pentium 系列处理单元，分散型软件结构，实现分布计算、冗余处理；提供面向对象的可视化定义的组态工具，无需编程便可进行监视、操作画面的定义，操作直观、方便；具有多种在线维护功能，可靠性及可维护性强。

2. 工程师站 EWS

HIACS-5000 的 EWS 配置有功能齐全的支持工具软件包包括 CAD 组态软件，使用对话式操作及面向控制工程的宏指令符号进行控制逻辑回路的阶层设计。同时，通过逻辑仿真功能，检验控制器上 FBD（Function Block Diagram）逻辑演算，使在现场的调整减少系统的恢复确认工作量。

主要功能有以下几方面。

（1）系统监视。

1）逻辑监视。逻辑图的在线监视（可调节在线参数，可设定/解除仿真）。

2）趋势监视。控制器数据的在线趋势监视。

3）历史趋势编辑。将在线趋势数据编辑成历史数据。

4）趋势点号更新处理。逻辑图数据和收集数据一致化。

（2）编程。

1）逻辑编辑。逻辑图、PI/O 表的制作和修改。

2）编辑编译。逻辑图的编译。

3）PI/O 的编译。PI/O 表的编译。

4）编辑执行顺序设定。逻辑图执行顺序的设定。

（3）比较。

1）程序比较。比较 H/D（Hand Disk）与控制器间控制器程序。

2）传送表比较。指定控制器间连接一致性比较。

3）PCM/CPU 间比较。PCM/CPU 间连接的一致性比较。

4）来历比较结果显示。显示来历结果的比较。

5）Loading 数据比较。H/D 加载后的数据比较。

（4）系统登录。

1）相关子程序的登录。将子程序设定到各个控制器中。

2）系统构成设定。各个控制器的模板安装、网络连接和地址设定。

3）TASK 登录。标准外任意任务的登录。

4）传送连接表设定。对已连接控制器的网络做定义。

（5）管理功能。

1）双重化控制器生成。

2）输入输出清单制作。将逻辑图中传送的输入输出项目编制成传送清单。

3）时间参数一致性检查。

3. 历史数据站 HDS

历史数据站 HDS 主要用于采集和保存机组运行数据，保存 SOE 记录、事故追忆、数据报表、报警信息、操作员记录等，并提供相应的检索、显示、打印等手段。

历史数据站 HDS 的硬件和操作员站和工程师站基本一致，其处理器硬盘不小于 40GB×2，可读写光盘不小于 600MB，每秒数据采集处理 8000 点。

第三节 软 件 系 统

一、组态软件

1. 数据库组态

数据库组态软件用于管理用户数据和系统维护，完成应用系统的数据记录的编辑、计算公式的生成和在线运行数据的装载。电厂所有测点和计算点的所有信息都记录在数据库中，每个数据用一个记录来定义，记录由多个字段构成，对数据库进行编辑等操作都很方便易学。

2. 性能计算

对于简单的计算功能可以在数据库组态中直接进行定义，当需要进行复杂的计算时，包括按不同条件进行不同的计算时，可以通过性能计算组态工具优化计算程序。

3. 画面组态

画面组态功能可以完成 DCS 系统内所有的过程点（包括模拟量输入/输出、数字量输入/输出、中间变量和计算值）的显示，对显示的每一个过程点，均可显示其标志号（通常为 Tag）、中文说明、数值、性质、工程单位、高低限值等。符号库定义自由，用户使用方便。系统对画面数量没有具体限制，用户可自由定义画面数量，每幅画面能容纳的图素为 1280×1024，实时更新和被控制的过程测点为每幅画面 200 点，以视觉清晰、舒适为准。

4. 屏幕操作组态

屏幕操作组态是实现运行人员对电厂被控对象操作的软件，表现形式为棒状图或成组操作图（统称为操作端），操作端可多个组合成组（每幅画面可多达 8 个），或与系统图结合，在系统图显示画面上调用操作端进行操作。操作端数据不限。

5. 报表组态

系统提供的报表组态功能是一套功能完善的软件，可定义收集班报、日报、月报、年报和触发型事件报表，收集变量数量没有限制。

6. SIS 通信组态

SIS 通信软件用来向电厂的上层管理网传送数据，以便电厂可以在一台或多台终端上观察一台或多台机组的实时数据。

7. 在线监视

包括系统监视画面、报警监视画面、成组信息监视画面、机组启停曲线画面、系统图显示画面、所有信息一览显示画面以及二分图、四分图等监视功能。

8. 在线记录显示

包括趋势记录显示画面、信息一览记录显示画面、事故追忆记录显示画面、报表记录显示画面、SOE 记录显示画面及机组负荷曲线记录显示画面等显示功能。

二、优化软件

1. 控制回路优化

(1) 蒸汽温度控制优化；

(2) 汽包水位控制优化；

(3) 给水泵再循环控制优化；

(4) 旁路蒸汽温度控制优化。

2. 报警优化

所有模拟量和开关量都可以使用"报警闭锁"功能，均可设置"报警死区"，采用闪光、颜色变化等区分报警的性质和等级。

复 习 思 考 题

1. HIACS-5000M 系统 $\mu\Sigma100$ 数据网络采用 FDDI 国际标准，其基本协议是什么？通信速率多少？

2. HIACS-5000M 系统 $\mu\Sigma100$ 数据网络配置 CIS-7000 通信接口站后，是否实现了系统的开放？

3. 过程控制器采用 RISC 处理器有什么好处？

第十九章

XDPS-400 分散控制系统

第一节　系统网络组态

新华控制工程公司的 XDPS-400 分散控制系统的网络采用交换式以太网结构，并由实时网和信息网两级组成，其典型的 XDPS-400 系统网络组态如图 19-1 所示。

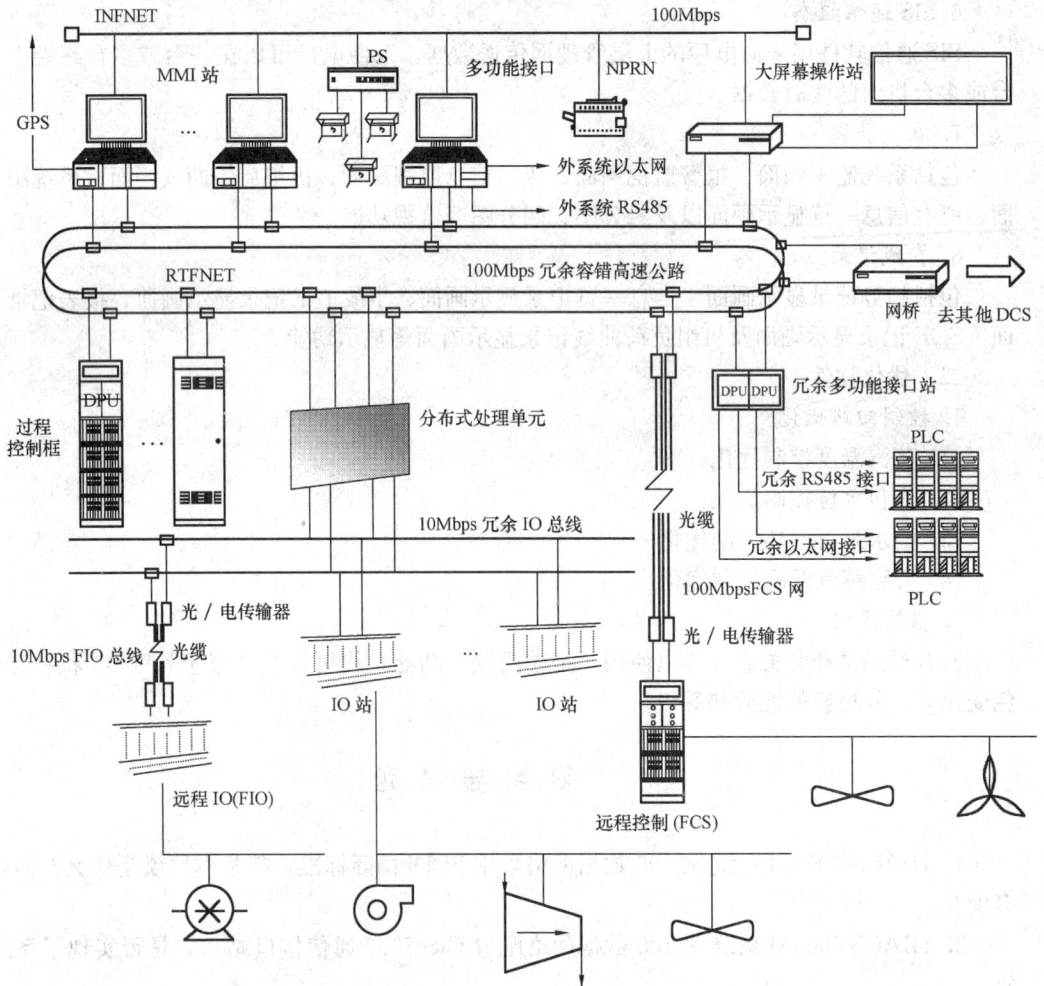

图 19-1　典型 XDPS-400 系统网络组态

一、实时网 RTFNET

冗余高速双环网，是系统实时主干网，各分散处理单元 DPU、人机接口站 MMI 联在此网上，构成一个完整的分散控制网络。其主要技术指标如表 19-1 所示。

表 19-1	实时网 RTFNET 主要技术指标
介质访问标准	IEEE802.3u
通信方式	广播方式或点一点方式（全双工）
通信协议	TCP/IP
数据传输速率	100Mbps
网络结构	快速以太网双环结构
通信介质	(1) 100BASE-TX：2 对 5 类屏蔽双绞线（最长 100m） (2) 100BASE-FX：62.5/125μm 多模光纤（最长 2km）
带站能力	最大 1024 节点
容　量	640000 点/s

二、信息网 INFNET

所有 MMI 站均可联在该网上，实现资源共享。其主要技术指标如表 19-2 所示。

表 19-2	信息网 INFNET 主要技术指标
介质访问标准	IEEE802.3u
网络协议	TCP/IP
数据传输速率	100Mbps
拓扑结构	快速以太网
网线类型	100BASE-YX：5 类屏蔽双绞线（最长 100m），可以采用光缆以延长传输距离
带站能力	最大 40 个
数据传输方式	点一点方式

第二节　硬　件　设　备

一、分散处理单元 DPU

(1) 主处理器 32 位、Pentium266、内存 32MB，可带读写永久存贮器 DiskOnChip 24MB。

(2) 带冗余 I/O 总线，通信速率 10Mbps，通信协议 TCP/IP。

(3) 双机切换时间≤5ms。

(4) 通信方式为广播方式和点对点方式两种。

(5) 最多可带 12 个 I/O 站，每个站可挂 12～20 块 I/O 模件。

(6) 支持远程 I/O，最长距离可达 20km（光缆）。

二、I/O 站 BC-NET

BC-NET 是智能型 I/O 站控制卡，用于 I/O 总线上监控站内的所有 I/O 模件，又承担与 DPU 之间的通信，是 I/O 与 DPU 间的桥梁。其主要技术数据为：CPU 32 位，标准 PC104 模块；RAM 4MB 目标；Flash RAM 512kB；时钟分辨率 SOE 同步时钟 4kHz，分辨率＜1ms。

三、I/O 模件

各种 I/O 模件都是智能型的，其 CPU 为 89C51，主频 11.0592Hz，其余技术数据如表 19-3 所示。

表 19-3 I/O 模件主要技术数据

模拟量输入模件 AI	16 路差分，输入隔离电压≥1500V，双 16 位 A/D 转换
模拟量输出模件 AO	8 路差分，输出间隔离电压≥1500V，8 路 D/A 转换
开关量输入模件 DI/SOE	32 路差分，输出间隔离电压≥1500V，光电隔离，查询电压 24～48VDC，作 SOE 时分辨率 1ms，一般 DI 采样周期 1s
开关量输出模件 DO	16 路，输出间隔离电压≥1500V，光电隔离加继电器隔离
脉冲量输入模件 PI	8 路，输入隔离电压≥1500V，输入范围 0.2～15V，最大相应频率 20kHz
回路控制模件 LCS	8 路 AI、2 路 AO、4 路 DI、4 路 DO，隔离电压≥1500V
自动准同期模件 SYN-ECS	8 路 PT 交流输入、12 路 DO、8 路 DI，隔离电压≥1500V，具有独立于 DPU 实现电气的并网检测和自动准同期功能
备用自投控制模件 BZT-ECS	输入通道：12 路干节点；输出通道：10 路光隔输出和 10 路光隔输入；隔离电压≥1500V；具有独立于 DPU 进行厂用电备用段自投功能

第三节 系统软件及功能

一、MMI 站软件

1. 监控软件包

监控软件包包括厂级、分系统模拟流程图；成组、棒图、趋势、控制、报警等显示画面，给运行人员提供完整友好的界面。

2. 数据记录软件包

提供多种记录形式，如状态、报警、操作、系统维护、SOE、事故追忆、历史数据等记录及检索，各种周期性和事件性报表。

3. 过程组态软件包

(1) 监控画面生成软件包 MAKER；

(2) 过程监控组态软件包 DPUCFG。

二、优化软件 APS2

(1) APS-Tune，提供 PC 平台的 PID 智能整定。

(2) APS-LDC，锅炉—汽机协调控制策略，可以提供机组远方负荷自动控制。

(3) APS-FUZZY，多变量自适应模糊控制器。

(4) APS-FIRE，根据锅炉飞灰含碳量和其他参数，连续地修正锅炉燃烧设备的运行参数，优化燃烧工况，减少 SO_2 和 NO_x 排放。

(5) APS-PT，工厂性能计算软件。

(6) APS-Web Monitor，通过互联网或局域网的远程诊断。

(7) APS-DEH，优化阀门管理，减少阀门重叠度，降低节流损失，提高汽机热效率。

(8) APS-ATC，汽机寿命管理。

(9) APS-ALAEM，报警优化。

复习思考题

1. XDPS-400 系统的网络采用怎样的结构？它的通信方式是什么？速率多少？

2. XDPS-400 系统的分散处理单元 DPU 每个最多可带多少个 I/O 站？每个站可挂多少块 I/O 模件？I/O 总线通信速率是多少？

第二十章

石洞口第二电厂 600MW 机组热控系统及其技术特点

第一节　石洞口二厂 600MW 机组主设备简介

上海石洞口第二电厂 2×600MW 机组为超临界机组。1900t/h 锅炉是美国燃烧工程公司和瑞士苏尔寿公司（CE/Sulzer）合作设计和制造的；汽轮机是由瑞士 ABB 公司制造的。

1900t/h 超临界锅炉的主要参数如下：

锅炉最大连续出力（BMCR）	1900t/h
再热器蒸汽流量	1613t/h
过热器出口蒸汽压力	25.4MPa
过热器出口蒸汽温度	541℃
再热器进口/出口蒸汽压力	4.67/4.47MPa
再热器进口/出口蒸汽温度	301/569℃
给水压力	29.4MPa
给水温度	286℃
空气预热器出口一次风/二次风温度	336/321℃
空气预热器出口烟气温度（未校正/校正）	135/130℃
最低直流负荷	665t/h（35%BMCR）
变压运行负荷范围	36%~87%BMCR
不投油最低稳定出力	570t/h（30%BMCR）
变负荷速度：50%~100%BMCR	5%/min
30%~50%BMCR	3%/min
锅炉热效率（低位发热量）	92.53%

锅炉采用四角切圆摆动式直流燃烧器，炉膛中心形成两个假想切圆，直径分别为 1.5m（一次风）和 1.7m（二次风），切圆逆时针方向旋转。每角有 6 只煤粉一次风喷嘴，相间布置 9 只辅助风喷口，为均匀分配方式。每角燃烧器分为上、中、下三组。在组燃烧器中，每两个煤粉一次风喷嘴之间的辅助风喷口中布置重油燃烧器，每一重油燃烧器布置相应的轻油点火器及高能点火器。

燃烧装置的主要设备包括以下几种：

高能点火器	12 只
轻油燃烧器（点火器）	12 只
重油燃烧器	12 只

煤粉燃烧器	24 只
辅助风喷嘴	36 只
燃料风喷嘴	24 只
轻、重油的火焰检测器	12 只
煤粉层的火焰检测器	12 只

锅炉制粉系统采用中速磨煤机冷—次风机正压直吹式。配置 6 台 HP493 型碗式中速磨煤机，并相应装置 6 台斯托克公司 8424 型重力式给煤机；给煤机采用无级变速装置调节给煤量；给煤机具有称重计量功能，电子称重装置精度为 ±0.5%。

锅炉采用 100% 容量的高压旁路和 65% 容量的低压旁路的两级串联旁路系统，这是欧洲国家采用的典型系统。

汽轮机型号为 D4Y454，瑞士 ABB 公司设计制造，超临界、一次中间再热、单轴、四缸、四排汽、反动凝汽式。

汽轮机的主要参数如下：

额定出力	600MW
最大连续出力	645MW
主蒸汽压力	24.2MPa
主蒸汽温度	538℃
再热蒸汽压力	4.34MPa
再热蒸汽温度	566℃
排汽压力	0.0049MPa
热耗	7647.6kJ/kWh（1826.5kcal/kWh）
回热抽汽级数	三级高压加热器，一级除氧器，四级低压加热器

第二节　热控系统概况

石洞口二电厂两台 600MW 超临界机组，配置当时自动化水平较高的仪控设备。主要仪控设备采用加拿大贝利（Bailey）公司的 network－90（简称 N－90）系统，N－90 系统的覆盖面有：锅炉和汽轮机的闭环（模拟量）控制系统（BCS，包括机组协调控制系统）；锅炉燃烧器管理系统（BMS）；机炉辅机设备的顺序控制系统（SCS）；数据采集系统（DAS）；命令管理系统（MCS）；机组自启停系统（UAM）和大连锁保护系统（PRO）。

采用瑞士 ABB 公司的 PROCONTROL P 微机分散控制系统用于主汽轮机数字式电液调节系统（DEH）和给水泵汽轮机的数字式电液调节系统（MEH）以及低压旁路控制系统。

采用瑞士苏尔寿（Sulzer）公司的 AV－6 微机系统组成高压旁路控制系统。煤、水、灰等系统的控制系统分别采用了可编程控制器构成的微机系统。其中输煤控制系统由美国 GOULD 公司的 TRIMS 计算机系统以及 AEG MODICON 的 984B 型可编程序控制器微机系统组成。水处理控制系统由美国 Allen－Bradley 公司的 PLC－5/25 和 PLC5/15 型可编程序微机控制系统组成。灰处理控制系统亦由美国 Allen－Bradley 公司的 PLC－3 型可编程序微机控制系统构成。

两台 600MW 机组共用一个集控室，两台机组按中心旋转 180° 对称布置。每台机组有一面 BTG 主控制盘和一个主控制台，主控制盘由高 2.5m、长 11m 的马赛克模拟控制盘组成，每块马赛克的面积为 $24 \times 24 \text{mm}^2$。在主控制盘的最高层布置了 10 个报警区，每个区有 16 个报警窗口，每个窗口最多可有 4 个报警光示牌，光示牌的最大数量为 640 个。在报警区中间装设有发电机功率、电网周率和时、分、秒计时的数字式显示仪表。同时在模拟控制盘上还按照锅炉、汽轮机、发电机生产工艺流程配置有 68 只热工仪表，14 只电气仪表，15 只 3 点或 6 点记录仪表，6 只 3 点趋势记录仪表；约 80 只重要辅机、阀门等启停/开关的控制按钮和开关；46 只 N—90 的数控手动/自动站和 5 台模拟式插入控制面板；一只炉膛火焰监视和一只吹灰监视 CRT；此外还有吹灰器顺控插入控制面板和炉管泄漏检测装置插入控制面板。模拟盘上配置这些仪表和硬手操设备的目的是：当 N—90，PROCONTROLP 微机分散系统有某些故障时，能用于维持原负荷运行或安全停机的操作。每台机组的操作员控制台（主控制台）由两台 MCS 系统组成，为冗余配置，每台 MCS 系统又都冗余配置有 3 台操作员 CRT/键盘，2 台打字机和一台彩色硬拷贝机；即主控制台配置了 6 台 CRT/键盘，4 台打字机和 2 台彩色硬拷贝机。在主控制台上约有 22 只手操开关，如紧急停机开关、报警确认开关等。

所有机炉微机控制设备的机柜都集中布置在控制楼主控室下面一层的电子设备室中，其中属 N—90 系统的有 70 只机柜，属 ABB 的 Procontrol P 系统的有 11 只机柜，属于 SULZER 的 AV6 系统的有 3 只机柜，其他系统有 5 只机柜。在电子设备室附近的仪控工程师室中配有工程师维修台设备和工程师工作站设备。工程师维修台还带有光盘，是为了进行大容量数据的存储和检索用。

煤、灰、水等外围系统的程控设备均相应设置在有关系统的控制室中。

第三节 N—90 分散控制系统在石洞口二电厂 600MW 超临界机组上的应用

一、石洞口二电厂 600MW 机组 N—90 系统的组成

石洞口二电厂 600MW 机组 N—90 系统的组态见图 20-1。石洞口二电厂 600MW 超临界机组的 N—90 系统由一个冗余的超级网络数据高速通道（SUPER LOOP RING）把实现各控制功能的过程控制单元（PCU）、工程师维护台、工程师工作站以及主控室内的操作员控制台连接起来，完成相互之间的信息交换。整个 N—90 系统共有 38 个 PCU，其中闭环控制系统（BCS）5 个 PCU，燃烧器管理系统（BMS）4 个 PCU，数据采集系统（DAS）10 个 PCU，顺序控制系统（SCS）9 个 PCU，机组自启停系统（UAM）1 个 PCU，机组公用系统（UCM）2 个 PCU（只有 1 号机组有），管理命令系统（MCS）4 个 PCU，数据管理系统（DMS）1 个 PCU，工程师工作站（EWS）1 个 PCU，工程师维护工作台（EMS）1 个 PCU。系统还设置了一个计算机接口单元（CIU），用于 N—90 系统和电气 SCADA 装置的接口。

1. 各过程控制单元（PCU）的功能分配

（1）闭环控制系统（BCS）中的 PCU1 主要用于协调控制，各种控制方式的选择，锅炉应力估算以及发电和氢气温度控制；PCU2 主要用于锅炉风系统；PCU3 主要用于燃料系统中轻油、重油和磨煤机的闭环控制；PCU4 主要用于给水系统、除氧器压力和水位控制、泵最小流量（再循环）控制以及水位控制；PCU5 主要用于主蒸汽系统中主蒸汽和再热器蒸汽温度控制。

（2）燃烧器管理系统（BMS）中的 PCU8 主要用于 MFT 跳闸、炉膛吹扫、轻重油快关阀控制、轻重油泄漏试验以及二次风控制逻辑电路；PCU9 主要用于 AB、CD、EF 层轻、重油控制和监视逻辑；PCU10 主要用于 A、B、C 层煤系统控制逻辑；PCU11 主要用于 D、E、F 层煤系统控制逻辑。

（3）顺序控制系统（SCS）中的 PCU15 主要用于锅炉排汽和疏水、炉预清洗和启动时注水的控制逻辑；PCU16 主要用于电动给水泵和汽动给水泵有关设备的控制逻辑；PCU17 主要用于风烟系统中引风机、送风机、空气预热器和暖风器等有关设备的控制逻辑；PCU18 主要用于各级

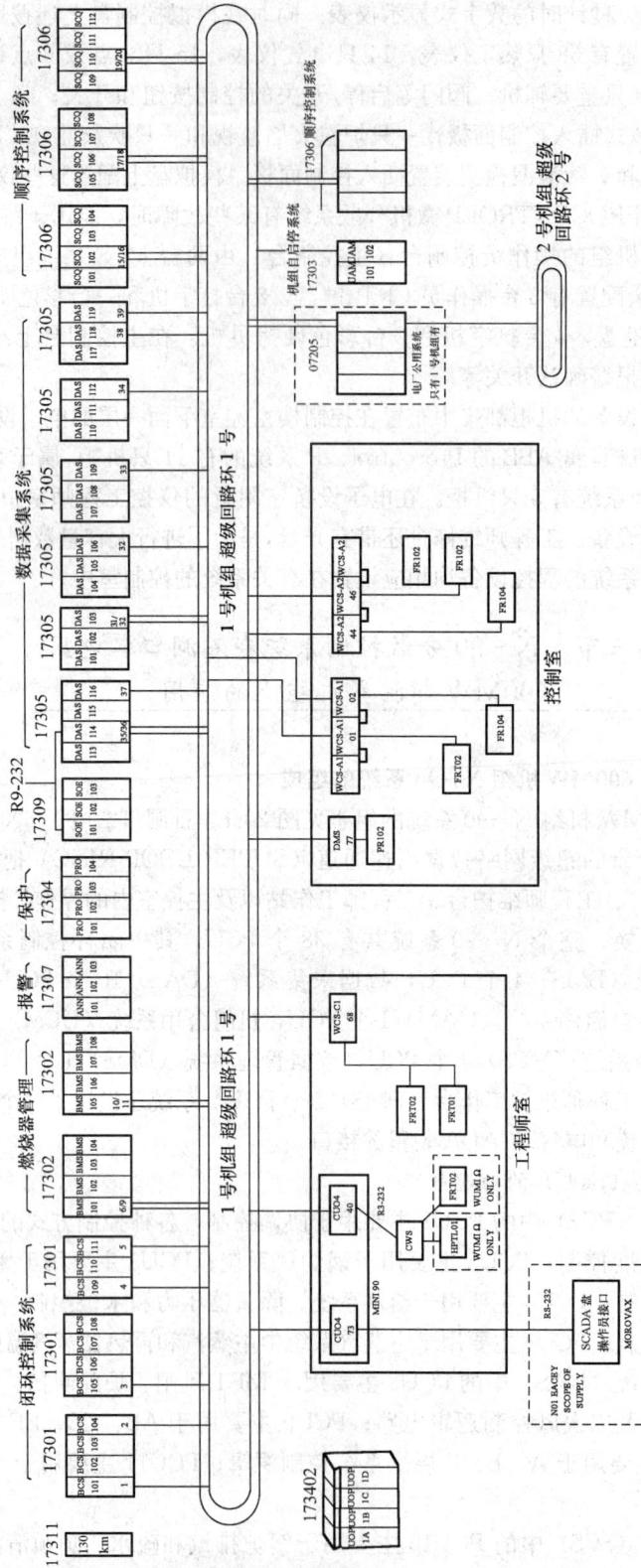

图 20-1 石洞口二电厂 600MW 机组 N-90 系统组态图

抽汽、主蒸汽疏水和再热蒸汽疏水有关设备的控制逻辑；PCU19 主要用于循环水泵、闭式冷却水泵、河水升压泵等有关设备的控制逻辑；PCU20 主要用于凝结水泵、补给水泵、密封水泵和低压加热器等有关设备的控制逻辑；PCU21 主要用于主汽轮机有关的真空泵、顶轴油泵、盘车装置、润滑油泵和液力油泵等有关设备的控制逻辑；PCU22 主要用于煤斗的煤闸门、辅助蒸汽系统以及杂项设备的控制逻辑；PCU23 主要用于机组公用系统，轻油泵、重油泵、雨水排泄泵和工业用水泵等有关设备的控制逻辑。

（4）数据采集系统（DAS）中的 10 个 PCU，编号自 PCU30 到 PCU39，其中 PCU30 主要用于趋势笔；PCU31 主要用于开关量输出到报警窗以及模拟量输出到 BTG 盘等数据采集处理；PCU35 和 PCU36 主要用于性能计算；其他各 PCU 均用于各种数据采集、处理。

（5）机组自启停系统（UAM）中的 PCU43 主要用于机组自动启动/停机程序。

（6）PCU23 用于机组公用系统设备的顺控；PCU29 用于机组公用系统设备的数据采集处理；PCU100 和 PCU200 亦用于 1、2 号机组公用系统设备。

（7）PCU60、PCU62、PCU64 和 PCU66 用于 MCS 的电子设备；PCU68 用于工程师室中一台 MCS 的电子设备；PCU69 用于工程师工作站（EWS）；PCU75 用于与电气 SCADA 系统接口；PCU77 用于数据管理系统（DMS）的电子设备，作报表记录用。

2. 仪控系统组态一些特点

（1）作为仪控主要设备的 N-90 系统和其他系统之间的连接，采用硬接线，以提高系统的可靠性。

（2）某些重要的保护功能如主燃料跳闸（MFT），采用硬接线和软逻辑结合构成。

（3）管理命令系统（MCS）使用了冗余的硬件设备和相同的数据库结构，因此当一台 MCS 失效时，另一台冗余的 MCS 将自动承担全部功能。

（4）对重要辅机设备如送风机和引风机的风量调节等提供了 46 只手动/自动数控站，通过它可以将冗余的输入/输出电源供给在自动或手动方式工作的现场设备，且通过手动/自动方式指示器，方便地进行切换。一旦控制它的微机发生故障，可切至"旁路"方式，直接由运行人员通过硬接线引入的必要信息进行现场设备的操作。

（5）报警系统除去 CRT 报警外，还有约 150 个光示牌组成的硬接线报警。

3. N-90 控制系统的结构

按照电厂的工艺过程，控制系统划分为机组控制级、子系统控制级（功能组控制级）和驱动控制级。每一级均由一些微机组成，并相对独立。通过对各级微机功能的合理分配，以达到在最大程度上简化寻找故障的目的，在任一模件故障时，可以缩小操作人员需要干预的范围，使任何单个模件失效时，对整个系统的正常工作影响最小。

（1）机组控制级。主要对运行人员设定或由调度中心来的负荷需要，按机组运行状态确定的机组控制方式（如协调控制、锅炉跟踪或汽轮机跟踪），进行负荷指令的计算，然后建立和此负荷指令相匹配的燃料、风量、水量以及机组设备的控制指令。甩负荷、快速减负荷、增减闭锁、应力限制、交叉限制和性能计算等在机组控制级完成，然后将上述的燃料、风量、水量以及机组设备控制指令送给各个对应功能组级，完成功能组级间的调整控制。另外在机组控制级还设置了机组自动启停和遥控软手操，以适应更大范围的机组协调控制。

（2）子系统控制级（功能组控制级）。根据工艺过程中各个不同要求，可以划分成若干个具有各自独立功能的功能组，且对该功能组中的操作驱动器进行协调，因此它是整个自动化系统中最重要和最基本的部分。

（3）驱动控制级。是自动化系统中按照每个具体的独立控制机构如电动机、阀门、挡板等被控对象来划分的最低一级。它应具有较高的可靠性，本系统为此设置了直接硬手操控制。

上海石洞口二电厂的 N-90 微机分散控制系统的可靠性指标是：平均无故障时间间隔大于16000h，可用率不低于 99.9%。

二、闭环控制系统 (CCS)

(一) 闭环控制系统基本要求

超临界变压运行直流锅炉，由于没有汽包，当外部负荷变动时，汽压波动大；且因加热、蒸发、过热过程在各受热面没有固定的分界线，当给水或燃料扰动时，都将引起汽温的波动。为使锅炉有良好的静态和动态调节品质，都需要有相应的技术措施，高性能的闭环控制系统。为此，在设计闭环控制系统时应满足下列要求。

(1) 控制系统应符合机组在滑压运行时机组启动、停机的要求，且在最低负荷到 100%MCR 负荷变动范围内，确保被控参数不超出允许值；在允许的负荷变化范围内、控制参数都能投入自动调节，能实现全程调节。

(2) 机组应能很好地适应电网负荷和调频的需要，配备完善的机炉协调控制系统；机组的主控制器必须满足机组各种运行工况的需要，且根据锅炉和汽轮机热应力的允许值来控制负荷的变化，有较短的过渡过程时间。机组应能接受调度中心来的负荷指令（目标负荷），即实现 AGC 功能。

(3) 控制系统自身设有完善的自诊断、连锁及保护功能；当控制系统不满足自动投入条件时，应不能投入"自动"；即使在"自动"方式时，如发生某些故障失去自动投入条件，则应无扰动地切换到"手动"方式。

(4) 为了提高控制系统的可靠性，控制系统设计采用了控制功能充分分散和控制单回路完整性的原则，使设备故障影响范围最小，所需处理时间最短。另外，控制系统中选用了双路电源互为备用，重要参数采用三取二冗余。

(5) 控制系统故障不应引起严重后果。控制系统局部故障时，应自动切换到"手动"状态，本控制系统设计了键盘 CRT 远方软手操和直接硬手操两种手操方式，手动/自动切换应是双向无扰动；在控制系统电源、气源或控制信号中断时，控制系统应具有保位功能或自动返回到安全位置；控制系统发生系统性故障时，依靠控制系统配备的手操及少量盘装仪表仍可维持机组短期运行或安全停机。

(6) 在主控制台上，CRT 应能提供操作员所必需的系统及设备的运行状况和参数以便操作人员据此进行操作。

(7) 控制系统应与机组仪控的其他部分构成一个统一的整体，并有完善的接口以便协调完成各种运行工况的控制。

(二) 闭环控制系统功能

1. 锅炉—汽轮机协调控制

由于超临界直流锅炉和汽轮机对外界负荷变化的响应特性相差很大，因此要求控制系统采取措施增强锅炉负荷变化的跟踪，加强动态响应能力，同时限制汽轮机调速汽门过度开大或关小造成的动态"过调"，为此设置锅炉—汽轮机协调控制系统，使机炉能协调，达到最佳运行。此外机组保护连锁中的 RUN BACK、RUN UP、RUN DOWN、FCB、DIRECTIONAL BLOCKING 和 CROSS LIMIT 等功能也要通过锅炉—汽轮机协调等控制系统，自动协调机炉在某个工况下稳定运行。

本协调控制系统具有通常的四种运行方式：①手动操作方式；②汽轮机跟踪方式；③锅炉跟踪方式；④协调控制方式。各种运行方式之间的切换和过渡是无扰的。

本协调控制系统适用于定压运行和滑压运行，系统维持电厂负荷偏差在±1％之间。

2. 苏尔寿直流锅炉的控制策略

苏尔寿直流锅炉的控制策略除能自然地实现湿式分离到干式分离的转换处理外，还选择给水流量作为控制中间点温度的重要参数。因磨煤机、给煤机等制粉系统的惯性，用燃料量控制中间点温度比用给水流量控制中间点温度明显地迟延，故苏尔寿采用用给水流量控制中间点温度，用燃料量和风量控制主蒸汽压力的控制策略。苏尔寿认为要减少锅炉热应力及不必要的锅炉寿命消耗，动态温度控制应优先于压力控制，危及到设备安全的较大压力波动应由旁路控制系统进行控制。

苏尔寿直流锅炉所采用的主要控制回路的控制量和被控制量的关系，见表20-1。

表 20-1　　　　　　　　　　　主要控制回路的控制量和被控制量的关系

控　　　　制　　　　量	被　　控　　制　　量
汽轮机调节汽门开度	发电机功率
燃料量和风量	主蒸汽压力（锅炉出口）
给水流量	中间点温度（分离器出口）
二级喷水	主蒸汽温度（锅炉出口）
燃烧器摆动喷嘴（微量喷水作后备）	再热蒸汽温度

3. 闭环控制系统的主要品质指标

闭环控制系统的品质指标以其在不同的负荷变化率下的主要被控参数的偏差范围表示，见表20-2。

表 20-2　　　　　　　　　　　　主要被控参数的偏差范围

主　要　参　数	负　荷　变　化					甩负荷	稳定负荷工况
	负　荷 3％/min 增或减	负　荷 5％/min 增	负　荷 5％/min 减	＋10％ 阶跃	－10％ 阶跃		
主蒸汽压力（MPa）	±0.5	－0.8	＋0.8	－0.5	＋0.5	＋0.5	±0.2
主蒸汽温度（℃）	±5	±5	±5	±3	±3	±10	±2
再热器出口汽温（℃）	±5	±7	±7	±5	±5	±5	±3
空气预热器出口空气温度（℃）	±5	±10	－10	±5	－5	－20	±3
炉膛压力（Pa）	±49	±78.4	±78.4	±98	±98	＋49 －147	±19.6

4. 闭环控制系统控制范围

本机组闭环控制系统大约有37个控制回路、768个输入/输出点和46个数字控制站。它主要包括下列子系统。

（1）机组协调控制。

机组协调控制由节流压力设定点、机组主控器、锅炉主控器、汽轮机主控器和锅炉应力估算几个控制回路组成。在机组主控器中除去通常的负荷变化率限制、最大及最小出力限制以及电网频率校正外，还有 RUN UP 和 RUN DOWN 功能。锅炉应力估算是以汽水分离器和末级过热器联箱作为产生最大热应力的部件来估算锅炉应力裕度。

（2）快速减负荷控制（RUN BACK）。

当机组重要辅机出现故障，就产生快速减负荷控制。上海石洞口二电厂 RUN BACK 产生条件如下：

　　1）一台汽动给水泵跳闸；

　　2）电动给水泵跳闸；

　　3）一台引风机跳闸；

　　4）一台送风机跳闸；

　　5）一侧回转式空气预热器停；

　　6）一台或数台磨煤机跳闸；

　　7）重油油层跳闸；

　　8）甩负荷（FCB）。

　　当上述任一条件产生，按不同情况所对应的 RUN BACK 值和速率，并参考当时机组的出力，发出机组负荷限值信号。

　　（3）燃料系统控制。

　　燃料系统控制包括有轻油压力控制、重油流量和压力控制、重油雾化蒸汽压力控制、煤主控器、磨煤机冷、热风挡板控制（即磨煤机一次风量和出口温度控制）、磨煤机主控器（给煤机速度控制，即给煤量控制）和磨煤机燃料风挡板控制等。在给煤量控制中，包含有常规的风煤交叉限制，即在加负荷时先加风，后加煤；减负荷时先减煤，后减风，以保持锅炉始终是"富氧"燃烧。

　　（4）风系统控制。

　　风系统控制包括一次风机进口导叶控制、风量控制、炉膛压力控制、辅助风挡板控制，油/风挡板控制、三分仓空气预热器温度控制和空气预热器疏水箱水位控制。在风量控制中有常规的燃料风量交叉限制，即在改变风量时必须受当时燃料量变化的限制，保证有一定风量裕度；还有风量方向闭锁（DIRECTIONAL BLOCKING）它在出现高、低炉膛压力时起作用。

　　（5）给水系统控制。

　　给水系统控制包括给水量控制、分离器水位控制、给水流量阀控制、汽动给水泵和电动给水泵最小流量再循环控制、除氧器水位和凝结水流量控制、除氧器保压蒸汽压力控制、除氧器辅助蒸汽压力控制以及凝结水再循环流量控制。除氧器水位控制有单冲量和三冲量两种控制方法可切换使用。

　　（6）主蒸汽和再热蒸汽温度控制。

　　它包括屏式过热器喷水蒸汽温度控制、末级过热器喷水蒸汽温度控制、燃烧器摆动喷嘴再热蒸汽温度控制，喷水再热蒸汽温度控制以及主蒸汽管低点疏水温度控制等。

　　（7）整个机组共有基地式调节器 43 套。

三、数据采集系统（DAS）和管理命令系统（MCS）

1. 数据采集系统（DAS）和管理命令系统（MCS）组成

DAS 和 MCS 由下列 9 部分组成：

　　1）操作员控制台，由两套冗余的 MCS 组成，共配有 6 只 CRT/键盘，4 台打印机，2 台彩色硬拷贝机，完成运行人员的全部人机接口。

　　2）数据采集系统（DAS）工程师维护台，由一台 MCS 组成，配有一台打印机，完成 DAS 系统的编程。

　　3）工程师工作站（EWS），由一个 PCU 和个人计算机（PC）组成，配置有一台打印机，完成分散控制系统的组态编制。

　　4）DAS 信号处理系统，由 10 个 PCU 组成。

5）数据通信系统，除各 PCU 通过其自身的 LIM/BIM 接口模件与超级工厂回路接口外，还有两个计算机接口单元分别用于工程师工作站和调度中心的 SCADA 接口。

6）顺序跳闸事件记录，SOE 装置一套，与 DAS 通过 RS−232 串行口通信。

7）趋势笔记录器。

8）系统外围设备。

9）机组自启停和与控制系统有关的功能处理。

2. DAS 和 MCS 功能

DAS 和 MCS 收集各种数据，并对机组生产过程中的所有输入/输出数据进行监视、显示、报警、记录和操作指导，与控制系统、仪表以及其他控制设备构成一个完整和充分协调一致的信息和控制中心；另外，DAS 和 MCS 系统内还设置了有关设备的软手操操作站，实现 CRT/键盘的操作功能。MCS 是 N-90 系统最主要的人机接口装置，通过它运行人员除对整个机组的信息进行监视和记录外，还实现运行人员对控制系统的人工干预——软手操，闭环控制系统的手/自动切换。

（1）DAS 和 MCS 系统的输入/输出量共约 5690 点，其中：

1）模拟量输入约 1434 点；

2）数字量输入约 2903 点；

3）脉冲量输入约 25 点；

4）顺序跳闸事件记录（SER）输入约 142 点；

5）模拟量输出约 136 点；

6）数字量输出约 1150 点。

（2）MCS 最多允许有 1000 幅图形显示，本机组 MCS 提供 200 幅控制图形显示画面和 200 幅常规图形显示画面。CRT 画面的响应时间小于 2s。

（3）MCS 最多允许有 1000 幅报警显示画面，平均每幅显示 16 个变量标号。

（4）MCS 可按预定的时间间隔或预先定义的文件，自动启动打印，亦可由操作员人工请求启动打印；MCS 具有自动进行文件操作处理的能力；多种打印格式。

（5）DAS 具有机组性能计算功能，如机组汽耗、热耗、锅炉效率、汽轮机效率、锅炉给水泵效率、厂用电率、高压加热器性能、凝汽器性能、空气预热器性能、给水泵小汽轮机效率、发电机效率、汽轮机寿命管理等计算项目。性能计算结果可在 MCS 上显示或打印记录。

（6）历史数据存贮和检索。在线数据存贮，其大容量存贮器最多可保存 48h 的数据；历史数据存贮：1.2MB 软盘或 520MB 光盘；历史数据检索，将存档介质（软盘、光盘）中的数据拷贝到 MCS 的硬盘上，即可用 MCS 上的 CRT 显示历史数据或打印记录。

四、顺序控制系统（SCS）和机组自启停系统（UAM）

1. 顺序控制系统（SCS）

单元机组中大量辅机、阀门和挡板均由顺序控制系统进行控制。顺序控制系统中有大量的允许条件逻辑、连锁逻辑、跳闸逻辑等对辅机进行启停控制，对阀门、挡板进行开关控制。上海石洞口二电厂 600MW 机组的顺序控制系统按工艺系统分成 40 个功能组，如一次风机 A、送风机 B、电动给水泵、主汽轮机盘车等等。在驱动级共控制机炉辅机约 93 台，阀门约 139 台，主要挡板约 20 台，输入/输出共约 2220 点。

2. 机组自启停系统（UAM）

机组自启停系统（UAM）能使机组自动地在冷态、温态、热态、极热态等状态下，进行滑压或定压启动。机组自启动的全过程中除锅炉辅机启动个别"断点"，如磨煤机启动台数、机组目标负荷等需运行人员少量干预外，其他过程均自动完成。

机组自启动程序如下：

1）循环泵启动前的准备，就地手动。

2）锅炉点火前的辅机设备启动，依据 CRT 显示的操作指导，运行人员在主控室遥控启停各顺控装置（如启动循环泵、凝结水泵、给水泵、空气预热器、送风机、引风机、燃料油泵等）。

3）锅炉启动，炉膛吹扫、燃烧器点熄火、升温升压、疏水阀开关、制粉系统切投等，直至带满负荷运行，均由机组自启停系统发出指令自动完成。

4）汽轮机启动前准备，如润滑系统的投入等自动完成。

5）汽轮机启动，汽轮机复置、冲转、升速、励磁、同步、升负荷直到目标负荷均自动完成。

机组自启停系统还对机组正常运行进行管理。

机组自启停系统在机组自启动过程中，做到：

1）监视所有必需的许可条件；

2）自动引入电厂启动/停机所必需的顺序控制动作；

3）用自动显示和自动文件记录告知操作员机组启/停程序的目前状态；

4）自动方式所有切换均由 MCS 发出报警。

五、燃烧器管理系统（BMS）

燃烧器管理系统（BMS）通常具有下列 6 项功能。

1. 炉膛吹扫

炉膛吹扫允许条件共 13 项：

（1）所有轻油阀门关闭；

（2）所有重油阀门关闭；

（3）轻油快关门关闭；

（4）油泄漏试验成功；

（5）所有磨煤机停；

（6）所有给煤机停；

（7）无锅炉跳闸指令；

（8）各层火焰检测器中 3/4 无火焰；

（9）一次风机未运行；

（10）所有辅助风挡板已投入调节控制；

（11）各层热风门关闭；

（12）电气除尘器脱扣；

（13）风量大于 30%，且燃烧器倾角处于水平位置。

2. 轻油、重油泄漏试验

进行轻油、重油泄漏试验，主要是为了检验轻油、重油管路及快关门是否漏油。试验范围：轻油从点火枪到轻油快关门，重油从油燃烧器到重油快关门。

在进行轻油泄漏试验时，点火枪（油阀）必须在关闭状态，并有一定的轻油压力，然后打开轻油快关门对管道充油，泄油阀自动关闭，待充完油后关闭快关门，根据快关门前后的油压差大小来判断管路是否漏油。试验时间为 5min，在 5min 内若压差小于规定值，表示管路试验合格；反之则表示不合格。然后打开泄油阀，检查点火枪油压是否为 0，若为 0 表示轻油快关门不漏油，合格；反之不合格，试验时间亦为 5min。重油泄漏试验方法、过程同轻油，只是轻油泄油阀改为重油回油阀。

此外，系统还为操作员提供了轻、重油泄漏试验许可条件和试验故障的显示指示，便于检查。

3. MFT 条件和 FCB、RB 时对锅炉燃烧器的控制

触发 MFT 的条件共有 20 项，且系统有 MFT 首出指示：

(1) 两台送风机跳闸；

(2) 两台引风机跳闸；

(3) 汽轮机脱扣以及汽轮机旁路系统蒸汽流量小于燃烧率；

(4) 过热器出口压力高；

(5) 仪用空气压力低；

(6) 水冷壁管出口温度高；

(7) 炉膛正压保护动作（大于 1470Pa，三选二）；

(8) 炉膛负压保护动作（小于 -1715Pa，三选二）；

(9) 风量小于 25%；

(10) 全火焰丧失；

(11) 全燃料丧失；

(12) 从机组保护系统来的 MFT；

(13) 手动紧急脱扣按钮；

(14) 给水流量小于 35%；

(15) BMS 系统失去电源；

(16) 给水泵全停以及燃料全部中断；

(17) FCB 失败；

(18) 主蒸汽温度高；

(19) 再热器出口温度高；

(20) CCS（BCS）系统失去电源。

4. 轻油点火器和重油燃烧器控制

本功能是燃烧器管理系统的最基本功能，其逻辑设计按层控制方式：操作员根据所选油层的 CRT 画面，若点火条件满足，可用软手操启动该层轻油点火器/重油燃烧器，4 只角按 1—3—2—4 顺序相隔 15s 依次启动，CRT 画面提供其运行状态的监视。

5. 制粉系统（磨煤机组）控制

本功能亦是燃烧器管理系统的最基本功能，操作员根据所选的磨煤机组的 CRT 画面显示，若允许条件满足，则成组或用软手操顺序启动磨煤机组（制粉系统）各有关设备，包括磨煤机润滑油系统、磨煤机冷、热风门、一次风机、密封风机和密封风门、磨煤机马达和给煤机等。

在 CRT 画面上有磨煤机组（制粉系统）各设备和风门的状态显示。

6. 火焰检测

火焰检测器采用美国燃烧公司（CE）的 SAFE—SCAN—Ⅰ 和 Ⅱ 型，火检探头采用光导纤维将可见光光敏元件引至炉墙外装置，可避开高温，保护探头。共有 24 个火焰检测器，其中轻、重油层火焰检测器分三层布置共 12 个，煤粉层火焰检测器分三层布置共 12 个。

第四节　汽轮机数字电液控制系统（DEH）和给水泵
汽轮机数字电液控制系统（MEH）

一、汽轮机数字电液控制系统（DEH）

1. DEH系统组成

本机组DEH系统由瑞士ABB公司生产，由PROCONTROL P分散控制系统组成，产品型号为TURBOTROL5。整个DEH系统电子部分主要由下列功能块组成：

（1）手动操作控制器TURBOTROL51（TT51）。它是主运行控制器（TT52）的备用控制器，它能使汽轮机在最少测点的条件下，保证最重要最基本的功能实行的基础上，保持正常运行。

（2）主操作控制器TURBOTROL52（TT52）。它主要由一个有升速程序的速度控制器、速度目标值设定装置、带负荷程序的输出控制器以及负荷目标值设定装置所组成。

（3）热应力计算机（TURBOMAX），随时计算高、中压转子的热应力，使加负荷速率受最大允许值的限制。

（4）自动化设备，指的是TT52和有关联系统的连接设备，有关联系统包括：

1）同步设备；

2）超速保护的自动试验装置；

3）协调控制系统的机组主控器（N-90系统）；

4）汽轮发电机组的顺序控制（N-90系统）。

本DEH的控制油系统和润滑油系统使用同一个油箱，油种相同（透平油）。控制油系统分为高压油源管路和用户管路两个部分。高压油源管路主要由高压油泵、滤油器、蓄能器、定压阀、主油箱等构成；用户油路主要指主机电液调节系统、液压保安系统和低压旁路控制系统。

2. 汽轮机数字电液调节系统（DEH）功能

（1）自动升速、同步并带初负荷。系统将进行必要的预检查，以满足机组自动升速的初始条件。并依据汽轮机的热状态、进汽条件和汽轮机的允许寿命消耗，实现汽轮机以最大速率从盘车直到带目标初负荷的自动升速控制，也可由操作员对升速的任何阶段进行控制。

（2）负荷控制。系统根据协调控制系统或操作员控制台给出的负荷指令，自动调节汽轮发电机出力。

（3）负荷最大和最小出力与负荷变化率的限制。

（4）系统具备有超速保护功能。

（5）监视和报警功能。系统监视机组的工艺过程变量和设备状态，系统与N-90系统之间用硬接线连接，在主控室中CRT上能完成DEH系统的监视、超限报警、故障报警。

（6）阀门在线测试功能。

（7）汽轮机热应力计算与控制。

（8）自诊断功能。能检出可能造成非预期动作的系统内部故障。

（9）具有能模拟汽轮发电机组性能的过程模拟器，用于检验DEH的功能。

二、给水泵汽轮机数字电液控制系统（MEH）

1. 系统组成

本MEH由ABB公司的PROCOTROL-P微机分散控制系统构成，设备商品名为TURBOTURN。控制用插入式面板安装在BTG盘上，面板上配有速度和阀位指示仪表，手动/

自动、升速/降速按钮和指示灯、超速和速度测量故障报警指示灯等。

2. 基本功能

（1）自动启动/停机，包括自动升速控制和暖机控制。控制台软手操或控制盘硬手操或者由机组自启停系统控制给水泵小汽轮机能自动升速到速度设定值（最低速度值）；在速度达到最低值后，给水泵小汽轮机的速度控制连结到给水控制系统，速度设定值立即跟踪给水需求信号。

（2）转速控制。控制器为一个比例积分控制器，它作为给水控制系统的一个执行部件。

（3）连锁和保护。小汽轮机超速保护装置为一双通道液压安全系统，还有一套电子超速保护系统。

（4）阀门试验。提供有阀门在线试验设备。

第五节　汽轮机高、低压旁路控制系统和监视仪表系统(TSI)

一、高、低压旁路控制系统

1. 高、低压旁路系统的功能与特点

汽轮机旁路系统的容量，高压旁路为 100%BMCR，低压旁路为 65%BMCR。

（1）能满足机组在冷态、温态和热态启动过程中蒸汽温度和汽轮机金属温度的匹配，减少启动过程时间，降低汽轮机热应力。

（2）配备了 100%BMCR 的高压旁路和 65%BMCR 的低压旁路，使机组失去极大部分或全部负荷或汽轮机脱扣后能保持锅炉运行，而且使汽轮机能很快再启动，即为实现 FCB 功能提供了条件。

（3）带有安全功能的高压旁路系统可作安全阀运行，因此不需再安装常规的安全阀。

（4）启动工况或汽轮机脱扣时，旁路系统可保证再热器有一定的蒸汽流量流过，使其得到足够冷却，起到再热器保护作用。

2. 高压旁路控制系统的组成和功能

高压旁路控制系统由苏尔寿公司的 AV6 微机控制装置所组成，它包括阀门位置控制回路、压力和温度调节回路、连锁保护信号逻辑回路以及液压油源监控回路等。

高压旁路控制系统控制三种不同的阀门和执行机构，一是带有整体喷水连接的高压旁路压力调节阀 BP；二是喷水减温调节阀 BPE；三是喷水减温隔离阀 BD。

高压旁路有以下三种运行控制方式。

（1）启动方式（阀位方式）。

这是从锅炉点火到汽轮机冲转前的旁路运行控制方式。开始阶段是最小开度控制，BP 阀因主蒸汽压力小于最小压力定值（如 0.4MPa）不能自动打开，而是预置一个最小开度（如 20%）强制打开，这个最小开度可以由操作员在操作台上预置。BP 阀保持这个最小开度，蒸汽通过高压旁路流动，并经过再热器和低压旁路加热管道系统。当主蒸汽压力升高到最小定值时，控制回路维持最小压力定值，使 BP 阀逐渐开大，最后达到设定的最大开度，即为最大开度控制。此时 BP 阀保持最大开度，压力定值按不超过预先整定的升压速率逐渐增加，从而提高主蒸汽压力。

（2）定压方式。

主蒸汽压力升高到汽轮机冲转压力（如 8MPa）时高压旁路控制系统自动转为定压运行控制方式，这时主蒸汽压力设定值保持一定，以保证汽轮机启动的主蒸汽压力，实现定压启动。当满足冲转条件所要求的 P、T 时汽轮机冲转升速，耗汽量增加，BP 阀相应关小，以维持主蒸汽压力，此时 BP 阀起调节主蒸汽压力的作用。随着汽轮机逐渐增大蒸汽流量，旁路控制系统将自动地关闭 BP 阀，系统自动切为滑压方式运行。

（3）滑压方式。

滑压方式运行时，主蒸汽压力设定值自动跟踪主蒸汽压力实际值，并且只要新汽压力的升压速率小于所设定的升压速率限制值，压力定值总是稍大于实际压力值，即 $p_d = p_z + \Delta p$，这样就能保持旁路阀门（BP）在关闭状态。在运行中如果锅炉出口压力有扰动，其升压速率 $\left(\dfrac{\Delta p}{\Delta t}\right)$ 大于压力定值发生器内部的设定，则 BP 阀会及时打开；扰动过去，定值不低于实际值，BP 阀再度关闭。BP 阀只要开启，滑压运行控制方式立即转定压运行控制方式。

当旁路运行时（即 BP 阀打开），温度调节回路通过喷水阀（BPE）向减压阀（BP）的蒸汽膨胀腔室喷水冷却，以保持减压阀后温度为设定值。高压旁路喷水先经过高压旁路喷水隔离阀 BD。BD 阀的作用有两个，一是降低给水压力，BD 阀前后压差在其全开时，大约降低到 0.6 倍；二是当旁路阀关闭后作为隔离阀使用。BD 阀是两位制控制，与高压旁路减压阀 BP 经逻辑回路连锁。

高压旁路安全系统根据失电跳闸原理及三取一原理动作，这意味着如果一个回路动作，所有并联的旁路阀将同时打开。

3. 低压旁路控制系统的组成和功能

低压旁路控制系统由 ABB 公司的 PROCONTROL P 微机分散控制系统设备构成，分为低压旁路压力控制系统和喷水调节的温度控制系统，包括低压旁路监视和保护系统，有关的蒸汽旁路管道，低压旁路压力调节和隔离组合阀，喷水减温调节阀以及减温器 SDD 等。低压旁路控制系统由两个相同的回路组成，控制对应的两个并联低压旁路系统。

（1）再热器压力控制。

在锅炉点火后，低压旁路压力调节阀自动地设定到预选的 20％ 最小位置，确保有蒸汽流至再热器，避免锅炉启动时再热器局部过热。当低压旁路关闭时，2％ 的设定点偏置确保了低压旁路调节阀在再热器压力允许变化的范围内保持关闭。

当有异常运行工况时，例如汽轮机甩部分或全部负荷时，为了尽可能地保持再热器压力和流经再热器的流量稳定，使用了可控制的开脉冲信号。如果中压调节汽门突然关闭，此脉冲导致低压旁路压力调节阀快速开启，低压旁路阀的打开大致与中压调节汽门关闭动作相适应，因此，使再热器压力和流量实际上基本保持不变，这个快开控制作用仅仅在突然降负荷过程中及以后的很短时间内起作用，随后由再热器压力调节器继续进行静态的精确调整。

此外，为了设备的安全，需限制低压旁路的蒸汽流量。限制是通过对再热器压力调节器的调节信号予以限制来实现的。它共有三个限制信号：一是凝汽器压力限制，当凝汽器压力达 0.055MPa 时，凝汽器压力限制器开始关全开的低压旁路阀，在 0.07MPa 时为全关；二是蒸汽流量限制，保护低压旁路减温器和凝汽器，防止其过负荷；三是喷水量限制，如果喷水流量值与相应的蒸汽流量值不匹配，则喷水流量就起到限制蒸汽流量的作用。这三种限制器都起限制蒸汽流量的作用，因此它亦构成保护脱扣的冗余功能。

（2）喷水减温调节。

采用喷入凝结水的方法来冷却低压旁路蒸汽，所需喷水量应与低压旁路蒸汽流量成正比，此任务由比例积分作用的喷水减温调节器来完成。当突然发生蒸汽流量变化时，喷水减温调节器的比例作用快速响应，使喷水流量与低压旁路蒸汽流量相适应，然后调节器的积分作用精确地调整喷水流量，维护低压旁路蒸汽的温度为设定值。只要保护系统断开或低压旁路阀关闭，逻辑作用就禁止喷水阀打开。

二、主汽轮机监视仪表（TSI)

主汽轮机监视仪表（TSI）采用美国 BENTLY NEVADA 公司的 7200 系列产品。其安装着下列监测仪表和装置：

（1）振动。测量和监视轴的绝对振动。本机共有 7 道轴承，每道轴承上在 90°夹角方向各安装一只复合式振动传感器，它包括一个接近式涡流传感器测量相对振动（位移），和一个固定在机壳上的拾取式速度传感器测量机壳的绝对振动。传感器信号通过前置器，然后输出到信号模块，经信号模块处理后，输出到指示仪表，共有 14 只振动指示仪表。其量程为 $0\sim500\ \mu m$ 峰-峰值。当振动达 $100\mu m$ 时报警，达 $146\mu m$ 时，跳汽轮机。

（2）相对差胀。相对差胀传感器利用接近式涡流原理来检测轴相对于汽缸的差胀。共有 4 只差胀指示仪表分别指示轴相对于高压、中压、两个低压汽缸的差胀值，其量程为 $0\sim20mm$（1号、3 号和 4 号轴承处）和 $0\sim45mm$（5 号轴承处）。

（3）绝对膨胀。绝对膨胀用一只线性差动变压器式传感器，传感器本体固定在基础上，其铁芯固定在汽缸上，利用铁芯在差动线圈中的位移相对地输出一个与其成正比例的电压信号，指示汽缸膨胀。在高压汽缸前后轴承处分别安装一只传感器，故共有两只绝对膨胀指示仪表，其量程为 $0\sim25mm$。

（4）轴向位移。轴向位移是推力环对推力轴承的相对位置测量值，它含有两只接近式电涡流传感器，分别装在 2 号轴承处；有一只双针指示仪表，其量程为 $\pm1mm$。当轴向位移达 $\pm0.4mm$ 时报警，当达到 $\pm0.8mm$ 时跳汽轮机。

（5）键相器。主要为了连续地监视振动信号相对于同步脉冲的相位，它含有一个接近式电涡流传感器。该接近式传感器感受固定在轴上的一个标记（例如槽或键），并提供每转一次的脉冲，作为相位角测量的参考基准。传感器安装在 2 号轴承处。

上述测量传感器，除去绝对膨胀外，全部传感器都采用非接触式测量原理。所有测量信号除送指示仪表显示外，都转换成 $4\sim20mADC$ 模拟信号送 DAS 作 MCS CRT 画面数据显示；报警信号（开关量）作报警窗报警用。

第六节　机组连锁保护系统

机组连锁保护主要是指锅炉、汽轮机、发电机等主机之间以及给水泵、送风机、引风机等主要辅机之间的连锁保护。它能根据电网事故或机组主要设备故障自动进行减负荷、停机、停炉等处理，并以安全运行为前提，尽量缩小事故范围的自动控制系统。

一、基本要求

系统的主要功能是监视跳闸和连锁信号的正确性，同时保证能立即响应正确的跳闸和连锁。为此，系统采取了下列措施：

（1）每一跳闸功能回路都有足够的冗余度，以保证跳闸动作的正确性，并使误跳闸的可能最小。对重要信号如炉膛压力高、炉膛压力低、主蒸汽压力高、主蒸汽温度高和再热器出、入口温度高等都有三个冗余信号。

（2）跳闸功能能进行在线试验，且在试验过程中保护功能仍然有效。

（3）两个相互独立的跳闸信号分送数据采集系统和硬接线报警系统，同时还提供一个中断信号，给跳闸事件顺序记录（SOE）用，以便识别跳闸原因。

（4）保护的总原则是在探测到电厂运行所不能允许的情况时，仅使处于危险状态中的设备跳闸。

二、主要连锁保护功能

1. 锅炉连锁保护功能

锅炉的主要保护功能由燃烧器管理系统（BMS）中的主燃料跳闸（MFT）来实现，该功能由 N-90 系统硬逻辑实现，具体的 MFT 动作条件在本章第三节中已有介绍，这里不再重复。

2. 汽轮机跳闸保护和连锁

本汽轮机跳闸保护和连锁功能由 ABB 公司的装置实现。

下述条件之一出现，汽轮机即跳闸。

(1) 超速：110％和112％两只机械超速保护，114％电超速保护作后备；

(2) 汽轮机紧急手动跳闸；

(3) 汽轮机启动停机程序故障；

(4) 汽轮机控制器故障；

(5) 锅炉保护动作；

(6) 空气/密封油箱油位低于最小；

(7) 发电机保护动作；

(8) 高压排汽温度高于最大；

(9) 轴承金属温度高于最大；

(10) 高压蒸汽温度高于最大；

(11) 中压蒸汽温度高于最大；

(12) 轴振动大于最大；

(13) 轴向位移大于最大；

(14) 凝汽器压力大于最大；

(15) 润滑油压力低；

(16) 润滑油油箱油位低于最小；

(17) 密封油/氢气差压低于最小；

(18) 仪用空气压力低于最小；

(19) 高压汽轮机叶片温度高；

(20) 低压汽轮机叶片温度高。

3. 汽轮机防进水保护

汽轮机防进水保护按照 ASME 导则执行，主要是防止汽轮机进水造成机械损坏。保护措施是提供正面的方法：有效地隔绝汽轮机进水的水源，如给水加热器与抽汽系统、主蒸汽系统、再热器减温器、不经常运行的疏水蒸汽管路或不经常运行的疏水阀门和汽轮机法兰密封系统，并在部分区域安装热电偶，以监视重要区域的温度状态。

4. 炉、机、电之间的连锁保护

炉、机、电之间的连锁保护系统动作特点如下：

1) 当锅炉故障引起 MFT 时，连锁汽轮机脱扣、发电机跳闸。

2) 汽轮机与发电机互为连锁，即汽轮机故障脱扣时，就会引起发电机跳闸；发电机故障跳闸，也会引起汽轮机脱扣。不论哪种情况都会引起 FCB，若 FCB 成功，则锅炉保持低负荷运行；若 FCB 失败，则导致 MFT 动作，停机、停炉。

3) 电网故障主变开关跳闸，引起 FCB 动作，若 FCB 成功，则汽轮机带 5％厂用电运行，锅炉保持低负荷运行；若 FCB 失败，则导致 MFT 动作，停机、停炉。

第七节　水、煤、灰程控系统

本机组的水处理系统，输煤系统和灰处理系统均采用微机或可编程控制器（PLC）实现程序控制。

一、水处理控制系统

按照化学水处理系统的工艺流程，共配置了 8 台美国 AB（Allen Bradly）公司的微机型 PLC 装置：①1 台 PLC-5/15 型可编程控制器用于补给水处理系统中预脱盐设备的程控；②1 台 PLC-5/25 型可编程控制器用于水系统中的除盐设备的程控，其中包括 RO 反渗透设备的控制；③2 台 PLC-5/15 型可编程控制器分别用于 1、2 号机组凝结水精处理设备的控制；一台 SLC-100 型微机用于加氯系统中设备的控制；④2 台 PLC-100 型微机分别用于 1、2 号机组化学加药系统中设备的控制；⑤1 台 PLC-5/15 型可编程控制器用于废水处理系统中设备的控制。

凡属化学水处理系统中的设备，有三种控制方式：一是设备调试和维护用设置的就地手操控制；二是在模拟盘实现远方手动控制；三是由微机（PLC）实现自动控制。

二、输煤程控系统

输煤系统除去卸船机和堆取料机采用微机设备进行半自动控制外，所有其他设备均由微机、可编程控制器进行正常的运行控制。输煤系统仪控设备由一台美国 GOULD 公司的 TRIMS 数字计算机系统、两台互为冗余的 AEG MODICON 的 984B 型可编程逻辑控制器（PLC）和一套硬接线的继电器后备控制系统所组成。

计算机用作状态监视、记录打印，是操作员和控制系统之间的人机接口。正常运行时一台 PLC 在线运行，实现程控功能；另一台备用，当两台 PLC 均故障时，使用硬接线继电器系统、模拟显示屏和硬接线按钮作为计算机的备用显示、操作手段。

输煤控制系统有自动、手动、就地和试验四种运行方式：①自动作为正常运行方式；②手动操作能从模拟盘上进行；③就地手操和试验方式从就地按钮站上进行。输煤系统共有 265 种输煤流程，在输煤程控系统中已安装了 82 种。操作员可以根据当时情况，在 CRT 显示屏上采用软手操选择输煤流量，设定煤源地点、输煤到目的地以及煤输送的吨位率。在自动方式，操作员只要发出一个系统启动指令后，就能启动输煤系统（程控运行）。

输煤程控系统尚有较强的运行、维护和管理功能。除去正常的报警功能外，对于 200kW 及以上容量电动机均设有电动机温度和电流监视；对于主要输煤设备均设有累计工作时间记录，以备维修考查，有些接触器的动作次数亦进入维修数据库。

对于日常煤场管理报表，均有计算机的打印机制表记录，如进煤量、存煤量、用煤量、耗煤量等，并有历史数据存贮功能，可编制运行统计报告。

在输煤系统中还有闭路电视，有 4 只摄像头，各安装在码头的转运站顶部、煤场 3 号转运站、煤场 7 号转运站和卸煤码头的照明塔上面；4 台监视器安装在煤控室内。

三、灰处理程控系统

灰处理系统包括灰渣清除系统、石子煤清除系统、飞灰集中系统、灰浆系统和冲灰水系统五大系统组成。灰处理系统的程控采用 AB 公司的 PLC-3 型微机可编程控制器，它安装在与电气除尘器控制室合在一起的灰系统控制室内。它还配有输入/输出遥控小室以及就地按钮控制站。系统共有三种运行方式：①自动方式为正常运行方式；②手操方式由控制室操作台或就地按钮控制站启动；③试验方式是由就地控制站启动。在灰控室内装有整套的模拟盘和 CRT 显示屏。

复习思考题

1. 上海石洞口二厂苏尔寿直流炉的控制采用给水流量控制中间点温度，用燃料量和风量控制主蒸汽的压力，这样的控制策略有什么优点？

2. 你对大型机组配备机组级自启动的必要性及可行性有什么看法？你认为600MW机组现阶段的机组顺序控制功能配置到什么程度较适宜且实用？

第二十一章

沁北电厂 600MW 机组热控系统及其技术特点

第一节 沁北电厂 600MW 机组主设备概况

一、锅炉

(1) 型式。锅炉为超临界参数变压直流炉，单炉膛、一次再热、平衡通风、露天布置、固态排渣、全钢构架、全悬吊结构 Ⅱ 型锅炉，燃用晋南、晋东南地区贫煤、烟煤的混合煤种。

(2) 制造厂。东方锅炉厂。

(3) 锅炉最大连续蒸发量（BMCR）。1900t/h。

(4) 过热器出口压力（BMCR）。25.5MPa（a）。

(5) 过热器出口温度（BMCR）。571℃。

(6) 再热蒸汽流量（BMCR）。1607.6t/h。

(7) 再热器进/出口压力（BMCR）。4.71/4.52MPa。

(8) 再热器进/出口温度（BMCR）。322/569℃。

(9) 给水温度（BMCR）。284℃。

(10) 排烟温度（BMCR）。123℃。

(11) 锅炉效率（BMCR）。93.7%。

二、汽轮机

(1) 型式。超临界、一次中间再热、三缸四排汽、单轴、双背压、凝汽式。

(2) 制造厂。哈尔滨汽轮机厂。

(3) 额定功率。600MW。

(4) 最大功率。665.7MW。

(5) 额定转速。3000r/min。

(6) 主汽门前压力（VWO）。24.2MPa（a）。

(7) 主汽门前温度（VWO）。566℃。

(8) 再热汽门前温度（VWO）。566℃。

(9) 额定排汽压力（VWO）。高压 5.4kPa（a）/低压 4.4kPa（a）。

(10) 冷却水温度（VWO）。20℃。

三、发电机

(1) 型式。三相，同步，转子及定子铁芯氢冷，定子绕组水冷，静态励磁。

(2) 制造厂。哈尔滨电机厂。

(3) 额定功率。600MW。

(4) 额定电压。20kV。

（5）额定功率因数。0.9。

（6）额定频率。50Hz。

（7）效率。98.88%。

四、燃烧系统

1. 制粉系统

制粉系统为正压直吹系统。制粉系统主要由 6 个原煤仓、6 台电子称重式给煤机、6 台中速磨设备组成。

2. 烟风系统

（1）引风机型式。2 台 50% 容量，轴流式，定速，静叶可调。

（2）送风机型式。2 台 50% 容量，轴流式，定速，动叶可调。

（3）一次风机型式。2 台 50% 容量，离心式，定速，进口叶片调节风量。

3. 点火系统

（1）点火方式。锅炉点火系统采用二级点火装置，顺序为高能点火器点轻油，轻油点煤粉。

（2）燃烧器及油枪配置。前后墙各设三层燃烧器，每层并排设 4 只煤粉燃烧器，单台炉共 24 只。

对应每只煤粉燃烧器配置有点火油枪，单台炉共 24 只，点火轻油枪采用机械雾化喷嘴。

前墙下两层、后墙中间一层煤粉燃烧器还配置有启动油枪，单台炉共 12 只，启动轻油枪采用蒸汽雾化喷嘴。

五、主要热力系统概况

热力系统除辅助蒸汽系统 2 台机组之间管道互联外，其余系统均为单元制。

1. 主蒸汽、再热蒸汽及旁路系统

汽机采用高低压串联 2 级旁路系统，旁路系统容量为 30%B-MCR。旁路的功能为简易启动旁路，仅考虑汽机在冷态和温态启动工况时投运，机组在热态和极热态启动工况采用不投旁路的纯高压缸启动模式。

2. 抽汽系统

汽轮机具有 8 级非调整抽汽：1～3 级抽汽供 3 台高压加热器；4 级抽汽供除氧器、给水泵汽轮机及辅助蒸汽；5 级抽汽供 5 号低压加热器和暖风器；6～8 级抽汽分别供 6～8 号低压加热器。

抽汽逆止阀和隔绝电动门的配置如下：

（1）1、2、3、5、6 级抽汽管上各设 1 个气动逆止阀和 1 个电动门；

（2）4 级抽汽管上设 2 个气动逆止阀和 1 个电动门；

（3）7、8 级抽汽管上不设任何阀门。

给水泵汽机为 3 路汽源，分别来自冷段、辅助蒸汽和 4 级抽汽。机组启停或低负荷时，冷段或辅汽供汽；负荷大于低负荷时，4 级抽汽供汽。

3. 辅助蒸汽系统

在启动和低负荷时，辅汽由启动锅炉、再热冷段或邻机供汽；在高负荷时，由汽轮机 4 级抽汽供汽。

4. 给水系统

给水系统将给水由除氧器水箱出口送至锅炉省煤器联箱入口。该系统在省煤器出口集箱上接出供锅炉过热器的减温水管道，中间抽头供再热器减温水管道。

给水系统配置如下：

（1）2 台 50%B-MCR 容量的汽动给水泵及电动前置泵；

（2）1 台 30%B−MCR 容量的电动调速给水泵；

（3）3 台 100%容量的高压加热器。

电动调速给水泵出口设有一个电动门和 1 个气动调节阀。调节阀用于低负荷时调节给水流量。汽泵和电泵可以满足机组启动和各种工况对给水调节的要求，因此在锅炉入口的给水管道上不再设给水调节阀。

高压加热器旁路采用大旁路系统。

5. 凝结水系统

凝结水系统的配置如下：

1）2 台 100%容量的凝结水泵；

2）4 台低压加热器；

3）1 台轴封冷却器；

4）1 台除氧器；

5）1 台除氧器再循环泵；

6）1 台凝结水储水箱；

7）2 台凝结水输送水泵。

7、8 号低压加热器设有公用的凝结水大旁路；5、6 号低压加热器和轴封冷却器、凝结水精处理装置均设有独立的凝结水旁路。

6. 高压加热器疏水放气系统

采用逐级串联疏水方式，最后一级疏至除氧器。每台高压加热器均设有至凝汽器的事故疏水。

7. 低压加热器疏水放气系统

低压加热器采用逐级串联疏水方式，8 号低压加热器疏水至凝汽器。每台低压加热器均设有至凝汽器的事故疏水。

8. 凝汽器抽真空系统

设有 3 台 50%容量的机械真空泵，当机组启动时，3 台同时启动；正常运行时，2 台运行，1 台备用。凝汽器壳侧设有 1 个电动真空破坏阀，在机组事故情况下破坏真空，缩短汽轮机惰走时间。

9. 循环水系统

循环水供水系统采用扩大单元制，2 台机组共设有 4 台循环水泵。

六、主要电气系统概况

1. 电气主接线

本期工程建设两台 600MW 燃煤机组。每台发电机经主变压器以单元制方式接入 500kV 开关站，500kV 为 3/2 断路器接线。500kV 配电装置按规划出线 6 回，本期建成 2 回。

发电机出口装设断路器。每台机组设一台 50MW 分裂变压器作为高压厂用变压器，每台机组设一台 25MW 双绕组变压器作为公用变压器。两台机组设一台 31.5MW 双绕组变压器作为备用变压器。6kV 设单独公用段，公用负荷由两台机的 6kV 公用段供电。

2. 厂用电源

每台机组设一台高压工作厂用变压器，高压厂用变压器 6.3kV 侧经共箱母线分别接入二段工作母线，供给本机组高压厂用负荷。

每台机组设一台高压公用厂用变压器，高压公用变压器 6.3kV 侧经共箱母线接入一段公用母线，供给高压厂用公用负荷。

高压厂用变压器 6.3kV 侧经中电阻接地。

两台机安装一台高压备用变压器，高压备用变压器低压侧经共箱母线分别接至 6.3kV 工作和公用母线，作为备用电源。

高压备用变压器高压工作变压器一次绕组均带有载调压装置。

每台机组主厂房设两台 6.3/0.4kV 厂用汽轮机变压器，两台 6.3/0.4kV 厂用锅炉变压器，由 6.3kV 工作段引接，分别构成两段低压厂用电源工作母线，供给本机组 380V 负荷。

两台机组设两台 6.3/0.4kV 厂用公用变压器，由两台机的 6.3kV 工作段引接，构成两段低压公用电源工作母线，供给二台机组的 380V 公用负荷。

两台机组设两台 6.3/0.4kV 厂用照明变压器，由两台机的 6.3kV 工作段引接，构成两段低压照明电源工作母线，供给两台机组的 380V 照明负荷。

400V 厂用电源中性点为直接接地。

3. 直流系统

主厂房每台机设三组蓄电池，其中一组 220V 蓄电池组，两组 110V 蓄电池组。110V 蓄电池采用单母线分段接线，220V 蓄电池组采用单母线接线，两台机组的 220V 蓄电池经电缆相互联络。

220V 直流系统为动力负荷及事故照明等负荷供电。

110V 直流系统为控制、保护、测量等负荷供电。110V 直流系统采用辅助性网络供电方式。

4. UPS 电源

每台机组设一套 UPS 装置向分散控制系统及其他重要负荷供电。

第二节　分散控制系统配置

一、总体配置

沁北电厂配置了一套完整的 ABB 公司 Symphony 电厂自动化控制系统，实现数据采集 DAS、模拟量调节 MCS、炉机辅系顺序控制 SCS（B/T）、锅炉炉膛安全监控 FSSS、发变组/厂用电系统顺序控制 SCS（G/A）系统、DCS 公用网络以及远程 I/O、大屏幕的系统成套。汽轮机控制（DEH）装置由哈尔滨汽轮机制造有限公司成套供货，给水泵汽轮机控制（MEH）由杭州汽轮机制造有限公司成套供货，为了统一技术装备，提高系统运行的效益和可靠性，减少备品备件，DEH/MEH 与确定的 DCS 系统采用相同的软硬件设备，即 DEH/MEH 控制装置作为 DCS 的功能站挂在 DCS 通信网上。其系统配置总貌如图 21-1 所示。

二、过程控制器配置

单元机组、公用系统的过程控制器配置，分别见表 21-1 和表 21-2。

表 21-1　单元机组过程控制器配置表

序号	功能子系统	处理器的数量
1	DAS/SCS/MCS 单回路	10 对
2	MCS 系统	8 对
3	FSSS 系统	7 对
4	SCS（G/A）系统	2 对

表 21-2　公用系统过程控制配置表

序号	功能子系统	处理器的数量
1	DAS/SCS	1 对
2	SCS（G/A）公用系统	1 对

三、I/O 配置

单元机组、公用系统的 I/O 配置，分别见表 21-3 和表 21-4（最终配置可能有差异）。

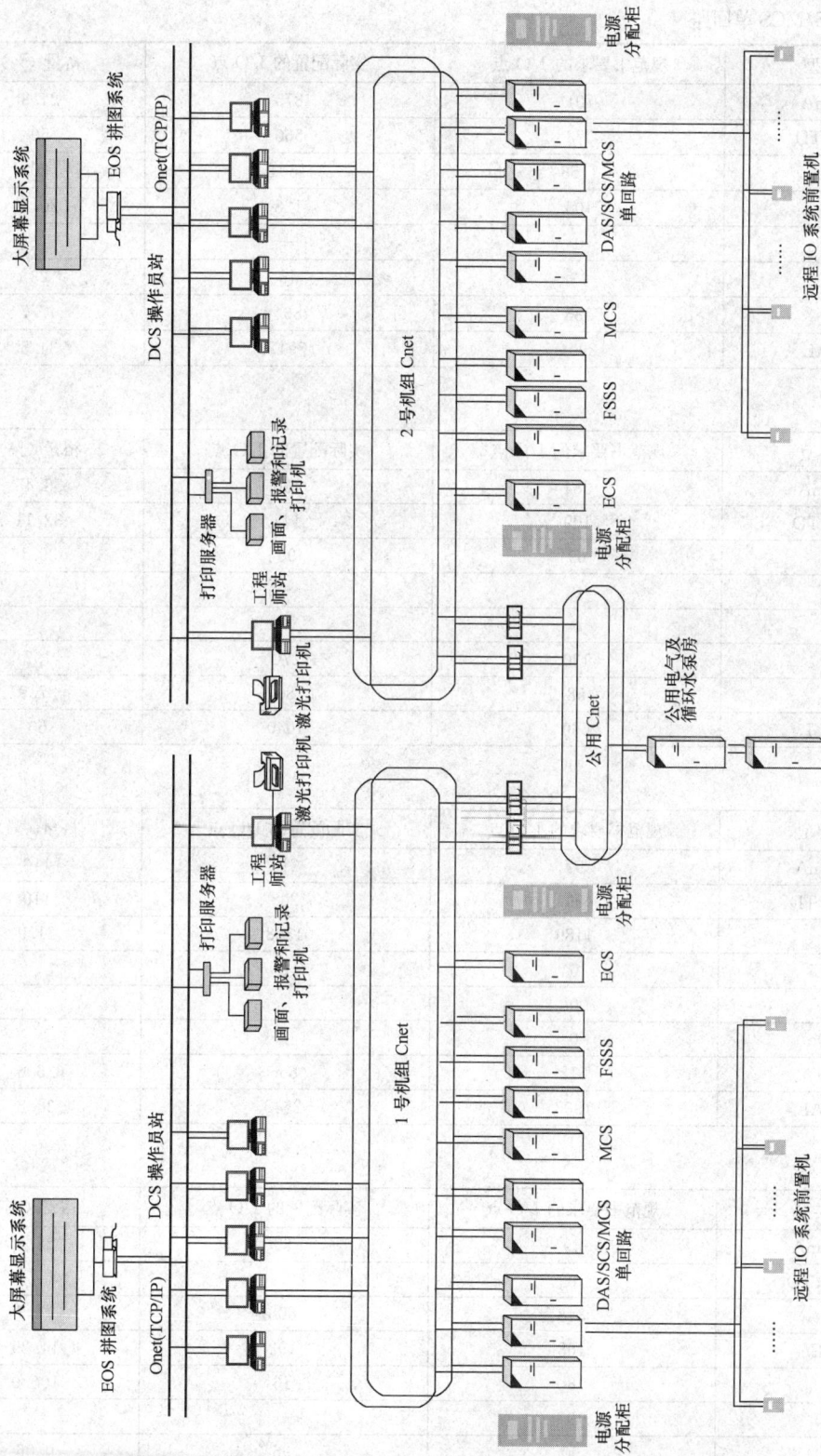

图 21-1 单元机组 DCS 系统配置总貌图

表 21-3　　　　　　　　　　　　　　　　　　单元机组 I/O 配置表

DAS/SCS/MCS 单回路

I/O 类型	规范书要求的 I/O 点	实际配置的 I/O 点	裕量（%）
4～20mA	701	875	24.8
TC+RTD	373	560	50
DI	1158	1504	30
SOE	106	128	20.8
PI	0	—	
AO	13	16	23
DO	585	864	47.7
TOTAL	2934	3947	34.5

MCS

I/O 类型	规范书要求的 I/O 点	实际配置的 I/O 点	裕量（%）
4～20mA	284	450	58.45
TC+RTD	109	144	32.11
DI	69	96	39.1
SOE	0	—	
PI	0	—	
AO	130	270	107
DO	58	80	37.9
TOTAL	650	1040	60

FSSS

I/O 类型	规范书要求的 I/O 点	实际配置的 I/O 点	裕量（%）
4～20mA	97	210	116
TC+RTD	99	208	110
DI	1189	1568	31.9
SOE	0	0	
PI	0	—	
AO	0	—	
DO	518	656	26.6
TOTAL	1903	2642	38.8

SCS（G/A）

I/O 类型	规范书要求的 I/O 点	实际配置的 I/O 点	裕量（%）
4～20mA	49	60	22.4
TC+RTD	0	—	
DI	348	608	74.7
SOE	168	192	14.29
PI	8	16	100.0
AO	0	—	
DO	90	96	0.06
TOTAL	663	972	46.6

表 21-4   **公用系统 I/O 配置表**

DAS/SCS

I/O 类型	规范书要求的 I/O 点	实际配置的 I/O 点	裕量（%）
4～20mA	13	16	23
TC+RTD	44	64	45.5
DI	118	176	49.1
SOE	0	—	
PI	0	—	
AO	0	—	
DO	63	96	52.3
TOTAL	238	352	47.9

SCS（G/A）（电气公用系统）

I/O 类型	规范书要求的 I/O 点	实际配置的 I/O 点	裕量（%）
4～20mA	5	15	200.0
TC+RTD	0	—	
DI	84	176	109
SOE	113	128	13.2
PI	4	8	100.0
AO	0	—	
DO	104	128	23.3
TOTAL	306	455	48.7

四、机柜和电源

1. 机柜

所有机柜的外形尺寸全部为宽 800m×高 2100m×深 800mm 的标准机柜。单元机组和公用系统的机柜配置，分别见表 21-5 和表 21-6。

表 21-5   **单元机组机柜配置表**

DAS/SCS/MCS 单回路	模件柜 6 套	端子柜 11 个
MCS 系统	模件柜 2 套	端子柜 2 个
FSSS 系统	模件柜 4 套	端子柜 8 个
SCS（G/A）系统	模件柜 2 套	端子柜 3 个

表 21-6   **公用系统机柜配置表**

DAS/SCS	就地模件柜 1 套	端子柜 1 个
SCS（G/A）电气公用系统	模件柜 1 套	端子柜 1 个

2. 电源

（1）两台机组及公用系统共配置 4 个电源分配柜。

（2）由于工程机柜分别布置在 13.7m 层和 0m 层，所以每台机组配置 2 个电源分配柜，用于分配用户提供的两路交流电源。通过其内部的分配、保护，开关回路将它们分配给所有的 DCS 设备，人机接口，工程师站及相应的辅助设备。其中每个过程控制单元接受两路交流电源，其内部的模件化电源以"2N"冗余的方式为柜内的所有模件及相应的现场变送器供电。人机接口，工程师站及辅助设备分别接受来自配电柜的电源，并在配电柜上实现电源的切换。任何一路电源的故障均不会导致系统的任一部分失电。

（3）两台机组的 4 路电源经过两两切换，输出 2 路交流电源用于公用系统的电源输入，以保证 DCS 公用网络的电源供给在任一台单元机组 DCS 停电检修和单元机组全部失电时，公用网络能正常运行。其相应的切换、分配、保护，开关回路安置于 1 号机组就近的电源分配柜内。

第三节 系 统 功 能

一、数据采集系统 DAS

DAS 系统至少有下列功能。

（1）显示。包括模拟图显示、操作显示、成组显示、棒状图显示、报警显示等。

（2）制表记录。包括定期记录、事故追忆记录、事件顺序（SOE）记录等。

（3）历史数据存贮和检索。

（4）性能计算。

二、模拟量控制系统 MCS

模拟量控制系统 MCS 的具体控制项目有以下几类：

（1）锅炉—汽轮机协调控制（包含 RB, Run up & Run down 等保护功能）；

（2）机组负荷控制；

（3）汽轮机主控制；

（4）锅炉主控制；

（5）汽机旁路及其喷水减温控制；

（6）磨煤机控制；

（7）送风量控制；

（8）二次风挡板配风控制；

（9）一次风道压力控制；

（10）炉膛压力控制；

（11）主蒸汽温度控制；

（12）再热器汽温控制；

（13）给水流量控制；

（14）给水泵最小流量再循环控制；

（15）分离器储水箱水位控制；

（16）空预器冷端平均温度控制；

（17）燃油压力/流量控制；

（18）雾化蒸汽压力控制；

（19）暖风器疏水箱水位控制；

（20）除氧器水位和压力控制；

（21）凝汽器热井水位控制；

（22）汽机润滑油和 EH 油冷却控制；

（23）高压加热器水位控制；

（24）低压加热器水位控制；

（25）其他单冲量控制回路 20 个［如重要辅机润滑油（工作油）温度控制，各蒸汽减温器后温度控制]。

三、炉膛安全监控系统 FSSS

1. BCS 具体功能

(1) 锅炉点火准备；

(2) 点火枪启停；

(3) 油枪启停；

(4) 煤燃烧器管理；

(5) 制粉系统启停顺序控制。

2. FSS 具体功能

(1) 炉膛吹扫；

(2) 油燃料系统泄漏试验；

(3) 主燃料跳闸。

四、顺序控制系统 SCS

1. 机组自启停顺序控制

(1) 锅炉。

1) 锅炉上水；

2) 炉膛吹扫（FSSS 实现）；

3) 锅炉油循环（FSSS 实现）；

4) 锅炉点火（FSSS 实现）；

5) 启动制粉系统（FSSS 实现）；

6) 锅炉升温、升压；

7) 带负荷。

(2) 汽轮发电机。

1) 启动润滑油系统；

2) 启动控制油系统；

3) 启动循环水系统；

4) 启动凝结水、给水系统；

5) 启动凝汽器抽真空系统；

6) 启动高压、低压加热器系统；

7) 启动发电机氢油水系统；

8) 启动盘车系统（DEH 实现）；

9) 暖机、进汽和升速（DEH、BPS 实现）；

10) 转速升至同步转速（DEH、BPS 实现）；

11) 并网、带初始负荷（DEH、BPS 实现）；

12) 升至目标负荷（DEH、BPS 实现）。

2. 功能组顺序控制项目

(1) 锅炉和汽机顺序控制系统。

根据机组运行特性及附属设备的运行要求，构成不同的顺序控制子系统功能组和子组，并提供以下子系统功能组：

1) 锅炉空气系统顺序控制功能组；

2) 锅炉烟气系统顺序控制功能组；

3）锅炉疏水放气系统顺序控制功能子组；

4）电动给水泵顺序控制功能子组；

5）汽动给水泵 A（B）顺序控制功能子组；

6）锅炉一次风系统顺序控制功能子组；

7）汽机防进水功能组；

8）汽机轴封系统顺序控制功能子组；

9）汽机疏水放气系统顺序控制功能子组；

10）汽机抽汽系统顺序控制功能组；

11）加热器系统顺序控制功能组；

12）除氧器顺序控制功能子组；

13）凝结水系统顺序功能组；

14）开、闭式冷却水系统顺序控制功能组；

15）凝汽器循环水系统顺序控制功能子组；

16）低压缸喷水顺序控制功能子组；

17）辅助蒸汽系统顺序控制功能子组；

18）发电机油系统顺序控制功能子组；

19）汽轮机润滑油系统顺控功能子组；

20）凝汽器抽真空顺控功能子组；

21）循环水泵控制功能子组；

22）吹灰控制界面；

23）空预器间隙调整控制界面；

24）加药系统控制界面；

25）其他控制功能组。

（2）发电机—变压器组和厂用电源系统顺序控制。

1）发电机—变压器组。包括发电机励磁系统、同期系统、发电机出口 20kV 断路器的控制和监测，同时监测主变 500kV 侧断路器的状态。

励磁系统自动电压调节装置（AVR 由汽轮发电机厂配套供货）与 DCS 之间通过硬接线连接，通过 DCS 控制 AVR 装置。

同期装置采用专用的微机自动准同期装置独立于 DCS，与 DCS、DEH、AVR 之间信号接口为硬接线。

2）厂用电源。包括高压厂用变压器 6.3kV 电源进线断路器；6.3kV 工作和公用母线设备；400V 厂用工作和公用母线设备；6.3/0.4kV 厂用低压工作变压器、公用变压器、照明变压器等高低压侧断路器；6.3kV 至输煤段馈线断路器；保安电源系统断路器的控制和监测。

3）高压厂用备用电源。包括高压厂用备用变压器、有载调压控制系统、备用变压器 220kV 断路器、6.3kV 侧分支断路器的控制和监测。

4）通信接口。①DCS 与主厂房 6.3kV 配电装置主控单元至少有 2 个 RS485 接口（每台机）；②DCS 与主厂房 0.4kV 配电装置主控单元至少有 4 个 RS485 接口（每台机）；③高压厂用电源备自投装置采用专用设备。该装置与 DCS 之间采用通信接口。备自投装置在切换过程中和切换完成后的有关状态信号由 DCS 实时显示。

5）对于两台机组的公用系统（包括高压备用电源、厂用低压公用系统、低压照明系统等）的控制、检测由 DCS 公用系统完成。其人机操作界面均可由 1 号机和 2 号机的分散控制系统操作员站来完成，同时设有闭锁手段，防止同时在两处操作。

复习思考题

1. 叙述沁北电厂 600MW 机组 DCS 一体化配置的功能范围及其过程控制器的分配。

2. 结合沁北电厂 600MW 机组 DCS 电源的配置情况介绍，谈谈你对 DCS 电源系统配置方式的看法，特别当 DCS 机柜采用物理分散布置方式时。

第二十二章

扬州二厂一期 600MW 机组热控系统及其技术特点

第一节 扬州二电厂 600MW 机组主设备简介

扬州二电厂一期 2×600MW 机组，由世界银行贷款，主设备包括仪控岛通过国际招标选定。美国雷通·依柏斯柯海外公司 (Raytheon-Ebasco overseas corp) 为顾问公司。锅炉岛和汽轮机岛分别由美国拔柏考克·威尔柯克斯 (Babcock&Wilcox) 公司和西屋电气公司 (Westinghouse Electric Corporation) 中标和供货。

锅炉的主要技术参数如下：

蒸汽流量。	额定蒸发量	2008t/h；
	再热蒸汽流量	1191t/h；
蒸汽压力。	过热器出口压力	16.73MPa；
	再热器出口压力	3.25MPa；
蒸汽温度。	过热器出口	541℃；
	再热器进口/出口	316.3/541℃；
排烟温度。		119℃；
烟气含氧量。		3%～4%；
锅炉效率（低位热值）。		93.38%；
旁路容量。		30%。

汽轮机型号为 D34-051-0474R-0474R、亚临界、一次再热、单轴、双背压凝汽式，其主要技术参数如下：

额定功率。	600MW；
对应蒸汽流量。	1771t/h；
最大出力。	649MW；
对应蒸汽流量。	1916.7t/h；
主蒸汽温度。	538.0℃；
再热蒸汽温度。	538.0℃；
额定背压。	4.9/3.9kPa；
热耗。	7775kJ/kWh。

第二节 热控系统概况

扬州二电厂 2×600MW 机组采用炉、机、电集中控制方式，两台 600MW 机组共用一个主控制室的布置方式，两台机组按中心线旋转 180°对称布置，详见图 22-1。

主控室的热控设备除汽轮机的 DEH、TSI，给水泵汽轮机的 MEH、TSI 及旁路控制系统外，由德国西门子（Siemens）公司成套供应，主要控制设备采用西门子公司的 TELEPERM-XP 微机分散控制系统；TELEPERM-XP 实现的控制功能包括数据采集 DAS、协调控制系统 CCS（或称模拟量控制系统 MCS）、顺序控制系统 SCS、燃烧器管理系统（BMS）、报警系统。汽轮机的数字电液控制系统 DEH 是随主机由美国西屋公司提供的 DEH MODⅢ LEVEL3 型系统（由 WDPF-Ⅱ型微机分散控制系统的硬件组成），主汽轮机的监示仪表采用美国本特利·内华达（Bently Ne-vada）公司的 7200 系列。给水泵汽轮机的 MEH 及旁路系统控制与主汽轮机的 DEH 同由 WDPF-Ⅱ完成。给水泵汽轮机的 TSI 采用 BENTLY-NEVADA 3300 系统。

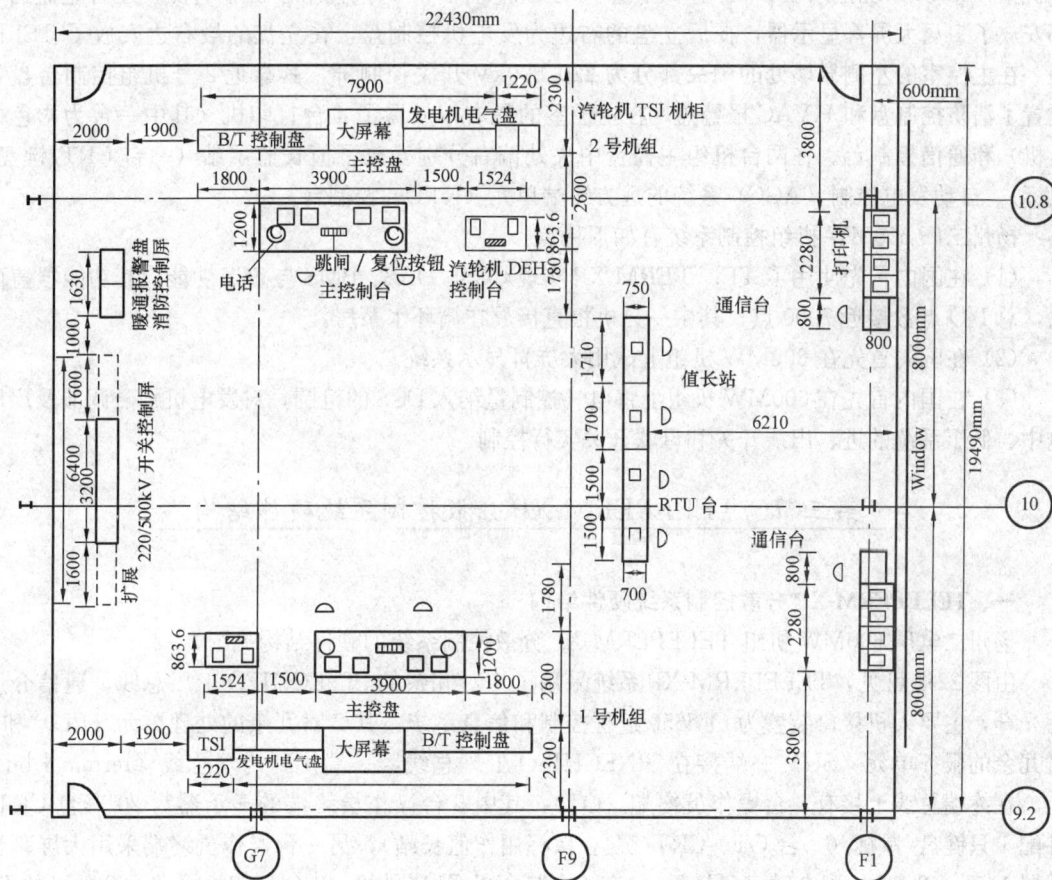

图 22-1　扬二厂 2×600MW 机组主控室布置图

此外，大部分辅助控制系统由国内招标采用德国西门子公司的 SIMATIC S5-155H（U）可编程序控制器（系统），包括化水程控系统、输煤程控系统、净水程控系统等。德国西门子公司的 SIMATIC-S5 可编程控制器（系统）可接入同一厂家的 TELEPERM-XP 微机分散控制系统（详见第二篇第十七章），但由于 SIMATIC-S5 为国内订货和设计，故扬州二厂尚未考虑将两者连成一个统一的系统。如若 SIMATIC-S5 系统与 TELE PERM-XP 系统联网通信，则可实现在主控室内监控化水系统、净化水系统、输煤系统的运行，同时为全厂管理信息系统（MIS）丰富了实时数据的内容。

扬州二厂主控室内单元机组控制台、盘采用台盘分开布置方式。控制台分为两个，主控制台上布置了四台 20″彩色 CRT 及其键盘、鼠标（TELEPERM-XP 系统）和一个跳闸、复位按钮盘及电话机；汽轮机 DEH 系统另设一个 DEH 控制台，上面布置了两台 CRT 和一个键盘（WDPF-Ⅱ系统）实现 DEH、两台给水泵汽轮机的 MEH 和汽轮机旁路控制系统的监控。

在主控制台和汽轮机 DEH 控制台后面是立盘，立盘全长 7.9m，立盘的左边为锅炉和汽轮机（B/T）的控制盘，在此盘上布置了手动/自动（M/A）站共 37 只（其中有 4 只是安装在 DEH 和旁路控制插入面板上），重要模拟量指示仪表 13 只，数字显示仪表 6 只（它们分别是主蒸汽压力左、右，主蒸汽温度左、右，发电机功率，电网频率），带灯开关站约 21 只，约 130 个硬接线的报警窗口，DEH 插入控制面板，两台给水泵汽轮机 MEH 插入式控制面板，旁路控制系统、锅炉吹灰控制系统、烟气监测系统的插入式监控面板，锅炉四管泄漏检测系统的电子监示器机架，CEM 系统记录表 3 只，4 只炉膛火焰工业电视，1 只汽包水位工业电视。在后立盘的中部安放了 1 只大屏幕显示器，在后立盘的右边为发电机控制盘，在立盘的最右边安放了 TSI 机柜。在主控室的左侧靠墙处的中央部分为 220/500kV 开关控制屏，其靠近 2 号机组控制台盘处放置了消防控制盘和 HVAC 报警盘，在主控室的最右端放置了 4 台打印机（其中一台为彩色拷贝机）和通信控制台。在两台机组主控台中央处偏右分别安放了值长监示站（一台 CRT/键盘/鼠标），自动发电控制（AGC）系统的远方终端单元（RTU）控制台。

扬州二厂 600MW 机组控制系统有如下特点：

（1）在国内首先使用了 TELEPERM-XP 实现 CCS、DAS、BMS 与 SCS 功能，其功能覆盖面大，总 I/O 点数接近 7000 点，其中一只机柜直接放在循环水泵房。

（2）在国内首先在 600MW 机组上试用大屏幕显示系统。

（3）在国内首先在 600MW 机组上将电气控制量纳入 DCS 的范围，对发电机励磁调节及厂用电中、低压系统的进、出线开关和母联开关实行控制。

第三节　TELEPERM-XP 分散控制系统硬件结构

一、TELEPERM-XP 分散控制系统硬件结构

扬州二电厂 600MW 机组 TELEPERM-XP 分散控制系统的硬件结构见图 22-2。

由图 22-2 可见，TELEPERM-XP 系统采用了 1 对冗余的 SINECHIFO 工厂总线，通信介质为光纤，主要人机接口装置为 OM650 过程控制和信息系统，其 2 对冗余的处理单元（PU）和 1 对冗余的服务单元（SU）一端接在 SINECHIFO 工厂总线，一端接到终端总线（terminal bus）上。在终端总线上接有 6 台操作员终端（OT），其中 5 台操作员终端的显示器为 20″彩色 CRT，各配 1 只键盘/鼠标（一台 OT、CRT/键盘/鼠标用作值长站），另一台操作员终端采用大屏幕显示器 1.5m×2.0m，配有键盘/鼠标。共有 4 台打印机/硬拷贝机，3 台打印机接在 OT 主机的 RS 号 232 串行口上，1 台彩色硬拷贝机直接接在终端总线上，每台服务器单元上配有 1 台外扩光盘（MOD）。工程师工作站为 ES680，采用压缩单元（CU），即 PU 和 SU 合用 1 个微处理器，在其主机上直接接有 1 台 CRT/键盘/鼠标，1 台激光打印机和 1 台数字音频磁带机（DAT），还有 1 台便携式 PG740 离线组态工具。

自动控制系统 AS 主要有两种类型，一种为基本型的 AS620B，共有 9 个机柜；另一种为故障安全型的 AS620F，有 4 个机柜，主要用于燃烧器管理系统（BMS），另外还有硬接线的中间继电器柜 4 个，中间接线柜 7 个，电源柜 4 个及报警窗、指示表等（注意到：TELEPERM 系统以及 ABB 的 PROCONTROL 系统，由于其机柜端子必须采用专用工具压接或绕接，对于导线直径也有特殊要求，因此一般需要用中间接线柜转接）。

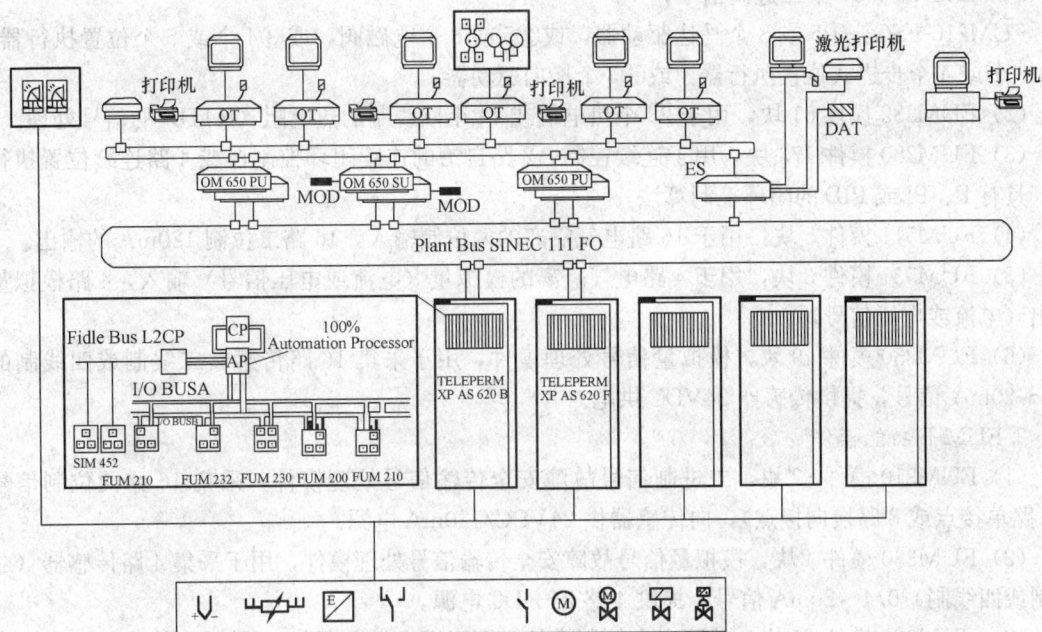

图 22-2　扬州二电厂 600MW 机组 TELEPERM-XP 分散控制系统硬件结构图

AP—自动处理器；CP—通信处理器；DAT—数字磁带机；ES—工程系统；FO—光纤；FUM—功能模件；

MOD—兆光盘；OM—操作和监视系统；OT—操作员终端；PU—处理单元；SIM—信号模件；SU—服务器单元

在扬州二电厂的协调控制系统（CCS）、顺序控制系统（SCS）中的基本型自动控制系统 AS620B 中，自动处理器（AP）和通信处理器（CP）均冗余配置。

二、扬州二电厂 TELEPERM-XP 系统主要硬件技术指标

1. OM650 过程控制和信息系统

OM650 包括 $6 \times OT$，$2 \times SU$，$2 \times 2PU$。

处理器为 Intel Pentium 90，RAM 64MB 无电池后备；硬盘：OT 和 PU 为 1GB，SU 为 2GB；软盘：650MB。

CRT：$21''$，256 色，分辨率 1600×1024（图像生成器 1280×960）。

2. SINECHIFO 工厂总线

冗余光缆，通信速率 10M 波特。

3. AS620 自动控制系统

自动处理器 AP，Siemens/CPU948R，RAM640MB，无电池后备 RAM，模数转换分辨率 13 位。

4. SOE 由 TELEPERM-XP 完成，时间分辨率 1ms

5. 系统硬件指标

输入、输出模件抗共模噪声电压大于 250V，抗差模噪声电压大于 60V；系统的共模抑制比大于 120dB，差模抑制比大于 60dB；模拟量输入/输出精度，高电平高于 $\pm 0.1\%$，低电平高于 $\pm 0.2\%$，控制输出精度高于 $\pm 0.25\%$；整个系统的利用率在 99.9% 以上。

三、扬州二电厂 TELEPERM-XP 系统的 AS620 自动控制系统所用功能模件简介

1. FUM-B 功能模件

（1）FUM210 模件 119 块，用于二进制的信号处理或驱动控制器。

FUM210-GB：28 个二进制信号；

FUM210-ESG：①5 或 8 个马达驱动器，或②5 或 8 个电磁阀，或③4 个或 5 个位置执行器，或④3 个或 4 个步进式位置执行器，或⑤3 个换向驱动器。

（2）FUM232 模件 51 块，用于 28 个热电偶或 14 个四线制的热电阻（RTD）的信号处理。

（3）FUM280 模件 173 块，用于连续控制，2 路自治的连续闭环控制器或 4 路连续位置执行器，具有 P、PI 或 PID 的闭环控制算法。

（4）FUM511 模件 5 块，用于 16 路电气隔离的两位制输入，16 路二位制 120mA 的输出。

（5）FUM531 模件 3 块，用于 4 路电气隔离的模拟量（电流或电压信号）输入，4 路模拟量输出（电流或电压信号）。

（6）FUM230 模件 49 块，模拟量信号处理模件，用于采集 16 路传感器二线制或四线制的 0/4～20mA 信号，提供传感器 24VDC 供电。

2. FUM-F 功能模件

（1）FUM310 模件 82 块，二进制信号故障安全传输信号处理模件，采集 16 路两位制信号（16 路单接点或 8 路换向接点），向传感器供 24VDC/120mA 电源。

（2）FUM330 模件 4 块，模拟量信号故障安全传输信号处理模件，用于采集 4 路传感器（二线制或四线制）0/4～20mA 信号，提供 4 路 24—DC 电源。

（3）FUM360 模件 27 块，故障安全控制模件，用于耦合继电器的 24 路控制输出。

3. SIM-B 站

SIM-B 站一个。

第四节　TELEPERM-XP 分散控制系统完成的控制功能

一、协调控制系统 CCS（模拟量控制系统 MCS）

1. 单元主控

扬州二电厂 600MW 机组的协调控制系统设计有四种运行方式，即协调控制方式，锅炉跟随方式，汽轮机跟随方式，基本控制方式（锅炉和汽轮机均手动控制）。

单元机组的负荷指令取决于自动调度系统（ADS）的输入信号和电网频率、主蒸汽压力以及机组的负荷限制（如 RUN BACK），表 22-1 列出了设计的各运行方式。

表 22-1　　　　　　　　　　　单元机组控制方式

方　式	锅炉主控	汽轮机主控	方　式	锅炉主控	汽轮机主控
协调方式	主蒸汽压力	电功率	RUN BACK	RUN BACK 前馈	汽轮机跟随方式
汽轮机主控手动	锅炉跟随方式	手动	所有燃料手动	跟踪总燃料量	汽轮机跟随方式
锅炉主控手动	手动	汽轮机跟随方式	基本方式	手动	手动

单元机组主控的任务是：单元机组负荷控制、RUN BACK 控制、频率控制、压力设定值生成、锅炉主控、汽轮机主控、热值修正。单元机组负荷指令不论是来自自动调度系统（ADS）或由运行人员手动设定，都要受允许的负荷变化率的限制，而允许的负荷变化率则取决于汽轮机和锅炉的应力计算。

运行人员通过 CRT 可进行下述功能：

（1）手动/自动方式选择；

（2）ADS 输出信号限制；

（3）手动调节单元机组负荷指令（高或低）；

（4）设定负荷变化率；

（5）ADS指令和单元机组负荷设定值存贮器输出指示；

（6）实际负荷变化率指示；

（7）ADS故障指示；

（8）最大和最小可能的负荷指示。当吸风机/送风机叶片节距超过最大数值或一个或几个主要参数的偏差超过允许值时，闭锁指令的增/减。

本单元机组未设计 FCB 功能，汽轮机跳闸就跳闸锅炉（MFT），即停机就停炉。

本机组主蒸汽压力设定值的运行方式采用定-滑-定，即锅炉负荷在约 35% 以下采用定压运行方式；在 35%～90% 采用滑压运行方式；当锅炉负荷大于 90%（至 100%）时又采用定压运行，图 22-3 为主蒸汽压力设定值曲线。

当燃烧煤种不同于设计煤种时，需对锅炉指令进行热值修正，热值修正由运行人员切换，可手动设定或自动校正，校正系数为 0.8～1.2，并能覆盖所有的煤种。

图 22-4 为单元主控框图。由图 22-4 可见以下几点：

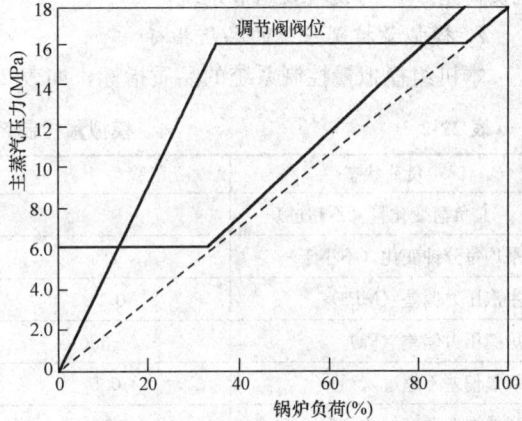

图 22-3 主蒸汽压力设定值曲线

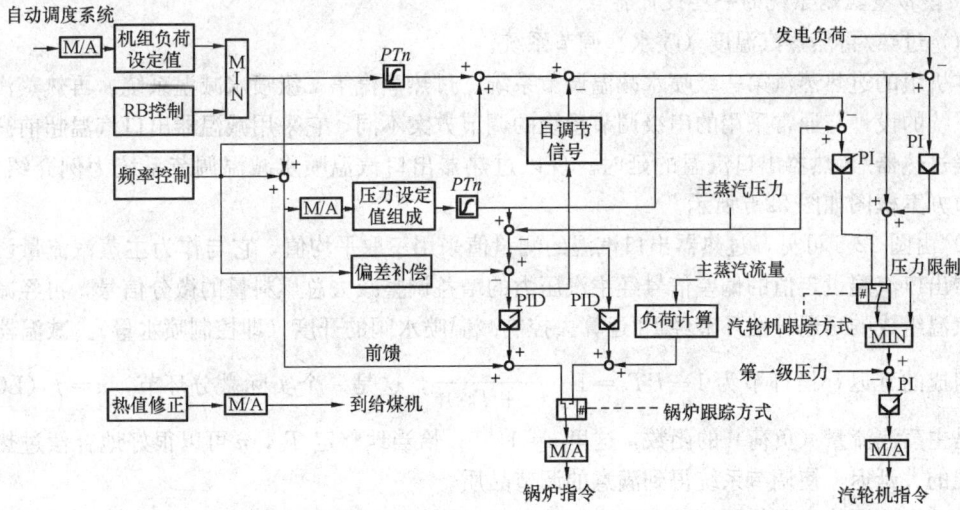

图 22-4 单元主控框图

（1）单元在协调控制方式下，单元负荷设定值（ADS 或人工设定）经延迟环节（PTn）加上频率控制减去自调信号作为汽轮机负荷信号与汽轮机进汽流量（以汽轮机第一级压力代表）的偏差，经 PI 运算，输出汽轮机负荷指令送到 DEH 去控制汽轮机的调节汽门开度。电负荷信号与汽轮机负荷信号的偏差作为校正回路的输入信号，两者构成了汽轮机负荷调节指令的串级调节系统。单元负荷设定值加上频率控制信号一方面作为锅炉负荷控制的前馈信号，一路经手动/自动站经压力设定值生成和延迟环节（PTn）作为主蒸汽压力的设定值，其与主蒸汽压力测量值的偏差减去频率误差校正进行 PID 运算，其输出加上前馈信号构成了锅炉负荷指令。

（2）单元在锅炉跟随方式下，汽轮机主控在手动，主蒸汽压力设定值与主蒸汽压力测量值的偏差经 PID 运算加上以主蒸汽流量的主要参数的负荷计算作为锅炉负荷指令。

（3）单元在汽轮机跟随的方式下，锅炉主控在手动，主蒸汽压力设定值与主蒸汽压力测量值的偏差经 PI 运算作为下一级 PI 运算的汽轮机第一级压力的设定值（代表汽轮机负荷）输出汽轮机负荷指示，构成串级调节系统。

2. 模拟量控制系统的品质指标

本机组模拟量控制系统的品质指标，如表 22-2 所示。

表 22-2 模拟量控制系统的品质指标

负荷状态	稳 态	慢速变化	快速变化
总负荷变化量（不超过）	40%MCR		
平均每分钟变化（不小于）	1%	3%	5%
主汽压力偏差（MPa）	0.25	0.25	0.5
炉膛压力偏差（Pa）	±300	±300	±500
氧量偏差不超过（%）	0.5	0.7	1.0
风粉混合温度偏差（℃）	±3.0	±3.0	±4.0
汽包水位偏差（mm）	±20	±30	±40
过热汽温偏差（℃）	±1	±5.0	±5.0
再热汽温偏差（℃）	±1	±5.0	±5.0

3. 模拟量控制系统的一些设计特点

（1）过热/再热蒸汽温度（喷水）调节系统。

本机组的过热蒸汽第一级喷水减温调节系统、过热蒸汽第二级喷水减温系统、再热蒸汽喷水减温系统的设计与通常采用的串级调节系统的调节方案不同，它采用减温器出口汽温超前微分信号补偿过热器/再热器出口汽温的延时。现以过热器出口汽温喷水减温调节系统为例介绍如下，其调节方案框图如图 22-5 所示。

1）由图 22-5 可见，过热器出口汽温的测量值采用三取平均值，它与作为主蒸汽流量函数的过热器出口汽温设定值的偏差信号经主汽压力的增益调整减去总燃料量的微分信号，再经减温器出口汽温组成的延迟补偿环节经 PI 运算去控制减温喷水阀的开度（即控制喷水量）。减温器出口汽温组成的延迟补偿环节为 $1-PT_n=1-\dfrac{1}{(1+T_c s)^n}$，这是一个实际微分环节，$n=f$ (LOAD) 即 n 是主蒸汽流量（负荷）的函数，这里 $n=1\sim5$；恰当地整定 T_c，n 可以很好地补偿过热器出口汽温的大延迟，使调节系统得到满意的调节品质。

2）过热/再热汽温的同侧减温喷水阀采用两只阀并联的方案，先开 1 号阀，当 1 号阀开大到 96%～100% 时，2 号阀才开始开启，即 2 号阀和 1 号阀的开启有（0～4%）的重叠度。

3）过热器出口汽温的喷水减温由左右两侧协同控制，因此在控制方案上设计了左右两侧喷水阀的平衡校正，即在调节器（PI）的输入加上了一个平衡信号（偏置）。

（2）送风机、引风机、一次风机在正常运行时都是双风机运行，两侧风机的风量控制（控制入口动叶）有了同一控制信号，但分别有各自的 PI 调节器。当两者都在自动时，两侧风机的动叶开度要考虑到平衡、偏置，故设计了 A、B 两侧风机动叶开度的自动平衡（偏置）回路。

（3）磨煤机出口温度自动调节系统设计了磨煤机入口风（一次风）温和磨煤机负荷的动态补

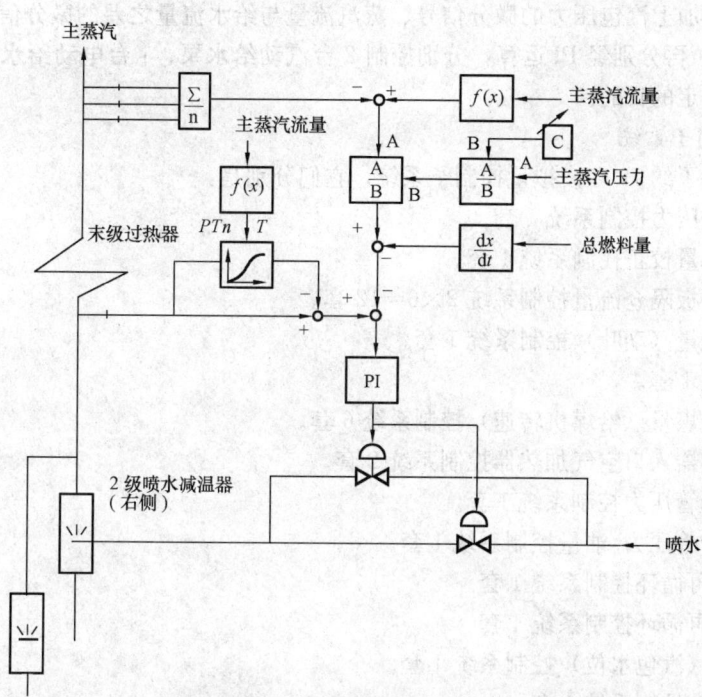

图 22-5 过热器出口汽温喷水减温调节系统示意框图

偿，即 $1-PTn=1-\dfrac{1}{(1+T_cs)^n}$ 这里可取 $n=4$，这是一个实际微分环节，用作超前信号。磨煤机出口温度自动调节系统控制温风门和热风门，两个风门的动作方向正好相反，即一个风门开大时另一个风门一定在关小，反之亦然，这样可以做到在磨煤机出口温度自动调节过程中对磨煤机一次风量的干扰最小。

（4）汽包水位（给水泵）控制系统的简化原理框图，如图 22-6 所示。

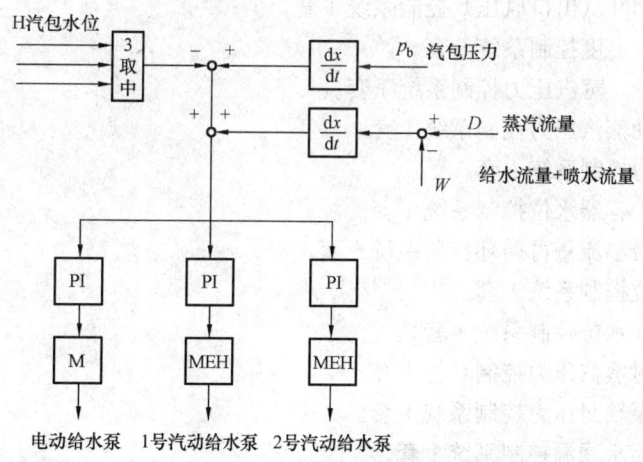

图 22-6 汽包水位（给水泵）控制系统简化原理框图

由图 22-6 可见，西门子的汽包水位控制系统与通常的汽包水位三冲量串级调节系统不同，它是一个具有超前微分信号的单级调节系统，在正常的工况下它的汽包水位信号（经汽包压力修正）三取中后先后加上汽包压力的微分信号、蒸汽流量与给水流量之差的微分信号（各信号的正负为图上所标示），再分别经 PI 运算，分别控制 2 台汽动给水泵、1 台电动给水泵的转速，以达到维持汽包水位恒定的目的。

4. 模拟量控制子系统

本机组共设计了约 79 套模拟量控制子系统，它们分别是：

（1）雾化蒸汽压力控制系统 1 套。

（2）烟气含氧量校正控制系统 1 套。

（3）两次风挡板隔仓流量控制系统 2×6=12 套。

（4）送风机风量（动叶）控制系统 1 套。

（5）燃料主控 1 套。

（6）磨煤机给煤量（给煤机转速）控制系统 6 套。

（7）空气预热器入口空气加热器控制系统 2 套。

（8）点火油母管压力控制系统 1 套。

（9）暖炉油母管压力/油量控制系统 1 套。

（10）点火油再循环控制系统 1 套。

（11）暖炉油再循环控制系统 1 套。

（12）给水泵（汽包水位）控制系统 1 套。

（13）给水启动控制系统 1 套。

（14）再热器减温喷水控制系统 1 套。

（15）过热器出口汽温（二级）减温喷水控制系统 1 套。

（16）过热器一级减温喷水控制系统 2 套。

（17）引风机入口动叶（炉膛负压）控制系统 1 套。

（18）过热器/再热器旁路烟气挡板汽温控制系统 1 套。

（19）磨煤机一次风流量控制系统 6 套。

（20）磨煤机密封空气差压控制系统 1 套。

（21）一次风机动叶（出口风压）控制系统 1 套。

（22）磨煤机出口温度控制系统 6 套。

（23）辅助（锅炉）蒸汽压力控制系统 1 套。

（24）冷再热辅助蒸汽压力控制系统 1 套。

（25）除氧器压力控制系统 1 套。

（26）连续排污扩容器水位控制系统 1 套。

（27）凝结水泵最小流量再循环控制系统 1 套。

（28）除氧器水位控制系统 1 套。

（29）凝汽器热井水位控制系统 1 套。

（30）汽轮机密封蒸汽压力控制系统 1 套。

（31）汽动给水泵轴封压力控制系统 1 套。

（32）厂用蒸汽喷水减温控制系统 1 套。

（33）雾化蒸汽喷水减温控制系统 1 套。

（34）汽轮机高压缸排汽喷水减温系统 1 套。

（35）辅助锅炉蒸汽喷水减温控制系统 1 套。

（36）汽轮机低压缸排汽罩（hood）喷水减温 2 套。

(37) 电动给水泵再循环（最小）流量控制系统 1 套。

(38) 汽动给水泵再循环（最小）流量控制系统 2 套。

(39) 高压加热器水位控制系统 3 套。

(40) 低压加热器水位控制系统 6 套（5、6 号各 1，7、8 号 2×2＝4）。

(41) 间歇排污扩容器凝结水喷水减温控制系统 1 套。

二、顺序控制系统（SCS）和燃烧器管理系统（BMS）

西门子的顺序控制系统（SCS）和燃烧器管理系统（BMS）中的燃烧器控制系统（BCS）按生产过程分为成组控制（group control，GC）、子组控制（sub-group control，SGC）、子回路控制（sub-loop control，SLC）和单项控制（individuat control，IC）。成组控制 GC，例如选择点火油/煤、真空泵等；子组控制 SGC，例如送风机 A 组、吸风机 B 组、磨煤机 C 组等，这是 SCS 和 BMS 系统中的一种主要控制模式；子回路控制 SLC，例如磨煤机 A 润滑油、凝结水泵 A 和 B 等；单项控制 IC，例如磨煤机 A 一次风挡板，吸风机 A、一次风机 B 等，单项控制 IC 是顺序控制（包括 BCS）的基础控制级。

1. 顺序控制系统（SCS）举例（吸风机 B 组）

吸风机 B 组的子组控制逻辑图，如图 22-7 所示。

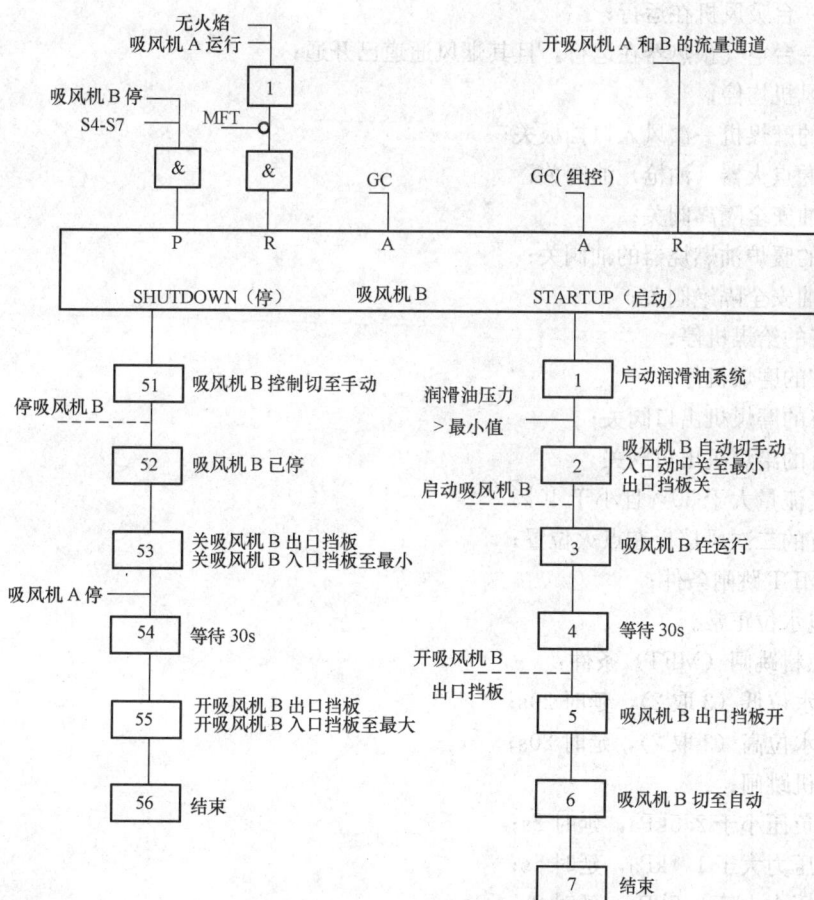

图 22-7　吸风机 B 组的子组控制逻辑图

（1）子组控制启动吸风机 B。

在吸风机 A 和 B 的流量通道已打开的条件（图 22-7 上 R——自动启动释放）下，在"A"上有成组启动（GC）指令，则启动子组程序。首先"1"启动润滑油系统，当润滑油压力大于最小允许值后，进入"2"步，吸风机 B 自动切至手动，入口动叶开度关至最小，吸风机 B 出口挡板关，送出信号至吸风机 B 单项控制，启动吸风机 B，"3"检查吸风机 B 已投运，经 30s 后"4"，打开吸风机 B 出口挡板，"5"吸风机出口挡板已开，则"6"吸风机 B 控制切到自动，"7"吸风机 B 子组程序启动结束。

（2）子组控制停吸风机 B。

允许停吸风机的条件：炉膛无火焰或吸风机 A 在运行又没有 MFT 条件，当"A"上有成组（GC）停指令，则启动停子组程序。"51"首先将吸风机 B 自动控制切到手动，关吸风机 B 的动叶，送出信号至吸风机 B 单项控制，停吸风机 B；"52"吸风机 B 已停；"53"关吸风机 B 出口挡板，入口动叶关至最小；若吸风机 A 已停，"54"等待 30s；"55"吸风机 B 出口挡板开，入口动叶开至最大；"56"结束。

2. 炉膛安全系统（FSS）

（1）锅炉启动前的炉膛吹扫许可条件：

1）至少一台送风机在运行；

2）至少一台吸风机在运行；

3）至少一台空气预热器在运行，且其烟风通道已开通；

4）一次风机均停；

5）所有的磨煤机一次风入口挡板关；

6）所有的点火器（油枪）油阀关；

7）点火油安全隔离阀关；

8）所有的暖炉油燃烧器的油阀关；

9）暖炉油安全隔绝阀关；

10）所有的给煤机停；

11）所有的磨煤机停；

12）所有的磨煤机出口阀关；

13）所有的给煤机出口阀关；

14）空气流量大于 30％且小于 40％；

15）所有的二次风挡板在点火位置；

16）无 MFT 跳闸条件；

17）汽包水位正常。

（2）主燃料跳闸（MFT）条件：

1）汽包水位低（3 取 2），延时 20s；

2）汽包水位高（3 取 2），延时 20s；

3）汽轮机跳闸；

4）炉膛负压小于 2.5kPa，延时 2s；

5）炉膛压力大于 1.7kPa，延时 5s；

6）炉膛压力大于 3.7kPa，延时 2s；

7）二次风风箱压力大于 2.2kPa，延时 2s；

8）锅炉空气流量小于 25％，延时 2s；

9) 两台送风机均停；

10) 两台吸风机均停；

11) 操作员手动停炉；

12) 失去所有燃料；

13) 失去所有火焰；

14) BMS 的 T-XP 机柜失去电源。

三、数据采集系统（DAS)

1. 系统输入/输出信号汇总

整个 TELEPERM-XP 系统的输入/输出信号约有 6800 点，见表 22-3。

表 22-3   **T-XP 系统输入/输出信号汇总**

输入／输出信号	DAS	CCS	SCS	BMS	电 气	总 数
4～20mA 输入	296	298	40	14	180	828
T/C 输入	480	50	100			630
RTD 输入	250	20				270
数字量输入	400	300	1200	1000	480	3380
脉冲输入		3			18	21
SOE 功能输入	40				88	128
4～20mA 输出	100	150	4	34		288
数字输出	20	40	600	600		1260
总 数						6805

2. DAS 系统基本功能

(1) 显示。工艺过程模拟图成组显示、棒状图、报警显示等。

(2) 数据记录系统。定期记录、事件顺序记录和历史跳闸记录。

(3) 历史数据存贮和检索。内存大于 60MB，数据长期贮存使用光盘（MOD）。

(4) 性能计算。性能计算有下列内容：

1) 由锅炉热效率、汽轮发电机循环综合热耗率及辅助设备的厂用电消耗计算机组的净热耗率。

2) 通过输入—输出法计算汽轮发电机整个循环性能，计算结果进行进汽温度、进汽压力、排汽压力等偏差的校正，并将计算出的热效率与规定的汽轮机热效率曲线比较。

3) 通过焓降法，计算汽轮机效率，并分别计算高压缸、中压缸和低压缸的效率。

4) 通过输入/输出和热损失法计算锅炉效率。

5) 通过端差及逐次逼近法，计算给水加热器效率。

6) 按热交换协会标准的凝汽器清洁系数，计算凝汽器效率。

7) 通过热平衡原理，计算空气预热器效率。

8) 锅炉给水泵和给水泵汽轮机效率。

9) 过热器和再热器效率。

10) 通过蒸汽温度、进汽压力、凝汽器压力、给水温度、过量空气系数等的偏差，计算热耗率与额定热耗率的偏差，并计算这些偏差的经济指标。

以上这些性能计算在 35% 以上负荷时进行，每 10min 计算一次，计算精度应达到 0.1% 以内。

第五节 扬州二厂一期 600MW 亚临界压力机组控制优化

扬州二厂 1 号机组于 2004 年 9 月对控制系统进行了优化改造，是由西门子电站控制公司会同电厂一起进行的。改造主要针对机组原有变负荷能力差，主要热力参数偏差大等问题，对采用的西门子 T-XP DCS 控制系统中的 Profi 控制器的设置和协调控制包括各子系统的控制组态作了一系列的调整和优化，取得了良好的效果。优化调整后机组的变负荷能力从 $2.5\%/\min$ 提高到接近 $4\%/\min$，一次性负荷变化范围从原来的 $10 \sim 20MW$ 增大到近 $100MW$；原来磨组的启停一定要在非协调方式下进行，现在则可以在协调方式下操作；AGC 模式也能满足调度的要求。

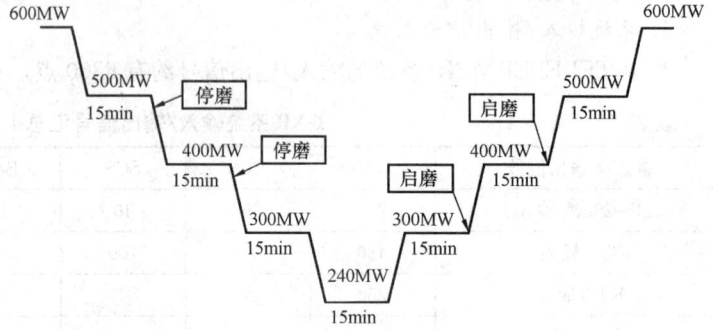

图 22-8 变负荷曲线图

该机组经过改造调整后进行了变负荷试验，试验是在机组系统方式下以 $3.5\%/\min$ 变负荷率进行，在达到各阶段目标负荷后保持 15min，然后进行下一个目标负荷的测试。变负荷曲线如图 22-8 所示。

变负荷试验记录如表 22-4 所示，从表 22-4 可看出，试验结果达到满意的程度。

表 22-4　　　　　　　　　　　　变负荷试验记录

	合　同　目　标	试验最大偏差	多次试验均差
稳定工况	炉膛压力≤±0.2kPa	±0.05kPa	±0.05kPa
	主汽压力波动≤±0.2MPa	±0.15MPa	±0.15MPa
	主汽温波动≤±3℃	(−2～+2)℃	±2.0℃
	再热汽温波动≤±4℃	(−3～+2)℃	±2.0℃
	汽包水位波动≤±30mm	(−15～+30) mm	±25mm
	O₂ 波动≤±0.5%	±0.2%	±0.2%
CCS方式，变负荷速率设定值≤3%	实际负荷变化率≮2%（包括响应延时）	MAX=1.88%/min	1.71%/min
	炉膛压力波动≤±0.22kPa	−0.29～+0.18kPa	±0.198kPa
	主汽压力波动≤±0.5MPa	−0.50～+0.43MPa	±0.33MPa
	主汽温度波动≤±8℃	−11～+8.0℃	±7.0℃
	再热汽温波动（+6℃～−14℃）	−12～+5.0℃	±6.0℃
	汽包水位波动≤±50mm	−69～55.3mm	±45.3mm
	O₂ 波动≤±1.0%	最大变化幅度 3.2%	平均变化幅度 1.67%
AGC方式，变负荷速率设定≮2.5%	实际负荷变化率≮AGC 指令的 75%～80%（包括响应延时）	(77～82)%	80%
	炉膛压力波动≤±0.22kPa	−0.27～+0.19kPa	±0.177kPa
	主汽压力波动≤±0.5MPa	(−0.3～+0.3) MPa	±0.29MPa
	主汽温度波动≤±8℃	(−6.8～+5.0)℃	±4.2℃
	再热汽温波动（+6℃～−14℃）	(−5.5～+2.8)℃	±3.15℃
	汽包水位波动≤±50mm	(−59～+57.2) mm	±51.6mm
	O₂ 波动≤±1.0	最大变化幅度 1.8%	平均变化幅度 1.5%

复 习 思 考 题

1. 扬州二厂汽温调节系统中如何采用减温器出口汽温超前微分信号补偿过热器/再热器出口汽温的延时？与通常采用的串级调节系统比较有何特点？

2. 扬州二厂磨煤机出口温度自动调节系统中设计了什么动态补偿？作用是什么？

第二十三章

北仑电厂一期 600MW 机组热控改造后系统及其技术特点

第一节　热控改造概况

一、原 DCS 概况

北仑电厂一期 600MW 1 号机组原 DCS 系统（MOD-300）自 1989 年投运至今已经有近 15 年的时间。2003 年开始根据生产发展的需要对原有 DCS 系统进行了改造，2004 年改造完成后系统采用 OVATION 分散控制系统。2 号机组近期也将改造。

1 号机组原分散控制系统包含机组协调控制系统（CCS）、燃烧器控制系统（BCS）、数据采集系统（DAS）、人—机接口系统、数据处理系统（完成数据存储、打印功能）、事故追忆（SOE）、SCS 网关接口等子系统。SCS 由 PLC 构成，通过冗余网关进行通信连接；原系统环网上还挂有 SOE 网关作为机组跳闸的事故追忆，其输入信号 256 点；另外原系统的环网上还挂了与 MIS 连接的网关，与 MIS 系统之间的通讯量在 1500 点/s 左右。

由于当初工程建设时国内对 DCS 的技术政策还有较多的限制，大型机组使用 DCS 实现全面监控的还不多，出于对机组安全性的考虑，在 DCS 外专门用 CMOS 固态逻辑电路做了一套炉膛安全系统（FSS）和电厂保护系统（PPS），该系统在 1998 年已改为 PLC 控制，并通过集控室备用盘上按钮和指示灯进行监控。DEH 系统则单独提供，独立于 DCS。

二、DCS 改造情况

原 1 号机组 DCS 系统共有 5000 多个 I/O 点，凡是涉及原 DCS 系统的设备，包括控制器，人机接口和网关等全部改造为新的 OVATION 系统。另外，考虑将原一机一控的 1、2 号机集控室合并改造成两机集控，并结合 DCS 系统应用功能的发展拓展等，电气的部分系统、硬报警系统和 SOE 系统也通过 OVATION 系统来实现。在软件设计上，尽量保持原来的控制策略不变，但充分利用了 OVATION 系统的特点对原有的算法进行优化。在画面制作方面，为了照顾运行人员多年的操作习惯，保持基本的画面风格和布局不变。原来系统的顺控部分是由 PLC 系统来实现的，本次改造期间进行了升级，OVATION 提供与升级后的 PLC 系统的接口，吹灰系统的人机接口部分也合并进入 OVATION 系统。

第二节　改造后配置和规模

一、DCS 配置

改造后的 OVATION 系统组态，如图 23-1 所示。

系统硬件设备控制处理器采用 Pentium 266、32M 内存，操作员站和工程师站为 SUN 公司 BLADE 工作站（SPARC 650MHZ、256MB、40G）；系统网络采用目前开放流行的工业标准以太

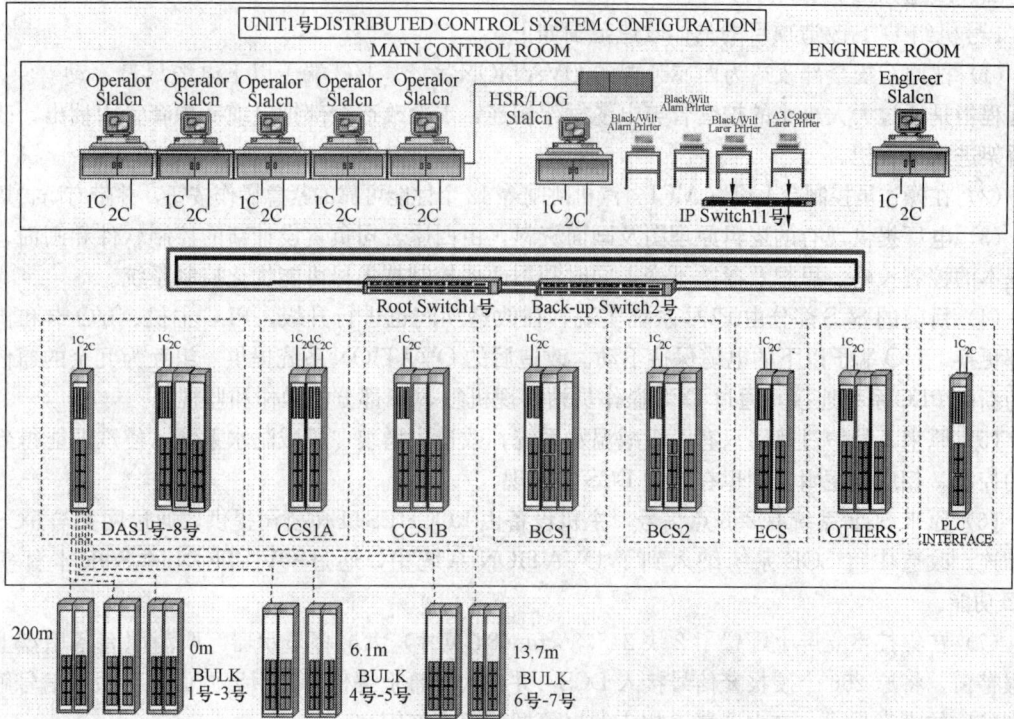

图 23-1　OVATION 系统组态图

网（100Mbps），能支持 1000 个节点。系统提供的组态软件采用 CAD 图形方式。

二、I/O 量

本次改造后 I/O 数量，如表 23-1 和表 23-2 所示。

表 23-1　　　　　　　　　　　　　　　本地信号 I/O 数量

项　目	CCS1A	CCS1B	BCS1	BCS2	DAS 12 号	ECS	SCS	合　计
AI	110	87	10	32	120	70	0	449
RTD	0	0	0	0	0	0	0	0
TC	0	10	0	0	0	0	0	0
DI	171	70	293	93	298	50	515	1470
PI	0	0	0	5	26	0	0	31
SOE	0	0	0	0	0	0	245	245
AO	51	36	0	15	21	0	0	128
DO	60	132	191	70	0	200	65	748
PO	0	0	0	5	0	0	0	5
合　计	392	335	494	220	465	320	825	3051

表 23-2　　　　　　　　　　　　　　　DAS 系统远程 I/O 数量

项　目	DAS 13 号	DAS 14 号	DAS 15 号	DAS 16 号	DAS 17 号	DAS 18 号	DAS 19 号	合　计
AI	61	48	58	43	56	22	102	390
RTD	12	28	61	7	16	16	16	156
TC	105	80	96	57	33	106	56	521
DI	136	136	70	208	210	114	71	940
PI	0	0	0	0	0	0	0	0
AO	0	0	0	0	0	0	0	0
DO	0	0	0	0	0	0	0	0
合　计	314	292	285	315	315	258	245	2024

三、改造范围

1号机组 DCS 改造项目的具体改造范围如下：

（1）把原系统全部改造为西屋公司的 OVATION 系统，I/O 端子以下电缆尽量不动。原来 7 个远程柜是通过大大小小的护套管与电缆桥架相连，本次改造全部把电缆从护套管中抽出，改用小桥架进入远程柜。

（2）在操作员控制台上设置 MFT、汽机跳闸等 12 个性能可靠的紧急操作按钮，并带有防护罩。

（3）电厂提供现有的逻辑原理图及画面资料，由西屋公司负责设计新的控制软件和画面，保持基本的控制策略、思想及参数不变，同时利用西屋控制技术尽可能优化控制系统。

（4）目前的 SCS 部分由 PLC 系统实现，在改造期间也进行升级，PLC 主机、I/O 卡和机柜全部更换，I/O 端子以下的电缆保持不动。改造后的 OVATION 系统提供一组互为冗余的通信接口与新的 PLC 系统连接，通过 DCS 操作员站实现机组 SCS 部分的操作和监视。

（5）原来1号炉过热器只有一级减温水系统，改造中增装二级减温水系统，使汽温能得到更好的控制。相应的逻辑控制也在新的 DCS 中实现。

（6）原来 SOE 系统有 256 点信号，主机设备由 ROCHESTER 公司提供，通过网关与 DCS 系统相连。改造中将 SOE 系统纳入到了 OVATION 系统中，通过 OVATION 的 SOE 卡件实现 SOE 功能。

（7）在集控室立屏上配置了 2 块 213.36cm（84 英寸）大屏幕显示器，取消原有备用盘上的硬报警窗，将原 256 个硬报警信号接入 DCS，并在大屏幕上提供专用报警画面，当报警信号触发时有特殊的声音提示，在大屏幕上相应的报警框颜色变红闪。

（8）原来集控室内配置的 84 个记录仪和动圈仪表信号接入 3 个新的 32 通道无纸记录仪，记录仪放置在电子设备室内。

（9）原来吹灰系统的控制由 PLC 实现，改造中增设了 DCS 与吹灰 PLC 之间的通信接口，通过 DCS 操作员站对吹灰系统进行监视和控制。

（10）OVATION 系统提供了一个与 MIS 系统的接口，为了保证 DCS 的安全性，在 MIS 系统侧专门配备了物理隔离设备和防火墙。

（11）改造后的机组仍然保留独立的炉膛安全系统（FSS）和电厂保护系统（PPS），但取消了原后备盘上的按钮和指示灯。同时，OVATION 系统通过 243 点 DI 和 57 点 DO 并行实现对 FSSS 系统的监视和控制。

（12）由于1号机组 DEH 尚未改造，本次 DCS 改造不考虑 DEH 系统与 DCS 的通信接口。但在操作员控制台的旁边专门设计了一个控制台，用于放置 DEH 的操作盘和模拟试验盘。小机和旁路控制在本次改造中也不纳入 DCS，原来的小机控制盘和旁路控制盘被放置在新的后备屏上。

（13）集控室的后备屏上将增加机组负荷、发电机频率和时钟大表面数码管显示器，其中负荷和频率信号取自 DCS，时钟信号取自 GPS。

（14）改造集控室布局，将原来1、2号机组独立的集控室合二为一，即把2号机组的集控室合并到1号机组来，以便于管理。由于受空间限制，电气备用盘上的设备重新设计，具体为：

1）将电气备用盘上的重要发变组、厂用电源信号接入 DCS，原接入 DCS 的电气信号保留不变。但取自同一信号源的重复信号剔除。

2）发电机断路器、厂用电断路器操作及状态显示由 DCS 实现，后备屏上不设断路器跳合闸开关，但考虑了机组安全所需的备用措施。

3）励磁系统接入 DCS 系统，通过 DCS 操作。

4）在1号发电机同期继电器盘安装 5 个同期显示用变送器，通过变送器把信号送入 OVA-

TION 系统，在 CRT 画面上组态相应的同期监视画面。并在 OVATION 中设计 10 个同期选择开关，同时考虑选择开关之间的相互闭锁，确保同一时刻只能操作一个。

5）启备变有载调压装置装设在后备盘内，装置上带手动、自动切换；手动调节及分接头显示接入 DCS。

6）电气部分进入 DCS 的 I/O 点数大致为：AI 65 点，DI 70 点，DO 138 点。OVATION 系统专门为这些信号配备一对控制器。

第三节　改造后技术特点和效果

一、控制水平提高

（1）原来 1 号机组的 DCS 系统由于是早期设备，采用 68020 芯片，系统的负荷很高，软件的调试工作困难较大。改造后 OVATION 系统的控制器采用 PENTIUM 266 芯片，系统的负荷大大降低，使许多新的控制思想得以实现，有效地提高了系统的可控性。

（2）原 DCS 系统是国内早期使用于 600MW 机组的控制系统，施工缺乏经验，存在的问题较多，经过 10 多年的运行，系统改动很多，图纸与实际情况不符。通过本次改造，更换了所有的机柜和接线端子，使接线更加美观、清楚。软件和画面通过重新设计，思路更加清晰。控制接线图和 I/O 清单通过本次改造，将能更准确地反映实际情况。

（3）由于把吹灰系统、电气后备盘等系统集成到了新的 DCS 系统，同时采用两机一控及大屏幕等新的监视方式和设备，大大方便了运行人员对系统的监视和对相应设备的操作，同时也使集控室更加美观和整洁，改善了集控室的运行环境。

二、可靠性提高

（1）改造后的新 DCS 系统大量采用新技术和新设备，解决了许多原系统本身存在但无法解决的问题，如发电机定子绕组温度跳跃、主汽门状态信号通道在机组跳闸或停运时被烧坏等问题，提高了系统的可靠性和可用性。

（2）系统中的所有控制器都采用 1∶1 冗余，更换了所有的 I/O 卡件，提高了模件的可靠性，减少了因硬件进入劣化期而频繁故障引发的机组跳闸。

（3）新系统的处理速度和存储器的容量都有了很大的提高，能做到所有信号都有 1s 分辨率的历史数据，并且存贮时间在 1 个月以上，便于技术人员进行运行分析，也为设备故障原因查找提供了丰富的数据。SOE 信号也更加准确，使运行人员能更加准确地查找机组跳闸的原因，有效地防范了机组因同一原因而引起的重复跳闸。

（4）改造后的新系统由于采用原系统的控制策略和相似的控制画面，减少了运行人员和维修人员重复培训的时间。

三、备品配件有保证

（1）系统改造解决了原备品备件缺乏的困难。

（2）新系统开放性强，许多硬件设备可市场采购，减少了备品配件品种和库存量。

复 习 思 考 题

1. 北仑电厂 1 号机组 DCS 改造的范围有哪些？你对采用 PLC 然后与 DCS 通讯相连（可以冗余）组成一个控制功能整体（如北仑的 SCS）的方式有何看法？

2. 北仑电厂 1 号机组 DCS 改造后可靠性的提高主要体现在哪些方面？

第二十四章

托克托电厂 600MW 机组 DEH 控制系统及其技术特点

第一节 主设备概况

内蒙古托克托电厂 1～8 号机组的 DCS 控制系统均选用 OVATION 系统，3～8 号 600MW 机组的 DEH 控制系统也选用 OVATION 系统。目前 1～4 号机组都已经正式投入运行。运行情况良好。

一、汽轮机概况

内蒙古托克托电厂 3、4 号 600MW 机组汽轮机采用东方汽轮机厂 N600-16.7/538/538 型，一次中间再热、冲动式、单轴、三缸、四排汽、双背压凝汽式汽轮机。其具体技术参数见表 24-1。

表 24-1 汽轮机技术参数

名　　称	单　位	TMCR	VWO	额定工况
功率	MW	644.986	671.889	600
转速	r/min	3000	3000	3000
主蒸汽流量	t/h	1929.65	2028	1770.7
高压主汽阀前蒸汽压力	MPa	16.67	16.67	16.67
高压主汽阀前蒸汽温度	℃	538	538	538
再热蒸汽流量	t/h	1639.386	1717.345	1512.391
中压主汽阀前蒸汽压力	MPa	3.571	3.737	3.3
中压主汽阀前蒸汽温度	℃	538	538	538
排汽压力	kPa（a）	5.33	5.33	5.33
排汽流量	t/h	1157.583	1105.582	1077.746
末级高加出口给水温度	℃	278.9	282.1	273.5

二、热力系统

（1）主蒸汽、再热汽、给水系统均为单元制。

（2）给水系统配置 2 台 50%B-MCR 容量的汽动给水泵，1 台 30%B-MCR 备用电动调速给水泵。

（3）汽机给水回热系统由三级高压加热器、一级除氧器、四级低压加热器组成。加热器疏水采取逐级回流。除氧器采用滑压运行。高压加热器给水采用大旁路系统。低压加热器采用小旁路系统，每台低压加热器可以单独解列。

（4）凝结水系统设 2 台凝结水泵，单台容量为机组最大凝结水量的 100%。凝结水中设有中压凝结水精处理装置，并设有旁路。

（5）机组设 40%BMCR 容量的高、低压旁路系统。

三、燃烧系统

（1）锅炉烟风系统采用平衡通风方式，空气预热器配备 2 台三分仓回转式空气预热器。每台锅炉设置 2 台动叶可调轴流式送风机，2 台动叶可调轴流式一次风机，2 台静叶可调轴流式吸风机。

（2）采用中速磨正压冷一次风直吹式制粉系统，每台锅炉配 6 台 ZGM 型中速磨煤机，其中 1 台备用。中速磨煤机密封系统每台锅炉配 2 台离心式密封风机，其中 1 台运行，1 台备用。

每台锅炉配 6 台电子式称重式给煤机。

（3）燃烧器为 EI-XCL 型低 NO_x 双调风旋流燃烧器，前、后墙对冲布置。

（4）每台锅炉设置 2 台双室五电场静电除尘器。同时 2 台锅炉合用 1 座烟囱。

（5）锅炉点火及助燃采用 10 号轻柴油系统。

第二节 控制系统配置及功能

一、系统配置

托克托电厂 600MW 机组汽轮机的高、中压调节阀及高、中压主汽阀共 10 个，其中高压主汽阀 1 个、高压调节阀 4 个、中压调节阀 2 个采用连续型控制，高压主汽阀 1 个、中压主汽阀 2 个采用两位型控制。每个阀门采用单独的执行机构驱动，伺服卡件与执行机构一一对应。

OVATION 系统实现 DEH 控制系统的电子控制装置设备，液压系统和就地仪表设备由东方汽轮机厂成套。

本工程 DEH 系统与 DCS 系统采用相同的硬件，并和 DCS 组成一体化控制系统。控制器为冗余配置。在数据高速通道的支持下，配置 1 台操作员站，1 台工程师站，2 对冗余的 DEH 过程控制单元。

DEH 控制系统配置如图 24-1 所示。

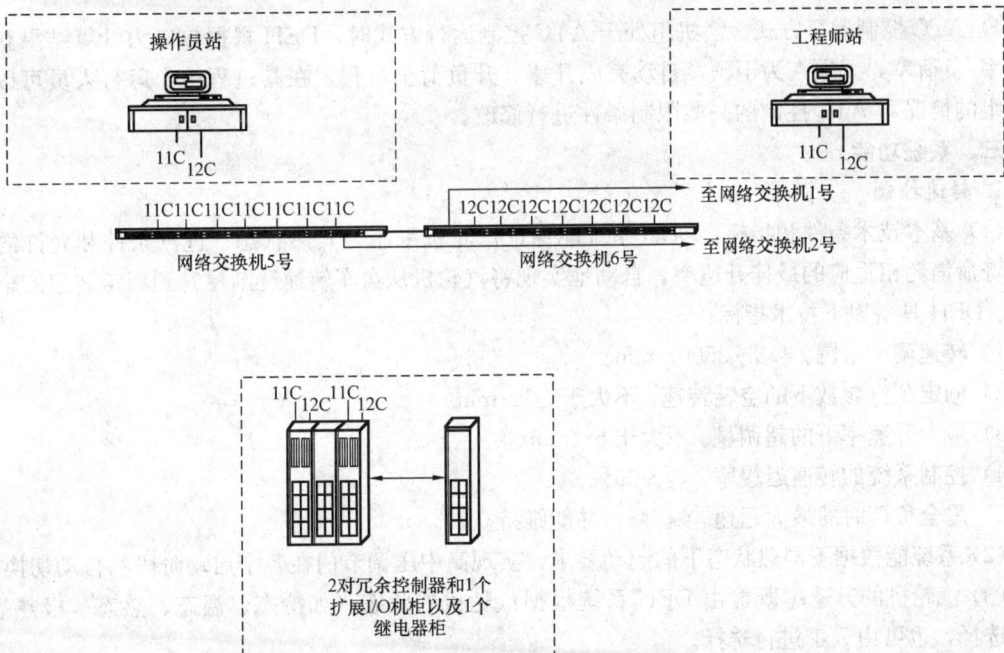

图 24-1 DEH 控制系统配置图

二、运行方式

(1) OVATION DEH 系统能在下列任何一种机组运行方式下安全经济运行:

1) 机炉协调控制;

2) 汽机跟随;

3) 锅炉跟随;

4) 变压运行;

5) 定压运行;

6) 手动方式。

DEH 系统能充分适应其他的包括机组事故工况(如 RB)和工艺系统要求的各种启动方式在内的启停运行要求。

(2) DEH 控制系统按分级分层控制的原则设计,以便高一级控制系统故障退出时可降至低一级运行方式继续维持机组安全运行。

(3) 提供了下列几种可供操作人员选择的运行方式,即操作员自动运行方式、操作员手动运行方式、CCS 遥控方式、ATC 运行方式。同时,运行方式之间能进行无扰切换。

1) 操作员自动运行方式。DEH 根据汽轮机高压内缸的温度值及其他相关参数的大小,自动选择"冷态"、"温态"、"热态"、"极热态"四种典型的启动曲线,并按预定的曲线进行自冲转至带满负荷的全过程的自动控制。在升速过程中,运行人员仍然可以根据机组的情况,随时人为改变升速率和保持转速(过临界转速时除外)。

2) 操作员手动运行方式。当运行人员需要时可将 DEH 系统退至操作员手动方式,DEH 切至手动后,可以通过操作员站以阀位的增减的方式,对机组进行转速或负荷调节。

3) CCS 遥控方式。在 CCS 遥控方式下,DEH 根据 CCS 的指令,自动切换到负荷控制方式或压力控制方式,并接受 CCS 的目标负荷设定值控制机组运行,DEH 的其他控制回路处于跟踪状态。为了实现双向无扰切换,DEH 系统输出一路 AO 信号(4~20mA DC),供 CCS 作为对 DEH 的跟踪。

4) ATC 控制运行方式。当机组处于 ATC 控制运行方式时,DEH 根据热应力计算结果获得的速率/负荷率,无须人为干预,自动完成升速、升负荷全过程。在其过程中,运行人员可以根据机组的情况对 ATC 控制的一些限制条件进行修改。

三、系统功能

1. 转速控制

(1) 基本技术条件和指标。DEH 系统能保证汽轮机采用与其热状态、进汽条件和允许的汽轮机寿命消耗相适应的最佳升速率,自动地实现将汽轮机从盘车转速逐渐提升到额定转速的全程控制。DEH 具备以下技术指标:

1) 转速调节范围。4.3~3500r/min。

2) 额定蒸汽参数下的空转转速。不大于 ±1r/min。

3) 最大升速率下的超调量。不大于 5r/min。

4) 控制系统的转速迟缓率。≤0.06%。

5) 甩全负荷时的最大超速。≤7%,并能维持空转。

(2) 系统能根据不同热状态下的起动要求,实现高中压调节门在各个启动阶段的自动切换。

(3) 汽轮机的升速率既能由 DEH 系统根据汽轮机的状态(如冷态、温态、热态、极热态)自动选择,也可由人工进行选择。

(4) 转速控制回路能够保证自动地迅速冲过临界转速区。

（5）DEH 系统具有与自动同期装置的接口，以便与自动同期装置配合实现发电机的自动同步并网。

2. 负荷控制

（1）基本技术条件和指标。DEH 系统能在汽轮发电机并入电网后实现汽轮发电机从带初始负荷直到带满目标负荷的自动控制，并根据电网要求，参与一次调频和二次调频任务，对频差的响应有可切换的不同的死区。

系统具备控制阀门开度和控制实发功率的两种控制方式去改变汽轮发电机的负荷。

1）功率控制精度不大于±1MW（在蒸汽参数稳定的条件下）。

2）静态特性转速不等率可调，其整定范围不少于 3%～6%。

3）在指定功率附近（功率变化在额定功率的±1.5%～±12%范围内），频率变化在±0.025～±0.25Hz 的区域内的局部不等率整定范围能达到 3%～20000%。

（2）目标负荷设定。系统的目标负荷能由运行人员设定，也可接受来自 DCS 系统的指令（4～20mADC 或脉冲增减信号）。

（3）变负荷率可由运行人员在 CRT 上的操作画面上设定，并由 DEH 系统根据机组的参数，自动限制变负荷率的大小。

（4）负荷限制。当机组的运行工况或蒸汽参数出现异常时，为避免损坏机组，并使机组的运行尽快恢复正常，控制子系统能对机组的功率或所带负荷进行限制。它包括以下几点：

1）功率反馈限制（切除）。当实测功率与功率定值的差值超过规定数值时，控制系统自动切除功率反馈回路，将负荷控制的闭环控制方式切换为开环控制方式，由运行人员进行功率调整，DEH 系统自动加以限制，以免发电机甩负荷时产生不正确的汽阀动作，保证机组的安全。

2）最高、最低负荷限制。限值由人工给定，并可根据需要随时改变。

3）加速度限制。除负荷控制回路外，另设加速度限制回路，产生与转速加速度成反比的阀门开度指令，在机组突然甩去部分负荷时，迅速减小阀门开度。

4）主汽压力限制。当主汽压力降低到规定限值时，主汽压力控制回路投入工作，输出减少汽阀开度指令去限制负荷，协助锅炉尽快恢复主汽压力。此时，汽阀控制回路不再接受负荷控制回路的指令。

5）低真空限制。当凝汽器内真空降低到规定值时，低真空限制器指挥阀位控制回路减负荷，负荷控制回路退出工作。

6）功率负荷不平衡。当发电机功率，与汽机负荷不平衡时，迅速关闭中压调门，再重新开启，使发电机与汽轮机的功率负荷重新平衡。

3. 阀门管理和试验

（1）阀门管理。

控制系统具有单阀控制和多阀控制的阀门管理功能，当机组在升速及低负荷阶段，采用单阀全周进汽，当机组大于适当的负荷（如 50%额定负荷）时切换到多阀进汽，单/多阀门进汽的切换，其负荷扰动不大于 5MW。

（2）阀门试验。

为保证发生事故时阀门能可靠关闭，DEH 系统具备对高、中压主汽门及调节门逐个进行在线试验的功能。

在进行阀门在线试验时，汽轮机能正常地运行。

4. 甩负荷控制及机组保护功能

（1）超速保护（OPC）。

超速保护控制是一种抑制超速的控制功能，可采用加速度限制方式实现；也可采用双位控制方式完成，即当汽轮机转速达到额定转速的103％时，自动关闭高、中压调节门，当转速恢复正常时再开启这些门，如此反复，直至正常转速可以维持额定转速；或者两种方法同时采用。

（2）超速跳闸保护。

当汽机转速达到额定转速的110％时，系统输出汽机跳闸指令，关闭高、中压主汽门和高、中压调门。

汽轮机的超速保护跳闸功能由单独的紧急跳闸系统（ETS系统）完成。ETS系统除接受汽轮机的超速保护跳闸功能外，还接受用户的其他危及机组安全运行的跳闸信号及DEH系统中一些要求机组停机的信号（如DEH失电等）。

DEH有机组在正常运行情况下，由操作员进行103％超速试验的手段，用以判断DEH系统的超速保护功能是否正常。

（3）远方挂闸及机械超速试验。

DEH提供在控制室内实现汽机挂闸，危急遮断器撞击子的压出试验以及自动提升机组转速进行机械危急遮断器击出试验的功能和手段。

5. 热应力计算功能

（1）DEH系统能通过建立机组的数学模型，求得汽轮机转子的实时热应力，作为监视和控制汽轮机启动和运行的依据，进行汽轮机的寿命管理。

（2）DEH系统提供应力限制功能，能根据转子热应力的情况自动修正升速率和升负荷率。

（3）相关的机组（ATC）监控测点和热应力计算的结果应在CRT画面上显示出来。

6. 主汽压力控制功能

当要求由DEH系统来实现机组协调控制和汽机跟随方式下的汽压调节任务时，系统中设置主汽压力控制回路。其根据主汽压偏差，按适当的调节规律进行控制，并能当机前压力低于限定值时，限制机组加负荷。

7. 中压缸启动功能

DEH系统还具备中压缸启动功能。中压缸启动是指在单元机组启动时采用再热蒸汽进入汽轮机中压缸，直接冲转汽机升速乃至并网带负荷，在满足条件后平滑切换到高压缸，切入高、中压联合方式进行带负荷。

复 习 思 考 题

1. 托克托电厂600MW机组DEH系统如何配置？它能满足哪些运行方式的需要？

2. 托克托电厂600MW机组DEH系统功能包含哪几方面？当机组运行工况或蒸汽参数出现异常时应对机组负荷作出哪些限制？

第二十五章

镇江电厂 600MW 机组热控系统及其技术特点

第一节 主设备概述

镇江电厂位于江苏省镇江市高资镇，规划容量为 3600MW。一期、二期工程已建成有 4 台 135MW 燃煤发电机组，三期工程扩建 2 台 600MW 超临界汽轮发电机组，计划在 2005 年和 2006 年分别建成投产。三期工程的 2×600MW 超临界机组，与一、二期的 135MW 机组一样，都采用了 I/A 系统作为机组的主控系统，实现一体化的管理和控制。其系统的覆盖范围除了传统的 DAS/MCS/SCS/FSSS 之外，还纳入了 DEH/MEH/ETS 及脱硫系统 FGD。

一、锅炉

锅炉是上海锅炉厂有限公司引进美国 CE 公司技术制造的，超临界参数变压运行螺旋管圈直流炉、单炉膛、一次中间再热、采用四角切圆燃烧方式、平衡通风、固态排渣、全钢悬吊结构 II 型锅炉、露天布置燃煤锅炉。

锅炉 MCR 工况下的额定参数如下：

(1) 主蒸汽流量	1910t/h
(2) 主蒸汽压力	25.40MPa
(3) 主蒸汽温度	571℃
(4) 再热蒸汽流量	1614t/h
(5) 再热蒸汽压力（进口/出口）	4.54/4.33MPa
(6) 再热蒸汽温度（进口/出口）	317/569℃
(7) 给水温度	282℃

二、锅炉辅机

每台锅炉配有下列主要辅助设备：

(1) 2 台 50％容量、定速、电动、动叶可调轴流式送风机。

(2) 2 台 50％容量、定速、电动、静叶可调轴流式引风机。

(3) 2 台 50％容量、变频、电动、双吸离心式一次风机。

(4) 2 台 50％容量的三分仓热交换式空气预热器。

(5) 1 台 30％容量液力偶合的变速电动锅炉给水泵。

(6) 2 台 50％容量的汽动锅炉给水泵。

三、制粉系统

制粉系统为直吹式系统，每台锅炉配 6 台中速磨煤机和 6 台称重式皮带给煤机。燃料燃烧系统的布置为 3 层轻油枪、6 层煤燃烧器。

四、汽轮机

汽轮机由上海汽轮机有限公司引进美国西屋公司技术制造的超临界、一次中间再热、三缸四排汽、单轴、凝汽式汽轮机。

汽轮机MCR工况下的额定参数如下：

(1) 主蒸汽压力　　　　　　　　　24.2MPa（a）

(2) 主蒸汽温度　　　　　　　　　566℃

(3) 高压缸排汽口压力　　　　　　4.176MPa（a）

(4) 高压缸排汽口温度　　　　　　306.7℃

(5) 再热蒸汽进口压力　　　　　　3.758MPa

(6) 再热蒸汽进口温度　　　　　　566℃

(7) 主蒸汽额定进汽量　　　　　　1663.433t/h

(8) 最大进汽量　　　　　　　　　1910t/h

(9) 再热蒸汽额定进汽量　　　　　1415.441t/h

(10) 额定排汽压力　　　　　　　4.4/5.4kPa

(11) 最大功率　　　　　　　　　660MW

五、汽轮机辅机

(1) 热循环包括3台高压加热器、1台除氧器和5号、6号、7A号、7B号、8A号、8B号低压加热器。

(2) 汽轮机高低压旁路系统采用两级串联旁路，高旁容量为在额定压力和温度下的35%B-MCR流量，低旁容量为40%B-MCR流量。

(3) 凝汽器为单流程双背压。

六、发电机

发电机为上海汽轮发电机有限公司引进美国西屋公司技术制造，采用自并激静止励磁系统。发电机冷却方式为水—氢—氢。

发电机设备主要参数如下：

(1) 额定功率　　　　　　　　　600MW

(2) 最大功率　　　　　　　　　667MW

(3) 额定功率因素　　　　　　　0.9（滞后）

(4) 额定电压　　　　　　　　　20kV

(5) 额定电流　　　　　　　　　19245A

第二节　分散控制系统基本构成

一、分散控制系统组态

(1) 镇江电厂三期工程I/A系统由5、6号单元机组和公用系统三个节点组成，其系统配置见图25-1。公用厂用电系统、空压机房、燃油泵房、循环水泵房等公用系统接入公用系统节点。单元机组与公用系统之间，通过载波带局域网进行信息交换。在单元机组的操作员站上，可以对公用系统进行监视和操作。公用系统本身不设操作员站。

(2) 每台单元机组设置6台操作员站（其中1台用于DEH），1台工程师站，1台值长站，3块大屏幕，3台激光打印机（其中1台彩色），17对控制处理机CP60，3个处理机机柜，32个I/O机柜（其中4个远程布置），18个继电器柜和2个配电柜。

(3) 公用系统配置了2对控制处理机CP60，1个处理机机柜，3个I/O机柜（其中1个远程布置），3个继电器柜和1个配电柜。

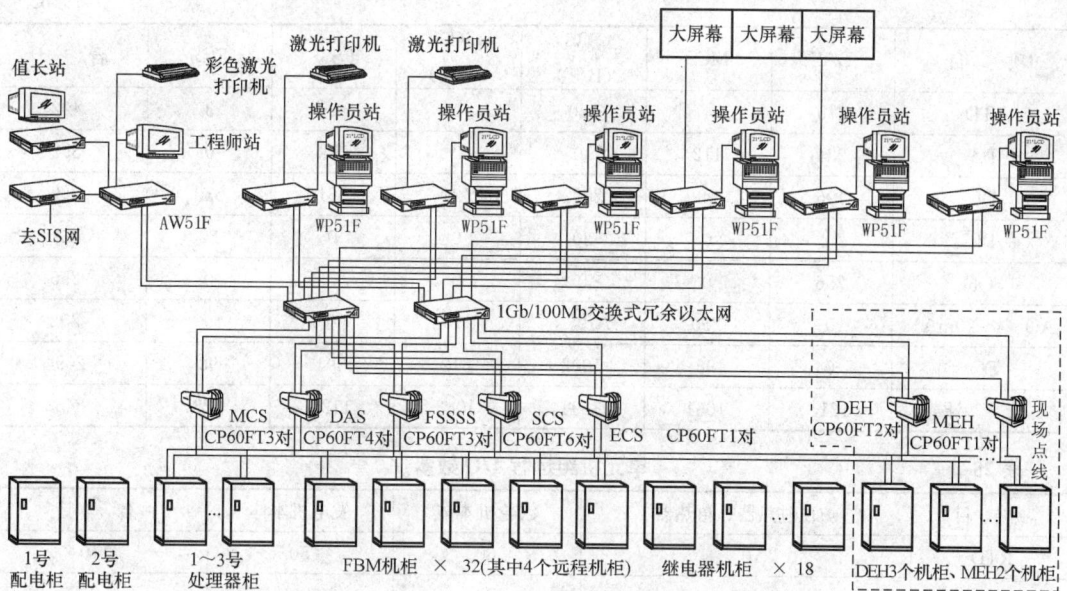

图 25-1　镇江电厂三期 600MW 单元 I/A 系统配置图

（4）两台机组合用一集中控制室。采用 I/A 分散控制系统实现单元机组炉、机、电集中控制。在集控室内以操作员站为控制中心，以 LCD、大屏幕显示器鼠标和键盘作为机组的主要监视和控制手段，在少量就地人员巡回检测和少量操作的配合下，在集控室内实现机组的启动、正常运行及停止或事故处理等。每台机组设置 3 块大屏幕显示器，不再设置常规显示仪表和报警光字牌，仅设置个别独立于 DCS 的后备启停和跳闸操作手段。

（5）循环水泵房、燃油泵房控制采用远程布置的 I/O 站（即把 FBM 组件布置在就地）实现，通过光缆接入单元机组的 I/A 系统，在单元控制室监控。此外，在汽轮机、发电机、锅炉本体检测部分也采用了 4 个远程布置的 I/O 机柜。

（6）单元机组电气发变组和高、低压厂用电源纳入 DCS 监控。

二、控制处理机及实用 I/O 点分配

（1）镇江电厂三期 600MW 超临界机组的 I/A 分散控制系统中，控制处理机采用按功能区的分配方式。单元机组的控制处理机 CP60 的分配如下：

1）MCS　　　　3 对 CP60（其中锅炉侧 2 对，汽轮机侧 1 对）
2）DAS　　　　4 对 CP60（锅炉、汽轮机侧各 2 对）
3）FSSS　　　 3 对 CP60
4）SCS　　　　6 对 CP60（锅炉、汽轮机侧各 3 对）
5）ECS　　　　1 对 CP60

（2）单元机组 I/O 总点数约 9000 多点，两台机组的公用部分的 I/O 点数约 950 点（上述点数未包括 DEH、MEH 和 FGD 的点数）。详细的 I/O 点数量分配表如表 25-1～表 25-3 所示。

表 25-1　　　　　　　　　　　　　单元机组 I/O 数量分配

项　　目	DAS	MCS	SCS (B/T)	SCS (吹灰)	FSSS	ECS	合　　计
AI（4～20mA）	238	500	110	5	30	80	963

项　　目	DAS	MCS	SCS (B/T)	SCS (吹灰)	FSSS	ECS	合　　计
RTD	275	4	120	0	0	3	402
TC	234	112	10	0	36	0	392
DI	196	99	2022	524	661	530	4032
PI	12	0	30	0	0	20	62
SOE	256	0	0	0	0	0	256
AO（4～20mA）	0	250	0	2	0	0	252
DO	0	96	1002	512	394	90	2094
合　　计	1211	1061	3294	1043	1121	723	8453

表 25-2　　　　　　　　　　单元机组远程 I/O 数量

项　　目	炉顶过热器、再热器	汽轮机本体	发电机本体	合　　计
RTD	0	60	50	110
TC	420		106	526
合　　计	420	60	156	636

表 25-3　　　　　　　　　　公用 I/O 数量

项　　目	循泵房	燃油泵房（远程 I/O）	空压机	电　　气	合　　计
AI（4～20mA）	32	16	12	40	100
RTD	40	18	0	0	58
DI	163	43	34	320	560
PI	2	0	0	15	17
AO（4～20mA）	4	3	2	0	9
DO	81	26	16	80	203
合　　计	322	106	64	455	947

第三节　分散控制系统控制功能

对单元机组而言，电站控制仍然主要包括机炉协调控制系统、锅炉燃烧器管理及炉膛安全保护系统、辅机启动顺序控制系统、汽轮机电液调节系统等主要控制系统。下面仅对机炉协调控制系统中与常规的亚临界汽包炉特殊之处的控制方案进行论述。

机、炉协调控制系统（CCS）是火电机组的主控系统。在现代单元制运行的机组中，锅炉和汽轮机的相互关系密切，成为一个不可分割的整体，必须采用机、炉协调控制。协调控制系统的任务是控制机组各项输入与输出间的能量平衡和质量平衡，使机组在外界的扰动作用下，仍具有良好的负荷动态、静态跟踪和稳定性能，满足电网对机组的负荷需求，同时使机、炉两侧多变量的互相影响最小，参数控制最优。其主要功能包括接受电网的负荷调度，参与调峰和调频，实现锅炉、汽轮机的能量输入和输出平衡控制，锅炉内部各子系统（燃料、送风、引风、给水等）控制动作的协调，机组出力与辅机设备实际能力的协调等。

与亚临界汽包炉相比，超临界直流炉在控制上有其特殊性。最显著的区别是，在直流炉中，没有汽包将给水控制系统与气温控制系统和燃烧控制系统隔离开来。在直流锅炉中，给水变成过热蒸汽是一次完成的。正常情况下，锅炉的蒸发量（蒸汽流量）与给水量相同。在锅内压力不变的情况下，工质的温度和汽水分界点取决于炉内热负荷和给水量的配比，给水调节和燃烧率调节是密切相关的，为了保证蒸汽的温度，给水量必须与燃料同步变化；在变负荷时，给水调节和燃烧率调节必须随锅炉主控指令而同步动作。对于直流锅炉而言，整台锅炉就是一个多变量对象，而不能象汽包锅炉把给水调节与汽温调节独立开来。

超临界直流炉在启动或负荷低于35％时，超临界锅炉运行在最小水冷壁流量，所产生的蒸汽要小于最小水冷壁流量，汽水分离器处于湿态运行。此时，汽水分离器中多余的饱和水通过汽水分离器液位控制系统控制排出。其运行方式和汽包炉相似，它用分离器来分离汽水，分离器出来的蒸汽进入过热器，水通过疏水系统回到除氧器或凝汽器，其水位由分离器的疏水阀调节。

当锅炉负荷大于35％以上时，锅炉产生的蒸汽大于最小水冷壁流量，过热蒸汽通过汽水分离器，此时汽水分离器中没有水，为干式运行方式，汽水分离器出口温度由煤水比控制。即汽水分离器由湿态时的液位控制转为温度控制。也可以这么说，在正常运行时，分离器不起作用或变化一个联箱，给水经省煤器、水冷壁、过热器，直接变成高温高压的过热蒸汽。

保持适当的给水和燃烧率的比例（煤/水比）对直流炉是至关重要的。煤/水比是否合适，直接反映在过热汽温上，因此常用过热蒸汽汽温的偏差来校正给水流量与燃烧率的比例。一般采用能较快反映煤/水比的汽水过渡区出口的微过热汽温（分离器处的温度），一般称这一点温度为"中间点温度"，它作为直流炉给水调节重要的修正信号，在不同负荷（压力）下，由于饱和温度不同，所以"中间点温度"的定值是变化的。

图 25-2 为直流锅炉给水调节系统框图，是典型的直流锅炉的给水调节系统的原理框图。从图 25-2 可以看出，给水调节回路的一个最重要部分是燃料量（锅炉指令）经 $f_1(x)$ 的函数变换后，作为给水流量的指令信号，它代表不同负荷（燃料量）下对给水流量的要求。$f_1(x)$ 就是俗称的"煤—水比"，由于汽温对给水量的动态响应要比燃烧率快，设置一个惯性环节 $f(t)$，使给水迟于燃烧率变化，减小汽温的动态变化。给水量用分离器出口温度来微调，保证汽温，$f_2(x)$ 是不同负荷（或压力）下饱和温度，$f_3(x)$ 是要求的过热度。另外，在给水调节系统中设有煤、水交叉限制回路，用于保证煤水比在安全的范围内。

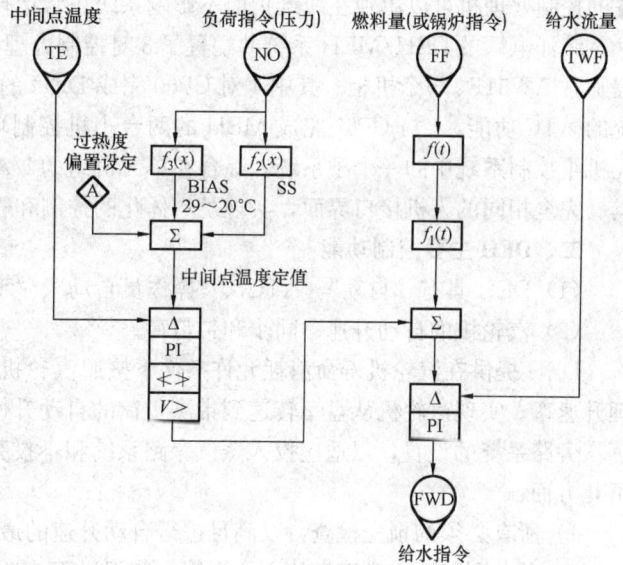

图 25-2　直流锅炉给水调节系统框图

第四节 I/A 系统构成的 DEH 系统应用

镇江电厂超临界 600MW 汽轮机调节保安系统包括 EH 系统、DEH 控制系统、ETS 保护系统及 TSI 监测系统。按照技术规范书的要求，这些系统都由主机厂配套供货。DEH 控制系统的电子控制部分采用 I/Aseries 系统来实现。

一、DEH 控制系统基本配置

DEH 控制系统的硬件由控制处理机 CP60 及 I/O 转换组件 FBM、操作员站 WP51F 和工程师站 AW51F 三个部分组成。控制处理机 CP60 采用容错的配置，即双机并用的工作方式，以保证每次送往现场的控制信号都是正确的。一旦出现两个 CP60 的输出不一致，则各自启动本身的自诊断程序，将工作正常的 CP60 的信号送出，将故障的 CP60 报警，通知运行人员。控制处理机 CP60 采用矩阵式电源供电，高度分散的供电方式保证了各控制处理机 CP60 可靠运行。容错配置的控制处理机可以单独在线维护而不影响系统正常运行。

镇江电厂的 DEH/MEH 系统共配置了 3 对控制处理机 CP60、1 台操作员站 WP51F 和 1 台工程师站 AW51F、3 个机柜。其中 1 对 CP60 完成 DEH 的基本控制功能，1 对 CP60 完成 DEH 系统的 ATC 功能，1 对 CP60 完成 MEH 的两台小机控制功能。整个 DEH/MEH 系统作为全厂单元机组控制系统中的一个子系统，综合在单元机组的 I/A 系统之中，采用完全相同的组态调试工具、完全相同的人机接口界面，实现了一体化的控制和管理。

二、DEH 主要控制功能

(1) DEH 具有"自动"（ATC）、"操作员自动"、"手动"三种运行方式。

(2) 汽轮机的自动升速、同步和带负荷。

DEH 提供在汽轮机寿命消耗允许条件下按照汽轮机所处不同热状态和蒸汽参数相适应的合理升速率；实现汽轮机从盘车转速到带满负荷的自动升速控制。自动升速系统的设计，充分考虑蒸汽旁路系统的设置，以适应投入蒸汽旁路系统和不投旁路运行的启动升速方式。该系统包括以下几方面：

1) 所有必须的预先检查，以满足进行自动升速的最低条件。

2) 所有调节汽机升速率的必要运算和监视过程。

3) 汽机升速率限制。

4) 汽轮发电机组的自动同期。

5) 能满足不同启动运行方式（如冷态、温态、热态、极热态）的要求。

6) 带初始负荷。

7) 汽机负荷限制。

8) 通过 DEH 操作员站，运行人员能在升速过程的任何阶段进行控制监视；同时系统能连续监视升速过程；并能显示所有与升速相关的参数，对运行人员提供指导。在升速或带负荷过程中的任何阶段都能进行运行方式的切换选择。

(3) 负荷控制。系统将根据协调控制系统（CCS）或运行人员给出的负荷指令，自动调节汽轮发电机出力。

装置能监视主机状态、汽轮发电机组辅助设备状态、汽机热应力及各限制机组出力的过程变量。当出现非常工况（如真空降低、汽压降低等）时，系统将把负荷指令信号限制到一个适当值，并发出负荷限制报警信号并给出接点输出。

(4) 阀门试验及阀门管理。运行人员可在操作台上对阀门进行试验操作，可实现阀门开闭状态的在线和离线试验。DEH还具有阀门管理功能（汽机进汽方式选择）。

（5）热应力计算和控制功能。系统计算高压转子和中压转子的热应力及热应力裕度系数，实时热应力值将同极限值比较。当任一热应力超过极限值时，发出保持转速或保持负荷的信号。根据裕度系数，确定变负荷（转速）的速率。当操作员选择应力控制方式时，DEH对操作员设定的变负荷速率与应力控制速率小选后作为机组变负荷速率指令。

在机组运行过程中，系统还根据汽机转子热应力对汽机周期性寿命消耗进行计算并累计，计算结果将在CRT显示及打印。

（6）当CCS投入时，DEH系统满足锅炉跟踪、汽机跟踪、机炉协调、定压变压运行、快速减负荷（RUNBACK）、手动等运行方式的要求。

（7）DEH具有OPC超速保护功能，并可通过DEH操作员站完成做汽机超速试验。

三、DEH控制系统运行方式

DEH控制系统可以在如下三种方式下运行。

（1）手动方式。

这是一种开环运行方式，操作员在操作盘上按键既可控制阀门开度，各按钮之间有逻辑互锁，该方式作为自动方式的备用，同时具有OPC和脱扣等保护功能。

（2）操作员自动方式。

这是DEH控制系统最基本的运行方式，可实现汽轮机的转速和负荷的闭环控制，具有各种保护功能。目标转速、目标负荷、升速率和升负荷率等均可由操作人员设置。因为控制处理机CP60是容错配置的，一旦主CP60出现故障则控制自动由备用的CP60承担。

（3）ATC方式。

这是基于操作员自动方式之上的一种运行方式，与操作员自动方式相比较，其主要区别是：目标转速和负荷、升速率和升负荷率不是来自操作人员，而是来自内部计算程序或现场实际情况。

复 习 思 考 题

1. 镇江电厂600MW机组I/A系统是如何组态的？你认为过程处理器按功能区分配或按工艺系统分配各有什么优点？

2. 对照图25-2，说明该给水调节系统的原理？

第二十六章

常熟二厂 600MW 机组和外高桥电厂 900MW 机组热控系统及其技术特点

第一节　常熟二厂 600MW 机组热控系统及其技术特点

一、机组概况

江苏常熟二厂 3×600MW 机组采用国产的 600MW 超临界、直流、直吹式燃煤发电机组，其主机设备的基本情况如表 26-1 所示。

表 26-1　　　　　　　　　　　　主机设备基本情况

主机设备 分项	锅　炉	汽轮机	发电机
制造厂	哈尔滨锅炉厂有限公司	东方汽轮机厂	东方电机股份有限公司
型号/型式	HG-1950/25.4-YM1； 过热器出口蒸汽温度：543℃； 再热器出口蒸汽温度：569℃	超临界、中间再热、冲动式、单轴、三缸四排气、凝汽式	QFSN-600-2-22； 冷却方式：水氢氢； 励磁方式：自并激静止可控硅励磁
主要辅助设备	(1) 4 台双进双出磨煤机（3 运 1 备）； (2) 8 台称重式给煤机； (3) 2 台 50%容量动叶可调轴流式送风机； (4) 2 台 50%容量静叶可调轴流式引风机； (5) 2 台 50%容量动叶可调轴流式一次风机； (6) 2 台 50%容量回转式空气预热器	(1) 2 台 50%BMCR 容量的汽动给水泵，1 台 35%BMCR 容量的电动给水泵； (2) 凝结水系统：1 台除氧器、1 台轴封加热器、4 台低压加热器； (3) 中压缸启动方式，两极串联旁路系统，高旁容量 40% BMCR，低旁容量 52% BMCR	

二、分散控制系统配置

江苏常熟二厂 3×600MW 火力发电机组的控制系统，采用了日立公司最新推出的 HIACS—5000M 分散控制系统。

1. 系统总体结构

三台单元机组 DCS 系统的总体结构采用如图 26-1 所示的设计。

总体结构说明如下：

(1) 3 台单元机组每台配置 1 套 DCS 系统，完成机组的全部控制功能，公共系统配置 1 套单独的 DCS，完成厂用电源公共系统控制、空压机控制等功能。

(2) 3 套 DCS 系统通过网络耦合器与公共系统 DCS 实现连接。

(3) 公共系统 DCS 上不设操作员站，公共系统的监视、控制由单元机组 DCS 上的操作员站完成，每个单元机组的 DCS 都可对公共系统进行操作，并通过互锁逻辑保证在同一时间只有 1 台单元机组的 DCS 对公共系统进行控制，哪个单元机组可对公共系统操作可提供人工选择设定。

(4) 网络结构杜绝了单元机组 DCS 的相互耦合。

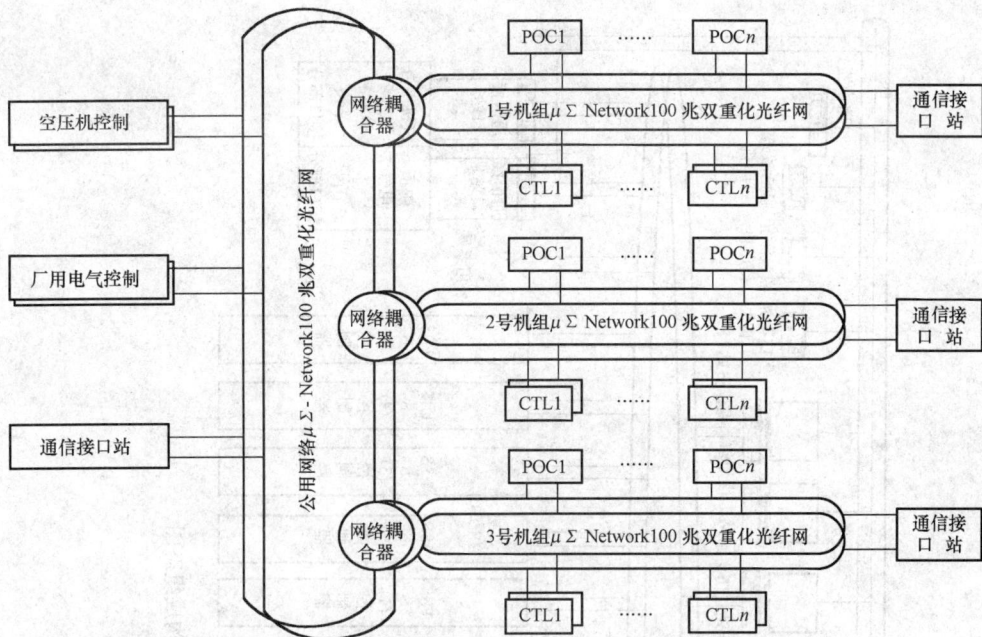

图 26-1 常熟 3×600MW 机组 DCS 总体构成示意图

2. 单元机组 DCS 系统配置

每个单元机组配置的 DCS 系统构成，如图 26-2 所示。

（1）配置 7 台操作员站，其中 2 台连接 100 英寸的大屏幕显示器；

（2）配置 2 台工程师站，完成控制器的组态、监视、维护；

（3）配置 1 台历史站完成历史数据的记录、存贮、检索、回放功能；

（4）配置网络打印机用于图形、记录、报表等打印功能；

（5）单元机组配置 17 对控制器，其功能分配如表 26-2 所示。

表 26-2　　　　　　　　　　　　单元机组控制器功能分配表

对　号	控制器名称	完　成　的　功　能
1	ECS	发变组控制、厂用电控制
2	DAS	机炉监视点
3	BSCS1	风烟系统 A 顺控（送风机 A、引风机 A、一次风机 A、空预器 A）及其余炉侧顺控设备
4	BSCS2	风烟系统 B 顺控（送风机 B、引风机 B、一次风机 B、空预器 B）
5	TSCS1	机侧顺控（凝结水系统 A、润滑油系统 A、真空泵 A、C、密封油系统 A、开闭式冷却水系统 A、电泵）
6	TSCS2	机侧顺控（凝结水系统 B、润滑油系统 B、真空泵 B、密封油系统 B、开闭式冷却水系统 B、循环水系统）
7	TSCS3	机侧顺控（机侧主汽和再热、抽汽回热、高、低加）
8	MEH1	汽泵 A 顺控和保护
9	MEH2	汽泵 B 顺控和保护
10	BCCS1	协调、AGC、制粉系统调节
11	BCCS2	锅炉启动系统、过热系统、再热系统、烟风系统、燃油系统调节
12	TCCS	机侧调节
13	FSSS1	炉保护、密封风机、火检冷却风机、燃油关断阀
14	FSSS2	A 磨煤机系统顺控、A 层点火
15	FSSS3	B 磨煤机系统顺控、B 层点火
16	FSSS4	C 磨煤机系统顺控、C 层点火
17	FSSS5	D 磨煤机系统顺控、D 层点火

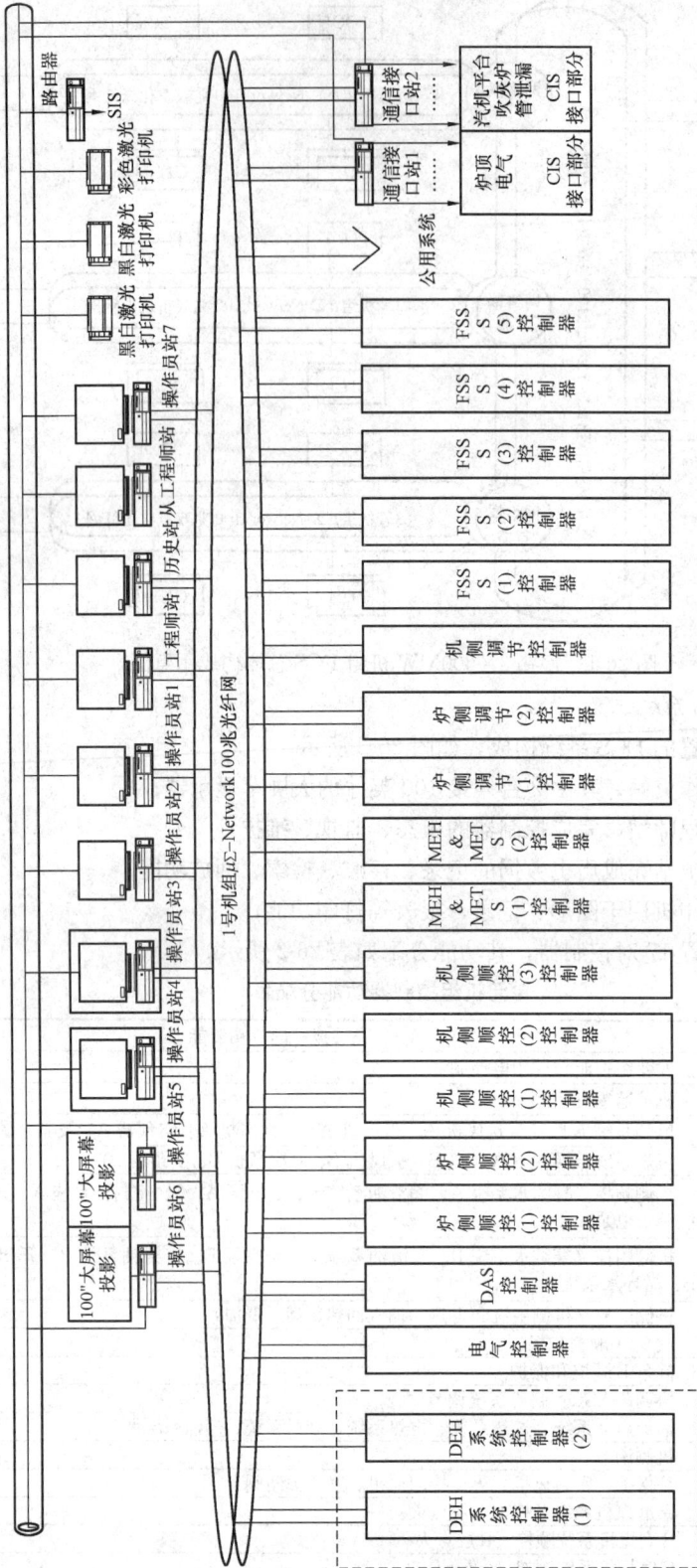

图 26-2　600MW 单元机组配置的 DCS 系统构成组态图

注：虚框内为 DEH 单独供货范围。

3. 公共系统 DCS 的系统配置

公共系统配置了 2 对控制器，其功能分配如表 26-3 所示。

4. DCS I/O 点数

DCS I/O 点数为实际过程点数，不包括通信点及内部硬接线点。DCS I/O 点数如表 26-4 所示。

表 26-3　公共系统控制器功能分配表

对　号	控制器名称	完成的功能
1	PECS	公用电气
2	PKYJ	空压机等

表 26-4　DCS I/O 点数表

分　类	单元机组	公共系统
模拟量	1484	44
数字量	4472	110
合　计	5956	154

三、DCS 系统与外部系统通信接口

1. 单元机组 DCS 与外部的接口

(1) 汽机控制系统（包括 DEH、ETS、BPS）（冗余、双向）；

(2) 锅炉吹灰控制系统（SBC）（冗余、双向）；

(3) 锅炉炉管泄漏检测系统（单向）；

(4) 脱硫岛 FG-DCS 系统（冗余、双向）；

(5) 6kV 厂用电监测系统（冗余、单向）（各 4 对接口）；

(6) 发变组二次设备（冗余、单向）；

(7) 汽机及照明 PC（冗余、单向）；

(8) 锅炉及保安 PC（冗余、单向）；

(9) 电除尘 PC（预留）（冗余、单向）；

(10) 网控微机（冗余、单向）；

(11) 预留通信接口（冗余、双向）（2 套）。

2. 公共系统 DCS 与外部的通信接口

(1) 停机变、公用 PC（冗余、单向）（2 对）；

(2) 预留通信接口（冗余、双向）（2 套）。

3. DCS 与全厂信息系统的通信接口

按照厂级信息系统 SIS 的要求发送所有的 DCS 数据点。

四、DCS 系统覆盖功能范围

(1) 数据采集系统（DAS）；

(2) 模拟量控制系统（MCS）；

(3) 顺序控制系统（SCS）；

(4) 锅炉炉膛安全监控系统（FSSS）；

(5) 给水泵汽轮机控制系统（MEH）；

(6) 给水泵汽轮机紧急跳闸系统（METS）。

此外，汽轮机控制系统（DEH），汽轮机紧急跳闸系统（ETS）、汽轮机旁路控制系统（BPC）由汽轮机厂配套，也采用 HIACS-5000M 分散控制系统硬件，由日立公司统筹 DCS 与它们的连接及应用软件的设计组态。

五、DCS 系统运行情况

江苏常熟二厂 3 台机组 DCS 系统分别与 2004 年 4 月、同年 9 月和 2005 年 1 月出厂，1 号机

组 DCS 系统于 2005 年 2 月开始试运行，同年 3 月顺利通过 168h 试运行，正式投入商业运行，建设工期 22 个月。2 号机组于 2005 年 5 月开始试运行，同年 6 月通过 168h 试运行，也已正式投入商业运行，DCS 系统总体运行情况良好。3 号机组已于 2005 年底投用。由于实现了 DCS 与 DEH 系统的一体化，做到不使用 Gateway，网络合理结构，使系统整体性强、维护方便，且备品配件减少。

第二节　外高桥 900MW 机组热控系统及其技术特点

上海外高桥电厂二期扩建两台 900MW 超临界机组是我国已建成的单机容量最大的火力发电工程。

一、主机概况

（1）锅炉由 ALSTOM 能源公司提供，为超临界一次再热，燃煤，四角切圆燃烧，直流塔式，螺旋水冷壁，变压运行锅炉。其主要参数为：蒸发量 2788t/h，主蒸汽温度 538℃，主蒸汽压力 24.955MPa，再热汽温 566℃，再热压力 6MPa。

（2）制粉系统配置 6 台 20% 中速碗型磨煤机，其中 5 台运行，1 台备用。

（3）汽轮发电机组由 SIEMENS 公司提供，采用四缸四排汽，单轴反动凝汽式，额定功率 900MW，最大功率 980MW（2788t/h）。发电机为水氢氢冷却，同轴励磁型，额定功率 900MW，功率因素 0.9，出口无短路器。

（4）旁路系统配置了 100%BMCR 高压旁路，该旁路兼作锅炉高压安全阀。低压旁路容量为 50%BMCR，另配 100% 再热安全阀。

（5）给水系统配置 2×50%BMCR 汽动给水泵，1×40%BMCR 电动调速给水泵。

二、DCS 应用功能和特点

其配备的控制系统是日立公司 HIACS5000M 分散控制系统。上海外高桥电厂 2×900MW 机组 DCS 系统配置如图 26-3 和图 26-4 所示。

1. 概况

每台 900MW 机组配置 1 套 DCS，还为 2 台机组的公用系统配置 1 套 DCS（Common System DCS）。3 套 DCS 经系统耦合器互联，实现双向通信，并分别与非 5000M 所供的各控制系统接口，共同构成一个综合自动控制系统。

2. DAS

（1）除系统的传统配置外，三套 DCS 各配置一套大屏幕显示系统（LSD）。LSD 也作为 DCS 的一个操作员站，具有操作员站的全部功能。

（2）SOE 记录信号 660 点，在 DI 卡件上给输入信号打上时间标签，保证分辨率不大于 1ms。对引起主机和主要辅机跳闸的模拟量越限信号均被捕捉并记录其越限时间一并送往 SOE 系统，在 CRT 上显示首出原因并用打印机自动记录下来。

3. GPS

提供一套 GPS 系统，发送标准时钟信号，保证全厂的时钟同步。既保证 DCS、SIS、MIS、NCS 以及与 DOS 接口的各控制系统（PLC 系统）实现时钟同步同时，GPS 还发送标准时钟信号给装有 SOE 模件的每一电子设备机柜，保证所有 SOE 信号的时间分辨率不大于 1ms。GPS 时钟信号的精度为 0.1ms。

4. MCS

根据超临界机组特点设计并体现其自己的特点，上海外高桥电厂 2×900MW 机组主要表现

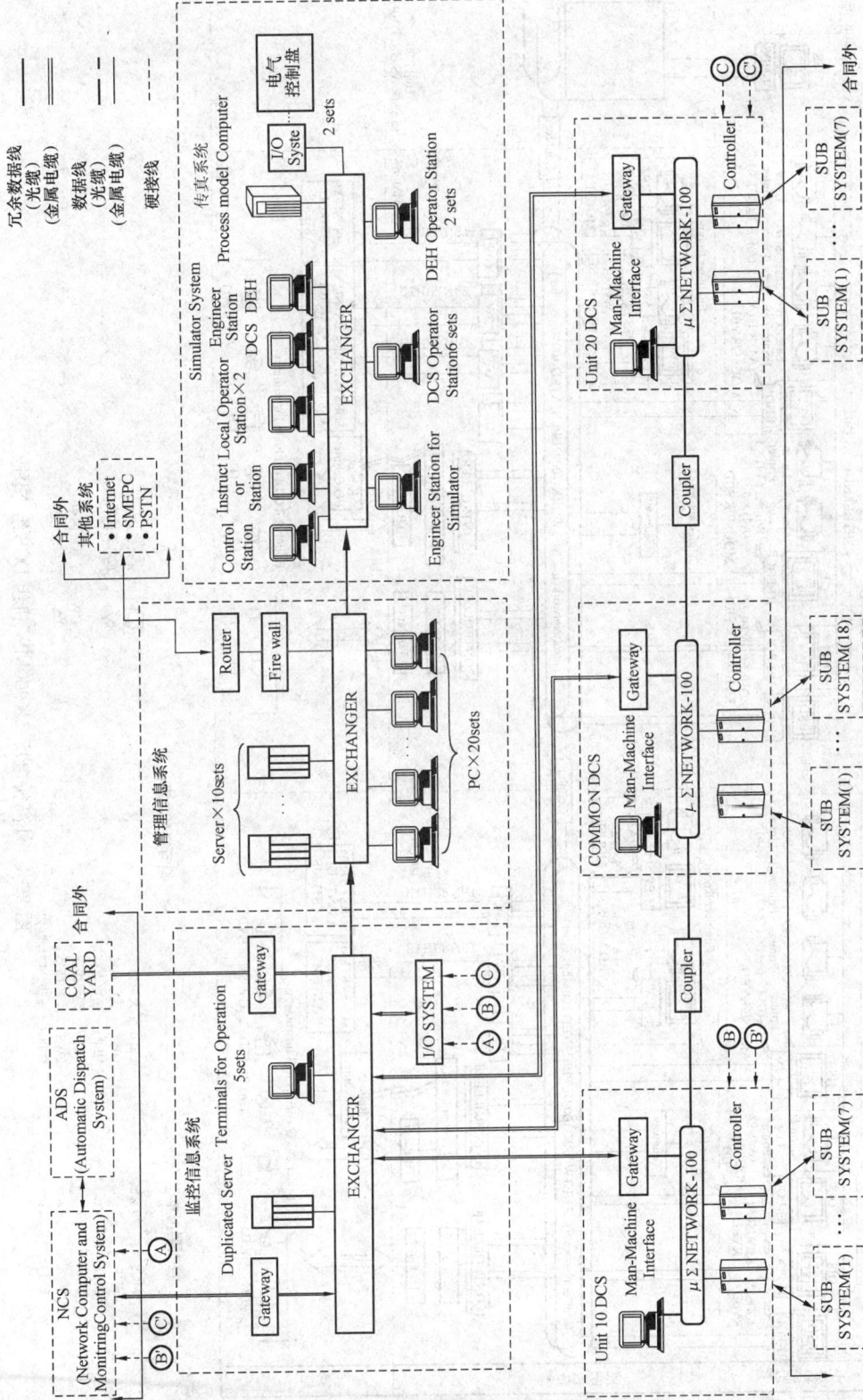

图 26-3 外高桥电厂 2×900MW 机组 DCS 总貌图

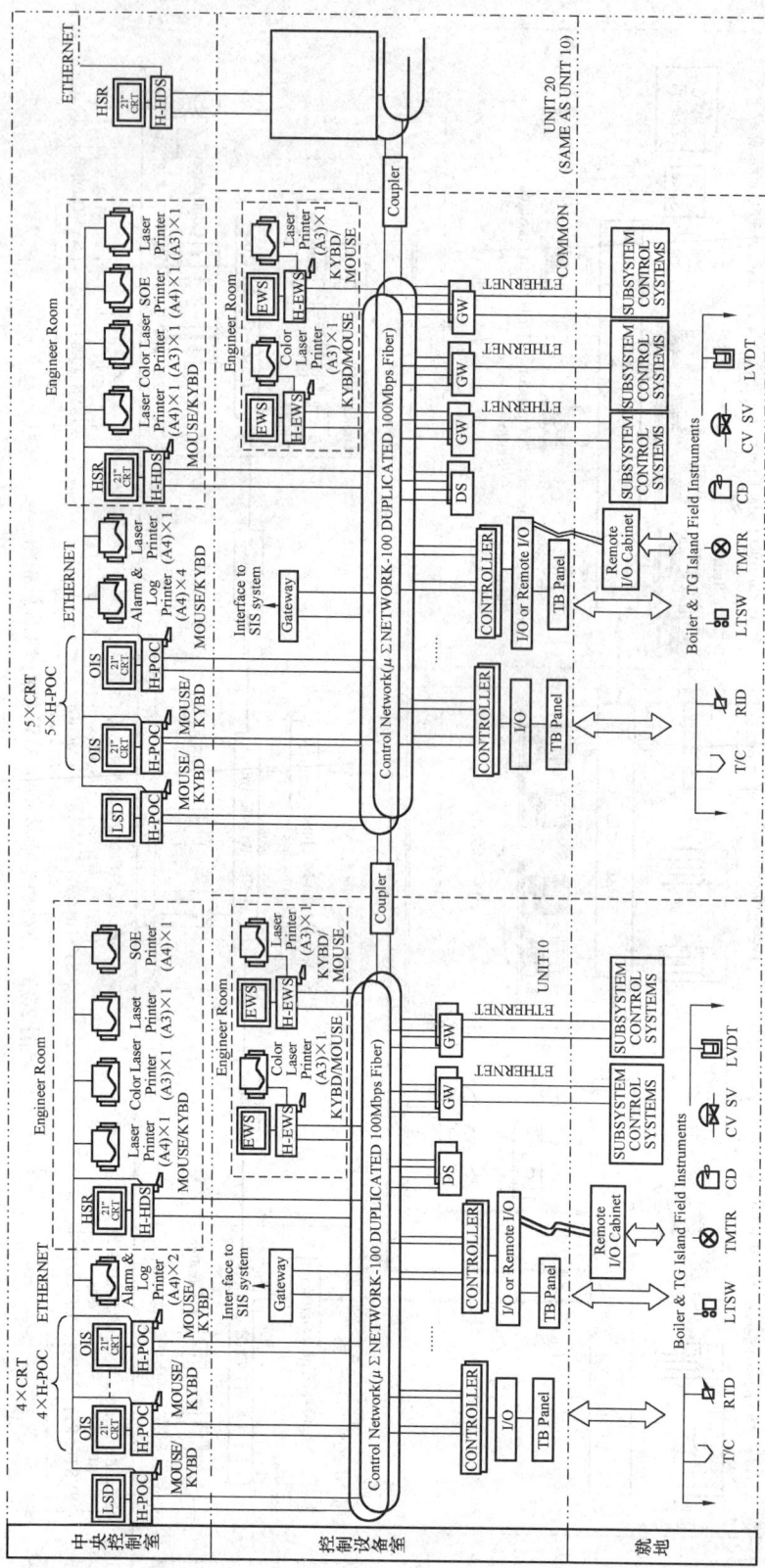

图 26-4　外高桥电厂 2×900MW 机组 DCS 组态图

在：给水控制、汽温控制和机炉协调控制等主要闭环控制功能都在前馈技术的基础上完成。要求连续校正控制系统的增益，根据工艺过程内部的相互作用，采用动态先行信号合理前馈、变定值、变增益和变参数的控制策略，将过程控制变量（如机组负荷、蒸汽压力和温度、烟气含氧量、炉膛风量等）维持在一个合理的限度内，保证机组在任何运行方式下，都能快速响应负荷的变化，达到性能最优。

5. FSSS

FSSS系统包括燃烧器管理系统（BMS）和炉膛安全系统（FSS），还包括给煤机、磨煤机、高能点火器和油燃烧器的启停程序和运行控制，为锅炉的安全运行提供工况监视和保护连锁。

6. SCS

遵循"单回路一体化"的设计原则，即被控设备的相关调节回路和连锁保护回路相结合，实现整套机组自启停和辅机的顺序控制。如果自启停或顺控步骤受阻，正在执行的步序即被中断或返回到前一步的安全状态，并将其原因在DCS的C屏幕上显示出来，可以在机组自启停的程序中设置若干断点或按操作员指令暂停或中断机组的自启停程序（包括跳步、暂停、中断）。

7. RTB

采用远程I/O装置—RTB。RTB经冗余光纤电缆接至DCS。主要用于汽轮机—发电机组本体的温度测量、锅炉金属温度的测量、循环水泵房的监视和控制以及雨水泵房和生水预处理系统的监视和控制。

8. 发变组和厂用电源的监视和控制功能纳入DCS

三、投用

上海外高桥电厂第一台900MW机组于2004年4月20日顺利通过168h满负荷运行试验并投入商业运行。第二台机组于2004年5月23日并网发电，同年9月22日顺利通过168h满负荷运行试验并投入商业运行，二期工程目前已全面建成。

四、FCB试验

该工程第二台900MW机组在调试阶段，根据机组配置的能力和第一台机组调试经验，在对DCS的协调控制、DEH系统、旁路系统控制等做了一定的改进和预试验准备后，于2004年9月11日和9月14日分别成功地进行了事先无人工干预、全真实运行工况的70%和100%负荷的FCB试验。FCB试验目的是为考核机组在遇到电网突发事故情况下，能否安全转为只带厂用电的孤岛运行方式。

70%FCB试验时，机组负荷为640MW，发电机出线主断路器拉闸后机组负荷降至带厂用电，汽轮机最高转速3076r/min，最低转速2996r/min；18s后机组转速便达到稳定，30min后机组再次并网；由于一台汽动给水泵在汽源切换过程中因进口滤网差压瞬时大造成跳闸，连锁启动了容量为14.4MW的电动给水泵，厂用电在FCB过度过程中经受了电泵启动大电流的冲击。在这次试验中，所有运行参数的波动都被控制在允许范围内。

100%FCB试验时，机组负荷为910MW，试验前汽轮机转速为3003r/min，发电机出线主断路器拉闸后机组最高转速为3113r/min（51.88Hz），最低2956r/min（49.27Hz），机组带厂用电25MW，34s后机组频率稳定在49.88～49.92Hz（见图26-5）。机组从FCB开始到再次并网的时间为7min，而后机组负荷迅速恢复至50%。在这次试验中，所有运行参数都被控制在允许范围内。

大型机组FCB功能试验成功，提高了电厂自身对电网故障的安全适应能力，也增加了电网的安全稳定性。

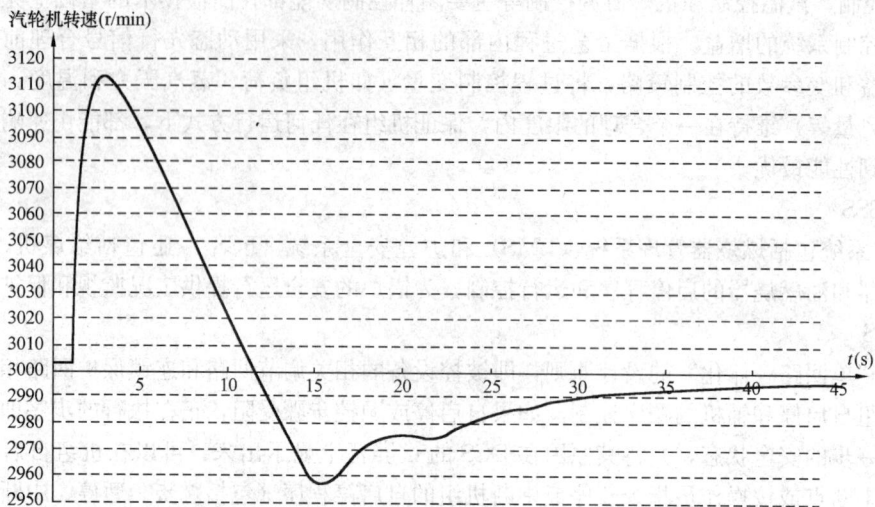

图 26-5　2 号机组全负荷 FCB 试验转子转速变化曲线

复 习 思 考 题

1. 常熟二厂的 DCS 系统配置是怎样的？它的过程控制器是如何分配？你认为 DCS 对外的通信接口主要应包括哪些项目？

2. 外高桥电厂 900MW 机组 DCS 的应用功能有些什么特点？

附　　　录

附录一　工业以太网

以太网（Ethernet）是一种采用了随机争用型介质访问控制方法的总线型拓扑结构网络。以太网的产品标准及相应的网络协议是若干家公司研究合作公布的，并且得到了很多计算机硬件和软件开发公司的支持，开发出来了大量的硬件及软件产品。这些使得以太网成为总线型拓扑结构网络的最具影响的网络类型。

以太网工作的核心原理是随机争用型介质访问控制方法。这是因为在以太网中，所有联网计算机都使用一条总线。某一瞬间只能有一台联网计算机发出信号进行数据传输，而所有联网的计算机都可以接收到这一信号。根据信号数据中所指定的地址判定接收信号的节点计算机是否是信号指定的接收节点。如果是指定的接收节点，则转入接收程序，否则予以放弃。

随机争用型介质访问控制方法的全称是带有冲突检测的载波侦听多路访问方法，即 IEEE 802.3 标准，定义了 CSMA/CD 总线介质访问控制子层和物理层的规范（000CSMA/CD，Carrier Sense Multiple Access with Collision Detection）。采用这种方法的一个基本思路是每一台要发送信息数据的计算机在发送时间上是随机的，也就是不能预先安排。所以存在着两台计算机要同时发送信息数据的可能性。如果出现这种情况，就是产生了冲突。如何避免这种现象发生呢？就要采用"载波侦听"作"冲突检测"或者叫做"冲突避免"。

工业以太网协议有多种，如 HSE、ProfiNet、Ethernet/IP、Modbus TCP 等，他们在本质上仍基于以太网技术（即 IEEE802.3 标准）。对应于 ISO/OSI 通信参考模型，工业以太网协议在物理层和数据链路层均采用了 IEEE802.3 标准，在网络层和传输层则采用被称为以太网上的"事实上"标准的 TCP/IP 协议簇（包括 UDP、TCP、IP、ARP、ICMP、IGMP 等协议），它们构成了工业以太网的低四层。在高层协议上，工业以太网协议通常都省略了会话层、表示层，而定义了应用层，有的工业以太网协议还定义了用户层（如 HSE），如附图 1-1 所示。

一、以太网（Ethernet）体系结构简介

Ethernet 最初是由美国 Xerox 公司于 1975 年推出的一种局域网，它以无源电缆作为总线来传送数据，并以曾经在历史上表示传播电磁波的以太（Ether）来命名。1980 年 9 月，DEC、Intel、Xerox 合作公布了 Ethernet 物理层和数据链路层的规范，称为 DIX 规范。IEEE802.3 是由美国电气与电子工程师协会 IEEE 在 DIX 规范基础上进行了修改而制定的标准，并由国际标准化组织 ISO 接受而成为 ISO8802—3 标准。严格来讲，以太网与 IEEE802.3 标准并不完全相同，但人们通常都将 IEEE802.3 就认为是以太网标准。目前它是国际上最流行的局域网标准之一。

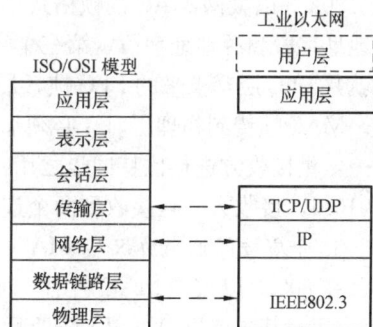

附图 1-1　工业以太网通信模型

1. 物理层

在 802.3 标准中，将物理层分为物理信令 PLS 子层和物理媒体连接 PMA 子层，PLS 子层向

MAC 子层提供服务，并负责比特流的曼彻斯特编码（发送时）与译码（接收时）和载波监听的功能。PMA 子层向 PLS 子层提供服务，它完成冲突检测、超长控制以及发送和接收串行比特流的功能。

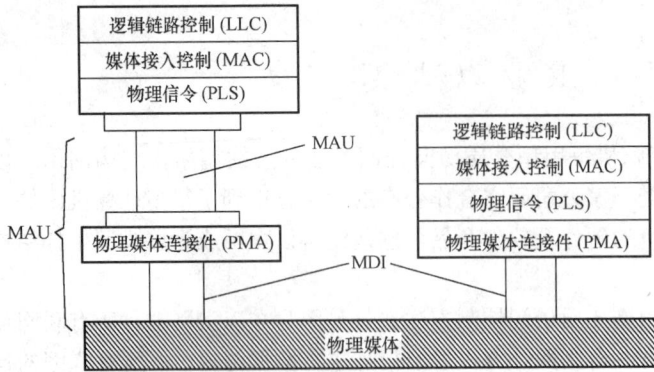

附图 1-2　802.3 以太网的两种体系

802.3 标准规定，物理层的 PMA 与 PLS 子层可在不同设备中实现，如 PLS 在网卡中实现，而 PMA 在收发器中实现。对 PLS 和 PMA 不在同一设备中实现的情形，PLS 就要用连接件单元 AUI 连接到媒体连接件单元 MAU。MAU 相当于收发器电缆，它定义了将 MAU 与 PLS 子层相连的电缆及连接器的机械和电气特性，同时还定义了通过这个接口所交换的信号的特性。媒体相关接口 MDI 与传输媒体的特定形式有关，它定义了连接器以及电缆两端的终端负载的特性。

若 PLS 与 PMA 同处于一个设备中，就不需要连接单元接口 AUI 和媒体连接单元 MAU，但设备与总线的接口部件 MDI 还是需要的。

所以，802.3 以太网具有如附图 1-2 所示的两种结构。它们的区别就在于物理层的 PMA 与 PLS 子层是否在不同设备中实现。

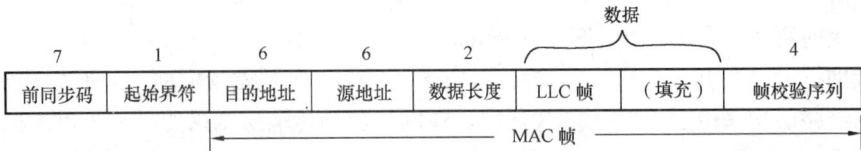

附图 1-3　802.3 以太网帧的结构

2. MAC 层

802.3 以太网 MAC 的帧格式如附图 1-3 所示，它是由五个字段组成，前两个字段分别为目的地址字段和源地址字段，第三个字段为长度字段，它指出后面的数据字段的字节长度，数据字段就是 LLC 层交下来的 LLC 帧，最后一个字段为帧校验序列 FCS，它对前四个字段进行 CRC 校验。MAC 帧传到物理层时，必须加上一个前同步码，它是 7 个字节的 1、0 交叉序列，即 101010……，供接收方进行比特同步之用。紧跟前同步码的是 MAC 帧的起始界符，它占一个字节，为 1001011，接收方一旦接收到两个连接的 1 后，后面的数据即是 MAC 帧。

3. 介质访问控制协议 CSMA/CD

在 802.3 以太网 MAC 层中，对介质的访问控制采用了载波监听多路访问/冲突检测协议 CS-MA/CD，其主要思想可用"先听后说，边说边听"来形象的表示。

"先听后说"是指在发送数据之前先监听总线的状态。在以太网上，每个设备可以在任何时候发送数据。发送站在发送数据之前先要检测通信信道中的载波信号，如果没有检测到载波信号，说明没有其他站在发送数据，或者说信道上没有数据，该站可以发送。否则，说明信道上有数据，等待一个随机的时间后再重复检测，直到能够发送数据为止。当信号在传送时，每个站均检查数据帧中的目的地址字段，并依此判定是接收该帧还是忽略该帧。

由于数据在网中的传输需要时间，总线上可能会出现两个和两个以上的站点监听到总线上没有数据而发送数据帧，因此就会发生冲突，"边说边听"就是指在发送数据的过程的同时检测总线上的冲突。冲突检测最基本的思想是一边将信息输送到传输介质上，一边从传输介质上接收信息，然后将发送出去的信息和接收的信息进行按位比较。如果两者一致，说明没有冲突；如果两者不一致，则说明总线上发生了冲突。一旦检出冲突以后，不必把数据帧全部发完，CSMA/CD立即停止数据帧的发送，并向总线发送一串阻塞信号，让总线上其他各站均能感知冲突已发生。总线上各站点"听"到阻塞信号后，均等待一段随机的时间，然后去重发受冲突影响的数据帧。这一段随机的时间通常由网卡中的一个算法来决定。

CSMA/CD的优势在于站点无需依靠中心控制就能进行数据发送。当网络通信量较小的时候，冲突很少发生，这种介质访问控制方式是快速而有效的。当网络负荷较重的时候，就容易出现冲突，网络性能也相应降低。

4. 冲突退避算法

在802.3以太网中，当检测到冲突检测出来以后，就要重发原来的数据帧。冲突过的数据帧的重发又可能再次引起冲突。为避免这种情况的发生，经常采用错开各站的重发时间的办法来解决，重发时间的控制问题就是冲突退避算法问题。

最常用的计算重发时间间隔的算法就是二进制指数退避算法（Binary Exponential Back off Algorithm），它本质上是根据冲突的历史估计网上信息量而决定本次应等待的时间。按此算法，当发生冲突时，控制器延迟一个随机长度的间隔时间，即

$$T_n = R \times A \times (2^N - 1) \tag{1}$$

式中 R 为 $0 \sim 1$ 的随机数；A 是时间片（可选总线循环一周的时间）；N 是连续冲突的次数。整个算法过程可以理解如下：

（1）每个帧在首次发生冲突时的退避时间为 T_1。

（2）当重复发生一次冲突，则最大退避时间加倍，然后组织重传数据帧。

（3）在10次碰撞发生后，该间距将被冻结在最大时间片（即1023）上。

（4）16次碰撞后，控制器将停止发送并向节点微处理器回报失败的信息。

这个算法中等待时间的长短与冲突的历史有关，一个数据帧遭遇的冲突次数越多，则等待时间越长，说明网上传输的数据量越大。

二、工业以太网网络拓扑

网络拓扑结构是指网络中节点的互联形式。在传统的以太网络系统中，星形拓扑结构是最常用的一种网络拓扑结构。但在工业以太网络中，通常将控制区域分为若干个控制子域，根据不同系统规模和具体情况，灵活采用星型、环形（包括冗余双环）、线型（或类总线型）结构等网络拓扑形式（见附图1-4）。

在星型结构中，每个站通过点—点连接到工业以太网集线器（或交换机），任何节点之间通信都通过工业以太网集线器（或交换机）进行。这种拓扑采用集中式通信控制策略，所有通信均由工业以太网集线器（或交换机）控制，工业以太网集线器（或交换机）必须建立和维护许多并行数据通路，而每个站的通信处理负担很小，只需满足点—点链路简单通信要求，结构很简单。

星型结构是商用以太网中采用得最多的拓扑形式。在工业以太网络中，通常用于某一控制区域内部连接现场设备，如变送器、执行机构、电动机等。

三、工业以太网通信的实时性

众所周知，以太网采用冲突检测载波监听多点访问CSMA/CD机制解决通信介质层的竞争，其通信"不确定性"长期以来成为它在工业现场设备中应用的致命弱点和主要障碍之一。

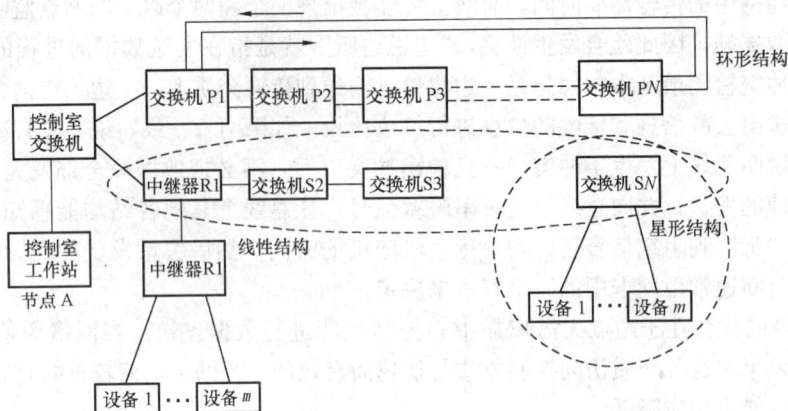

附图1-4 工业以太网的几种网络拓扑形式

但研究表明，在网络负荷较小的情况下，冲突几率很小；加之随着以太网带宽的迅速增加（10/100/1000Mbit/s），数据传输的实时性不断提高，也使以太网逐渐趋于确定性；基于良好设计的以太网系统是确定性的实时通信系统，如经过精心设计，工业以太网的响应时间小于4ms，可满足几乎所有工业过程控制要求。

在工业以太网中，实现实时性的机制主要包括如下几个方面：

（1）采用交换式集线器；

（2）使用全双工（Full-Duplex）通信模式；

（3）采用虚拟局域网（VLAN）技术；

（4）质量服务（QoS）。

1. 工业以太网交换机

在基于共享式集线器的以太网络中，各个站点共享同一个带宽，因此需要通过CSMA/CD机制解决网络碰撞问题。而在以太网交换机组成的网络中，每个端口就是一个冲突域，各个冲突域通过交换机进行隔离，实现了系统中冲突的连接和数据帧的交换。这样，交换机各端口之间同时可以形成多个数据通道，正在工作的端口上的信息流不会在其他端口上广播，端口之间报文帧的输入和输出已不再受到CSMA/CD介质访问控制协议的约束。

由此可见，在以太网交换机组成的系统（见附图1-5）中，每个端口就是一个冲突域，各个冲突域通过交换机进行隔离，实现了系统中冲突的连接和数据帧的交换。这样，交换机各端口之间同时可以形成多个数据通道，正在工作的端口上的信息流不会在其他端口上广播，端口之间报文帧的输入和输出已不再受到CSMA/CD介质访问控制协议的约束。

2. 全双工（Full-Duplex）通信

全双工支持端对端之间的同时发送和接收，但只能点—点通信，也不再使用CSMA/CD的介质访问方式，故不存在冲突问题。因此，设备可在发送的同时接收数据帧，不需等待，从而极大地提高了传输的实时性；而且，此时数据传输延迟主要依赖于交换机的软硬件性能，趋向定值。另外，全双工通信技术在理论上可以使网络带宽增加一倍，如10M的以太网可从10Mbit/s增加到20Mbit/s。

3. 虚拟局域网（VLAN）—IEEE802.1q

虚拟局域网（Virtual Local Aera Network，简称VLAN）就是一个多播域，它不受地理位置的限制，可以跨多个局域网交换机。一个VLAN可以根据部门职能、对象组及应用等因素将不

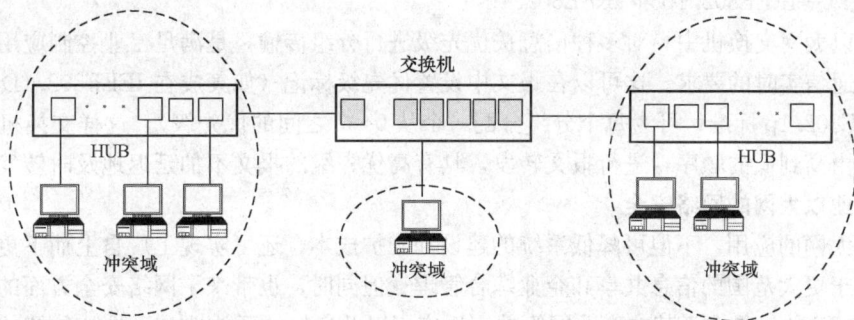

附图 1-5 共享式以太网与交换式以太网

同地理位置的网络用户划分为一个逻辑网段。

对于局域网交换机，其每一个端口只能标记一个 VLAN，同一个 VLAN 中的所有端口拥有一个广播域，而不同 VLAN 之间广播信息是相互隔离的，这样就避免了广播风暴的产生。所以说，VLAN 提供了网段和机构的弹性组合机制，如附图 1-6 所示。

工业以太网无论在通信协议上，还是在网络结构上都是开放的。对于网络本身而言，现场控制单元、监控单元、管理单元都是对等的，受到相同的服务。但基于工业过程控制的要求，控制层单元在数据传输实时性和安全性方面都要与普通单元区别开，因而采用虚拟局域网在工业以太网的开放平台上做逻辑分割。

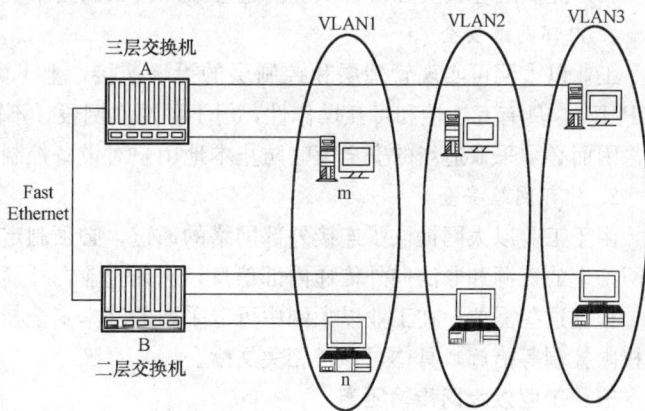

附图 1-6 VLAN 结构示意图

VLAN 在工业以太网的作用在于以下几点：

（1）分割功能层。VLAN 可以有效的将管理层与控制层、不同功能单元在逻辑上分割开，使底层控制域的过程控制免受管理层的广播数据包的影响，保证了带宽。同时为了上下层可直接进行必要的通信，可以在 OSI 参考模型第三层（Network Layer）设备上使用"过滤器"，实现上下层之间的"无缝"连接；而传统方式是通过主控计算机实现"代理"功能，因为上下层网络属异种网，无法直接通信。

（2）分割部门。当不同部门和车间处于同一广播域（子网）时，通过 VLAN 划分功能单元，各自的单元子网不受其他网段的影响，每个单元都成为一个实时通信域，保证了本部门（车间）网络的实时性。

（3）提高网络的整体安全性。当工业以太网根据需要划分了 VLAN，不同 VLAN 之间通信必须经过第三层路由；此时，可以在核心层交换机配置路由访问列表，控制用户访问权限和数据流向，达到安全的目的。

（4）简化网络管理。对交换式以太网，如果对某些终端重新进行网段分配，需要网管员对网络系统的物理结构重新进行调整，甚至需要追加网络设备，增大网络管理的工作量。而对于采用 VLAN 技术的网络来说，只需网管人员在网管中心进行 VLAN 网段的重新分配即可，节省了投资，降低运营成本。

4. 优先级—IEEE802.1p 和 IEEE802.1d

在工业以太网交换机中，对多种信息按优先级进行分组传输，是满足工业控制应用中某些场合需要严格通信实时的要求。这可以在报文中设置优先级标记（如集成在 IEEE802.1D 桥接标准之内的 IEEE802.1p 标准，可为每个分组分配一个从 0～7 之间的优先级），这样交换机可以根据报文优先级由高到低的顺序，进行报文转发，具有高优先级的报文不加延迟地及时转发出去。

四、工业以太网的网络安全

工业以太网的应用，不但可降低系统的建设和维护成本，还可实现工厂自上而下更紧密的集成，并有利于更大范围的信息共享和企业综合管理；但同时，也带来了网络安全方面的隐患。以太网和 TCP/IP 的优势在于其在商业网络的广泛应用以及良好的开放性，可是与传统的专用工业网络相比，也更容易受到自身技术缺点和人为的攻击。

对于工业以太网，安全问题需考虑来自内部和外部两个方面，其安全功能需要满足三点要求，即：

（1）防范来自外部网络的恶意攻击；限制外部网络非信任终端对内部网络资源的访问；

（2）防止来自内部网络的攻击以及对控制域资源的非授权访问；

（3）提供工程人员和设备供应商远程故障诊断和技术支持的保障机制。

1. 内部网络安全

工业以太网可实现管理层和控制层的无缝连接，上下网段使用相同的网络协议（Ehternet-TCP/IP），具有互连性和可互操作性，但不同层次网段，不同功能单元具有不同的功能和安全需求，因而必须采取适当的安全策略防止本地用户对设备控制域系统的非法访问。

2. 外部网络安全

由于工业以太网提供了连接外部网络的通道，必须制定安全策略来防止外部非法用户访问内部网络上的资源和非法向外传递内部信息，保证企业内外通信的保密性、完整性和有效性。

根据这些需要，在工业以太网中可以采取的基本安全技术可以由报文过滤隔离、防火墙、访问权限控制等措施，具体可参考相关文献。

五、工业以太网传输距离

由于通用 Ethernet 的传输速率比较高（如 10Mbit/s、100 Mbit/s、1000 Mbit/s），考虑到信号沿总线传播时的衰减与失真等因素，Ethernet 协议（IEEE802.3 协议）中对传输系统的要求作了详细的规定，如每一段双绞线（10BASE-T）的长度不得超过 100m；使用细同轴电缆（10BASE-2）时每段的最大长度为 185m；而使用粗同轴电缆（10BASE-5）时每段的最大长度也仅为 500m；对于距离较长的终端设备，可使用中继器（但不超过 4 个）或者光纤通信介质进行连接。

然而，在工业生产现场，由于生产装置一般都比较复杂，各种测量和控制仪表的空间分而有可能比较分散，彼此间的距离较远，有时设备与设备之间的距离长达数 km。对于这种情况，如遵照传输的方法设计以太网络，使用 10BASE-T 双绞线就显得远远不够，而使用 10BASE2 或 10BASE5 同轴电缆则不能进行全双工通信，而且布线成本也比较高。同样，如果在现场都采用光纤传输介质，布线成本可能会比较高，但随着互联网和以太网技术的大范围应用，光纤成本肯定会大大降低。

此外，在设计应用于工业现场的以太网络时，将控制室与各个控制域之间用光纤连接成骨干网，这样不仅可以解决骨干网的远距离通信问题，而且由于光纤具有较好的电磁兼容性，因此可以大大提高骨干网的抗干扰能力和可靠性。通过光纤连接，骨干网具有较大的带宽，为将来网络的扩充、速度的提升留下了很大的空间。各控制域的主交换机到现场设备之间可采用屏蔽双绞线，而各控制域交换机的安装位置可选择在靠近现场设备的地方。

附录二　现　场　总　线

现场总线（Fieldbus）是指现场设备与自动控制装置之间的数字、串行、双向、多点通信的数据总线；由现场总线与现场智能设备组成的控制系统成为现场总线控制系统（Fieldbus control system，FCS）；把这一集通信、计算机、控制技术和现场智能设备作为一个整体的技术，成为现场总线技术。

由于计算机技术的发展，嵌入式微处理器如单片机、数字信号处理器在现场仪表和执行机构中得到应用，数字化处理的结果使得这些仪表和执行机构具备与上层控制设备间进行数字通信的能力。现在在电站大量使用的，如 Rosemount 3051 变送器、sipos 5 执行机构等，均具备这种能力，但这些仪表和执行机构同时具有 4～20mA 的模拟量输出信号，目前基本上采用模拟量传输到 DCS 系统，并没有发挥对现场仪表的数字化通信的作用和智能仪表的作用。现场总线技术则很好的解决了这个问题，它克服了 DCS 系统对现场仪表采用 4～20mA 信号连接，电缆多并且不能发挥智能仪表的高级功能的缺点，实现了现场仪表与智能控制系统之间的数字通信。现场总线技术采用开放的网络总线协议，把集中与分散相结合的集散型结构推向了全分散式结构；把部分控制功能前移到现场仪表，依靠现场智能仪表就可以实现基本的控制功能；减轻了 DCS 处理器的负担，使得功能更分散；它还可以方便的实现现场仪表的在线诊断和远程维护。

现场总线具有以下特点：

（1）开放性。现场总线的通信协议都是公开的、透明的。现场设备和仪表引入"功能模块"的概念，采用同一种协议的设备制造商都使用相同的功能块，并统一组态方法，实现不同厂商的产品可以互联。

（2）现场装置的状态可控。由于现场总线具有双向通讯功能，操作人员在控制室即可以对现场仪表进行标定、参数设置和功能组态，以及在线监视其运行情况，方便了故障诊断和设备管理。

（3）测控功能彻底分散。现场仪表都是智能化的多功能装置，不但具有检测、变换和补偿功能，还具有运算和处理功能，把一部分简单的控制功能分散到智能仪表，实现真正的分散控制，大大提高了系统的可靠性和灵活性。

（4）安装方便、维护容易。现场总线采用一对传输线就可以将一定数量的现场仪表串联起来，节省电缆投资，方便安装施工，既省钱又省时间。

（5）性能可靠。现场总线采用全数字化处理和数字通信技术，大大提高了现场装置的信号测控精度，以及信号传输的抗干扰能力，从而提高了系统测控的可靠性和稳定性。

（6）兼容性与互操作性。由于不同制造商采用同一现场总线协议的产品在组态方式、功能构成上都相同，所以具有完全的兼容性、可替代性和互操作性。用户可以购买不同厂商的产品，实现即插即用。

自从 20 世纪 80 年代中期以来现场总线技术开始发展，1985 年国际电工委员会（IEC）着手制定现场总线标准以来，现场总线成为仪表界关注的焦点，全世界先后出现了几百种现场总线产品，经过 10 多年的激烈竞争，现在还有几十种互相独立的现场总线存在。由于他们代表各自制造商的利益，因此很难用一种现场总线协议将之统一起来。

目前，流行的现场总线大约有 CAN、Profibus、FF、Lon Work、Interbus、HART 等几种。为方便理解，下面对常见的现场总线分别作一介绍，首先重点介绍最常用的 MODBUS 总线，以便对其他总线更易于理解。

一、MODBUS

MODBUS 协议是信息结构，不定义物理层，通常 RS232、RS485、RS424 用于其物理层。它是以 clien/server 方式提供服务的。

MODBUS 协议为 MODICON 控制器提供了内部通信信息传输标准，在 MODBUS 网络中，协议确定各控制器如何识别它的装置的地址，辨认传给它的信息，确定应该采取反应的类型，抽取包含在信息中的数据或其他信息。如果需要回答，控制器将组成并发送使用 MODBUS 协议的信息。

在其他的网络中包含 MODBUS 协议的信息通过嵌入或包装的方法加进其他网络通信的信息帧或结构中，这时需要转换装置对 MODBUS 协议信息对系统节点间通信使用的协议进行转换。转换还扩展到解决节点地址、寻址路径、对各种网络规定的错误校验方法。例如，在信息传输前，包含在 MODBUS 协议中的地址将先转换为网络的节点地址，在信息包中的错误校验码也将符合相应网络协议。

1. MODBUS 网络传输

MODICON 控制器上标准的 MODBUS 接口使用 RS232C 兼容的串行口，规定了连接器插脚、电缆连线、信号电平、传输波特率和奇偶校验。控制器可以直接连接或通过调制解调器（MODEM）连接。控制器通信使用主—从（master-slave）技术，只有主站（master）可以启动询问（queries）。其他装置（the slaves）回答，为主站提供数据，或者根据请求执行操作。典型的主站包括主处理器和编程器。典型的从站包括可编程控制器。主站可以对单个从站寻址，也可以对所有的从站广播信息。从站回答对它的询问，对广播信息不作回答。

MODBUS 协议建立起主站的询问的格式，写入装置地址、规定操作的功能码、需要发送的数据以及校验错误的信息组。从站同样用 MODBUS 协议建立起回答的信息，包含肯定已经采取反应的信息、反馈的数据和校验错误的信息。如果在接受信息时发生错误或者从站不能执行需要的行动，从站将生成发生错误的消息并发送它作为回答。

在其他的网络上，MODICON 控制器模件能够使用内置接口或网络适配器在 MODBUS PLUS，利用网络适配器在 MAP 协议网络上通信。在这些网络上控制器用点对点的技术，任何控制器都能启动对其他控制器的通信。因此，控制器可以在不同的传输过程中分别成为主站和从站，多种内部途径提供了主从站之间并行的通信。

在信息层面，MODBUS 协议始终使用主—从原则，尽管网络通信方式是点对点。如果一个控制器启动了一个信息，它就作为主站，并从从站获取回答。同样，当一个控制器收到信息，它将建立回答信息给发出请求的控制器。

主站询问信息如下构成：

装置地址	功能码	8 比特数据字节	错误检查

从站回答信息为：

装置地址	功能码	8 比特数据字节	错误检查

功能码告诉被寻址的从站装置应该采取何种操作，如功能码 03 要求从站读取寄存器中的内容并回答，数据信息必须包含要告诉从站从哪个寄存器开始读取并且要读取几个寄存器数据。错误检查信息对从站提供检查信息内容完整性有效的方法。从站回答的功能码是对请求功能码的回答，数据内容为寄存器中的值或状态，回答出错视为无效。

2. 编码系统

在标准的 MODBUS 网络中控制器建立起通信有 ASCII 码和 RTU 两种模式供选择，在每个控制器组态时用户选择一种模式，同时设置通信参数（如波特率、奇偶模式等）。在同一个 MODBUS 网络中的所有装置的模式和串行参数必须一致。

（1）ASCII 码。

选择 ASCII 码，或者 RTU 模式只适合标准的 MODBUS 网络。它定义在网络中串行的信息的比特内容。它决定信息如何被包装进信息中并如何解读。在其他网络如 MODBUS PLUS 或者 MAP 中，MODBUS 的信息是被放进与串行传输无关的帧中，如在 MODBUS PLUS 中，请求读取寄存器可以在两个控制器间操作，而不管两个控制器 MODBUS 接口现行的设置。

1）ASCII 模式（American Standard Code for Information Interchange）。

当控制器在 MODBUS 网络中设置使用 ASCII 通信模式，在信息中每个 8 比特字节代表两个 ASCII 字符，该模式的主要优点是它允许在两个字符间的间隔时间达到 1s，不会引起错误发生。

2）ASCII 码编码方式。

十六进制 0-9，A-F 代表 ASCII 字符，信息中每个 ASCII 字符包含一个十六进制字符。

每个字节中比特如下：

1 开始比特；

7 位数据比特，位值低的先发送；

1 比特用于奇偶，无奇偶则无此比特；

如使用奇偶 1 比特停止，不使用奇偶 2 比特停止位；

错误校验 LRC（Longitudinal Redundancy Check）。

（2）RTU。

1）当控制器设置为 RTU（Remote Terminal Unit）模式时，在信息中每个 8 比特字节包含 2 个 4 字节十六进制字符。该模式主要优点为其较大的数据密度允许在相同的波特率下比 ASCII 码有较好的数据流通。每个信息必须连续传输。

2）RTU 编码系统。

8 比特二进制，十六进制 0-9，A-F。

信息的每个 8 比特字节包含 2 个十六进制字符。

每个字节中比特如下：

1 开始比特；

8 位数据比特，位值低的先发送；

1 比特用于奇偶，无奇偶则无此比特；

如使用奇偶 1 比特停止，不使用奇偶 2 比特停止位；

错误校验 CRC（Cyclical Redundancy Check）。

3. MODBUS 信息帧结构

在两种串行传输模式（ASCII 或 RTU）中，MODBUS 信息都被传输装置置于一个已知开始和结束点的信息帧中。这使得接收装置在信息的开始点读取地址部分，并确定哪一个装置被寻址（或所有装置，如果是广播信息）并且知道何时信息结束。不完整的信息作为错误被探测出来。

在诸如 MAP，MODBUS PLAS 的网络中，由网络协议组织信息符合网络规定的开始和结束规定。该协议还负责递交到目的装置，将 MODBUS 地址信息嵌入到讯息中（由发端控制器或网络适配器将 MODBUS 地址转换到网络节点地址和寻址路径）。

（1）ASCII 帧结构。

在 ASCII 模式信息开始为冒号（:）即 ASCII 码（3A 十六进制），结束为回车（CRLF）即一对 ASCII 码（0D 和 0A）。传输的是十六机制字符 0-9，A-F。网上的装置连续监听总线等待（:）字符。当接收到开始符号后，每个装置解码下一个讯息区域（地址区域）发现自己是否被寻址。两个字符间一秒间隔如超过，接收装置认为发生错误。典型的信息结构如下：

开始	地址	功能码	数据	LRC 校验	结束
1字符（:）	2字符	2字符		2字符	2字符（CRLF）

（2）RTU 帧结构。

在 RTU 模式信息开始以至少 3.5 个字符间隙的安静间隙时间，随后是地址，结束也是与开始一样的至少 3.5 个字符间隙的安静间隙时间。整个的信息必须连续传输。接受装置弃掉坏信息，并认为下一个字节将是新信息的地址。同样，如果一个新信息早于 3.5 字符时间发送，接收装置将认为它是上一个信息的内容，这时循环检验将出错。RTU 典型的信息结构如下：

开始	地址	功能码	数据	LRC 校验	结束
T1-T2-T3-T4	8字节	8字节		16字节	T1-T2-T3-T4

4. MODBUS 寻址操作

讯息帧的地址域包含两个字符（ASCII）或 8 比特（RTU）。有效从站为 0～247 范围，各从站分别被指定地址 1～248。主站将从站地址放进信息的地址域中寻址。从站回答时，它将自己的地址放进回答信息的地址域，告诉主站，是哪一个从站回答的。

地址 0 用于广播地址。当 MODBUS 协议用于高级网络时，不能用广播方式，或用其他方法代替，如 MODBUS PLUS 使用共用数据库，循环访问后更新数据。

5. 功能码操作

功能码域包含两个字符（ASCII）或 8 比特（RTU），有效的码为 1～255。其中某些适用于某种控制器，有些保留将来用。

当信息从主站发给从站，功能码域告诉从站执行何种操作，如读取一组离散量线圈或输入输出的 ON/OFF 状态；读取寄存器的数据；读取从站诊断结果；写入数据和下载程序等。

从站执行功能码无误则简单的用相同的功能码回答主站，如有错，则回答与主站功能码等价的功能码，只是将最高位置 1。举例，如主站要求从站读取一组寄存器，用下列功能码：0000 0011（十六进制 03）。从站采取正确反应并发送相同的功能码作为回声。如果发生例外，从站返回 1000 0011（十六进制 83）作为回答。同时，从站将在回答信息的数据域中放置一个完整的码告诉主站何种错误及例外的理由。主站的应用程序将据此诊断并报警运行人员。

6. 数据域的内容

数据域由两个 16 进制数构成，范围 00～FF，依据串行传输的方式，可以由两个 ASCII 字符或由一个 RTU 字符组成。由主站给从站的数据包含辅助信息，从站必须按照功能码定义采取对应动作，可能包含如离散量或寄存器地址，操作数量以及数据域中实际的数据字节数。例如，主站要求从站读取一组寄存器（功能码 03），数据域规定开始的寄存器以及有几个寄存器被读取。如果主站写到从站一组寄存器中，（功能码 10 十六进制），数据域规定开始的寄存器，由几个寄存器被写入，数据域后面数据字节计数，和写进寄存器的数据。

如无错误发生，由从站给主站的回答信息包含需要的数据，如果有错误，数据域包含一个例外码，主站将据此采取对策。在某些信息中数据域可以为 0。例如，主站要求从站回答它的通信事件记录（功能码 0B 十六进制），无需任何辅助信息。功能码单独规定该作用。

7. MODBUS 协议有两个限制

只有整数能够在总线上传输；

数值限制在$-32767\sim+32767$之间。

为了克服这种限制，在传输带有小数点的数值前，必须先将其进行缩放处理，比如乘100系数，在主站接收到经过缩放处理的信息后必须还原它。因此，MODBUS协议在传递模拟量数据时要注意此类问题。

MODBUS协议允许一个主站247个从站在同一个网络中，每个从站被指定一个固定不变并且是唯一的地址（1～247）。

在典型的MODBUS系统中，装置的地址由拨号器设定。

适用于MODBUS的应用软件比较多，用来转换MODBUS协议到其他协议的网关也是市场上容易找到的。

MODBUS：2004年9月27日Modbus protocol成为IEC公布的规范，其传输控制协议TCP连同一个伴随的协议RTPS提交给IEC SC65C作为实时工业以太网。附图2-1为MODBUS不同应用方式的结构图，仅供参考。

二、CAN

CAN是控制局域网络（Control Area Network）的缩写，由德国Bosch公司推出，最早用于汽车内部测控部件间数据通信，后扩大到其他领域，值得注意的是目前我国电力系统自动化领域的电站自动化装置已经使用CAN总线技术作为继电保护间隔层的通信网络。CAN规范已经被国际标准化组织采用，成为ISO11898标准。CAN协议也是建立在ISO/OSI模型基础上，采用了OSI的物理层、数据链路层和最高的应用层。其信号传输介质为双绞线，最高通信速率为1Mbps（通信距离40m），最远通信距离10km（通信速率5Kbps），节点数目可达110个。

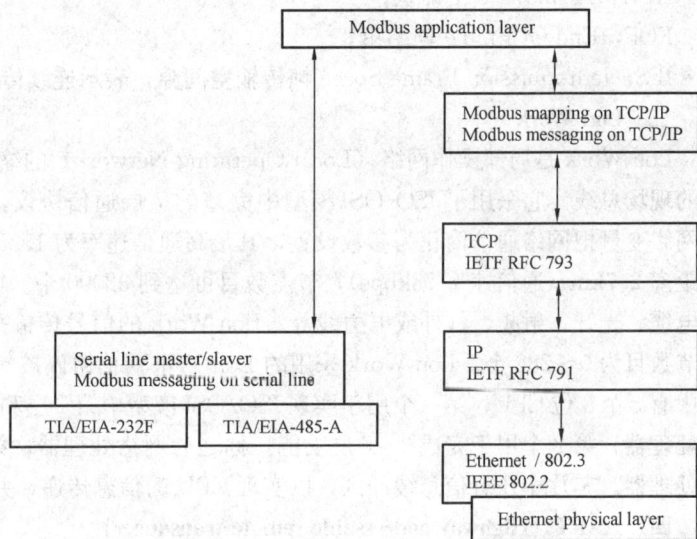

附图2-1　MODBUS结构示意图

CAN的信号采用短帧结构，每一帧有效字节数为8个，因而通信时间短，受干扰概率低，每帧信息均有CRC校验，通信误码率极低。CAN总线中节点在发生严重错误的情况下，具有自动关闭的功能，使该节点脱离，不影响其他节点。

CAN是基于广播通信机制，采用非破坏性逐位仲裁的载波侦听多路访问，是信息定位的传输机制。CAN定义信息内容而不是站地址，每个信息都有自己的识别，该识别在网络中是唯一的，它定义该信息的内容以及优先等级，用于在竞争总线时的裁决。信息定位方法使系统构成灵活，增加站点不需要改变硬件或软件修改。信息传输不依赖专门的站点。在系统设计时就在信息表中通过相应的二进制值定义好优先级别，最低字节具有最高优先权。该值在运行中不会动态改变。在竞争广播中的冲突通过识别符的位值（bit-wise）仲裁。每个站逐个监视总线位电平。传输请求根据在系统中的地位被处理。该优点表现在系统负荷重的时候。因为总线使用权竞争是基于信息优先权，它可以保证在实时系统的反应时间快。

CAN 协议的信息结构如下：

SOF	idendifier	RTR	IDE	DLC	DATA	CRC	ACK	EOF	IFS

SOF，Start Of Freme 帧开始；

Identifier，Arbitration field 识别符；

RTR，Remote Transmission Request 远方传输请求，该比特位用于区别数据帧和数据请求帧；

IDE，Identifier Extension 扩展识别符，用于区别是 CAN 基本帧还是扩展帧；

DLC，Data Length Cord 数据长度码，定义随后数据的字节数，如果是数据请求，则表示被请求的数据字节数；

DATA，数据；

CRC，Cyclic Redundant Check 循环校验码；

ACK，Acknowledge 确认；

EOF，End Of Frame 帧结束；

IFS，Ientermission Frame Space 帧传输空间隙，表示连续传输信息间最小的比特数。

三、Lon Work

Lon Work 是局部操作网络（Local Operating Network）的缩写，它是由美国 Echelon 公司研制的现场总线。它采用了 ISO/OSI 模型中完整的 7 层通信协议，采用面向对象的设计方法，通过网络变量把网络通信简化为参数设置，其最高通信速率为 1.25Mbps（通信距离 30m），最远通信距离 2.7km（通信速率 78kbps），节点数目可达到 32000 个。网络通信介质可以是双绞线、同轴电缆、光纤、射频、红外或电力线等。Lon Work 的信号传输采用可变长帧结构。每帧的有效字节数目为 0～288 个。Lon Work 采用的 Lon Talk 通信协议被封装在 Neuron 神经元芯片中。芯片中有 3 个 8 位 CPU，第一个用于实现 ISO/OSI 模型中第 1 层和第 2 层的功能，称为媒体访问控制处理器；第 2 个用于完成 3～6 层功能，称之为网络处理器；第 3 个对应于第 7 层，称之为应用处理器。芯片中还有信息缓冲区，以实现 CPU 的信息传递，并作为网络缓冲区和应用缓冲区。

四、HART（Highway addressable remote transducer）

哈特协议是在常规 4～20mA 信号上，叠加数字信号的协议，是由一个独立的组织维持的一个工业标准，它定义现场智能设备与控制系统通信的方式。全世界超过 105 个制造商支持哈特协议，使用在 170 种不同领域的仪表。目前，应用超过 800 万台仪表，安装在超过 10 万个工厂中。

HART 协议具有以下特点：

（1）得到所有大的过程仪表制造商支持；

（2）传统的 4～20mA 与数字信号通信并存；

（3）与传统模拟装置兼容；

（4）提供仪表安装与维护的重要信息，如制造商信息、标签号、测量值、零点和量程范围数据、产品信息与诊断信息等；

（5）节省电缆，使用多节点网络；

（6）可以通过使用智能仪表网络改善管理降低运行成本。

HART 协议参考了 ISO/OSI 参考模型的物理层、数据链路层和应用层。

HART 协议的数字信号采用基于 BELL 202 标准的频率移相键控信号 FSK 实现，通信速率 1200bps，单台设备最大通信距离为 3km，多台设备的最大通信距离 1.5km，通信介质采用双绞线，最大节点数目为 15 个。1200Hz、±0.5mA 幅度的频率信号代表数字"1"，2200Hz±0.5mA 频率信号代表"0"，因为是移频信号，故不对 4～20mA 电流信号传输造成影响。

HART 传输是 MASTER/SLAVE 或者 POLL/RESPONSE 的方式，现场仪表回答用户的命令或请求。典型的回应时间为 500ms（每秒两个仪表通信数据值），也可选择广播式，信息间隙允许"MASTER"改变命令或模式。

HART 采用可变长帧结构，每帧最长 25 字节，HART 仪表可以以两种方式使用，即点对点方式和多点模式。寻址范围为 0～15。当地址为 0 时，为点对点方式，处于与 4～20mA 兼容的数字通信状态。当地址为 1～15 时，处于全数字通信状态，该模式时每个仪表设定电流 4mA，控制器必须有 HART 的调制解调器。HART 协议用户层规定了三类命令：第一类是通用命令、适用于遵循 HART 协议的所有产品；第二类为普通命令，适用于遵循 HART 协议的大多数产品；第三类为特殊产品，适用于遵循 HART 协议的特殊设备。另外，HART 还为用户提供了设备描述语言 DDL（Device Description Language）。

尽管 HART 协议并不是国际标准规定的现场总线之一，由于目前许多变送器具备 HART 协议，通过对 HART 协议分析还能更好的理解其他现场总线的技术。

HART 协议使用 OSI 参考模型中的 1、2 和 7 层。物理层采用 BELL202 标准的移相键控技术。

数据链路层为 HART 协议，采用 MASTER/SLAVE 方式，不问不答，完成一个主、从之间的数据交换之后，主站将暂停一个固定时间周期才发出第二个命令，这之间允许第二个主站插进来，两个主站监视固定的时间帧。询问可以是点对点，也可以是广播式。最简单的传播形式是主站的报文直接尾随从站的回答或确认报文。如附图 2-2 所示，该模式用于数据交换。

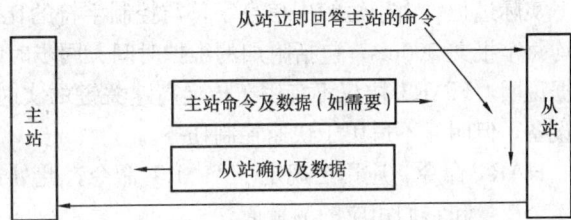

附图 2-2　HART 信息传播形式简图

HART 的报文结构为：每个单独的字节 BYTE，作为含 11 个 bit 的 UART 符号发送，有开始、奇偶校验和停止位。5 版本或者更高的 HART 协议，提供两种报文格式，使用不同的地址位，分为短报文和长报文。

PREAMBLE	SD	AD	CD	BC	STATUS	DATA	PARITY

PREAMBLE，预报，包括 3 个或更多的十六进制 FF 字符，用于同步各站点。

SD，START BYTE 开始字节同时指明哪个参与者在发送信息（主站、从站）以及使用短帧还是长帧。

AD，ADDRESS 地址，短帧地址只含一个字节，其中 1 位用于区别两个主站，1 位用于轮讯方式（BURST TELEGRAMS），使用 4 位作为现场装置地址（地址 0～15）。长帧地址使用 5 个字节，因为长帧使用 38 位来区别现场设备。

CD，HART COMMAND 命令字节，用于将主站的三个等级的命令编码，命令的重要性取决于应用层 7 的定义。

BC，BYTE COUNT 计数字符，指示讯息的长度，它之所以必要是因为每个报文的数据字节数可以从 0～25 个，用它可以使接收者清晰的判明报文并求和校验。报文字节数取决于状态量的总和以及数据的字节。

STATUS, STATUS BYTES 状态字节，两个状态字节只包含在从站回答的信息中，并且包含bit-编码的信息，它们用于指示接受的信息是否正确，现场装置的运行状态。当现场装置运行正确，两个状态字节设置为逻辑零。

DATA，数据，可以是无＋/－号的正数、浮点数或 ASCII 码字符串。使用何种数据由命令字节决定。然而，并不是所有命令或回答都含有数据。

PARITY，奇偶校验，校验包括对报文所有字节进行纵向奇偶校验。HART 协议的哈明距离等于 4 。

HART 报文传输时间按下列方法计算：

传输报文时间根据传输 bit 速率（1200Hz）和报文中 bit 的数量确定的。报文长取决于信息（0～25 字符）以及信息结构，当使用短帧信息中包含 25 个字符，总共 35 个字符必须传送。因为每个 BYTE 作为 UART 字符传送，可以得出下列数据：

HART 传输速度		HART 传输速度	
字节/每报文	25 个信息字符+10 控制字符	时间/每 bit	1/1200bits/s＝0.83ms
报文长	35 字符×11bit＝385bits	传输时间	385×0.83ms＝0.32s
用户数据	25×8bits/385bits＝52％	时间/每数据字节	0.32s/25 字节＝13ms

实际过程，由于短帧中信息字符与控制字符的比率偏小，可能用 128ms 传递一个用户数据。平均每个报文 500ms，包括附加的维护时间、同步时间等。结果大约每秒两个报文可以执行。此数据说明，HART 协议不宜用于传递高速关键的实时数据。HART 可以用于设备诊断、调试现场设备，但明显不适用于快速控制任务。

HART 命令，应用层规定了 HART 命令，此处给出一个例子，命令 33 可以读出现场装置的 4 个变量和它们相应的测量值。

主站—命令中的数据（4 字节）	
BYTE 1	Slot 0 变量码
BYTE 2	Slot 1 变量码
BYTE 3	Slot 2 变量码
BYTE 4	Slot 3 变量码

现场装置回答数据（24 字节）	
BYTE 1	Slot 0 变送器变量码
BYTE 2	测量单位码
BYTE 3～6	测量值
BYTE 7～12	Slot 1 同 slot 0
BYTE 13～18	Slot 2 同 slot 0
BYTE 19～24	Slot 3 同 slot 0

HART 的开放性使用户只要知道简单的 HART 标准符号，用于状态和错误信息即可，为进一步了解有关装置信息，通用和普通命令就不够了，需要用户了解数据的含义，防止当附加的状态信息和增加设备时改写软件，开发了 DDL（Device Description Language）。DDL 是由"Human Interface"开发的，不仅用于 HART，也用于其他现场总线。DDL 是一种类似编程语言一样的语言，它使制造商可以精确、完整的描述所有的通信选择。DDL 允许制造商描述：

1）通信数据元素属性和附加信息；

2）装置运行状态；

3）装置命令和参数；

4）菜单结构，给出运行和功能清晰的描述。

因此主站具有了所有必要的信息，并能翻译它们。

HART 组态应能满足的要求，VDI 导则 2187 定义了应用组态装置（PC 或手持终端）基本性能和结构，另外需要支持 HART 装置：

1）所用 HART 协议的命令需要被执行并可选择；

2）为扩展运行功能，DDL 语言应能执行；

3）用户接口为用户提供了所有扩展的通信、信息和控制功能。

所有装置的基本功能应该通过通用命令即可执行，然而主站必须能够由现场装置记录的 DDL 数据，即通过磁盘（DISKS），HART 基金会维护的信息库，其中存入了所有登记注册的 HART 装置的资料，但多数基于 PC 造商用应用程序不能支持该组态方法，因此 HART 制造商通常提供适合它们自己装置的程序，这就限制了 HART 的灵活性和开放性。

五、FF（FIELDBUS FOUNDATION）

FF 是目前最具竞争力的现场总线之一，它的前身是以 Fisher-Rosemount 公司为首的联合 80 家公司制订的 ISP 协议和以 Honeywell 公司为首的联合欧洲 150 家公司制订的 WorldFIP 协议，两大集团 1994 年合并成立现场总线基金会。致力于开发统一的现场总线标准。FF 目前拥有 120 多个成员包括世界上最主要的自动化设备制造商，如 AB、ABB、Foxboro、Honeywell、Smart、Fuji、Electric 等。

FF 采用了 OSI 参考模型中的物理层、数据链路层和应用层，并在其上增加了用户层，各厂家的产品在用户层的基础上实现。

FF 总线采用的是令牌总线通信方式，可分为周期性和非周期性通信。

FF 目前有高速和低速两种通信速率，低速总线协议 H1 于 1996 年发表，目前已用于工业现场，高速协议 H2 被 Ethernet（以太网）取代。H1 的通信速率为 31.25kbps，传输距离可达 1.9km，可采用中继器延长传输距离，并可支持总线供电，支持本质安全防爆环境。Ethernet 通讯速率可 10M/100Mbps，更高速可达 1G。FF 可采用总线型、树型、菊花链型等网络拓扑，最大通信距离 1.9km，加中继后可达 9.5km，最多可借 32 个节点（非总线供电）、13 个节点（总线供电）或 6 个节点（本安要求）。如果加中继最多可连接 240 个节点。FF 支持双绞线、通轴电缆、光缆和无线电发射等传输介质，物理传输协议符合 IEC1158-2 标准，编码采用曼彻斯特编码。

FF 采用可变长帧结构，每帧有效字节数 0～251 个。目前有 Smart、Fuji、National、Semiconductor、Siemens、Yokogawa 等 12 家公司可提供 FF 芯片。将 FF 协议固化在其中，可以方便的采用。

FF 总线有非常出色的互操作性，这在于 FF 采用了功能模块和设备描述语言 DDL，使得现场接点之间能准确、可靠的实现信息互通。目前 FF 有 29 个功能块，其中 10 个基本功能块和 19 个先进功能块。用户还可以开发自己的功能块，这些功能块之间通过标准的 DDL 实现互操作。各种 FF 现场总线产品一致性的测试由中立机构制订的设在德国的 Fraunhofer 实验室担任。

六、PROFIBUS

PROFIBUS 是过程现场总线（Process Field Bus）的缩写，它是德国国家标准 DIN19245 和欧洲标准 EN50170 所规定的现场总线标准。PROFIBUS 由 PROFIBUS-DP、PROFIBUS-PA、PROFIBUS-FMS 三个兼容部分组成，其中 PROFIBUS-DP 是一种高速度低成本的通信系统。它按照 ISO/OSI 参考模型定义了物理层、数据链路层和用户接口，适用于子系统（装置）级的控制与监视，传输介质：双绞线、光纤，速率从 9.6kbps～12Mbps。主站间为令牌传送，主站与从站间为主—从传送。DP 可连接控制器、PLC、远程 I/O、7 变送器、阀门等；PROFIBUS-PA 专为过程自动化设计，可使变送器和执行器连接在一根总线上，并提供本质安全和总线供电特性。PROFIBUS-PA 采用扩展的 PROFINBUS-DP 协议，另外还有现场设备描述的 PA 行规；PROFIBUS-FMS 根据 ISO/OSI 参考模型定义了物理层、数据链路层和应用层，其中应用层包含了现场总线报文规范 FMS（Fieldbus Message Specification）和底层接口 LLI（Lower Layer Interface），最高通信速率 12Mbps（通信距离 100m），最大通信距离 1.2km（通信速率 9.6kbps），如果采用中继器可延长至 10km，其传输介质可以是双绞线或光缆。每个网络可挂 32 个节点，带中继器最多可挂 127 个节点。PROFIBUS 采可变长帧结构，定长帧一般为 8 字节，可变长帧每帧有效字节为 1～244 个。近年来，多家公司联合开发 PROFIBUS 通信系统专用集成电路芯片，目前已能将 PROFIBUS-DP 协议全部集成在一块芯片中。

PROFIBUS 介质存取协议（Medium Access Protocol）。

PROFIBUS 采用统一的介质存取协议（MAP），此协议由 OSI 参考模型的第二层来实现。在 PROFIBUS 中，第二层称为现场总线数据链路层（FDL, Fieldbus Data Link）。介质存取控制（MAC，Medium Access control）规定一个站数据传输的步骤。

对于一个由控制器与现场装置构成的简单系统，PROBFIBUS-DP 采用专有的数据循环通信方式，实现现场装置与自动装置（一类主站）之间的通信，在一个给定的时间间隔内循环交换输入/输出数据，二类主站（如监视器、手持编程器）读写数据独立于控制回路，原来 DP 不具备此功能，1997 年扩展了此功能，定义与规范中，称为 PROFIBUS-DPV1，在循环通信之外增加了非循环通信服务用于报警、诊断、参数设置及对装置控制。对于多主站的系统，主站之间采用令牌通信，PROFIBUS 的介质存取协议必须保证某一个时刻只有一个站具有传输数据的权利。PROFIBUS 协议满足介质存取控制的两个基本要求：

（1）在复杂的自动化系统（主站）间通信时，必须保证在精确定义的时间间隔内，每个主站都具有足够的时间来完成它的通信任务；

（2）在主站与它的外围设备（从站）间通信时，必须尽可能快速简单地完成循环和实时的数据传输。

在总线系统初建阶段，主站的介质存取控制（MAC）的任务是检查主战上的逻辑分配并建立令牌环，生成预组态的（LAS）表。在总线运行期间，故障或断开的主站必须从令牌环中撤出，新加入的主站必须加入令牌环。总线存取控制保证按照地址升序从一个主站将令牌交到下一个主站。主站的实际令牌持有时间取决于预组态的令牌轮转时间。PROIFIBUS 介质存取控制的另一个特点是检测传输介质和线路接收器的故障、检测站编址中的错误（如地址重复等）及令牌传递中的错误（令牌丢失或多个令牌）。另外检查数据的安全性。通过对报文的起始和结束定界符、无间距同步、奇偶校验位和字节检查实现数据的安全和完整性，所有报文的海明距离等于 4，就是说，当一个数据有 3 个数据位同时出错时，仍然能被系统检验出来。

PROFIBUS 的第二层按照非连接模式操作，除逻辑点对点数据传输外，换提供多点通信（即广播和群播）。广播通信是一个主站向所有其他站（主站和从站）发送无需应答的报文，而群播通信是指一个主站向预先确定的站组（主站和从站）发送无需应答的报文。

1. DP 通信行规

中央自动化设备（PLC/PC 等）与现场设备（如变送器、执行机构、I/O 等）通过快速串行方式通信。基本功能为主站循环地读取从站的数据，并循环地向从站写入输出信息。总循环时间应比中央自动化的程序循环时间短，对很多应用场合的程序循环时间为 10ms。除循环的用户数据传输外，DP 还提供强大的诊断和初始设置功能。DP 的基本功能如下：

总线存取	（1）主站的令牌传递和主从之间的循环步骤； （2）支持多主站，在一条总线上最多有 126 个主站和从站设备
通　信	（1）点对点或群播； （1）循环的主从用户数据通信

运行状态	(1) 运行，输入和输出数据的循环传输； (2) 清除，输入被读取，输出被保持在安全状态； (3) 停止，诊断和参数化，不进行用户数据传输
同　步	(1) 控制命令允许输入和输出的同步； (2) 同步模式，输出同步； (3) 冻结模式，输入同步
功能	(1) DP主站与从站之间循环的用户数据传输； (2) 各从站的动态激活和解除激活； (3) 检查从站的组态； (4) 强大的诊断功能，三级诊断信息； (5) 输入和输出的同步； (6) 通过总线可随意的给从站分配地址； (7) 每个从站的输入和输出数据最多可达244个字节
保护功能	(1) 所有报文的传输按海明距离HD=4进行校验； (2) DP从站的定时监视器（Watcdog）检查所属主站的故障； (3) 对DP从站的输入/输出进行存取保护； (4) 有主站中的可调监视定时器来监视用户数据通信
设备类型	(1) DP主站（一类）如中央可编程控制器PLC/PC等； (2) DP主站（二类）如运行人员的监视设备、组态编程工具等； (3) DP从站，I/O设备、执行机构、变送器等

2. 扩展的DP功能

扩展的DP功能允许主站与从站之间传送非循环的读和写功能以及报警，可以实现与循环用户数据通信相并行的操作。这样，使用二类主站成为可能。为不影响循环数据通信非循环数据的传送具有较低的优先权，而且主站需要附加的时间来执行非循环通信服务，这一点在整个系统的参数化中必须加以考虑。为此，参数化工具往往增大令牌循环时间以便主站不仅能够执行循环的数据传输，也能执行非循环的通信服务。

3. 使用槽号（slot）和索引号（Index）编址

为寻址数据，PROFIBUS设想从站由模块（module）构成。对循环的数据传输，在DP基本功能中也使用这样的模块，在那里每个模块具有固定的输入和输出字节数，它们被传送时，在用户数据报文中具有固定的位置。这种编址过程以标识符为基础，标识符标识模块的类型，如输入、输出或输入/输出组合等。所有标识符一起给定一个从站的配置，并在系统建立时，由系统一类主站进行检查。

非循环服务也以这中模块化的概念为基础。考虑读和写存取所激活所有的数据块分属于某些模块。这些模块用槽号和索引号来寻址。槽号表示模块，索引表示属于此模块的数据块。每个数据块最多244个字节，对于模块型设备，将槽号分配给模块。从1号开始，模块按照升序连续地编号。槽号0用于该设备本身。

在读和写请求中有长度规定时，可以读或写一个数据块的部分数据。如果数据块的存取是成功的，则从站用肯定的应答作为回答。如果不成功，从站在应答中给出问题的类别。非循环的数据通信是通过连接来实现的。在开始非循环的数据通信之前，由二类主站使用MSAC2-initial服务来建立通信连接，此时可以进行读写等操作。在退出连接时，用MSAC2-abort命令来终止服务。

PROFIBUS-PA采用IEC-611582报文数据同步传输，与RS-485非同步传输很大部分相同：

同步传输速率 31.25kbps；

曼彻斯特编码，电流＋/－9mA 远方供电，双绞线；

126 地址；

距离最大 1900m。

PROFIBUS 的报文结构：

无数据的报文（6 控制字节）；

带有一个数据域的报文具有固定长度（8 数据，6 控制字节）；

带有贬数据域的（0～24 数据，9～11 控制字节）；

短确认（1 字节）；

令牌电报用于总线进入控制（3 字节）。

报文结构如下：

预　　备	开始分隔符	FDL 报文	结束分隔符
1～8 字节	1 字节	1～256 字节	1 字节

FDL 结构如下：

SD	LE	LEr	SD	DA	SA	FC	DATA-UNIT	FCS	ED

SD，开始分界符；

LE-LEr，长度字节，安全理由重复两次；

DA，目的地址；

SA，源地址；

FC，祯控制（报文类型）；

DATA-UNIT，数据域；

FCS，祯检查程序；

ED，结束分界符。

FDL 报文字节以 UART 字符非同步传输在 RS-485 线上，PA 则以 IEC bit 同步传输。

报长取决于数据域，用户数据率 8％～96％（1 或 244 数据字节，11 控制字节）；

以 PA 的 31.25kbps 计算传递时间为 0.4～8.2ms/报文，所以每个用户数据字节需要平均 0.4～32ms。

假设控制 10 个控制回路，10 个传感器加 10 个执行机构。

假设每个装置传送 5 个用户数据对每个附加的时间值最小增加周期 $5 \times 8bits/31.25kbits/s = 1.3ms$。

大致的估计可按照下式计算

循环时间≥10ms×装置数量＋10ms（class 2 master）＋1.3ms（附加循环值）

算出控制周期为 210ms。

4. 用户接口

由于 DP 和 PA 都只使用 OSI 参考模型的 1、2 层，数据直接连接映像 DDLM（Device Data Link Mapper）形成用户层与数据链路层之间的接口。对 DPV1，DDLM 提供了各种非同步服务功能，即：DDLM 启动；DDLM 读；DDLM 写；DDLM 中断；DDLM 报警；DDLM 确认，DDLM 功能作为基本的通信服务用于用户接口。

用户接口多功能成为现代通信系统强大的工具，同时开放性要求不同的信息实现交换，"开放性和互操作性"要求对装置接口精确定义，为此 PA 使用一系列元素或描写，包括以下几方面：

电子设备数据单（GSD）；

电子设备外形；

电子设备描写（EDD，Electronic Device Description）或替代的 FDT（Field Device Tool Specification）

以 GSD 文件为例说明如下：

在 GSD 中定义 PROFIBUS 设备特有的通信特性。所有 PROFIBUS 的 GSD 文件均由设备制造商提供。GSD 文件将开放通信扩展到操作员控制级。在组态时，用组态工具可装入每个设备的 GSD 文件，用户可以方便的将不同制造商的设备集成到 PROBFIBUS 系统中。

GSD 文件包括以下三方面：

（1）一般规定。制造商名称和设备名称、硬件和软件版本、支持的波特率、用于监视时间的可能时间间隔及总线连接器的信号分配。

（2）与主站有关的规定。包括与主站有关的所有参数，如能连接的最多从站数，或上装/下载选项。这一部分规定对从站不适用。

（3）与从站有关的规定。包括与从站有关的所有规定，如 I/O 通道的数量和类型，诊断文本的详细说明以及对模块化设备有效的模块信息。

附录三 iFIX 监控软件

近年来，越来越多的 DCS 厂家转而应用基于 WINDOWS 系统的操作平台，而监控软件也常采用国际专业软件商提供的商业软件，国内比较常用的有 Intelution 公司的 iFIX 以及 Wonderware 公司的 inTouch。

iFIX，是 Intellution Dynamics 自动化软件产品家族中的 HMI/SCADA 最重要的组件，它是基于 WindowsNT/2000 平台上的功能强大的自动化监视与控制的软件解决方案. iFIX 可以用于监视、控制生产过程，并优化生产设备和企业资源管理。它能够对生产事件快速反应，减少原材料消耗，提高生产率。生产的关键信息可以通过 iFIX 贯穿从生产现场到企业经理的桌面的全厂管理体系，以方便管理者作出更快速更高效的决策，从而获得更高的经济效益。

一、iFIX 基本概况

1. iFIX 基本功能

（1）支持终端服务器 Terminal Server；

（2）嵌入式 VBA；

（3）实时和历史趋势；

（4）VisiconX-免编程关系数据库访问工具；

（5）数据采集和管理；

（6）报警和报警管理、报警计数器；

（7）网络功能、节点级安全；

（8）在线组态；

（9）过程可视化；

（10）支持企业实施历史数据库平台 iHistorian；

（11）全面支持 OPC 服务器和 OPC 客户端；

（12）支持 ActiveX 控件和控件安全容器功能；

（13）权限管理和控制；

（14）面向对象的图形界面开发；

（15）即插即解决 Plug and Solve 的架构；

（16）工作台 Workspace 集中式开发环境。

2. iFIX 性能指标

（1）技术。

1）基于 Windows 2000/NT/XP 平台；

2）即插即解决结构及 COM 技术、方便集成第三方应用；

3）全面支持 ActiveX 控件；

4）安全容器，可以排除 ActiveX 控件故障，保证 Intellution WorkSpace 运行；

5）功能强大的微软标准编程语言，嵌入式 VBA；

6）完整的 OPC 客户/服务器模式支持；

7）标准 SQL/ODBC API 接口，方便关系数据库集成；

8）提供 SQL Server 7.0 集成安装方式。

（2）分布式结构。

1）实时的客户/服务器模式允许最大的规模可扩展性；

2）SCADA Server 连接到 I/O，包括过程数据库；

3）可选客户端：iClient、iClientTS 和 iWebServer；

4）客户端 iClient 和 iClientTS 提供开发、运行和只读模式。

（3）开发环境。

1）Intellution WorkSpace 为所有 Intellution Dynamics 组件提供集成化的开发平台；

2）动画向导、智能图符生成向导等强大的图形工具方便了系统开发；

3）功能键编辑器自定义功能热键；

4）脚本编写向导使用户创建 VBA 脚本程序更方便；

5）标签组编辑器大量节省系统开发时间；

6）调度处理器使任务可以基于时间或事件触发，根据需要在前台或后台运行。

（4）控制功能。

1）先进的报警和信息管理，提供无限制的报警区域选择、报警过滤和远程报警管理等功能；

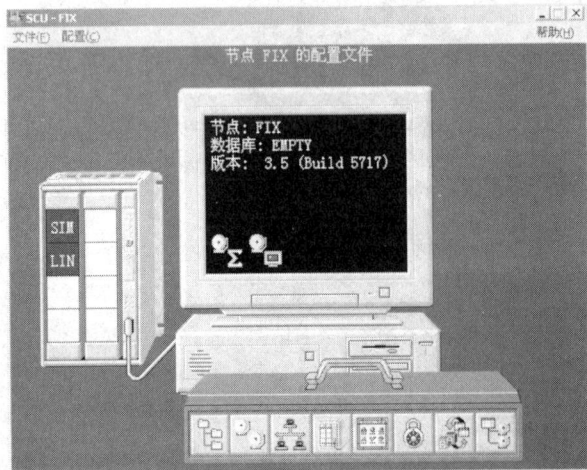

附图 3-1 系统配置程序主界面

2）冗余选项提供了 SCADA Server 和 LAN 间的自动切换，实现 SCADA Server 间的报警同步；

3）增强 Windows 2000/NT 用户级安全系统。

（5）数据采集和管理。

1）历史数据采集；

2）VisiconX：功能强大的 ActiveX 数据连接控件；

3）强大的图表对象和趋势显示工具；

4）图表组向导功能；

5）导出数据到关系数据库，生成各

种报表；

6）内嵌 Crystal Report 运行动态库。

二、系统配置

在系统安装完毕后，首先要对系统的各种环境进行一些设置，以便使系统能够按照用户所设想的方式进行工作。

在 Intellution Fix 程序组中运行 System Configuration 程序来启动系统配置程序。系统配置程序的主界面，如附图 3-1 所示。

1. 目录设置

如附图 3-2 所示，点击目录设置图标 会弹出目录设置对话框，主要设置以下几个系统工作路径：

（1）Base，控制系统的基目录，即安装 T3500 时的根目录，如 C：\ FIX32；

（2）Local，关于本地 T3500 系统的设置文件的存放路径，如 C：\ FIX32 \ LOCAL；

（3）Database，本地数据库（包括 PDB 数据库、一些 PLC 的数据库以及 DCS 数据库等）的存放路径，如 C：\ FIX32 \ PDB；

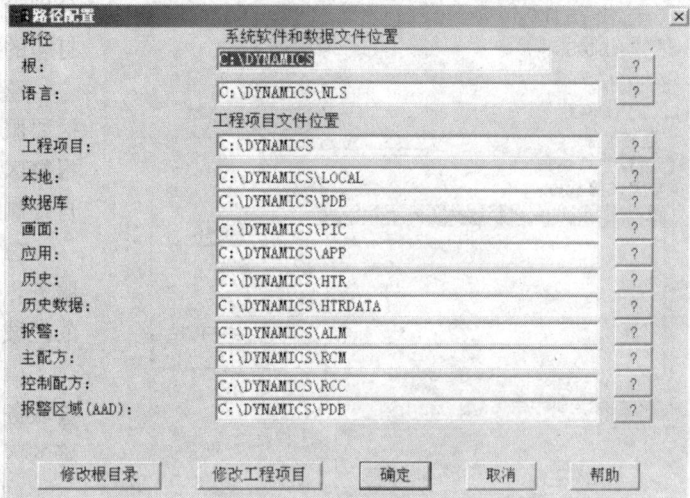

附图 3-2　目录路径配置

（4）Language，关于语言设置的文件存放的路径，T3500 是支持多种语言的系统，因此允许通过一定的设置来改变语言环境，一般本项不需修改；

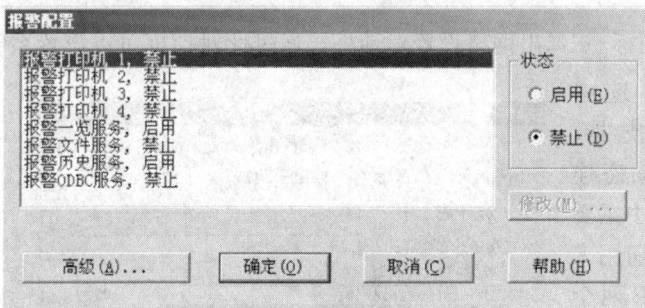

附图 3-3　报警配置

（5）Picture，用于存放系统图形文件的路径，如 C：\ FIX32 \ PIC；

（6）Fast，有关 DDE 查询历史数据所形成的数据文件的存放目录，如 C：\ FIX32 \ FAST；

（7）Application，应用程序存放目录，一般系统其他可执行的程序都存放在这个目录下，如 C：\ FIX32 \ APP；

（8）Historical，关于历史数据设置的有关文件存放的目录，如 C：\ FIX32 \ HTR；

（9）Historical Data，存放历史数据文件，根据历史数据的设置，可以生成 4h 文件、8h 文件和 24h 文件，如 C：\ FIX32 \ HTRDATA；

（10）Alarms，关于系统的操作记录、报警记录、事件记录、登录记录等文件存放的目录，如 C：\ FIX32 \ ALM；

（11）Master Recipe，有关处方配置的文件存放目录，本系统未用，接受缺省值即可；

（12）Control Recipe，有关处方配置的文件存放目录，本系统未用，接受缺省值即可。

2. 报警设置

如附图 3-3 所示，点击报警设置图标 弹出报警设置对话框，通过对话框可以对报警信息进行配置，其系统有以下几种报警类型设置：

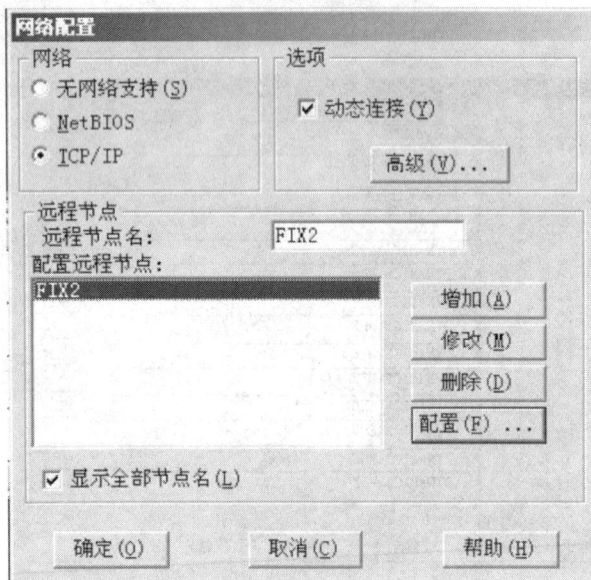

附图 3-4　网络配置

（1）Alarm Printer 1-4，报警打印 1~4，系统支持 4 个报警打印输出，可以分别设置其打开/禁止状态、打印端口、打印的报警区、打印格式等；

（2）Alarm Summary Service，报警摘要服务，可以设置其打开/禁止状态、报警区域、报警时是否发出鸣叫、是否自动删除报警等；

（3）Alarm File Service，文件报警服务，可以设置其打开/禁止状态、报警的区域、报警文件格式等；

（4）Alarm History Service，历史报警服务，可以设置其打开/禁止状态、报警的区域、报警文件格式等；

（5）Alarm Network Service，网络报警服务，可以设置其打开/禁止状态，其余参数是由系统自动计算得出，只有在选择了系统网络时本项服务才可以设置；

（6）Alarm Startup Queue Service，报警启动队列服务，可以设置其时间过滤状态和摘要报警状态，只有在选择了系统网络时本项服务才可以设置。

3. 网络设置

如附图 3-4 所示，点击网络设置图标 弹出网络设置对话框，通过此对话框可以设置系统的网络协议、远程网络节点等。选中 Network Support 启动系统网络支持，Dynamic Connections 选项选择是否动态连接，一般选中此项；Remote Nodes 组中主要设置远程节点的节点名；Advanced 按钮用来选择网络协议，有 Netbios 和 TCP/IP 两个协议可选，且只能选择一个协议。

4. SCADA 设置

如附图 3-5 所示，点击 SCADA 设置按钮 弹出 SCADA 设置对话框，通过此对话框可以设置允许/禁止 SCADA、与硬件设备相关的 I/O 驱动及各 I/O 驱动的数据库。

T3500 可以允许最多 8 个不同的 I/O 驱

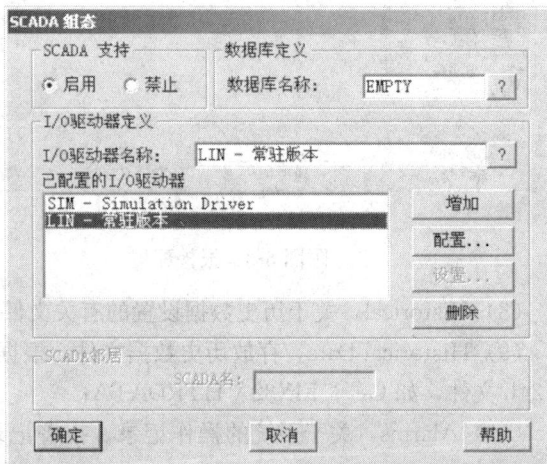

附图 3-5　SCADA 组态设置

动同时运行。在"已配置的 I/O 驱动器"列表框中双击"LIN-常驻版本",或选中后按"配置
……"按钮,即可弹出 LIN 数据库配置对话框来对系统的 I/O 点进行配置,如附图 3-6 所示。

在左侧 Device 列表框里列
出了当前配置控制器的设备名
和网络的地址。双击其中的列
表项(或选中其中一个的列表
项再按 Modify 按钮)可对其设
备名称和网络地址进行修改。

右侧列表框列出了所选的
设备中的模块。双击某个模块
(或选中此模块再按 Modify 按
钮)弹出此模块的详细参数表,
并可对其进行修改。

5. 启动程序设置

如附图 3-7 所示,点击启动
程序设置按钮 弹出任务设置
对话框。在此可以对系统启动时
所要自动执行的任务进行设置。

附图 3-6　LIN 数据库配置对话框

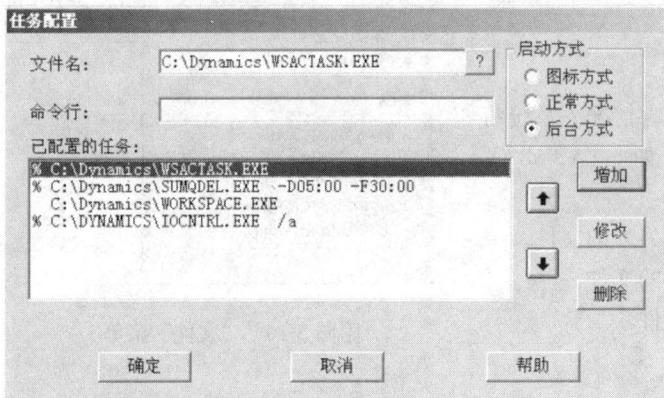

系统设置应用程序在启动时有正常启动、最小化启动和后台启动三种选择项。常设置需要与
用户交互的、要求响应性好的在前台运行的主程序(如 Draw、View 等)为正常启动;设置一些
不需与用户交互的程序(如 Dmdde 等)为最小化启动;而一些 I/O 驱动(如 Linpoll 等)为后台
启动。这种设置,既能简化系统启动过程的纷繁的启动画面,又能提高系统的性能,加快启动过
程。

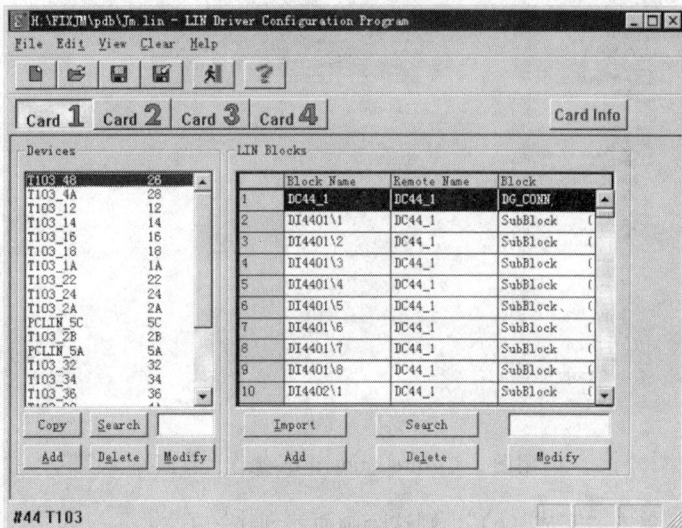

附图 3-7　启动程序任务配置

三、基本图形制作

一个系统的开发也往往是以
用户界面即图形的开发为开始的,
因此只有先掌握了图形制作的基
础和过程,才能进行进一步的开
发工作。

iFIX 的用户界面核心程序是
"Intellution iFIX 工作台"。事实
上,从"iFIX 工作台"的菜单中
可以运行大多数的 iFIX 程序。

启动"Intellution iFIX 工作
台"后的界面,如附图 3-8 所示。

"文件"菜单条共有如附图 3-
9 所示的几项内容。

如附图 3-10 所示,"文件"菜单包含以下子菜单。

(1)"新建",新建文件,选择此项时,会出现是新建画面、新建 Schedule 还是新建 Dynomo
Set。

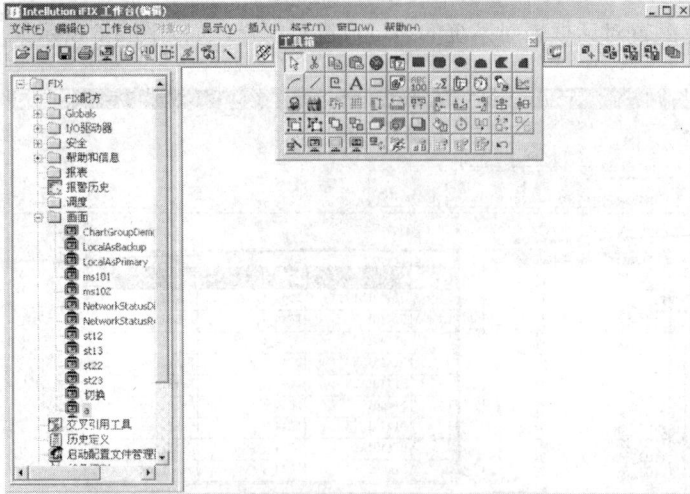

附图 3-8 Intellution iFIX 工作台界面

1）如果选择了"新建≫画面"，则会出现对话框，来让你选择要创建的画面类型。

单击"下一步"，出现新的对话框，主要进行设置工作台外观，以及确定如何基于未使用的屏幕空间放置画面。

单击"下一步"，出现新的对话框，主要选择预定义画面配置作为画面的基础。

单击"下一步"，出现新的对话框，主要为每个画面定义一个文件名。

单击"下一步"，出现新的对话框，主要汇总画面的属性。

单击"完成（F）"，则这个画面就创建好了。

附图 3-9 菜单条项目

2）如果选择了"新建≫Schedule"，则弹出如附图 3-11 所示的"调度"画面。

3）如果选择了"新建≫Dynamo Set"，则弹出如附图 3-12 所示的"图符集"画面，可以创建 Dynamo Set。

（2）"打开"，打开已存在的文件。

（3）"关闭"，关闭当前的文件。

（4）"保存"，保存当前文件，缺省情况下系统将文件保存在用户设置的图形目录下，如 c：\ fix32 \ pic。

（5）"另存为"，将当前文件存为另外的文件。

（6）"保存全部"，保存所有打开的文件。

（7）"打印"，打印当前的图形文件。

（8）"退出"，退出 iFIX 工作台。

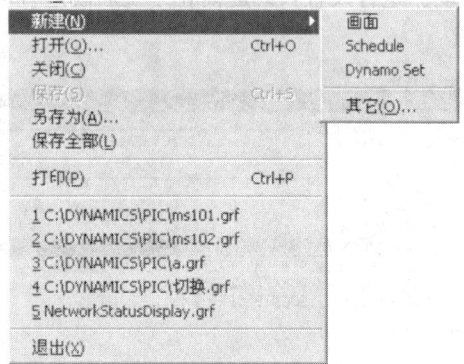

附图 3-10 "文件"菜单

四、Dynamo

1. Dynamo 制作

Dynamo 是 iFIX 提供的一种用于系统快速、重复开发的工具。举例来说，若开发系统的系统中有 50 个电动门，每个电动门有五个测点信号，按照一般的开发的方法，50 个电动门要制作 50 个操作面板，并且每个操作面板要连接 5 个数据，这样会有大量的重复开发的工作。有了 Dynamo 这个工具，对于 50 个电动门，只需制作一个操作面板，再将它作成 Dynamo，就可以重复使用，连接上不同的测点。这样大大节省了开发时间和工作量，并且正确性也可得到很好的保证。

下面以一个简单的电动门 Dynamo 的例子来说明 Dynamo 的制作和使用。这个电动门 Dynamo 有已开（用红色表示）、已关（用绿色表示）两种状态。现场实际设备的状态可以直观地反映在图形上。

首先用 Draw 工具画出电动门的示意图（基本画图的方法已经在 Draw 的使用中详述），将多边形复制一份，并将其填充色改为绿色。

鼠标双击红色多边形，弹出基本对话对话框，单击"可视"按钮，弹出"可视专家"对话框，在"数据源"中填入相应电动门的开状态测点，"条件"中选

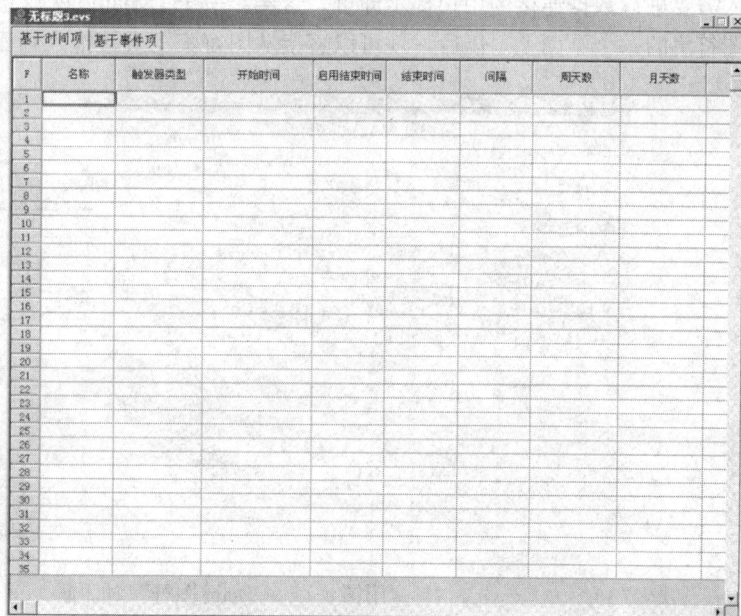

附图 3-11　"调度"画面

附图 3-12　"图符集"画面

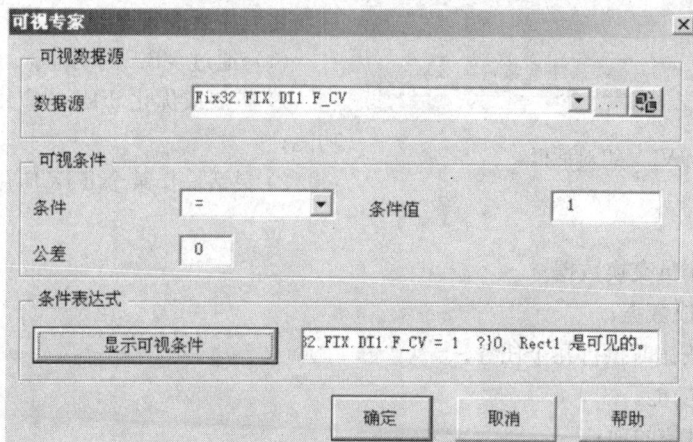

附图 3-13　"可视专家"对话框

中"="，"公差"编辑框中填入"0"，"条件值"编辑框中填入"1"，按"确定"按钮，如附图 3-13 所示。

将两个多边形用对齐工具完全重叠在一起，最后完成的图形为。

单击"工作台≫工具栏"，把"创建图符"工具栏导入进来，然后把选择要做成 Dynamo 的图形，点击"创建图符"工具栏的"创建图符"工具，弹出如附图 3-14 所示的对话框，

写入需要进行数据连接的用户提示即可。这样，一个 Dynamo 就建立起来了，然后可以把它拷贝到图符集的一个画面上。以后，就可以直接从图符集上直接拖入画面使用了。

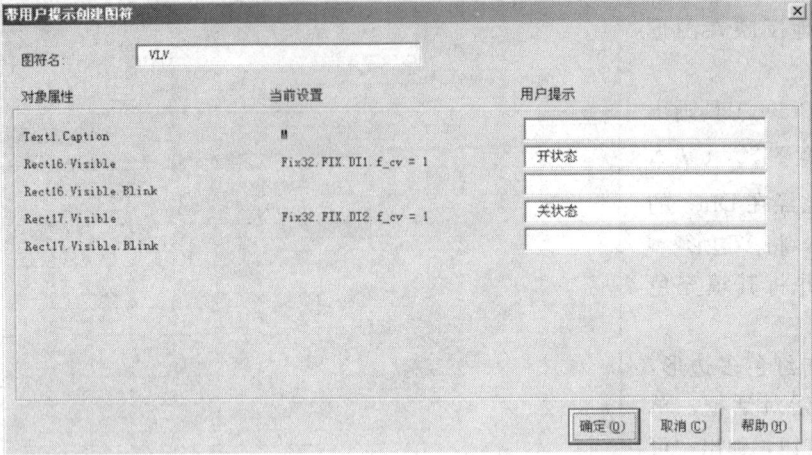

附图 3-14　"创建图符"对话框

2. Dynamo 的使用

制作 Dynamo 的目的在于批量地使用。现以上面制作的电动门的例子来说明如何使用 Dynamo。

选择图符集上特定画面的 VLV 组，拖到画面上，会出现下面的对话框，如附图 3-15 所示；然后在提示处连接对应的点，单击"确定"按钮即可。

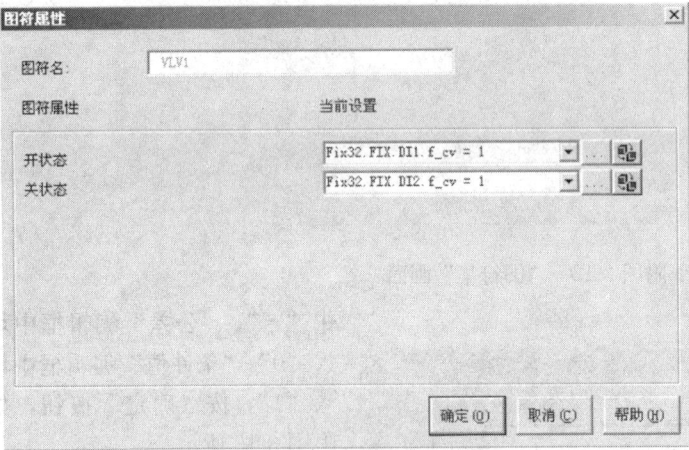

附图 3-15　图符集上 VLV 组对话框

五、VBA 语言

1. VBA 语言概述

VBA（Visual Basic for Applications）是内嵌在 iFIX 中的标准脚本语言，用来制订和扩展 iFIX 的功能，可以灵活运用、搜索和修改 iFIX 应用程序的数据。如果能在 iFIX 中使用 VBA，就能建立最强大的工业自动化应用解决方案。

（1）通过 VBA 的功能。

1）扩展或优化 iFIX 的应用功能；

2）灵活操作某个 iFIX 应用程序或其数据；

3）创建用户对话框来源于操作员交换数据；

4）从几个 iFIX 应用程序里集成数据；

5）创建向导可以在点击某个按钮时执行几个任务。

（2）iFIX 不支持 VBA 的如下功能。

1）选择 ActiveX 设计器作为对象的项；

2）开发 add—ins（COM add-ins）；

3）VBA 工程的数字签名；

4）多线程工程；

5）增强工程口令功能。

2. VBA 工程结构

（1）主应用程序。

所有的 VBA 工程都必须与一个应用程序相关联，不可能创建一个单一无联系的 VBA 工程。与 VBA 关联的应用程序称为主应用程序。在 iFIX 中，这个主应用程序就是 Intellution Work-Space，所有的 VBA 工程都被植入一个 iFIX 画面文件（＊.grf）、工具栏文件（＊.tbx）、工具栏类别文件（＊.tbc）、调度文件（＊.evs）、图符文件（＊.fds）或用户文件（user.fxg）中。

（2）Visual Basic 编辑器。

Visual Basic 编辑器即 VBE 是一个开发环境，它提供编写和调试代码，开发用户窗体，并可以查看 VBA 工程的属性。

（3）模块。

如果正在开发一个大型 VBA 工程，那么可以把代码分割成几个模块，模块是由几个单独执行特殊功能的代码块组成。

（4）窗体。

窗体是通过 VBA 产生的一个对话框，可以用来与操作员交换信息；窗体在本质上提高了操作员与应用程序之间的交互性。

3. VBA 编辑器组成

工程浏览器是 VBE 中的一个特殊窗口，能将 VBA 工程中的所有元素显示在一个树状结构中，树种的每一个分枝显示了相关信息，比如窗体、代码模块及 iFIX 的元素等。

工程浏览器使选择工作元素变得很容易。例如，如果想添加一个按钮到一个特定的窗体中，那么可以从工程浏览器中选择这个窗体来完成添加工作。在选择一个要编辑的工程元素之后，VBA 编辑器会自动打开相关的工具，如当选择一个窗体后，窗体显示的同时会有一个应用工具窗口显示在屏幕上。

有以下两种方法在工程浏览器中选择并编辑工程元素：

1）双击对象；

2）选择对象，点击右键，然后选择浏览代码或浏览对象，只有相关的选择才会有效，如对一个代码模块来选择浏览对象是无效的。

附图 3-16 显示了 VBA 工程浏览器中的一个典型 iFIX 工程。

4. 属性窗口

属性窗口常用来浏览和设置对象的属性。例如，能在属性窗口中设置一个 iFIX 画面的背景色，或者也可以改变画面中某个矩形的名称，如附图 3-17 所示。

属性窗口显示了当前对象的属性。当选择不同的对象时，属性窗口则会显示所选择对象的属性，可通过下列方法从属性窗口中选择当前对象：

附图 3-16　工程浏览器
应用工具栏

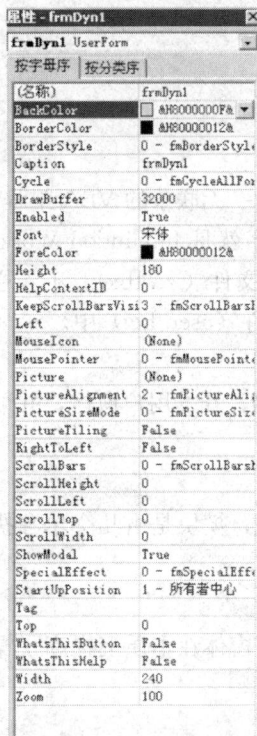

附图 3-17 属性窗口

（1）从属性窗口顶部的下拉列表中选择"对象"；

（2）从工程浏览器中选择对象，然后返回到属性窗口；

（3）在一个窗体中选择对象，然后返回到属性窗口。

属性窗口由两列窗格组成：①左边的窗格显示当前对象属性的名称；②右边则显示了该属性的值。改变一个属性，先选择左边的属性名，再点击并修改右边窗格内的值。一些属性有一个预选的有效值列表，它需要从列表中选择值。另一些属性则需要写入一个 Yes 或 No，这时双击这个值可以在 Yes 和 No 之间进行切换。

5. 代码窗口

代码窗口是用来编写与 VBA 工程相关代码的地方，可以编写用户点击某画面按钮所执行的相应代码，或将其作为程序库的一部分服务于整个项目，如附图 3-18 所示。

两个下拉列表位于标题栏的正下方，一个列表显示了代码中的所有对象；另一个列表显示了每一个对象的相关程序。

通过下面任一种方法可以弹出代码窗口：

（1）鼠标右击工作台中的一个对象并从弹出菜单中选择"编辑脚本"。

（2）双击工程浏览器中应用程序的任何一个代码元素，比如"模块"和类模块"。

（3）双击 VBA 工程或控制窗体中的任何地方。

（4）从 VBE 窗口中选择查看代码。如果想查看一个特定工程元素的代码，如 worksheet，确定选择的是工程浏览器中的第一个元素。

（5）从插入菜单中选择"模块"命令，或鼠标右击工程浏览器并选择插入模块。

（6）一旦代码窗口出现，就可以直接在窗口中写入代码。

提示：记住，了解 iFIX 中怎样使用 VBA 的一个好方法是查看应用工具栏中的 VBA 代码。其方法是在工程窗口中运行 VBE，并展开应用工具栏（Application-Toolbar）工程，如附图 3-19 所示。

警告：不要更改这些代码，否则会导致工具栏按钮无法正常工作。

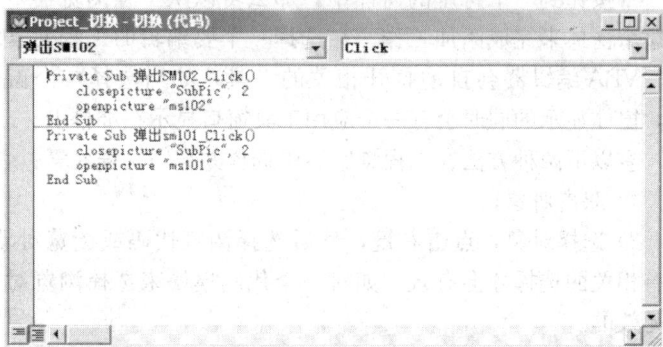

附图 3-18 代码窗口

6. 使用 VBA 窗体

工程很有可能需要一个用户窗体。例如，有时在执行某些任务之前，可能想给操作员提供一个可选择的机会，像导出数据，或可能想提供给操作员一个用户数据输入对话框。

在 VBA 中，可以创建自己的窗体，这些窗体就像在 Windows 中看到或用到的对话框，譬如当启动时弹出的登录对话框。唯一不同的是在这里可选择这些对话框如何显示、什么时候出现和它们可以做什么。

需要牢记的概念是何时从 iFIX 中启动窗体是模式化（modal）的或无模式化（modeless）。如果窗体是模式化的，当显示时，无法使用主应用程序。与之相反的是，如果为无模式化的，即使当显示时，仍可以使用主应用程序。

如果从 iFIX 内部的 VBA 脚本启动模块窗体，那么在用户能继续操作 iFIX 之前（包括选择菜单、工具栏、画面对象等），必须先响应这个窗体，只有窗体隐藏或退出之后，后续代码才能执行。当窗体是无模式化时，所有后续代码都可以在需要时执行。

无模式窗体不在任务栏中，也不在 windows 标签列表中。调用一个无模式化窗体，使用下列代码：

userForm1. show vbModeless

当使用无模式窗体时，如果不想让用户退到工作台，可以使用 DeActivateWorkspaceUI，它能屏蔽工作台 UI。有关详细内容，请参看 iFIX 自动化电子书中的 DeActivate WorkspaceUI 方法主题。

如果插入一个报警一览（Alarm Summary）对象到某个 VBA 窗体，那么当打开该画面或从运行模式切换到编辑模式时可能会导致意想不到的后果。

附图 3-19　工程窗口应用工具栏

六、DDE 及报表使用

1. DDE

DDE（Dynamic Data Exchange）——动态数据交换，是 Windows 应用程序之间进行数据交换的标准接口。

iFIX 支持动态数据交换协议，通过这种标准的数据通信接口，可以方便的将 iFIX 所收集的生产现场的信息实时地传送到各种信息管理系统；iFIX 也可以接受管理系统的信息。

DDE 在本系统中常用来进行各种运行报表的制作。

2. DDE 客户端

DDE 客户端是指应用程序中主要接受数据的一方。DDE 的客户按照一定的约定，向 DDE 服务器询问数据；而 DDE 服务器根约定来响应客户端的要求。

iFIX 的 DDE 客户端应用程序是 Ddeclnt. exe。运行此程序就可以使 iFIX 接受来自其他程序（DDE 服务端）的数据。

3. DDE 服务端

DDE 服务是指应用程序中主要提供数据的一方。DDE 服务端提供数据的方式有多种，而其中有一种特别适合于过程数据的传送：DDE 服务端可以在数据有变化时向 DDE 客户端发出通知，DDE 客户端根据服务端的通知，来进行数据的通信。那些没有变化的数据就不会进行通信。这种方式在数据量大的情况下，其效率就会非常高。

iFIX 的 DDE 服务端应用程序是 Dmdde. exe。运行此程序后，iFIX 就可以向其他应用程序提供数据。

4. DDE 地址

一个 DDE 的客户端要通过 DDE 地址来访问 DDE 服务端的数据。通过地址解析在 DDE 客户端和 DDE 服务端之间建立联系。

标准的 DDE 地址分为以下三部分：

（1）应用，存贮数据的 DDE 服务器的名字，软件程序通常使用自己的名字作为应用名。iF-

IX 系统的 DDE 服务端名称为 dmdde。

（2）标题，DDE 服务器上数据组的名字。对于不同的 DDE 服务端所提供的数据是不同的。对于 iFIX 系统，可以提供 data 和 htr 两个主题。

（3）项目，传输中的单个数据。项目名取决于在服务器应用上的存贮方式。对于不同的 DDE 服务端和不同的主题，其名称写法是不同的。

一个 DDE 客户向 iFIX 索要数据时，其 DDE 地址可能为：

dmdde|data!'fix.''1#T103_12:T1605\6''.F_PV'

其中：①dmdde 为服务端名，即 DDE 服务端的程序名；②data 为主题名，即向服务端要求"data"的信息；③Fix.''1#T103_12:T1605\6''.F_PV 为项目，即向服务端要求"data"中有关 fix.''1#T103_12:T1605\6''.F_PV 的信息；④"|"用来将 Application name 和 Topic name 隔开；⑤"!"用来将 Topic name 和 Item name 隔开。

当 iFIX 作为 DDE 客户端，需要从 Microsoft Excel 要求数据时，其 DDE 地址可能为：

excel|[file.xls]sheet1!r1c1

其中：①excel 为服务端名，即 DDE 服务端的程序名；②[file.xls] sheet1 为主题名，即向服务端要求文件"file.xls"的工作表"sheet1"中的信息；③r1c1 为项目，即向服务端要求 Topic name 中指定有关第一行、第一列（r1c1）的信息；④"|"用来将 Application name 和 Topic name 隔开；⑤"!"用来将 Topic name 和 Item name 隔开。

5. 报表

工程中经常要用到各式各样的报表（如班报、日报等）来对现场工艺设备的状况和生产情况进行记录、汇总和分析，以便了解生产状况和工艺设备情况。而 iFIX 正因其良好的开放性和强大的数据处理能力，使系统更加灵活和易于掌握，报表处理正是一例。

在介绍报表功能之前，先要介绍另外一个功能强大的工具软件——EXCEL。EXCEL 是 Microsoft 公司出品的表格处理软件，它是一个 DDE 包容器——既可作为 DDE 服务端，也可作为 DDE 客户端，同时内嵌 VBA（Visual Basic Application——可视化 BASIC 语言应用）允许用户作进行一些编程、数据的处理等工作。

利用 iFIX 的强大的 DDE 功能，将系统中的各类过程数据传送到 EXCEL，再由 EXCEL 将这些数据加以整理、记录，制作出各种样式的表格，分类加以保存，即可实现班报、日报等报表的处理、记录，再利用 iFIX 的 Command 语言的功能，将各种报表打印，其工作流程如附图 3-20 所示。

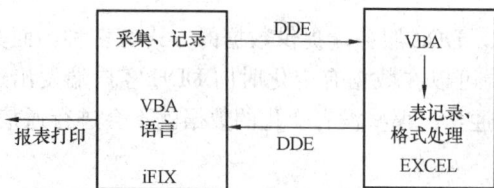

附图 3-20　报表工作流程

iFIX 系统已将与 EXCEL 记录、处理数据、生成表格的 VBA 程序集成在 iFIX 安装文件中，对用户来说，只需简单的设置报表的格式、需记录的数据等参数，就可以完成报表处理的组态工作。

七、历史数据

iFIX 历史数据的组态分为历史数据定义（Historical Assign）、历史数据收集（Historical Collect）和显示（Historical Display）三部分。

1. 历史数据定义

首先要对系统中需要参与历史记录的数据进行定义。启动历史数据定义程序：hta.exe，或者在工作台工具栏中点击"历史数据定义"按钮，出现定义界面，如附图 3-21 所示。

可以定义：

（1）历史数据存盘时间间隔，有三种可选项：4h、8h 和 24h。

（2）选择系统自动保存历史数据的时间，可设为 200 天。当系统保存 200 天历史数据后，可自动将 200 天前的数据清除。

（3）定义历史数据点，系统将历史数据点分组，每组可容 80 个测点，共可定义 64 组，即系统的历史数据容量为 5120 点。

（4）双击组定义的表格，即可弹出历史数据的定义窗口，如附图 3-22 所示。其中，采样速率有 1s、2s、10s、20s、30s、1m、2m、10m、20m、30m 可选。采样相位

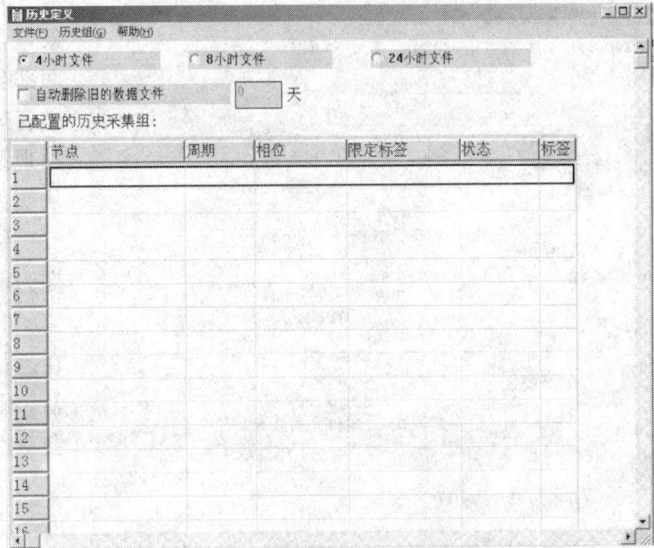

附图 3-21　历史定义界面

（Phase）是用来防止采样时间过于集中而造成的任务繁忙，一般可根据需要设置 0s～4s。

2. 历史数据的采集

当完成了历史数据的定义后，就可以运行历史数据采集程序 htc. exe。一般将 htc. exe 加入系统启动程序中自动启动。

3. 历史数据的显示

用户需要一种直观的方法反映采集到的大量数据，如可以在图表中显示数据。IFIX 图表可同时显示实时和历史数据，让用户简单直观地分析过程信息。

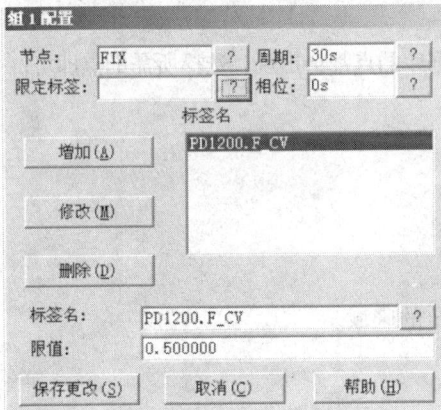

附图 3-22　历史数据定义窗口

图表也是一个对象，因此有属性、方法和事件。用户能使用 VBA 实现图表动态，或者改变图表颜色及其他的属性。

iFix 图表允许用户在图表中设置多笔。图表能添加的笔的数量没有限度，仅仅受系统内存的影响。每支笔可设成不同的颜色、线形和时间轴。

（1）"图表配置"的"常规"属性页。

双击图表，可以打开"图表配置"窗口，如附图 3-23 所示。在"常规"属性页中主要设置图表的名称、描述、滚动方向、外观等。

1）命名图表。命名字段允许用户为图表命名。当用户为图表命名之前，缺省名字为 Chart1。

2）输入图表描述。用户可以在描述域为图表增加描述。此描述可以是任何帮助用户标识图表功能的信息。

3）使用帮助文件索引。如果用户定义了自己的帮助文件，用户要把帮助文件索引 ID 输入到帮助文件索引域。当用户切换到运行环境的时候，用户选中图表并按下 F1，就可以显示相应的帮助。

4）滚动图表。用户要实现图表滚动，首先决定图表移动的方向。移动的方向可设置为从左向右或从右向左。用户可在常规设置页的屏幕移动方向区中指定屏幕移动方向。

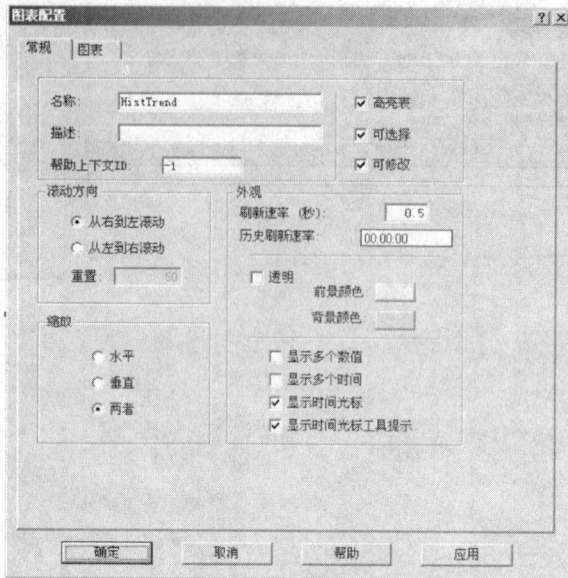

附图 3-23 图表配置

5）改变图表前景或背景颜色。图表对象包含图表区（显示趋势）和图表周边区两部分。使用图表配置对话框用户能选择或者改变图表的前景或背景颜色。单击在外观设置区域的前景颜色和背景颜色选项，从颜色列表中挑选所需颜色。

使用透明图表可以是图表覆盖的对象变为可见。

6）改变刷新速率。刷新速度决定图表在运行环境中数据更新速度。由于每次刷新，图表都要重画，因此过快的刷新速度会对性能造成影响。

用户可以在刷新速度域内指定刷新速度。刷新速度能以 0.1s 为步长在 0.1～1800s 范围内递增。

（2）"图表配置"的"图表"属性页。

在"图表配置"的"图表"属性页主要配置笔、时间、X 轴、Y 轴、网格、图例等。

1）笔的配置。

①选择数据源。

每枝笔都必须指定一个数据源。在图表配置对话窗口的图表页顶部是数据源区域，它用 Data Server. NODE. TAG. FIELD 格式列出笔名称。

在笔列表区域点击添加笔按钮 □ ，输入数据源；

点击笔列表区域中的 ▭，出现下面的对话框；

如果是历史数据库，则在历史库中找，那样配置的数据库的点都会出现，选择所需的点即可；

要删除笔，点击 ✕ 按钮。

②定义数据属性。

高限，显示为选择的数据源定义的高限。

低限，显示为选择的数据源定义的低限。

提取限值，在运行时，自动找到数据源低限和高限。

最大显示点，定义有多少数据点将被显示在图表给定的区域。

显示线，为选择的数据源显示趋势线。

固定线，显示持续水平线在笔的当前值。

显示间隙，定义是否用空格线来替换没有数据的区域。

③选择历史显示模式。

通过历史模式笔可显示额外的历史数据，在图表培植对话窗口的笔配置页中，从历史模式下拉列表中选择一个模式，该模式决定了 iFIX 从历史数据源中选择的数据并在图表中显示，并决定每个显示的值的含义。

历史模式直接和时间间隔和时间区域属性发生联系。跨度间隔决定了数据的范围，根据它来计算数据的趋势点。

历史模式如下：

取样，跟踪最后有效值，包括间隔的开始和后续。

平均，在间隔区域内所有有效值的平均值，开始于，12：00：00。

高，跟踪最高有效值，开始于，12：00：00。

低，跟踪最低有效值，开始于，12：00：00。

插值，该数据描述在两个值之间连一直线，所有在这线上的点被评估除了开始点和终了点。

④定义笔的式样。

线型，应用于笔的式样。

线颜色，应用于笔的颜色。

线宽度，指定笔的宽度。

标记式样，应用于笔的标记类型式样。有 None、矩形、菱形、椭圆和字符。

2）定义时间范围。

使用图表配置对话框的时间页（见附图 3-23），可以为在图表中的每个笔指定时间范围。这允许比较在同一图表不同时间的数据，绘制相对完善的曲线。可以为图表中的所有笔指定一个全局时间区域，或为不同笔选择不同的分割时间。

①固定日期，开始显示的日期。

②几天前，今天以前在画面上显示的天数，最大为 999。

③固定时间，开始显示的时间，基于 24h。

④锁定时间，锁住当前时间，甚至假如在控制面板的 DataTime 属性对话窗口改变时间分区。该域仅仅当你使用"固定时间"域指定一个明确的时间时有效。

⑤现在之前持续时间，当前时间以前的区域。

⑥时间区域，时间分区连接开始时间，可以选择一个外部的时间分区，client 时间分区，服务器时间分区，或标签时间分区。缺省时间分区是 client 机器上的分区，这一域仅当 iHistorian 被使用时有效。

⑦时间轴长度，显示的时间跨度，定义有多少数据在 X 轴上进行显示。最小的时间跨度是 1s，最大是 99d23h59min59s。如果使用 iHistorian，最小的时间跨度是 1s，最大是 365d23h59min59s。

⑧取样间隔，时间间隔来自历史采集数据文件。该间隔不能大于整个时间的跨度。当跨度间隔是 0 时，时间间隔自动被确定基于被最大显示的点数分割的跨度间隔。在 iHistorian 中可以显示毫秒。

3）配置 X 轴和 Y 轴。

用户能通过点击 X 轴或 Y 轴标记设置轴属性。用户可选择是否显示轴或轴标签，指定标题、轴颜色和轴中标记名的个书。另外，X 轴还能指定是否显示日期。

4）定义网格。

用户可以选择实现水平或垂直的网格、在网格中的行数、网格颜色和风格等等。在水平方向，如果选择了滚动选项，也可以选择是否可滚动网格。

5）配置图例。

图例帮助用户快速识别图表信息，它出现在图表的底部，显示每个趋势记录的数据源和错误信息。图例的颜色和笔的颜色一致。

用户可自定义图例。例如，如果用户想改变数据源描述字段的长度，选择图例页中"描述"复选框，输入希望的字符数。另外要改变图表中笔的排列顺序，点击用户希望迁移的笔表，然后单击笔的上下箭头。

要设置图例的显示内容，可选择图例设置页内各字段选项来添加或减少显示内容。同时各字段的排列顺序也可调整。

八、数据库组态

iFIX 中通过对网络上的数据的请求的设置，来获取 LIN 网设备中的数据。这个过程就是数据库的组态。

iFIX 中数据库的组态是使用映射的方法，将需要传递的数据放置到地址映射表中，然后通过轮讯程序对网上的设备发送数据请求。

iFIX 由 DCS 或现场设备传递数据，使用 OPC（OLE for Process Control）技术，OPC 是近年发展起来的用于过程控制的 OLE（Object Link and Embedding）技术。它提供了一种以标准方式进行系统集成的工具，它已成为异构网段集成以及不同供货商设备之间数据交换的工具。

附录四 变 送 器 选 择

一、压力、差压变送器种类和性能

1. 压力、差压变送器

目前，压力、差压变送器的品种较多，归纳起来其采用的测量原理主要有电感式、电容式、扩散硅式和单晶硅谐振式四种。采用这四种原理的主要产品品种和制造商，如附表 4-1 所示。

附表 4-1 压力、差压变送器品种和制造商

序号	测 量 原 理	产品型号	生产厂商
1	电感式 膜盒中压力（压差）引起膜片变形，且随压力（压差）的不同而变化，引起两个固定电磁电路中某一个侧面间隙的改变，导致电感的变化	AS 系列 K 系列	哈特门—勃朗 （H&B） 肯特—泰勒 （KENT-TAYLOR）
2	电容式 膜盒中压力（压差）引起两极板之间距离发生变化，从而改变了由两极板所组成的电容的电容量	1151 系列 3051C 系列 XTC 系列 CEC 系列	罗斯蒙特 （ROSEMOUNT） 北京远东仪表厂 莫尔（MOORE） 光华仪表厂
3	扩散硅式 外界压力（压差）变化引起膜盒中测量材料弯曲，造成硅材料分子晶格的变形，使材料电阻率发生变化	ST3000 系列 860 系列	霍尼威尔 （HONEYWELL） 福克斯波罗 （FOXBORO）
4	单晶硅谐振式 被测压力（压差）通入膜片内腔时，装于内部的两个 H 型硅谐振梁将发生变形，中心部位和边缘部位的应力相反，导致中心和边缘谐振梁固有频率变化，其频率差对应不同的压力（压差）	EJA 系列	横河 （YOKOGAWA）

2. 智能型变送器

从 20 世纪 80 年代中期开始，随着微处理器技术和数字通信技术的发展，国外许多仪表制造厂商陆续推出了智能型变送器。所谓智能型，即是变送器内部检测放大电子线路采用数字处理方式，其输出不仅具有二线制模拟量方式，同时还具有数字通信能力的一类新颖变送器。目前，智能型变送器在国内已获得了广泛的应用。

和普通型变送器相比较，智能变送器具有下述明显的特点：

（1）智能型产品的量程比都很大，最大的可以达到 200：1，因此采用智能型产品后，可减少规格品种，提高通用性和互换型。

（2）基本精度较高，大部分等于或高于±0.1％。

（3）智能型产品都考虑了减少温度变化对零点和量程的综合影响以及静压变化对差压式产品的零点和量程影响的措施，因此稳定性更好。

（4）智能型变送器的输出信号都有模拟信号（4～20mA）方式和数字通信方式两种，使用灵活。

3. 智能变送器通信

智能型变送器的数字输出一般为双向通信方式，可以通过手持式智能终端对各台变送器进行远距离诊断、标定和组态。当智能变送器和 DCS 以通信方式联网时，则可以通过 DCS 运行员站或工程师站方便地对变送器进行集中的远距离诊断、标定和组态，可以有效地提高管理水平。

智能变送器的通信目前主要流行以下两种通信协议：

（1）HART 协议。

所谓 HART 协议，是通信可寻址远程传感器的数据公路协议（Highway Address able Remote Transducer）的缩写，它是在 Bell 202 标准通信基础上使用频率移相键控（FSK）技术，在 4～20mA 电流上叠加一个频率信号来完成。信号使用 1200Hz 和 22Hz 两个独立的频率，分别代表数字 1 和 0。

两个频率级组成的一个正弦波叠加在 4～20mA 电流回路上，由于正弦波的平均值为零，无直流部分加到 4～20mA 信号，因此在进行数字通信时，不会造成对过程信号的干扰。

HART 协议一般能支持在一根双绞线上最多挂 15 台智能变送器，它使用通用性信息、公用信息和变送器特点信息三种信息级，可对现场变送器进行诊断、标定和组态。

目前市面上智能型变送器大多都采用 HART 通信协议。

（2）DE 协议。

DE 协议是数字增强协议（Digit Enhanced）的缩写，该协议使用一个 220 波特率的低频电流脉冲，数据用浮点串行形式送入标准对绞线。信号使用两个独立的电流脉冲 4mA 和 20mA 之间的回路电流来进行通信，因此在进行数字通信时，回路电流值不代表测量值。

目前，采用 DE 通信协议的产品已很少。

4. 智能变送器主要类型和技术条件

几类常用的智能变送器的技术条件，见附表 4-2。

附表 4-2　　　　　　　　　　　　　智能变送器技术条件

制造厂商	罗斯蒙特 （Rosemount）	霍尼威尔 （Honeywell）	横河 （Yokogawa）	肯特—泰勒 （kent-taylor）
系列型号	3051	ST3000 900	EJA	600T
测量原理	电容式(差压、压力) 扩散硅式(压力)	扩散硅式	单晶硅谐振式	电感式

制造厂商	罗斯蒙特 (Rosemount)	霍尼威尔 (Honeywell)	横河 (Yokogawa)	肯特—泰勒 (kent-taylor)
最大量程比	100：1 (S型为200：1)	压力(GP、AP)100：1 差压(DP)40：1	100：1	60：1
过负荷能力	GP：103.4MPa AP：413MPa DP：31.5MPa	GP、AP 额定压力 的1.5倍 DP：单向达静压值	GP、AP： 最大42MPa DP：单向达静压值	GP、AP：1倍测量范围 DP：单向达静压值
基本精度 模拟方式	0.075%	0.075%	0.75%	0.2%
基本精度 数字方式	0.05%	0.075%	0.075%	0.075%
温度变化对零点和 量程的综合影响	0.125%/56℃	±0.25%/28℃	±(0.07%量程 +0.02%量程上限)	±(0.05+0.2%)/55℃
静压变化对零点 和量程的综合 影响(差压式)	±0.1%/7MPa	±0.4%/7MPa	±(0.1%量程 +0.028%量程上限)/ 6.9MPa	±0.2%/4MPa
通讯协议	HART	DE、HART	HART、FIELDBUS	HART
防护等级	IP66～IP68	IP67	IP67	IP67

5. 智能变送控制器

智能变送器的模拟量输出一般都是线性的,为满足流量测量要求也可以是平方根输出。除此以外,还有一种带有 PID 运算输出的智能变送器,它除了具有变送功能外,还具有控制功能,所以也称智能变送控制器。

智能变送控制器的主要品种和技术条件见附表 4-3。

附表 4-3　　　　　　　　　　智能变送控制器品种和技术条件

制造厂商	莫 尔 (MOORE)	施 玛 (Smar)	哈特门—勃朗 (Hart mann&Braun)
系列型号	XTC340	LD301	AS800
检测原理	双电容式	电容式	差压：电容式 微差压：电感式 压力：扩散硅式
最大量程比	45：1	40：1	30：1
基本精度 模拟方式	0.1%	0.1%	0.25%
基本精度 数字方式	0.035%	0.1%	0.1%
通讯协议	HART	HART	HART
手操式通讯终端	Rosemount275	HHT	275STT04
防护等级	IP67	IP67	IP67
投放市场时间	1991	1990	1990

二、压力、差压变送器选择

1. 结构和型式选择

变送器根据结构不同分为一般型、防爆型和防腐型几种，应根据环境和介质的特点选择。在易燃易爆危险的场所（如氢、煤气、天然气、轻柴油等）应选择防爆型或本安型。被测介质为一般腐蚀性介质时，可选择防腐型，当为强腐蚀性介质时，则应选择防腐隔离容器。当安装地点含有对电气元件有腐蚀作用气体（如氯、氨、酸、碱等）时，也宜选用防腐型。

被测介质为高黏度、易结晶、含微小机械颗粒或纤维等介质时，宜选用隔离容器与一般变送器配用。

测量液位时，也可选择法兰型差压变送器直接安装在被测对象上。

差压法测量流量时，可选用带开方输出的流量变送器，其输出信号与流量成正比。

用于负压或压力和压力联合测量的检测可选用绝对压力变送器。

2. 规格选择

被测介质的工作压力不能大于变送器的允许静压，然后根据被测参数的变化范围，选择合理的量程。有时为提高测量精度，可采用零点迁移的方法。

变送器量程应按生产工艺参数的最大变化范围来选择。例如，某压力最大变化范围为 $0 \sim 10MPa$，压力变送器量程应选用 $10MPa$；某液位变化范围为 $-320 \sim +320mmH_2O$，则差压变送器量程应选为 $6.4kPa$（$640mmH_2O$）。

当参数的最大变化范围未知时，变送器量程可按参数额定值的 $1.2 \sim 1.3$ 倍考虑。

对于某一已确定规格的变送器来说，它的最小量程和最大量程是固定了的，相当于变送器从零到满刻度输出范围的最小输入变化量和最大输入变化量。这时，实际使用的量程可在最小和最大量程之间连续可调，但不允许小于最小量程或大于最大量程。

在液位测量中根据液位变化范围来选择变送器量程时，要考虑介质的重度影响

$$\Delta p = 9.8 \Delta h \cdot \gamma$$

式中　Δp——差压变送器的量程，Pa；

　　　Δh——液位变化范围，mm；

　　　r——介质密度，g/cm^3。

式中，介质密度 r 按额定压力和额定温度考虑，当有压力、温度自动校正时，则按初始压力和温度考虑。

在一般情况下变送器的量程是按测量起始值为零整定的，但在实际应用中某些参数的变化范围不是从零开始，这时可利用变送器的迁移机构进行零点迁移。将测量的起始值从零迁移到某一正值时叫正迁移，迁移到某一负值时叫负迁移。零点经正迁移或负迁移后，量程上下限间的绝对值不可超过最大测量范围的上限。

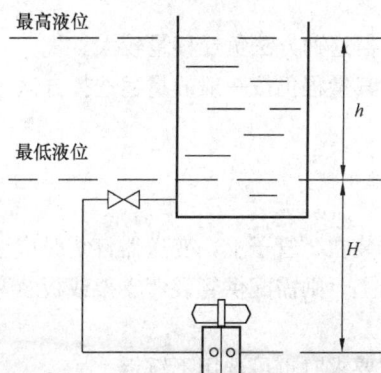

对需要零点迁移的变送器应在订货规格表中注明，并说明迁移方向和迁移量。

需考虑采用零点迁移的测量对象如下。

（1）参数的测量从某一正值开始，如在锅炉燃料量调节中对蒸汽压力的测量，为了提高灵敏度，其起始值改为从某一压力开始。这时，变送器采用零点正迁移，迁移量即等于测量的起始值。

（2）被测参数从负值到正值的范围内变化时，如对锅炉炉膛负压的测量，此时变送器应采用负迁移。

（3）在开口容器的液位测量中，变送器安装零位（膜盒位置）比最低液位为低时，如附图 4-1 所示，应采用正迁

附图 4-1　开口容器液位测量

移，正迁移量为

$$\Delta p' = 9.8H \cdot \gamma$$

式中 $\Delta p'$——差压变送器零点正迁移量，Pa；

H——变送器安装零位与最低液位间的距离，mm；

r——液体的密度，g/cm³。

附图 4-1 中变送器量程为 $h \cdot r$，其中 h 为液位变化范围（mm）。

（4）在封闭容器液位的测量中，当容器内外温差较大，气相容易凝结时，应采用平衡容器并对变送器作零点迁移。

附图 4-2 为锅炉汽包水位测量系统，在这个系统中变送器要进行零点迁移。

当差压变送器正压室接平衡容器时，变送器采用正迁移。正迁移量 $\Delta p'$ 按下列公式计算（即上限水位时变送器输出为零）

附图 4-2 单室平衡容器水位测量系统
1—汽包；2—平衡容器；3—差压变送器

$$\Delta p' = 9.8[H(r_3 - r_1) - h_1(r_2 - r_1)]$$

式中 $\Delta p'$——差压变送器的零点正迁移量，Pa；

h_1——与高水位对应的尺寸，mm；

H——平衡容器结构尺寸，mm；

r_1、r_2——额定压力下饱和蒸汽和饱和水的密度，g/cm³；

r_3——正压侧水密度，g/cm³。

这是目前常用的方法。应用这种方法时，汽包水位下降时差压增大，变送器的输出增大，这与一般的习惯不一致。

当差压变送器正压侧接汽包时，变送器应采用负迁称，负迁移量 $\Delta p''$ 为

$$\Delta p'' = 9.8[H(\gamma_3 - \gamma_1) - h_2(\gamma_2 - \gamma_1)]$$

式中 h_2——与低水位对应的尺寸，mm；

其余符号含义同上式。

在这种接法中，水位高时变送器输出增加，与习惯一致，但这种方法负迁移量较大。

零点迁移并不影响变送器的量程，作零点迁移的变送器，其量程仍按一般的量程选择方法选择。

三、变送器附件选择

1. 安装支架

装于保温（护）箱内或现场支架上的变送器一般都垂直安装在 2″管子上，变送器订货时应注明要求配供管装平支架。如果是装于水平 2″管子上或盘上或墙上，则需配供管装弯支架或板装弯支架。

安装支架的材料一般选用外涂环氧聚脂漆的碳钢，有防腐要求时也可选用不锈钢。

某些压力测量，现场安装维护较方便时，还可选用直接安装在测点上的螺纹直装式压力变送

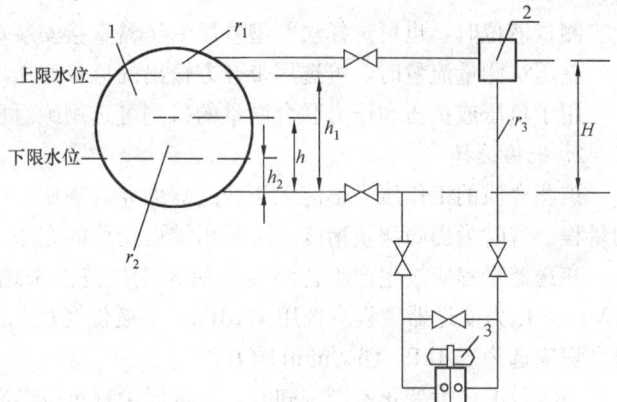

器，由于这种变送器重量较轻，毋需安装支架。

2. 现场指示表头

普通变送器的现场表头为模拟指针式，智能变送器则大多是液晶显示。表头指示值一般是线性刻度，用作流量时也可选用开方刻度。

智能变送器由于可以使用手操式终端方便地在现场或远方调校和诊断，因此也可以不配带现场表头。

3. 膜盒外壳法兰和接头螺栓

膜盒外壳法兰一般都为不锈钢，若无特殊要求，可按基本配置供货即可。

接头螺栓一般采用碳钢，在腐蚀性介质场所使用可要求采用不锈钢。

4. 引压管接头

一般变送器都需要配置 1/2″NPT 对外引压管转接接头以便和外部脉冲管道通相连，管接头采用不锈钢材质。当外部脉冲管管径小于 φ8 时，也可以不采用转换接头，由变送器本身的 1/4″NPT 接口直接对外连接。

被测介质为液体时，变送器膜盒法兰一侧装设的排汽、排液阀宜要求设置在上部，被测介质为气体时，则宜设置在下部。

5. 手操通信器

采用智能变送器时，应要求供货商配供 1～2 只手持式通信器，用于现场对变送器诊断和组态。若是台式通信终端，则应配置相应的附件。

四、温度变送器选择

温度变送器的作用是将标准化热电偶和热电阻的信号转换成 4～20mA 或 1～5VDC 的统一信号。

温度变送器分为热电偶和热电阻温度变送器两类，在这两大类中按安装方式又可分为墙挂式、架装式和现场安装式；按防爆性能又可分为本安型和隔爆型等。

温度变送器主要根据检测元件的种类、型号及被测参数的变化范围选择。测量温差则最好选择温差变送器。

温度变送器对外一般都是二线制接法，但是老式温度变送器大多是四线制接法，需单独外供24VDC（也有 220VAC）电源，以墙挂式和架装式为主要安装方式。由于供电和接线不很方便，现在已很少使用。

一体化温度变送器是一种可安装于热电阻、热电偶接线盒内的小型化装置，它也采用二线制接法，可省却热电偶补偿导线，安装和使用方便。

另有一类智能型温度变送器，一般为现场安装式，它和智能压力（差）变送器一样，除有模拟量输出外，还有数字量输出，也可以用智能手持式通讯器进行远方诊断和组态。

五、氧量变送器选择

在锅炉燃烧自动控制系统中，需测量烟气含氧量以间接计算锅炉燃烧时的过剩空气系数。烟气含氧量测量主要采用热导式磁性氧量计和氧化锆氧量计。

磁性氧量计是根据氧气的高顺磁性这一特点，利用"热磁效应"为工作原理的分析仪；而氧化锆氧量计是利用氧化锆陶瓷在一定温度下具有良好的氧离子传导性能，能形成氧浓差电池。当温度一定时，该浓差电池电势与烟气中的氧浓度成比例的原理制作的分析仪。

磁性氧量计虽然使用寿命较长，工作较稳定，但是相比之下氧化锆氧量计具有分辨率高（PPm 级）、反应速度快（1～5s）、系统配置简单、维护方便及价格便宜等优点，因此目前工程上普通都采用氧化锆氧量计。

氧化锆氧量计结构形式有以下三种。

(1)直插补偿式。

如附图 4-3 所示直插补偿式是将氧化锆管和补偿用热电偶直接插入烟道中，插入处的烟气温度一般要求在 400～600℃范围内。温度补偿装置的功能就是消除温度对测量结果的影响。

(2)旁路定温对流式。

将氧化锆管插入旁路烟道中，用一个小型电炉加热通过氧化锆管的烟气，使烟温保持恒定。

(3)旁路定温抽气式。

采用抽气系统将烟气从旁路烟道中抽至氧量变送器，烟气在变送器中经电炉加热，保持通过氧化锆管的烟气温度恒定。

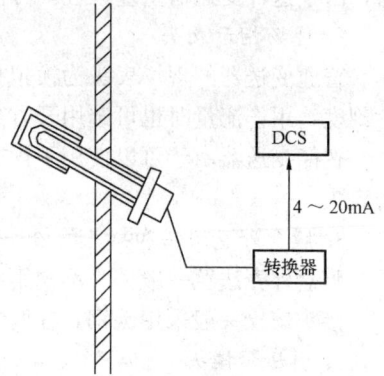

附图 4-3　直插式氧化锆系统示意图

上述三种结构形式中，直插补偿式结构简单，安装维护方便，是工程中最常选用的产品。

无论采用何种氧化锆氧量仪，都需要和锅炉厂配合，确定安装位置，使被测区域烟温符合氧化锆锆头使用条件，并在烟道上留有相应的安装孔。

附录五　法定计量单位

一、法定计量单位

国务院于 1984 年 2 月 27 日发布了《关于在我国统一实行法定计量单位的命令》，规定我国的计量单位一律采用《中华人民共和国法定计量单位》。我国的法定计量单位包括：国际单位制的基本单位（见附表 5-1）；国际单位制的辅助单位（见附表 5-2）；国际单位制中具有专门名称的导出单位（见附表 5-3）；国家选定的非国际单位制单位（见附表 5-4）；由以上单位构成的组合形式的单位，由词头和以上单位所构成的十进倍数和分数单位（词头见附表 5-5）。

附表 5-1　　　　　　　　　　　　国际单位制的基本单位

量 的 名 称	单 位 名 称	单 位 符 号
长　度	米	m
质　量	千克（公斤）	kg
时　间	秒	s
电　流	安［培］	A
热力学温度	开［尔文］	K
物质的量	摩［尔］	mol
发光强度	坎［德拉］	cd

附表 5-2　　　　　　　　　　　　国际单位制的辅助单位

量 的 名 称	单 位 名 称	单 位 符 号
平 面 角	弧 度	rad
立 体 角	球面度	sr

量 的 名 称	单 位 名 称	单 位 符 号	其他表示式例
频率	赫[兹]	Hz	s^{-1}
力;重力	牛[顿]	N	$kg \cdot m/s^2$
压力;压强;应力	帕[斯卡]	Pa	N/m^2
能量;功;热	焦[耳]	J	$N \cdot m$
功率;辐射通量	瓦[特]	W	J/s
电荷量	库[伦]	C	$A \cdot s$
电位;电压;电动势	伏[特]	V	W/A
电容	法[拉]	F	C/V
电阻	欧[姆]	Ω	V/A
电导	西[门子]	S	A/V
磁通量	韦[伯]	Wb	$V \cdot s$
磁通量密度,磁感应强度	特[斯拉]	T	Wb/m^2
电感	亨[利]	H	Wb/A
摄氏温度	摄氏度	℃	
光通量	流[明]	lm	$cd \cdot sr$
光照度	勒[克斯]	lx	lm/m^2
放射性活度	贝可[勒尔]	Bq	s^{-1}
吸收剂量	戈[瑞]	Gy	J/kg
剂量当量	希[沃特]	Sv	J/kg

量的名称	单位名称	单位符号	换算关系和说明
时 间	分	min	$1min=60s$
	[小]时	h	$1h=60min=3600s$
	天(日)	d	$1d=24h=86400s$
平面角	[角]秒	(″)	$1''=(\pi/648000)\ rad$ (π 为圆周率)
	[角]分	(′)	$1'=60''=(\pi/10800)\ rad$
	度	(°)	$1°=60'=(\pi/180)\ rad$
旋转速度	转每分	r/min	$1r/min=(1/60)\ s^{-1}$
长 度	海里	n mile	$1n\ mile=1852m$ (只用于航程)
速 度	节	kn	$1kn=1n\ mile/h$ $=(1852/3600)\ m/s$ (只用于航行)
质 量	吨	t	$1t=10^3\ kg$
	原子质量单位	u	$1u \approx 1.6605655 \times 10^{-27}\ kg$

量的名称	单位名称	单位符号	换算关系和说明
体 积	升	L，(l)	$1L=1dm^3=10^{-3}m^3$
能	电子伏	eV	$1eV\approx1.6021892\times10^{-19}J$
级 差	分贝	dB	
线密度	特［克斯］	tex	$1tex=1g/km$

附表 5-5　　　　　　　　用于构成十进倍数和分数单位的词头

所表示的因数	词头名称	词头符号	所表示的因数	词头名称	词头符号
10^{18}	艾［可萨］	E	10^{-1}	分	d
10^{15}	拍［它］	P	10^{-2}	厘	c
10^{12}	太［拉］	T	10^{-3}	毫	m
10^9	吉［咖］	G	10^{-6}	微	μ
10^6	兆	M	10^{-9}	纳［诺］	n
10^3	千	k	10^{-12}	皮［可］	p
10^2	百	h	10^{-15}	飞［母托］	f
10^1	十	da	10^{-18}	阿［托］	a

附表 5-1～附表 5-5 注　1. 周、月、年（年的符号为 a），为一般常用时间单位。

2. ［　］内的字，是在不致混淆的情况下，可以省略的字。

3. （　）内的字为前者同义语。

4. 角度单位度分秒的符号不处于数字后时，用括弧。

5. 升的符号中，小写字母 l 为备用符号。

6. r 为"转"的符号。

7. 人民生活和贸易中，质量习惯称为重量。

8. 公里为千米的俗称，符号为 km。

9. 10^4 称为万，10^8 称为亿，10^{12} 称为万亿，这类数词的使用不受词头名称的影响，但不应与词头混淆。

二、常见物理量法定计量单位

附表 5-6　　　　　　　　常见物理量的法定计量单位

（1）空间、时间和力学

量的名称	量符号	备 注	单位名称	符号	备 注
［平面］角	$\alpha,\beta,\gamma,$ θ,φ 等	无量纲角	弧 度	rad	不得用"弪"
			度 [角] 分 [角] 秒	(°) (′) (″)	$1°=0.0174533rad$
立体角	Ω	无量纲量	球面度	sr	不得用"立弪"
长度 宽 高 厚 半径 直径 程长，距离	l，(L) b h δ，(d,t) r，R d，D s		米	m	
					英寸 in＝0.0254m 英尺 ft＝0.3048m

量的名称	量符号	备注	单位名称	符号	备注
面 积	A, (S)		平方米	m^2	公亩 $a=10^2m^2$
体积，容积	V		立方米	m^3	立方厘米的符号用 cm^3 不用 cc
			升	L, (l)	$1L=1dm^3$，高精度时不用升，用 dm^3
时间， 时间间隔， 持续时间	t		秒 分 [小]时 天（日）	s min h d	$1min=60s$ $1h=60min=3600s$ $1d=24h=86400s$ 年（a），月，周是常用时间单位
速度	u, v,		米每秒	m/s	
加速度 重力加速度 自由落体加速度	a g	标准重力 加速度 $g_n=9.80665m/s^2$	米每二 次方秒	m/s^2	
周期	T		秒	s	
时间常数	τ, (T)		秒	s	
频率 转速，旋转频率	f, (v) n		赫[兹] 每秒 转每分 转每秒	Hz s^{-1} r/min r/s	$1Hz=1s^{-1}$ $1r/min=\frac{1}{60}r/s$
质量	m		千克 （公斤） 吨	kg t	$1t=10^3kg$
密度	ρ		千克每立方米 吨每立方米 千克每升	kg/m^3 t/m^3 kg/L	$1t/m^3=10^3kg/m^3$ $1kg/L=10^3kg/m^3$
相对密度	d	无量纲量 避免使用 "比重"			
比体积	v	$v=\dfrac{V}{m}$	立方米每千克 升每千克 立方米每吨	m^3/kg L/kg m^3/t	$1L/kg=10^{-3}m^3/kg$ $1m^3/t=10^{-3}m^3/kg$
力 重力	F W, (P, G)	$F=\dfrac{d(mv)}{dt}$	牛[顿]	N	千克力 $=1kgf=9.80665N$
力矩 转矩，力偶矩	M T	$M=\vec{r}\times\vec{F}$	牛[顿]米	$N\cdot m$	千克力米 $=1kgf\cdot m=9.80665N\cdot m$

量的名称	量符号	备注	单位名称	符号	备注
压力，压强， 正应力 切应力 （剪应力）	p σ τ	$P=F/A$	帕 [斯卡] 或用牛[顿] 每平方米	Pa 或用 N/m^2	标准大气压$=1atm=101325Pa$ 巴$=1bar=10^5Pa$ 千克力每平方厘米$=1kgf/cm^2=$ $0.0980665MPa$
[动力]粘度	η，(μ)	$\tau x_z = \eta \dfrac{dvx}{d_z}$	帕[斯卡]秒	Pa·s	泊$=1P=10^{-1}Pa·s$ 厘泊$=1cP=1mPa·s$
运动粘度	v	$v=\eta/\rho$	二次方米每秒	m^2/s	
功 能[量] 势能，位能 动能	W，(A) E，(W) E_p，(V) E_k，(T)	$W=\int Fds$	焦[耳]或 牛[顿]米	J或 N·m	
			瓦[特]小时	W·h	$1W·h=3.6kJ$ 国际蒸汽表卡$=1cal=4.1868J$ 热化学卡$=1cal=4.184J$ 千克力米$=1kgf·m=9.80665J$
功率	P	$P=W/t$	瓦[特] 或 焦[耳] 每秒	W 或 J/s	乏$=1var=1W$ 伏安$=1V·A=1W$ 千克力米每秒$=1kgf·m/s$ $\quad =9.80665W$ 马力$=735.499W$
质量流量	q_m	$q_m=m/t$	千克每秒	kg/s	
			吨每秒 吨每小时	t/s t/h	$1t/s=10^3kg/s$ $1t/h=2.77778\times10^{-1}kg/s$
体积流量	q_V	$q_V=V/t$	立方米每秒	m^3/s	
			升每秒 升每分 升每小时	L/s L/min L/h	$1L/s=10^{-3}m^3/s$ $1L/min=1.66667\times10^{-5}m^3/s$ $1L/h=2.77778\times10^{-7}m^3/s$

（2）热学

量的名称	量符号	备注	单位名称	符号	备注
热力学温度	T，H		开[尔文]	K	不再用开氏度（°K）
摄氏温度	t，θ	$=t\left(\dfrac{T}{K}-273.15\right)℃$	摄氏度	℃	不再用"百分度"作为℃的名称
线[膨]胀系数	a_l	$a_l=\dfrac{1}{1}\cdot\dfrac{dL}{dT}$	每开[尔文]	K^{-1}	推荐用K^{-1}
体[膨]胀系数	a_v，γ	$a_v=\dfrac{1}{V}\cdot\dfrac{dV}{dT}$	每摄氏度	$℃^{-1}$	
[相对]压力系数	a_p，β	$a_p=\dfrac{1}{P}\cdot\dfrac{dP}{dT}$			

量的名称	量符号	备注	单位名称	符号	备注
压力系数	β	$\beta=\dfrac{\mathrm{d}p}{\mathrm{d}T}$	帕〔斯卡〕每开〔尔文〕 帕〔斯卡〕每摄氏度	Pa/K Pa/℃	推荐用 Pa/K
热〔量〕	Q		焦〔耳〕	J	国际蒸汽表卡=1cal=4.1868J 热化学卡=1calth=4.184J
传热系数 〔总〕传热系数	h,a k,K	$h=a/\Delta T$	瓦〔特〕每平方米开〔尔文〕 或 瓦〔特〕每平方米摄氏度	W/ (m² · K) 或 W/ (m² · ℃)	推荐用 W/ (m² · K) 卡每平方厘米秒开尔文=1cal/ (cm² · s · K) =41868W/ (m² · K) 千卡每平方米小时开尔文= 1kcal/ (m² · h · K) =1.163W/ (m² · K)
热导率 (导热系数)	λ,k	热流量密度除以温度梯度	瓦〔特〕每米开〔尔文〕 或 瓦〔特〕每米摄氏度	W/ (m · K) 或 W/ (m · ℃)	推荐用 W/ (m · K) 卡每厘米秒开尔文=1cal/ (cm · s · K) =418.68W/ (m · K) 千卡每米小时开尔文=1kcal/ (m · h · K) =1.163W/ (m · K)

（3）电学、磁学

量的名称	量符号	备注	单位名称	符号	备注
电流	I	交流电中，i 表示电流瞬时值	安〔培〕	A	不再用"绝对安培（A_{ob}）"
电位（电势） 电位差（电势差） 电压 电动势	V,φ U E	交流电中 u 用于电位差的瞬时值	伏〔特〕	V	不再用"绝对伏特（V_{ob}）"
电容	C	$C=Q/U$	法〔拉〕	F	不再用"绝对法拉（Fab）"
自感 互感	L M,L_{12}	$L=\Phi/I$ $M=\Phi_1/I_2$	亨〔利〕	H	1H=1Wb/A=1V · s/A
〔直流〕电阻	R	$R=U/I$	欧〔姆〕	Ω	1Ω=1V/A
〔直流〕电导	G	$G=I/U$	西〔门子〕	S	1S=1A/V=1Ω⁻¹
电阻率	ρ	$\rho=RA/I$	欧〔姆〕米	Ω · m	不宜用 m · Ω 可用类似：$\mu\Omega$ · cm；Ω · mm²/m 这样的分数单位

量的名称	量符号	备注	单位名称	符号	备注
电导率	γ, σ, χ	$\gamma=1/\rho$	西[门子]每米	S/m	
磁阻	Rm	$Rm=Um/\Phi$	每亨[利]	H^{-1}	$1H^{-1}=1A/Wb$
磁导	A,(P)	$A=1/Rm$	亨[利]	H	$1H=1Wb/A$
绕组的匝数 相数 极对数	N m p	无量纲量			
相[位]差, 相[位]移	φ	无量纲量	弧度	rad	
阻抗,(复数阻抗) 阻抗模,(阻抗) 电抗 [交流]电阻	Z $\|Z\|$ X R		欧[姆]	Ω	$1\Omega=1V/A$
导纳,(复数导纳) 导纳模,(导纳) 电纳 [交流]电导	Y $\|Y\|$ B G	$Y=1/Z$	西[门子]	S	$1S=1A/V$
功率	P	$P=IU$(直流) $P=IU\lambda$(单相 正弦交流)	瓦[特]	W	$1var=1V \cdot A=1W$ $1W=1J/s$
电能[量]	W		焦[耳]		不再用"绝对焦耳(J_{ab})" $1J=1N \cdot m=1W \cdot s$

注 表中单位名称一栏中,给出 SI 单位,属于法定计量单位而又不是国际单位制的单位,则在 SI 单位下以虚线隔开列出。不属于法定计量单位的其他极常见单位及非国际单位制单位的法定计量单位换算系数,列入最后备注一栏。

附录六 国际单位制(SI)

SI 制的基本单位和导出单位列于附表 6-1 和附表 6-2。

SI 制中所用字头与千进的单位不同。字头用语、符号及其因子列在表 3 中,应用这些字头的一些例子如下:

$$1000m= 1kilometer = 1km$$

$$1000v= 1kilovolt = 1kV$$

$$1000000\Omega= 1megohm = 1M\Omega$$

$$0.000000001s= 1nanosecond = 1ns$$

而一个字头用语只能用于一定的单位,例如:

$$1000kg= 1Mg \text{ 不用 } 1kkg$$

$$10^{-9}s= 1ns \text{ 不用 } 1m\mu s$$

$$1000000m= 1Mm \text{ 不用 } 1kkm$$

还有,当一个单位升高一个幂级时,要使用包括字头在内的整个单位,例如:

$km^2=(km)^2=(1000m)^2=10^6 m^2$,不是$1000m^2$

附表 6-1　　　　　　　　　　　　　　国际单位制基本单位

Quantity 量	Name of unit 单 位 名 称	unit symbol 单 位 符 号
length 长度	meter 米	m
mass 质量	kilogram 千克	kg
time 时间	second 秒	s
electric current 电流	ampere 安培	A
temperature 温度	kelvin 开尔文	K
luminous intensity 发光强度	candela 坎德拉	cd
amount of substance 物质的量	mole 摩尔	mol

附表 6-2　　　　　　　　　　　　　国际单位制的导出单位

Quantity 量	Name of unit 单 位 名 称	Unit symbol or abbreviation, where differing from basic form 用基本国际单位表示的单位符号或缩写	Unit expressed in terms of basic or supplementary units* 用基本单位或辅助单位表示的单位符号
area 面积	square meter 平方米		m^2
volume 体积	cubic meter 立方米		m^3
frequency 频率	hertz, cycle per second 赫芝,周期/秒	Hz	s^{-1}
density 密度	kilogram per cubic meter 公斤/立方米		kg/m^3
velocity 速度	meter per second 米/秒		m/s
angular velocity 角速度	radian per second 弧度/秒		rad/s
acceleration 加速度	meter per second squared 米/秒²		m/s^2
angular acceleration 角加速度	radin per second squared 弧度/秒²		rad/s^2
volumetric flow rate 容积流速	cubic meter per second 立方米/秒		m^3/s
force 力	newton 牛顿	N	$kg \cdot m/s^2$
surface tension 表面张力	newton per meter, joule per square meter 牛顿/米,焦耳/平方米	$N/m, J/m^2$	kg/s^2
pressure 压力,应力	newton per square meter, pascal 牛顿/平方米,帕斯卡	$N/m^2, Pa$	$kg/m \cdot s^2$
viscosity, dynamic 动力粘度	newton-second per square meter, poiseuille 牛顿·秒/平方米,泊	$Ns/m^2, Pl$	$kg/m \cdot s$
viscosity, kinematic 运动粘度	meter squared per second 平方米/秒		m^2/s
work, torque, energy, quantity of heat 功,转矩,能,热量	joule, newton-meter, watt-second 焦耳,牛顿·米,瓦特·秒	$J, N \cdot m, W \cdot s$	$kg \cdot m^2/s^2$
power, heat flux 功率,热通量	watt, joule per second 瓦特,焦耳/秒	$W, J/s$	$kg \cdot m^2/s^3$

Quantity 量	Name of unit 单 位 名 称	Unit symbol or abbreviation, where differing from basic form 用基本国际单位表示 的单位符号或缩写	Unit expressed in terms of basic or supplemen- tary units* 用基本单位或辅助单 位表示的单位符号
heat flux density 热流密度	watt per square meter 瓦特/平方米	W/m^2	kg/s^3
volumetric heat release rate 容积放热强度	watt per cubic meter 瓦特/平方米	W/m^3	$kg/m \cdot s^3$
heat transfer coefficient 传热系数	watt per square meter degree 瓦特/平方米·度	$W/m^3 \cdot deg$	$kg/s^3 \cdot deg$
heat capacity(specific)比热	joule per kilogram degree 焦耳/千克·度(开尔文)	$J/kg \cdot deg$	$m^2/s^2 \cdot deg$
capacity rate 力率	watt per degree 瓦特/度(开尔文)	W/deg	$kg \cdot m^2/s^3 \cdot deg$
thermal conductivity 导热系数	watt per meter degree 瓦特/米·度(开尔文)	$W/m \cdot deg$, $\dfrac{Jm}{sm^2 deg}$	$kg \cdot m/s^3 \cdot deg$
quantity of electricity 电量	coulomb 库伦	C	$A \cdot s$
electromotive force 电动势,电位	volt 伏特	$V, W/A$	$kg \cdot m^2/A \cdot s^3$
electric field strength 电场强度	volt per meter 伏特/米		V/m
electric resistance 电阻	ohm 欧姆	$\Omega, V/A$	$kg \cdot m^2/A^2 \cdot s^3$
electric conductivity 电导率	ampere per volt meter 安培/伏特·米	$A/V \cdot m$	$A^2 \cdot s^3/kg \cdot m^3$
electric capacitance 电容	farad 法拉	$F, A \cdot s/V$	$A^3 \cdot s^4/kg \cdot m^2$
magnetic flux 磁通量	weber 韦伯	$Wb, V \cdot s$	$kg \cdot m^2/A \cdot s^2$
inductance 电感	henry 亨利	$H, V \cdot s/A$	$kg \cdot m^2/A^2 \cdot s^2$
magnetic permeability 磁导率	henry per meter 亨利/米	H/m	$kg \cdot m/A^2 \cdot s^2$
magnetic flux density 磁感应强度	tesla, weber per square meter 特斯拉,韦伯/平方米	$T, Wb/m^2$	$kg/A \cdot s^2$
magnetic field strength 磁场强度	ampere per meter 安培/米		A/m
magnetomotive force 磁动势	ampere 安培		A
luminous flux 光通量	lumen 流明	lm	cd sr
luminance 光亮度	candela per square meter 坎特拉(烛光)/平方米		cd/m^2
1llumination 光照度	lux, lumen per square meter 勒克斯,流明/平方米	$lx, lm/m^2$	$cd \, sr/m^2$

*　国际单位的辅助单位只有两个,即:平面角的国际单位弧度(radian),代号 rad;和立体角的国际单位球面度(steradian),代号 Sr。按规定,他们可以随意作为基本单位或导出单位。

附表 6-3　　　　　　　　　　　　**国际单位制单位字头***

Prefix 字　头	Symbol 代号	Power 幂	Example 例　子
tera 兆兆	T	10^{12}	
giga 千兆	G	10^9	

Prefix 字 头	Symbol 代号	Power 幂	Example 例 子
mega 兆	M	10^6	megahertz(MHz)兆赫芝
kilo 千	k	10^3	kilometer(km)千米
hecto 百	h	10^2	
deca 十	da	10^1	
deci 分	d	10^{-1}	
centi 厘	c	10^{-2}	
milli 毫	m	10^{-3}	milligram(mg)毫克
micro 微	μ	10^{-6}	microgram(g)微克
nano 毫微	n	10^{-9}	nanosecond(ns)毫微秒
pico 微微	p	10^{-12}	picofarad(pf)微微法
femto 毫微微	f	10^{-15}	
atto 微微微	a	10^{-18}	

* 单位词头涉及对大数和小数的命名原则,目前国内尚未统一,也无正式规定。此处采用《物理量符号和计量单位代号》草案第二稿的译名。

附表 6-4 **用国际单位表示的某些通用单位**

Quantity 量	Name of unit 单位名称	Unit symbol 单位符号	Definition of unit 单位转换
length 长度	inch 英寸	in	2.54×10^{-2}m(米)
mass 质量	pound(avoirdupois)磅	lb	0.45359237kg(公斤)
forcel 力	kilogram-force 公斤力	kgf	9.80665N(牛顿)
pressure 压力	atmosphere 大气压	atm	101325N·m^{-2}(牛顿/平方米)
pressure 压力	torr 乇	Torr	(101325/760N·m^{-2}(牛顿/平方米)
pressure 压力	conventional millimeter of mercury 毫米汞柱	mmHg	$13.5951\times980.665\times10^{-2}$N·$m^{-2}$(牛顿/平方米)
energy 能	kilowatt-hour 千瓦小时	kWh	3.6×10^6J(焦耳)
energy 能	thermochemical calorie 热化学卡	cal	4.184J(焦耳)
energy 能	international steam table calorie 国际蒸汽表卡	cal_{IT}	4.1868J(焦耳)
thermodynamic temperature (T)热力学温度	degree Rankine 郎肯度	°R	(5/9)K(开尔文)
customary temperature(t)常用温度	degree Celsius 摄氏度	℃	$t(℃)=T(K)-273.16$
customary temperature(t)常用温度	degree Fahrenbeit 华氏度	℉	$t(℉)=T(°R)-459.68$
radioactivity 放射性	curie 居里	Ci	$3.7\times10^{10}$$s^{-1}$(1/秒)
energy 能	electron volt 电子伏特	eV	$eV\approx1.6021\times10^{-19}$J(焦耳)
mass 质量	unified atomic mass unit 统一原子质量单位	u	$u\approx1.66041\times10^{-27}$kg(公斤)

附表 6-5 美(英)常用制、公制及国际单位制换算表

A. 长度单位

Units 单位	cm 厘米	m 米	in 英寸	ft 英尺	yd 码	mile 英里
1 cm 厘米	1	0.01	0.3937008	0.03280840	0.01093613	6.213712×10^{-6}
1 m 米	100	1	39.37008	3.280840	1.093613	6.213712×10^{-4}
1 in 英寸	2.54	0.0254	1	0.083333…	0.02777…	1.578283×10^{-5}
1 ft 英尺	30.48	0.3048	12	1	0.3333…	1.893939×10^{-4}
1 yd 码	91.44	0.9144	36	3	1	5.681818×10^{-4}
1 mile 英里	1.609344×10^{5}	1.609344×10^{3}	6.336×10^{4}	5280	1760	1

B. 面积单位

Units 单位	cm² 平方厘米	m² 平方米	in² 平方英寸	ft² 平方英尺	yd² 平方码	mile² 平方英里
1 cm² 平方厘米	1	10^{-4}	0.1550003	1.076391×10^{-3}	1.19599×10^{-4}	3.861022×10^{-11}
1 m² 平方米	10^{4}	1	1550.003	10.76391	1.195990	3.861022×10^{-7}
1 in² 平方英寸	6.4516	6.4516×10^{-4}	1	$6.944444\times10^{-3}…$	7.716049×10^{-4}	2.490977×10^{-10}
1 ft² 平方英尺	929.0304	0.09290304	144	1	0.111111	3.587007×10^{-8}
1 yd² 平方码	8361.273	0.8361273	1296	9	1	3.228306×10^{-7}
1 mile² 平方英里	2.589988×10^{10}	2.589988×10^{6}	4.01449×10^{9}	2.78784×10^{7}	3.0976×10^{6}	1

C. 体(容)积单位

Units 单位	cm³ 立方厘米	liter 升	in³ 立方英寸	ft³ 立方英尺	qt(U.S.) 夸脱(美)	gal(U.S.) 加伦(美)	gal(U.K.) 加伦(英)
1 cm³ 立方厘米	1	10^{-3}	0.06102374	3.531467×10^{-5}	1.056688×10^{-3}	2.641721×10^{-4}	2.2×10^{-4}
1 liter 升	1000	1	61.02374	0.03531467	1.056688	0.2641721	0.22
1 in³ 立方英寸	16.38706	0.01638706	1	5.787037×10^{-4}	0.01731602	4.329004×10^{-3}	3.605×10^{-3}
1 ft³ 立方英尺	28316.85	28.31685	1728	1	2.992208	7.480520	6.299
1 qt(U.S.) 夸脱(美)	946.353	0.946353	57.75	0.0342014	1	0.25	0.3002
1 gal(U.S.) 加伦(美)	3785.412	3.785412	231	0.1336806	4	1	0.8327
1 gal(U.K.) 加伦(英)	4546	4.546	277.4	0.1605	4.804	1.201	1

D. 质量单位

Units 单位	g 克	kg 千克	oz 盎司(英两)	lb 磅	metric ton 公吨	ton(short) 短吨	ton(long) 长吨
1 g 克	1	10^{-3}	0.03527396	2.204623×10^{-3}	10^{-6}	1.102311×10^{-6}	0.9842×10^{-6}
1 kg 千克	1000	1	35.27396	2.204623	10^{-3}	1.102311×10^{-3}	0.9842×10^{-3}
1 oz(avdp) 盎司(常衡)	28.34952	0.02834952	1	0.0625	2.834952×10^{-5}	0.3125×10^{-4}	0.2788×10^{-4}
1 lb(avdp) 磅(常衡)	453.5924	0.4535924	16	1	4.535924×10^{-4}	0.00051	4.464×10^{-4}

Units 单位	g 克	kg 千克	oz 盎司(英两)	lb 磅	metric ton 公　吨	ton(short) 短　吨	ton(long) 长　吨
1 metric ton 公吨	10^6	1000	35273.96	2204.623	1	1.102311	0.9842
1 ton(short) 短吨	907184.7	907.1847	32000	2000	0.9071847	1	0.8929
1 ton(long) 长吨	1016000	1016	35840	2240	1.016	1.120	1

E. 密度单位

Units 单位	$g \cdot cm^{-3}$ 克/立方厘米	$g \cdot l^{-1}$ 克/升	$oz \cdot in^{-3}$ 盎司/立方英寸	$lb \cdot in^{-3}$ 磅/立方英寸	$lb \cdot ft^{-3}$ 磅/立方英尺	$lb \cdot gal^{-1}$(U.S.) 磅/加伦(美)
1 gcm^{-3} 克/立方厘米	1	1000	0.5780365	0.03612728	62.42795	8.345403
1 $g \cdot l^{-1}$ 克/升	10^{-3}	1	5.780365×10^{-4}	3.612728×10^{-5}	0.06242795	8.345403×10^{-3}
1 $oz \cdot in^{-3}$ 盎司/立方英寸	1.729994	1729.994	1	0.0625	108	14.4375
1 $lb \cdot in^{-3}$ 磅/立方英寸	27.67991	27679.91	16	1	1728	231
1 $lb \cdot ft^{-3}$ 磅/立方英尺	0.01601847	16.01847	9.259259×10^{-3}	5.787037×10^{-4}	1	0.1336806
1 $lb \cdot gal^{-1}$(U.S.) 磅/加伦(美)	0.1198264	119.8264	4.749536×10^{-3}	4.3290043×10^{-3}	7.480519	1

F. 能单位

Units 单　位	g mass (energy equiv) 克质量(能当量)	J 焦耳	int J 国际焦耳	cal 卡	cal_{IT} 国际卡
1 g mass(energy equiv) 克质量(能当量)	1	8.987554×10^{13}	8.986071×10^{13}	2.148077×10^{13}	2.146640×10^{13}
1 J 焦耳	1.112650×10^{-14}	1	0.999835	0.2390057	0.2388459
1 int J 国际焦耳	1.112833×10^{-14}	1.000165	1	0.2390452	0.2388853
1 cal 卡	4.655327×10^{-14}	4.184	4.183310	1	0.9993312
1 cal_{IT}国际卡	4.658442×10^{-14}	4.1868	4.186109	1.000669	1
1 Btu_{IT}国际英热单位	1.173908×10^{-11}	1055.056	1054.882	252.1644	251.9958
1 kW · hr 千瓦 · 小时	4.005539×10^{-8}	3600000	3599406	860420.7	859845.2
1 hp · hr 马力 · 小时	2.986930×10^{-8}	2684519	2684077	641615.6	641186.5
1 ft-lb(wt)英尺磅(重)	1.508550×10^{-14}	1.355818	1.355594	0.3240483	0.3238315

Units 单位	g mass (energy equiv) 克质量(能当量)	J 焦耳	int J 国际焦耳	cal 卡	cal$_{IT}$ 国际卡
1 cu ft-lb(wt)·in^{-2} 立方英尺磅(重)/平方英寸	2.172313×10^{-12}	195.2378	195.2056	46.66295	46.63174
1 l-atm 升大气压	1.127392×10^{-12}	101.3250	101.3083	24.21726	24.20106

Units 单位	Btu$_{IT}$ 国际英热单位	kW·hr 千瓦·小时	hp·hr 马力·小时	ft-lb(wt) 英尺·磅(重)	cu ft-lb(wt)·in^{-2} 立方英尺·磅(重)/平方英寸	1-atm 升·大气压
1 g mass(energy equiv) 克质量(能当量)	8.518558×10^{10}	2.496543×10^{7}	3.347919×10^{7}	6.628880×10^{13}	4.603399×10^{11}	8.870026×10^{11}
1 J 焦耳	9.478172×10^{-4}	2.77777×10^{-7}	3.725062×10^{-7}	0.7375622	5.121960×10^{-3}	9.869233×10^{-3}
1 int J 国际焦耳	9.479735×10^{-4}	2.778236×10^{-7}	3.725676×10^{-7}	0.7376839	5.122805×10^{-3}	9.870862×10^{-3}
1 cal 卡	3.965667×10^{-3}	1.16222×10^{-6}	1.558562×10^{-6}	3.085960	2.143028×10^{-2}	0.04129287
1 cal$_{IT}$ 国际卡	3.968321×10^{-3}	1.163000×10^{-6}	1.559609×10^{-6}	3.088025	2.144462×10^{-2}	0.04132050
1 Btu$_{IT}$ 国际英热单位	1	2.930711×10^{-4}	3.930184×10^{-4}	778.1693	5.403953	10.41259
1 kW·hr 千瓦·小时	3412.142	1	1.341022	2655224	18439.06	35529.24
1 hp·hr 马力·小时	2544.33	0.7456998	1	1980000	13750	26494.15
1 ft-lb(wt) 英尺磅(重)	1.285067×10^{-3}	3.766161×10^{-7}	5.050505×10^{-7}	1	6.94444×10^{-3}	0.0138088
1 cu ft-lb(wt)·in^{-2} 立方英尺磅(重)/平方英寸	0.1850497	5.423272×10^{-5}	7.272727×10^{-5}	144	1	1.926847
1 l-atm 升大气压	0.09603757	2.814583×10^{-5}	3.774419×10^{-5}	74.73349	0.5189825	1

G. 压强单位

Units 单位	dyn·cm^{-2} 达因/平方厘米	bar 巴	atm 大气压	kg(wt)·cm^{-2} 公斤(重)/平方厘米	mmHg (Torr) 毫米汞柱(毛)	in Hg 英寸汞柱	lb(wt)·in^{-2} 磅(重)/平方英寸
1 dyn cm 达因/平方厘米	1	10^{-6}	9.869233×10^{-7}	1.019716×10^{-6}	7.500617×10^{-4}	2.952999×10^{-5}	1.450377×10^{-5}

Units 单 位	dyn·cm^{-2} 达因/平方厘米	bar 巴	atm 大气压	kg(wt)·cm^{-2} 公斤（重）/平方厘米	mmHg（Torr）毫米汞柱（乇）	in Hg 英寸汞柱	lb(wt)·in^{-2} 磅（重）/平方英寸
1 bar 巴	10^6	1	0.9869233	1.019716	750.0617	29.52999	14.50377
1 atm 大气压	1013250	1.013250	1	1.033227	760	29.92126	14.69595
1 kg（wt）·cm^{-2} 千克（重）/平方厘米	980665	0.980665	0.9678411	1	735.5592	28.95903	14.22334
1 mmHg（Torr）毫米汞柱（乇）	1333.224	1.333224 ×10^{-3}	1.3157895 ×10^{-3}	1.3595099 ×10^{-3}	1	0.03937008	0.01933678
1 in Hg 英寸汞柱	33863.88	0.03386388	0.03342105	0.03453155	25.4	1	0.4911541
1 lb（wt）·in^{-2} 磅（重）/平方英寸	68947.57	0.06894757	0.06804596	0.07030696	51.71493	2.036021	1

附录七　热控常用名词术语缩写

（以字母顺序排列）

(1) AGC（Automatic Generation Control）自动发电控制

(2) ASS（Automatic Synchronized System）自动同期系统

(3) ATC（Automatic Turbine startup or shutdown Control system）汽轮机自启停系统

(4) BCS（Burner Control System）燃烧器控制系统

(5) BMS（Burner Management System）燃烧器管理系统

(6) BOP（Balance of Plant）电厂辅助工艺系统

(7) BPS（Bypass control System）旁路控制系统

(8) BTG（Boiler Turbine-Generator panel）炉机电控制盘

(9) CCS（Coordinated Control System）协调控制系统

(10) CFBC（Circulating FBC）循环流化床燃烧

(11) CRT（Cathode Ray Tube）阴极射线管显示器

(12) DAS（Data Acquisition System）数据采集系统

(13) DCS（distributed control system）分散控制系统

(14) DEH（Digital Electro-Hydraulic control system）数字式电液控制系统

(15) ETS（Emergency Trip System）紧急跳闸系统

(16) EWS（Engineer Work Station）工程师工作站

(17) FBC（Fluidized Bed Combustion）流化床燃烧

(18) FCB（Fast Cut Back）机组快速甩负荷

(19) FSS（Fuel Safety System）燃料安全系统

(20) FSSS（Furnace Safetyguard Supervisory System）锅炉炉膛安全监控系统

(21) HRSG（Heat recovery steam generator）余热锅炉

(22) HSR（Historical Data Storage & Research）历史数据存储和检索

(23) I&C (Instrument & Control) 仪表和控制（自动化）

(24) LCD (Liquid crystal display) 液晶显示器

(25) LMCC (Load Management Control Centre) 负荷管理中心

(26) MCC (motor-operated Centre) 电动机控制中心

(27) MCS (Modulating Control System) 模拟量控制系统

(28) MEH (Micro-Electro-Hydraulic control system) 给水泵汽轮机电液控制系统

(29) MFT (Master Fuel Trip) 主燃料跳闸

(30) MIS (Management Information System) 管理信息系统

(31) MTBF (Mean Time Between Failures) 平均无故障工作时间

(32) MTTR (Mean Time To Repair) 平均故障修复时间

(33) NEMA (National Electrical Manufacturers Association) 国家电工制造协会（美）

(34) NFPA (National Fire Protection Association) 国家防火协会（美）

(35) OFT (Oil Fuel Trip) 燃料油跳闸

(36) OIS (Operator Interface Station) 操作员站

(37) OPC (Over-speed Protection Control) 超速保护控制

(38) RB (Run Back) 辅机故障减负荷

(39) PCU (Process Control Unit) 过程控制单元

(40) P&ID (Piping and Instrumentation Diagram) 管道与仪表图（系统图）

(41) PLC (Programmable Logical Controller) 可编程逻辑控制器

(42) RTD (resistance temperature detector) 热电阻

(43) RTU (Remote terminal Unit) 远方终端单元（设备）

(44) SAMA (Scientific Apparatus Marker's Association) 科学仪器制造商协会控制功能图例（美）

(45) SCADA (Supervisory Control And Data Acquisition) 数据采集与监控

(46) SCS (Sequence Control System) 顺序控制系统

(47) SIS (Supervisory Information System) 监控信息系统

(48) SOE (Sequence Of Events) 事件顺序记录

(49) TC (Thermocouple) 热电偶

(50) TSI (Turbine Supervisory Instrument) 汽轮机监测仪表

(51) UPS (Uninterruptible Power Supplies) 不停电电源

附录八 标准 SAMA 功能图例

(FT)	流量变送器	√	开方	K	比例
(LT)	液位变送器	×	乘法器	∫	积分
(PT)	压力变送器	÷	除法器	d/dt	微分
(TT)	温度变送器	±	偏置	$f(x)$	时间函数
(ZT)	位置指示器	△	偏差	$f(t)$	函数
	指示灯	Σ	加法器	x.xx	编号
(I)	显示仪	Σ/n	求平均值	✳	安装于仪表盘上
(R)	记录仪	Σ/t	积算		气源
(T)	继电器线圈	─┤├─	继电器常开触点	─┤╫├─	继电器常闭触点
(T)	自动 / 手动切换	↕	手操信号发生器	A	模拟信号发生器
T	切换	s	螺线管	M	电动机
>	高选	⊁	高限幅	H/	高限监视
<	低选	⋞	低限幅	L/	低限监视
V⊁	速率限制	⋞⊁	高低限幅	H//L	高低限监视
A/D	模数转换	R/I	电阻－电流转换	R/V	电阻－电压转换
mV/V	热电势－电压转换	V/I	电压－电流转换	I/V	电流－电压转换
V/V	电压－电压转换	P/I	气－电流转换	P/V	气－电压转换
MO	电动执行机构	I/P	电流－气转换	V/P	电压－气转换
HO	液动执行机构	◠	气动执行机构	▷◁	直行程阀
$f(x)$	未注明的执行机构	▷◁	三通阀	∞	旋转球阀

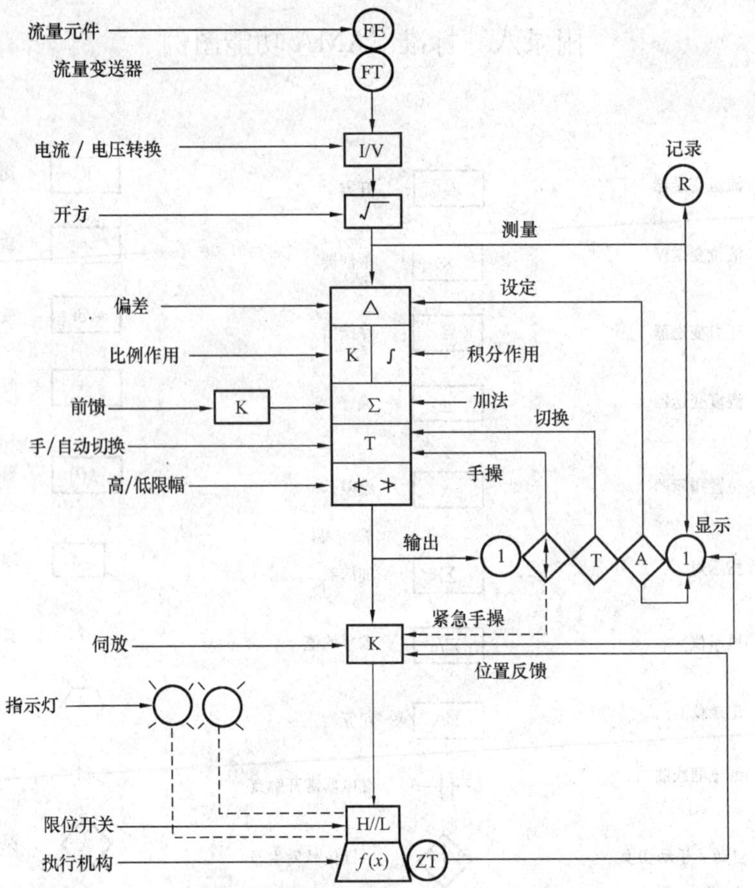

附图 8-1　典型控制回路 SAMA 图

附录九　ASCII（美国标准信息交换码）表

列		0	1	2	3	4	5	6	7
行	位　654　→ ↓　3210	000	001	010	011	100	101	110	111
0	0000	NUL	DLE	SP	0	@	P	↖	p
1	0001	SOH	DC1	!	1	A	Q	a	q
2	0010	STX	DC2	"	2	B	R	b	r
3	0011	ETX	DC3	#	3	C	S	c	s
4	0100	EOT	DC4	$	4	D	T	d	t
5	0101	ENQ	NAK	%	5	E	U	e	u
6	0110	ACK	SYN	&	6	F	V	f	v
7	0111	BEL	ETB	,	7	G	W	g	w
8	1000	BS	CAN	(	8	H	X	h	x
9	1001	HT	EM	)	9	I	Y	i	y
A	1010	LF	SUB	*	:	J	Z	j	z
B	1011	VT	ESC	+	;	K	〔	k	{
C	1100	FF	FS	,	<	L	\	l	|
D	1101	CR	GS	—	=	M	〕	m	}
E	1110	SO	RS	.	>	N	Ω (1)	n	~
F	1111	SI	US	/	?	O	— (2)	o	DEL

表中符号含义如下：

NUL	空	VT	垂直制表
SOH	标题开始	FF	走纸控制
STX	正文结束	CR	回车
ETX	本文结束	SO	移位输出
EOT	传输结果	SI	移位输入
ENQ	询问	SP	空间（空格）
ACK	承认	DLE	数据链换码
BEL	报警符（可听见的信号）	DC1	设备控制1
BS	退一格	DC2	设备控制2
HT	横向列表（穿孔卡片指令）	DC3	设备控制3
LF	换行	DC4	设备控制4
SYN	空转同步	NAK	否定
ETB	信息组传送结束	FS	文字分隔符
CAN	作废	GS	组分隔符
EM	纸尽	RS	记录分隔符
SUB	减	US	单元分隔符
ESC	换码	DEL	作废

参 考 文 献

1. 汪祖鑫. 超临界压力 600MW 机组的启动和运行. 北京：中国电力出版社，1996 年

2. 河北省电力试验研究所. 600MW 等级火电机组仪表与控制系统技术. 石家庄：河北科学技术出版社，1997 年

3. 王志祥. 热工保护与顺序控制，北京：中国电力出版社，1995 年

4. 王常力，廖道文. 集散型控制系统的设计与应用，北京：清华大学出版社，1993 年

5. 叶江祺. 热工测量和控制仪表的安装. 北京：水利电力出版社，1991 年

6. 李遵基. SPEC200 原理及应用. 北京：北京科学技术出版社，1992 年

7. 张炜，陈懿国. 计算机网络基本概念. 北京：电子工业出版社，2000 年

8. 熊淑燕，王兴叶等. 火力发电厂集散控制系统. 北京：科学出版社，2000 年

9. 李子连等. 现场总线技术在电厂应用综论. 北京：中国电力出版社，2002 年

10. 电力行业热工自动化标委会. 火电厂厂级监控信息系统（SIS）论文集. 2004 年

11. 何育生. 机组自动控制系统. 北京：中国电力出版社. 2005 年

12. 夏德海. 现场总线技术. 北京：中国电力出版社. 2003 年

13. 霍耀光，李麟章，刘今等. 中国火电厂热工自动化技术改造研究. 电力系统自动化. 2004 年（2）

14. 冯伟忠. 900MW 超临界机组 FCB 试验. 中国电力. 2005 年（2）

15. 郑跃武，阎贯虹. 沁北电厂热控系统水平研究. 华中电力，2002 年（3）

16. 夏爱民. 第四代分布式控制系统（DCS）. 中华工控网，2004 年

17. 侯子良. 关于厂级自动化概念的探讨. 热工自动化信息，1998 年（1）

18. 许继刚. 电厂自动化设计展望. 火电厂热工自动化，2000 年（3）

19. 李麟章. 电气控制纳入 DCS 设计的主要功能和逻辑. 火电厂热工自动化，2000 年（3）

20. 张民茹. 火灾自动报警及消防控制系统设计探讨. 火电厂热工自动化，2001 年（1）

21. 章素华. 发电厂锅炉烟气脱硫工艺与控制. 火电厂热工自动化，2001 年（3）

22. 张晓华. 火电厂主厂房及辅助车间闭路电视监视系统应用及设计. 火电厂热工自动化，2001 年（4）

23. 张晴. 双进双出钢球磨煤机控制系统. 火电厂热工自动化，2002 年（1）

24. 邢英迈. 大屏幕投影系统在阜新发电厂二期改造工程的应用. 火电厂热工自动化，2002 年（1）

25. 檀炜. 600MW 机组 FSSS、CCS 系统功能优化分析. 火电厂热工自动化，2002 年（1）

26. 阎欣军. 全厂辅助车间 PLC 控制系统网络技术方案探讨. 火电厂热工自动化，2002 年（4）

27. 穆江宁. 大屏幕应用研究. 火电厂热工自动化，2002 年（4）

28. 陈非. FCS 在电厂化学水系统的应用及展望. 火电厂热工自动化，2002 年（4）

29. 李林. 厂级信息监控系统的工程应用. 火电厂热工自动化，2003 年（2）

30. 刘亚敏. 预测控制在 600MW 机组锅炉过热汽温控制系统上的应用. 火电厂热工自动化，2003 年（2）

31. 李麟章. 发电厂新营运模式下 AGC 的实施. 火电厂热工自动化，2003 年（2）

32. 许海. 2×600MW 超临界机组热工控制系统的研究. 火电厂热工自动化，2003 年（4）

33. 杨峰，白锡明. 对火电机组一次调频的实现策略及影响研究. 火电厂热工自动化，2004 年（1）

34. 赵东光. 火焰监测器在火电厂的应用探讨. 火电厂热工自动化，2004 年（1）

35. 孟晓伟. 国产首台 600MW 超临界机组分散控制系统设计要点. 火电厂热工自动化，2004 年（3）

36. 滕卫明，钱亚杰. 大型火电厂辅助车间全厂联网控制的探讨. 火电厂热工自动化，2004 年（4）

37. 王建武，范青. 多变量智能控制在除氧器和凝汽器水位控制上的仿真试验及应用. 热工自动化信息，

2000 年（1）

38. 杨景祺，章伟杰. 直流炉协调控制系统的分析与设计. 热工自动化信息，2001 年（1）

39. 张鹏云，朱能飞. 带预测和凝结水节流控制的协调控制系统. 热工自动化信息，2001 年（2）

40. 孟丽. 上海吴泾电厂八期工程辅助系统的集中监控. 热工自动化信息，2001 年（3）

41. 周明. 火电厂开发应用现场总线控制系统的思考. 热工自动化信息，2002 年（3）

42. 裴俊峰. 全厂辅助车间集中监控技术探讨. 热工自动化信息，2002 年（4）

43. 刘今. 江苏大机组热工保护动作情况分析. 热工自动化信息，2003 年（3）

44. 毕建慧. 超临界机组控制特点分析和探讨. 热工自动化信息，2003 年（4）

45. 杨廷志，麦勇军. 模糊控制在汽温控制系统中的应用. 热工自动化信息，2004 年（3）

46. 赵晓通等. 基于机炉效率在线监测的机组级负荷优化分配. 热工自动化信息，2005 年（2）

47. 饶纪杭. 亚临界锅炉汽包水位的测量问题. 电厂自动化，2001 年（1）

48. 魏春岭，马欣欣. 汽轮机危急保安系统（ETS）应用研究. 电厂自动化，2004 年（4）

49. 胡振凡. 机炉协调和超临界直流锅炉自动调节. 电厂自动化，2005 年（1）

50. 马开中等. 扬州二厂♯1 机组 profi 及 ccs 优化报告. 2004 年

51. Robert C，Dave Hamme P. E.. DEB CONTROL STRATEGIES FOR ONCE THROUGH BOILERS. MAX Control Systems，1994

52. S. C. Stultz. J. B. Kitto，et al，Steam，Its Generation and Use，by the Babcock & Wilcox Company. Fortieth Edition，1992

53. J. G. Singer，et al. Combustion Fossil Power，by the Combustion Engineering Company. Fourth Edition，1991

54. S. G. Dukelow. The Control of Boiler. Second Edition. 1991

55. ABB. Industrial IT Symphony System，2005

56. FOXBORO. I/A Series System，2005

57. EMERSON WESTINGHOUSE. Ovation System，2005

58. SIEMENS. Teleperm XP System，2004

59. HITACHI. HIACS-5000M System，2005

60. Bently Nevada. Trendmaster & System 1，2005

61. Epro Gmbh. MMS6000 ，2005

62. FORNEY. Combustion Products System，2004